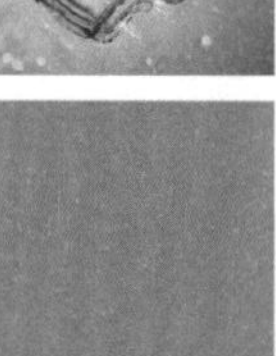

许洁 / 编著

从 新 手 到 高 手

Premiere Pro CC 2018 从新手到高手

清华大学出版社
北京

内 容 简 介

Premiere一直是视频编辑工作必备的利器。本书是讲解Premiere Pro CC 2018软件的完全学习手册，书中系统、全面地讲解了视频编辑的基本知识和该软件的使用方法与技巧。

全书共12章，前10章按照视频编辑的流程，详细讲解了Premiere的视频编辑基础、工作环境、基本操作、素材剪辑、转场特效、字幕制作、视频效果、运动特效、音频效果、素材采集与叠加、抠像等核心技术，最后两章通过两个时下流行的综合案例进行实战演练，使读者能够融会贯通前面所学知识，最终成为Premiere视频编辑的高手。

本书提供的实用资源中包含相关实例的素材及项目文件，以及超过8小时的高清语音教学视频，通过书与视频的结合学习，能成倍提高学习的兴趣和效率。

本书内容丰富、技术全面，是入门级读者快速、全面掌握Premiere技术及应用的必备参考书，可以作为各类大专院校和培训机构相关专业的培训教材，也可以作为广大视频编辑爱好者、影视动画制作者、影视编辑从业人员的学习教程。

图书在版编目（CIP）数据

Premiere Pro CC 2018从新手到高手/许洁编著. — 北京 : 清华大学出版社, 2019（2023.8重印）

（从新手到高手）

ISBN 978-7-302-51114-4

Ⅰ. ①P… Ⅱ. ①许… Ⅲ. ①视频编辑软件 Ⅳ. ①TN94

中国版本图书馆CIP数据核字(2018)第197588号

责任编辑：陈绿春
封面设计：潘国文
责任校对：胡伟民
责任印制：朱雨萌

出版发行：清华大学出版社

网址：http://www.tup.com.cn， http://www.wqbook.com
地址：北京清华大学学研大厦A座　　**邮编：**100084
社总机：010-83470000　　**邮购：**010-62786544
投稿与读者服务：010-62776969, c-service@tup.tsinghua.edu.cn
质量反馈：010-62772015, zhiliang@tup.tsinghua.edu.cn
课件下载：http://www.tup.com.cn,010-83470236

印 装 者：小森印刷霸州有限公司
经　　销：全国新华书店
开　　本：188mm×260mm　　**印　　张：**16.25　　**字　　数：**530千字
版　　次：2019年1月第1版　　**印　　次：**2023年8月第10次印刷
定　　价：79.00元

产品编号：073504-01

前言 PREFACE

关于 Premiere Pro CC 2018

Premiere Pro CC 2018 是 Adobe 公司推出的一款非常优秀的视频编辑软件，它以编辑方式简便实用、对素材格式支持广泛、高效的元数据流程等优势，得到众多视频编辑工作者和爱好者的青睐。

本书内容安排

本书全面、系统、准确地讲解了 Premiere Pro CC 2018 视频编辑的方法和技巧，详细介绍了该软件的基础知识和使用方法，内容完善、实例典型，精解了 Premiere 的各项核心技术。

全书共分为 12 章，第 1 章和第 2 章主要介绍了视频编辑的基础知识和 Premiere Pro CC 2018 的工作环境及基本操作；第 3 章和第 4 章主要介绍了 Premiere Pro CC 2018 的素材剪辑基础和视频转场特效的应用及制作方法；第 5 章详细介绍了字幕效果的制作与应用方法；第 6 章主要介绍了 Premiere Pro CC 2018 内置的视频效果及其应用方法；第 7 章和第 8 章详细介绍了视频的运动特效，以及音频效果的实现与使用方法；第 9 章重点介绍了音视频素材的采集方法；第 10 章着重介绍了叠加与抠像的应用与制作方法；第 11 章和第 12 章分别用一个大案例的实操来介绍软件功能的综合运用。本书主要以“理论知识讲解 + 实例应用讲解”的形式进行教学，能让初学者更容易学会书中的知识点，让有一定基础的读者更有效地掌握重点和难点，快速提升视频编辑制作的技能。

本书编写特色

总体来说，本书具有以下特色：

理论与实例结合 技巧原理细心解说	本书所有的理论知识都融入在案例中，以案例的形式进行讲解，案例经典实用，包含了相应工具和功能的使用方法和技巧
72 个应用实例 视频编辑技能快速提升	本书的第 2 章到第 10 章后面都配有一个综合实例，是在该章节所学知识的综合，具有重要的参考价值，读者可以边做边学，从新手快速成长为视频编辑高手
超实用综合案例 时下流行应用全面接触	本书精心编写了超实用的综合案例，将重要知识点融入实际操作中，帮助读者在练习的过程中不断积累经验，快速适应行业制作的要求
高清视频讲解 学习效率轻松翻倍	本书配套素材收录全书所有实例长达 8 小时的高清语音教学视频，可以在家享受专家课堂式的讲解，成倍提高学习兴趣和效率

本书附赠资源

本书的相关素材和视频教学文件可以通过扫描各章首页的二维码在益阅读平台进行下载。也可以通过微信扫描右侧二维码进行下载。

资源下载

如果在相关素材下载过程中碰到问题，请联系陈老师，联系邮箱：chenlch@tup.tsinghua.edu.cn。

本书创作团队

本书由西安工程大学服装与艺术设计学院造型艺术系许洁老师编写，具体参加编写的还有甘蓉晖、钟霜妙、洪唯佳、陈志民、江凡、薛成森、张洁、马梅桂、李杏林、李红萍、戴京京、胡丹、申玉秀、李红艺、李红术、陈云香、陈文香、陈军云、彭斌全、林小群、刘清平、钟睦、刘里峰、朱海涛、廖博、易盛、陈晶、黄华、杨少波、刘有良、刘珊、毛琼健、江涛、张范、田燕等。

由于作者水平有限，书中疏漏之处在所难免。在感谢您选择本书的同时，也希望您能够把对本书的意见和建议告诉我们。售后服务邮箱：lushanbook@qq.com。

作者

2018 年 10 月

目录 CONTENTS

第 7 章 运动特效

第 8 章 音频效果的应用

第 9 章 素材采集

第1章

视频编辑基础

本章主要介绍视频编辑的基础知识，包括视音频及图像的基础知识、非线性编辑、视频采集、影视编辑中常用的蒙太奇手法以及镜头衔接的技巧与原则。

1.1 影视制作中的视频、音频与常用图像基础

在影视制作中会用到视频、音频及图像等素材，下面来具体了解这些素材的基本概念。

1.1.1 视频基础

下面介绍什么是视频、视频的传播方式，以及数字视频的相关知识。

1. 视频的概念

人眼在观察景物时，光信号传入大脑神经，经过短暂的时间，光的作用结束了，视觉形象并不会立即消失，这种残留的视觉称为“后像”，视觉的这一现象则被称为“视觉暂留”。

根据视觉暂留原理，当连续的图像变化每秒超过24个画面以上时，人眼无法辨别单幅的静态画面，看上去是平滑的视觉效果，这样连续的画面叫作“视频”，这些单独的静态图像就称为“帧”，而这些静态图像在单位时间内切换显示的速度，就是“帧速率”（也称为“帧频”），单位为帧/秒（fps）。帧速率决定了视频播放的平滑程度，帧速率越高，动画效果越顺畅；反之就会有阻塞、卡顿的现象。

视频，又称视像、视讯、录影、录像、动态图像、影音，泛指一系列静态影像以电信号方式加以捕捉、记录、处理、储存、传送与再现的各种技术。

2. 电视制式

由于各国对电视影像制定的标准不同，其制式也有所不同，常用的制式有PAL、NTSC和SECAM。

■ PAL制式

PAL（Phase Alternating Line，逐行倒像制式）为逐行倒像正交平衡调幅制，主要在英国、中国、澳大利亚、新西兰和欧洲大部分国家采用。这种制式的帧频是25fps，每帧625行312线，奇场在前，偶场在后，采用隔行扫描方式，标准的数字化PAL电视标准分辨率为720×576像素，24比特的色彩位深，画面比例为4:3。PAL制式对相位失真不敏感，图像彩色误差较小，与黑白电视的兼容性也好，但PAL制式的编码器和解码器都比NTSC制复杂，信号处理也比较麻烦，接收机的造价也高。

■ NTSC制式

NTSC（Nation Television Systems Committee，美国国家电视系统委员会制式）为正交平衡调幅制，主要在美国、加拿大、日本、大部分中美和南美地区采用。这种制式的帧频约为30fps（实际为29.7fps），每帧525行262线，偶场在前，奇场在后，标准的数字化NTSC电视标准分辨率为720×480像素，24比特的色彩位深，画面比例为4:3或16:9。NTSC制式的特点是，虽然解决了彩色电视和黑白电视广播相互

兼容的问题，但是存在相位容易失真、色彩不太稳定的缺点。

■ SECAM 制式

SECAM（Sequential Colour Avec Memoire，顺序传送彩色信号与存储）为行轮换调频制，主要在法国、俄罗斯和中东等地区采用。这种制式的帧频为25fps，每帧 625 行，隔行扫描，画面比例为4:3，分辨率为720×576 像素，约 40 万像素，亮度带宽为 6.0MHz，彩色幅载波为 4.25MHz，色度带宽为 1.0MHz（U），1.0MHz（V），声音载波为 6.5MHz。SECAM 制式的特点是不怕干扰，彩色效果好，但兼容性差。

3. 视频的色彩系统

色彩是人的眼睛对于不同频率的光线的不同感受。“色彩空间”源于西方的 Color Space，又称作“色域”。色彩学中，人们建立了多种色彩模型，以一维、二维、三维甚至四维空间坐标来表示某一色彩，遮罩坐标系所能定义的色彩范围即色彩空间。常用的色彩模型有RGB、HSV、HIS、LAB、CMY 等。

■ RGB 模型

RGB 模型通常采用如图 1-1 所示的单位立方体来表示。在立方体的对角线上，各原色的强度相等，产生由暗到明的白色，也就是不同的灰度值。(0,0,0) 为黑色，(1,1,1) 为白色。正方体的其他 6 个角点分别为红、黄、绿、青、蓝和品红。

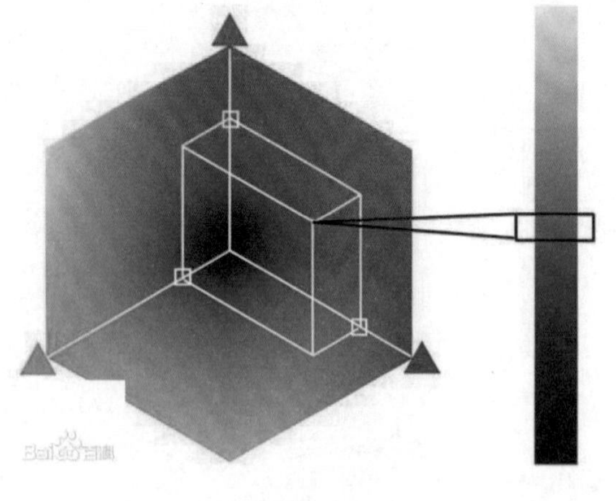

图 1-1

■ HSV 模型

HSV 模型中的每一种颜色都是由色相（Hue，简称 H）、饱和度（Saturation，简称 S）和明度（Value，简称 V）表示的。HSV 模型对应于圆柱坐标系中的一个圆锥形子集，圆锥的顶面对应于 V=1，它包含RGB 模型中的 R=1，G=1，B=1 三个面，所代表的颜色较亮。色彩 H 由绕 V 轴的旋转角给定。红色对应于角度 0°，绿色对应于角度 120°，蓝色对应于角度240°。在 HSV 颜色模型中，每一种颜色和它的补色相差 180°。饱和度 S 取值从 0 到 1，所以圆锥顶面的半径为 1，如图 1-2 所示。

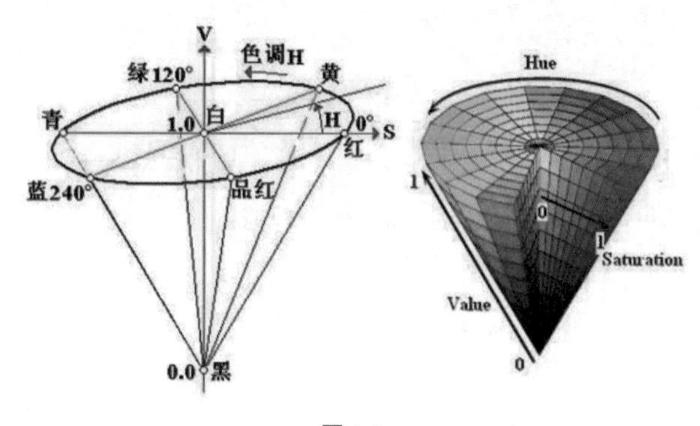

图 1-2

■ 色彩深度

色彩深度在计算机图形学领域，表示在位图或者视频帧缓冲区中储存一个像素的颜色所用的位数，它也称为位 / 像素（bpp）。色彩深度越高，画面的色彩表现力越强。计算机通常使用 8 位 / 通道（R、G、B）存储和传送色彩信息，即 24 位，如果加上一个 Alpha通道，可以达到 32 位。通常色彩深度可以设为 4bit、8bit、16bit、24bit。

4. 视频的常见格式

■ 3GP

3GP 是一种 3G 流媒体的视频编码格式，主要是为了配合 3G 网络的高传输速度而开发的，也是目前手机中最常见的一种视频格式。目前，市场上一些安装Realplay 播放器的智能手机可直接播放扩展名为 RM的文件，这样一来，在智能手机中欣赏一些 RM 格式的短片自然不是什么难事。然而，大部分手机并不支持 RM 格式的短片，若要在这些手机上实现短片播放，则必须采用一种名为 3GP 的视频格式。目前有许多具备摄像功能的手机，拍出来的短片文件其实都是以3GP 为扩展名的。

■ ASF

ASF 是 Advanced Streaming format（高级流格式）

的缩写。ASF 就是微软公司为了和 Real player 竞争而发展出来的一种可以直接在网上观看视频节目的压缩文件格式。由于它使用了 MPEG4 的压缩算法，所以压缩率和图像的质量都很不错。因为 ASF 是以一个可以在网上即时观赏的视频流格式存在的，所以它的图像质量比 VCD 差一些并不出奇，但比同是视频流格式的 RM 格式要好。但微软的“子弟”有它特有的优势，最明显的是各类软件对它的支持度无人能敌。

■ AVI

AVI——Audio Video Interleave，即音频视频交叉存取格式。1992 年初微软公司推出了 AVI 技术及其应用软件 VFW（Video for Windows）。在 AVI 文件中，运动图像和伴音数据是以交织的方式存储的，并独立于硬件设备。这种按交替方式组织音频和视频数据的方式可使读取视频数据流时能更有效地从存储媒介中得到连续的信息。构成一个 AVI 文件的主要参数包括视频参数、伴音参数和压缩参数等。AVI 具有非常好的扩充性，这个规范由于是由微软制定的，因此微软全系列的软件包括编程工具 VB、VC 都提供了最直接的支持，因此更加奠定了 AVI 在 PC 上的视频霸主地位。由于 AVI 本身的开放性，获得了众多编码技术研发商的支持，不同的编码使 AVI 不断被完善，现在几乎所有运行在 PC 上的通用视频编辑系统，都是以 AVI 文件格式为主的。

■ FLV

FLV 格式是 Flash Video 格式的简称，随着 Flash MX 的推出，Macromedia 公司开发了属于自己的流媒体视频格式——FLV。FLV 流媒体格式是一种新的视频格式，由于它形成的文件极小、加载速度极快，使得网络观看视频成为可能，FLV 视频格式的出现有效地解决了视频导入 Flash 后，使导出的 SWF 格式文件体积庞大，不能在网络上很好地使用等缺点。FLV 是在 Sorenson 公司的压缩算法的基础上开发出来的，该公司也为 MOV 格式提供算法。FLV 格式不仅可以轻松导入 Flash 中，几百帧的影片就一两秒钟，同时也可以通过 RTMP 从 Flashcom 服务器上流式播出，因此目前国内外主流的视频网站都使用这种格式的视频在线观看。

■ MOV

MOV 格式是美国 Apple 公司开发的一种视频格式。MOV 视频格式具有很高的压缩率和较高的视频清晰度，其最大的特点是跨平台性，不仅能支持 Mac OS，同样也能支持 Windows 系列操作系统。在所有视频格式当中，也许 MOV 格式是最不知名的。MOV 格式的文件由 QuickTime 来播放。在 Windows 一枝独大的今天，从 Mac 移植过来的 MOV 格式自然受到排挤。它具有跨平台、存储空间小的技术特点，而采用了有损压缩方式的 MOV 格式文件，画面效果较 AVI 格式要稍好一些。目前为止，MOV 格式共有 4 个版本，其中以 4.0 版本的压缩率最好。这种编码支持 16 位图像深度的帧内压缩和帧间压缩，帧率超过 10 帧每秒。现在，有一些非编软件也可以对其进行处理，包括 Adobe 公司的专业级多媒体视频处理软件 After Effects 和 Premiere。

■ MPEG

MPEG（Moving Picture Export Group）是 1988 年成立的一个专家组，它的工作是开发满足各种应用的运动图像及其伴音的压缩、解压缩和编码描述的国际标准。到 2004 年为止，开发和正在开发的 MPEG 标准有 MPEG-1、MPEG-2、MPEG-4、MPEG-7 和 MPEG-21。MPEG 系列国际标准已经成为影响最大的多媒体技术标准，对数字电视、视听消费电子产品、多媒体通信等信息产业中的重要产品产生了深远的影响。

■ RMVB

RMVB 格式是由 RM 视频格式升级而来的新型视频格式，该格式的先进之处在于打破了原来 RM 格式使用的平均压缩采样方式，在保证平均压缩比的基础上，更加合理地利用比特率资源，也就是说，对于静止和动作场面少的画面采用较低的编码速率，从而留出更多的带宽空间，这些带宽会在出现快速运动的画面场景时被利用。这就在保证了静止画面质量的前提下，大幅提高了运动图像的画面质量，从而在图像质量和文件大小之间达到平衡。同时，与 DVDrip 格式相比，RMVB 视频格式也有着较明显的优势，一部大小为 700MB 左右的 DVD 影片，如将其转录成同样品质的 RMVB 格式文件，也就 400MB 左右。不仅如此，RMVB 视频格式还具有内置字幕和无须外挂插件支持等优点。

■ WMV

WMV 格式（Windows Media Video），是微软公司推出的一种采用独立编码方式，并且可以直接在网上实时观看视频节目的文件压缩格式。WMV 视频格式的主要优点有：本地或网络回放、可扩充的媒体类型、可伸缩的媒体类型、多语言支持、环境独立性、丰富的流间关系以及扩展性等。

■ SWF

SWF 是 Macromedia 公司的动画设计软件 Flash 的专用格式，是一种支持矢量和点阵图形的动画文件格式，被广泛应用于网页设计、动画制作等领域，SWF 文件通常也被称为 Flash 文件。该格式文件用普通 IE 浏览器就可以打开，右击 SWF 文件，在“打开方式”菜单中，选择“用 IE 打开”即可。如你的 IE 未安装支持 SWF 文件的插件，第一次播放时会提示安装浏览器或者安装专门的 Flash 播放器——FlashPlayer。

1.1.2 音频基础

下面介绍什么是音频，音频有哪些属性以及音频的常见格式。

1. 音频的概念

人类所能听到的声音都能称为“声音”，而音频只是储存在计算机里的声音。声音被录制下来后，可以用计算机文件的方式储存下来。相反，我们也可以把储存下来的音频文件用音频程序播放，还原以前的声音。音频是指一个用来表示声音强弱的数据序列，由模拟声音经采样、量化和编码后得到。

2. 音频的格式

数字音频的编码方式也就是数字音频格式，不同的数字音频设备一般对应不同的音频文件格式。音频的常见格式有 CD、WAV、MP3、MIDI、WMA、RealAudio、VQF、MP4、AAC 等。

■ CD

CD 格式的音质是比较高的。标准 CD 格式为 44.1kHz 的采样频率。速率为 88kb/s，16 位量化位数，因为 CD 音轨可以说是近似无损的，因此它的声音基本上是忠于原声的。注意：不能直接复制 CD 格式的 *.cda 文件到硬盘上播放，需要使用抓音轨软件把 CD 格式的文件转换成 WAV 格式文件。

■ WAV

WAV 格式是微软公司开发的一种声音文件格式，用于保存 Windows 平台的音频信息资源，被 Windows 平台及其应用程序所支持。WAV 格式支持 MSADPCM、CCITT A LAW 等多种压缩算法，支持多种音频位数、采样频率和声道，标准格式的 WAV 文件和 CD 格式一样，也是 44.1kHz 的采样频率，速率为 88kb/s，16 位量化位数。尽管音质出众，但压缩后的文件体积过大，相对于其他音频格式而言是一个缺点。WAV 格式也是目前 PC 个人计算机上比较流行的声音文件格式，几乎所有的音频编辑软件都能识别它。

■ MP3

MP3 格 式（Moving Picture Experts Group Audio Layer III，动态影像专家压缩标准音频层面 3，简称 MP3）利用人耳对高频声音信号不敏感的特性，将时域波形信号转换成频域信号，并划分成多个频段，对不同的频段使用不同的压缩率，对高频加大压缩比（甚至忽略信号），对低频信号使用小压缩比，保证信号不失真。这样一来就相当于抛弃人耳基本听不到的高频声音，只保留能听到的低频部分，从而将声音用 1 ∶ 10 甚至 1 ∶ 12 的压缩率压缩，所以具有文件小、音质好的特点。由于这种压缩方式的全称叫 MPEG Audio Player 3，所以人们把它简称为 MP3。

■ MIDI

MIDI（Musical Instrument Digital Interface） 格式又称为乐器数字接口，允许数字合成器和其他设备交换数据。MID 文件格式由 MIDI 继承而来，MID 文件并不是一段录制好的声音，而是记录声音的信息，然后再告诉声卡如何再现音乐的一组指令。这样一个 MIDI 文件每存 1 分钟的音乐只用大约 5 ～ 10KB。MID 文件主要用于原始乐器作品、流行歌曲的业余表演、游戏音轨以及电子贺卡等。

■ WMA

WMA 格式（Windows Media Audio），它是微软公司推出的与 MP3 格式齐名的一种新的音频格式。由于 WMA 在压缩比和音质方面都超过了 MP3，更是远胜于 RA（Real Audio），即使在较低的采样频率下也能产生较好的音质。WMA 7 之后的 WMA 支持证书加密，未经许可（即未获得许可证书），即使是非法复制到本地，也是无法收听的。

■ RealAudio

RealAudio（简称 RA）是一种可以在网络上实时传送和播放的音频格式的流媒体技术。RA 文件压缩比例高，可以随网络带宽的不同而改变声音质量，适合在网络传输速度较低的互联网上使用。此类文件格式有以下几种主要形式：RA（RealAudio）、RM（RealMedia，RealAudio G2）、RMX（RealAudio Secured），这些格式统称为 Real。

■ VQF

VQF 格式是雅马哈公司开发的音频格式，它的核心是减少数据流量但保持音质，从而达到更高的压缩比，VQF 的音频压缩率比标准的 MPEG 音频压缩率高出近一倍，可以达到18:1 甚至更高。在音频压缩率方面，MP3 和 RA 都不是 VQF 的对手。相同情况下，压缩后的 VQF 文件体积比 MP3 小 30% ～ 50%，更便于网上传播，同时音质极佳，接近 CD 音质（16 位 44.1kHz 立体声）。可以说在技术上很先进，但是由于宣传不力，这种格式难有用武之地。*.vqf 可以用雅马哈的播放器播放，同时也提供了从 *.wav 文件转换到 *.vqf 文件的软件。

■ AAC

AAC（Advanced Audio Coding）实际上是高级音频编码的缩写，AAC 是由 Fraunhofer IIS-A、杜比和 AT&T 共同开发的一种音频格式，它是 MPEG-2 规范的一部分。AAC 所采用的运算法则与 MP3 的运算法则有所不同，AAC 通过结合其他的功能来提高编码效率。它还同时支持多达 48 个音轨、15 个低频音轨、更多种采样率和比特率、多种语言的兼容能力、更高的解码效率。总之，AAC 可以在比 MP3 文件缩小 30% 的前提下提供更好的音质，被手机界称为“21 世纪数据压缩方式”。

1.1.3　常用图像基础

1. 图像的概念

图像是客观对象的一种相似性的生动性的描述或写真，是人类社会活动中最常用的信息载体，它包括：纸介质上的、底片或照片上的、电视、投影仪或计算机屏幕上的图像。图像根据图像记录方式的不同可分为两大类：模拟图像和数字图像。模拟图像可以通过某种物理量（如光、电等）的强弱变化来记录图像的亮度信息，例如模拟电视图像；而数字图像则是用计算机存储的数据记录图像上各点的亮度信息。

图像用数字任意描述像素点、强度和颜色。描述信息文件存储量较大，所描述对象在缩放过程中会损失细节或产生锯齿。在显示方面它是将对象以一定的分辨率分辨以后，将每个点的色彩信息以数字化方式呈现，可直接快速地在屏幕上显示，分辨率和灰度是影响显示的主要参数。图像适用于表现含有大量细节（如明暗变化、场景复杂、轮廓色彩丰富）的对象，如照片、绘图等，通过图像软件可进行复杂的图像处理，以得到更清晰的图像或产生特殊效果。

2. 图像的格式

在计算机中常用的图像存储格式有 BMP、TIFF、EPS、JPEG、GIF、PSD、PDF 等。

■ BMP

BMP 格式是 Windows 系统的标准图像文件格式，它以独立于设备的方法描述位图，各种常用的图形图像软件都可以对该格式的图像文件进行编辑和处理。

■ TIFF

TIFF 格式是常用的位图图像格式，TIFF 位图可具有任意尺寸和分辨率，用于打印、印刷输出的图像建议存储为该格式。

■ JPEG

JPEG 格式是一种高效的压缩格式，可对图像进行大幅度的压缩，最大限度地节约网络资源，提高传输速度，因此用于网络传输的图像，一般存储为该格式。

■ GIF

GIF 格式可以在各种图像处理软件中通用，是一种经过压缩的文件格式，因此一般占用空间较小，适于网络传输，一般常用于存储动画效果图片。

■ PSD

PSD 格式是 Photoshop 软件中使用的一种标准图像文件格式，可以保留图像的图层、通道、蒙版等信息，便于后续修改和特效制作。一般在 Photoshop 中制作和处理的图像建议存储为该格式，以便最大限度地保存数据信息，待制作完成后再转换成其他图像文件格式，进行后续的合成、拼接和输出工作。

■ PDF

PDF 格式又称可移植（或可携带）文件格式，具有跨平台的特性，并包括对专业的制版和印刷生产有效的控制信息，可以作为印前领域通用的文件格式。

1.2 非线性编辑

非线性编辑是对于传统上以时间顺序进行线性编辑而言的。

1.2.1 初识非线性编辑

传统的线性编辑操作不方便，工作效率也很低，并且录像带是易受损的物理介质，在反复操作后，画面质量也变得越来越差。由此非线性编辑出现，克服了线性编辑的缺点，提高了视频编辑的工作效率。

1. 非线性编辑简介

非线性编辑，是指剪切、复制或粘贴素材，无须在素材的存储介质上重新编排它们。非线性编辑借助计算机进行数字化制作，几乎所有的工作都在计算机中完成，不再需要过多的外部设备。另外，对素材的调用也能瞬间实现，不用反反复复地在磁带上寻找，突破了单一的时间顺序编辑限制，可以按各种顺序排列，具有快捷、简便、随机的特性。

非线性编辑在编辑方式上呈非线性的特点，能够很容易地改变镜头顺序，而这些改动并不影响已编辑好的素材。非线性编辑中的“线”指的是时间，而不是信号线。

2. 非线性编辑基本流程

任何非线性编辑的工作流程，都可以简单地分为输入、编辑、输出三个步骤。当然对于不同软件功能的差异，其工作流程还可以进一步细化。以 Premiere 为例，其工作流程主要分成如下 5 个步骤。

■ 素材采集与输入

采集就是利用 Premiere 软件，将模拟视频、音频信号转换成数字信号存储到计算机中，或者将外部的数字视频存储到计算机中，成为可以处理的素材。输入主要是把其他软件处理过的图像、声音等素材导入 Premiere。

■ 素材编辑

素材编辑就是设置素材的入点与出点，以选择需要的部分，然后按时间顺序组合不同素材的过程。

■ 特技处理

对于视频素材，特技处理包括转场、特效、合成叠加。对于音频素材，特技处理包括转场和特效。令人震撼的画面效果，就是在这一过程中产生的。而非线性编辑软件功能的强弱，往往也体现在这方面。配合某些硬件，Premiere 还能够实现特技播放。

■ 字幕制作

字幕是节目中非常重要的部分，它包括文字和图形两个方面。在 Premiere 中制作字幕很方便，几乎没有无法实现的效果，并且还有大量的模板可供选择。

■ 输出和生成

节目编辑完成后，就可以回录到录像带上，也可以生成视频文件，并发布到网上、刻录 VCD 和 DVD 等。

1.2.2 非线性编辑系统构成

非线性编辑系统是计算机技术和电视数字化技术的结晶，它使电视制作的设备由分散到简约，制作速度和画面效果均有很大提高。非线性编辑的实现，软件和硬件的支持缺一不可，这就组成了非线性编辑的系统。

1. 硬件构成

从硬件上看，一个非线性编辑系统由计算机、视频卡（或 IEEE1394 卡）、声卡、硬盘、显示器、CPU、非线性编辑板卡（如特技卡）以及外围设备构成。

早期的非线性编辑系统大多选择 MAC 平台，只是由于早期的 MAC 与 PC 相比，在交互和多媒体方面有着更大的优势，但是随着 PC 技术的不断发展，PC 的性能和市场优势反而越来越大，所以大部分新的非线性编辑系统厂家更倾向于采用 Windows 操作系统。

■ 视频卡

视频卡，也称视频采集卡，是非线性编辑系统的核心部件。一台普通计算机加上视频卡和编辑软件就能构成一个基础的非线性编辑系统。它的性能指标从根本上决定着非线性编辑系统的优劣。视频卡用来采集和输出模拟视频，也就是承担 A/D 和 D/A 的实时转换。现在许多的视频卡已不再是单纯的视频处理器件，它们集视音频信号的实时采集、压缩、解压缩、回放于一体。一块卡就能完成视音频信号处理的全过程，具有很高的性价比。其中 IEEE1394 卡就是一种最常见的视频卡，如图 1-3 所示。

图 1-3

■ 声卡

声卡，也称音频卡，是多媒体技术中最基本的组成部分，是实现声波 / 数字信号相互转换的一种硬件。它的基本功能是把来自话筒、磁带、光盘的原始声音信号加以转换，输出到耳机、扬声器等声响设备，或通过音乐设备数字接口(MIDI)使乐器发出美妙的声音。

■ 硬盘

在影片的编辑过程中，要处理大量的图像和声音文件，这些文件对硬盘空间的需求很大，如果从摄像机中采集最高质量的影片素材，一般来说 50 秒不到的素材就要占用 1GB。一部影片 90 分钟，需要多少硬盘空间可想而知，所以采集素材时一般都要经过压缩，同时读取和写入的数据量都很大。总体说来，对硬盘的要求是容量越大越好，速度越快越好。

■ 显示器

显示器是直接观看编辑效果优劣的“眼睛”。有一台高分辨率、大尺寸的显示器是十分必要的，当然，更需要色彩的高保真显示。在市场上，显示器主要有 CRT 显示器（正式名称为阴极射线显像管）和 LCD 显示器（也叫液晶显示器）。在显示效果上，CRT 显示器明显要比 LCD 显示器好得多。

■ CPU

CPU 是整套系统中最重要的部件，好的 CPU 要配好的主板和大内存才能发挥其最大功效。推荐使用 I7 级别以上或同等的 AMD CPU，以提高处理的速度，同时要配置 4GB 以上的内存。

■ 非线性编辑板卡

非线性编辑板卡是决定影片质量的重要因素。一般影片的质量是指达到某种播放要求，也就是影片的分辨率。

2. 软件构成

一套完整的非线性编辑系统还应该有编辑软件。有些软件是与硬件配套使用的，这里就不过多介绍了。编辑软件由非线性编辑软件以及二维动画软件、三维动画软件、图像处理软件和音频处理软件等构成。下面介绍几种常用的非线性编辑软件。

■ Vegas Video

Vegas Video 是 PC 平台上用于视频编辑、音频制作、合成、字幕和编码的专业软件，它具有漂亮、直观的界面和功能强大的音视频制作工具，为 DV 视频、音频录制、编辑和混合、流媒体内容作品和环绕声制作提供完整的解决方法。

Vegas Video 4.0 为专业的多媒体制作树立新的标准，应用高质量切换、过滤器、片头字幕滚动和文本动画；创建复杂的合成、关键帧轨迹运动和动态全景 / 局部裁剪，具有不受限制的音轨和非常卓越的灵活性。利用高效计算机和大内存，Vegas Video 4.0 在时间线上提供特技和切换的实时预览，而不必渲染。使用三轮原色和合成色校正滤波器，完成先进的颜色校正和场景匹配。可以使用新的视频示波器精确观看图像信号电平，包括波形、矢量显示、视频 RGB 值（RGB Parade）和频率曲线监视器。

■ Final Cut Pro

Final Cut Pro 是苹果公司开发的一款专业视频非线性编辑软件。该视频剪辑软件由 Premiere 创始人 Randy Ubillos 设计，充分利用了 PowerPC 处理器中的“极速引擎”（Velocity Engine）处理核心，提供全新功能。该软件的界面设计相当友好，按钮位置得当，具有漂亮的 3D 感觉，拥有标准的项目窗口及大小可变的双监视器窗口，它运用 Avid 系统中含有的三点编辑功能，在 Preferences 菜单中进行所有的 DV 预置之后，采集视频速度快，用软件控制摄像机，可批量采集。时间线简洁容易浏览，程序的设计者选择邻接的编辑方式，剪辑是首尾相连放置的，切换是通过在编辑点上双击指定的，并使用控制句柄来控制效果的长度以及入点和出点。特技调色板具有很多功能，这些功能是可自定义的，它使 Final Cut Pro 优于只提供少许平凡运行特技的其他套装软件。Final Cut Pro 是一款较高端的编辑软件，具有像 Adobe After Effects 高端合成程序包中的合成特性。

■ Adobe Premiere

Adobe 公司推出的基于非线性编辑设备的视频编辑软件 Premiere，在影视制作领域取得了巨大的成功。

其被广泛应用于电视台、广告制作、电影剪辑等领域，成为PC和MAC平台上应用最为广泛的视频编辑软件。Premiere为Windows平台和其他跨平台的DV和所有网页影像提供了全新的支持。同时它可以与其他Adobe软件紧密集成，组成完整的视频设计解决方案。Edit Original（编辑原稿）命令可以再次编辑置入的图形或图像。另外，用户可以在轨道中添加、移动、删除和编辑关键帧，对于控制高级的二维动画游刃有余。将Premiere与Adobe公司的After Effects配合使用，更能使二者发挥最大的效能。

■ Corel Video Studio（会声会影）

会声会影是完全针对家庭娱乐、个人纪录片制作的简便型编辑软件。会声会影采用目前最流行的“在线操作指南”的步骤引导方式来处理各项视频、图像素材，它一共分为开始→捕获→故事板→效果→覆叠→标题→音频→完成8大步骤，并将操作方法与相关的配合注意事项以帮助文件的形式显示出来，称为“会声会影指南”，可以帮助用户快速学习每个流程的操作方法。

会声会影提供了12类114个转场效果，可以用拖曳的方式应用，每个效果都可以做进一步的控制，不只是一般的“傻瓜功能”。另外还可以在影片中加入字幕、旁白或动态标题，会声会影的输出方式也多种多样，它可输出传统的多媒体电影文件，例如AVI、FLC动画、MPEG电影文件，也可将制作完成的视频嵌入贺卡，生成一个可执行文件（.exe）。通过内置的Internet发送功能，可以将视频通过电子邮件发送出去或者自动将它作为网页发布。如果拥有相关的视频捕获卡，还可以将MPEG电影文件转录到家用录像带上。

■ EDIUS

EDIUS非线性编辑软件专为广播和后期制作而设计，特别针对新闻记者、无带化视频制播和存储。EDIUS拥有完善的基于文件的工作流程，提供了实时、多轨道、多格式混编、合成、色键、字幕和时间线输出功能。除了标准的EDIUS系列格式，还支持Infinity™ JPEG 2000、DVCPRO、P2、VariCam、Ikegami GigaFlash、MXF、XDCAM和XDCAM EX视频素材，同时支持所有DV、HDV摄像机和录像机。

■ Sony Vegas Movie Studio

Sony Vegas是一个专业影像编辑软件，现在被制作成为Vegas Movie Studio，是专业版的简化而高效的版本，将成为PC上最佳的入门级视频编辑软件，媲美Premiere，挑战After Effects。剪辑、特效、合成一气呵成。结合高效率的操作界面与多功能的优异特性，让用户更简易地创造丰富的影像。Vegas为一整合影像编辑与声音编辑的软件，其中无限制的视轨与音轨，更是其他影音软件所没有的特性。在功能上更提供了合成、进阶编码、转场特效、修剪及动画控制等。无论是专业人士还是个人用户，都可以因其简易的操作界面而轻松上手。

1.2.3 视频采集基础

视频拍摄好后，要将其转移至计算机中储存或编辑，这就需要视频采集。

1. 视频采集简介

所谓的视频采集，就是将模拟摄像机、录像机、LD光盘机、电视机输出的视频信号，通过专用的模拟——数字转换设备，转换为二进制数字信号的过程。视频采集把模拟视频转换成数字视频，并按数字视频文件的格式保存下来。

视频采集卡是视频采集工作中的主要设备，它分为家用和专业两个级别。家用级视频采集卡只能做到视频采集和初步的硬件级压缩；专业级视频采集卡不仅可以进行视频采集，还可以实现硬件级的视频压缩和视频编辑。

2. 安装1394卡

IEEE1394是IEEE标准化组织制定的一项具有视频数据传输速度的串行接口标准。与USB相同，1394也支持外设热插拔，同时可为外设提供电源，省去了外设自带的电源。1394卡的安装步骤如下：

① 首先关闭计算机电源，打开机箱，将IEEE1394卡安装在一个空的PCI插槽上。

② 从IEEE1394卡包装盒中取出螺钉，将其固定在机箱上。

至此，完成了IEEE1394卡的硬件安装。

此外，还需要进行软件安装，安装IEEE1394卡使用的驱动程序、MPEG编码器、解码器等。具体步骤如下：

① 安装DirectX 9.0或以上版本。许多视频采集卡都要求安装DirectX才能够使用。

② 安装并注册 MPEG 编码器、解码器。

③ 将视频采集卡的安装盘放入光驱。

④ 选择采集卡的驱动程序。

⑤ 依次选择“安装驱动程序”“安装 SDK 开发包”“安装应用程序、客户端、服务器端”。

⑥ 重新启动计算机，完成软件的安装。

至此 1394 卡安装完成了。

1.3 蒙太奇

蒙太奇是一种剪辑手法，在各大影视作品中都会看到该手法的应用效果。蒙太奇艺术从诞生至今，一直处于逐渐成熟，并继续创作发展的状态中，下面就来认识一下蒙太奇。

1.3.1 蒙太奇的概念

蒙太奇，法文 Montage 的音译，原为“装配、剪切”之意。在电影的创作中，电影艺术家先把全篇所要表现的内容分成许多不同的镜头，并进行分别拍摄，然后再按照原先规定的创作构思，把这些镜头有机地组接起来，产生平行、连贯、悬念、对比、暗示、联想等作用，形成各个有组织的片段和场面，直至完成一部完整的影片。这种按导演的创作构思组接镜头的方法就是蒙太奇。

我们可以把蒙太奇的表现方式分为两大类：叙述性蒙太奇和表现性蒙太奇。

1.3.2 叙述性蒙太奇

叙述性蒙太奇是通过一个个画面来讲述动作、交待情节、演示故事。叙述性蒙太奇有连续式、平行式、交叉式、复现式 4 种基本形式。

1. 连续式

连续式蒙太奇沿着一条单一的情节线索，按照事件的逻辑顺序，有节奏地连续叙事。这种叙事自然流畅、朴实平顺，但由于缺乏时空与场面的变换，无法直接展示同时发生的情节，难于突出各条情节线之间的并列关系，不利于概括，易有拖沓冗长、平铺直叙之感。因此，在一部影片中绝少单独使用，多与平行式、交叉式蒙太奇交混使用，相辅相成。

2. 平行式

在影片故事的发展过程中，通过两件或三件内容性质上相同，而在表现形式上不尽相同的事，同时异地并列进行，而又互相呼应、联系，起着彼此促进、互相刺激的作用，这种方式就是平行式蒙太奇。平形式蒙太奇不重在时间的因素，而重在几条线索的平行发展，靠内在的悬念把各条线的戏剧动作紧密地接在一起。采用迅速交替的手段，造成悬念和逐渐强化的紧张气氛，使观众在极短的时间内，看到两个情节的发展，最后又结合在一起。

3. 交叉式

交叉式蒙太奇，即两个以上具有同时性的动作或场景交替出现。它是由平行蒙太奇发展而来的，但更强调同时性、密切的因果关系及迅速频繁的交替表现，因而能使动作和场景产生互相影响、互相加强的作用。这种剪辑技巧极易引起悬念，造成紧张激烈的气氛，加强矛盾冲突的尖锐性，是掌握观众情绪的有力手法。惊险片、恐怖片和战争片常用此法烘托追逐和惊险的场面。

4. 复现式

复现式蒙太奇，即前面出现过的镜头或场面，在关键时刻反复出现，造成强调、对比、呼应、渲染等艺术效果。在影视作品中，各种构成元素，如人物、景物、动作、场面、物件、语言、音乐、音响等，都可以通过精心构思反复出现，以期产生独特的寓意和印象。

1.3.3 表现性蒙太奇

表现性蒙太奇（也称对列蒙太奇），不是为了叙事，而是为了某种艺术表现的需要。它不是以事件发展顺序为依据的镜头组合，而是通过不同内容镜头的对列来暗示、比喻表达一个原来不曾有的新含义，一种比人们所看到的表面现象更深刻、更富有哲理的东西。表现性蒙太奇在很大程度上是为了表达某种思想或某种情绪意境，造成一种情感的冲击力。表现式蒙太奇有对比式、隐喻式、心理式和累积式 4 种形式。

1. 对比式

对比式蒙太奇，即把两种思想内容截然相反的镜头并列在一起，利用它们之间的冲突造成强烈的对比，以表达某种寓意、情绪或思想。

2. 隐喻式

隐喻式蒙太奇是一种独特的影视比喻的方法，它是通过镜头的对列，将两个不同性质的事物间的某种相类似的特征突现出来，以此喻彼，刺激观众的感受。隐喻蒙太奇的特点是巨大的概括力和简洁的表现手法相结合，具有强烈的情绪感染力和造型表现力。

3. 心理式

心理式蒙太奇，即通过镜头的组接展示人物的心理活动。如表现人物的闪念、回忆、梦境、幻觉、幻想，甚至潜意识的活动。它是人物心理的造型表现，其特点是片断性和跳跃性，主观色彩强烈。

4. 累积式

累积式蒙太奇，即把一连串性质相近的同类镜头组接在一起，造成视觉的累积效果。累积式蒙太奇也可用以叙事，也可以成为叙述性蒙太奇的一种形式。

1.4 镜头衔接的技巧与原则

镜头衔接不是镜头的简单组合，而是一次艺术的再加工。良好的镜头组接，可以使影视作品产生更好的视觉效果和艺术感染力。

1.4.1 镜头衔接技巧

无技巧衔接就是通常所说的“切”，是指不用任何电子特技，而是直接用镜头的自然过渡来链接镜头或者段落的方法。

常用的衔接技巧有以下几种。

1. 淡出淡入

淡出是指上一段落最后一个镜头的画面逐渐隐去直至黑场；淡入是指下一段落第一个镜头的画面逐渐显现直至正常的亮度。这种技巧可以给人一种间歇感，适用于自然段落的转换。

2. 叠化

叠化是指前一个镜头的画面和后一个镜头的画面相叠加，前一个镜头的画面逐渐隐去，后一个镜头的画面逐渐显现的过程，两个画面有一个过渡时间。叠化特技主要有以下几种功能：一是用于时间的转换，表示时间的消逝；二是用于空间的转换，表示空间已发生变化；三是用叠化表现梦境、想象、回忆等插叙、回叙场合；四是表现景物变幻莫测、琳琅满目、目不暇接。

3. 划像

划像可分为划出与划入。前一画面从某一方向退出荧屏称为“划出”，下一个画面从某一方向进入荧屏称为“划入”。划出与划入的形式多种多样，根据画面进出荧屏的方向不同，可分为横划、竖划、对角线划等。划像一般用于两个内容意义差别较大的镜头的组接。

4. 键控

键控分黑白键控和色度键控两种。

✦ 黑白键控又分内键与外键，内键控可以在原有彩色画面上叠加字幕、几何图形等；外键控可以通过特殊图案重新安排两个画面的空间分布，把某些内容安排在适当位置，形成对比性显示。

✦ 色度键控常用在新闻片或文艺片中，可以把人物嵌入奇特的背景中，构成一种虚设的画面，增强艺术感染力。

1.4.2 镜头衔接的原则

影片中镜头的前后顺序并不是杂乱无章的，视频编辑工作者会根据剧情需要，选择不同的组接方式。镜头组接的总原则是：合乎逻辑、内容连贯、衔接巧妙。

1. 符合观众的思想方式和影视表现规律

镜头的组接不能随意，必须符合生活的逻辑和观众思维的逻辑。因此，影视节目要表达的主题与中心思想一定要明确，这样才能根据观众的心理要求，即思维逻辑来考虑选用哪些镜头，以及怎样将它们有机地组合在一起。

2. 遵循镜头调度的轴线规律

所谓的“轴线规律”是指拍摄的画面是否有“跳轴”现象。在拍摄时，如果摄像机的位置始终在主体运动轴线的同一侧，那么构成画面的运动方向、放置方向都是一致的，否则称为“跳轴”。“跳轴”的画面一般情况下是无法组接的。在进行组接时，遵循镜头调度的轴线规律拍摄的镜头，能使镜头中的主体物的位置、运动方向保持一致，合乎人们观察事物的规律，否则就会出现方向性混乱。

3. 景别的过渡要自然、合理

表现同一主体的两个相邻镜头组接时要遵守以下原则。

✦ 两个镜头的景别要有明显变化，不能把同机位、同景别的镜头相接。因为同一环境中的同一对象，机位不变，景别又相同，两镜头相接后会产生主体的跳动。

✦ 景别相差不大时，必须改变摄像机的机位，否则也会产生明显跳动，好像一个连续镜头从中截去一段。

✦ 对不同主体的镜头组接时，同景别或不同景别的镜头都可以组接。

4. 镜头组接要遵循“动接动”“静接静”的规律

如果画面中同一主体或不同主体的动作是连贯的，可以动作接动作，达到顺畅、简洁过渡的目的，我们简称为“动接动”。如果两个画面中的主体运动是不连贯的，或者它们中间有停顿时，那么这两个镜头的组接，必须在前一个画面主体做完一个完整动作停下来后，再接上一个从静止到运动的镜头，这就是“静接静”。“静接静”组接时，前一个镜头结尾停止的片刻叫“落幅”，后一镜头运动前静止的片刻叫作“起幅”。起幅与落幅时间间隔大约为一两秒钟。运动镜头和固定镜头组接，同样需要遵循这个规律。如一个固定镜头要接一个摇镜头，则摇镜头开始时要有起幅；相反一个摇镜头接一个固定镜头，那么摇镜头要有落幅，否则画面就会给人一种跳动的视觉感。有时为了实现某种特殊效果，也有“静接动”或“动接静”的镜头。

5. 光线、色调的过渡要自然

在组接镜头时，还应该注意相邻镜头的光线与色调不能相差太大，否则也会导致镜头组接太突然，使人感到不连贯、不流畅。

1.5　本章小结

本章介绍了视频编辑的相关基础知识、影视领域蒙太奇手法的技巧与原则，为今后学习视频编辑打下了良好的基础。

第2章

工作环境与基本操作

要学好 Premiere Pro CC 2018 软件，必须先熟悉 Premiere Pro CC 2018 的工作环境。本章主要介绍关于 Premiere Pro CC 2018 软件的一些基础知识、软件的安装及配置要求、Premiere Pro CC 2018 的工作界面等内容。

第 2 章素材文件

第 2 章视频文件

2.1 Premiere Pro 简介

Premiere Pro 是目前比较流行的非线性编辑软件之一，也是一个功能强大的实时视频和音频编辑工具，是视频爱好者们使用最多的视频编辑软件之一。它作为功能强大的多媒体视频、音频编辑软件，应用范围不胜枚举，制作效果也美不胜收，足以协助用户更加高效地工作。Premiere Pro 以其合理化的界面和通用高端的工具，兼顾了广大视频用户的不同需求，成为一款极具创新的非线性视频编辑软件。

2.2 Premiere Pro CC 2018 的配置要求

最新的 Premiere Pro CC 2018 与之前的版本相比，工作体验更加完善，功能进一步创新，同时也提高了对计算机系统的运行要求。以下介绍 Premiere Pro CC 2018 在不同操作系统上的配置要求。

2.2.1 Windows 版本

✦ 英特尔®酷睿™2 双核以上或 AMD 羿龙®II 以上处理器。

✦ Microsoft® Windows® 7 带有 Service Pack 1（64 位）或 Windows 8（64 位）。

✦ 4GB 的 RAM（建议使用 8GB）。

✦ 4GB 的可用硬盘空间用于安装（无法安装在可移动闪存设备，在安装过程中需要额外的可用空间）。

✦ 需要额外的磁盘空间预览文件和其他工作档案（建议使用 10GB）。

✦ 1280×800 分辨率的屏幕。

✦ 7200 RPM 或更快的硬盘驱动器（多个快速的磁盘驱动器，最好配置 RAID 0）。

✦ 声卡兼容 ASIO 协议或 Microsoft Windows 驱动程序模型。

✦ QuickTime 的功能所需的 QuickTime 7.6.6 软件。

✦ 可选 Adobe 认证的 GPU 卡，以加速显示性能。

✦ 互联网连接，并登录所必需的激活软件，从而得到会员验证和访问在线服务。

2.2.2 Mac OS X 版本

✦ 多核英特尔处理器。

✦ Mac OS X 的 10.7 版或 v10.8。

✦ 4GB 的 RAM（建议使用 8GB）。

✦ 4GB 的可用硬盘空间用于安装（无法安装在使用区分大小写的文件系统中，或可移动闪存设备上，在安装过程中需要额外的可用空间）。

✦ 需要额外的磁盘空间，用于预览文件和其他工作档案（建议使用 10GB）。

✦ 1280×800 分辨率的屏幕。

✦ 7200 转硬盘驱动器（多个快速的磁盘驱动器，最好采用 RAID 0 配置）。

✦ QuickTime 功能所需的 QuickTime 7.6.6 软件。

✦ 可选 Adobe 认证的 GPU 卡，以加速显示性能。

✦ 互联网连接，并登录所必需的激活软件，从而得到会员验证和访问在线服务。

2.3　启动 Premiere Pro CC 2018

下载安装好 Premiere Pro CC 2018 后，双击程序图标，启动该软件，进入 Premiere Pro CC 2018 的操作界面。或者在程序图标上右击，在弹出的快捷菜单中执行“打开”命令，启动 Premiere Pro CC 2018，如图 2-1 所示。

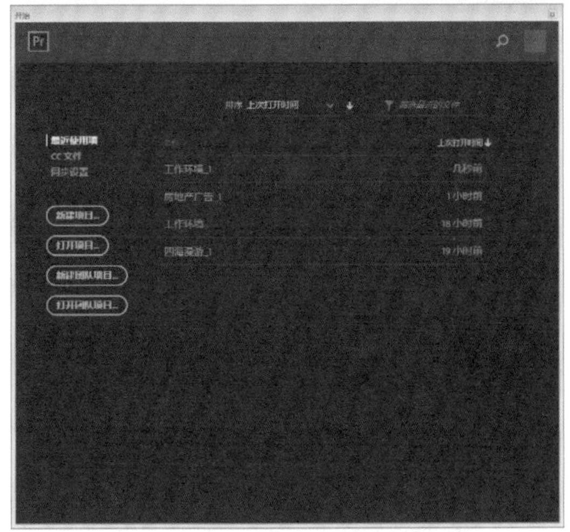

图 2-1

下面对欢迎屏幕中的各选项进行介绍。

✦ 新建项目：用于新建项目文件。

✦ 打开项目：用于打开储存在计算机中的项目文件。

2.4　Premiere Pro CC 2018 工作界面

初次进入 Adobe Premiere Pro CC 2018，你所看到的界面是该软件的默认工作界面。其中的“项目”面板、“源”监视器面板、“节目”监视器面板以及“序列”面板，都是在视频编辑中最常用的基本工作面板。

2.4.1　面板详解

1.“项目”面板

“项目”面板用于存放创建的序列和素材，其右侧显示的是当前打开项目的名称。“项目”面板可以对素材执行插入到序列、复制删除等操作，以及预览素材、查看素材详细属性等，如图 2-2 所示。

图 2-2

2.“媒体浏览器”面板

“媒体浏览器”面板用于快速浏览计算机中的其他素材，可以对素材进行导入到项目、在“源”监视器面板中预览等操作，如图 2-3 所示。

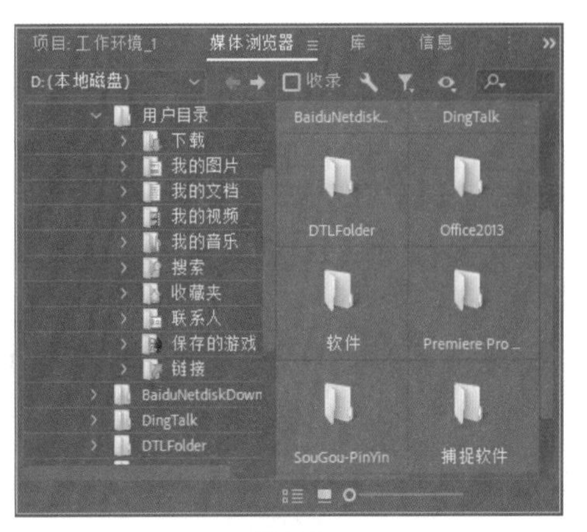

图 2-3

3. “信息”面板

“信息”面板用于查看所选素材以及当前序列的详细属性，如图 2-4 所示。

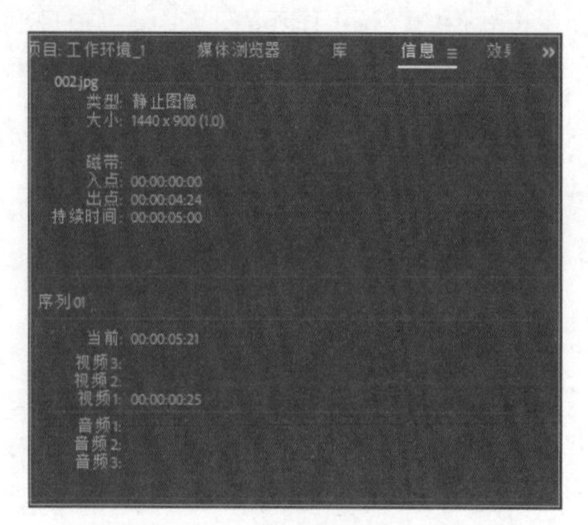

图 2-4

4. “效果”面板

“效果”面板中展示了软件所能提供的所有效果，包括预设、Lumetri 预设、音频效果、音频过渡、视频效果和视频过渡，如图 2-5 所示。

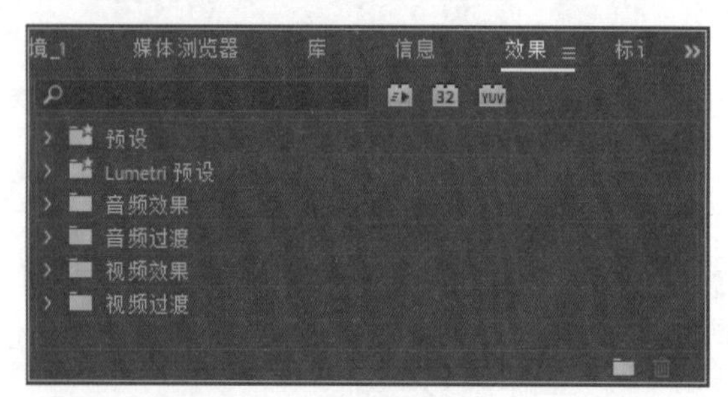

图 2-5

5. “标记”面板

“标记”面板可查看打开的剪辑或序列中的所有标记，并会显示与剪辑关联的详细信息，例如彩色编码的标记、入点、出点以及注释，通过单击“标记”面板中的剪辑缩览图，并将播放指示器移动至相应标记的位置即可，如图 2-6 所示。

图 2-6

6. “历史记录”面板

“历史记录”面板用于记录操作历史，可以删除一项或多项操作历史，也可以将删除过的操作还原。在“历史记录”面板中，可以选择并删除其中的某个动作，但其后的动作也将一并删除；不可以选择或者删除其中任意不相邻的动作，如图 2-7 所示。

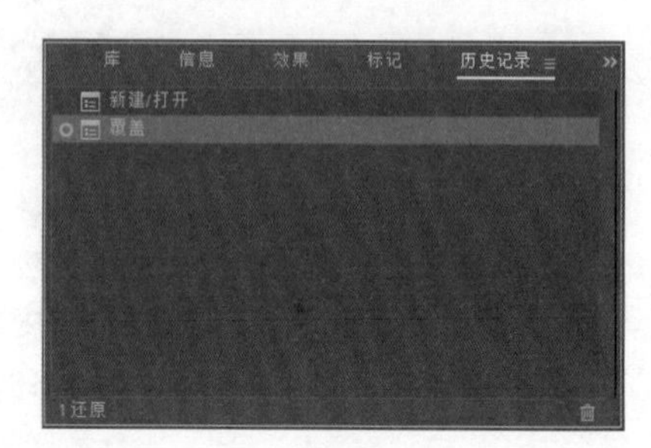

图 2-7

技巧与提示：

在编辑过程中，按 Ctrl+Z 快捷键可以撤销当前动作；按 Ctrl+Shift+Z 快捷键可以恢复为“历史记录”面板中当前动作下一步的操作状态。

7. “工具”面板

“工具”面板中的每个图标都是一个工具的快捷方式，如选择工具、选择轨道工具、剃刀工具等，如图 2-8 所示。

图 2-8

8. “时间轴”面板

“时间轴”面板左侧是轨道状态区，其中显示了轨道名称和轨道控制符号等；右侧是轨道编辑区，可以排列和放置剪辑素材，如图 2-9 所示。

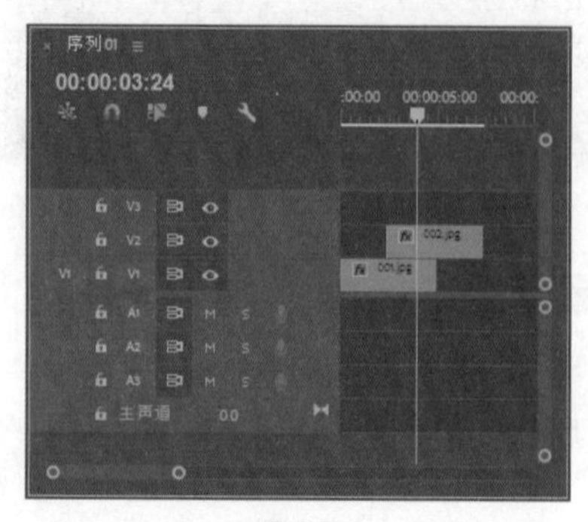

图 2-9

技巧与提示：

“时间轴”面板就是“序列”面板。当项目中没有序列时，窗口左上角的文字显示为“时间轴”；当项目中创建了序列之后，窗口左上角的文字就显示为“序列 01”“序列 02”等。

9.“源”监视器面板

“源”监视器面板中可回放各个剪辑，可准备要添加至序列的剪辑——设置入点和出点，并指定剪辑的源轨道（音频或视频）。也可插入剪辑标记以及将剪辑添加至“时间轴”面板上的序列中，如图 2-10 所示。

图 2-10

10.“效果控件”面板

“效果控件”面板显示了素材的固定效果，分别是运动、不透明度和时间重映射三种，也可以自定义从效果文件夹中添加的效果，如图 2-11 所示。

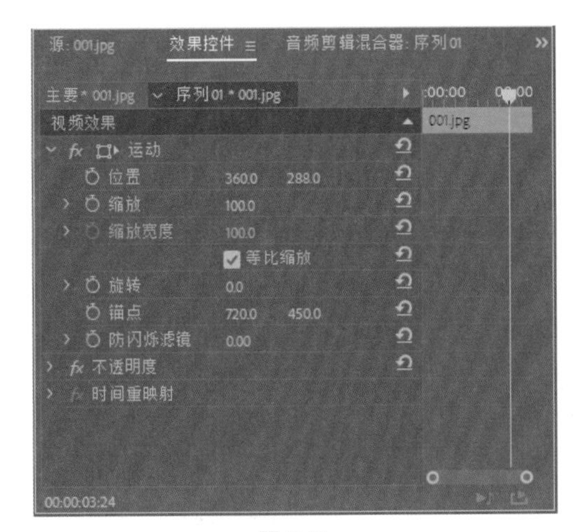

图 2-11

11.“音频剪辑混合器”面板

在“音频轨道混合器”面板中，可在听取音频轨道和查看视频轨道时调整属性。每条音频混合器轨道均对应于活动序列“时间轴”面板中的某个轨道，并会在音频控制台布局中显示时间轴音频轨道。通过双击轨道名称可将其重命名。还可使用音频轨道混合器直接将音频录制到序列的轨道中，如图 2-12 所示。

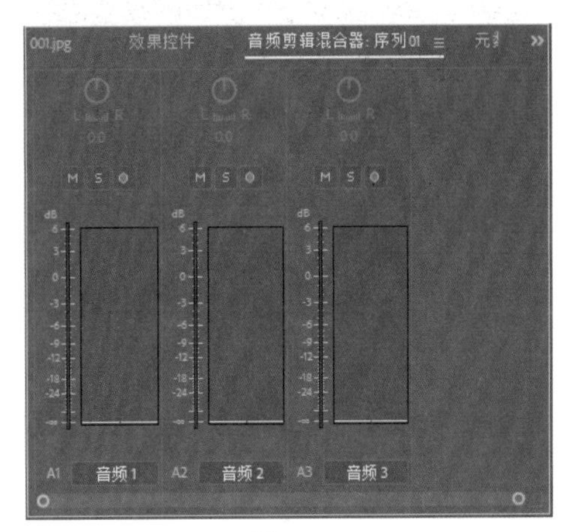

图 2-12

12.“元数据”面板

“元数据”面板中显示选定资源的剪辑实例元数据和 XMP 文件元数据。“剪辑”标题下的字段显示的是剪辑实例元数据——与在“项目”面板或序列中选择的剪辑有关的信息。剪辑实例元数据存储在 Premiere Pro 项目文件中，而不是该剪辑所指向的文件中。“文件”和“语音分析”标题下的字段显示 XMP 元数据，使用“语音搜索”，可以将剪辑中读出的文字转录为文本，然后通过搜索该文本查找某个特定文字在剪辑中读出的位置，如图 2-13 所示。

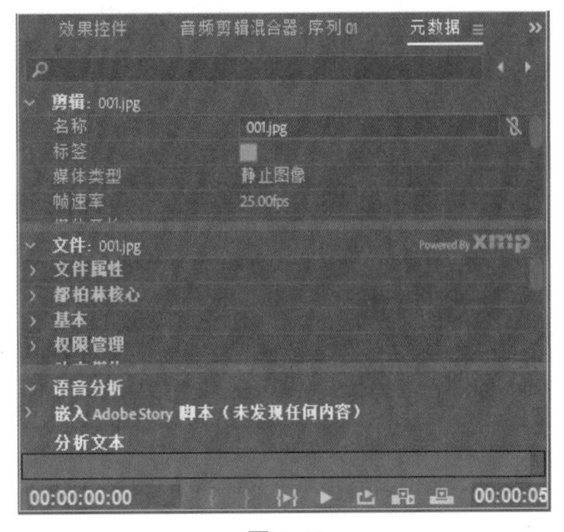

图 2-13

13. “节目”监视器面板

“节目”监视器面板可回放正在组合的剪辑的序列。回放的序列就是“时间轴”面板中的活动序列。用户可以设置序列标记并指定序列的入点和出点。序列入点和出点定义序列中添加或移除帧的位置，如图 2-14 所示。

图 2-14

14. “参考”监视器面板

“参考”监视器面板的作用类似于辅助“节目”监视器面板，可以使用该面板并排比较序列的不同帧，或使用不同的模式查看序列的相同帧，如图 2-15 所示。

图 2-15

2.4.2 菜单介绍

Premiere Pro CC 2018 菜单栏包含了 8 个菜单：“文件”“编辑”“剪辑”“序列”“标记”“图形”“窗口”和“帮助”，如图 2-16 所示。下面介绍各个菜单。

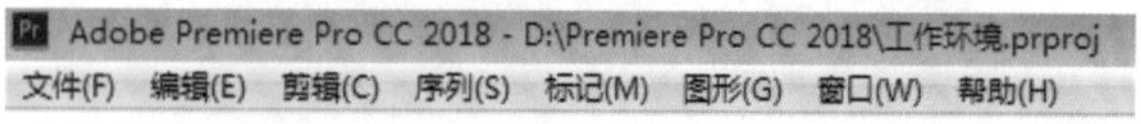

Adobe Premiere Pro CC 2018 - D:\Premiere Pro CC 2018\工作环境.prproj
文件(F) 编辑(E) 剪辑(C) 序列(S) 标记(M) 图形(G) 窗口(W) 帮助(H)

图 2-16

1. “文件”菜单

“文件”菜单主要用于对项目文件的管理，如新建、打开、保存和导出等，另外还可用于采集外部视频素材，菜单命令介绍如下。

✦ “新建”：主要用于创建一个新的项目、序列、文件夹、脱机文件、字幕、彩条、通用倒计时片头等。

✦ “打开项目”：用于打开已经存在的项目。

✦ “打开最近使用的内容”：用于打开最近编辑过的 10 个项目。

✦ “关闭项目”：用于关闭当前打开的项目，但不退出软件。

✦ “关闭”：用于关闭当前选中的面板。

✦ “保存”：用于保存当前项目。

✦ “另存为”：用于将当前项目重命名或换路径保存，同时进入新文件的编辑状态。

✦ “保存副本”：用于为当前项目存储一个副本，存储副本后仍处于原文件的编辑状态。

✦ “还原”：用于将最近依次编辑的文件或者项目恢复原状，即返回到上次保存的项目状态。

✦ “同步设置”：用于让用户将常规首选项、键盘快捷键、预设和库同步到 Creative Cloud。

✦ “捕捉”：用于通过外部的采集设备，获得视频 / 音频素材，即采集素材。

✦ “批量捕捉”：用于通过外部的采集设备批量捕获视频 / 音频素材，即批量采集素材。

✦ Adobe Dynamic Link：新建一个链接到 Premiere Pro 项目的 Encore 合成或链接到 After Effects。

✦ Adobe Story：可让用户导入在 Adobe Story 中创建的脚本以及关联元数据。

✦ “从媒体浏览器导入”：用于将从媒体浏览器中选择的文件输入“项目”面板。

✦ “导入”：用于将硬盘上的多媒体文件输入“项目”面板。

✦ “导入批处理列表”：将批量列表导入“项目”面板中。

✦ “导入最近使用的文件”：用于直接将最近编辑过的素材输入“项目”面板，不弹出“导入”对话框，方便用户更快、更准地输入素材。

✦ “导出”：用于将工作区域栏范围中的内容输出成视频。

✦ “获取属性”：用于获取文件的属性或者选择内容的属性，它包括两个选项：一个是文件，一个是选择。

✦ “项目设置”：包括常规和暂存盘，用于设置视频影片、时间基准和时间显示，显示视频和音频设置，提供了用于采集音频和视频的设置及路径。

✦ “项目管理”：打开“项目管理器”，创建项目的修整版本。

✦ “退出”：关闭 Premiere 软件。

2.“编辑”菜单

“编辑”菜单中主要包括一些常用的基本编辑功能，如撤销、重做、复制、粘贴、查找等。另外还提供了 Premiere 中特有的影视编辑功能，如波纹删除、编辑源素材、标签等，菜单命令介绍如下。

✦ “撤销”：撤销上一步的操作。

✦ “重做”：该命令与撤销是相对的，它只有在使用了“撤销”命令之后才被激活，可以取消撤销的操作。

✦ “剪切”：用于将选中的内容剪切掉，然后粘贴到指定的位置。

✦ “复制”：用于将选中的内容复制一份，然后粘贴到指定的位置。

✦ “粘贴”：与“剪切”命令和“粘贴”命令配合使用，用于将复制或剪切的内容粘贴到指定的位置。

✦ “粘贴插入”：用于将复制或剪切的内容，在指定位置以插入的方式进行粘贴。

✦ “粘贴属性”：用于将其他素材片段上的一些属性粘贴到选中的素材片段上，这些属性包括一些过渡特效和设置的一些运动效果等。

✦ “清除”：用于删除选中的内容。

✦ “波纹删除”：用于删除选定素材，且不让轨道中留下空隙。

✦ “重复”：用于复制“项目”面板中的素材，只有选中“项目”面板中的素材时，该命令才可用。

✦ “全选”：用于选择当前面板中的全部内容。

✦ “选择所有匹配项”：用于选择“时间轴”面板中的多个源自同一个素材的片段。

✦ “取消全选”：用于取消所有选中状态。

✦ “查找”：用于在“项目”面板中查找素材。

✦ “标签”：用于改变“时间轴”面板中素材片段的颜色。

✦ “移除未使用资源”：用于快速删除“项目”面板中未使用的素材。

✦ “编辑原始”：用于将选中的素材在外部程序中进行编辑，如 Photoshop 等软件。

✦ “在 Adobe Audition 中编辑”：将音频文件导入 Adobe Audition 并进行编辑。

✦ “在 Adobe Photoshop 中编辑”：将图片素材导入 Adobe Photoshop 并进行编辑。

✦ “快捷键”：用于指定键盘快捷键。

✦ “首选项”：用于设置 Premiere 系统的一些基本参数，包括综合、音频、音频硬件、自动存盘、采集、设备管理、同步设置、字幕等。

3.“剪辑”菜单

“剪辑”菜单主要用于对“项目”面板或“时间轴”面板中的各种素材进行编辑处理，菜单命令介绍如下。

✦ “重命名”：用于对“项目”面板中的素材和“时间轴”面板中的素材片段进行重命名。

✦ “制作子剪辑”：根据在“源”监视器面板中编辑的素材，创建附加素材。

✦ “编辑子剪辑”：编辑附加素材的入点和出点。

✦ “编辑脱机”：进行素材脱机编辑。

✦ “源设置”：对素材源对象进行设置。

✦ “修改”：用于修改音频的声道或者时间码，还可以查看或修改素材的信息。

✦ “视频选项”：用于设置帧定格、场选项、帧混合或者缩放为帧大小。

✦ “音频选项”：用于设置音频增益、拆分为单声道、渲染和替换或者提取音频。

✦ “速度 / 持续时间”：设置播放速度或持续时间。

✦ “捕捉设置”：可以设置捕捉素材的相关参数。

✦ “插入”：将素材插入“时间轴”中的当前时间指示处。

✦ “覆盖”：将素材放置在当前时间指示处，覆盖已有的素材片段。

✦ “替换素材”：使用磁盘上的文件替换“时间轴”中的素材。

✦ “替换为剪辑”：用“源”监视器面板中编辑的素材或者素材库中的素材替换“时间轴”中已选中的素材片段。

✦ “自动匹配序列”：快速组合粗剪或将剪辑添加到现有序列中。

✦ “启用”：激活或禁用“时间轴”中的素材。禁用的素材不会显示在“节目”监视器面板中，也不能被导出。

✦ “链接”：链接不同轨道的素材，方便一起编辑。

✦ “编组”：将“时间轴”上的素材放在一组中，以便整体操作。

✦ “取消编组”：取消素材的编组。

✦ “同步”：根据素材的起点、终点或时间码，在“时间轴”上排列素材。

✦ “合并剪辑”：将“时间轴”上的一段视频和音频合并为一个剪辑，并添加到素材库中，同时不影响“时间轴”上原来的编辑状态。

✦ “嵌套”：可以将源序列编辑到其他序列中，同时保持原始剪辑和轨道布局的完整。

✦ “创建多机位源序列”：将具有通用入点/出点或重叠时间码的剪辑，合并为一个多机位序列。

✦ “多机位”：在“节目”监视器面板中显示多机位编辑界面。可以从使用多台摄像机从不同角度拍摄的剪辑中，或从特定场景的不同镜头中，创建立即可编辑的序列。

4. “序列”菜单

“序列”菜单中的命令可以渲染并查看素材，也能更改“时间轴”中的视频和音频轨道数，菜单命令介绍如下。

✦ “序列设置”：打开“序列设置”对话框，对序列参数进行设置。

✦ “渲染入点到出点的效果”：渲染工作区域内的效果，创建工作区预览，并将预览文件保存到磁盘上。

✦ “渲染入点到出点”：渲染整个工作区域，并将预览文件保存在磁盘上。

✦ “渲染选择项”：渲染“时间轴”上选中的部分素材，并将预览文件保存在磁盘上。

✦ “渲染音频”：只渲染工作区域的音频。

✦ “删除渲染文件”：删除磁盘上的渲染文件。

✦ “删除入点到出点的渲染文件”：删除工作区域内的渲染文件。

✦ “匹配帧”：匹配“源”监视器面板和“节目”监视器面板中的帧。

✦ “添加编辑”：拆分剪辑，相当于“剃刀”工具。

✦ “添加编辑到所有轨道”：拆分时间指示处所有轨道上的剪辑。

✦ “修剪编辑”：对已编入序列的剪辑入点和出点进行调整。

✦ “将所选编辑点扩展到播放指示器”：将最接近播放指示器的选定编辑点移至播放指示器的位置，与滚动编辑相似。

✦ “应用视频过渡”：在两段素材之间的当前时间指示处添加默认的视频过渡效果。

✦ “应用音频过渡”：在两段素材之间的当前时间指示处，添加默认音频过渡效果。

✦ “应用默认过渡到选择项”：将默认的过渡效果应用到选中的素材对象上。

✦ “提升”：剪切在“节目”监视器面板中设置入点到出点的 V1 和 A1 轨道中的帧，并在“时间轴”上保留空隙。

✦ “提取”：剪切在“节目”监视器面板中设置入点到出点的帧，不在“时间轴”上保留空隙。

✦ “放大”：放大“时间轴”的显示状态。

✦ “缩小”：缩小“时间轴”的显示状态。

✦ “转到间隔”：跳转到序列中的某一段间隔。

✦ “对齐”：对齐到素材边缘。

✦ “标准化主轨道”：对主音轨道进行标准化设置。

✦ “添加轨道”：在“时间轴”中添加轨道。

✦ “删除轨道”：从“时间轴”中删除轨道。

5. “标记”菜单

“标记”菜单主要用于添加和删除各类标记点，以及标记点的选择，菜单命令介绍如下。

✦ “标记入点”：在时间指示处添加入点标记。

✦ “标记出点”：在时间指示处添加出点标记。

✦ “标记剪辑”：设置与剪辑入点和出点匹配的序列入点和出点。

✦ “标记选择项”：设置序列入点和出点与选择项的入点和出点匹配。

✦ “清除入点”：清除素材的入点。

✦ “清除出点”：清除素材的出点。

✦ “清除入点和出点”：清除素材的入点和出点。

✦ “添加标记”：在子菜单命令指定的位置设置一个标记。

✦ “转到下一标记”：跳转到素材的下一个标记。

✦ “转到上一标记”：跳转到素材的上一个标记。

✦ “清除所选标记”：清除素材上的指定标记。

✦ “清除所有标记”：清除素材上的所有标记。

✦ “编辑标记”：编辑当前标记的时间及类型等。

✦ “添加章节标记”：为素材添加章节标记。

✦ “添加 Flash 提示标记”：为素材添加 Flash 提示点标记。

6. “图形”菜单

“图形”菜单中包含了与字幕相关的一系列命令，如新建字幕、字体、颜色、大小、方向和排列等。菜单命令能够更改在字幕设计中创建的文字和图形，该菜单命令介绍如下。

✦ “新建字幕”：用于新建字幕文件，字幕类型包括静态字幕、滚动字幕和游动字幕。

✦ “字体”：用于设置字幕的字体。

✦ “大小”：用于设置字幕文字的大小。

✦ “文字对齐”：用于设置字幕的对齐方式，包括靠左、居中和靠右三种对齐方式。

✦ “方向”：用于设置文字是横排还是竖排。

✦ “自动换行”：用于开启或关闭文字自动换行。

✦ “制表位”：在文字中设置跳格。

✦ “模板”：用于选择使用和创建字幕模板。

✦ “滚动 / 游动选项”：用于创建和控制动画字幕。

✦ “图形”：用于在字幕中插入图片，还可以修改图片大小。

✦ “变换”：提供视觉转换命令，包括位置、比例、旋转和不透明度四种。

✦ “选择”：用于选择不同对象。

✦ “排列”：子菜单中包含了移至最前、前移、移至最后和后移四种移动方式。

✦ “位置”：快速调整文字位置，包括水平居中、垂直居中和下方三分之一处三种命令。

✦ “对齐对象”：用于对齐一个字幕文件中的多个对象。

✦ “分布对象”：在子菜单中提供了在屏幕上分布或分散选定对象的命令。

✦ “视图”：包括查看字幕和动作安全区域、文字基线、跳格标记和视频等命令。

7.“窗口”菜单

“窗口”菜单中包含了控制 Premiere Pro 的所有窗口和面板的命令，可以随意打开或关闭任意面板，也可以恢复到默认状态，菜单命令介绍如下。

✦ “工作区”：在子菜单中，可以选择需要的工作区布局方式，以及对工作区进行重置或管理。

✦ “扩展”：在子菜单中，可以选择打开 Premiere Pro 的扩展程序，加载默认的 Adobe Exchange 在线资源下载与信息查询辅助程序。

✦ “最大化框架”：切换当前关注的面板到最大化显示状态。

✦ “音频剪辑效果编辑器”：用于打开或关闭“音频剪辑效果编辑器”面板。

✦ “音频轨道效果编辑器”：用于打开或关闭“音频轨道效果编辑器”面板。

✦ “Adobe Story”：用于进入 Adobe Story 程序的登录界面，输入用户的 Adobe ID 进行联网登录。

✦ “事件”：用于打开或关闭“事件”面板，查看或管理影片序列中设置的事件动作。

✦ “信息”：用于打开或关闭“信息”面板，查看当前所选素材剪辑的属性、序列中当前时间指针的位置等信息。

✦ “元数据”：用于打开或关闭“元数据”面板，可以对所选素材剪辑、采集捕捉的磁带视频、嵌入的 Adobe Story 脚本等内容进行详细的数据查看或添加注释等。

✦ “历史记录”：用于打开或关闭“历史记录”面板，查看完成的操作记录，或根据需要返回之前某一个步骤的编辑信息。

✦ “参考监视器”：用于打开或关闭“参考”监视器面板，在其中可以选择显示影片当前位置的色彩通道信息。

✦ “媒体浏览器”：用于打开或关闭“媒体浏览器”面板，查看本地硬盘或网络驱动器中的素材资源，并可以将需要的素材文件导入项目。

✦ “字幕”：用于打开或关闭“字幕”面板。

✦ “字幕动作 / 属性 / 工具 / 样式 / 设计器”：用于打开“字幕编辑器”面板并激活动作 / 属性 / 工具 / 样式面板，可以方便、快速地对当前序列中所选的字幕剪辑进行编辑。

✦ “工具”：用于激活“工具”面板。

✦ “捕捉”：用于打开或关闭“捕捉”面板。

✦ “效果”：用于打开或关闭“效果”面板，可以选择需要的效果，并添加到轨道中的素材剪辑上。

✦ “效果控件”：用于打开或关闭“效果控件”面板，可以对素材剪辑的基本属性，以及添加到素材上的效果参数进行设置。

✦ “时间码”：用于打开或关闭“时间码”面板，可以独立显示当前工作面板中的时间指针位置；也可以根据需要调整面板的大小，更加醒目、直观地查看当前的时间位置。

✦ “时间轴”：在该子菜单中可以切换当前“时间轴”面板中要显示的序列。

✦ “标记”：用于打开或关闭“标记”面板，可以查看当前工作序列中所有标记的时间位置、持续时间、入点画面等，还可以根据需要为标记添加注释内容。

✦ “源监视器”：用于打开或关闭“源”监视器面板。

✦ “编辑到磁带”：在计算机连接了可以将硬盘输出到磁带的硬件设备时，可通过“编辑到磁带”面板，对要输出硬盘的时间区间、写入磁带的类型选项等进行设置。

✦ “节目监视器”：在该子菜单中，可以切换当前“节目”监视器面板中要显示的序列。

8. “帮助”菜单

“帮助”菜单包含程序应用的帮助命令以及支持中心和产品改进计划等命令，选择“帮助”菜单中的“Adobe Premiere Pro 帮助”命令，可以载入主帮助屏幕，然后选择或搜索某个主题进行学习。

2.5 影片编辑项目的基本操作

Premiere编辑影片项目的基本操作包括创建项目，导入素材、编辑素材、添加视音频特效和输出影片等，下面介绍影片编辑项目的基本操作方法。

2.5.1 实战——创建影片编辑项目

视频文件：　下载资源\视频\第 2 章\2.5.1 实战——创建影片编辑项目.mp4

源 文 件：　下载资源\源文件\第 2 章\2.5.1

01 启动 Premiere Pro CC 2018，双击桌面上的 Adobe Premiere Pro CC 2018 图标，如图 2-17 所示。

图 2-17

02 进入 Premiere Pro 的开始界面，单击“新建项目”按钮，新建一个项目文件，如图 2-18 所示。

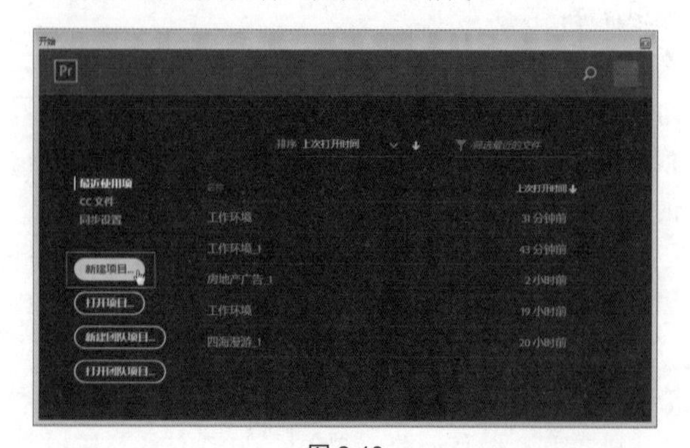

图 2-18

03 弹出“新建项目”对话框，设置项目名称及存储位置，如图 2-19 所示。

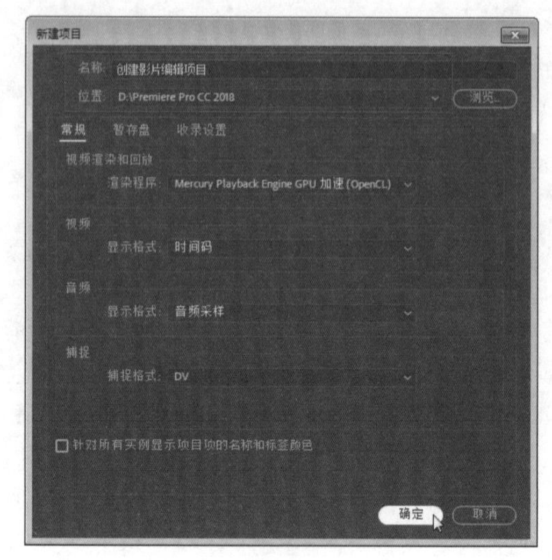

图 2-19

04 单击“位置”选项栏后面的“浏览”按钮，可以在打开的对话框中设置保存项目文件的位置，如图 2-20 所示，单击“选择文件夹”按钮。

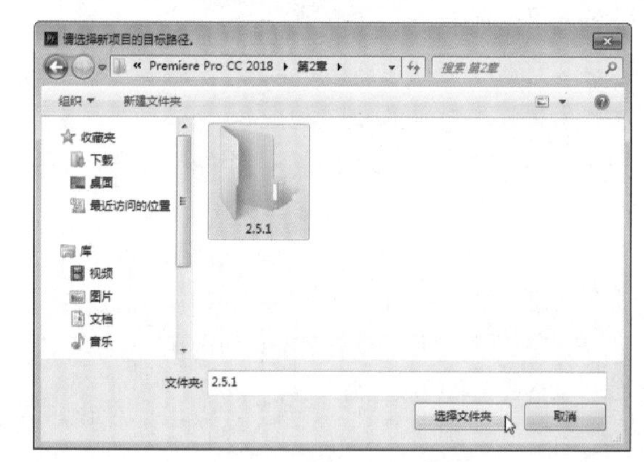

图 2-20

05 执行“文件”|“新建”|“序列”命令，新建序列，如图 2-21 所示。

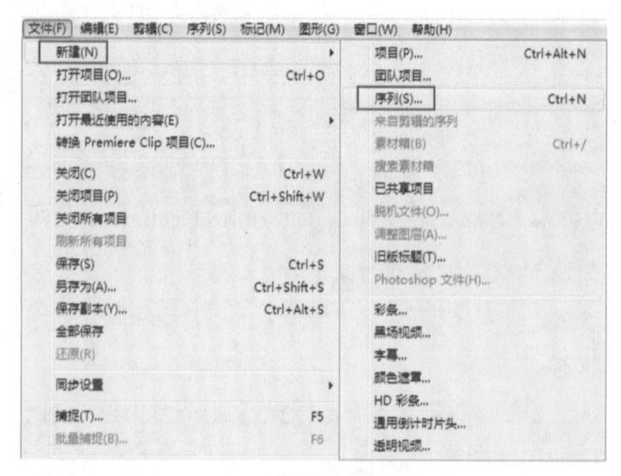

图 2-21

06 弹出“新建序列”对话框，选择适合的预设，单击“确定”按钮，如图 2-22 所示。

图 2-22

07 进入 Premiere Pro CC 2018 的默认工作界面，这样就新建了一个项目，如图 2-23 所示。

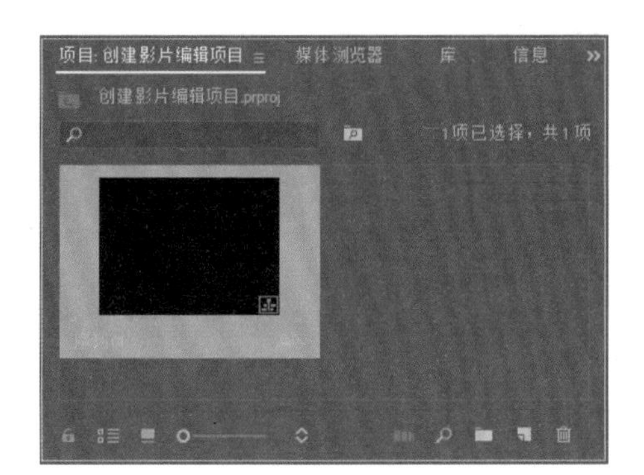

图 2-23

2.5.2　实战——设置项目属性参数

视频文件：　下载资源 \ 视频 \ 第 2 章 \2.5.2 实战——设置项目属性参数 .mp4

源 文 件：　下载资源 \ 源文件 \ 第 2 章 \2.5.2

01 双击项目文件图标，打开项目文件，如图 2-24 所示。

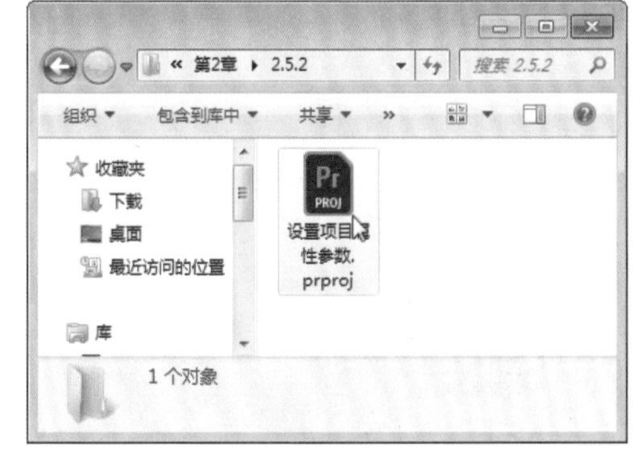

图 2-24

02 执行“文件”|“项目设置”|“常规”命令，如图 2-25 所示。

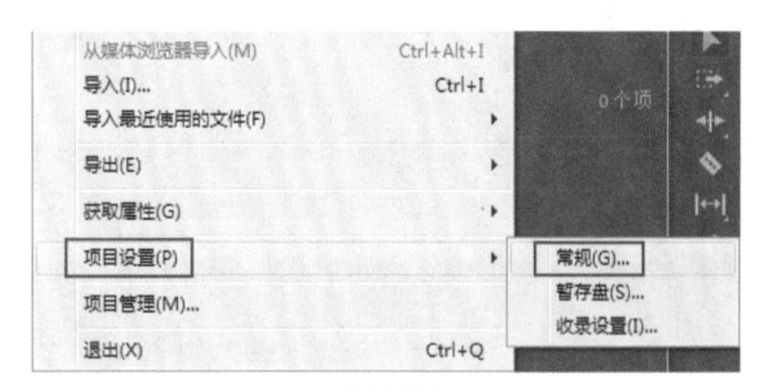

图 2-25

03 弹出“项目设置”对话框并进入“常规”选项卡，设置视频显示格式和音频显示格式，以及动作与字幕安全区域，单击“确定”按钮完成设置，如图 2-26 所示。

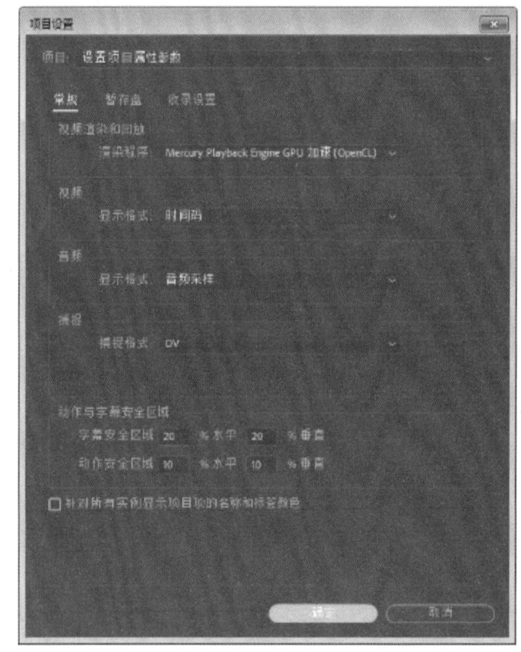

图 2-26

04 执行“文件”|“项目设置”|“暂存盘”命令，如图 2-27 所示。

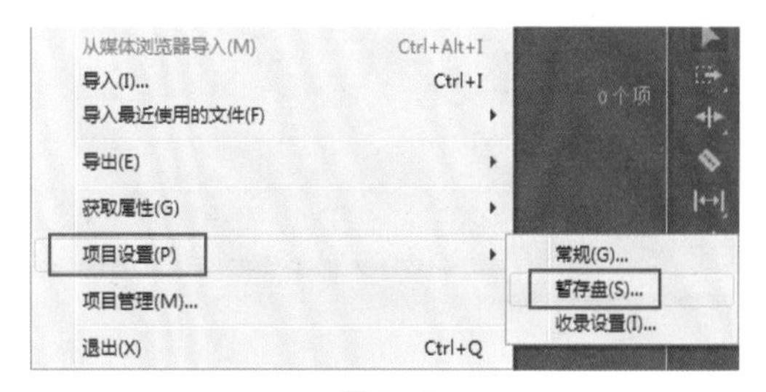

图 2-27

05 弹出“项目设置”对话框，设置视频和音频的存储路径，如图 2-28 所示。

06 单击“确定”按钮完成设置。

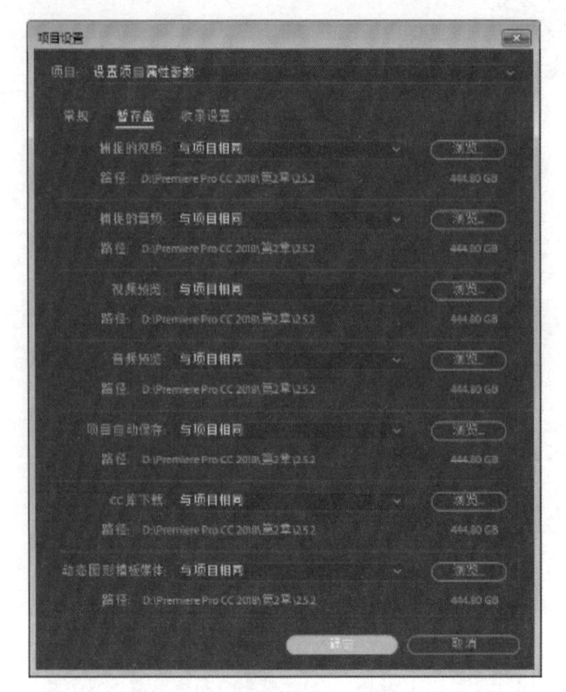

图 2-28

2.5.3 保存项目文件

在编辑项目的过程中，免不了要关闭程序再打开，这就必须保存项目。在 Premiere Pro CC 2018 中保存项目有如下几种方式。

1. 方法一

执行“文件”|“保存”命令，保存项目文件，如图 2-29 所示。

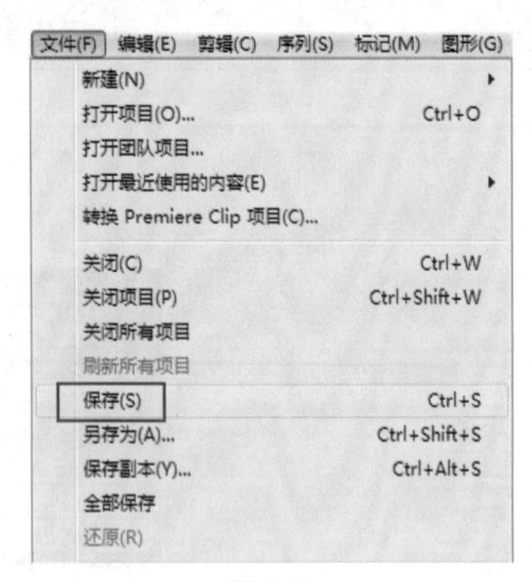

图 2-29

2. 方法二

执行“文件”|“另存为”命令，如图 2-30 所示。弹出“保存项目”对话框，设置项目名称及存储位置，单击“确定”按钮，如图 2-31 所示，保存项目。

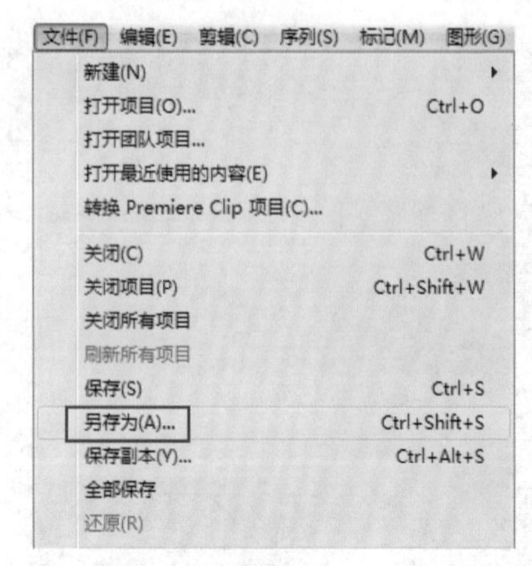

图 2-30

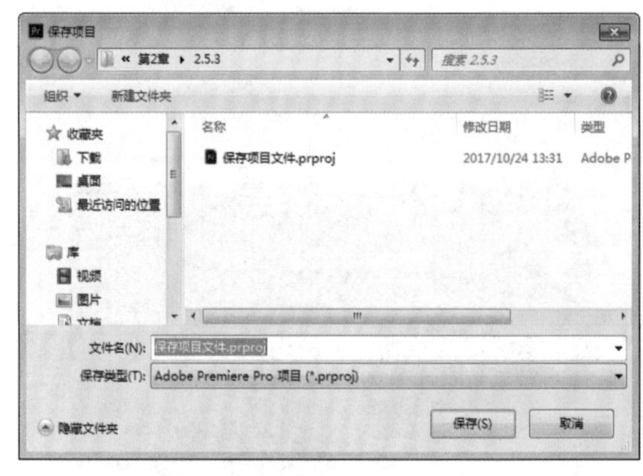

图 2-31

3. 方法三

执行“文件”|“保存副本”命令，如图 2-32 所示。弹出“保存项目”对话框，设置项目名称及存储位置，单击“确定”按钮，如图 2-33 所示，为项目保存副本。

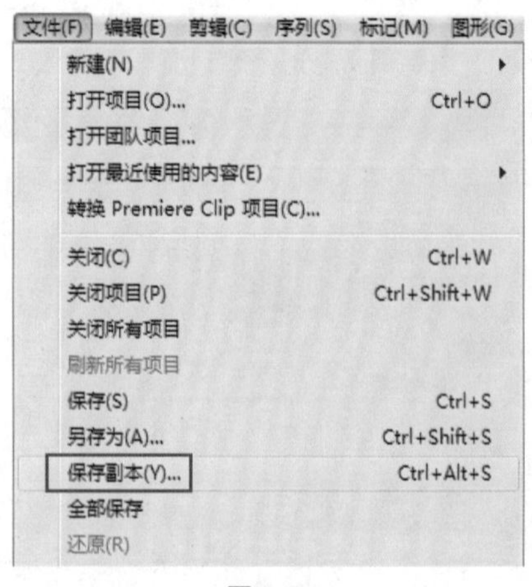

图 2-32

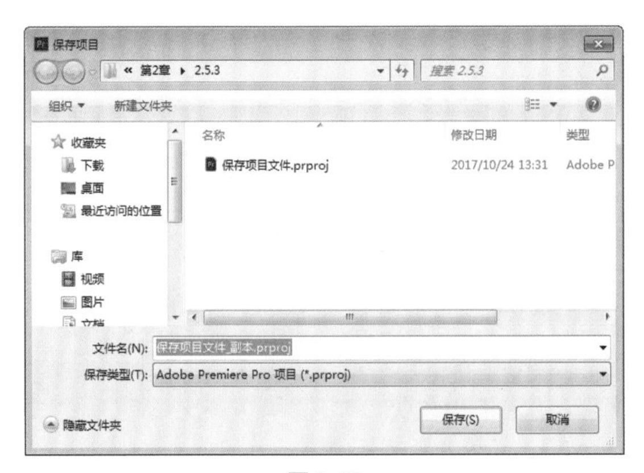

图 2-33

2.5.4 实战 —— 创建影片编辑项目并保存

制作符合要求的影视作品，首先创建一个符合要求的项目文件，然后对项目文件的各个属性进行设置，这是编辑工作的基本操作。下面以实例来详细讲解如何创建影片编辑项目并进行保存。

视频文件：　下载资源 \ 视频 \ 第 2 章 \2.5.4 实战——创建影片编辑项目并保存 .mp4

源 文 件：　下载资源 \ 源文件 \ 第 2 章 \2.5.4

01 双击桌面上的 Adobe Premiere Pro CC 2018 图标，启动 Premiere Pro CC 2018，如图 2-34 所示。

图 2-34

02 进入 Premiere Pro 开始界面，单击“新建项目”按钮，新建一个项目文件，如图 2-35 所示。

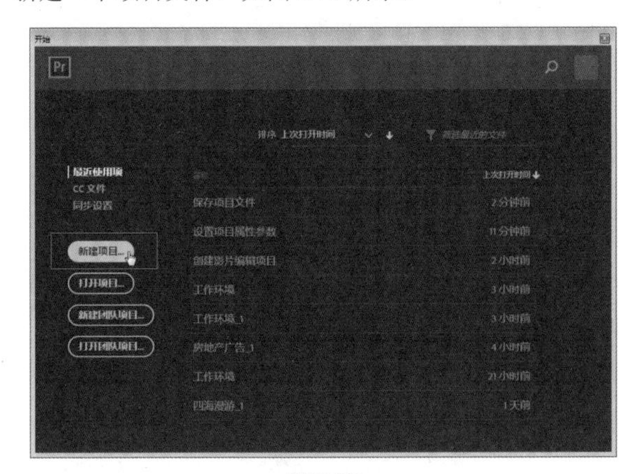

图 2-35

03 弹出“新建项目”对话框，设置项目名称及存储位置，如图 2-36 所示。

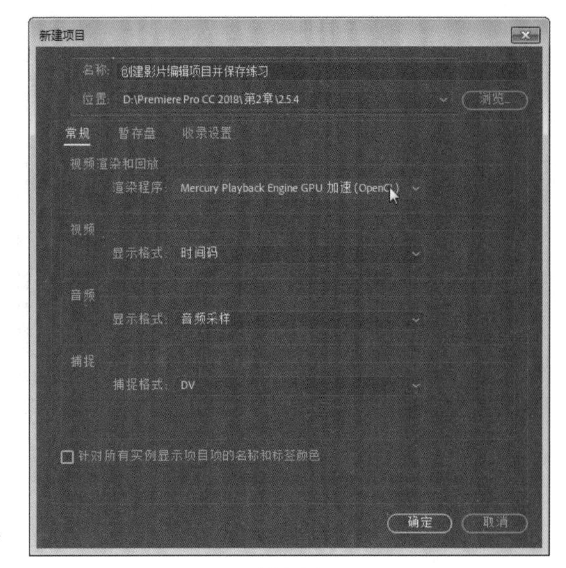

图 2-36

04 单击“位置”选项栏后面的“浏览”按钮，可以在打开的对话框中设置保存项目文件的位置，如图 2-37 所示。

图 2-37

05 执行“文件”|“新建”|“序列”命令，新建序列，如图 2-38 所示。

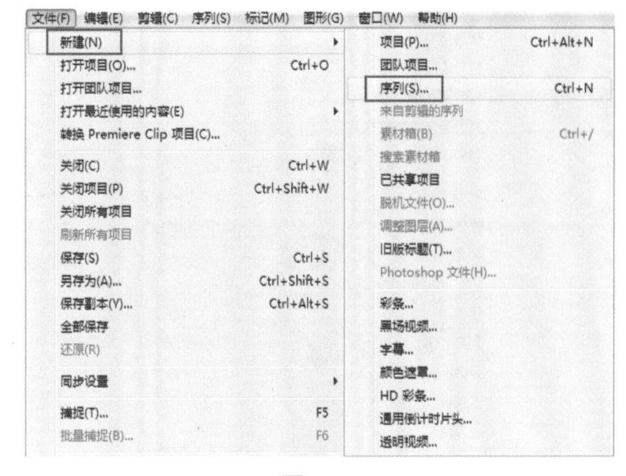

图 2-38

06 弹出“新建序列”对话框，选择适合的预设，单击“确定”按钮，如图 2-39 所示。

图 2-39

07 进入 Premiere Pro CC 2018 默认的工作界面，这样就新建了一个项目，如图 2-40 所示。

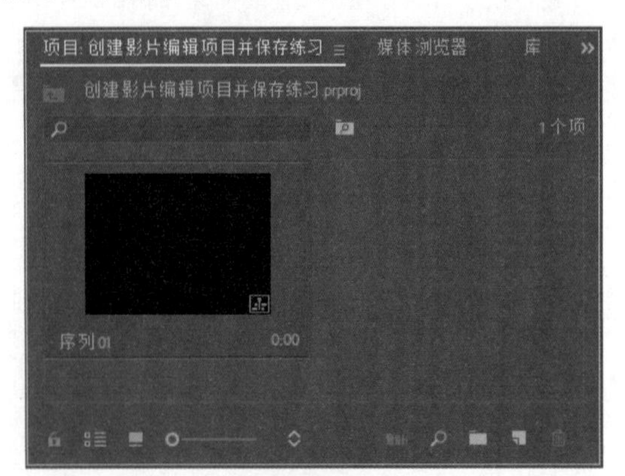

图 2-40

08 执行“文件”|“保存”命令，保存项目文件，如图 2-41 所示。

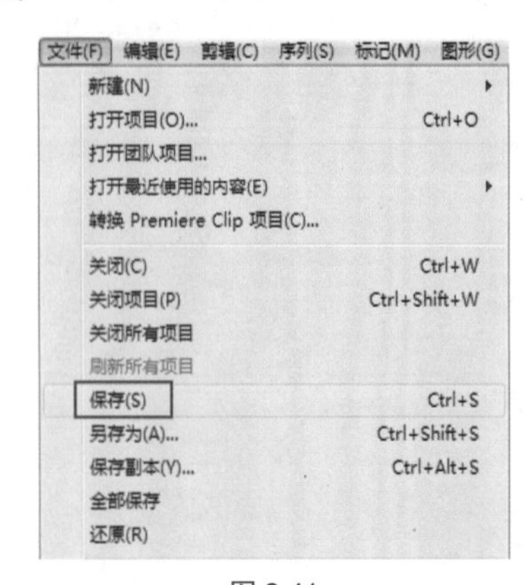

图 2-41

2.6 素材文件的编辑处理

创建项目后进入操作界面，此时需要用户自行导入素材到“项目”面板，并将素材添加到“时间轴”面板进行编辑处理，以达到最终的影片效果。

下面将具体讲解素材文件的导入和编辑处理方法。

2.6.1 导入素材

Premiere Pro CC 2018 支持图像、音频、视频、序列和PSD图层文件等多种类型和文件格式的素材导入，它们的导入方法大致相同。

1. 方法一：

执行“文件”|“导入”命令，或者在“项目”面板的空白位置右击并在弹出的快捷菜单中执行“导入”命令，在弹出的“导入”对话框中选择需要的素材，然后单击“打开”按钮，如图 2-42 所示，即可将选中的素材导入“项目”面板，如图 2-43 所示。

图 2-42

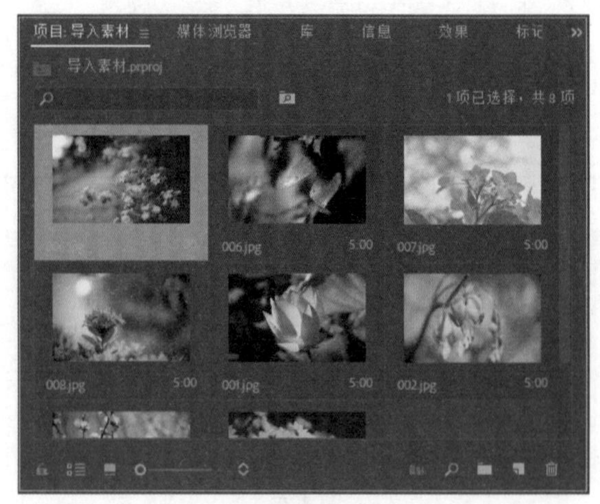

图 2-43

2. 方法二：

在“媒体浏览器”面板中，打开素材所在的文件夹，选择一个或多个素材，右击，在弹出的快捷菜单中执行“导入”命令，即可将需要的素材导入“项目”面板，如图 2-44 所示。

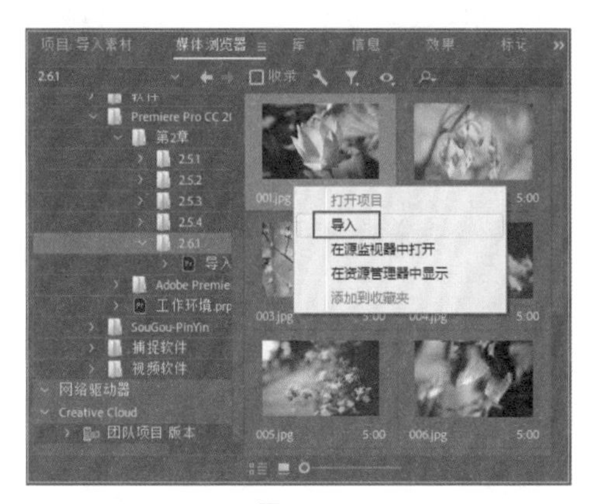

图 2-44

3. 方法三：

打开素材所在文件夹，选中要导入的一个或多个素材，并单击拖曳到“项目”面板中，然后释放鼠标，即可将素材导入“项目”面板，如图 2-45 所示。

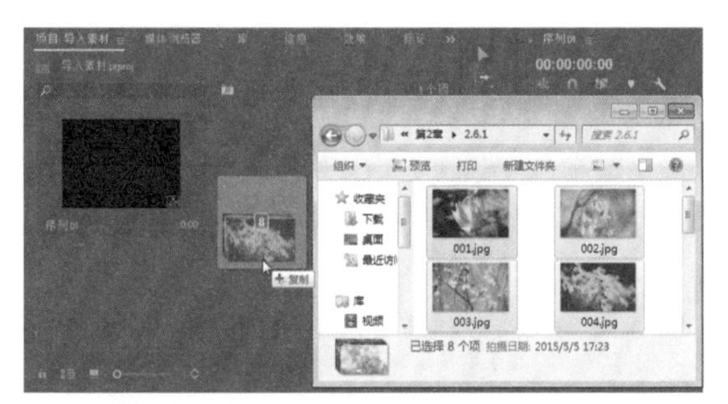

图 2-45

> **技巧与提示：**
>
> 序列文件是带有统一编号的图像文件。导入序列文件时，需要在“导入”对话框中选中“序列”复选框；如果只需要导入序列文件中的某张图片，可以直接选择图片，单击“打开”按钮即可。

2.6.2　实战——导入一个 PSD 文件图层

在 Premiere Pro CC 2018 中导入 PSD 图层文件，可以选择合并图层或者分离图层，在分离图层中又可以选择导入单个图层或者多个图层。

视频文件：　下载资源 \ 视频 \ 第 2 章 \2.6.2 实战——导入一个 PSD 文件图层 .mp4

源 文 件：　下载资源 \ 源文件 \ 第 2 章 \2.6.2

01 启动 Premiere Pro CC 2018 软件，在开始界面上，单击“新建项目”按钮，如图 2-46 所示。

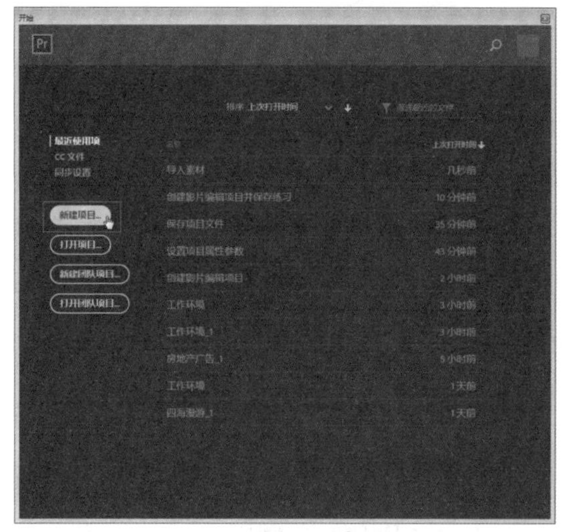

图 2-46

02 弹出“新建项目”对话框，设置项目名称以及项目存储位置，单击“确定”按钮，新建项目，如图 2-47 所示。

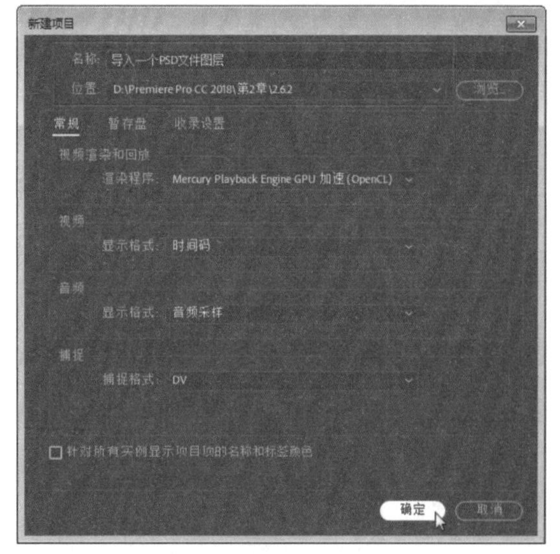

图 2-47

03 执行“文件”|“新建”|“序列”命令，弹出“新建序列”对话框，设置序列名称，单击“确定”按钮，新建序列，如图 2-48 所示。

04 在“媒体浏览器”面板中，打开素材所在文件夹，如图 2-49 所示。

05 选中要导入的 PSD 文件，右击并在弹出的快捷菜单中执行“导入”命令，如图 2-50 所示。

图 2-48

图 2-49

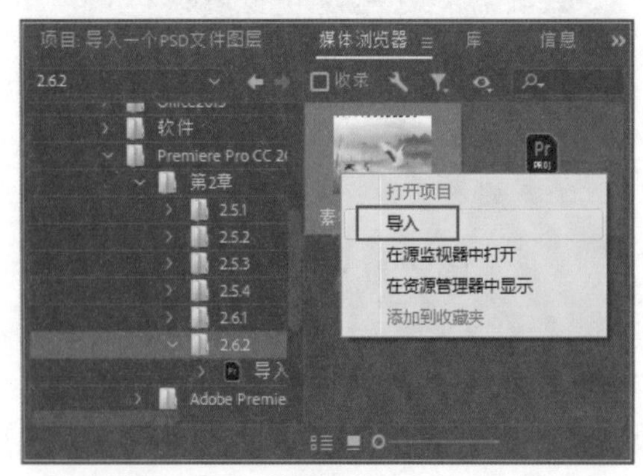

图 2-50

06 弹出“导入分层文件：素材”对话框，如图 2-51 所示。

07 在“导入为”下拉列表中，选择“各个图层”选项，如图 2-52 所示。

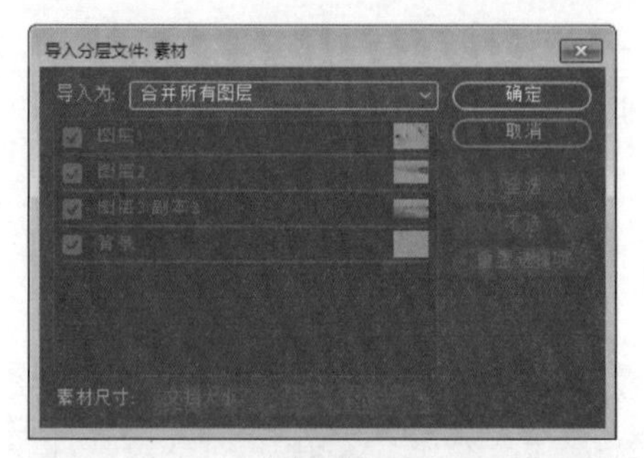

图 2-51

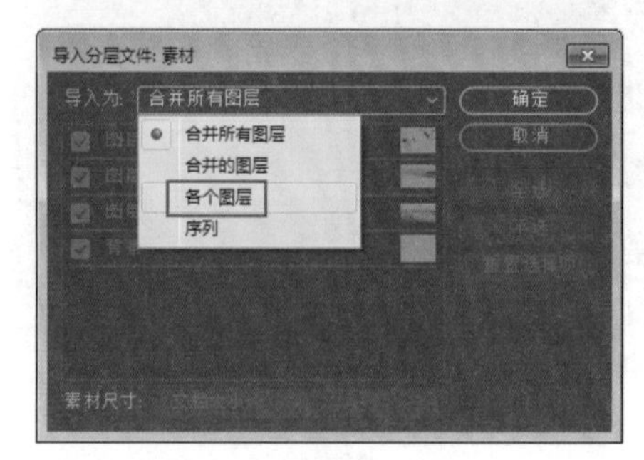

图 2-52

技巧与提示：

在“导入分层文件：素材”对话框中，选择“合并所有图层”选项，所有图层会被合并为一个整体；选择“合并的图层”选项，选中的几个图层合并成一个整体；选择“各个图层”选项，选中的图层将全部导入并且保留各图层的独立性；选择“序列”选项，选中的图层将全部导入并保留各图层的相互独立性。

08 选择需要的图层，单击“确定”按钮，即可导入图层素材到“项目”面板，如图 2-53 所示。

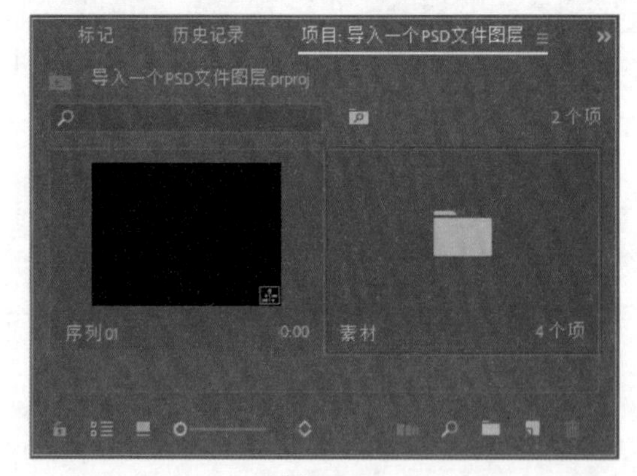

图 2-53

09 打开“项目”面板，即可看到导入的图层文件素材成了一个素材箱，双击素材箱，即可看到各个图层素材，如图 2-54 所示。

10 关闭素材箱，执行“文件”|“保存”命令，保存该项目，

如图 2-55 所示。

图 2-54

图 2-55

2.6.3　实战——编辑素材文件

要将“项目”面板中的素材添加到“时间轴”面板中，只需单击“项目”面板的素材，然后将其拖至“时间轴”面板的相应轨道上即可。将素材拖入“时间轴”面板后，需要对素材进行修改编辑，以达到视频编辑的要求，例如控制素材播放速度、持续时间等。

下面用实例来讲解如何调整素材的持续时间。

视频文件：　下载资源 \ 视频 \ 第 2 章 \2.6.3 实战——编辑素材文件 .mp4

源 文 件：　下载资源 \ 源文件 \ 第 2 章 \2.6.3

01 打开项目文件，在“项目”面板中选择素材，将其拖至“时间轴”面板中的视频轨道上，如图 2-56 所示。

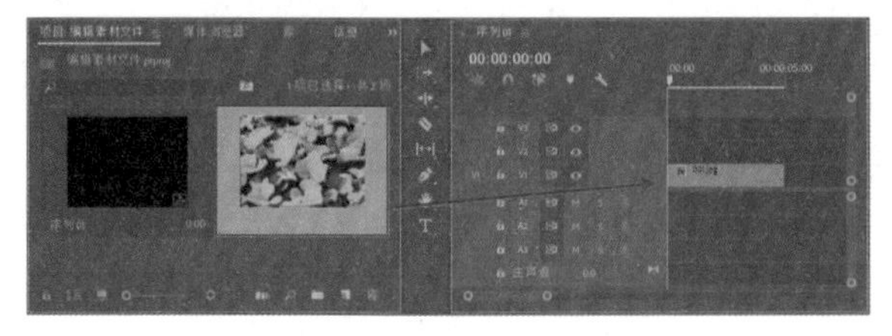

图 2-56

02 选择“时间轴”面板中的素材，右击，在弹出的快捷菜单中执行“速度 / 持续时间”命令，如图 2-57 所示。

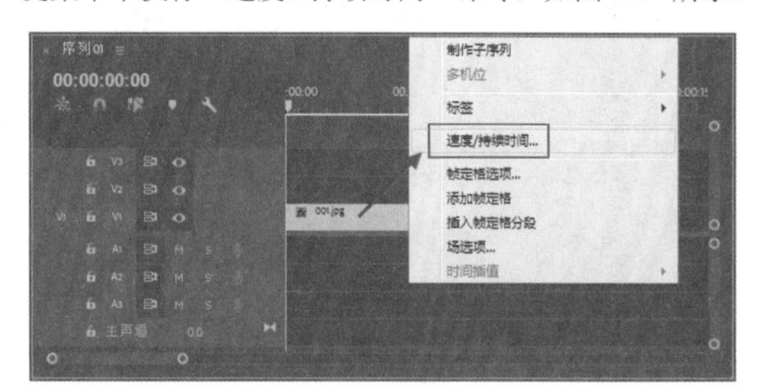

图 2-57

03 在弹出的“剪辑速度 / 持续时间”对话框中，将“持续时间”调整为 00:00:10:00（即 10 秒），单击“确定”按钮，完成持续时间的更改，如图 2-58 所示。

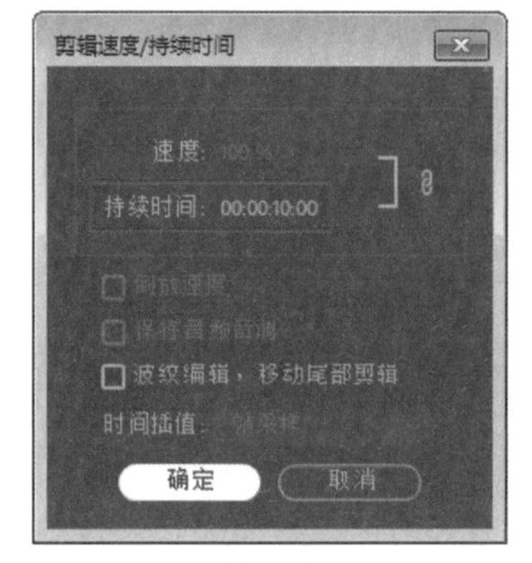

图 2-58

04 打开“时间轴”面板左侧的“信息”面板，此时可以看到素材的持续时间变成了 10 秒，如图 2-59 所示。

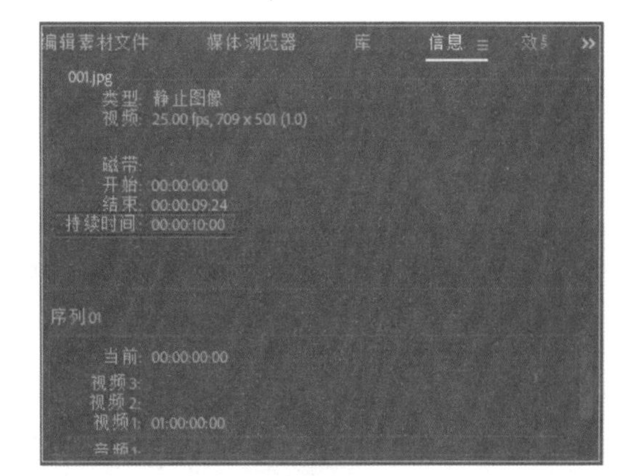

图 2-59

05 在“节目”面板中，单击“播放 - 停止切换”按钮 ，预览更改持续时间后的播放效果，如图 2-60 所示。按快捷键 Ctrl+S 保存项目。

图 2-60

技巧与提示：

按空格键可以快速预览当前序列。

2.7 添加视音频特效

在序列中的素材剪辑之间添加过渡效果，可以使素材之间的切换更加流畅、自然。为“时间轴”面板中的两个相邻素材添加过渡效果，可以在“效果”面板中展开该类型的文件夹，然后将相应的过渡效果拖至“时间轴”面板的两个相邻素材之间即可。

2.7.1 实战——添加视频切换效果

下面以实例来介绍为视频添加切换效果的操作。

视频文件：　下载资源\视频\第2章\2.7.1 实战——添加视频切换效果.mp4
源 文 件：　下载资源\源文件\第2章\2.7.1

01 执行“窗口”|“效果”命令，打开“效果”面板，单击“视频过渡”文件夹前的展开按钮，将其展开，如图2-61所示。

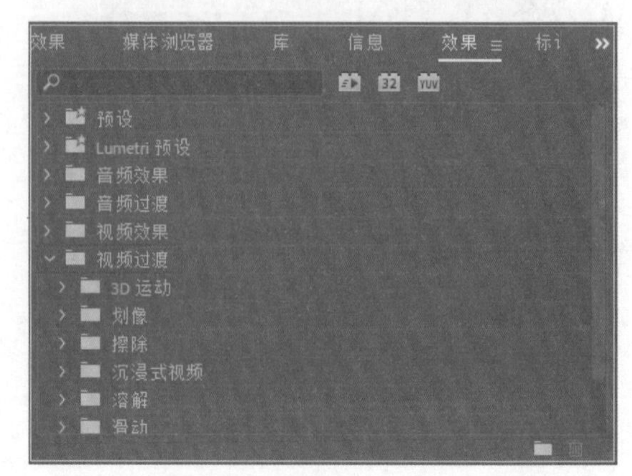

图 2-61

02 单击“3D运动”文件夹前的展开按钮，将其展开，如图2-62所示。

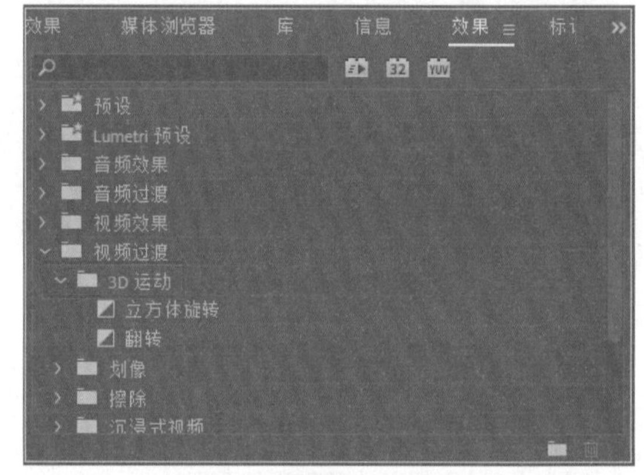

图 2-62

03 选择“立方体旋转”效果，将其拖至“时间轴”面板的“小黄花丛.jpg”和“绚丽花瓣.jpg”素材之间，释放鼠标即可添加过渡效果到相应的位置，如图2-63所示。

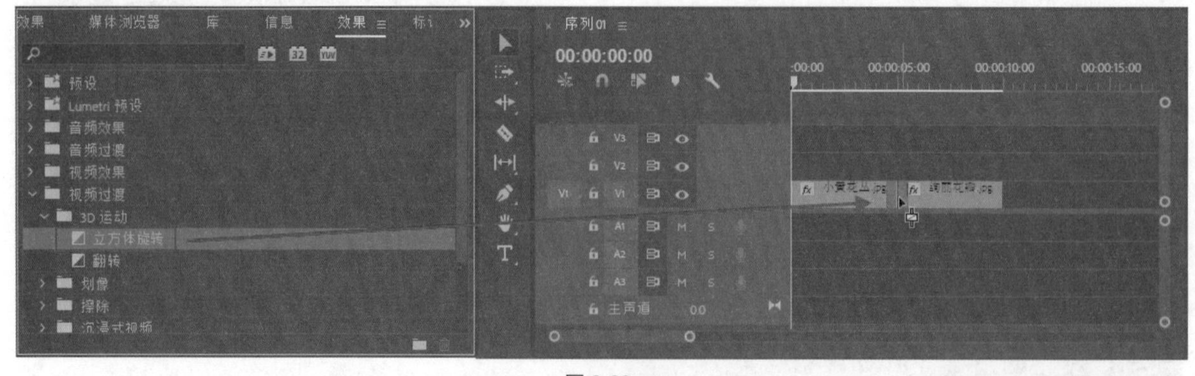

图 2-63

04 选择添加到视频之间的过渡效果，打开“效果控件”面板，单击“对齐”后面的倒三角按钮，打开下拉列表，选择“中心切入”选项，如图 2-64 所示。

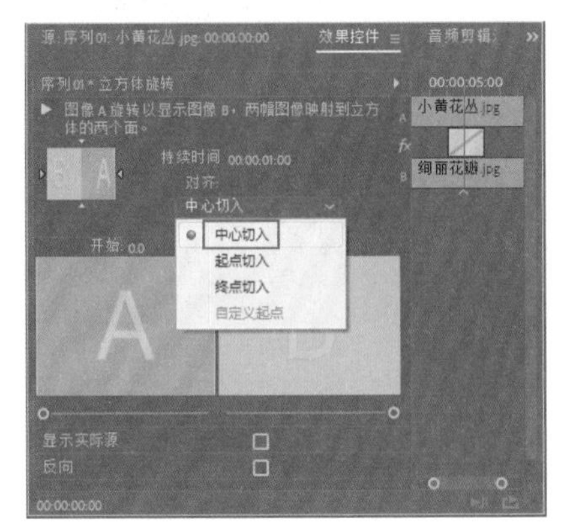

图 2-64

05 按空格键，预览添加切换效果后的播放效果，如图 2-65 所示。

图 2-65

2.7.2 实战——添加音频切换效果

下面以实例来介绍为音频添加切换效果的操作。

视频文件：　下载资源 \ 视频 \ 第 2 章 \2.7.2 实战——添加音频切换效果 .mp4
源 文 件：　下载资源 \ 源文件 \ 第 2 章 \2.7.2

01 打开项目文件，打开“效果”面板，单击“音频过渡”文件夹前面的展开按钮 >，如图 2-66 所示。

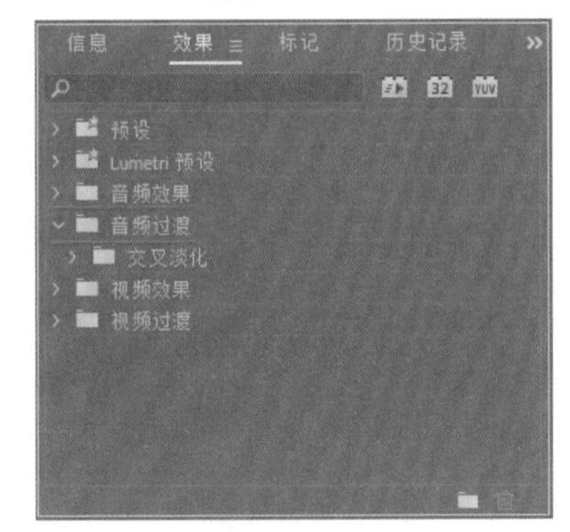

图 2-66

02 单击“交叉淡化”文件夹前面的展开按钮 >，选择“恒定功率”效果，按住鼠标左键，将其拖至“时间轴”面板中的两个音频素材之间，如图 2-67 所示。

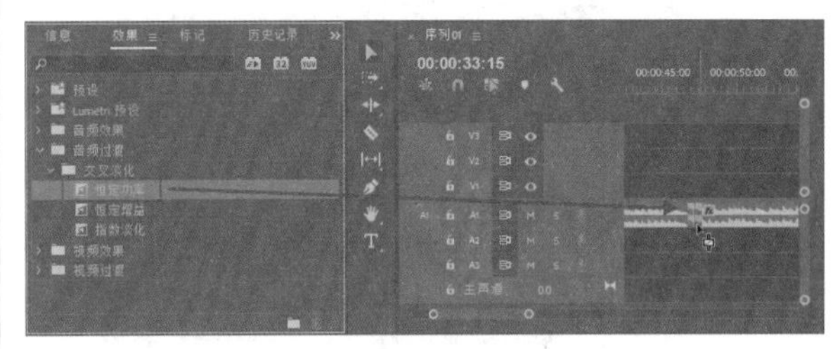

图 2-67

03 选择“时间轴”面板中的“恒定功率”效果，进入“效果控件”面板，单击“对齐”后面的倒三角按钮，在展开的下拉列表中选择“中心切入”选项，如图 2-68 所示。

04 按空格键试听切换效果。

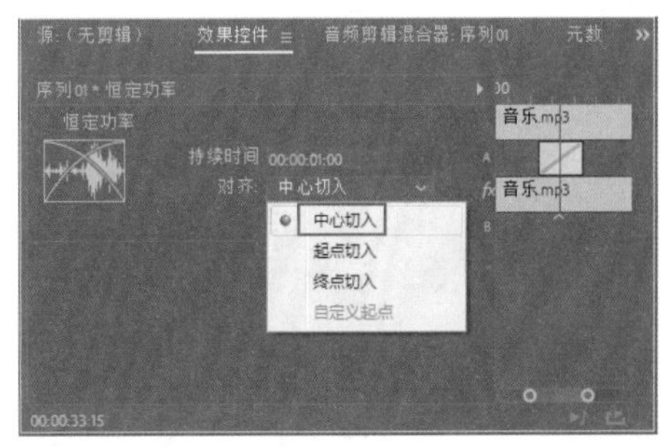

图 2-68

技巧与提示：

若两个相邻音频素材没有重复的帧，则不能选择对齐方式，只能将效果放在某段音频的开始或结束处。

2.7.3 实战——为素材添加声音和视频特效

下面以实例方式介绍为素材添加声音和视频特效的操作。

视频文件：　下载资源 \ 视频 \ 第 2 章 \2.7.3 实战——为素材添加声音和视频特效 .mp4
源 文 件：　下载资源 \ 源文件 \ 第 2 章 \2.7.3

01 启动 Premiere Pro CC 2018，在开始页面上，单击“新建项目”按钮，如图 2-69 所示。

02 弹出“新建项目”对话框，设置项目名称及项目存储位置，然后单击“确定”按钮完成设置，如图 2-70 所示。

03 执行“文件”|“新建”|“序列”命令，弹出“新建序列”对话框，选择适合的序列预设，单击“确定”按钮，新建序列，如图 2-71 所示。

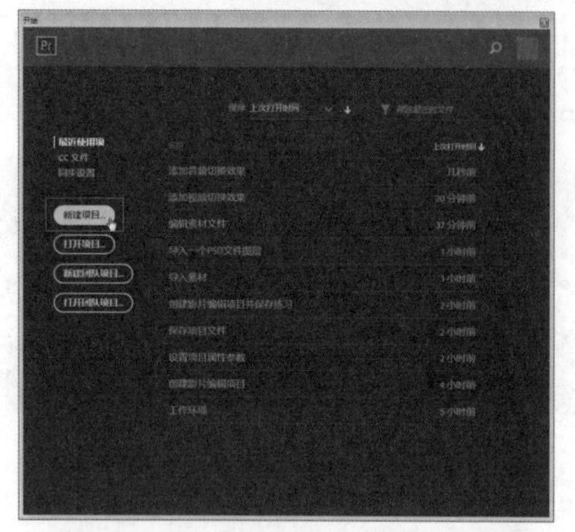

图 2-69

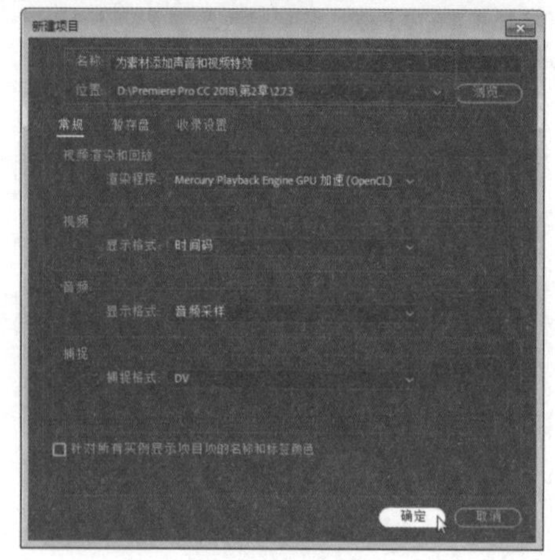

图 2-70

图 2-71

04 在“项目”面板中，右击，在弹出的快捷菜单中执行“导入”命令，如图 2-72 所示。

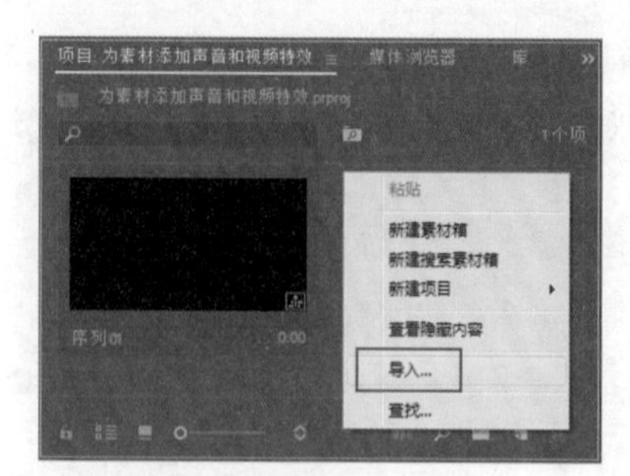

图 2-72

05 弹出“导入”对话框，选择需要的素材，并单击“打开”按钮，如图 2-73 所示，将素材导入“项目”面板中。

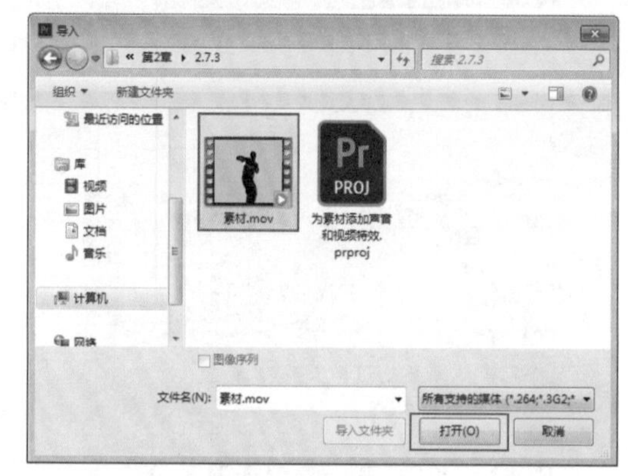

图 2-73

06 选择“项目”面板中的素材，将其拖至“时间轴”面板中，如图 2-74 所示。

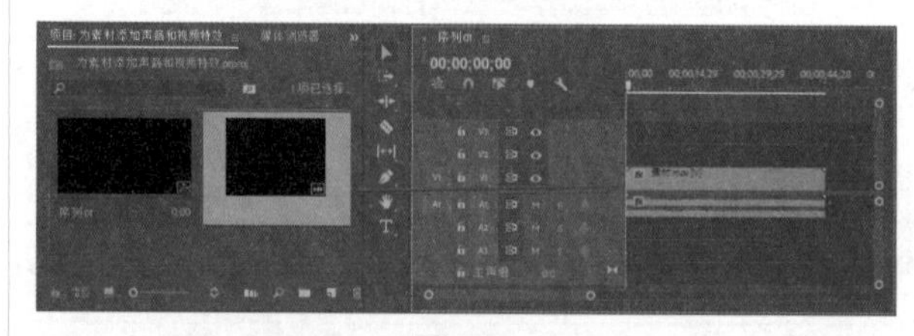

图 2-74

07 打开“效果”面板，单击“音频过渡”文件夹前面的展开按钮 >，展开“音频过渡”文件夹，单击“交叉淡化”文件夹前的展开按钮，展开该文件夹，如图 2-75 所示。

图 2-75

08 选择“恒定功率”效果，将其拖至“时间轴”面板的音频素材的开始位置，如图 2-76 所示。

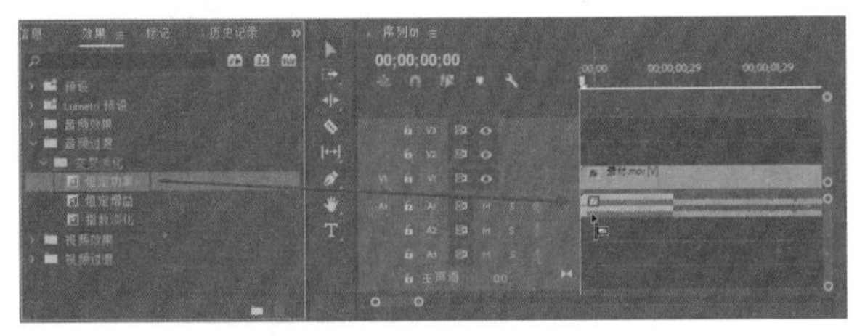

图 2-76

09 双击已添加到素材上的“恒定功率”效果，弹出“设置过渡持续时间”对话框，设置“持续时间”为 00:00:02:15，单击“确定”按钮完成设置，如图 2-77 所示。

图 2-77

10 进入“效果”面板，展开“视频过渡”文件夹，如图 2-78 所示。

图 2-78

11 单击“溶解”文件夹前的展开按钮 ，展开“溶解”文件夹，如图 2-79 所示。

图 2-79

12 选择“溶解”文件夹中的“渐隐为黑色”效果，将其拖至“时间轴”面板中的视频素材开始位置，如图 2-80 所示。

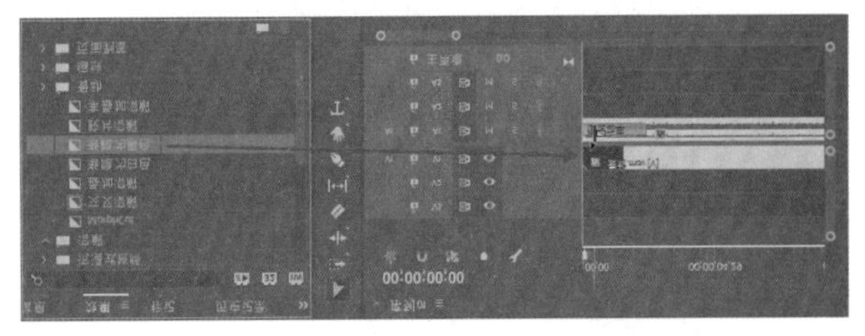

图 2-80

13 按空格键，预览添加特效后的效果，如图 2-81 所示。

图 2-81

2.8　输出影片

影片编辑完成后，要得到最终的影片，需要对影片进行输出。通过 Premiere Pro CC 2018 自带的输出功能，可以将影片输出为各种格式，也可以将其刻录成光盘，或分享到网上与朋友共同观看。下面将介绍影片的输出流程及技巧。

2.8.1　影片输出类型

Premiere Pro CC 2018 中提供了多种输出方式，可以将影片输出为各种不同的类型以满足不同的需要，也可以与其他编辑软件进行数据交换。

在菜单栏中的“文件”|“导出”子菜单中包含了Premiere Pro CC 2018所支持的输出类型，如图2-82所示。

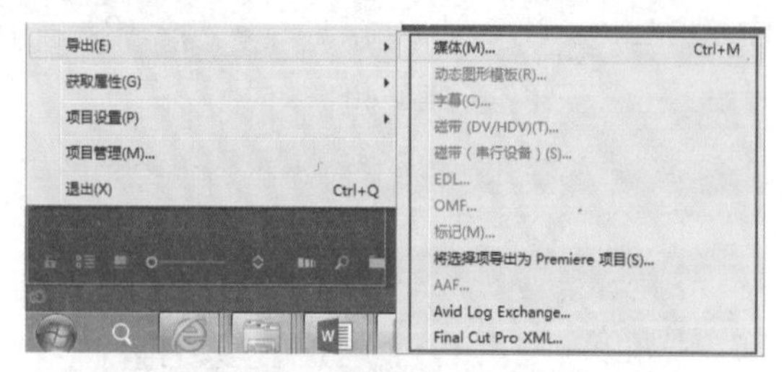

图 2-82

下面对常用的输出类型进行简单介绍。

✦ 媒体（M）：选择该命令，将弹出“导出设置”对话框如图2-83所示，在该对话框中可以进行各种媒体格式的输出。

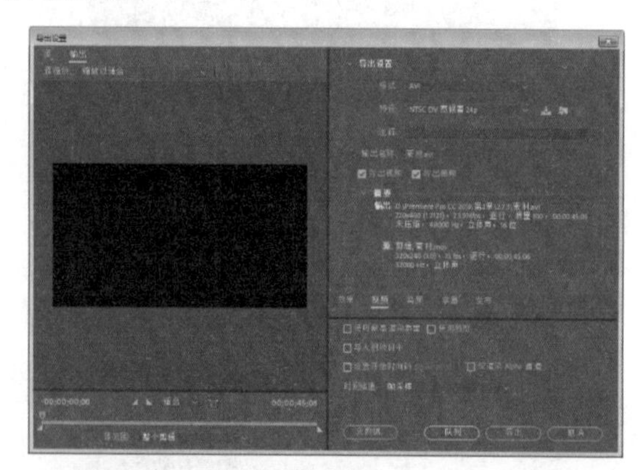

图 2-83

✦ 字幕（T）：用于单独输出在Premiere Pro CC软件中创建的字幕文件。

✦ 磁带（DV/HDV）（T）：该选项可以将完成的影片直接输出到专业录像设备的磁带上。

✦ EDL（编辑决策列表）：选择该选项将弹出“EDL导出设置”对话框，如图2-84所示，并在其中进行设置，输出一个描述剪辑过程的数据文件，该软件可以导入到其他的编辑软件中进行编辑。

✦ OMF（公开媒体框架）：可以将序列中所有激活的音频轨道输出为OMF格式文件，再导入其他软件中继续编辑润色。

✦ AAF（高级制作格式）：将影片输出为AAF格式，该格式可以支持多平台多系统的编辑软件，是一种高级制作格式。

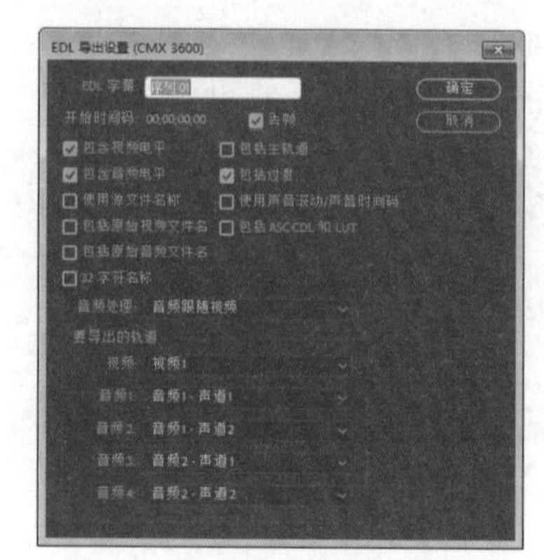

图 2-84

✦ Final Cut Pro XML（Final Cut Pro交换文件）：用于将剪辑数据转移到Final Cut Pro剪辑软件上继续进行编辑。

2.8.2 输出参数设置

决定影片质量的因素有很多，例如，编辑所使用的图形压缩类型、输出的帧速率以及播放影片的计算机系统速度等。输出影片之前，需要在“导出设置”面板中对影片的质量进行设置，不同的参数，输出来的影片效果也会有较大的差别。

选择需要输出的序列文件，执行“文件”|“导出”|“媒体”命令，或者按快捷键Ctrl+M，弹出“导出设置”对话框，如图2-85所示。

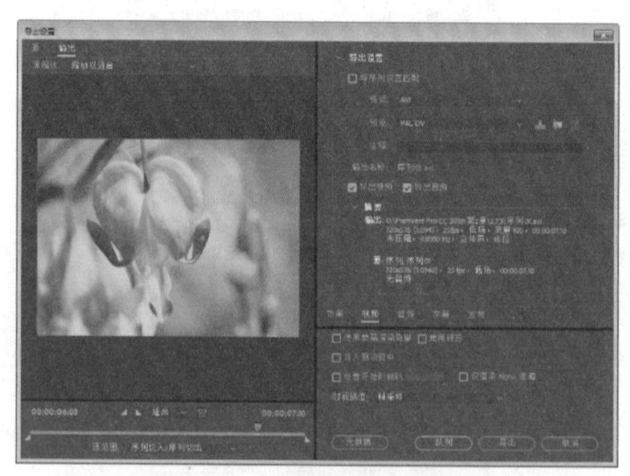

图 2-85

下面对“导出设置”对话框中的主要参数进行简单介绍。

✦ 与序列设置匹配：选中该复选框，将进行匹配到序列的参数设置。

✦ 格式：从右侧的下拉列表中可以选择影片输出的格式。

✦ 预设：用于设置输出影片的制式，一般选择 PAL DV 制式。

✦ 输出名称：设置输出影片的名称。

✦ 导出视频：默认为选中状态，如果取消选中该选项，则表示不输出该影片的图像画面。

✦ 导出音频：默认为选中状态，如果取消选中该选项，则表示不输出该影片的声音。

✦ 摘要：在该区域显示输出路径、名称、尺寸、质量等信息。

✦ 视频（选项卡）：主要用于设置输出视频的编码器和质量、尺寸、帧速率、长宽比等基本参数。

✦ 音频（选项卡）：主要用于设置输出音频的编码器、采样率、声道、样本大小等参数。

✦ 使用最高渲染质量：选中该选项，将使用软件默认的最高质量进行影片输出。

✦ 导出：单击该按钮，开始进行影片输出。

✦ 源范围：用于设置导出全部影片或“时间轴”面板中指定的工作区域。

2.8.3 实战——输出单帧图像

在 Premiere Pro CC 2018 中，可以选择影片序列的任意一帧，将其输出为一张静态图片，下面将介绍输出单帧图像的操作步骤。

视频文件：　下载资源 \ 视频 \ 第 2 章 \2.8.3 实战——输出单帧图像 .mp4

源 文 件：　下载资源 \ 源文件 \ 第 2 章 \2.8.3

01 打开 Premiere Pro CC 2018 项目文件，在“节目”监视器面板中，将时间轴指针移至 00:00:39:17 位置，如图 2-86 所示。

图 2-86

02 在菜单栏中执行“文件”|“导出”|“媒体”命令，如图 2-87 所示。

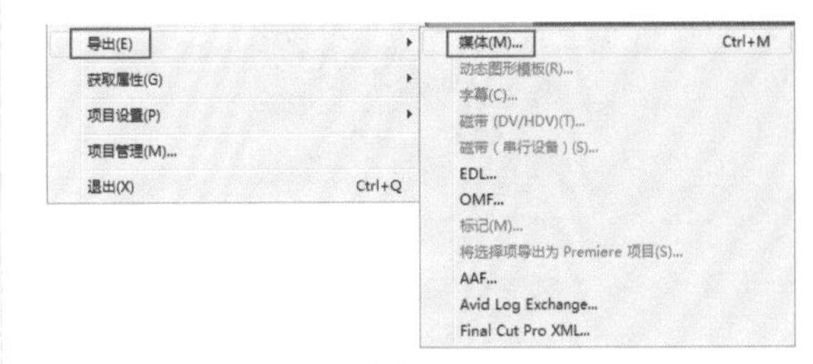

图 2-87

03 在弹出的“导出设置”对话框中设置格式为 JPEG，如图 2-88 所示。单击“输出名称”右侧的文字，弹出“另存为”对话框，为其指定名称及存储路径。

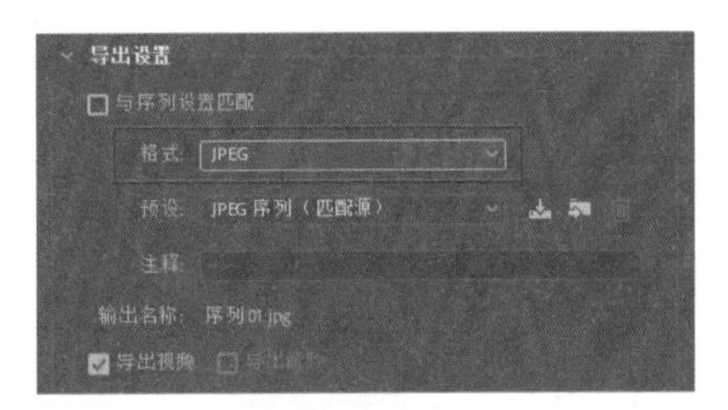

图 2-88

04 在“视频”选项卡上，取消选中“导出为序列”复选框，如图 2-89 所示。

图 2-89

技巧与提示：

文件格式的设置应当根据制作需求而定，在设置文件格式后还可以对选择的预设参数进行修改。

2.8.4 实战——输出序列文件

Premiere Pro CC 2018 可以将编辑完成的影片输出为一组带有序号的序列图片，下面将介绍输出序列图片的操作步骤。

视频文件：　下载资源 \ 视频 \ 第 2 章 \2.8.4 实战——输出序列文件 .mp4

01 打开 Premiere Pro CC 2018 项目文件，选择需要输出的序列，然后在菜单栏中执行“文件”|“导出”|“媒体”命令，弹出“导出设置”对话框。

02 单击“输出名称”右侧的文字，弹出“另存为”对话框，为其指定名称及存储路径。

03 在“格式”的下拉列表中选择JPEG，也可以选择PNG、TIFF等文件格式，如图2-90所示。

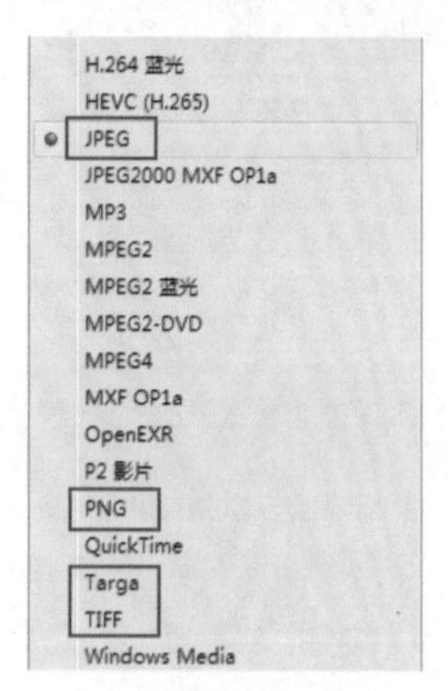

图 2-90

04 在“视频”选项卡中，选中“导出为序列”复选框，如图2-91所示。

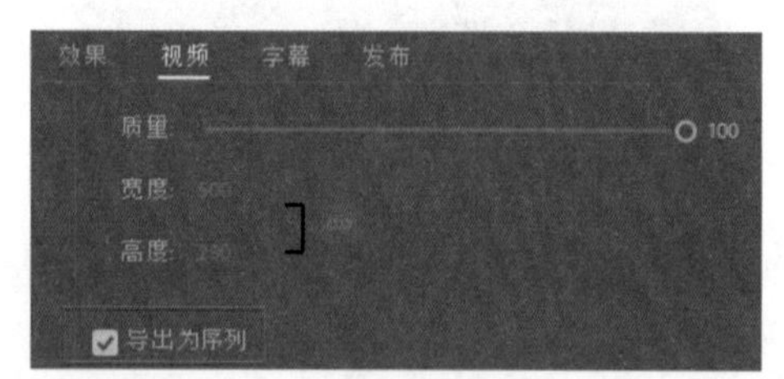

图 2-91

2.8.5 输出EDL文件

EDL（Editorial Determination List）编辑决策列表，是一个表格形式的列表，由时间码值形式的电影剪辑数据组成。EDL文件是在编辑时由很多编辑系统自动生成的，并可保存到磁盘中。在Premiere Pro CC 2018中，EDL文件包含了项目中的各种编辑信息，包括项目所使用的素材所在的磁带名称、编号、素材文件的长度、项目中所用的特效及转场等。

EDL编辑方式在电视节目的编辑工作中经常被采用，一般是先将素材采集成画质较差的文件，对这个文件进行剪辑，剪辑完成后再将整个剪辑过程输出成EDL文件，并将素材重新采样成画质较高的文件，导入EDL文件并输出最终影片。

在菜单栏中执行“文件”|“导出”|EDL命令，弹出“EDL导出设置”对话框，如图2-92所示。

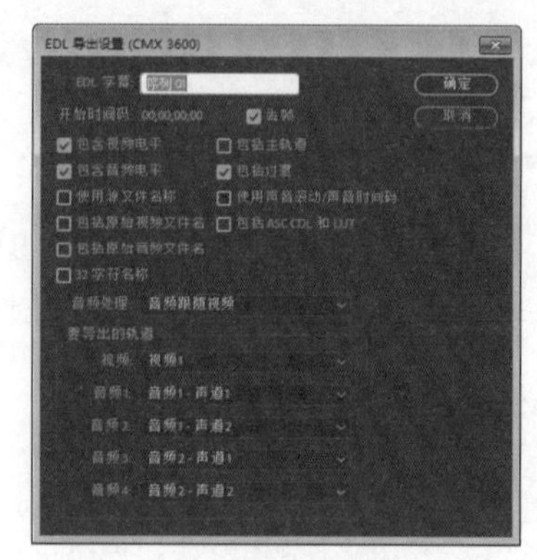

图 2-92

下面简单介绍“EDL导出设置”对话框中的主要参数。

- ✦ EDL字幕：用于设置EDL文件第一行的标题。
- ✦ 开始时间码：设置所输出序列中第一个编辑的起始时间码。
- ✦ 包含视频电平：在EDL中包含视频等级注释。
- ✦ 包含音频电平：在EDL中包含音频等级注释。
- ✦ 使用源文件名称：选中该选项，将使用源文件名称进行输出。
- ✦ 音频处理：用于设置音频的处理方式，从右侧的下拉列表中可以选择“音频跟随视频”“分离音频”“结尾音频”3种方式。
- ✦ 要导出的轨道：用于指定所要导出的轨道信息。

各项参数设置完成后，单击“确定”按钮，即可将当前序列中被选中的轨道剪辑数据导出为EDL文件。

2.8.6 实战——输出AVI格式影片

AVI的英文全称为Audio Video Interleave，即音频视频交错格式，是将语音和影像同步组合在一起的文件格式。这种视频格式的优点是图像质量好，可以在多个平台使用，其缺点就是文件占用空间太大。该文件格式是目前比较主流的格式，经常在一些游戏、教育软件的片头、多媒体光盘中用到。下面将介绍如何在Premiere Pro CC 2018中输出AVI格式的影片。

视频文件：　下载资源\视频\第2章\2.8.6 实战——输出AVI格式影片.mp4

01 打开Premiere Pro CC 2018项目文件，选择需要输出的序列，然后在菜单栏中选择“文件”|“导出”|“媒体”命令，弹出“导出设置”对话框。

02 在“导出设置”对话框中的“格式”下拉列表中选择AVI选项，如图2-93所示。

03 单击“输出名称”右侧的文字，弹出“另存为”对话框，为其指定名称及存储路径，最后单击“导出”按钮，如图2-94所示。

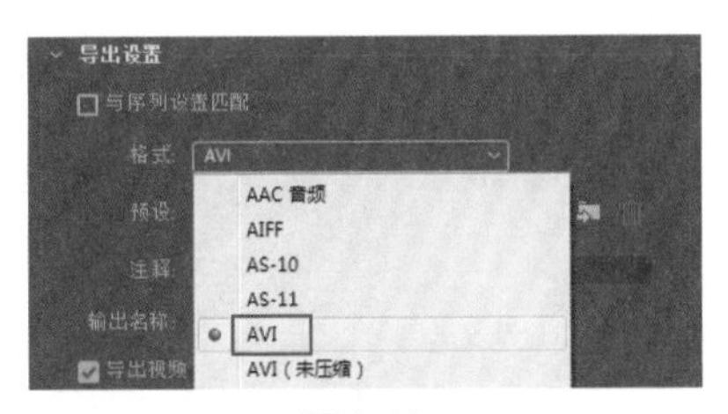

图 2-93

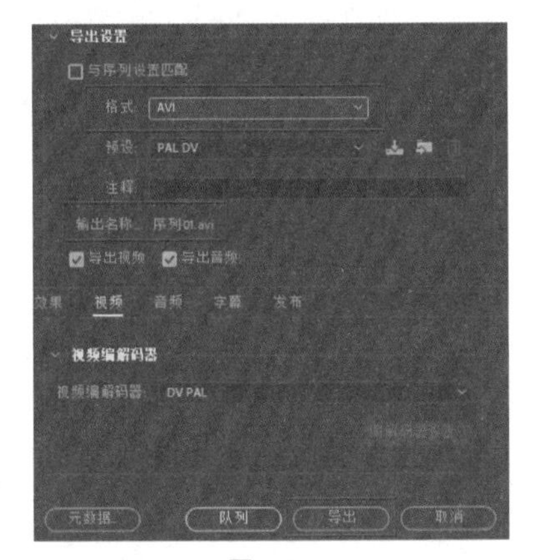

图 2-94

04 影片开始输出，同时弹出“编码序列 01”对话框，在该对话框中可以看到输出进度和剩余时间，如图 2-95 所示。

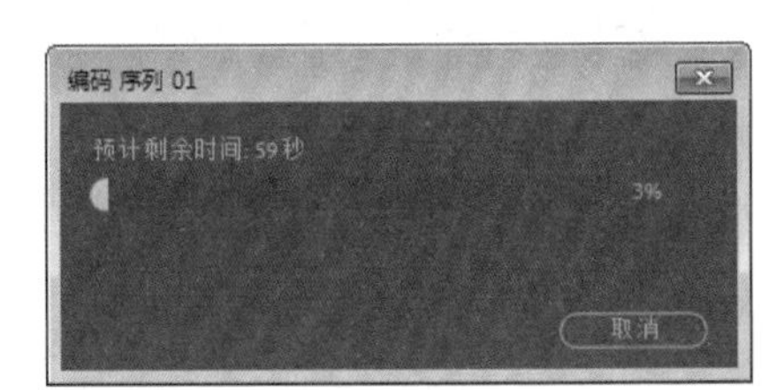

图 2-95

> **技巧与提示：**
>
> 在输出视频文件时，可以设置输出画面的大小，需要注意输出画面不能比原始画面大。

2.8.7　实战——输出 Windows Media 格式影片

Windows Media 是微软公司开发的一款媒体播放软件，它可以播放多种格式的视频文件，例如 ASF、MPEG-1、MPEG-2、WAV、AVI、MIDI、VOD、AU、MP3 和 Quick Time 等。下面将介绍如何在 Premiere Pro CC 2018 中输出 Windows Media 格式的影片。

视频文件：	下载资源 \ 视频 \ 第 2 章 \2.8.7 实战——输出 Windows Media 格式影片 .mp4

01 打开 Premiere Pro CC 2018 项目文件，选择需要输出的序列，然后在菜单栏中执行“文件”|“导出”|“媒体”命令，弹出“导出设置”对话框。

02 在“导出设置”对话框中的“格式”下拉列表中选择 Windows Media 选项，如图 2-96 所示。单击“输出名称”右侧的文字，弹出“另存为”对话框，为其指定名称及存储路径，最后单击“导出”按钮，如图 2-97 所示。

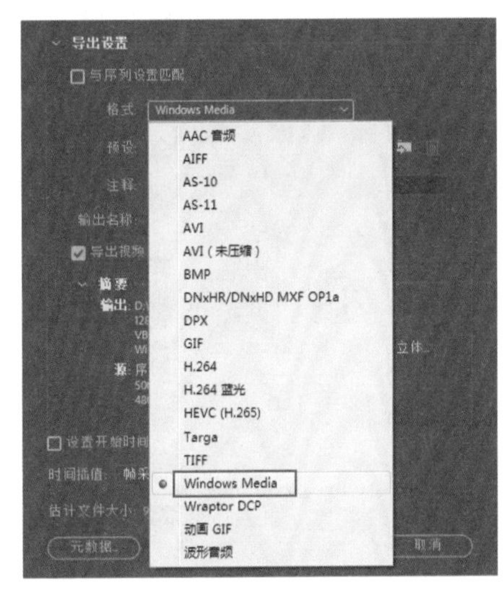

图 2-96

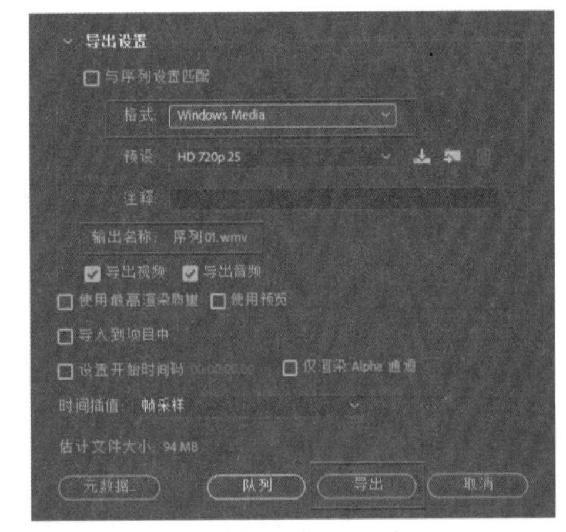

图 2-97

03 影片开始输出，同时弹出“编码序列 01”对话框，在该对话框中可以看到输出进度和剩余时间，如图 2-98 所示。

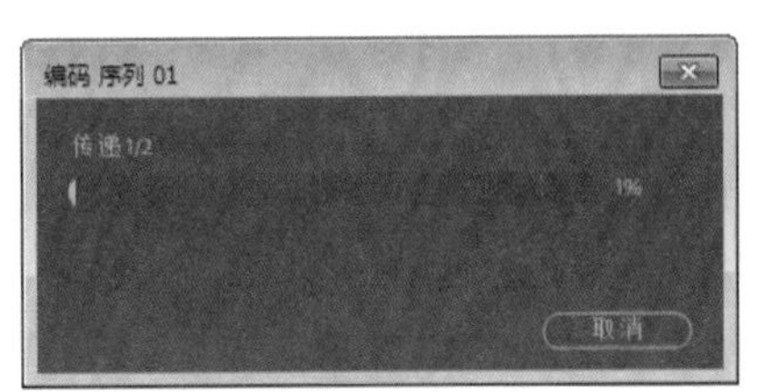

图 2-98

2.8.8 实战——输出MP4格式的影片

下面通过实例来具体介绍如何在Premiere Pro CC 2018中输出MP4格式的影片。

视频文件： 下载资源\视频\第2章\2.8.8 实战——输出MP4格式的影片.mp4

源 文 件： 下载资源\源文件\第2章\2.8.8

01 启动Premiere Pro CC 2018，新建项目和序列。

02 执行“文件”|“导入”命令，弹出“导入”对话框，选择要导入的素材，单击“打开”按钮关闭对话框，如图2-99所示。

图2-99

03 在“项目”面板中，选择“视频.mp4”素材，并将其拖入“时间轴”面板中，此时弹出如图2-100所示的警告对话框，单击“更改序列设置”按钮。

图2-100

04 拖入“时间轴”面板后的序列效果及“节目”监视器面板中的对应效果，如图2-101所示。

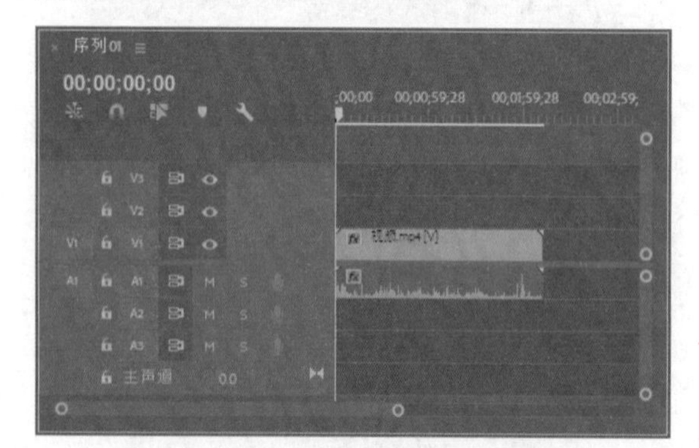

图2-101

图2-101（续）

05 在菜单栏中执行“文件”|“导出”|“媒体”命令，弹出“导出设置”对话框，如图2-102所示。

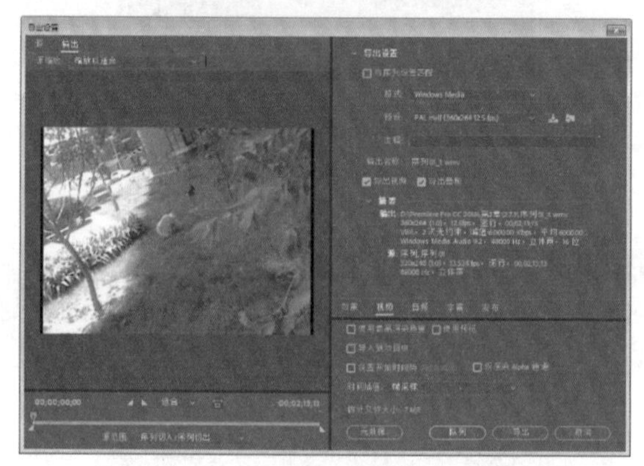

图2-102

06 在“导出设置”对话框中“格式”下拉列表中选择MPEG4选项，在“源缩放”下拉列表中，选择“缩放以填充”选项，如图2-103所示。

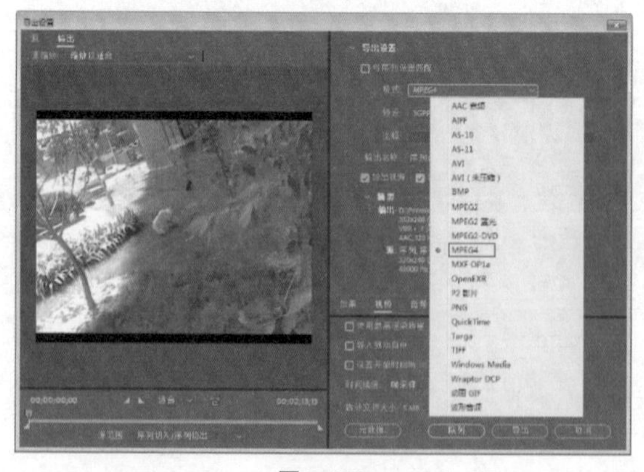

图2-103

07 单击“输出名称”右侧的文字，弹出“另存为”对话框，为其指定名称及存储路径，然后单击“保存”按钮，如图2-104所示。

图 2-104

08 切换至“多路复用器”选项卡，在“多路复用器”下拉列表中选择 MP4 选项，如图 2-105 所示。

图 2-105

09 切换至“视频”选项卡，设置“帧速率”为 25，“长宽比”为 D1/DV PAL（1.0940），“电视标准”为 PAL，如图 2-106 所示。

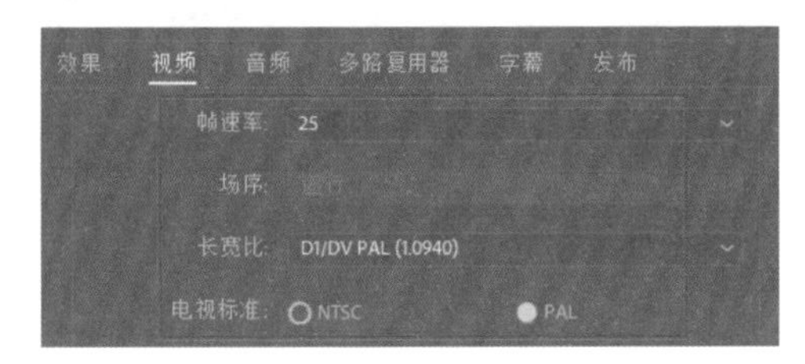

图 2-106

10 设置完成后单击“导出”按钮，影片开始输出，同时弹出“编码序列 01”对话框，在该对话框中可以看到输出进度和剩余时间，如图 2-107 所示

图 2-107

2.9　综合实例——云之美

下面用具体实例来介绍 Premiere Pro CC 2018 的工作流程。

视频文件：　下载资源 \ 视频 \ 第 2 章 \2.9 综合实例——云之美 .mp4

源 文 件：　下载资源 \ 源文件 \ 第 2 章 \2.9

01 启动 Premiere Pro CC 2018 软件，在开始页面上，单击“新建项目”按钮，如图 2-108 所示。

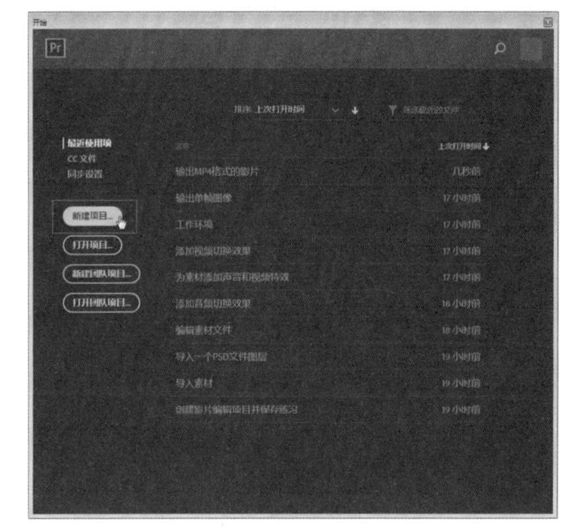

图 2-108

02 弹出“新建项目”对话框，设置项目名称和项目存储位置，单击“确定”按钮关闭对话框，如图 2-109 所示。

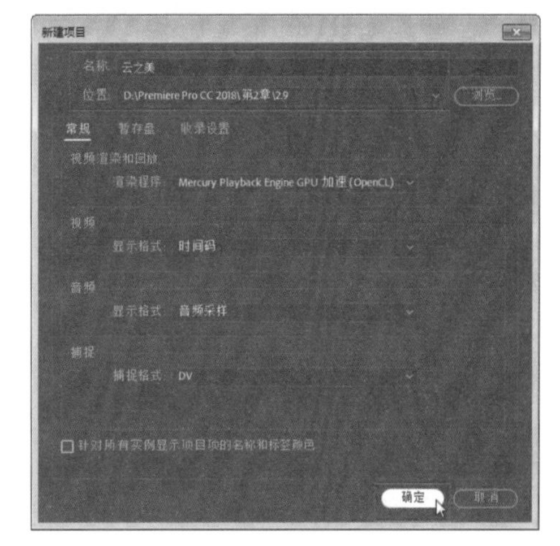

图 2-109

03 在“项目”面板中，右击，在弹出的快捷菜单中执行“新建项目”|“序列”命令，如图 2-110 所示。

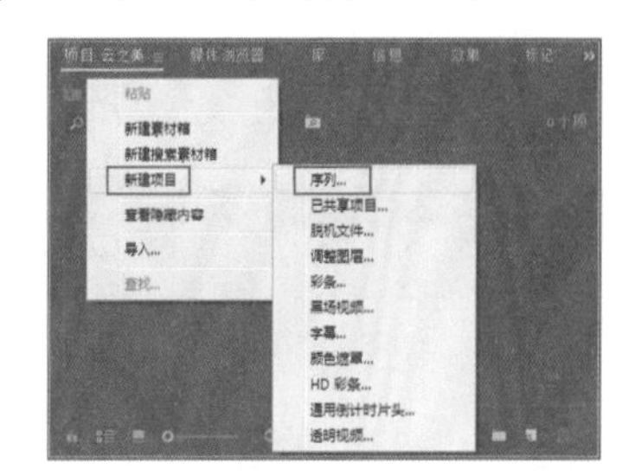

图 2-110

04 弹出“新建序列”对话框，选择合适的序列预设，单击“确定”按钮关闭对话框，如图 2-111 所示。

图 2-111

05 在“项目”面板中，右击，在弹出的快捷菜单中执行“导入”命令，如图 2-112 所示。

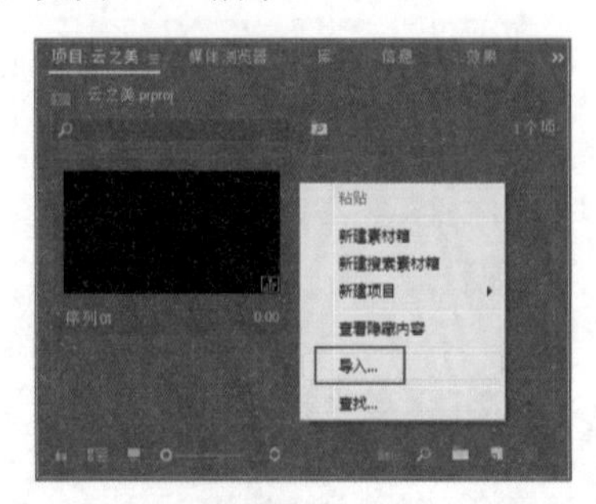

图 2-112

06 弹出“导入”对话框，打开素材所在的文件夹，选择要导入的素材，单击“打开”按钮导入素材，如图 2-113 所示。

图 2-113

07 进入“项目”面板，可以看到已导入的素材，如图 2-114 所示。

图 2-114

08 选择“项目”面板中的“天空 001.avi”文件，右击，在弹出的快捷菜单中执行“速度/持续时间”命令，如图 2-115 所示。

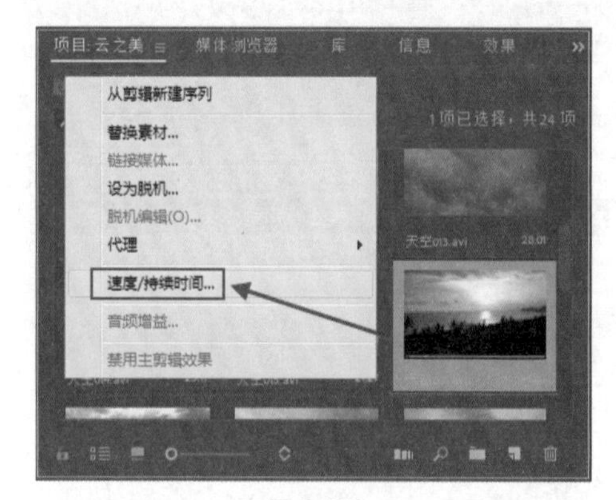

图 2-115

09 弹出“剪辑速度/持续时间”对话框，单击“速度”后面的连接符，断开速度与时间的连接关系，然后修改持续时间为 00:00:06:00（即 6 秒），单击“确定”按钮完成设置，如图 2-116 所示。

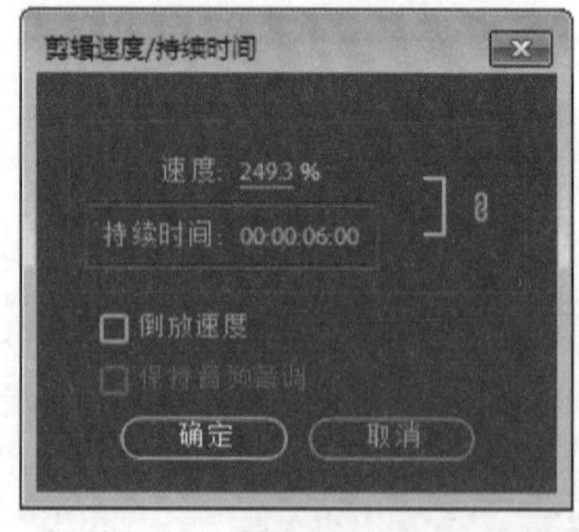

图 2-116

10 用标记入点和出点的方式设置素材的持续时间。选择“项目”面板中的“天空 003.avi”文件，将其拖至“源”监视器面板，设置时间为 00:00:00:00，然后单击“标记入点”按钮，如图 2-117 所示。

图 2-117

11 设置时间为 00:00:06:00，然后单击“标记出点”按钮，即剪辑了前 6 秒的素材，如图 2-118 所示。

图 2-118

12 任意选择以上一种方式，将所有的视频素材都剪辑为 6 秒的素材剪辑。

13 在“项目”面板中，按住 Shift 键，选择所有视频素材，然后将选中的素材拖入“时间轴”面板的轨道上，即添加了素材到“时间轴”面板中，如图 2-119 所示。

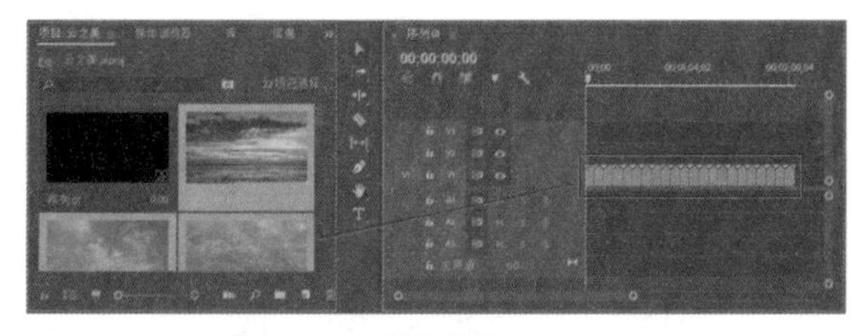

图 2-119

14 选择“项目”面板中的 MP3 文件，将其拖入“时间轴”面板的音频轨道上，如图 2-120 所示。

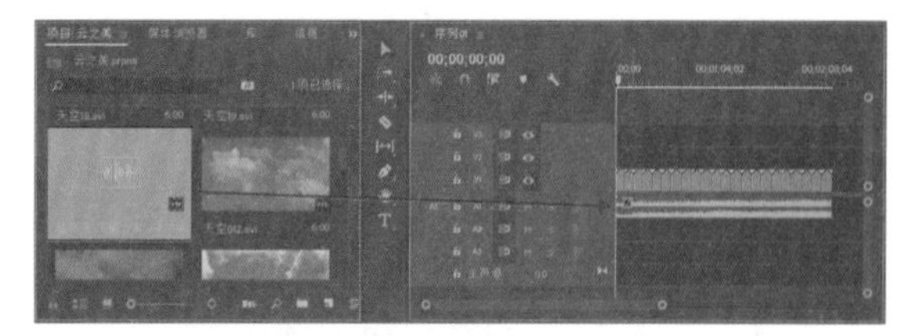

图 2-120

15 预览视频效果，按照一定的规律不断调整素材的顺序，最终的素材顺序如图 2-121 所示。

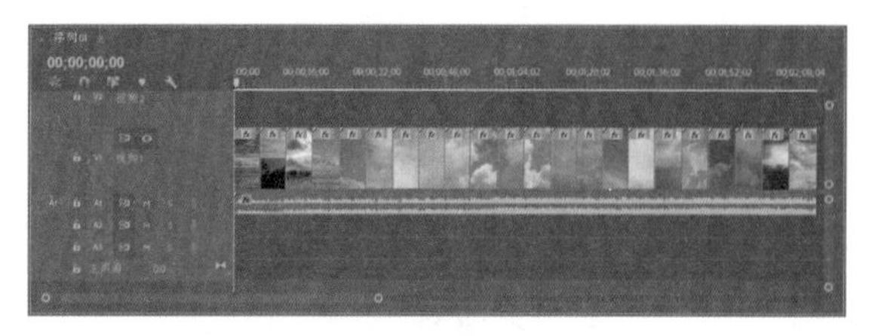

图 2-121

技巧与提示：

图片的排放顺序是 3、1、5、4、7、21、19、8、9、10、12、14、16、17、18、20、2、11、15、13、22、6。

16 打开“效果”面板，展开“视频过渡”文件夹，如图 2-122 所示。

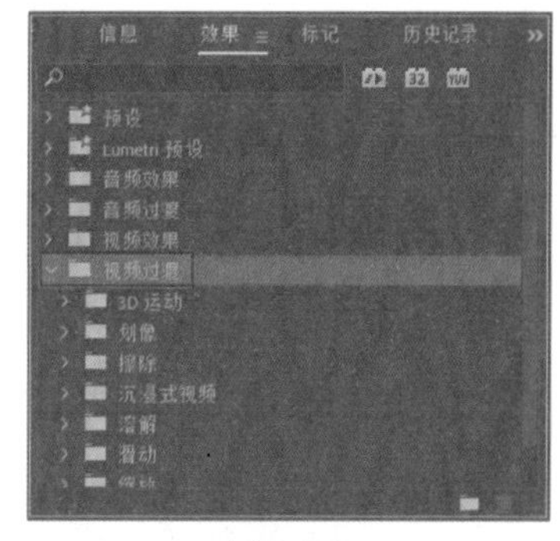

图 2-122

17 展开“溶解”文件夹，选择该文件夹中的“交叉溶解”效果，如图 2-123 所示。

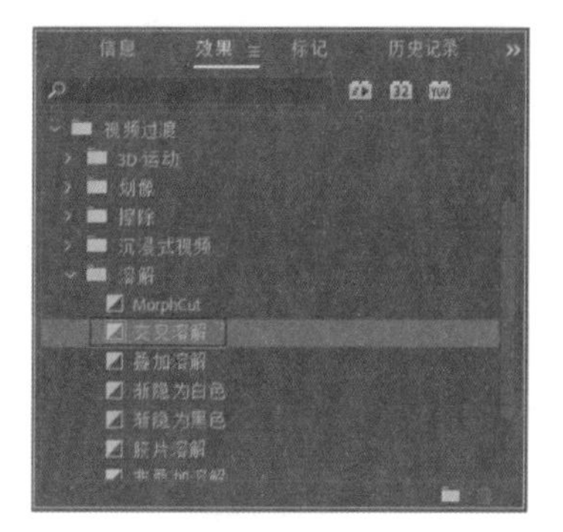

图 2-123

18 将“交叉溶解”效果拖至“时间轴”面板中的“天空 003.avi”和“天空 001.avi”素材之间，如图 2-124 所示。

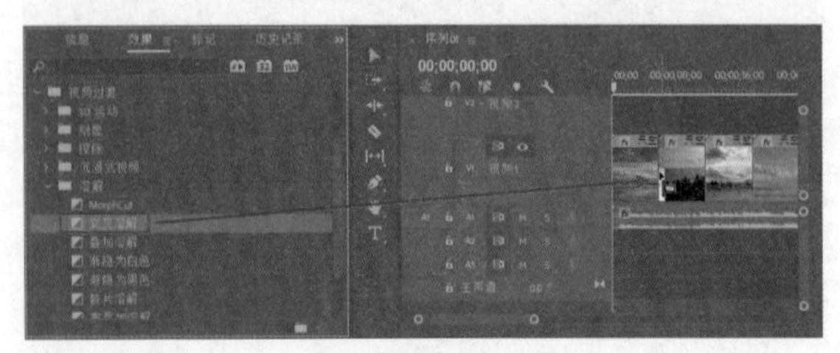

图 2-124

19 选择“溶解”文件夹中的“叠加溶解”效果，将其拖至“时间轴”面板中的“天空 005.avi”和“天空 004.avi”素材之间，如图 2-125 所示。

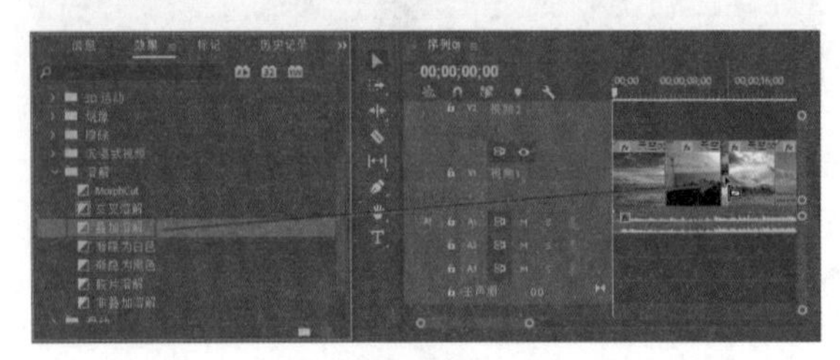

图 2-125

20 展开“视频过渡”文件夹中的“擦除”子文件夹，选择“渐变擦除”效果，如图 2-126 所示。

图 2-126

21 将其拖至“时间轴”面板中的“天空 004.avi”和“天空 007.avi”素材之间，弹出“渐变擦除设置”对话框，拖动“柔和度”滑块，设置其参数，单击“确定”按钮完成设置，如图 2-127 所示。

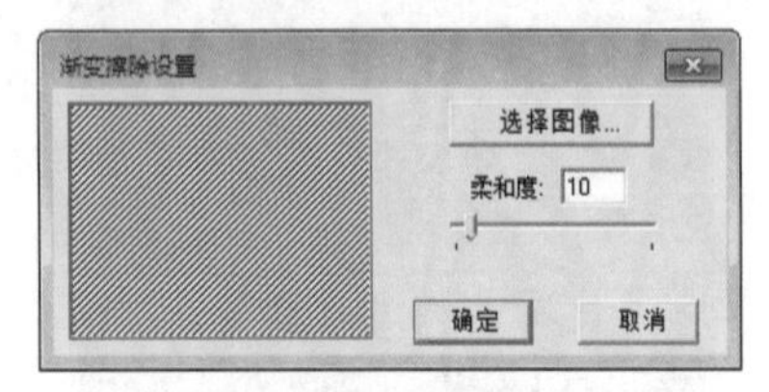

图 2-127

22 采用同样的方法，添加“渐变擦除”效果到视频轨中的“天空 007.avi”和“天空 21.avi”素材之间、“天空 21.avi”和“天空 19.avi”素材之间，如图 2-128 所示。

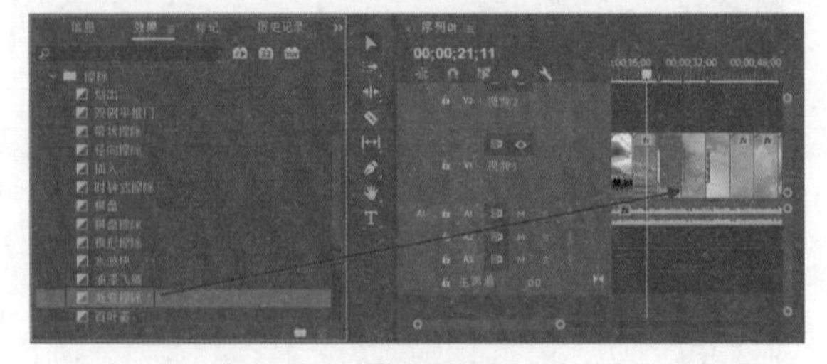

图 2-128

23 选择“滑动”文件夹中的“带状滑动”效果，将其拖至视频轨中的“天空 19.avi”和“天空 008.avi”素材之间，如图 2-129 所示。

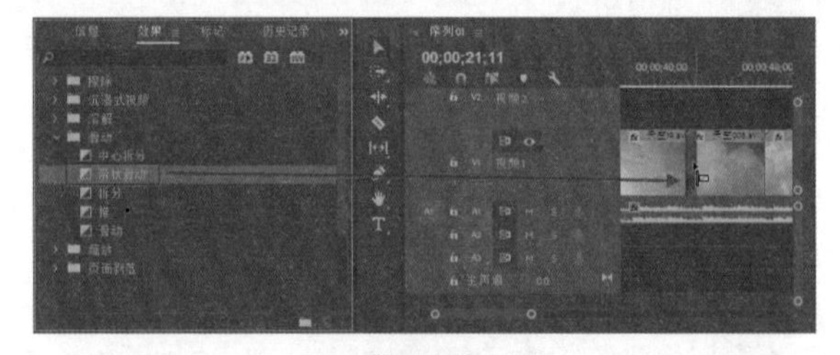

图 2-129

24 选择“滑动”文件夹中的“滑动”效果，将其拖至视频轨中的“天空 008.avi”和“天空 009.avi”素材之间，如图 2-130 所示。

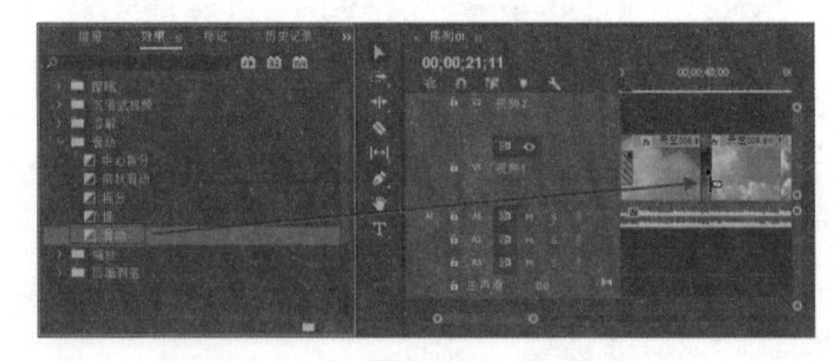

图 2-130

25 采用同样的方法，添加“滑动”效果到视频轨中的“天空 009.avi”和“天空 010.avi”素材之间、“天空 010.avi”和“天空 012.avi”素材之间，如图 2-131 所示。

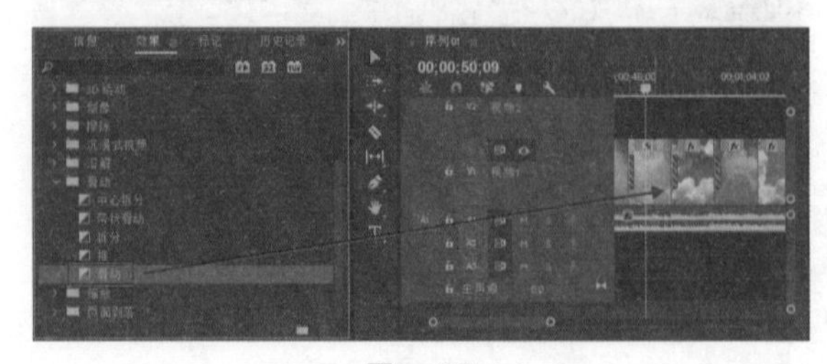

图 2-131

26 选择“擦除”文件夹中的“随机块”效果，将其拖至视频轨中的“天空 012.avi”和“天空 014.avi”素材之间，如图 2-132 所示。

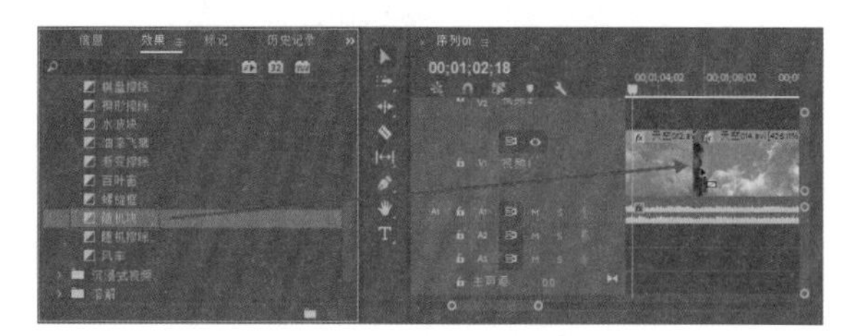

图 2-132

27 选择“擦除”文件夹中的“棋盘”效果，将其拖至视频轨中的“天空 014.avi”和“天空 016.avi”素材之间，如图 2-133 所示。

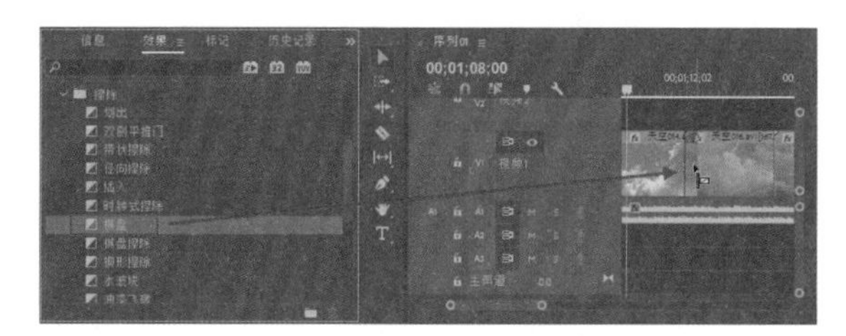

图 2-133

28 选择“擦除”文件夹中的“棋盘擦除”效果，将其拖至视频轨中的“天空 016.avi”和“天空 17.avi”素材之间，如图 2-134 所示。

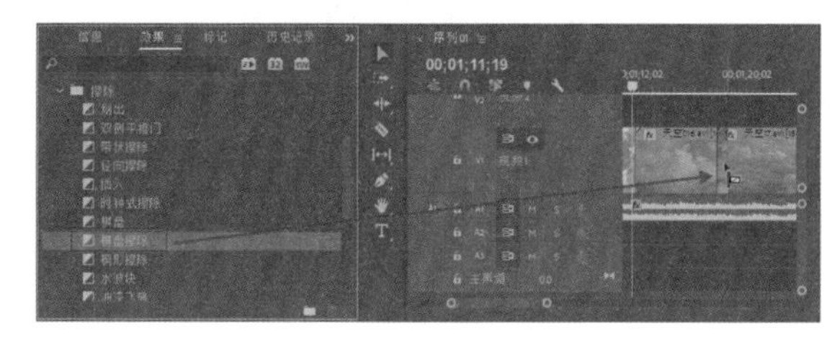

图 2-134

29 选择“页面剥落”文件夹中的“页面剥落”效果，将其拖至视频轨中的“天空 17.avi”和“天空 18.avi”素材之间，如图 2-135 所示。

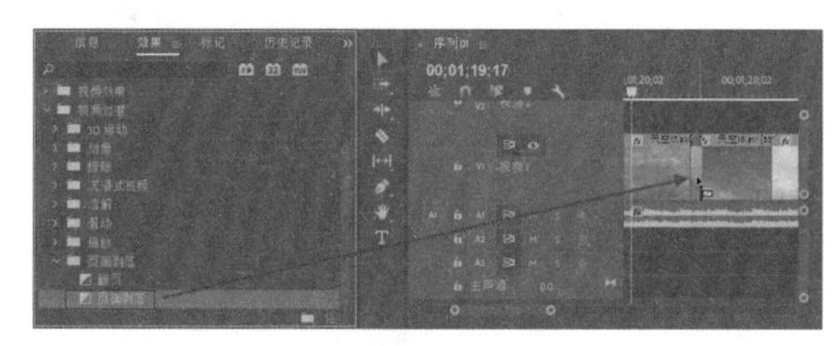

图 2-135

30 选择“页面剥落”文件夹中的“翻页”效果，将其拖至视频轨中的“天空 18.avi”和“天空 20.avi”素材之间，如图 2-136 所示。

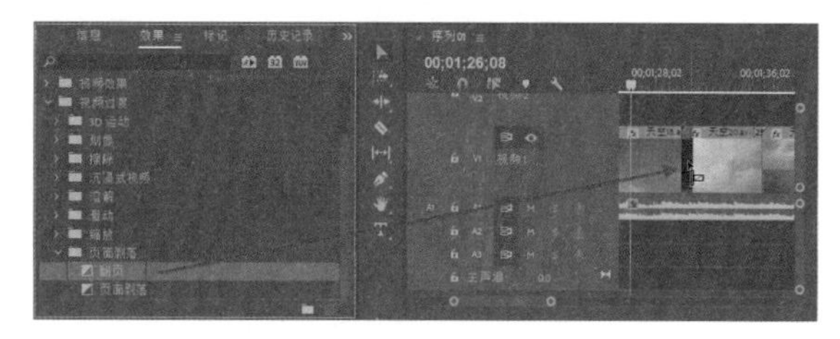

图 2-136

31 选择“擦除”文件夹中的“带状擦除”效果，将其拖至视频轨中的“天空 20.avi”和“天空 002.avi”素材之间，如图 2-137 所示。

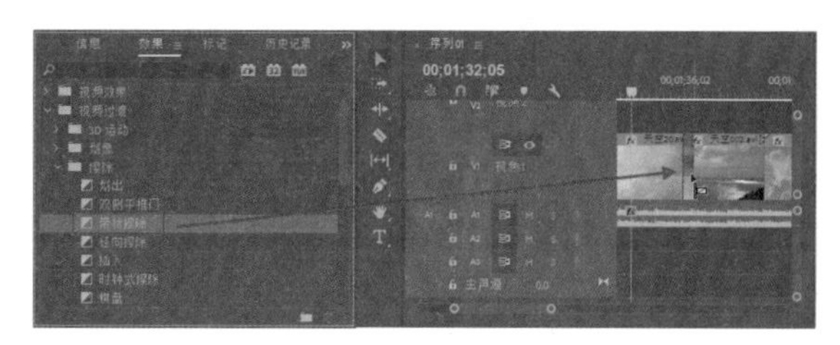

图 2-137

32 选择“擦除”文件夹中的“带状擦除”效果，将其拖至视频轨中的“天空 002.avi”和“天空 11.avi”素材之间，如图 2-138 所示。

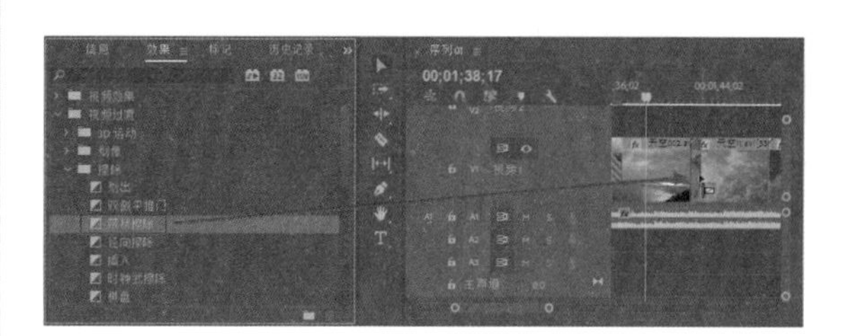

图 2-138

33 选择“溶解”文件夹中的“交叉溶解”效果，将其拖至视频轨中的“天空 11.avi”和“天空 015.avi”素材之间，如图 2-139 所示。

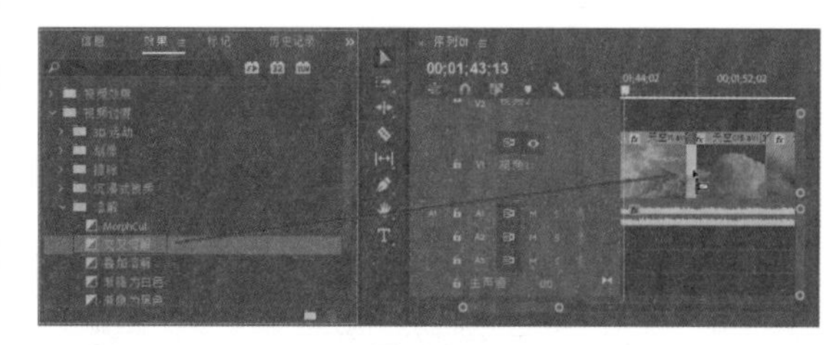

图 2-139

34 选择“溶解”文件夹中的“叠加溶解”效果，将其拖至视频轨中的“天空 015.avi”和“天空 013.avi”素材之间，如图 2-140 所示。

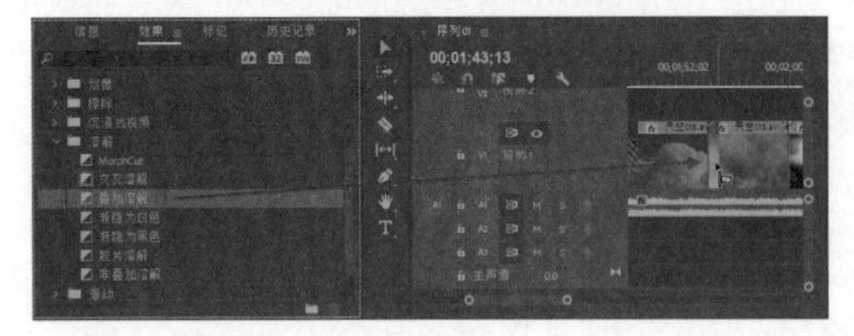

图 2-140

35 选择“溶解”文件夹中的“胶片溶解”效果，将其拖至视频轨中的“天空 013.avi”和 “天空 22.avi”素材之间，如图 2-141 所示。

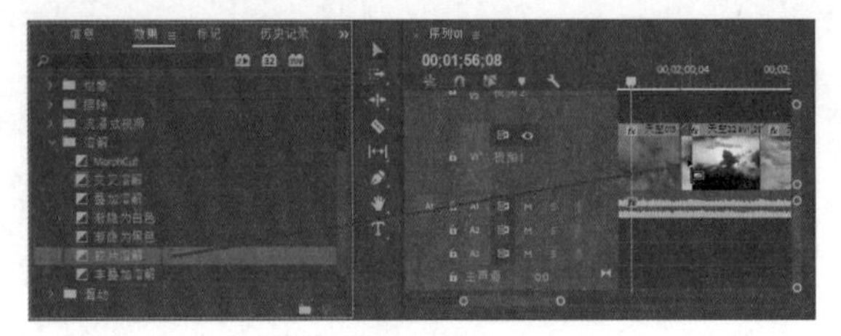

图 2-141

36 选择“溶解”文件夹中的“渐隐为黑色”效果，将其拖至视频轨中的“天空 22.avi”和 “天空 006.avi”素材之间，如图 2-142 所示。

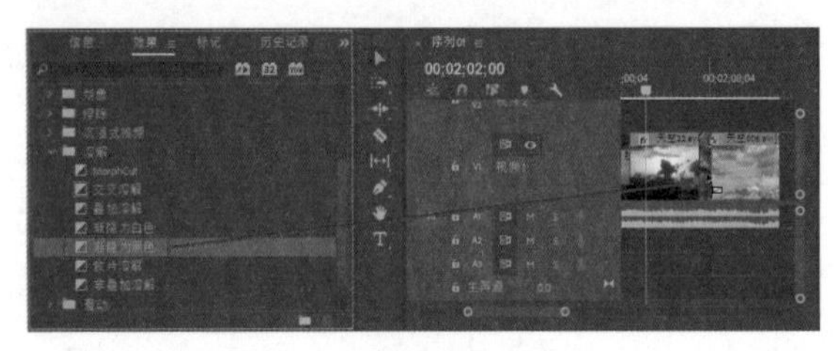

图 2-142

37 单击“音频过渡”文件夹前的小三角按钮，展开该文件夹。单击“交叉淡化”文件夹前的小三角按钮，选择该文件夹中的“指数淡化”效果，将其拖至“时间轴”面板中的音频素材的结束处，如图 2-143 所示。

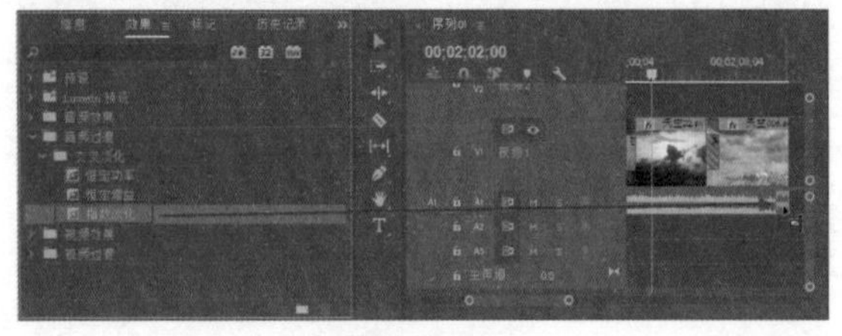

图 2-143

38 双击已添加到素材上的“指数淡化”效果，弹出“设置过渡持续时间”对话框，设置过渡持续时间为 3 秒，单击“确定”按钮完成设置，如图 2-144 所示。

图 2-144

39 选择视频轨道中的最后一个素材，执行“剪辑”|“速度 / 持续时间”命令，如图 2-145 所示。

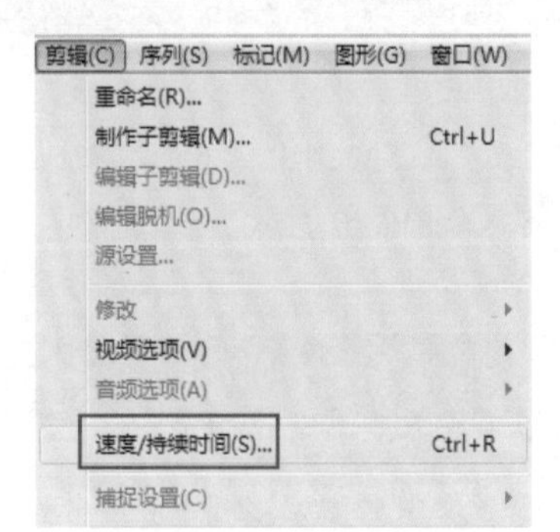

图 2-145

40 弹出“剪辑速度 / 持续时间”对话框，选中“倒放速度”复选框，单击“确定”按钮完成设置，如图 2-146 所示。

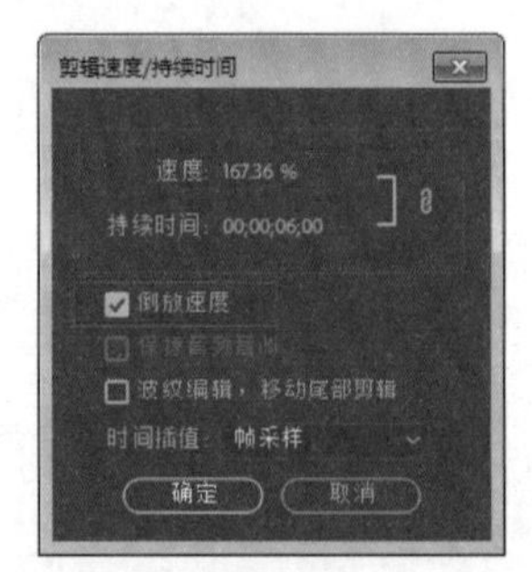

图 2-146

41 按 Enter 键渲染项目，渲染完成后预览影片效果，如图 2-147 所示。

图 2-147

图 2-147（续）

42 预览后觉得满意，即可输出影片了。执行“文件”|“导出”|“媒体”命令，弹出“导出设置”对话框，如图 2-148 所示。

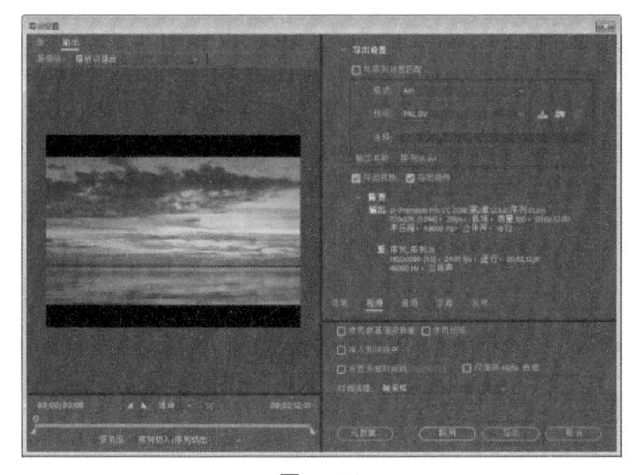

图 2-148

43 单击“输出名称”后面的名称，弹出“另存为”对话框，设置输出名称及存储位置，单击“确定”按钮完成设置，如图 2-149 所示。

图 2-149

44 单击“导出设置”对话框中的“导出”按钮，如图 2-150 所示。

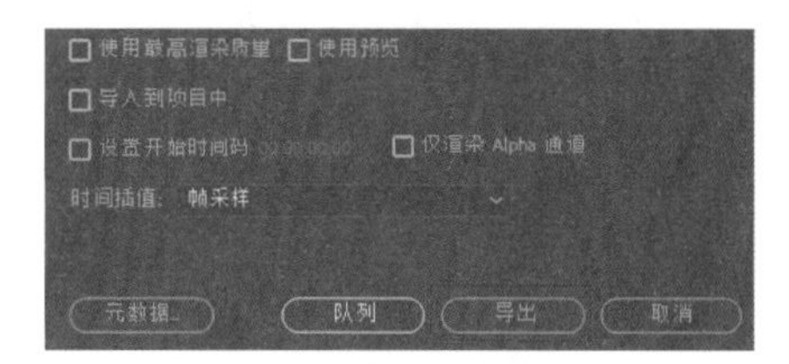

图 2-150

45 弹出“编码序列 01”对话框，显示当前编码进度，如图 2-151 所示。

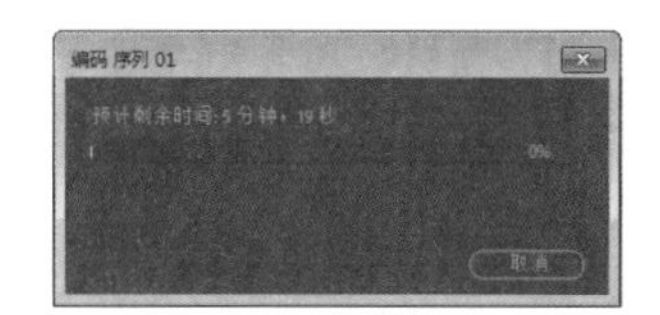

图 2-151

46 导出完成后打开输出的影片，观看影片效果，如图 2-152 所示。

图 2-152

2.10　本章小结

本章主要介绍了 Premiere Pro CC 2018 的配置要求，包括 Windows 系统和 MAC 系统的区别以及支持的显卡类型。也介绍了 Premiere Pro CC 2018 的工作面板和菜单栏的主要作用，让读者能够了解 Premiere Pro CC 2018 的工作环境，方便上手。之后详细讲解了 Premiere Pro CC 2018 的具体工作流程，包括创建影片、导入素材、编辑素材、添加视音频特效和输出影片。最后用多个实例让读者更快熟悉和学习 Premiere Pro CC 2018 的工作流程，对在 Premiere Pro CC 2018 中进行各类主要编辑工作的操作方法进行学习和体验。

第 3 章

素材剪辑基础

对素材的编辑是确定影片内容的主要操作，需要熟练掌握对各类素材剪辑的编辑技能。用户可以通过“源”监视器面板编辑某个素材的入点和出点，也可以在“时间轴”面板中编辑。本章将介绍素材剪辑的基本操作以及分离素材和使用 Premiere Pro CC 2018 创建新片头等操作。

第 3 章素材文件　第 3 章视频文件

3.1　素材剪辑的基本操作

素材剪辑的基本操作包括播放素材、切割素材、添加或删除轨道、插入和覆盖素材、提升和提取素材等。

3.1.1　在“源”监视器面板中播放素材

在将素材放入视频序列之前，可以使用“源”监视器面板中预览和修整这些素材，“源”监视器面板如图 3-1 所示。要使用“源”监视器面板预览素材，只要将“项目”面板中的素材拖入“源”监视器面板，然后单击“播放 - 停止切换”按钮▶即可。

图 3-1

3.1.2　实战——添加、删除轨道

Premiere Pro CC 2018 软件支持视频轨道、音频轨道和音频子混合轨道各 103 个，完全能满足影视编辑的需要。下面介绍如何添加和删除轨道。

视频文件：　下载资源 \ 视频 \ 第 3 章 \3.1.2 实战——添加、删除轨道 .mp4
源 文 件：　下载资源 \ 源文件 \ 第 3 章 \3.1.2

01 启动 Premiere Pro CC 2018，新建项目和序列。轨道分布情况，如图 3-2 所示。

02 在轨道编辑区的空白区域，右击，在弹出的快捷菜单中执行“添加轨道”命令，如图 3-3 所示。

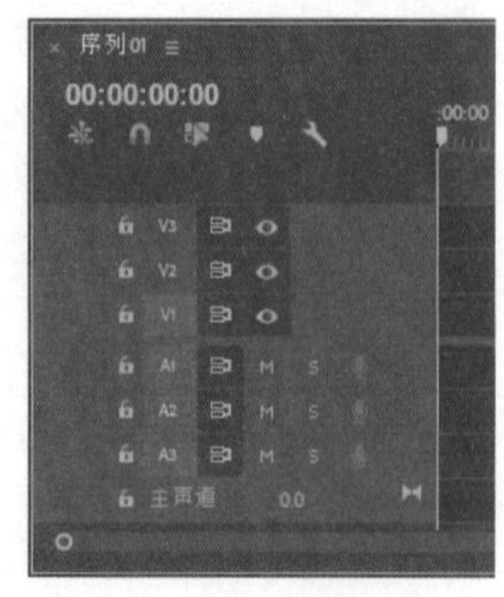

图 3-2

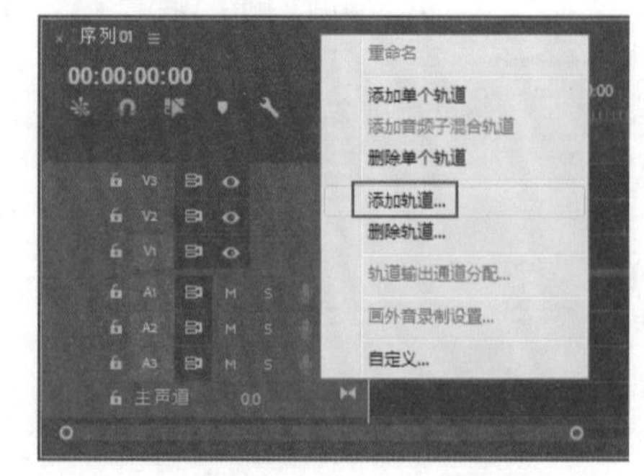

图 3-3

03 弹出“添加轨道”对话框，在其中可以添加视频轨道、音频轨道和音频子混合轨道。单击“添加”后的数字 1，出现输入框，输入数字 2，单击“确定”按钮，如图 3-4 所示，即添加了两条视频轨。

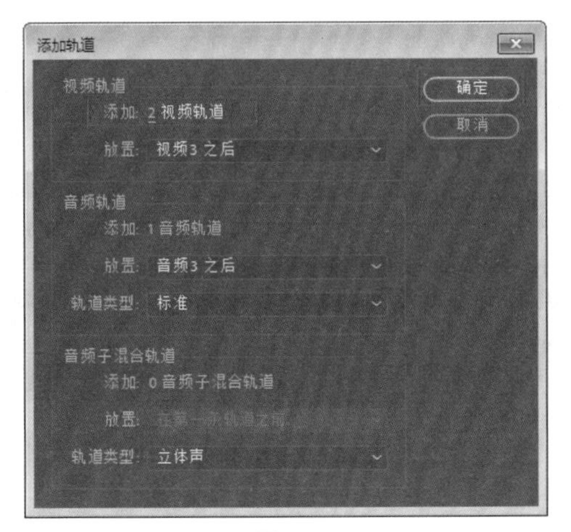

图 3-4

04 在轨道编辑区的空白区域，右击，在弹出的快捷菜单中执行“删除轨道”命令，如图 3-5 所示。

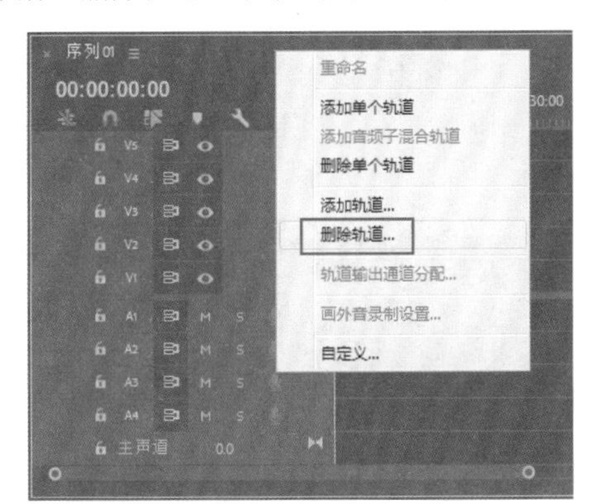

图 3-5

05 弹出“删除轨道”对话框，选中“删除音频轨道”复选框，单击“确定”按钮关闭对话框，如图 3-6 所示。

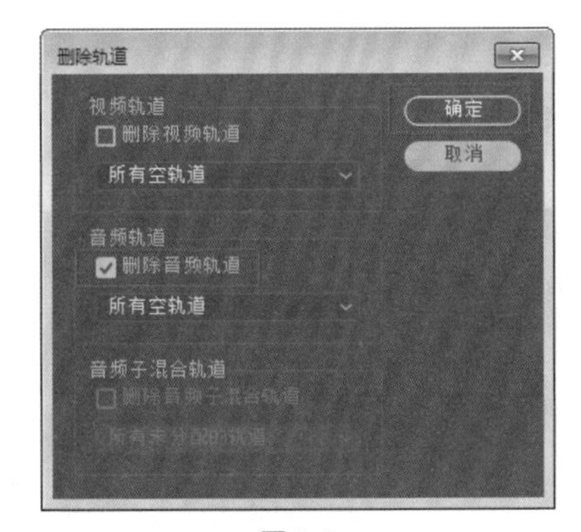

图 3-6

06 查看此时的轨道分布情况，如图 3-7 所示。

图 3-7

3.1.3 实战——剪辑素材文件

将素材应用到项目中，剪辑素材的操作非常容易。

视频文件：　下载资源 \ 视频 \ 第 3 章 \3.1.3 实战——剪辑素材文件 .mp4

源 文 件：　下载资源 \ 源文件 \ 第 3 章 \3.1.3

01 启动 Premiere Pro CC 2018，新建项目和序列。

02 执行“文件”|“导入”命令，弹出“导入”对话框，选择要导入的素材，单击“打开”按钮，如图 3-8 所示。

图 3-8

03 在“项目”面板中，选择素材，将其拖入“源”监视器面板中，如图 3-9 所示。

图 3-9

04 将时间滑块放置在00:00:00:00的位置，单击“标记入点”按钮，标记入点，如图3-10所示。

图 3-10

05 将时间滑块放置在00:00:03:04的位置，单击“标记出点”按钮，标记出点，如图3-11所示。

图 3-11

技巧与提示：

用户在对素材设置入点和出点时所做的改变，将影响剪辑后的素材文件的显示，但不会影响磁盘上源素材本身。

06 将素材从“项目”面板中拖入“时间轴”面板中，如图3-12所示，即可看到素材由原来的7秒变成了现在的3秒左右。

图 3-12

3.1.4 实战——设置标记点

素材开始帧的位置被称为“入点”，素材结束帧的位置被称为“出点”。下面介绍如何使用选择工具设置入点和出点。

视频文件：　下载资源\视频\第3章\3.1.4 实战——设置标记点.mp4
源 文 件：　下载资源\源文件\第3章\3.1.4

01 打开项目文件，在“项目”面板中导入素材，将素材添加到“时间轴”面板中，将时间指示器移至“时间轴”中想作为影片起始位置的地方，如图3-13所示。

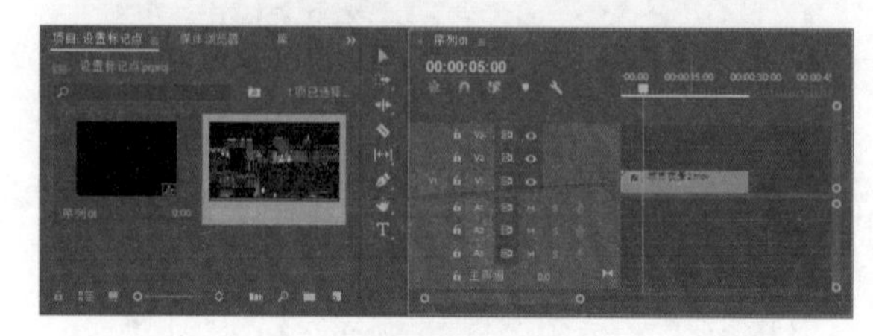

图 3-13

02 单击“工具”面板中的“选择工具”，如图3-14所示。

图 3-14

03 将“选择工具”移至“时间轴”面板中素材的左侧缘，“选择工具”图标将变成一个向右的边缘图标，如图3-15所示。

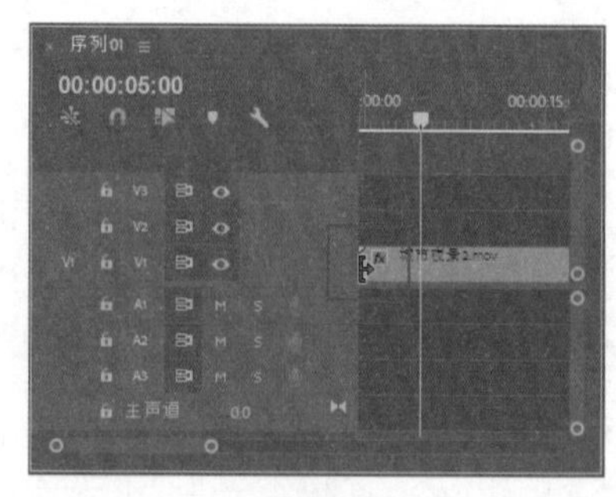

图 3-15

04 单击素材边缘，并将其拖至时间指示器的位置，即可设置素材的入点。在单击并拖动素材时，一个时间码读数会显示在该素材旁边，显示编辑的状态，如图3-16所示。

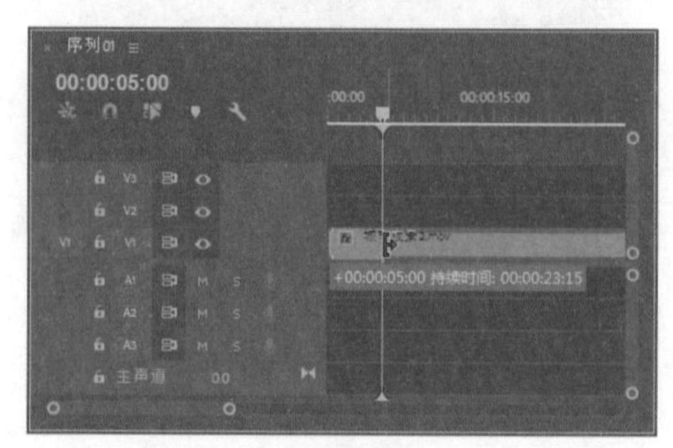

图 3-16

05 将“选择工具”移至“时间轴”面板中素材的右侧缘，此时“选择工具”图标变为一个向左的边缘图标，如图 3-17 所示。

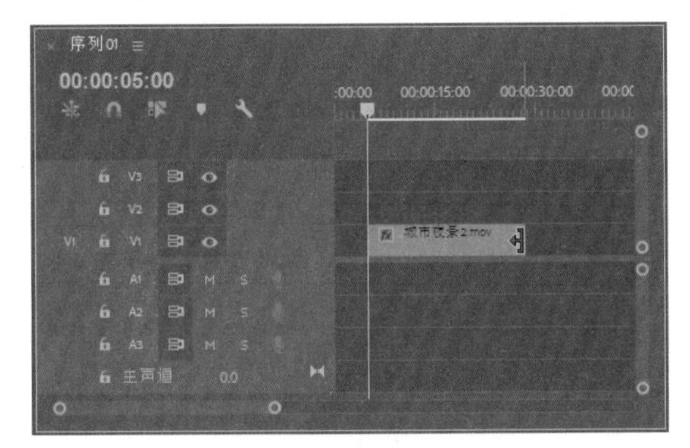

图 3-17

06 单击素材边缘，并将它拖至想作为素材结束点的地方，即可设置素材的出点。在单击并拖动素材时，一个时间码读数会显示在该素材的旁边，显示编辑状态，如图 3-18 所示。

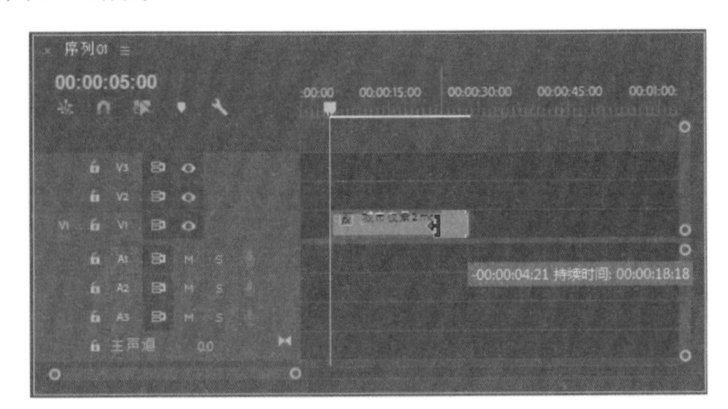

图 3-18

3.1.5 实战——调整素材的播放速度

因为影片的需要，有时需要将素材快放或慢放，增加画面表现力，这时就要调整素材的播放速度了。下面将介绍调整素材播放速度的操作方法。

技巧与提示：

调整素材的播放速度会改变原始素材的帧数，这回影响影片素材的运动质量和音频素材的声音质量。例如，设置一个影片的播放速度为 50%，影片产生慢动作效果；设置影片的速度为 200%，将会产生快动作效果。

视频文件：　下载资源 \ 视频 \ 第 3 章 \3.1.5 实战——调整素材的播放速度 .mp4

源 文 件：　下载资源 \ 源文件 \ 第 3 章 \3.1.5

01 打开项目文件，导入素材，将素材拖入“时间轴”面板中，如图 3-19 所示。

图 3-19

02 选择“时间轴”面板中的素材，右击，在弹出的快捷菜单中执行“速度 / 持续时间”命令，如图 3-20 所示。

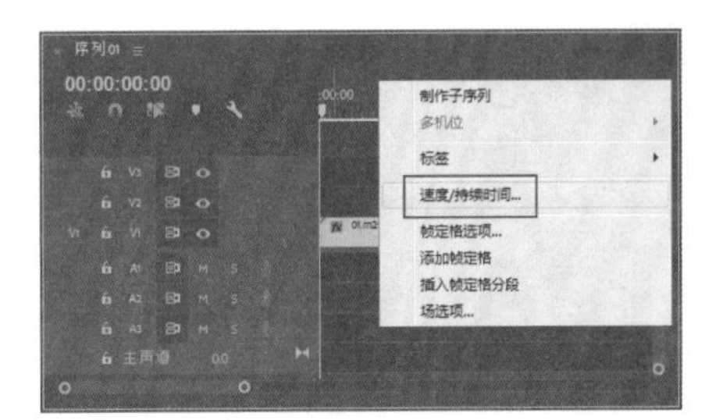

图 3-20

03 弹出“剪辑速度 / 持续时间”对话框，在“速度”文本框中输入 200，单击“确定”按钮，完成设置，如图 3-21 所示。加快播放速度后，素材的持续时间就相应减少了。

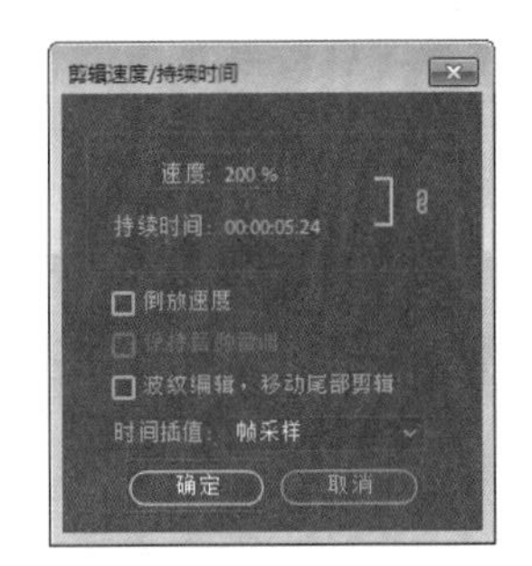

图 3-21

04 设置参数后可以在“节目”监视器面板预览调整播放速度后的效果，如图 3-22 所示。

图 3-22

3.1.6 实战——为素材设置标记

下面以实例来详细介绍为素材设置标记的操作。

视频文件： 下载资源\视频\第3章\3.1.6实战——为素材设置标记.mp4

源 文 件： 下载资源\源文件\第3章\3.1.6

01 打开项目文件，在“项目”面板中导入素材，将素材拖入“源”监视器面板中。设置时间为00:00:05:17，单击“标记入点”按钮添加入点，同时在“源”监视器面板下方会出现一个入点标记，如图3-23所示。

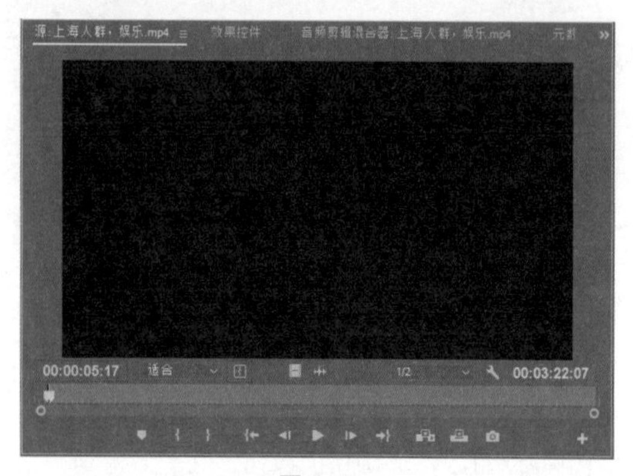

图 3-23

02 设置时间为00:00:30:10，单击“标记出点”按钮添加出点，同时在“源”监视器面板下方会出现一个出点标记，如图3-24所示。

图 3-24

技巧与提示：

标记入点的快捷键为I；标记出点的快捷键为O。

03 将素材从“源”监视器面板拖至“时间轴”面板中，如图3-25所示。

04 这段素材有链接的音频，需要将音频删除。选择“时间轴”面板中的素材，右击，在弹出的快捷菜单中执行“取消链接”命令，解除视频和音频之间的链接关系，如图3-26所示。

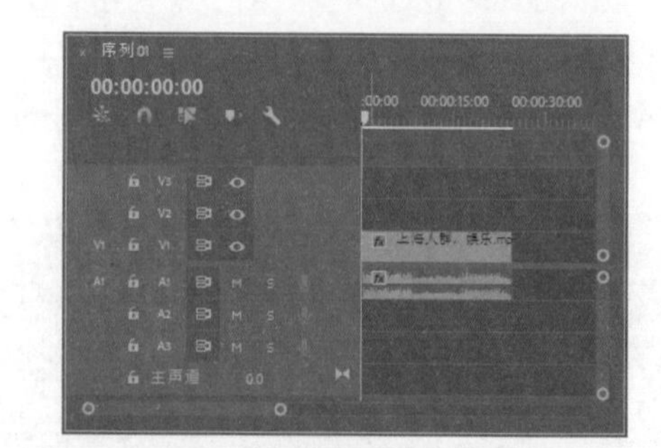

图 3-25

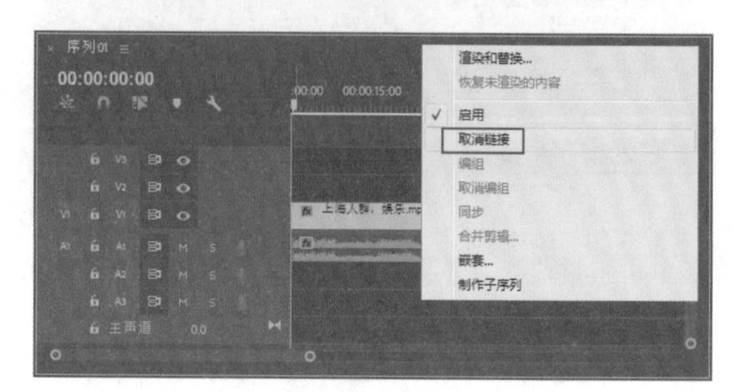

图 3-26

05 选择取消链接后的音频文件，执行“编辑”|“清除”命令，清除音频文件，如图3-27所示。

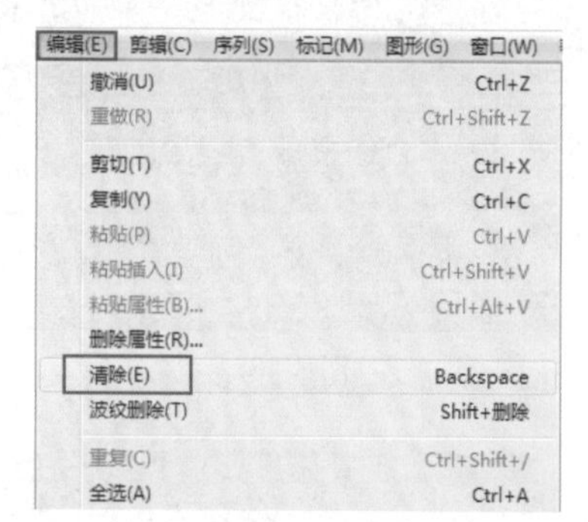

图 3-27

06 在“源”监视器面板中设置时间为00:00:39:20，单击“标记入点”按钮添加入点，同时在“源”监视器面板下方会出现一个入点标记，如图3-28所示。

图 3-28

07 在“源”监视器面板中，设置时间为 00:00:46:17，单击“标记出点”按钮添加出点，同时在“源”监视器面板下方会出现一个出点标记，如图 3-29 所示。

图 3-29

08 将“源”监视器面板中的素材拖至“时间轴”面板中，放置在第一个素材相应的位置，如图 3-30 所示。

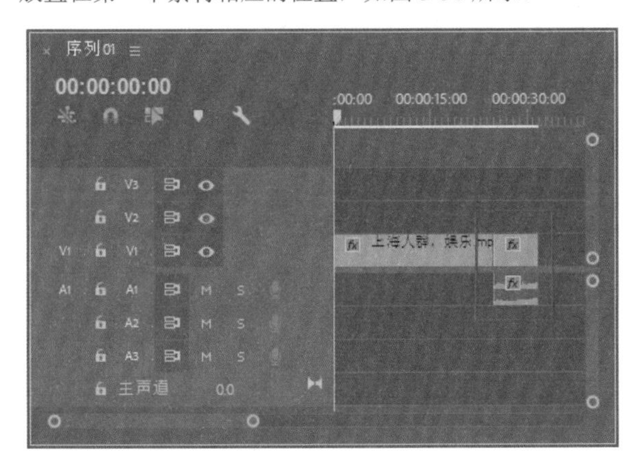

图 3-30

09 选择“时间轴”面板中的音频素材，右击，在弹出的快捷菜单中执行“取消链接”命令，解除视频和音频的链接关系，如图 3-31 所示。

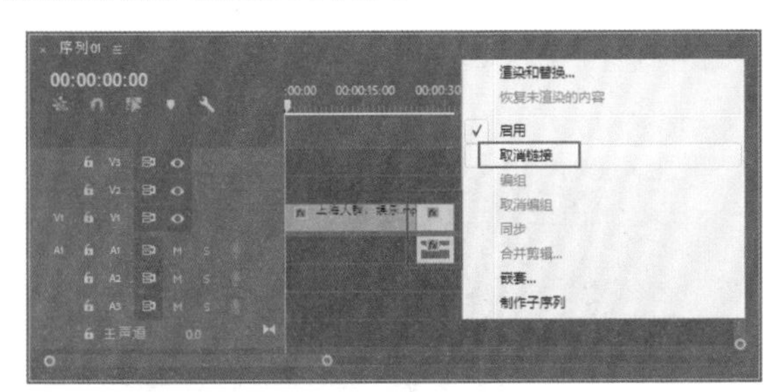

图 3-31

10 选择“时间轴”面板中的音频素材，右击，在弹出的快捷菜单中执行“清除”命令，清除音频素材，如图 3-32 所示。

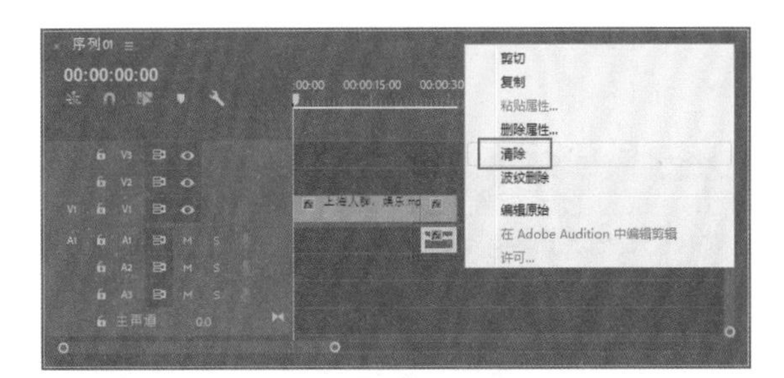

图 3-32

11 在“源”监视器面板中，设置时间为 00:01:33:16，单击“标记入点”按钮添加入点标记，如图 3-33 所示。

图 3-33

12 设置时间为 00:01:49:22，单击“标记出点”按钮添加出点标记，如图 3-34 所示。

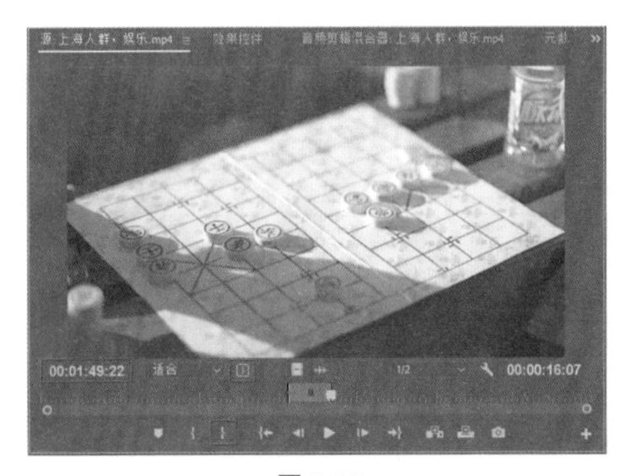

图 3-34

13 将素材从“源”监视器面板拖至“时间轴”面板中，并与前一个素材剪辑相邻，如图 3-35 所示。

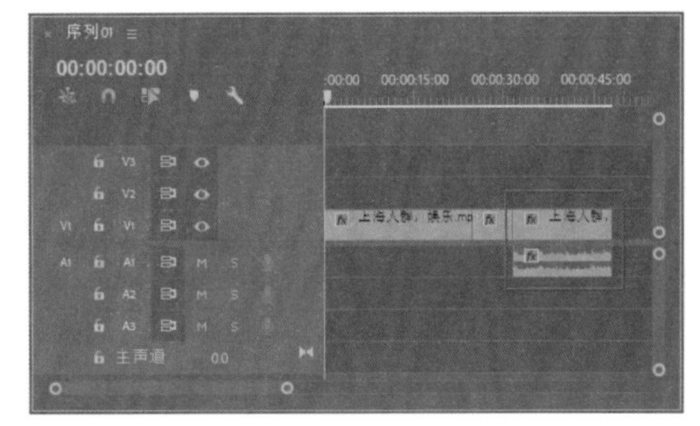

图 3-35

14 采用同样的方法，取消视音频链接，并清除音频素材，如图 3-36 所示。

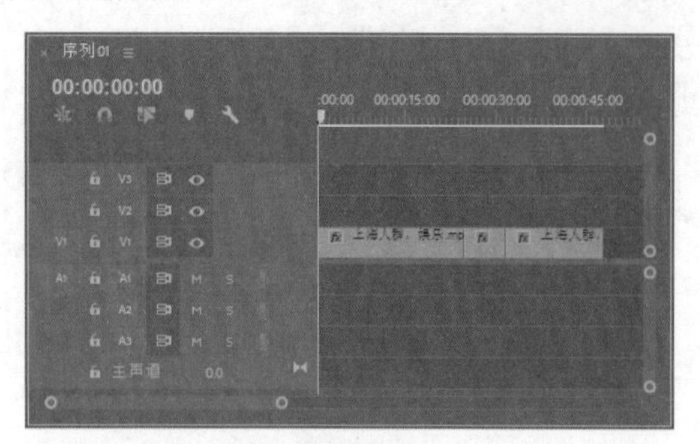

图 3-36

15 打开“效果”面板，展开“视频过渡”文件夹和“溶解”文件夹，选择“交叉溶解”特效，将其拖至“时间轴”面板中的第一个素材剪辑和第二个素材剪辑之间，并中心对齐，如图 3-37 所示。

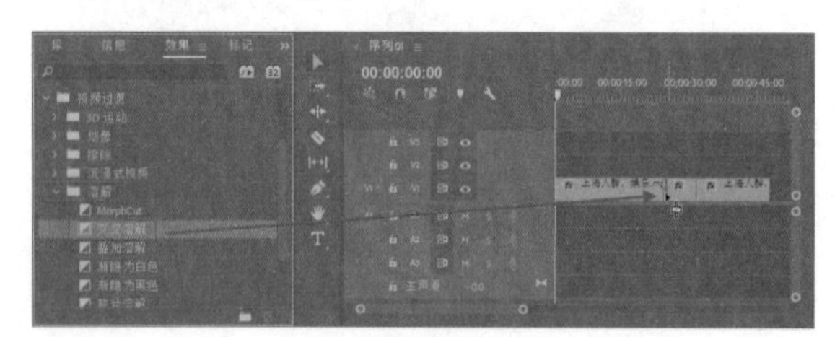

图 3-37

16 在“效果”面板中选择“溶解”文件夹中的“胶片溶解”特效，将其拖至视频轨中的第二个素材剪辑和第三个素材剪辑之间，并中心对齐，如图 3-38 所示。

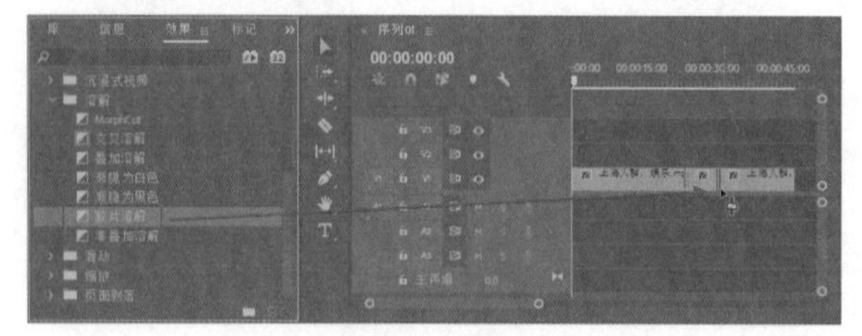

图 3-38

17 在“效果”面板中选择“溶解”文件夹中的“渐隐为黑色”特效，将其拖至“时间轴”面板中的最后一个素材的结束处，如图 3-39 所示。

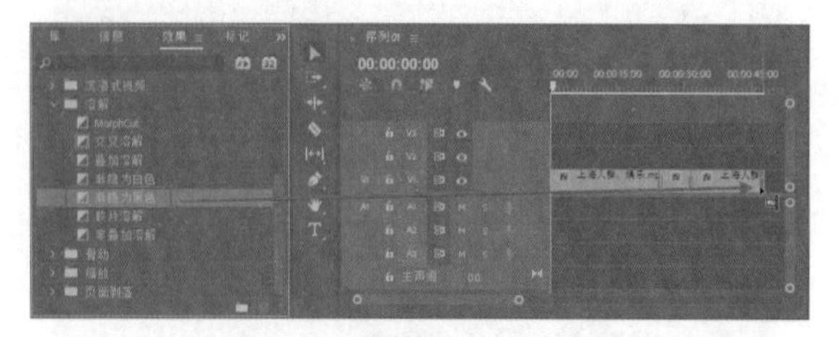

图 3-39

18 按空格键预览效果，如图 3-40 所示。

图 3-40

技巧与提示：

在“时间轴”面板的时间线上右击，在弹出的快捷菜单中可以设置、访问或清除序列标记。

3.2 分离素材

分离素材的方法很多，其中包括切割素材、提升和提取编辑、插入和覆盖编辑等。下面具体介绍分离素材的操作方法。

3.2.1 实战——切割素材

“工具”面板中的“剃刀工具”可以快速剪辑素材，下面介绍具体的操作方法。

视频文件： 下载资源\视频\第 3 章\3.2.1 实战——切割素材.mp4

源 文 件： 下载资源\源文件\第 3 章\3.2.1

01 打开项目文件，将素材添加到“时间轴”面板中，如图 3-41 所示。

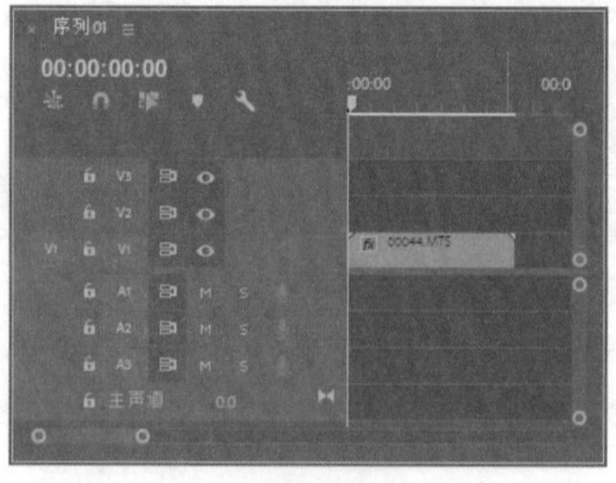

图 3-41

02 将时间指示器移至想要切割的帧上。在“工具”面板中选择“剃刀工具”，如图 3-42 所示。

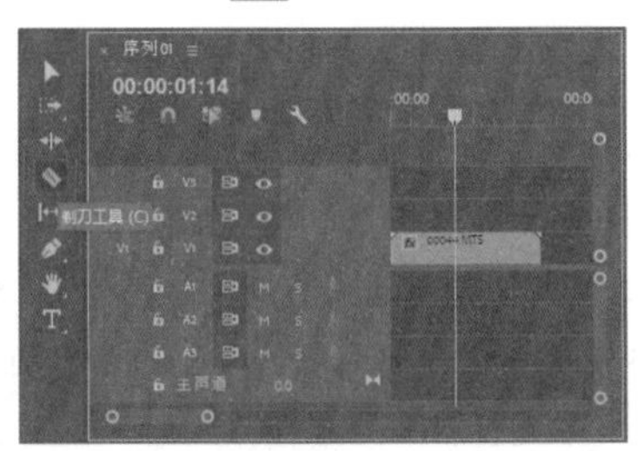

图 3-42

03 单击时间指示器选择的帧，即可切割目标轨道上的素材，如图 3-43 所示。

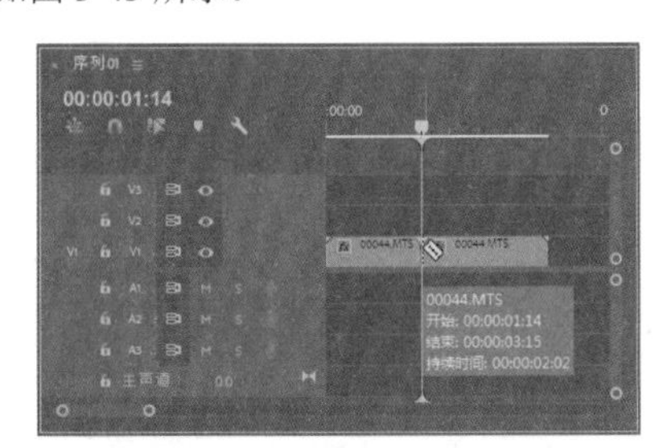

图 3-43

> **技巧与提示：**
>
> 如果要将多个轨道上的素材在同一位置进行切割，则需要按住 Shift 键，这时会显示多重刀片，轨道上未锁定的素材都在该位置被分割为两段。

3.2.2 实战——插入和覆盖编辑

插入编辑是指在时间指示器位置添加素材，时间指示器后面的素材向后移动；而覆盖编辑是指在时间指示器位置添加素材，重复部分被覆盖了，并不会向后移动。

视频文件：　下载资源 \ 视频 \ 第 3 章 \3.2.2 实战——插入和覆盖编辑 .mp4

源 文 件：　下载资源 \ 源文件 \ 第 3 章 \3.2.2

01 打开项目文件，将时间指示器放置在合适的位置，如图 3-44 所示。

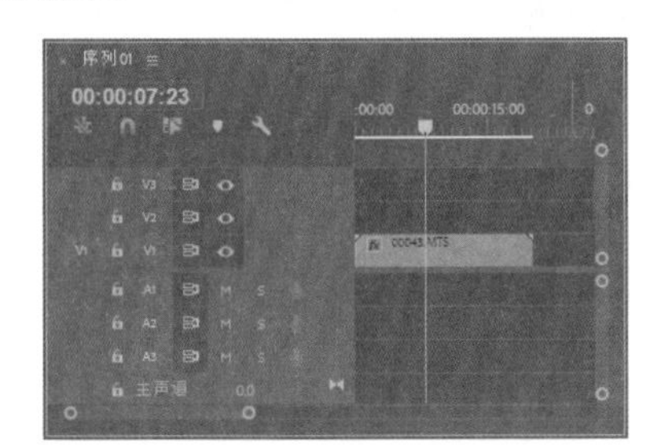

图 3-44

02 将“项目”面板中的 0022.jpg 素材拖入“源”监视器面板，单击“源”监视器面板下方的“插入”按钮，如图 3-45 所示。

图 3-45

03 即可在时间指示器位置插入素材，如图 3-46 所示。可以看到序列的出点向后移动了 5 秒。

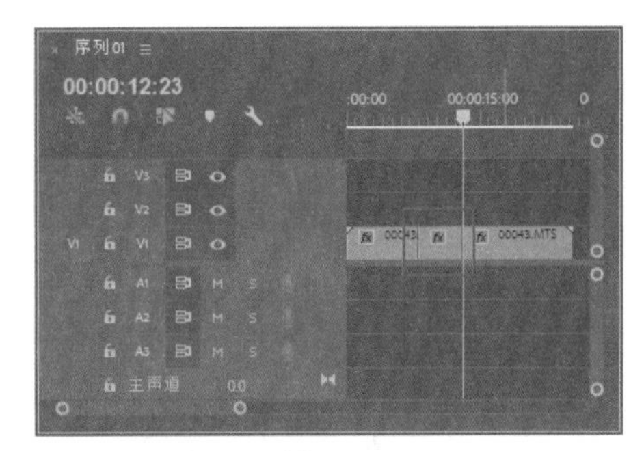

图 3-46

04 保持时间指示器的位置不变，将“项目”面板的 0023.jpg 素材拖入“源”监视器面板，单击“源”监视器面板下方的“覆盖”按钮，如图 3-47 所示。

图 3-47

05 即可在时间指示器位置添加素材，如图3-48所示。

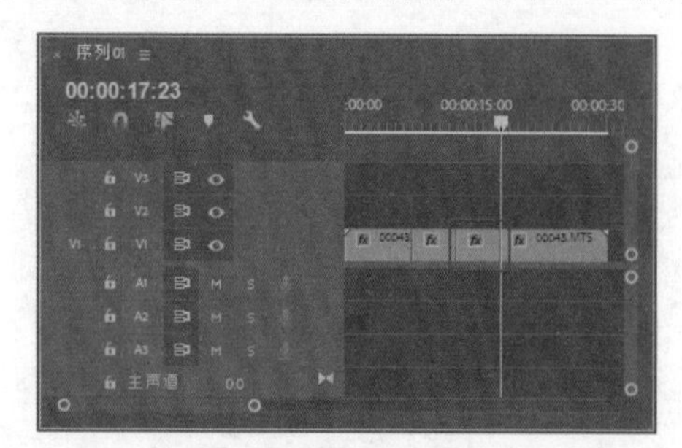

图3-48

3.2.3 实战——提升和提取编辑

通过执行“提升”或“提取”命令，可以使序列标记从“时间轴”中轻松移除素材片段。在进行“提升”编辑时，从“时间轴”提升出一个片段，然后在已删除素材的地方留下一段空白区域；在进行“提取”操作时，移除素材的一部分，然后素材后面的帧会前移，补上删除部分的空缺，因此不会有空白区域。

视频文件：　下载资源\视频\第3章\3.2.3 实战——提升和提取编辑.mp4

源 文 件：　下载资源\源文件\第3章\3.2.3

01 打开项目文件，将时间指针放置在00:00:03:10位置，按I键标记入点，如图3-49所示。

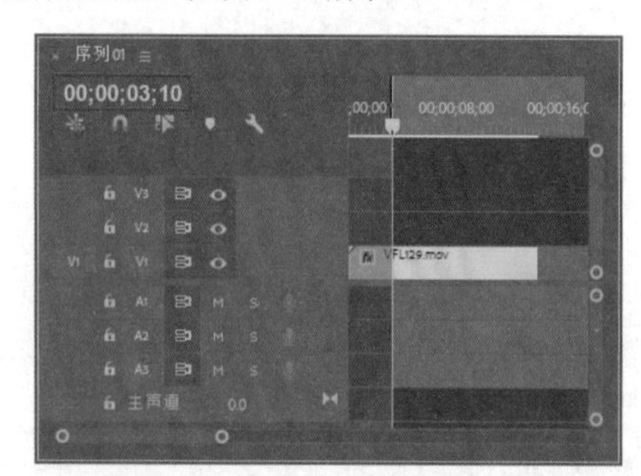

图3-49

02 将时间指针放置在00:00:10:00位置，按O键标记出点，如图3-50所示。

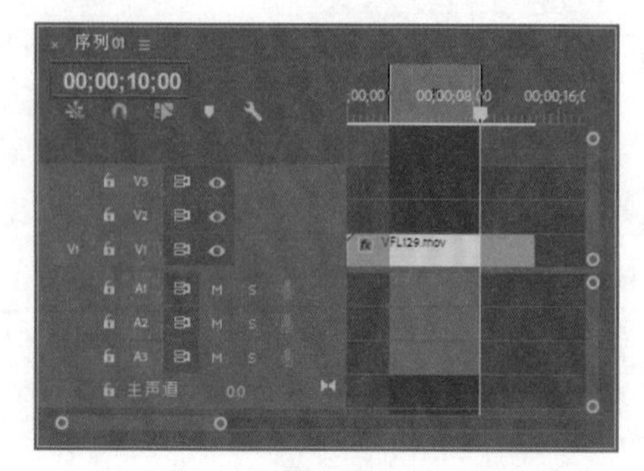

图3-50

03 执行“序列”|“提升”命令，或者单击“节目”监视器面板中的“提升”按钮，即可完成提升操作，如图3-51所示，此时视频轨中留下了一段空白区域。

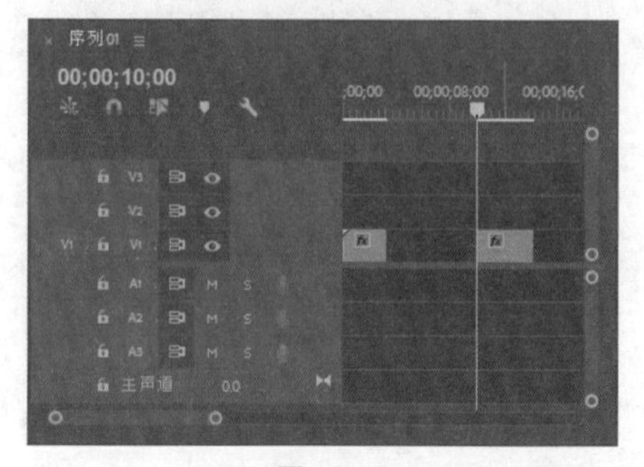

图3-51

04 执行“编辑”|“撤销”命令，撤销上一步操作，使素材回到未执行“提升”命令前的状态，如图3-52所示。

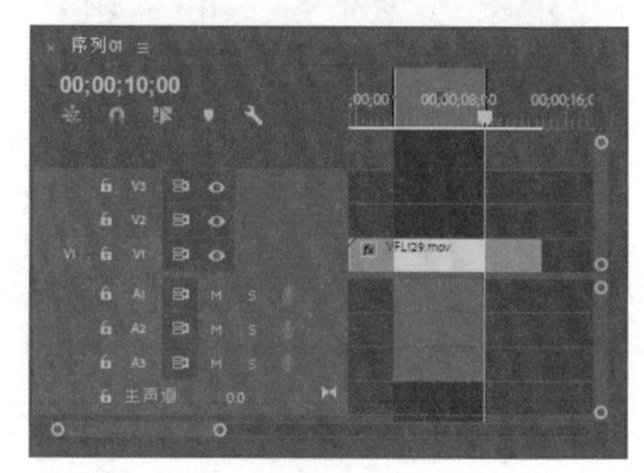

图3-52

05 执行“序列”|“提取”命令，或单击“节目”监视器面板中的“提取”按钮，即可完成提取操作，如图3-53所示，此时从入点到出点之间的素材都已被移除，并且出点之后的素材向前移动，没有留下空白。

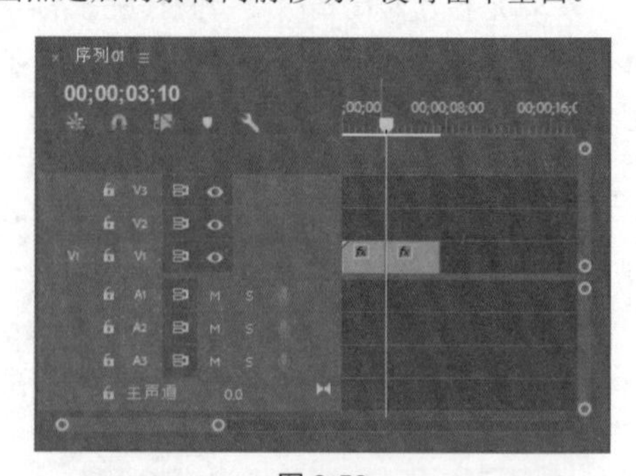

图3-53

3.2.4 分离和链接素材

在Premiere Pro CC 2018中处理带有音频的视频文件时，有时需要把视频和音频分离，进行分别处理，这就需要用到分离操作。而某些单独的视频和音频需要同时编辑时，就需要将它们链接起来，以便于操作。

要将链接的视音频分离开，只需要执行“剪辑”|“取消链接”命令，即可分离视频和音频，此时视频素材的命名后少了“[V]”字符，如图 3-54 所示。

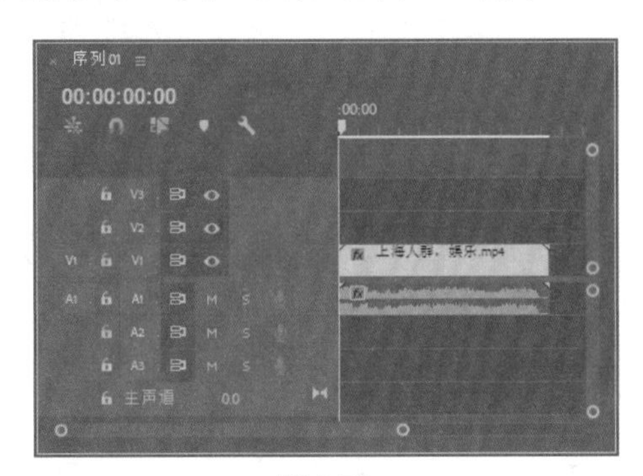

图 3-54

若要将视频和音频链接起来，只需要同时选中要链接的视频和音频素材，执行“剪辑”|“链接”命令，即可链接视频和音频素材，此时原来的视频素材的命名后加了“[V]”字符，如图 3-55 所示。

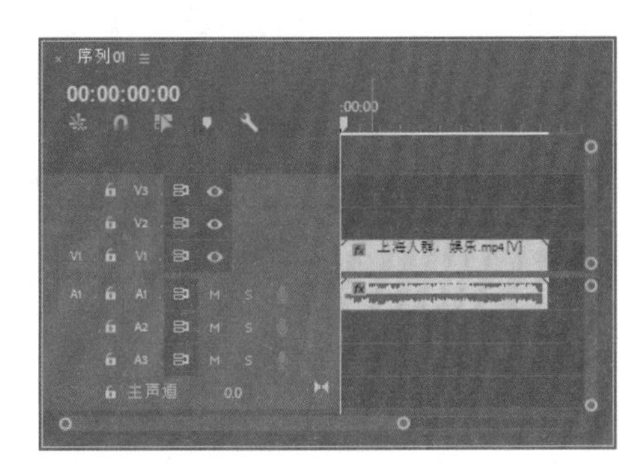

图 3-55

3.2.5　实战——在素材中间插入新的素材

下面是在素材中插入新的素材的操作方法。

视频文件：　下载资源 \ 视频 \ 第 3 章 \3.2.5 实战——在素材中间插入新的素材 .mp4

源 文 件：　下载资源 \ 源文件 \ 第 3 章 \3.2.5

01 启动 Premiere Pro CC 2018，新建项目和序列，如图 3-56 所示。

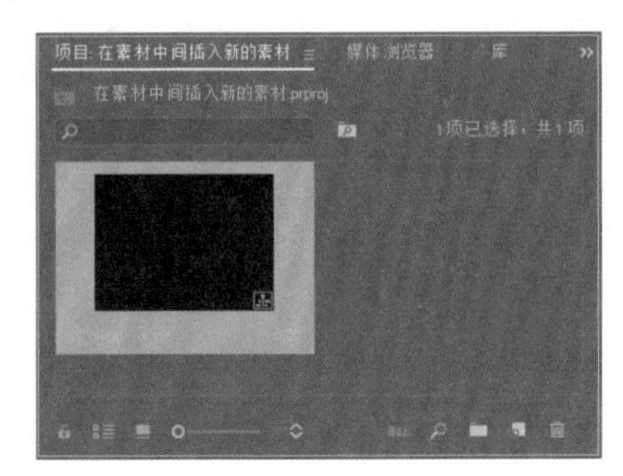

图 3-56

02 在“项目”面板中右击，在弹出的快捷菜单中执行“导入”命令，如图 3-57 所示。

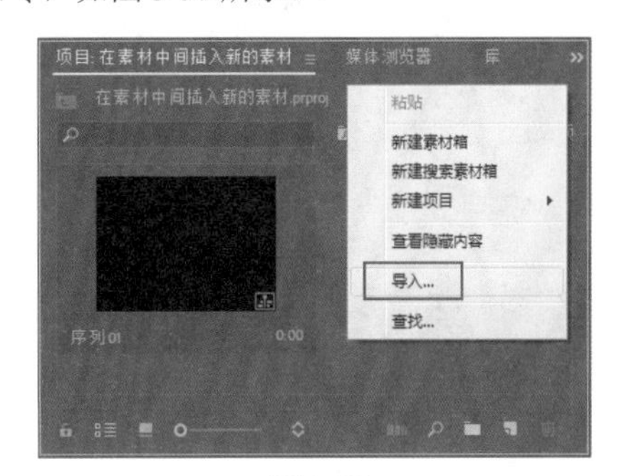

图 3-57

03 弹出“导入”对话框，选择需要导入的素材，单击“打开”按钮导入素材，如图 3-58 所示。

图 3-58

04 在“项目”面板中选择 001.mp4 素材，将其拖至视频轨中，并将时间指针移至合适的位置（00:00:04:13），如图 3-59 所示。

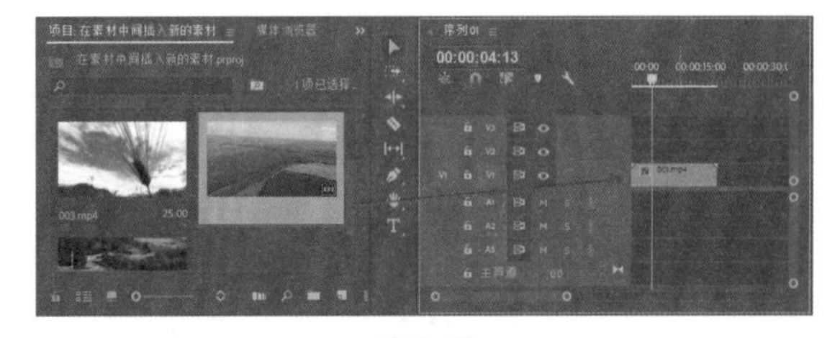

图 3-59

技巧与提示：

这里拖入素材到“时间线”面板时，弹出“剪辑不匹配警告”对话框，单击“更改序列设置”按钮。

05 在“项目”面板中选择 002.mp4 素材，将其拖入“源”监视器面板中查看素材，然后单击“源”监视器面板下方的“覆盖”按钮 ，如图 3-60 所示。

图 3-60

06 回到“时间轴”面板，可以发现此时 002.mp4 素材已经添加到了视频轨中，如图 3-61 所示。

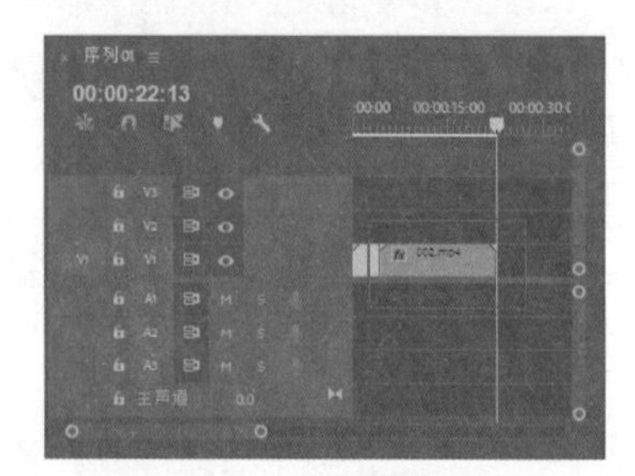

图 3-61

07 在“项目”面板中选择 003.mp4 素材，将其拖至视频轨中，如图 3-62 所示。

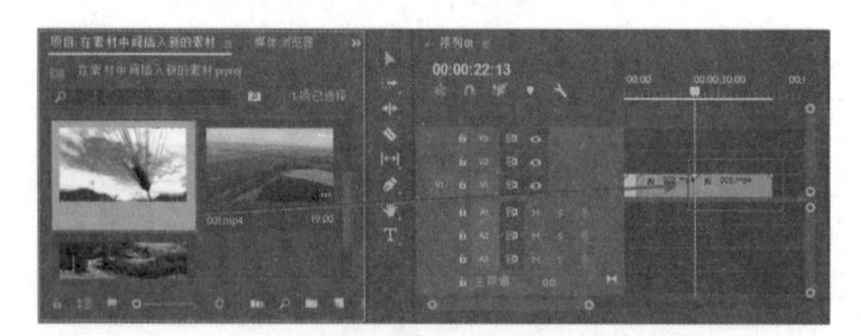

图 3-62

08 在“节目”监视器面板中，设置时间为 00:00:37:13，单击“标记入点”按钮标记入点，如图 3-63 所示。

图 3-63

09 设置时间为 00:00:43:04，单击“标记出点”按钮标记出点，如图 3-64 所示。

图 3-64

10 单击“节目”监视器面板下方的“提取”按钮，如图 3-65 所示。

图 3-65

11 回到“时间轴”面板，可以发现此时视频轨中 003.mp4 素材中间提取了一段素材且不留空白，如图 3-66 所示。

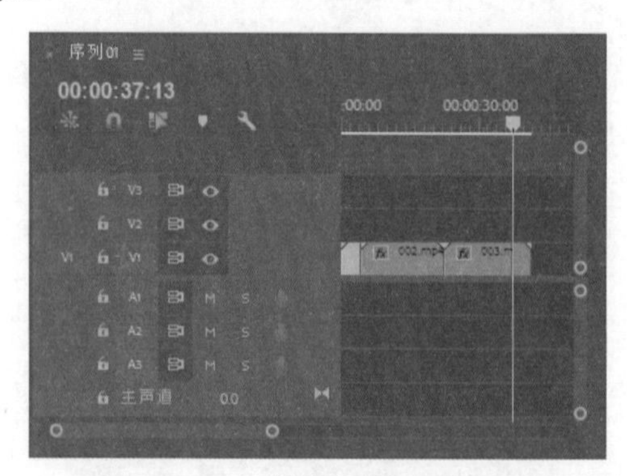

图 3-66

12 在“项目”面板中选择 004.mp4 素材，将其拖入“源”

监视器面板中，查看素材，如图 3-67 所示。

图 3-67

13 在“源”监视器面板中，设置时间为 00:00:11:10，单击“标记入点”按钮添加入点标记，如图 3-68 所示。

图 3-68

14 设置时间为 00:00:38:11，单击“标记出点”按钮添加出点标记，如图 3-69 所示。

图 3-69

15 单击“源”监视器面板下方的“插入”按钮，在视频轨中插入入点和出点之间的素材，如图 3-70 所示。

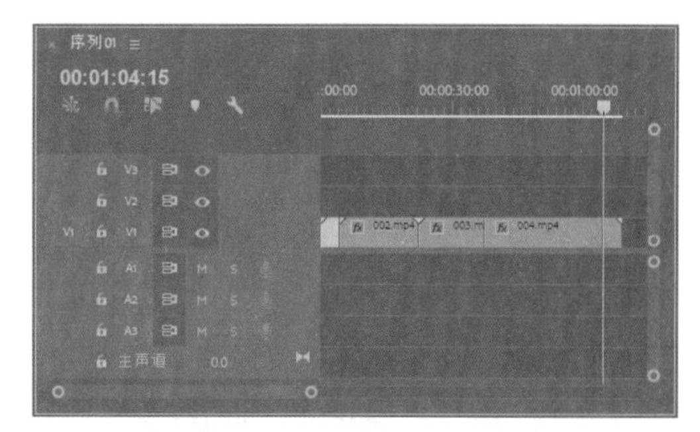

图 3-70

16 在“项目”面板中选择 001.mp4 素材，将其拖到“时间轴”面板中所有的素材末端，将鼠标放置在素材左侧，如图 3-71 所示。

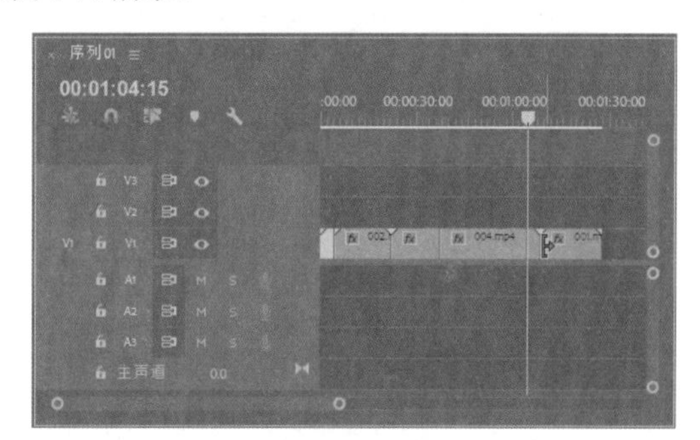

图 3-71

17 按住鼠标左键，向右拖至合适的位置，如图 3-72 所示。

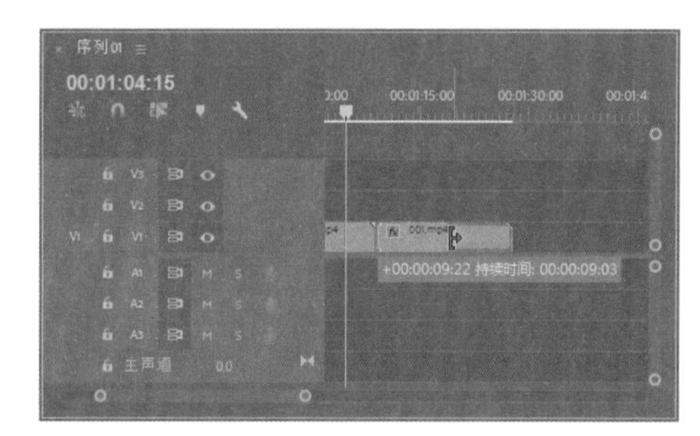

图 3-72

18 释放鼠标即可剪辑素材，选中剩下的素材部分，按住鼠标左键移至与前一段素材衔接的位置，如图 3-73 所示。

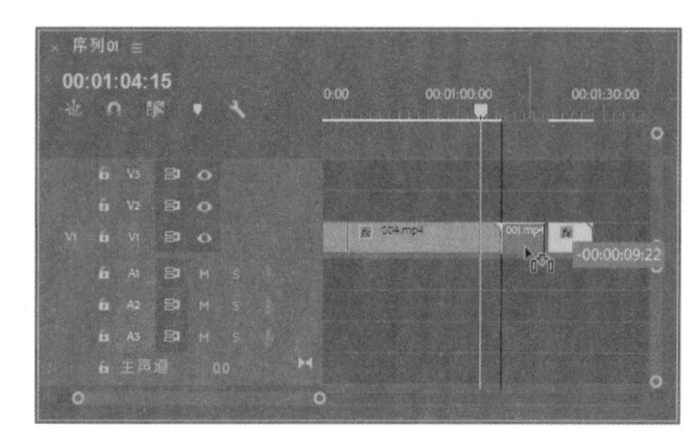

图 3-73

19 按空格键预览影片效果，如图 3-74 所示。

图 3-74

20 执行“文件”|“保存”命令，保存项目。

3.3 使用 Premiere 创建新元素

在“文件”菜单的“新建”子菜单中，执行彩条、黑场视频、字幕、颜色遮罩、HD 彩条等命令，能快速创建新的实用素材，如图 3-75 所示。

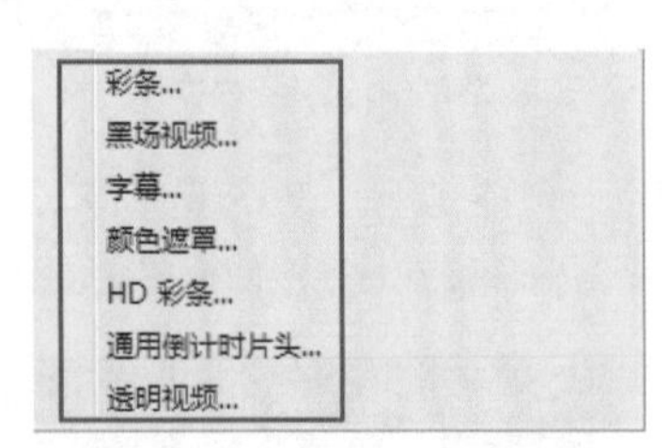

图 3-75

3.3.1 实战——通用倒计时片头

通用倒计时片头是一段倒计时的视频素材，常用于影片的开头。在 Premiere Pro CC 2018 中可以快速创建倒计时片头，还可以调整其中的参数，使之更适合影片。

视频文件： 下载资源 \ 视频 \ 第 3 章 \3.3.1 实战——通用倒计时片头 .mp4

源 文 件： 下载资源 \ 源文件 \ 第 3 章 \3.3.1

01 启动 Premiere Pro CC 2018，新建项目和序列。执行“文件”|“新建”|“通用倒计时片头”命令，如图 3-76 所示。

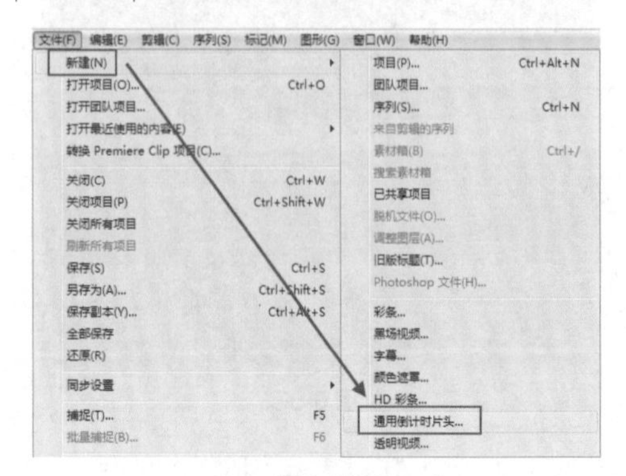

图 3-76

02 弹出“新建通用倒计时片头”对话框，保持默认设置，单击“确定”按钮，如图 3-77 所示。

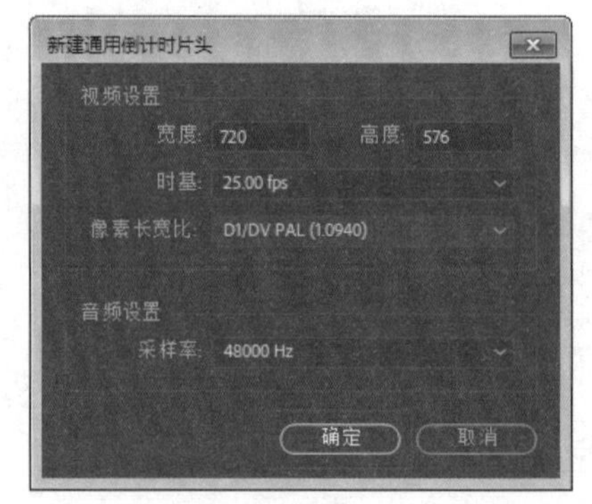

图 3-77

03 弹出“通用倒计时设置”对话框，单击“数字颜色”后的色块，如图 3-78 所示。

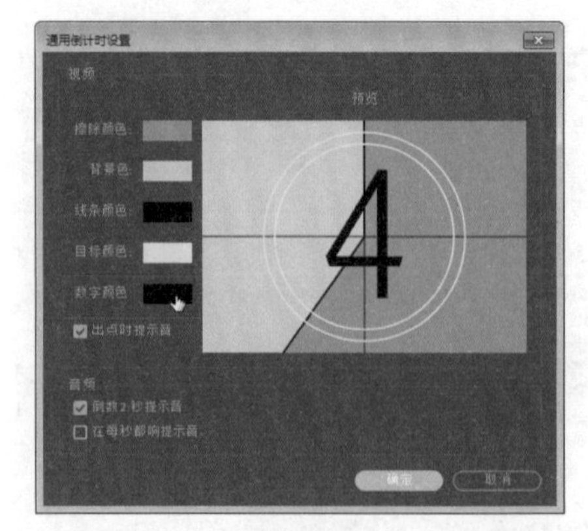

图 3-78

04 弹出“拾色器”对话框，设置颜色 RGB 参数为 98、88、219，单击“确定”按钮完成设置，如图 3-79 所示。

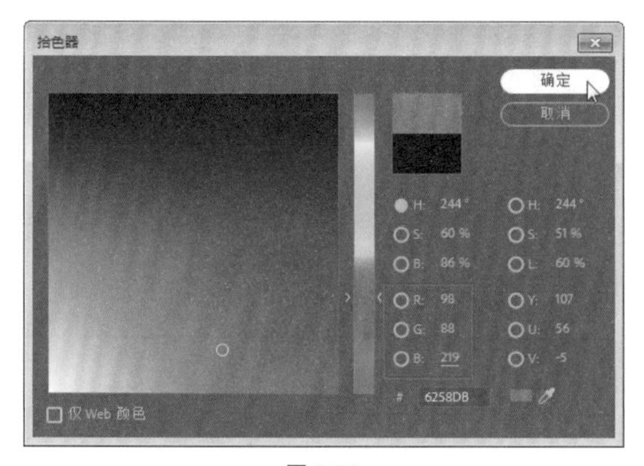

图 3-79

> **技巧与提示：**
>
> 在“通用倒计时设置”对话框中，可以根据制作需要设置倒计时片头的颜色，另外还可以更改声音的相关设置。

05 单击“确定”按钮关闭对话框。此时可以看到“项目”面板中增加了“通用倒计时片头”素材，将其拖入“时间轴”面板中，如图 3-80 所示。

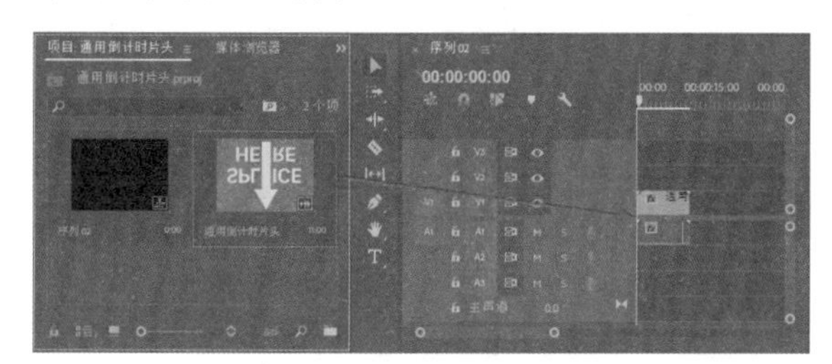

图 3-80

06 按空格键预览通用倒计时片头的效果，如图 3-81 所示。

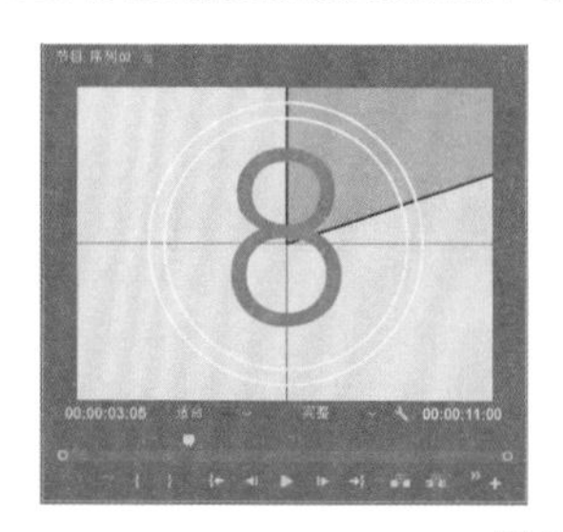

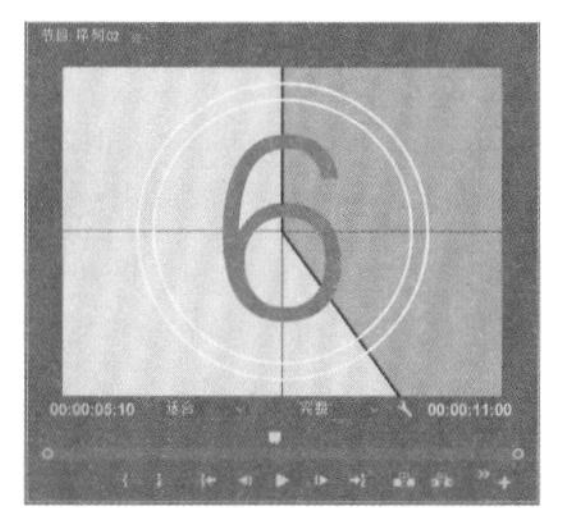

图 3-81

3.3.2　彩条和黑场

1. 彩条

彩条是一段带音频的彩条视频图像，也就是电视机上在正式转播节目之前显示的彩虹条，多用于颜色的校对，其音频是持续的“嘟”的音调，如图 3-82 所示。

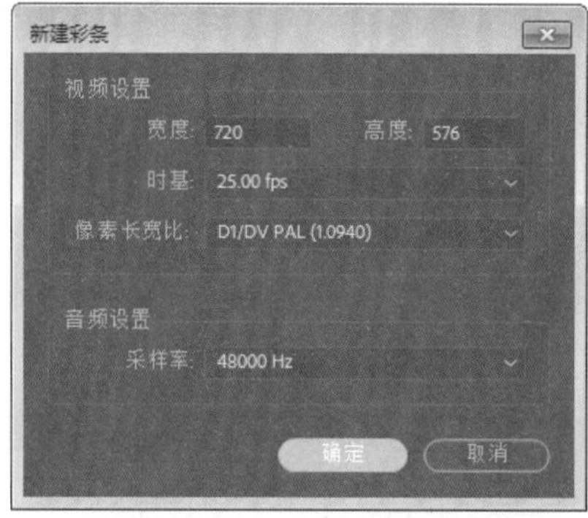

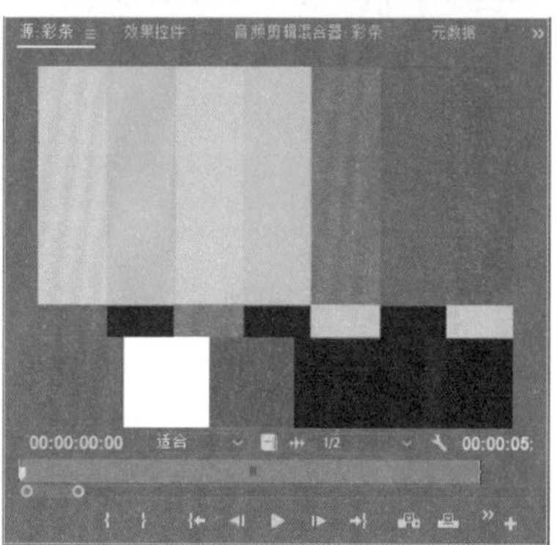

图 3-82

2. 黑场

黑场视频是一段黑屏画面的视频素材，多用于转场，默认的时间长度与默认的静止图像持续时间相同，如图 3-83 所示。

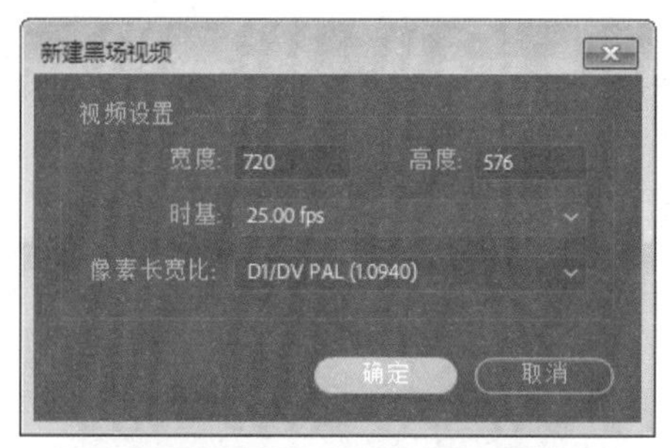

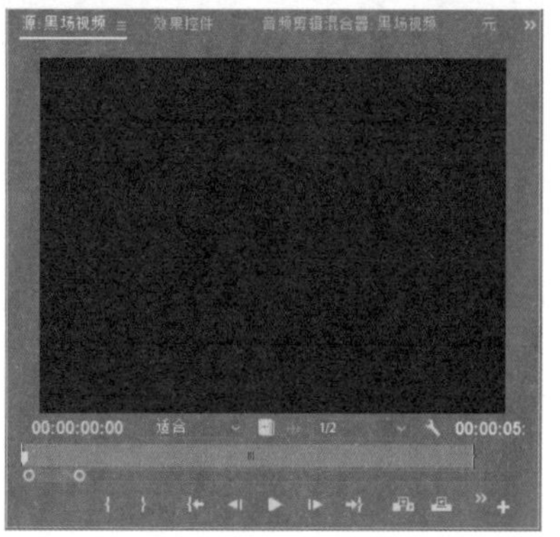

图 3-83

3.3.3 实战——颜色遮罩

颜色遮罩相当于一个单一颜色的图像素材，可以用于背景色彩图像，或通过其设置不透明度参数及图像混合模式，对下层视频轨道中的图像应用色彩调整效果。

视频文件：　下载资源 \ 视频 \ 第 3 章 \3.3.3 实战——颜色遮罩 .mp4

源 文 件：　下载资源 \ 源文件 \ 第 3 章 \3.3.3

01 启动Premiere Pro CC 2018，新建项目和序列。执行“文件”|“导入”命令，在弹出的对话框中选择需要的素材，单击“确定”按钮导入素材，如图 3-84 所示。

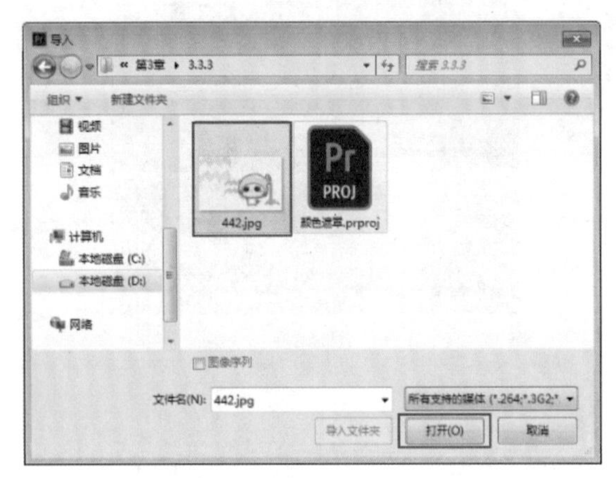

图 3-84

02 将素材拖至视频轨中，如图 3-85 所示。

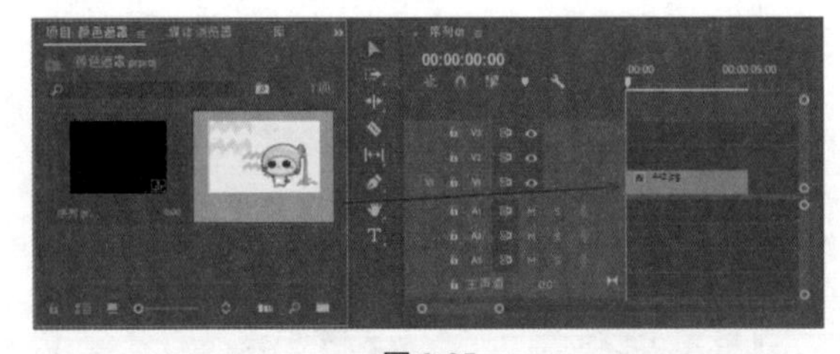

图 3-85

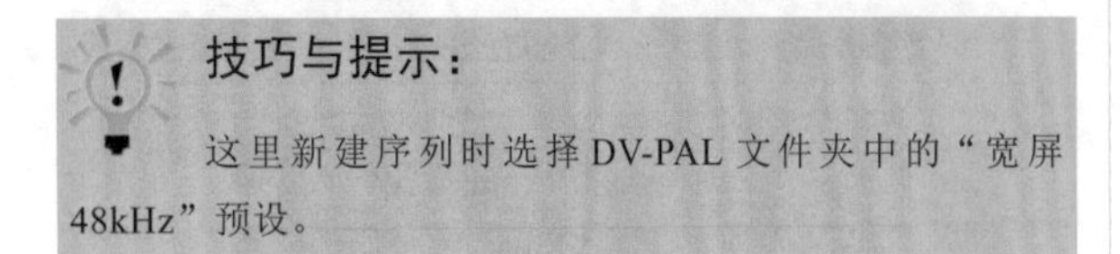

技巧与提示：

这里新建序列时选择 DV-PAL 文件夹中的“宽屏 48kHz”预设。

03 选择视频轨中的素材图像，进入“效果控件”面板，设置“缩放”参数为 65，如图 3-86 所示。

04 在“项目”面板中单击右下角的“新建项”按钮，在弹出的列表中执行“颜色遮罩”命令，如图 3-87 所示。

05 弹出“新建颜色遮罩”对话框，单击“确定”按钮，如图 3-88 所示。

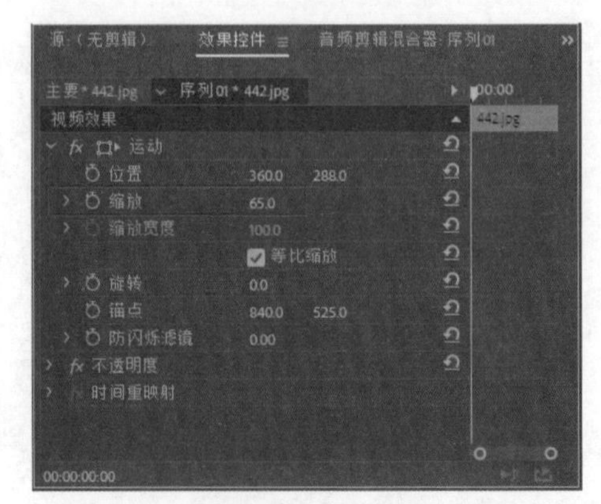

图 3-86

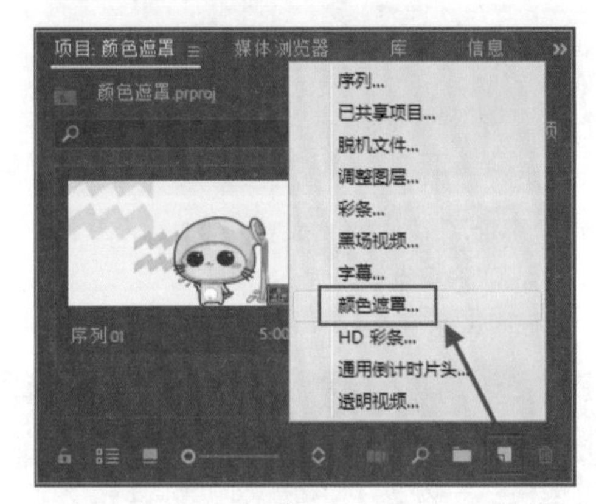

图 3-87

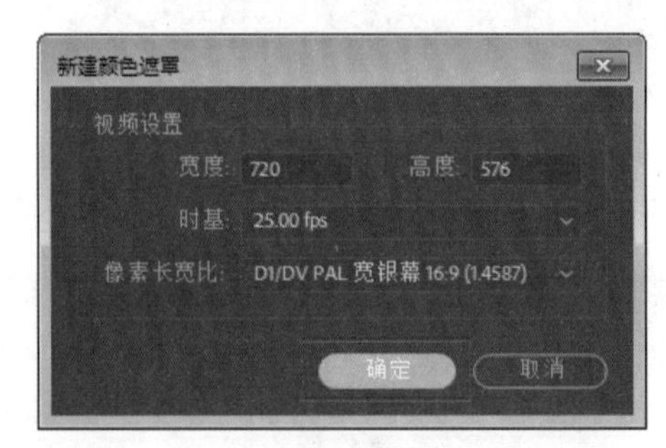

图 3-88

06 弹出“拾色器”对话框，设置颜色 RGB 参数为 214、227、228，单击“确定”按钮，如图 3-89 所示，完成设置。

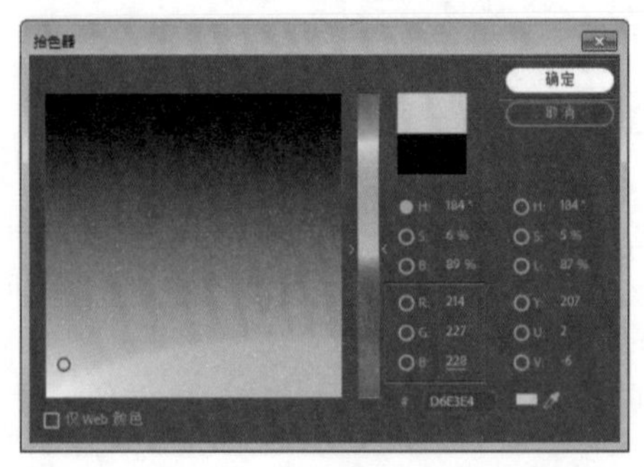

图 3-89

07 弹出“选择名称”对话框，设置素材名称，单击“确定”按钮，如图 3-90 所示。

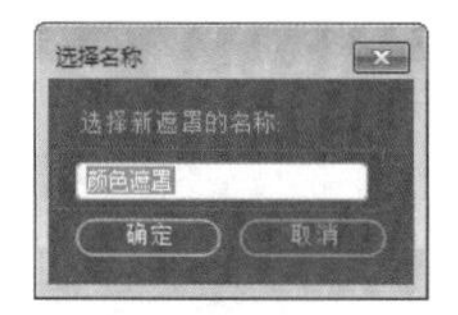

图 3-90

08 将“项目”面板中的“颜色遮罩”素材拖至视频轨中，如图 3-91 所示。

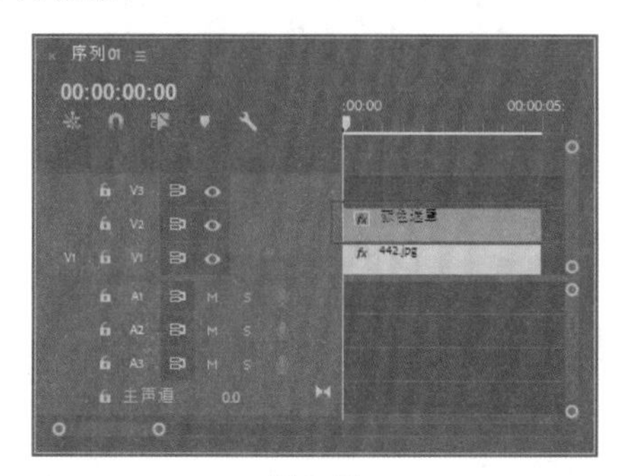

图 3-91

09 选择视频轨中的“颜色遮罩”素材，进入“效果控件”面板，展开“不透明度”效果，单击“混合模式”后的倒三角按钮，如图 3-92 所示。

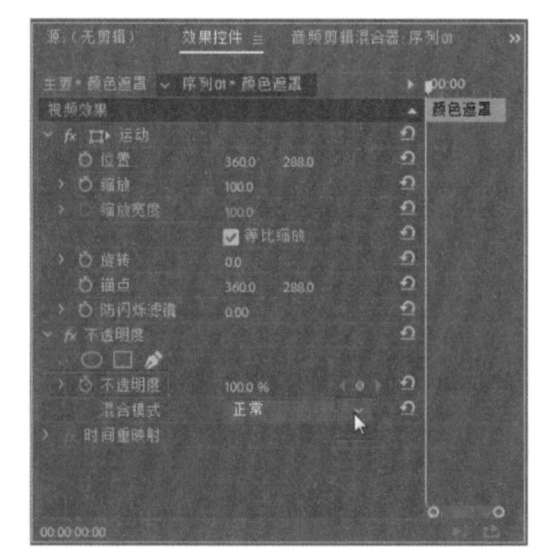

图 3-92

10 在弹出的下拉列表中选择“差值”选项，如图 3-93 所示。

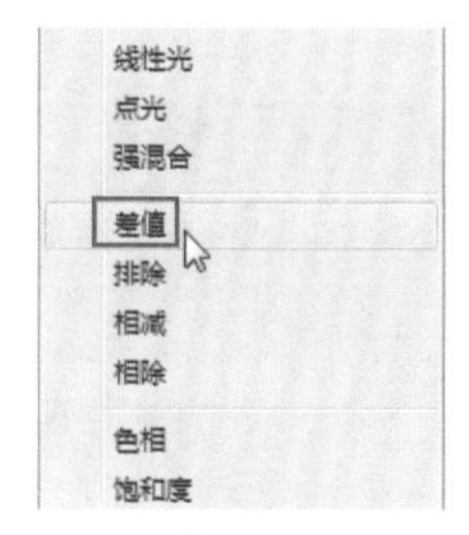

图 3-93

11 查看图像素材添加颜色遮罩前、后的效果，如图 3-94 所示。

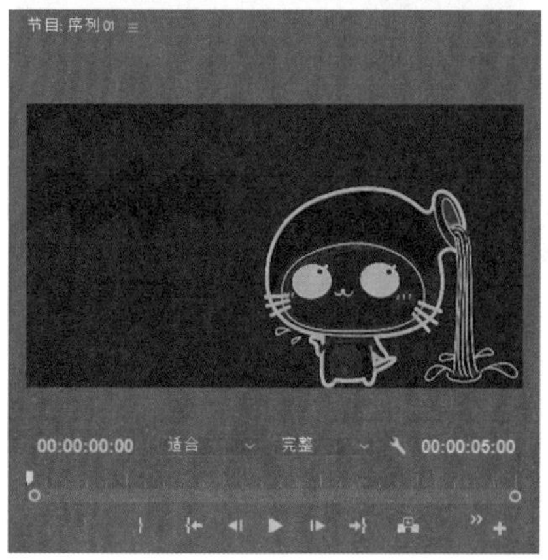

图 3-94

技巧与提示：

用户可以在“项目”面板或“时间轴”面板中双击颜色遮罩，随时打开“拾色器”对话框修改颜色。

3.3.4　透明视频

透明视频是一个不含音频的透明画面的视频，相当于一个透明的图像文件，可用于时间占位或为其添加视频效果，生成具有透明背景的图像内容，或者编辑需要的动画效果，如图 3-95 所示。

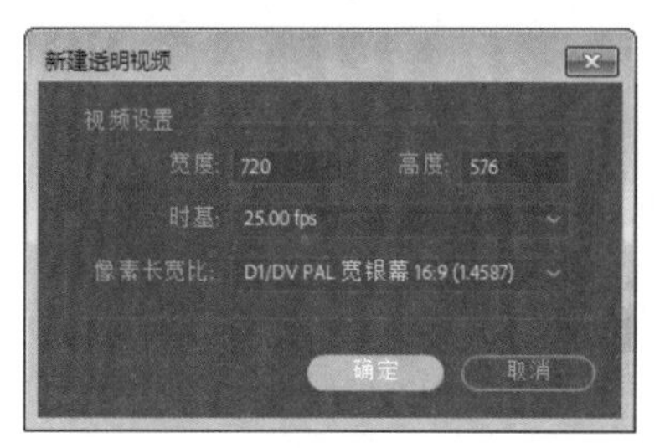

图 3-95

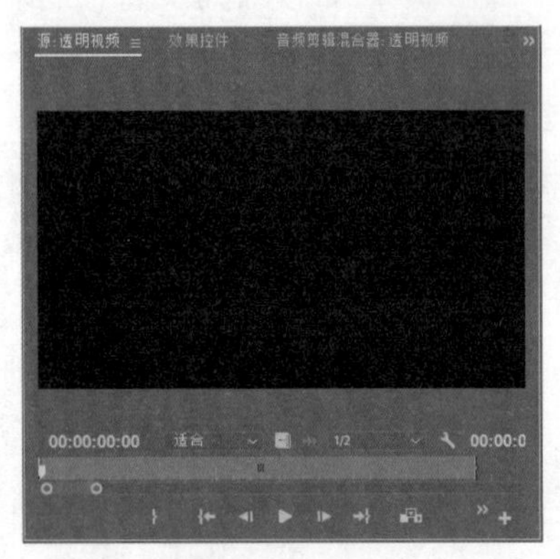

图 3-95（续）

3.3.5 实战——倒计时片头的制作

下面用实例来详细介绍倒计时片头的制作方法。

视频文件： 下载资源\视频\第 3 章\3.3.5 实战——倒计时片头的制作 .mp4

源 文 件： 下载资源\源文件\第 3 章\3.3.5

01 启动 Premiere Pro CC 2018，新建项目和序列“宽屏 48kHz”，导入素材，如图 3-96 所示。

图 3-96

02 执行“编辑”|“首选项”|“时间轴”命令，弹出“首选项”对话框，设置“静止图像默认持续时间”参数为 25 帧，单击“确定”按钮完成设置，如图 3-97 所示。

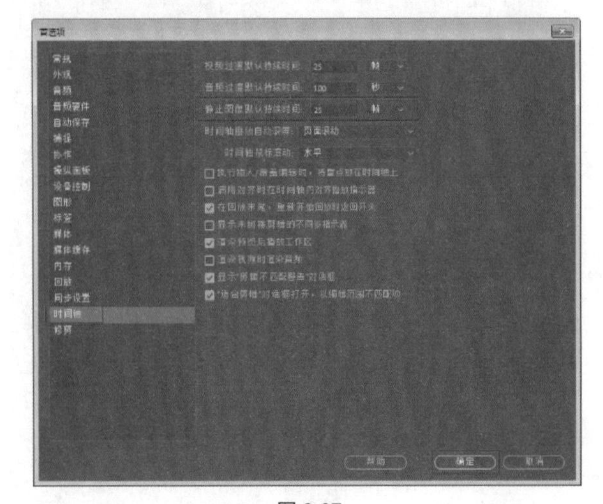

图 3-97

03 执行“文件”|“新建”|“彩条”命令，弹出“新建彩条”对话框，单击“确定”按钮，如图 3-98 所示，在“项目”面板中创建了“彩条”素材。

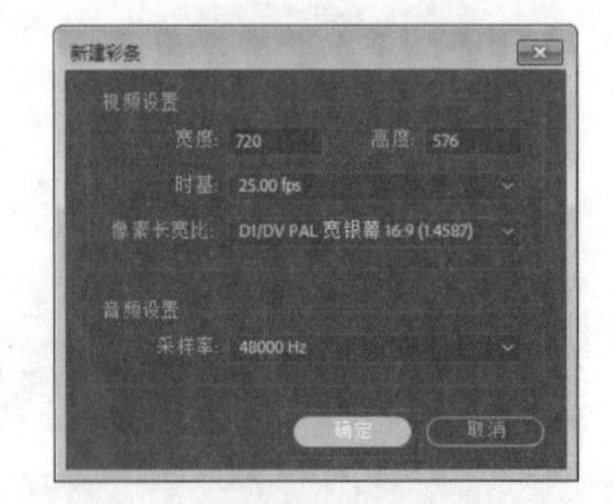

图 3-98

04 将“项目”面板中的“彩条”素材拖至视频轨中，如图 3-99 所示。

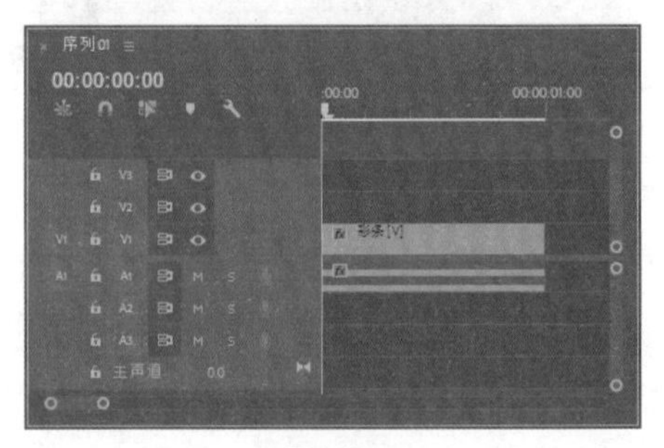

图 3-99

05 在“项目”面板中选择 07.jpg 素材，将其拖至视频轨中，设置持续时间为 8 秒，如图 3-100 所示，在“效果控件”面板中，设置“缩放”参数为 110。

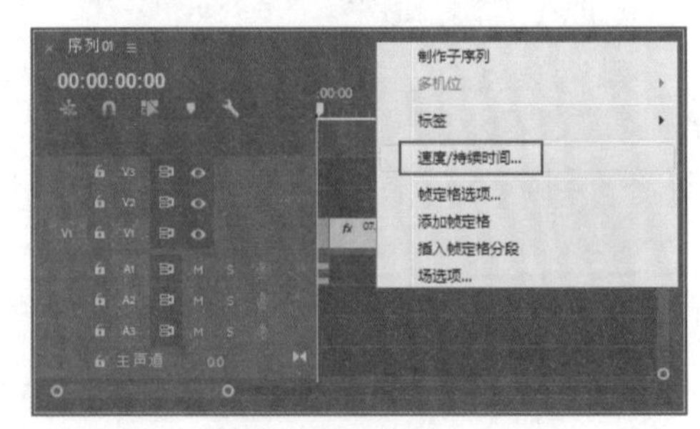

图 3-100

06 执行“文件”|“新建”|“旧版标题”命令，弹出“新建字幕”对话框，单击“确定”按钮，如图 3-101 所示。

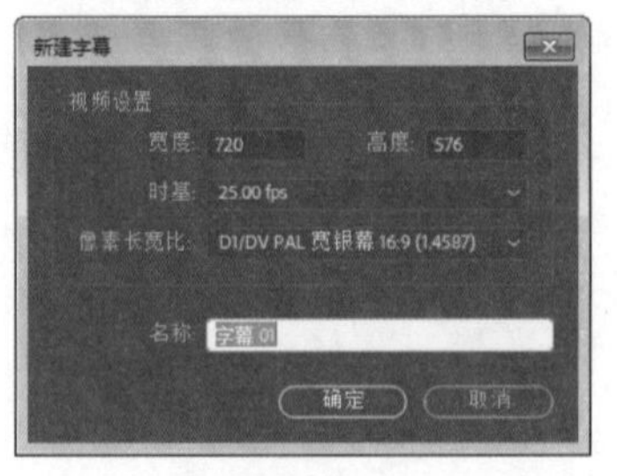

图 3-101

07 弹出“字幕编辑器”面板，输入数字 8，设置字体、大小、颜色、位置及阴影等，如图 3-102 所示，单击右上角的“关闭”按钮关闭对话框。

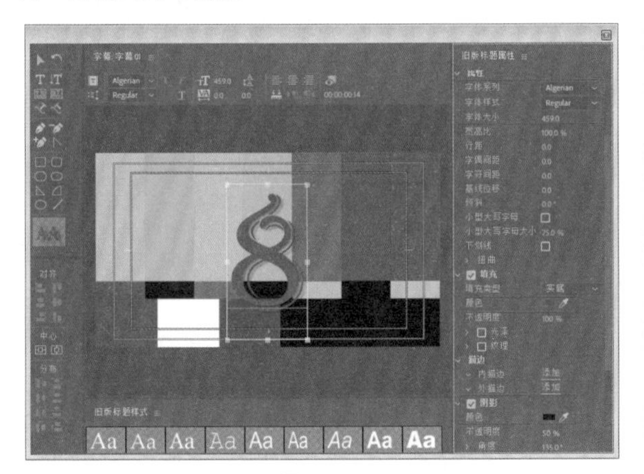

图 3-102

08 选择“项目”面板的“字幕 01”，右击，在弹出的快捷菜单中执行“复制”命令，如图 3-103 所示，重复该操作 7 次。

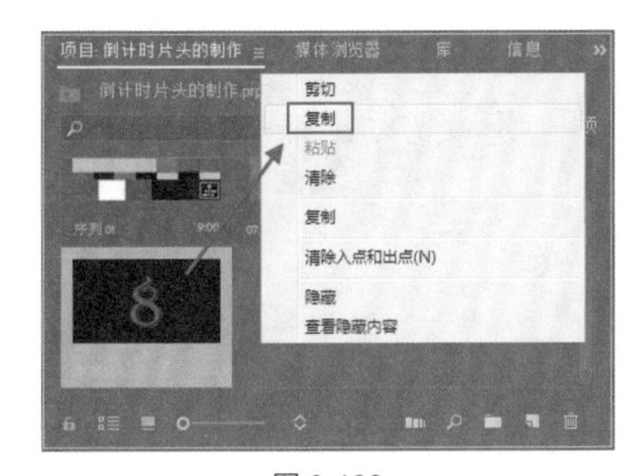

图 3-103

09 双击“项目”面板中的一个“字幕 01 副本”素材，弹出“字幕编辑器”面板，将数字 8 改为 7，其他不变，单击右上角的“关闭”按钮，完成设置，如图 3-104 所示。

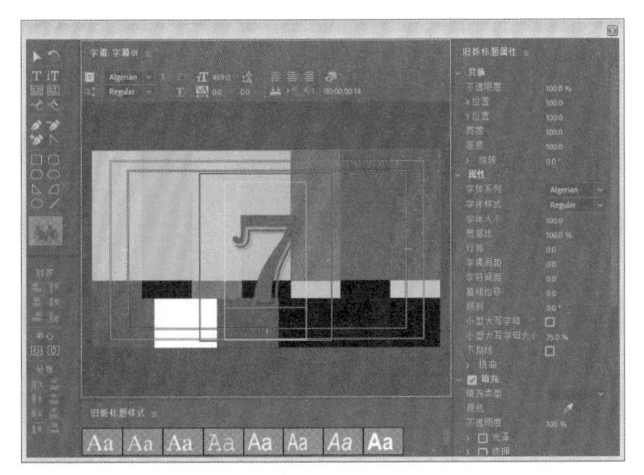

图 3-104

10 采用同样的方法，将其他 6 个“字幕 01 副本”素材分别改为 6、5、4、3、2、1，如图 3-105 所示。

图 3-105

11 在“项目”面板中，按倒序选择字幕素材，将其拖至视频轨 2 中，如图 3-106 所示。

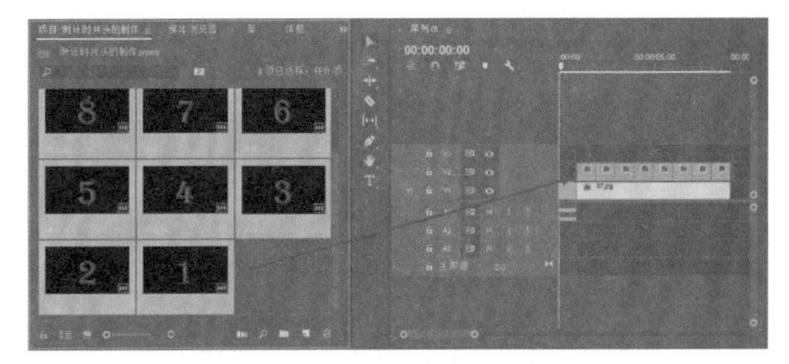

图 3-106

12 用“选择工具”选中“字幕 01”素材，当鼠标变成边缘图标后，按住鼠标左键并向右拖动，移动 10 帧，如图 3-107 所示，释放鼠标即可切割素材。

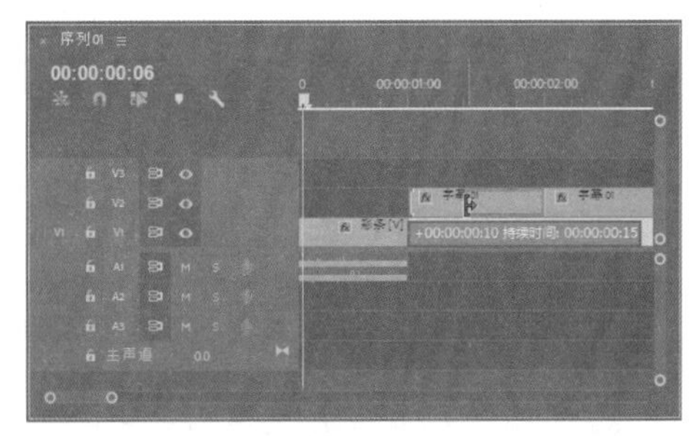

图 3-107

13 采用同样的方法，将最后一个字幕素材增加 10 帧，结果如图 3-108 所示。

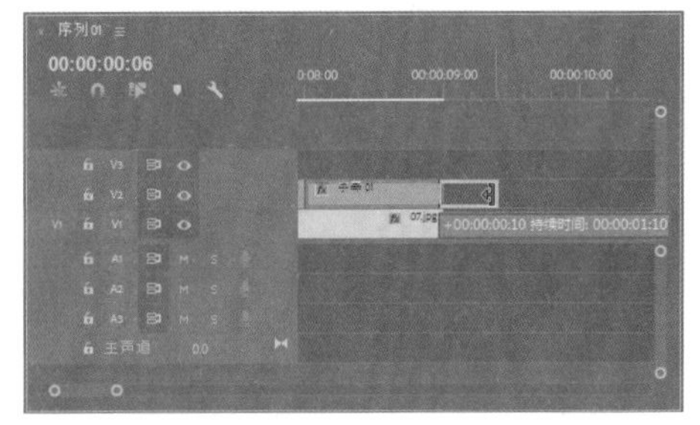

图 3-108

14 选择“时间轴”面板中的所有字幕素材，向左移至对齐下层的图像素材，如图 3-109 所示。

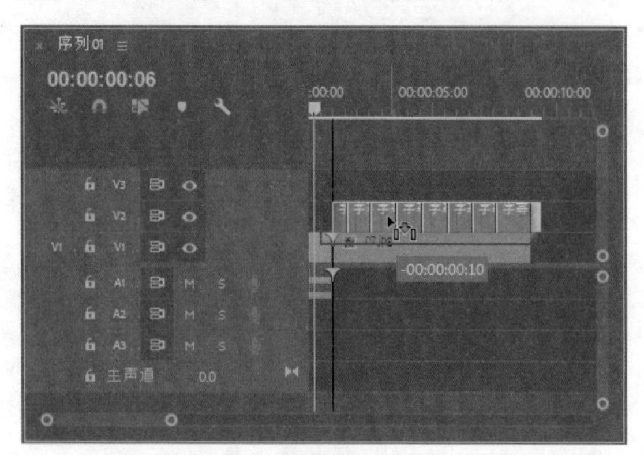

图 3-109

15 打开“效果”面板，展开“视频过渡”文件夹，选择“擦除”文件夹中的“时钟式擦除”特效，如图 3-110 所示。

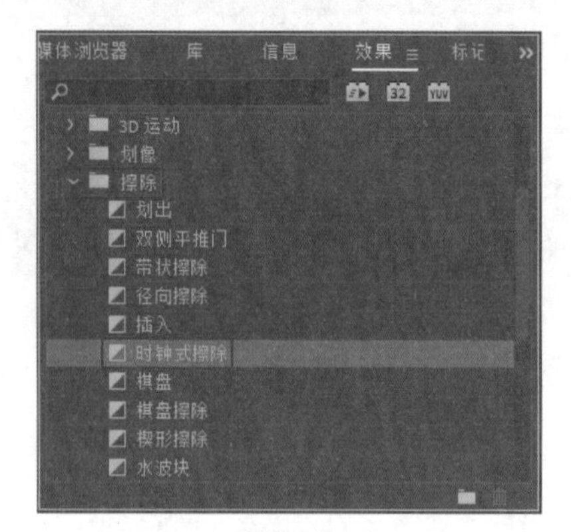

图 3-110

16 按住鼠标左键，将“时钟式擦除”特效拖至第一个字幕素材和第二个字幕素材之间，释放鼠标即可为素材添加特效，如图 3-111 所示。

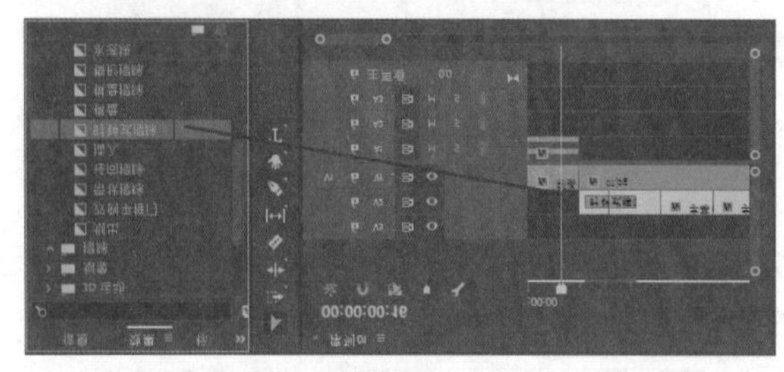

图 3-111

17 采用同样的方法，将“时钟式擦除”特效添加到所有字幕素材之间，如图 3-112 所示。

18 双击“时间轴”面板中的第一个“时钟式擦除”特效，弹出“设置过渡持续时间”对话框，设置持续时间参数为 00:00:00:20（即 20 帧），单击“确定”按钮完成设置，如图 3-113 所示。

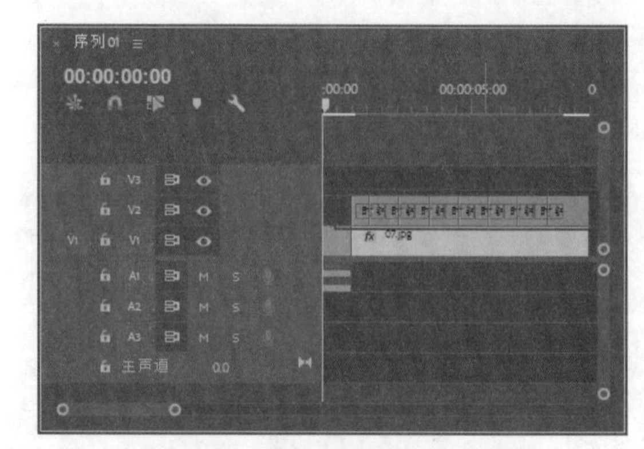

图 3-112

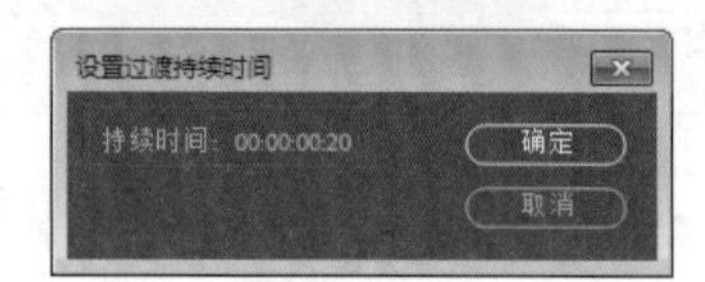

图 3-113

19 采用同样的方法，将“时间轴”中的所有“时钟式擦除”特效的持续时间设置为 20 帧，结果如图 3-114 所示。

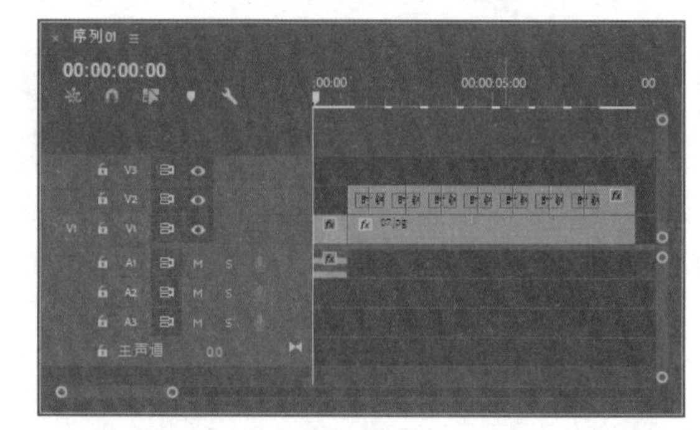

图 3-114

20 选择“时间轴”面板中的“时钟式擦除”特效，进入“效果控件”面板，设置“边框宽度”参数为 1，“边框颜色”为■，如图 3-115 所示。采用同样的方法，修改所有特效。

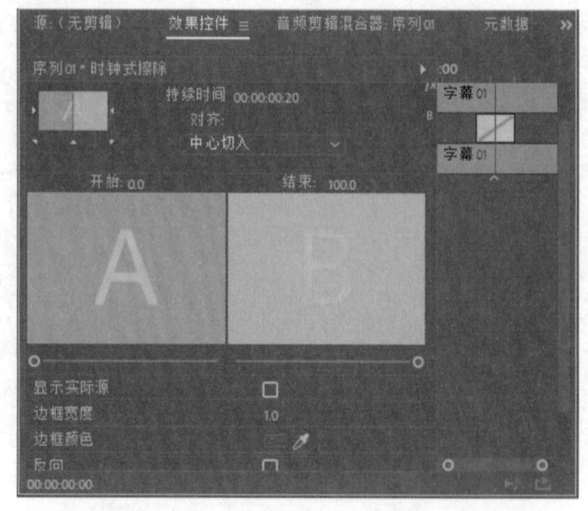

图 3-115

21 按 Enter 键渲染项目，渲染完成后预览倒计时片头的效果，如图 3-116 所示。

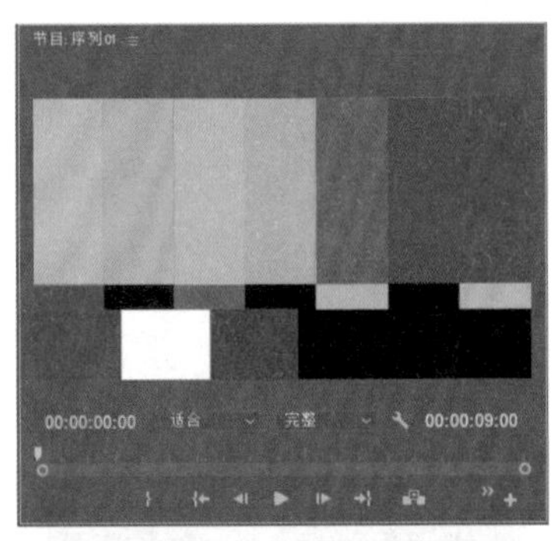

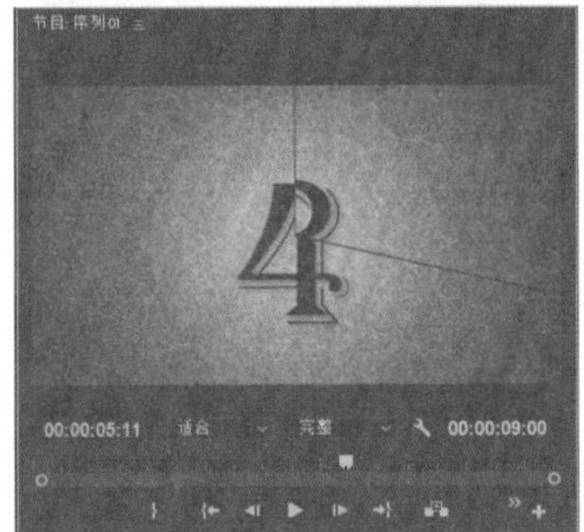

图 3-116

3.4　综合实例——动物世界的剪辑练习

本节将通过实例——动物世界的剪辑练习来熟悉剪辑操作，并将剪辑的片段放入“序列”面板进行排列和组合操作。

视频文件：　下载资源 \ 视频 \ 第 3 章 \3.4 综合实例——动物世界的剪辑练习 .mp4

源 文 件：　下载资源 \ 源文件 \ 第 3 章 \3.4

01 启动 Premiere Pro CC 2018，在开始页面上单击“新建项目”按钮，弹出“新建项目”对话框，设置项目名称及项目存储位置，单击“确定”按钮，如图 3-117 所示。

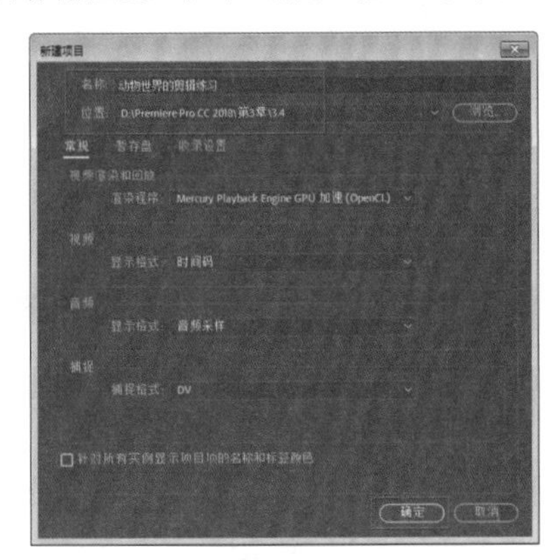

图 3-117

02 执行“文件”|“新建”|“序列”命令，弹出“新建序列”对话框，单击“确定”按钮，如图 3-118 所示。

图 3-118

03 执行“文件”|“导入”命令，弹出“导入”对话框，选择需要导入的素材，单击“打开”按钮，如图 3-119 所示。

图 3-119

04 在“项目”面板中选择 09.mov 素材，将其拖至“源”监视器面板中，设置播放指示器位置为 00:00:00:00，单击“标记入点”按钮 添加入点标记，如图 3-120 所示。

图 3-120

05 设置播放指示器位置为00:00:05:00，单击“标记出点”按钮添加出点标记，如图3-121所示。

图 3-121

06 单击“源”监视器面板下方的“插入”按钮，将素材剪辑添加到视频轨中，如图3-122所示。

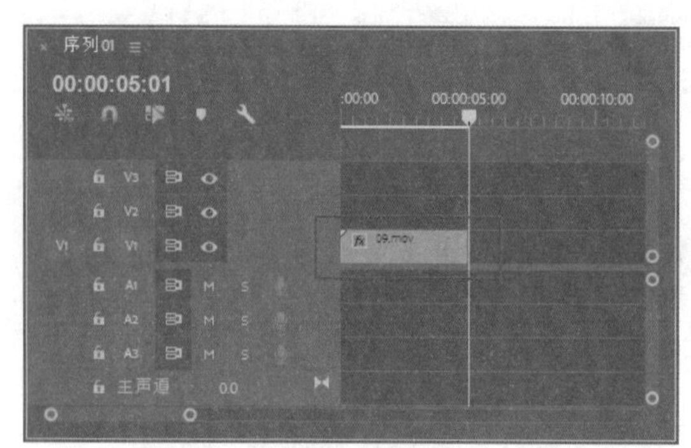

图 3-122

07 在“项目”面板中选择05. mov素材，将其拖至“源”监视器面板中，设置播放指示器位置为00:00:00:20，单击“标记入点”按钮添加入点标记，如图3-123所示。

图 3-123

08 设置播放指示器位置为00:00:09:08，单击“标记出点”按钮添加出点标记，如图3-124所示。

图 3-124

09 单击“源”监视器面板下方的“插入”按钮，将素材剪辑添加到视频轨中，如图3-125所示。

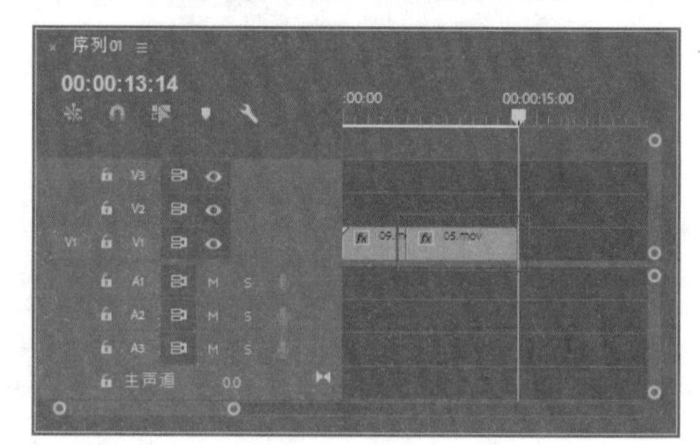

图 3-125

10 在“项目”面板中选择06. mov素材，将其拖至“源”监视器面板中，设置播放指示器位置为00:00:00:00，单击“标记入点”按钮添加入点标记，如图3-126所示。

图 3-126

11 设置播放指示器位置为00:00:05:00，单击“标记出点”按钮添加出点标记，如图3-127所示。

图 3-127

12 单击“源”监视器面板下方的“插入”按钮，将素材剪辑添加到视频轨中，如图 3-128 所示。

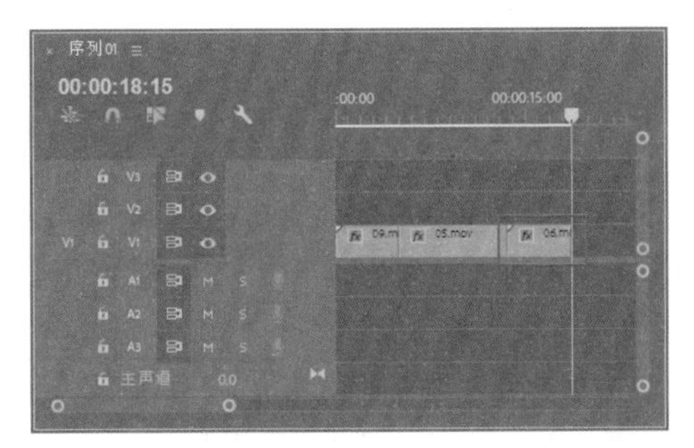

图 3-128

13 在“项目”面板中选择 01. mov 素材，将其拖至“源”监视器面板中，设置播放指示器位置为 00:00:00:00，单击“标记入点”按钮添加入点标记，如图 3-129 所示。

图 3-129

14 设置播放指示器位置为 00:00:08:13，单击“标记出点”按钮添加出点标记，如图 3-130 所示。

图 3-130

15 单击“源”监视器面板下方的“插入”按钮，将素材剪辑添加到视频轨中，如图 3-131 所示。

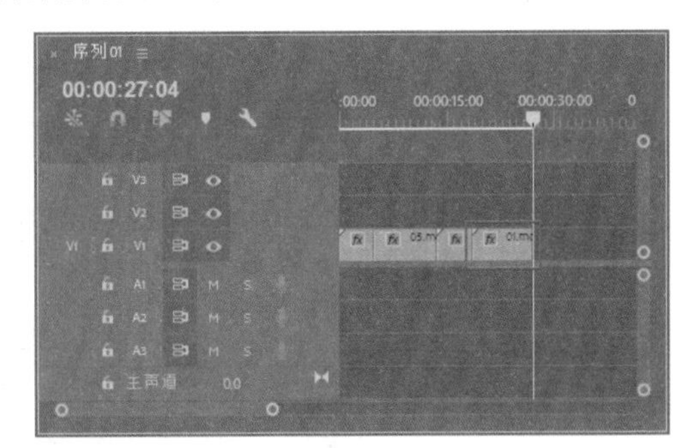

图 3-131

16 在“项目”面板中选择 02. mov 素材，将其拖至“源”监视器面板中，设置播放指示器位置为 00:00:05:06，单击“标记入点”按钮添加入点标记，如图 3-132 所示。

图 3-132

17 设置播放指示器位置为 00:00:10:10，单击“标记出点”按钮添加出点标记，如图 3-133 所示。

图 3-133

18 单击“源”监视器面板下方的“插入”按钮，将素材剪辑添加到视频轨中，如图 3-134 所示。

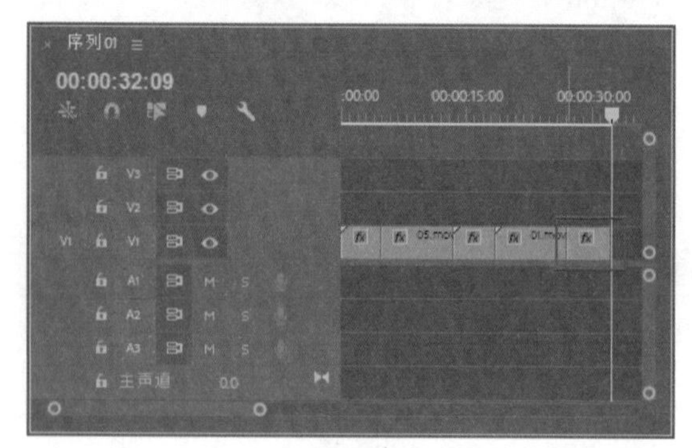

图 3-134

19 在“项目”面板中选择 07. mov 素材，将其拖至“源”监视器面板中，设置播放指示器位置为 00:00:00:00，单击“标记入点”按钮添加入点标记，如图 3-135 所示。

图 3-135

20 设置播放指示器位置为 00:00:05:00，单击“标记出点”按钮添加出点标记，如图 3-136 所示。

图 3-136

21 单击“源”监视器面板下方的“插入”按钮，将素材剪辑添加到视频轨中，如图 3-137 所示。

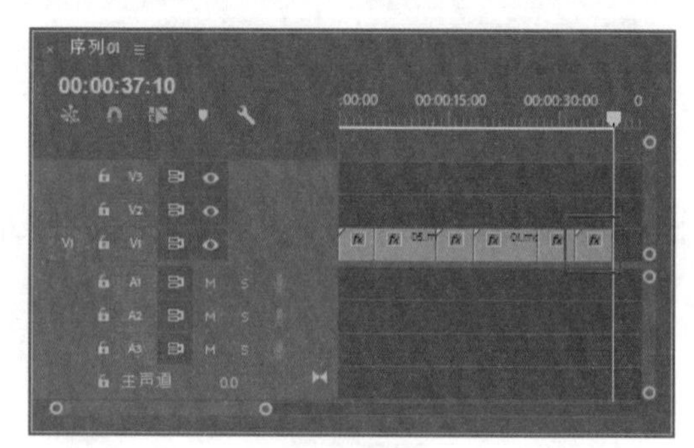

图 3-137

22 在“项目”面板中选择 03. mov 素材，将其拖至“源”监视器面板中，设置播放指示器位置为 00:00:08:20，单击“标记入点”按钮添加入点标记，如图 3-138 所示。

图 3-138

23 设置播放指示器位置为 00:00:12:21，单击“标记出点”按钮添加出点标记，如图 3-139 所示。

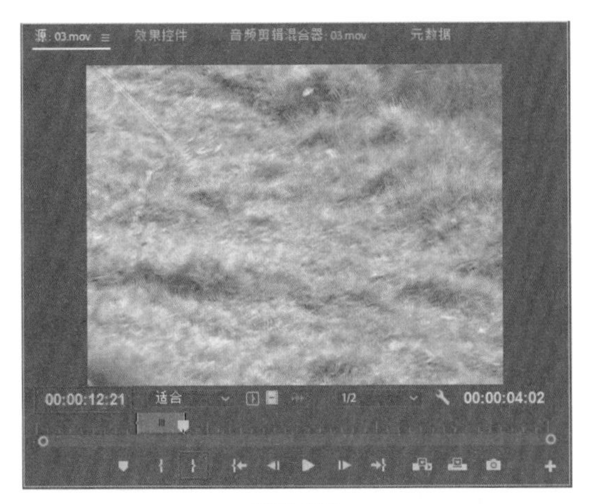

图 3-139

24 单击“源”监视器面板下方的“插入”按钮，将素材剪辑添加到视频轨中，如图 3-140 所示。

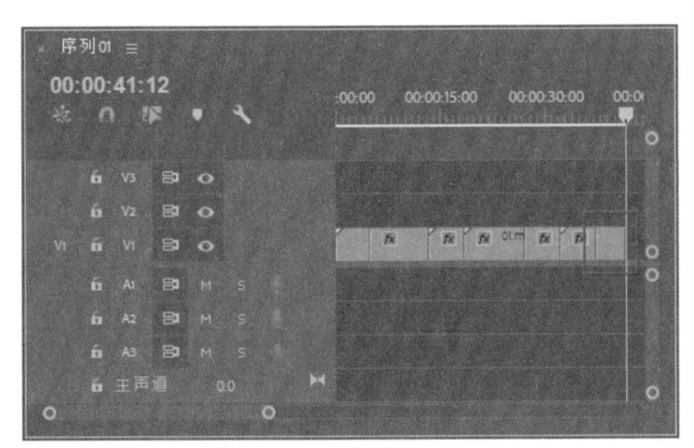

图 3-140

25 在“项目”面板中选择 04. mov 素材，将其拖至“源”监视器面板中，设置播放指示器位置为 00:00:06:00，单击“标记入点”按钮添加入点标记，如图 3-141 所示。

图 3-141

26 设置播放指示器位置为 00:00:14:00，单击“标记出点”按钮添加出点标记，如图 3-142 所示。

图 3-142

27 单击“源”监视器面板下方的“插入”按钮，将素材剪辑添加到视频轨中，如图 3-143 所示。

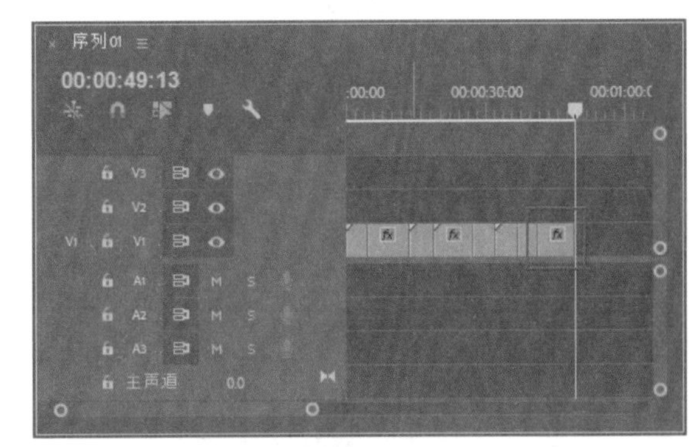

图 3-143

28 在“项目”面板中选择 08. mov 素材，将其拖至“源”监视器面板中，设置播放指示器位置为 00:00:00:00，单击“标记入点”按钮添加入点标记，如图 3-144 所示。

图 3-144

29 设置播放指示器位置为 00:00:08:00，单击“标记出点”

按钮 } 添加出点标记，如图 3-145 所示。

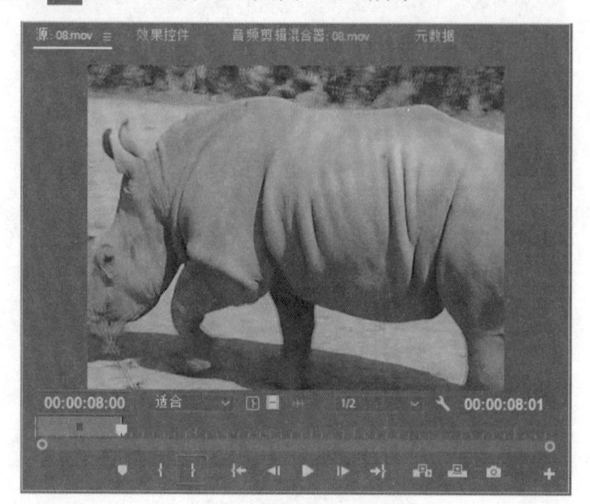

图 3-145

30 单击“源”监视器面板下方的“插入”按钮，将素材剪辑添加到视频轨中，如图 3-146 所示。

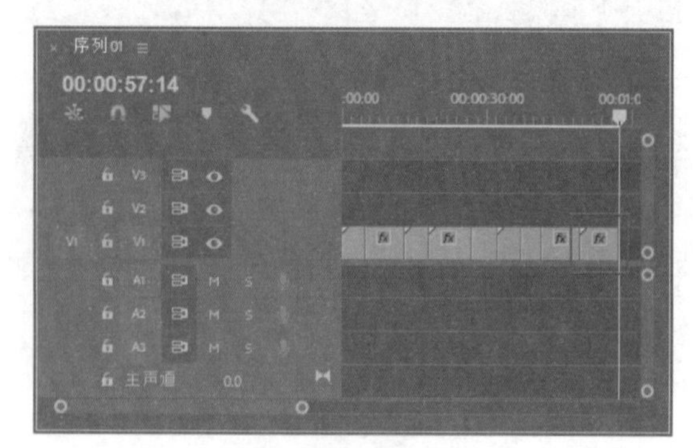

图 3-146

31 单击“节目”监视器面板中的“播放 - 停止切换”按钮，预览影片效果，如图 3-147 所示。

图 3-147

图 3-147（续）

3.5 本章小结

本章主要介绍了素材剪辑的基础，包括剪辑素材、分离素材、插入、覆盖、提升、提取和链接素材等操作。在编辑影片中，灵活地运用“提升”和“提取”命令，可以大幅节省操作时间，提高工作效率。

转场特效

过渡效果在电影中叫作转场或镜头切换，它标志着一段视频的结束，另一端视频紧接着开始。相邻场景（即相邻素材）之间，采用一定的技巧如划像、叠变、卷页等，实现场景或情节之间的平滑过渡，或达到丰富画面吸引观众的效果，这样的技巧就是转场。

使用各种转场，可以使影片衔接得更加自然或更加有趣，制作出令人赏心悦目的过渡效果，大幅增加影视作品的艺术感染力。

第 4 章素材文件

第 4 章视频文件

4.1 使用转场特效

转场特效应用于相邻素材之间，也可以应用于同一段素材的开始与结尾。

Premiere Pro CC 2018 中的视频转场特效都存放在“效果”面板的“视频过渡”文件夹中，共有 8 组，如图 4-1 所示。

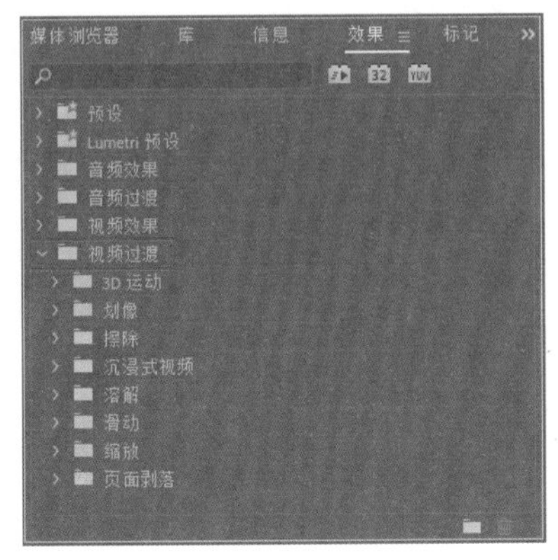

图 4-1

4.1.1 实战——如何添加视频转场特效

视频转场特效在影视作品中应用得十分频繁，转场效果可以使场景之间衔接自然，或者丰富观众的视觉效果。

视频文件：　下载资源 \ 视频 \ 第 4 章 \4.1.1 实战——如何添加视频转场特效 .mp4

源 文 件：　下载资源 \ 源文件 \ 地 4 章 \4.1.1

01 启动 Premiere Pro CC 2018 软件，在开始界面中单击“新建项目”按钮，弹出“新建项目”对话框，设置项目名称及存储位置，单击“确定”按钮，如图 4-2 所示。

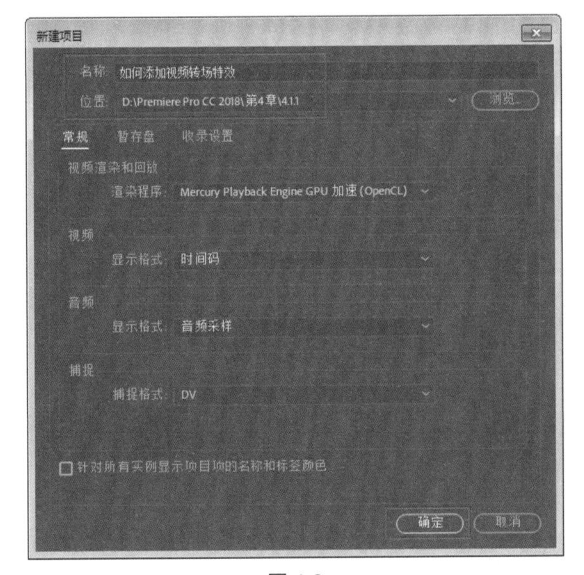

图 4-2

02 执行“文件”|“新建”|“序列”命令，弹出“新建序列”对话框，这里选择默认设置，单击“确定”按钮完成设置，如图 4-3 所示。

图 4-3

03 进入 Premiere Pro CC 2018 操作界面，执行“文件”|“导入”命令，弹出“导入”对话框，选择需要的素材文件，单击“打开”按钮，如图 4-4 所示。

图 4-4

04 在“项目”面板中选择导入的图片素材，按住鼠标左键将其拖至“时间轴”面板的 V1 轨道中，如图 4-5 所示。

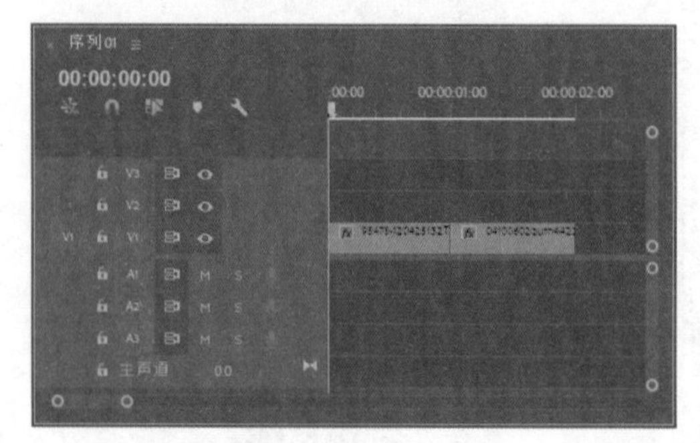

图 4-5

05 在“效果”面板中，展开“视频过渡”文件夹，选择“划像”文件夹中的“交叉划像”转场，将该转场拖至两段素材之间，如图 4-6 所示。

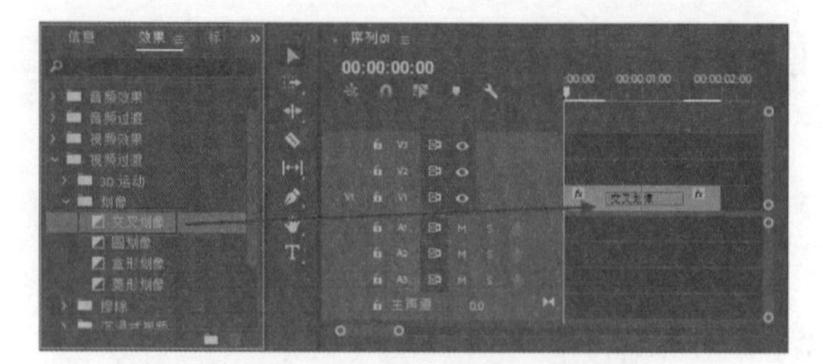

图 4-6

06 按空格键预览转场效果，如图 4-7 所示。

图 4-7

4.1.2 视频转场特效参数调整

应用转场特效之后，还可以对转场特效进行编辑，使之更适合影片需要。视频转场特效的参数调整，可以在“时间轴”面板中进行，也可以在“效果控件”面板中进行，但前提是必须在“时间轴”面板中选中转场效果，然后再对其进行编辑。

在“效果控件”面板中可以调整转场特效的作用区域，在“对齐”下拉列表中提供了 4 种对齐方式，如图 4-8 所示。此外，还可以在该面板中调整转场特效的持续时间、对齐方式、开始和结束的数值、边框宽度、边框颜色、反向以及消除锯齿品质等参数。

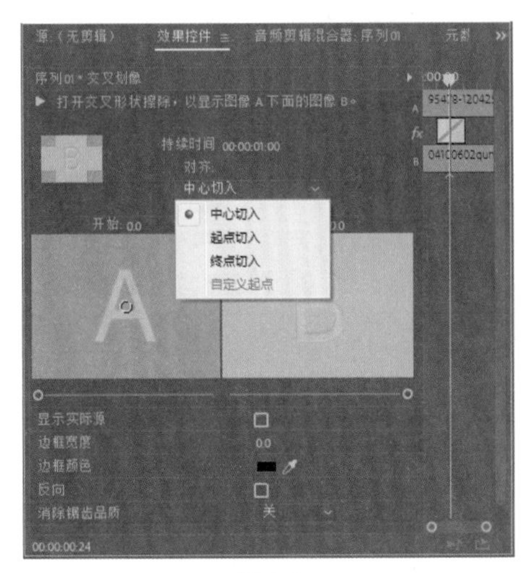

图 4-8

选项中的对齐方式详细解释如下。

✦ 中心切入：转场特效添加在相邻素材的中间位置。

✦ 起点切入：转场特效添加在第二个素材的开始位置。

✦ 终点切入：转场特效添加在第一个素材的结束位置。

✦ 自定义起点：通过鼠标拖动转场特效，自定义转场的起始位置。

> **技巧与提示：**
>
> 用户可以通过设置不同的对齐方式来控制转场特效的效果。

4.1.3 实战——调整转场特效的持续时间

在为素材添加特效后，可以进入“效果控件”面板对转场特效的持续时间进行调整。

视频文件：　下载资源 \ 视频 \ 第 4 章 \4.1.3 实战——调整转场特效的持续时间 .mp4

源 文 件：　下载资源 \ 源文件 \ 第 4 章 \4.1.3 调整转场特效的持续时间 .prproj

01 打开项目文件，选中“时间轴”中的“翻转”转场，打开“效果控件”面板，如图 4-9 所示。

02 单击“持续时间”后的时间数字，进入编辑状态，输入 00:00:02:00，按 Enter 键完成编辑，如图 4-10 所示。

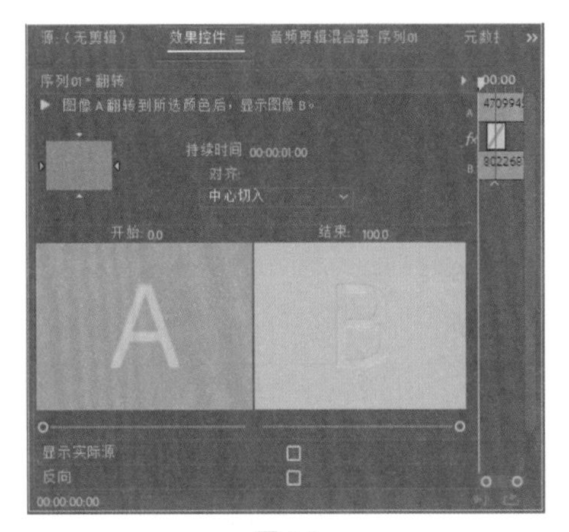

图 4-9

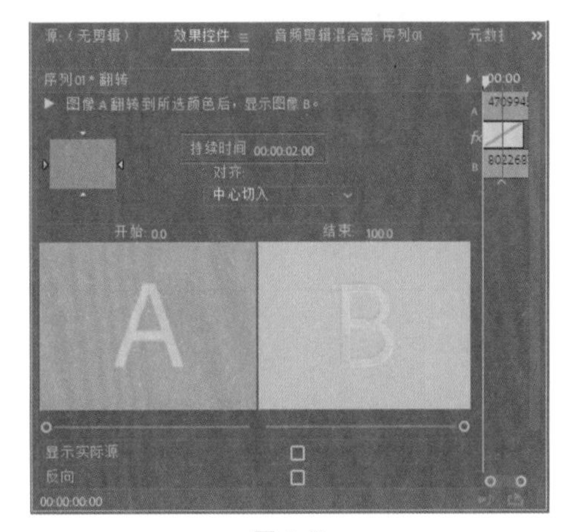

图 4-10

03 按空格键预览调整转场特效持续时间后的效果，如图 4-11 所示。

图 4-11

图 4-11（续）

技巧与提示：

双击“时间轴”面板中的转场特效，可以在弹出的对话框中直接调整持续时间。

4.1.4 实战——为视频添加转场特效

下面以实例来详细介绍怎样为视频添加转场特效，以及调整转场特效的参数。

视频文件：　下载资源 \ 视频 \ 第 4 章 \4.1.4 实战——为视频添加转场特效 .mp4
源 文 件：　下载资源 \ 源文件 \ 地 4 章 \4.1.4

01 启动 Premiere Pro CC 2018 软件，在开始页面中，单击“新建项目”按钮，设置项目名称以及存储位置，如图 4-12 所示。

图 4-12

02 单击“确定”按钮，进入 Premiere Pro CC 2018 操作界面，按快捷键 Ctrl+N 新建序列，弹出对话框，这里保持默认设置，单击“确定”按钮，如图 4-13 所示。

03 执行“文件”|“导入”命令，弹出“导入”对话框，选择需要的素材，单击“打开”按钮导入素材，如图 4-14 所示。

图 4-13

图 4-14

04 将素材拖至 V1 轨道中，如图 4-15 所示。

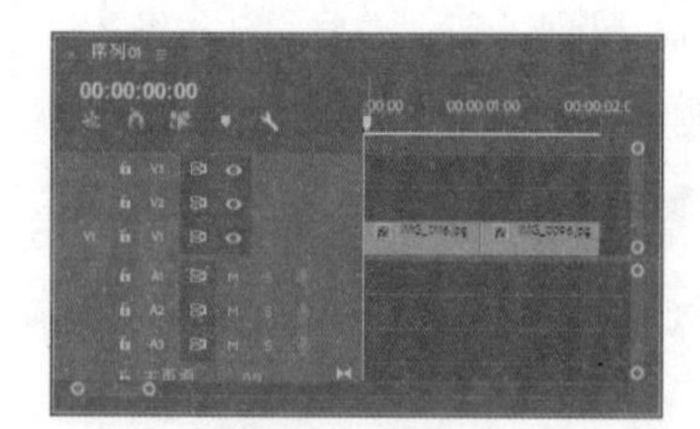

图 4-15

05 打开“效果”面板，打开“视频过渡”文件夹，选择“溶解”文件夹中的“胶片溶解”转场特效，将其拖至“时间轴”面板中的两个素材之间，如图 4-16 所示。

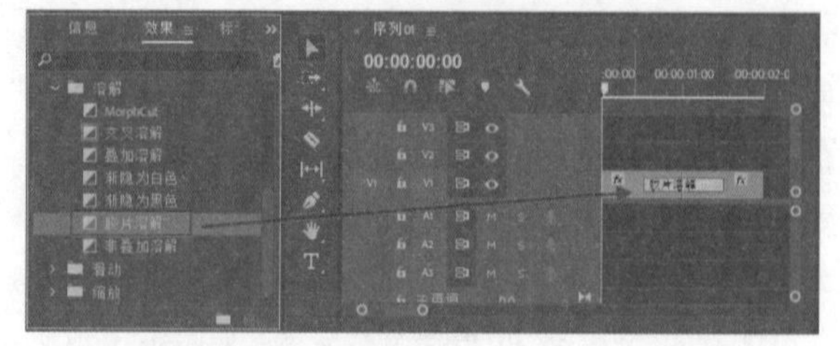

图 4-16

06 选择转场特效，打开“效果控件”面板，单击“开始”后的数值，修改参数为 25，如图 4-17 所示。

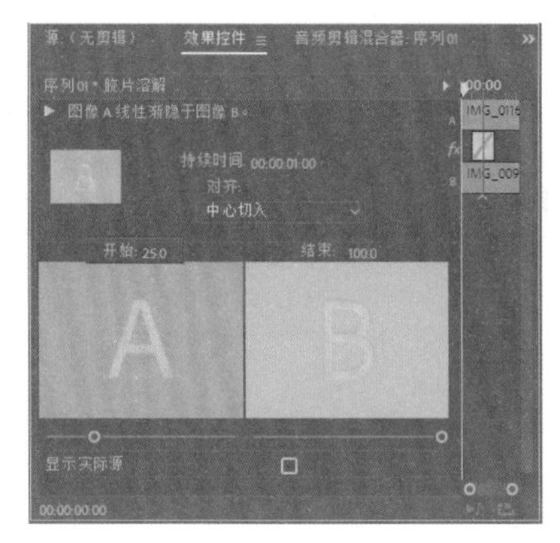

图 4-17

07 按空格键预览添加转场后的视频效果，如图 4-18 所示。

图 4-18

4.2　转场特效的类型

Premiere Pro CC 2018 中提供了多种典型且常用的转场特效，如“3D 运动”“擦除”和“溶解”等。

4.2.1　“3D 运动”特效组

“3D 运动”特效组的效果主要用于体现场景的层次感，以及从二维空间到三维空间的视觉效果。该组中包含了两种三维运动的视频转场特效。

1. 立方体旋转

“立方体旋转”转场特效是将两个场景作为立方体的两面，以旋转的方式实现前后场景的切换。“立方体旋转”转场特效可以实现从左至右、从上至下、从右至左或从下至上的过渡效果，如图 4-19 所示。

图 4-19

2. 翻转

“翻转”转场特效是将两个场景当作一张纸的两面，通过翻转纸张的方式来实现两个场景之间的转换。单击“效果控制”面板中的“自定义”按钮，可以设置不同的带和背景颜色，效果如图 4-20 所示。

图 4-20

4.2.2　“划像”特效组

“划像”特效组包括 4 种视频转场特效。

1. 交叉划像

“交叉划像”转场特效是第二个场景以十字形在画面中心出现，然后由小变大，逐渐遮盖住第一个场景的效果，如图 4-21 所示。

图 4-21

2. 圆划像

“圆划像”转场特效是第二个场景在画面中心以圆形出现，然后由小变大，逐渐遮盖住第一个场景的效果，如图 4-22 所示。

图 4-22

3. 盒型划像

“盒型划像”转场特效是第二个场景在画面中心以矩形出现，然后由小变大，逐渐遮盖住第一个场景的效果。如有要求也可以设置为收缩，效果如图 4-23 所示。

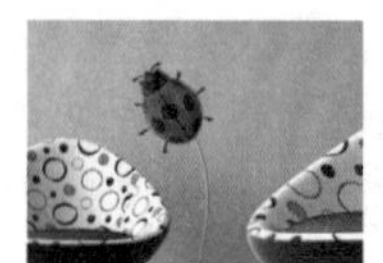  

图 4-23

4. 菱形划像

“菱形划像”转场特效是第二个场景在画面中心以菱形出现，然后由小变大，逐渐遮盖住第一个场景的效果，如图 4-24 所示。

图 4-24

4.2.3 “擦除”特效组

“擦除”特效是通过两个场景的相互擦除来实现场景转换的。“擦除”特效组共有 17 种擦除方式的视频转场特效。

1. 划出

“划出”转场特效是第二个场景从屏幕一侧逐渐展开，从而遮盖住第二个场景的效果，如图 4-25 所示。

图 4-25

2. 双侧平推门

“双侧平推门”转场特效是第一个场景像两扇门一样被拉开，逐渐显示出第二个场景的效果，如图 4-26 所示。

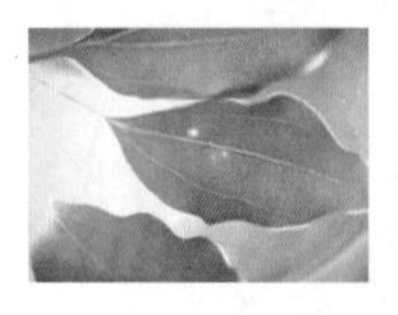  

图 4-26

3. 带状擦除

“带状擦除”转场特效是第二个场景在水平方向以条状进入画面，逐渐覆盖第一个场景的效果，如图 4-27 所示。

图 4-27

4. 径向擦除

“径向擦除”转场特效是第二个场景从第一个场景的一角扫入画面，并逐渐覆盖的效果，如图 4-28 所示。

图 4-28

5. 插入

“插入”转场特效是第二个场景以矩形从第一个场景的一角斜插入画面，并逐渐覆盖第一个场景的效果，如图 4-29 所示。

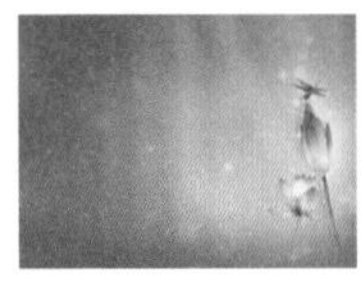
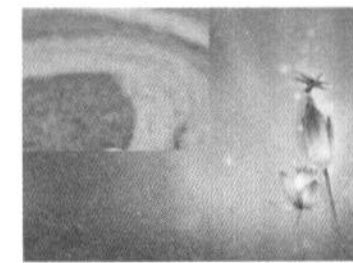

图 4-29

6. 时钟式擦除

“时钟式擦除”转场特效是第二个场景以时钟放置方式逐渐覆盖第一个场景的效果，如图 4-30 所示。

图 4-30

7. 棋盘

“棋盘”转场特效是第二个场景分成若干个小方块以棋盘的方式出现，并逐渐布满整个画面，从而遮盖住第一个场景的效果，如图 4-31 所示。

图 4-31

8. 棋盘擦除

“棋盘擦除”转场特效是第二个场景以方格形式逐渐将第一个场景擦除的效果，如图 4-32 所示。

图 4-32

9. 楔形擦除

“楔形擦除”转场特效是第二个场景在屏幕中心以扇形展开的方式逐渐覆盖第一个场景的效果，如图 4-33 所示。

图 4-33

10. 水波块

“水波块”转场特效是第二个场景以块状从屏幕一角按 Z 字形逐行扫入画面，并逐渐覆盖第一个场景的效果，如图 4-34 所示。

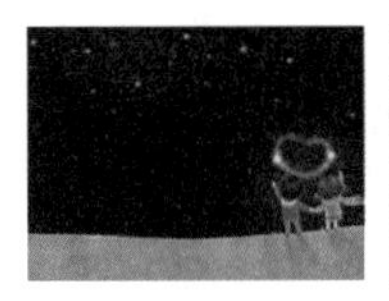

图 4-34

11. 油漆飞溅

“油漆飞溅”转场特效是第二个场景以墨点的形状飞溅到画面中，并覆盖第一个场景的效果，如图 4-35 所示。

图 4-35

12. 渐变擦除

“渐变擦除”转场特效是用一张灰度图像制作渐变切换。在渐变转换中，第二个场景充满灰度图像的黑色区域，然后通过每一个灰度级开始显现进行转换，直到白色区域完全透明，如图 4-36 所示。

图 4-36

技巧与提示：

在应用“渐变擦除”特效时，可以设置过渡图片，以控制画面过渡的效果。

13. 百叶窗

“百叶窗”转场特效是第二个场景以百叶窗的形式逐渐显示，并覆盖第一个场景的效果，如图4-37所示。

图 4-37

14. 螺旋框

“螺旋框”转场特效是第二个场景以螺旋块状旋转显示，并逐渐覆盖第一个场景的效果，如图4-38所示。

图 4-38

15. 随机块

“随机块”转场特效是第二个场景以块状随机出现在画面中，并逐渐覆盖第一个场景的效果，如图 4-39 所示。

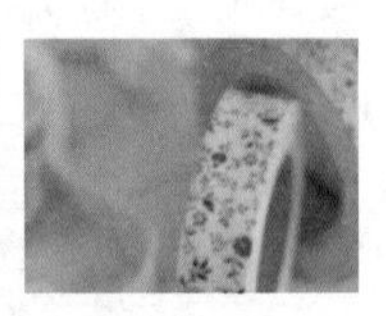

图 4-39

16. 随机擦除

“随机擦除”转场特效是第二个场景以小方块的形式从第一个场景的一边随机扫走第一个场景的效果，如图 4-40 所示。

图 4-40

17. 风车

“风车”转场特效是第二个场景以风车的形式逐渐旋转显示，并覆盖第一个场景的效果，如图4-41所示。

图 4-41

4.2.4 “沉浸式视频”特效组

“沉浸式视频”转场特效需要用户通过诸如 Oculus Rift 和 HTC Vive 等头戴显示器来体验编辑内容。其中包含了 8 种 VR 转场特效，如图 4-41 所示。

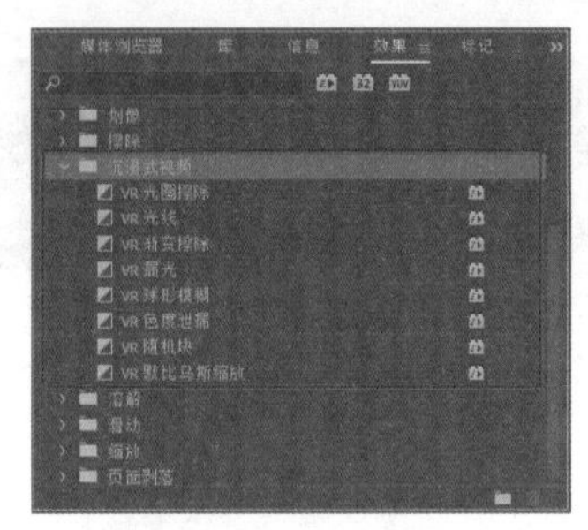

图 4-42

Adobe Premiere Pro CC 2018 添加了 VR（虚拟现实）编辑界面，用户可以在“源”监视器面板或“节目”监视器面板中单击“切换 VR 视频显示”按钮来进行素材的编辑和预览。

剪辑前，先要进行相应的 VR 功能设置，以适合显示 VR 视频。在格式布局（Frame Layout）中，有两个类型选择：单一视场（Monoscopic）和立体影像（Stereoscopic ），还能调整视频画面的水平视角，以及垂直视角，当浏览 VR 视频素材时，这些能决定你所看视频的视野范围。视频输出后会呈现球形格式，与正常的视频格式不同。

4.2.5 “溶解”特效组

“溶解”转场特效是第一个素材逐渐淡入到第二个素材的效果。它是编辑视频中最常用的一种转场特效，表现事物之间的缓慢过渡或变化。Premiere Pro CC 2018 中提供了 7 种以溶解方式转场的视频转场特效。

1. Morph Cut

Morph Cut 转场特效在处理譬如单个拍摄对象的“头部特写”采访视频、固定拍摄（极少量的摄像机移动情况）和静态背景（包括避免细微的光照变化）

等这些特征的素材时效果极佳。

具体的应用方法如下。

① 在时间轴上设置入点和出点，选择要删除的剪辑部分。

② 在“效果”面板中，选择“视频过渡”/“溶解”/Morph Cut 特效，并将效果拖至“时间轴”面板中剪辑之间的编辑点上。直接在面板中搜索 Morph Cut，也可以快速找到。

③ 应用 Morph Cut 效果后，剪辑分析立即在后台开始。随着分析开始，“在后台进行分析”横幅显示在“节目”监视器面板中，表明正在执行分析。

在完成分析后，将以编辑点为中心创建一个对称过渡。过渡持续时间符合为“视频过渡默认持续时间”指定的默认 30 帧。使用“首选项”对话框可以更改默认持续时间。

技巧与提示：

每次对所选 Morph Cut 进行更改甚至撤销更改时，Premiere Pro 都会重新触发新的分析，但是用户不需要删除之前分析过的任何数据。

2. 交叉溶解

“交叉溶解”转场特效是第一个场景淡出的同时，第二个场景淡入的效果，如图 4-43 所示。

 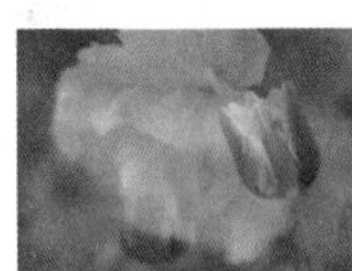 

图 4-43

3. 叠加溶解

“叠加溶解”转场特效是将第一个场景作为纹理贴图映像给第二个场景，实现高亮度叠化的转换效果，如图 4-44 所示。

图 4-44

4. 渐隐为白色

“渐隐为白色”转场特效是第一个场景逐渐淡化到白色场景，然后从白色场景淡化到第二个场景的效果，如图 4-45 所示。

图 4-45

5. 渐隐为黑色

“渐隐为黑色”转场特效是第一个场景逐渐淡化到黑色场景，然后从黑色场景淡化到第二个场景的效果，如图 4-46 所示。

图 4-46

6. 胶片溶解

“胶片溶解”转场特效是使第一个场景产生胶片朦胧的效果并转换至第二个场景，效果如图 4-47 所示。

图 4-47

7. 非叠加溶解

“非叠加溶解”转场特效是将第二个场景中亮度较高的部分直接叠加到第一个场景中，从而逐渐显示出第二个场景的效果，如图 4-48 所示。

图 4-48

4.2.6 “滑动”特效组

“滑动”特效是用场景的滑动来转换相邻场景的。“滑动”特效组中包括了5种以场景滑动方式切换场景的视频转场特效。

1. 中心拆分

“中心拆分”转场特效是将第一个场景分成4块，逐渐从画面的4个角滑动出去，从而显示出第二个场景的效果，如图4-49所示。

图 4-49

2. 带状滑动

“带状滑动”转场特效是第二个场景以条状形式从两侧滑入画面，直至覆盖住第一个场景的效果，如图4-50所示。

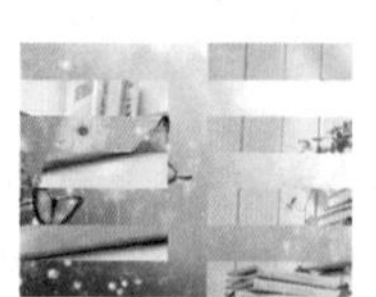

图 4-50

3. 拆分

“拆分”转场特效是将第一个场景分成两块，从两侧滑出，从而显示出第二个场景的效果，如图4-51所示。

图 4-51

4. 推

“推”转场特效是第二个场景从画面的一侧，将第一个场景推出画面的效果，如图4-52所示。

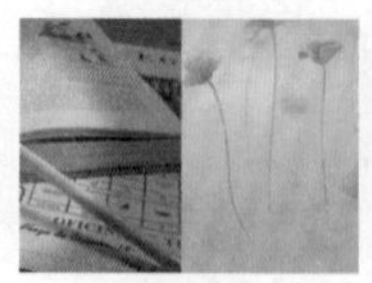

图 4-52

5. 滑动

“滑动”转场特效是第二个场景从画面的一侧滑入画面，从而覆盖住第一个场景的效果，如图4-53所示。

图 4-53

4.2.7 “缩放”特效组

“缩放”特效组中的转场是以场景的缩放来实现场景之间的转换的。

交叉缩放

“交叉缩放”转场特效是先将第一个场景放大到最大，切换到第二个场景的最大化，然后第二个场景缩放到适合大小的效果，如图4-54所示。

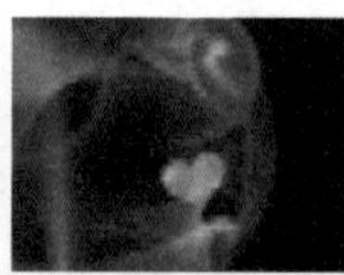

图 4-54

4.2.8 “页面剥落”特效组

“页面剥落”特效组的转场模仿翻开书页，打开下一页画面的动作。“页面剥落”特效组中包含了两种视频转场特效。

1. 翻页

“翻页”转场特效是将第一个场景从一角卷起，卷起后的背面会显示出第一个场景，从而露出第二个场景的效果，如图4-55所示。

图 4-55

2. 页面剥落

“页面剥落”转场特效是将第一个场景像翻页一样从一角卷起，显示出第二个场景的效果，如图 4-56 所示。

图 4-56

4.2.9 实战——繁花似锦

下面以实例来详细讲解各转场特效的效果，以及如何使用转场。

视频文件： 下载资源 \ 视频 \ 第 4 章 \4.2.9 实战——繁花似锦 .mp4

源 文 件： 下载资源 \ 源文件 \ 第 4 章 \4.2.9

01 启动 Premiere Pro CC 2018 软件，单击“新建项目”按钮，弹出“新建项目”对话框，设置项目名称和项目存储位置，单击“确定”按钮关闭对话框，如图 4-57 所示。

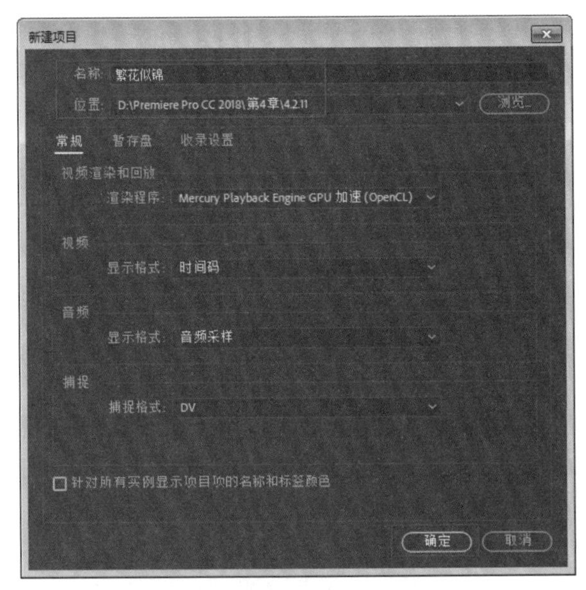

图 4-57

02 执行“文件”|“新建”|“序列”命令，弹出“新建序列”对话框，单击“确定”按钮，如图 4-58 所示。

图 4-58

03 在“项目”面板中，右击，在弹出的快捷菜单中执行“导入”命令，弹出“导入”对话框，选择需要的素材，单击“打开”按钮导入素材，如图 4-59 所示。

图 4-59

04 选择素材中的“背景 .jpg”文件，将其拖至 V1 轨中的 00:00:00:00 处，并修改其持续时间为 00:00:09:12，如图 4-60 所示。

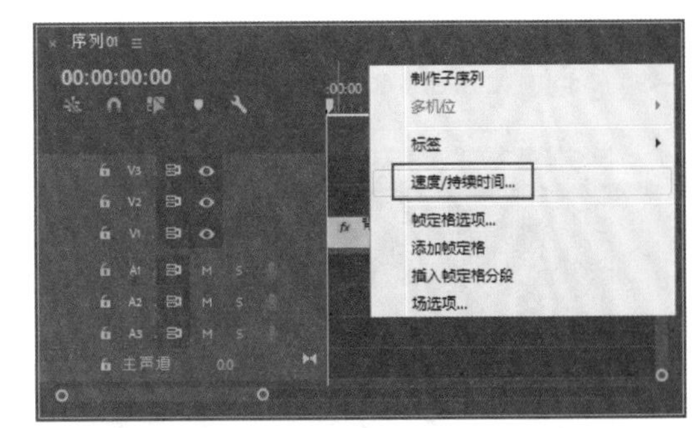

图 4-60

05 选择“背景 .jpg”文件，打开“效果控件”面板，在 00:00:00:00 位置添加关键帧，设置“缩放”参数为 200，如图 4-61 所示。

06 在 00:00:03:04 位置添加关键帧，设置“缩放”参数为 105，如图 4-62 所示。

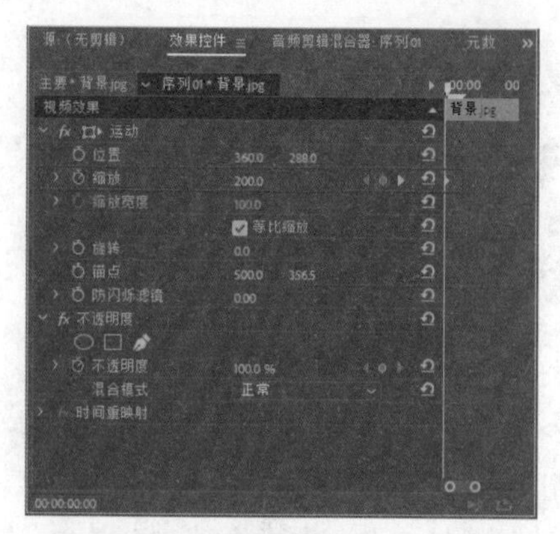

图 4-61

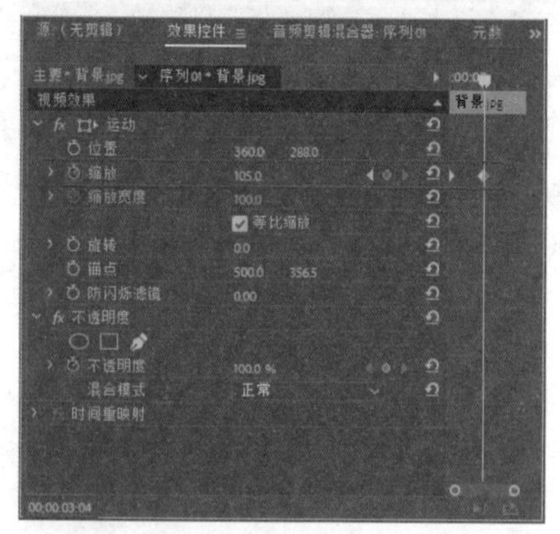

图 4-62

技巧与提示：

在“效果控件”面板中单击各属性现象或添加的特效后的“重置”按钮，可以恢复该属性选项或特效的参数为默认值。

07 选择素材库中的“花开 .mov”文件，将其添加到 V2 轨中的 00:00:03:18 位置，并调整它的缩放参数为 50，位置参数为 334.0、249.0，如图 4-63 所示。

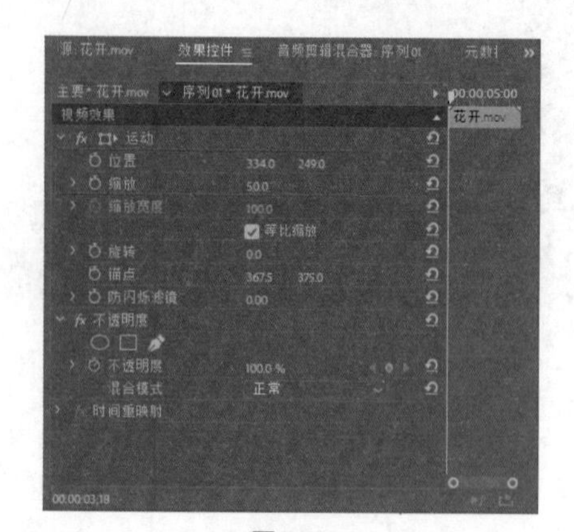

图 4-63

08 打开“效果”面板，选择“视频效果”文件夹，单击“变换”文件夹中的“水平翻转”效果，将其拖至“花开 .mov”上，如图 4-64 所示。

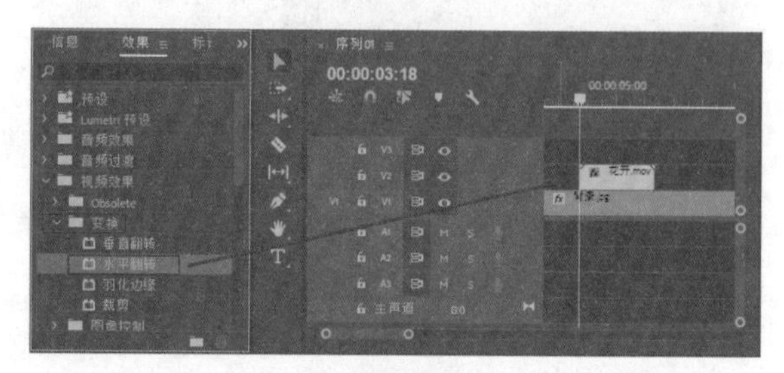

图 4-64

09 选择“花开 .mov”文件，右击，在弹出的快捷菜单中执行“复制”命令，然后粘贴到原文件后，如图 4-65 所示。

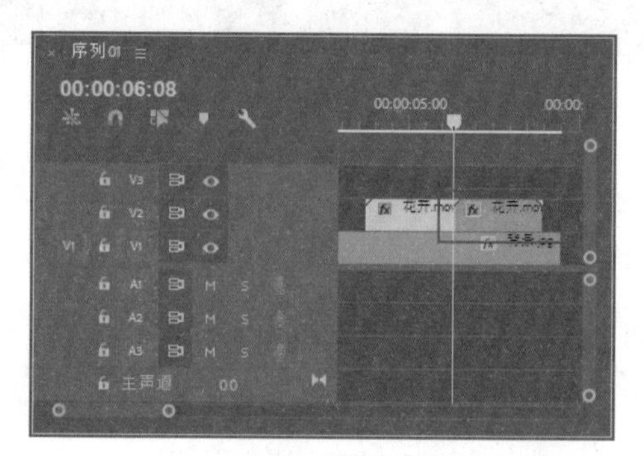

图 4-65

10 选择粘贴的文件，右击，在弹出的快捷菜单中执行“帧定格选项”命令，如图 4-66 所示。

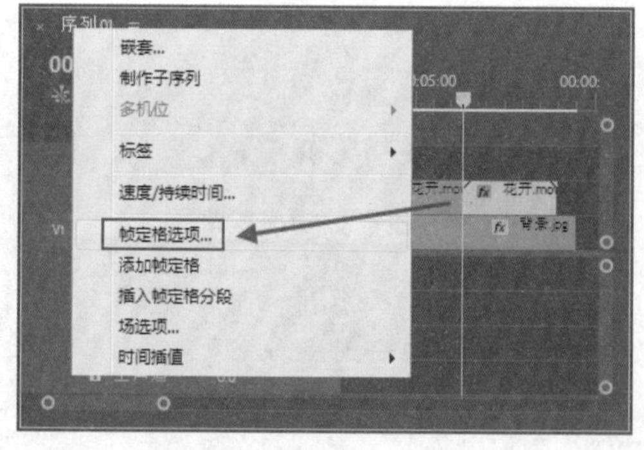

图 4-66

11 弹出“帧定格选项”对话框，单击“定格位置”后的倒三角按钮，选择“出点”选项，单击“确定”按钮关闭对话框，如图 4-67 所示。

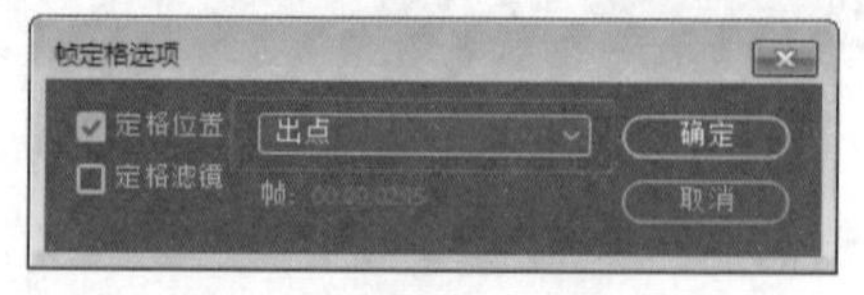

图 4-67

12 执行“文件”|“新建”|“旧版标题”命令，弹出“新建字幕”对话框，单击“确定”按钮，如图 4-68 所示。

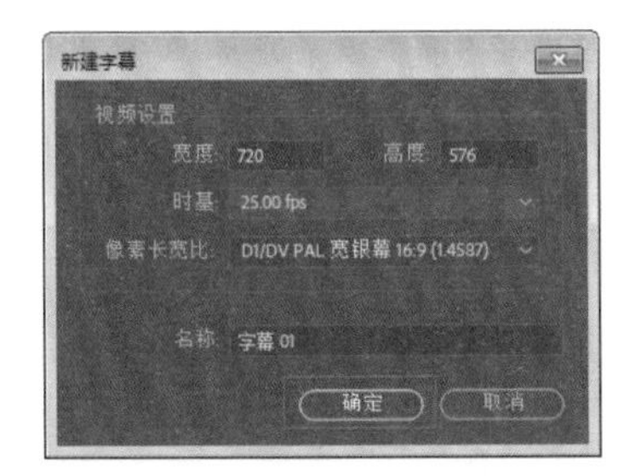

图 4-68

13 弹出字幕编辑框，输入文字“繁 似锦”，设置字体、颜色、位置等参数，如图 4-69 所示（这里选择的字体为“华文隶书”，颜色 RGB 参数为 50、132、48）。

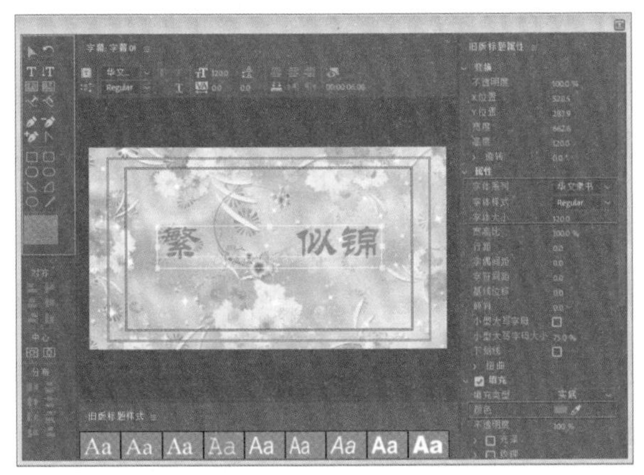

图 4-69

14 关闭编辑框，将“字幕 01”添加在 V3 轨道中，并调整字幕区间为 00:00:02:04 至 00:00:08:20，如图 4-70 所示。

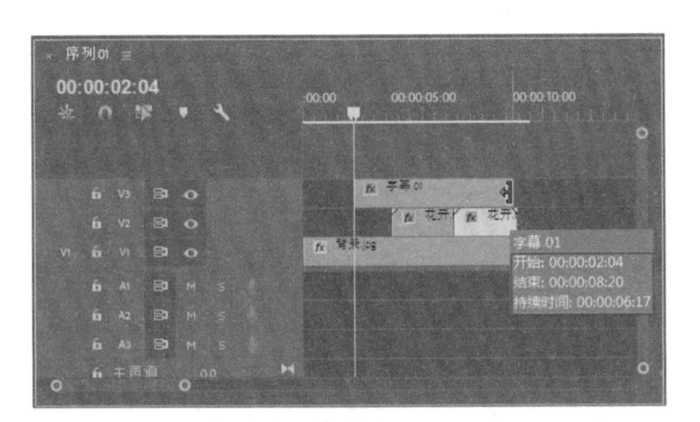

图 4-70

15 单击“字幕 01”素材，打开“效果控件”面板，在 00:00:02:04 位置添加关键帧，设置“不透明度”参数为 0，如图 4-71 所示。

16 在 00:00:03:15 位置添加关键帧，设置“不透明度”参数为 100，如图 4-72 所示。

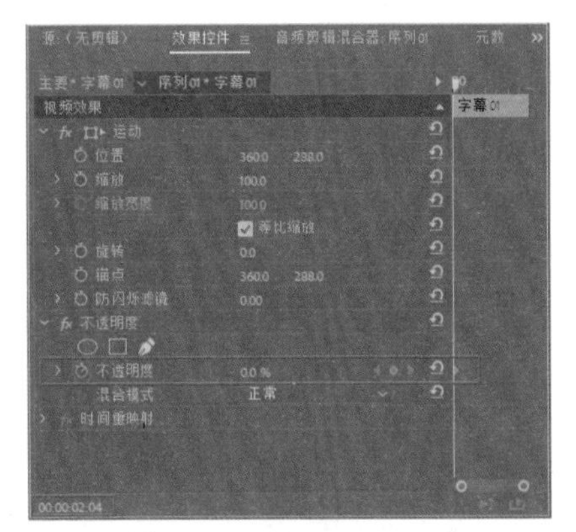

图 4-71

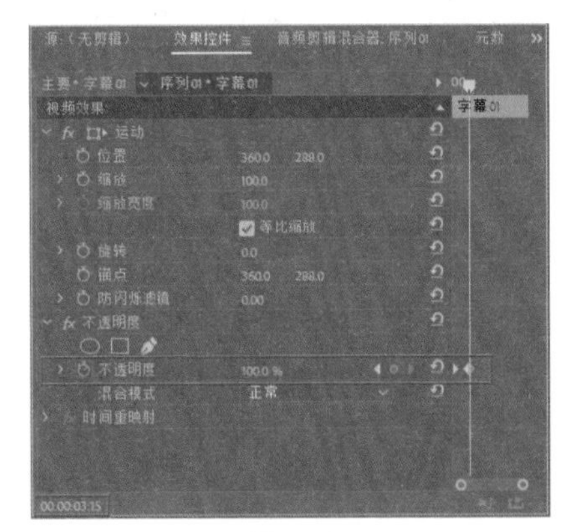

图 4-72

17 再次新建字幕，在弹出的字幕编辑框中输入文字“花”并调整参数，如图 4-73 所示（这里选择的字体为“汉仪黑棋体简”，颜色 RGB 参数为 222、69、69）。

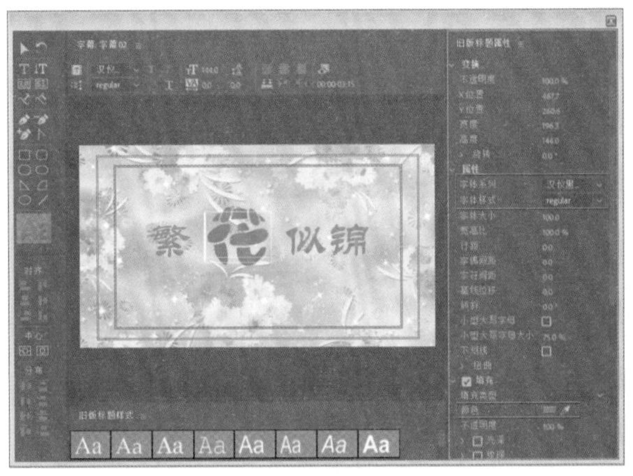

图 4-73

18 将“字幕 02”素材添加到 V4 轨道中，调整区间为 00:00:05:07 至 00:00:08:20，如图 4-74 所示。

19 为“字幕 02”素材添加“圆划像”转场特效，并调整持续时间为 2 秒，如图 4-75 所示。

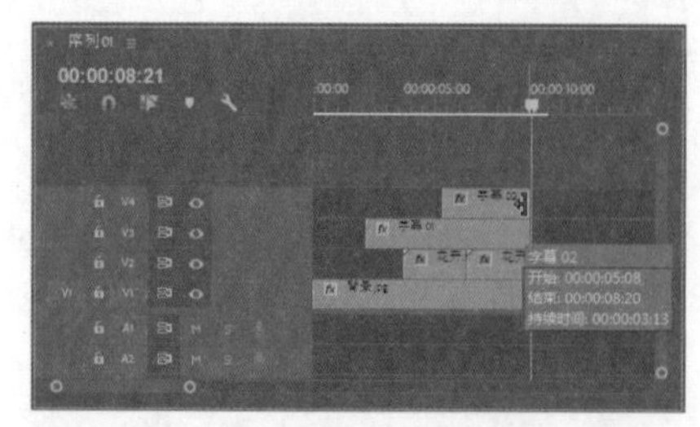

图 4-74

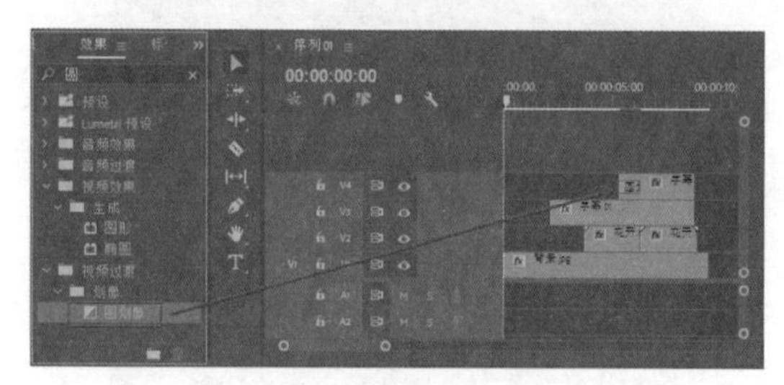

图 4-75

20 按 Enter 键渲染项目，渲染完成后预览片头效果，如图 4-76 所示。

图 4-76

21 在“背景 .jpg”文件后添加 29 个素材图片，并调整它们各自的持续时间均为 3 秒，如图 4-77 所示。

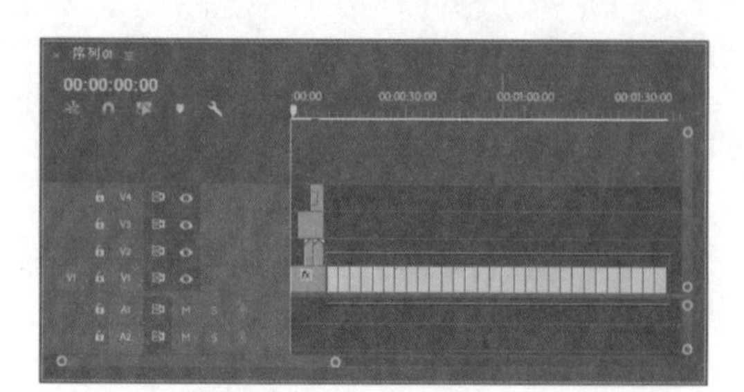

图 4-77

22 选择 IMG_0129.jpg 文件，在 00:00:10:00 位置添加关键帧，设置“位置”参数为 360、288，“缩放”参数为 25，在 00:00:12:00 位置添加关键帧，设置“位置”参数为 200、417，“缩放”参数为 35，如图 4-78 所示。

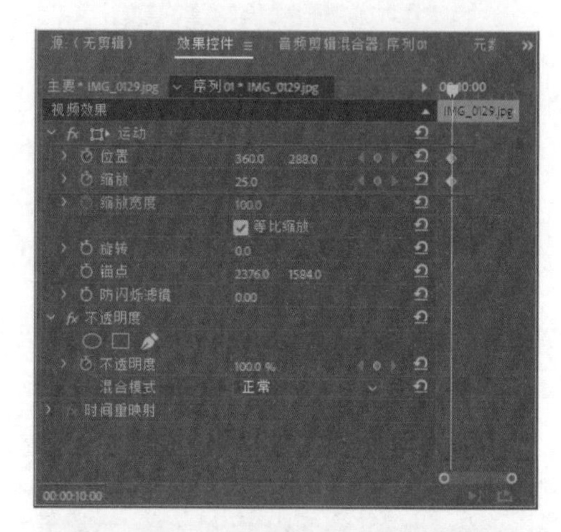

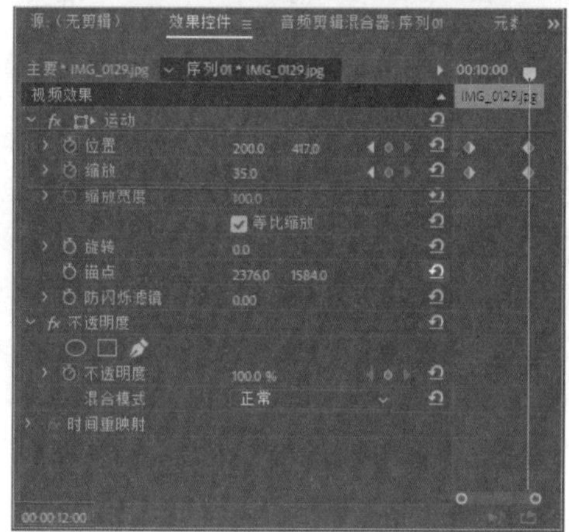

图 4-78

23 选择 IMG_0658.jpg 文件，在 00:00:13:00 位置添加关键帧，设置“缩放”参数为 35，在 00:00:15:00 位置添加关键帧，设置“缩放”参数为 25，如图 4-79 所示。

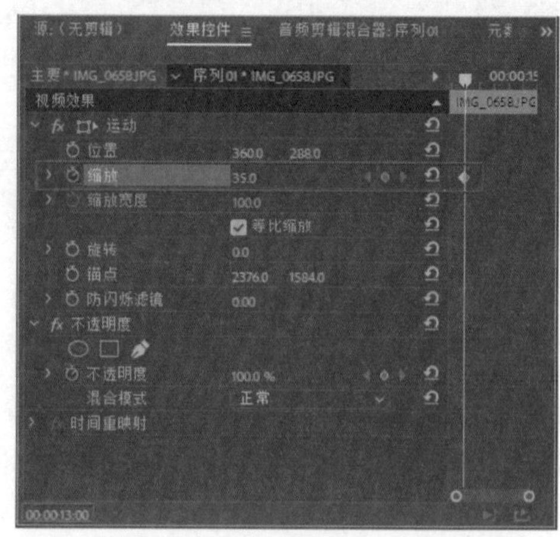

图 4-79

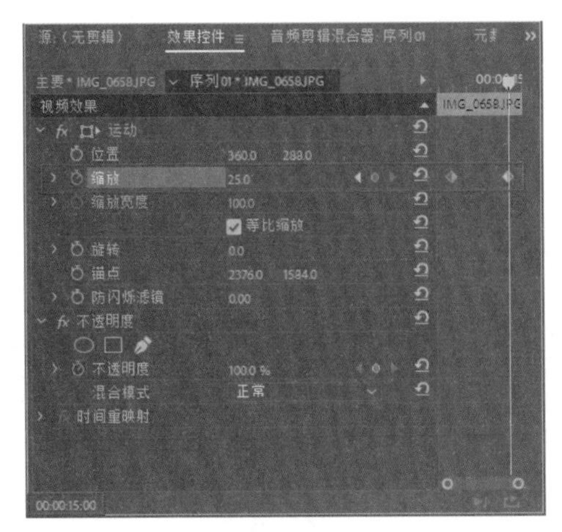

图 4-79（续）

24 选择 IMG_0661.jpg 文件，在 00:00:16:00 位置添加关键帧，设置“缩放”参数为 25，在 00:00:18:00 位置添加关键帧，设置“缩放”参数为 35，如图 4-80 所示。

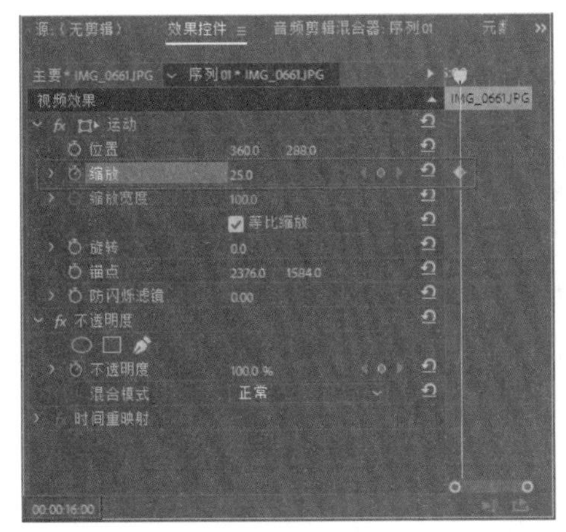

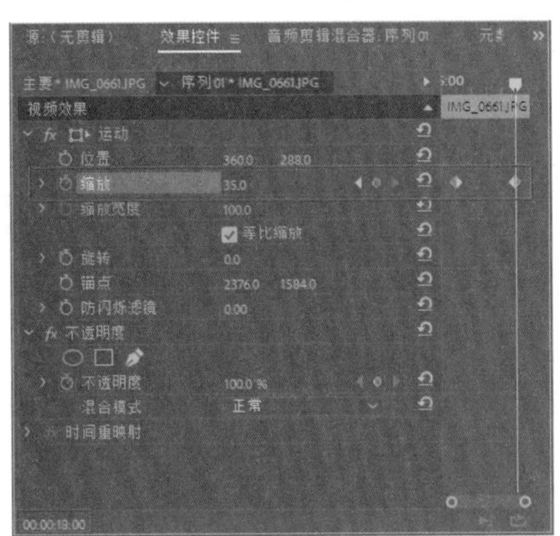

图 4-80

25 采用同样的方式为所有素材设置参数，增加动画效果。打开“效果”面板，打开视频过渡文件夹，选择“3D 运动”文件夹中的“翻转”转场特效，将其拖至“背景.jpg”和 IMG_0129.jpg 文件之间，如图 4-81 所示。

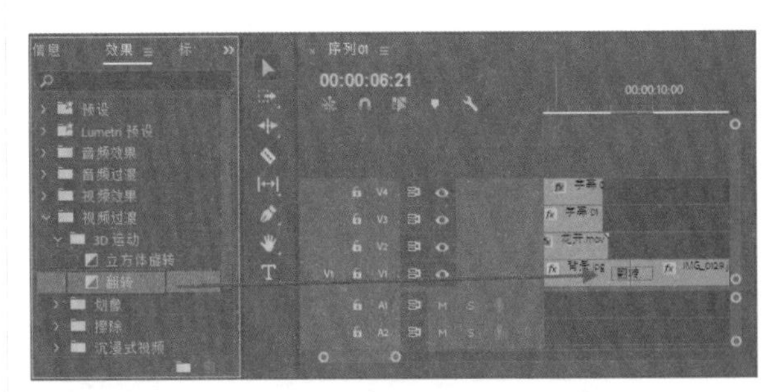

图 4-81

26 选择“划像”文件夹中的“菱形划像”转场特效，将其拖至 IMG_0129.jpg 和 IMG_0658.jpg 文件之间，如图 4-82 所示。

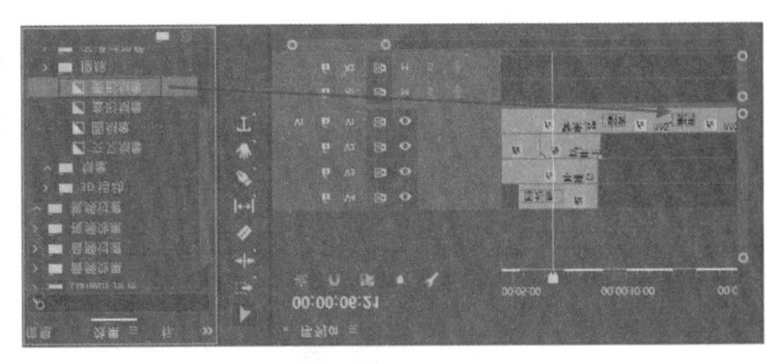

图 4-82

27 选择“擦除”文件夹中的“双侧平推门”转场特效，将其拖至 IMG_0658.jpg 和 IMG_0661.jpg 文件之间，如图 4-83 所示。

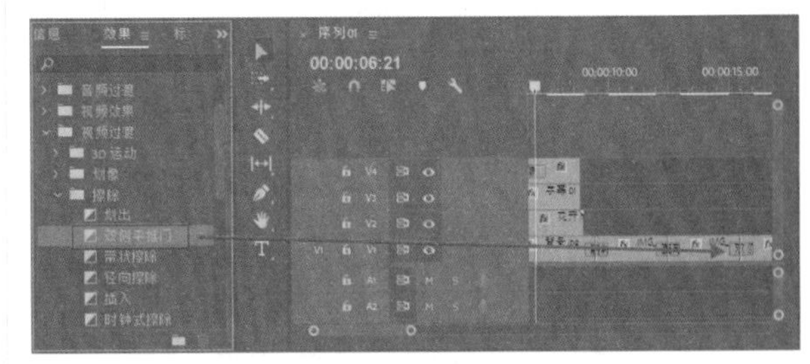

图 4-83

28 采用同样的方法在所有素材之间添加转场，如图 4-84 所示。

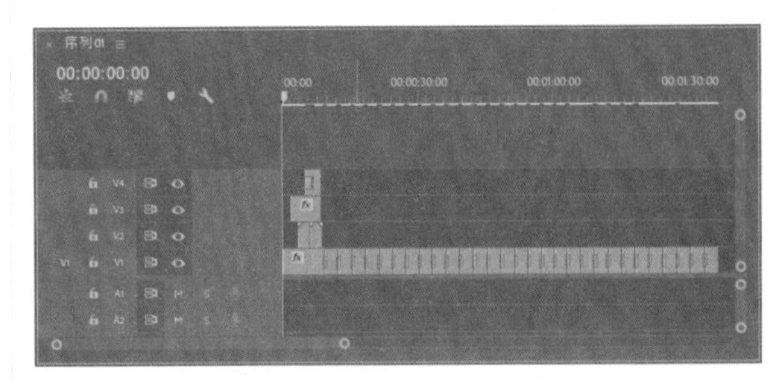

图 4-84

29 按 Enter 键渲染项目，渲染完成后预览添加转场后的效果，如图 4-85 所示。

图 4-85

30 执行“文件”|“新建”|“旧版标题”命令，弹出“新建字幕”对话框，单击“确定”按钮，如图 4-86 所示。

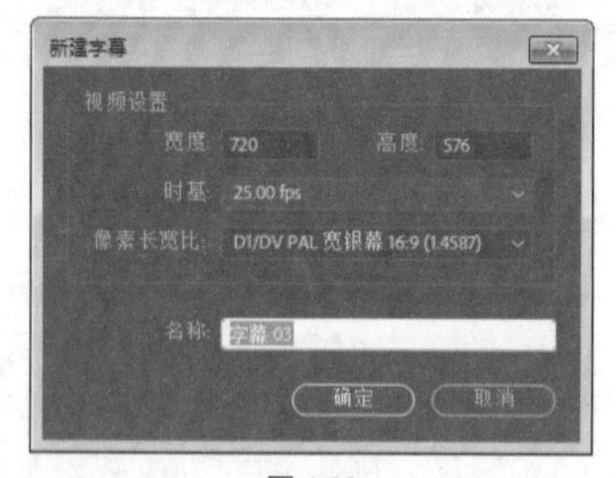

图 4-86

31 弹出字幕编辑框，输入字幕，修改字体、颜色、位置、大小及添加边框等参数，如图 4-87 所示（这里选择的字体为 Algerian，颜色为白色）。

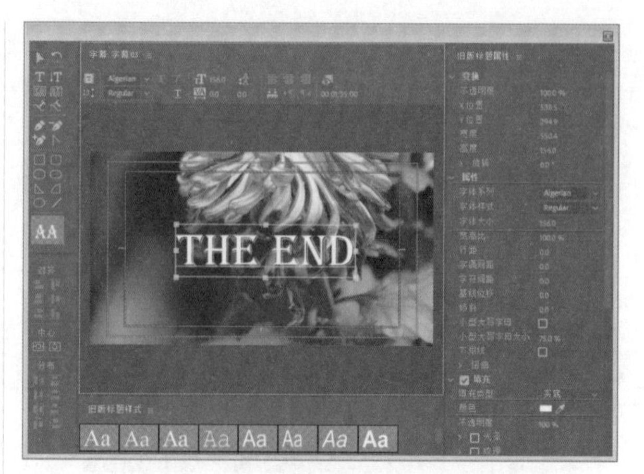

图 4-87

32 关闭字幕编辑框，将“字幕 03”文件拖至 V2 轨道的 00:01:35:00 位置，区间长度是 3 秒，并在文件的开始位置添加“划出”转场特效，将 V1 轨道上的最后一个素材的出点延长至“字幕 03”的出点位置，如图 4-88 所示。

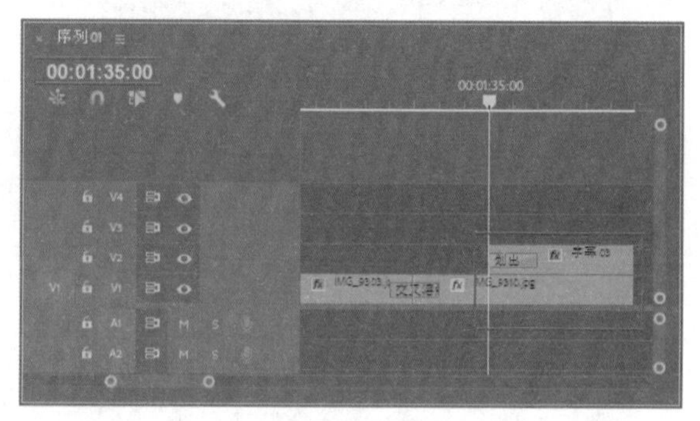

图 4-88

33 在素材库中选中“纯音乐 -Kissing Bird.mp3”文件，将其拖至 A1 轨道的 00:00:00:00 位置，并把超出素材的部分剪切掉，如图 4-89 所示。

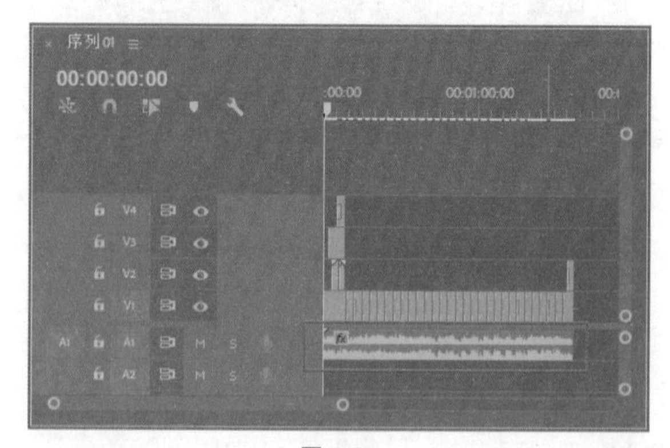

图 4-89

34 按 Enter 键渲染项目，渲染完成后预览片尾效果，如图 4-90 所示。

图 4-90

4.3　综合实例——魅力写真

本节将以实例来具体介绍如何添加转场以及各转场的效果。

视频文件：　下载资源 \ 视频 \ 第 4 章 \4.3 综合实例——魅力写真 .mp4

源 文 件：　下载资源 \ 源文件 \ 第 4 章 \4.3

01 启动 Premiere Pro CC 2018 软件，在开始页中单击“新建项目”按钮，如图 4-91 所示。

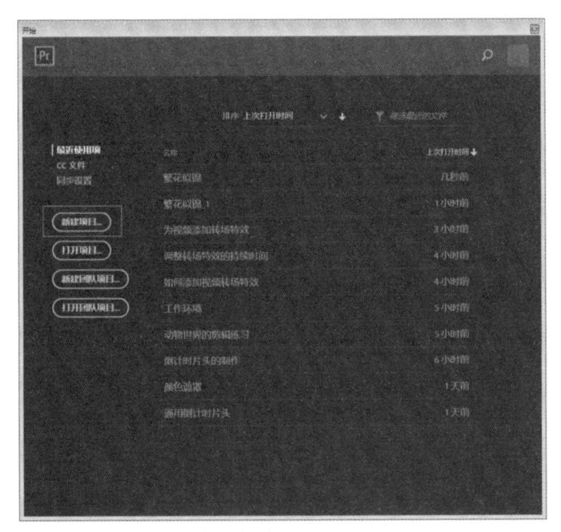

图 4-91

02 弹出“新建项目”对话框，设置项目名称和项目存储位置，单击“确定”按钮关闭对话框，如图 4-92 所示。

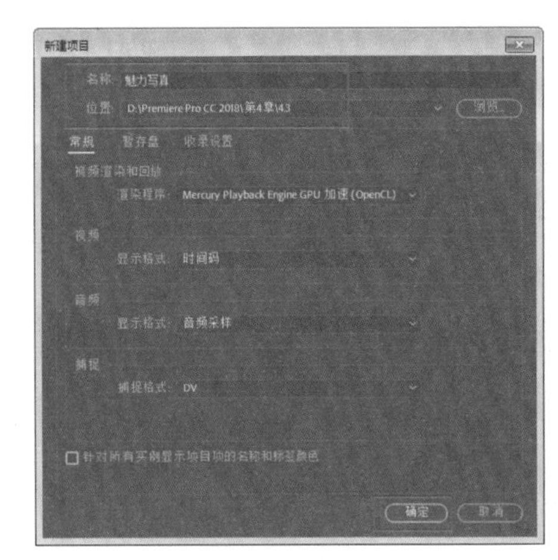

图 4-92

03 执行“文件”|“新建”|“序列”命令，弹出“新建序列”对话框，单击“确定”按钮关闭对话框，如图 4-93 所示。

图 4-93

04 进入“项目”面板，右击，在弹出的快捷菜单中执行“导入”命令，弹出“导入”对话框，选择需要导入的素材，单击“打开”按钮，如图 4-94 所示。

图 4-94

05 在素材库中选择 Contrasting Compartments_HD.avi 文件，将其添加到 V1 轨道的 00:00:00:00 位置，打开“效果控件”面板，设置“缩放”参数为 55，如图 4-95 所示。

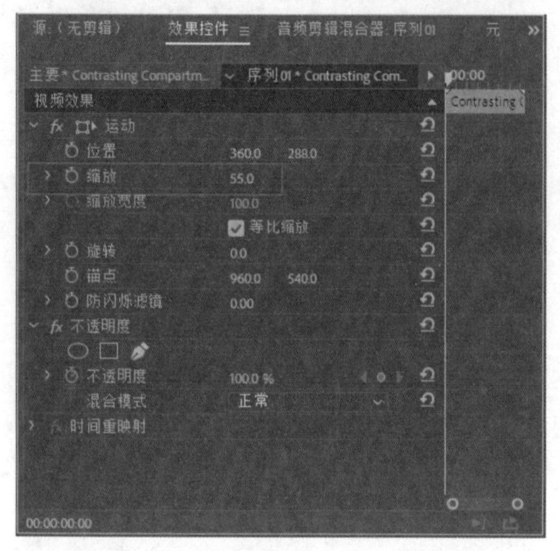

图 4-95

06 选择轨道中的素材，按快捷键 Ctrl+C 复制文件，粘贴在原文件之后，重复该操作 4 次，如图 4-96 所示。

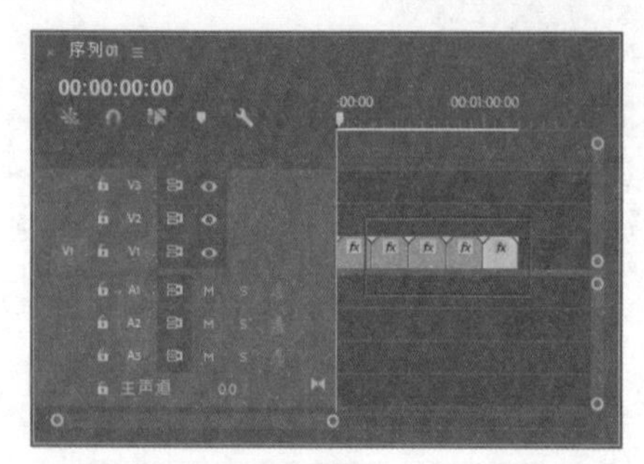

图 4-96

07 执行“文件”|“新建”|“旧版标题”命令，弹出“新建字幕”对话框，单击“确定”按钮，如图 4-97 所示。

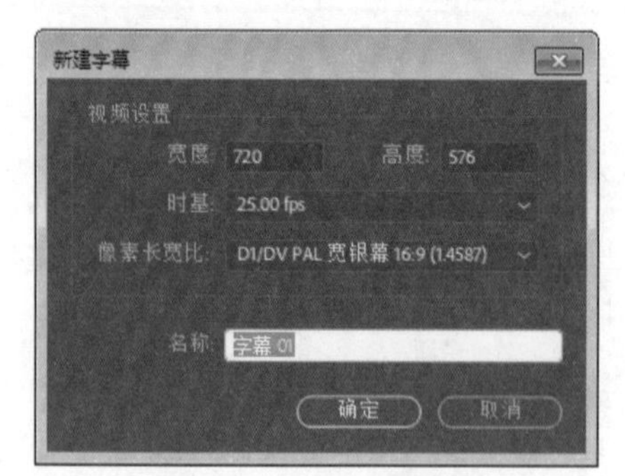

图 4-97

08 弹出“字幕编辑框”，输入字幕，并调整字体、颜色、大小等参数，如图 4-98 所示（这里选择的字体是“方正舒体”，颜色 RGB 参数为 240、84、209）。

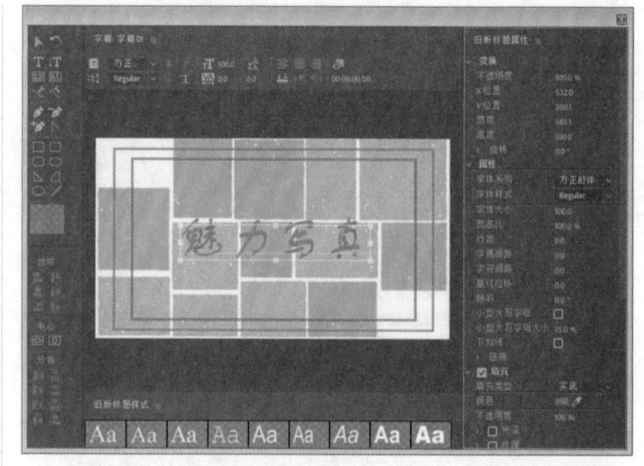

图 4-98

09 选择素材库中新建的“字幕 01”，将其拖至“时间轴”面板的 V2 轨道上，并设置开始时间为 00:00:01:15，结束时间为 00:00:05:08，如图 4-99 所示。

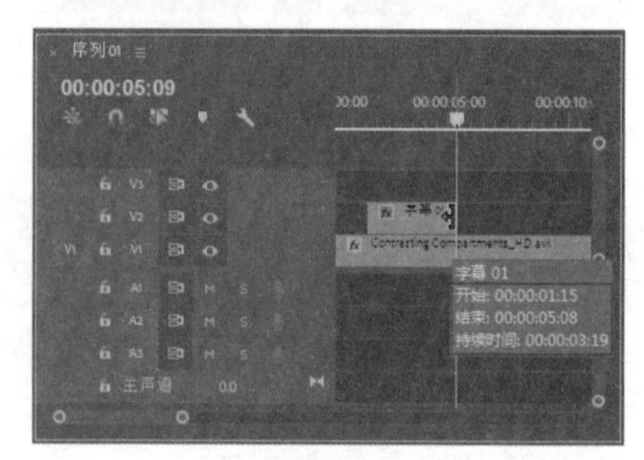

图 4-99

10 单击拖入的字幕，进入“效果控件”面板，设置时间为 00:00:01:15，添加关键帧，调整“位置”参数为 875、288，如图 4-100 所示。

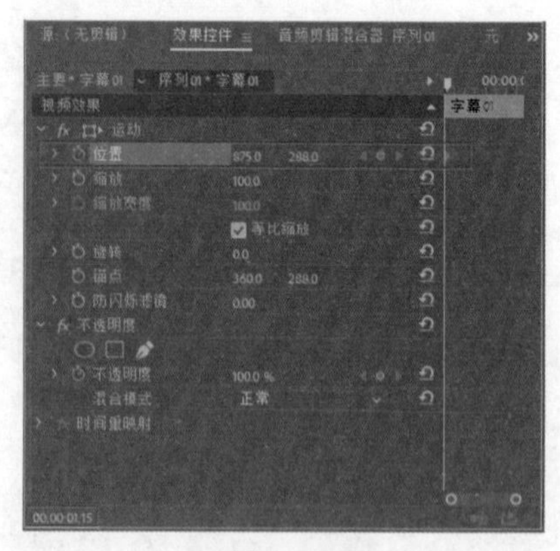

图 4-100

11 在“效果控件”面板中，设置时间为 00:00:02:00，添加关键帧，调整“位置”参数为 350、288，取消选中“等比缩放”复选框，单击缩放宽度前的“切换动画”按钮，添加关键帧，如图 4-101 所示。

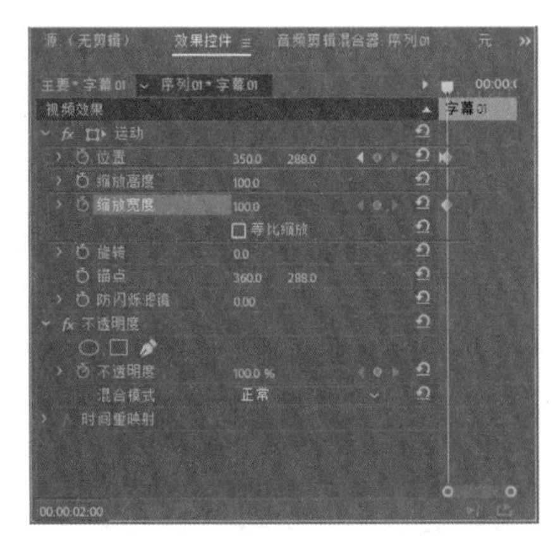

图 4-101

12 在“效果控件”面板中，设置时间为 00:00:02:04，调整“位置”参数为 258、288，“缩放宽度”参数为 40，系统将会自动添加关键帧，如图 4-102 所示。

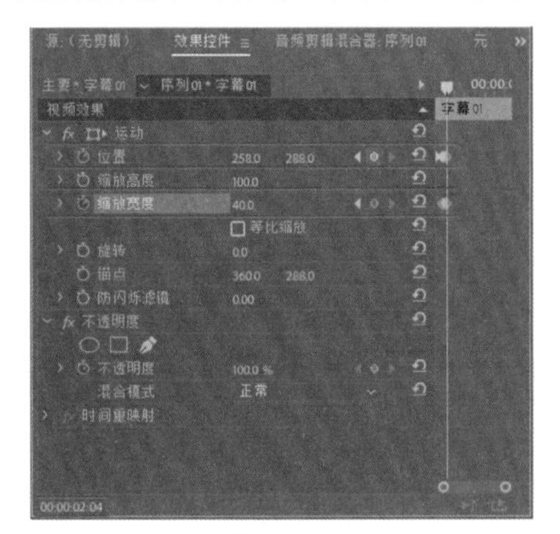

图 4-102

13 在“效果控件”面板中，设置时间为 00:00:02:08，调整“位置”参数为 365、288，“缩放宽度”参数为 110，如图 4-103 所示。

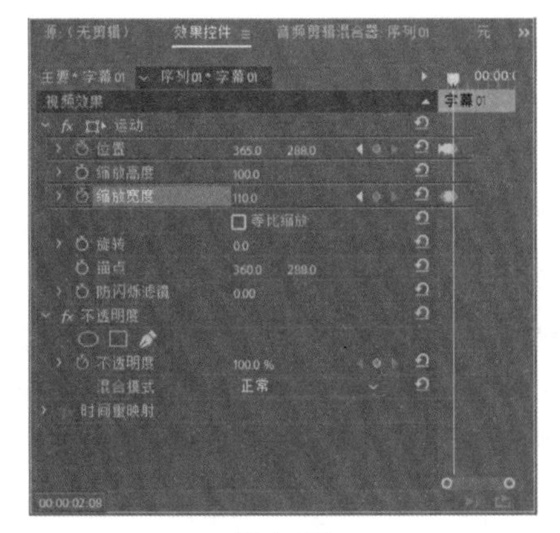

图 4-103

14 在“效果控件”面板中，设置时间为 00:00:02:12，调整“位置”参数为 288、288，“缩放宽度”参数为 60，如图 4-104 所示。

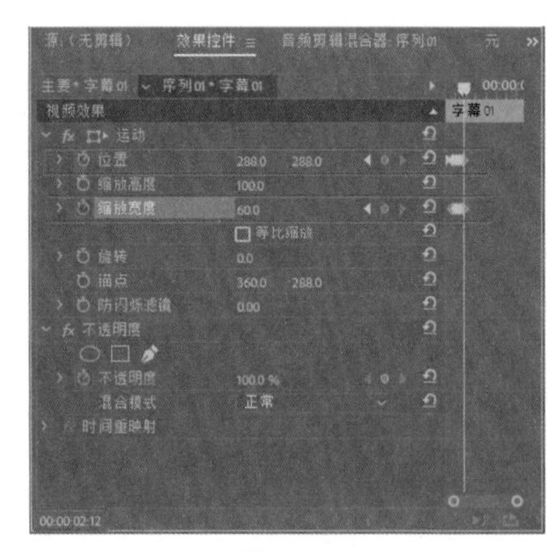

图 4-104

15 在“效果控件”面板中，设置时间为 00:00:02:16，调整“位置”参数为 350、288，“缩放宽度”参数为 100，如图 4-105 所示。

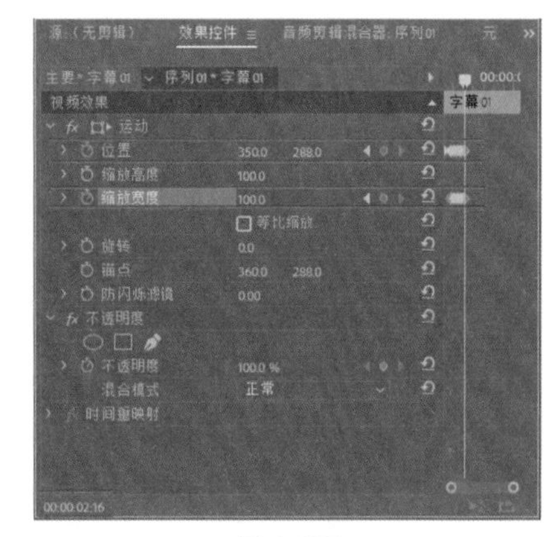

图 4-105

16 在“效果控件”面板中，设置时间为 00:00:04:21，选中“等比缩放”选项框，单击“缩放”参数前的“切换动画”按钮，添加关键帧，如图 4-106 所示。

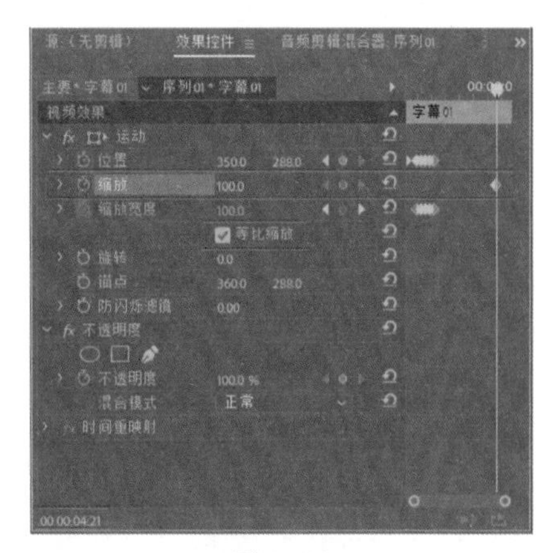

图 4-106

17 在“效果控件”面板中，设置时间为 00:00:05:09，调整“缩放”参数为 0，系统将会自动添加关键帧，如

图 4-107 所示。

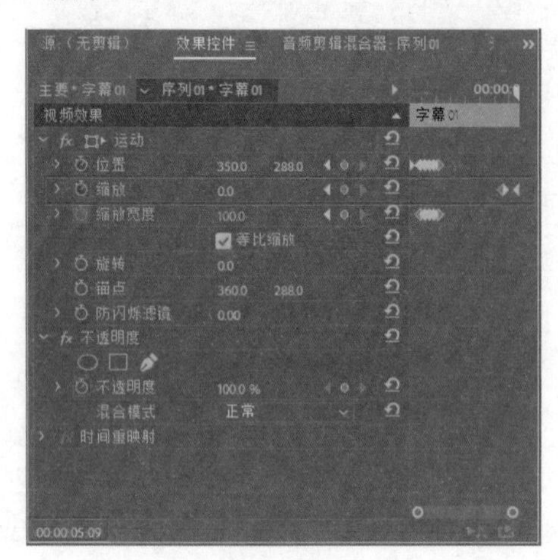

图 4-107

18 移动时间标记到 00:00:05:18 位置，在素材库中选择 6693.jpg、6742.jpg、6858.jpg、6737.jpg 和 6852.jpg 文件，依次将其拖至 V2 轨道中，放置在时间线后，使素材连续，如图 4-108 所示，并统一设置“持续时间”为 5 秒。

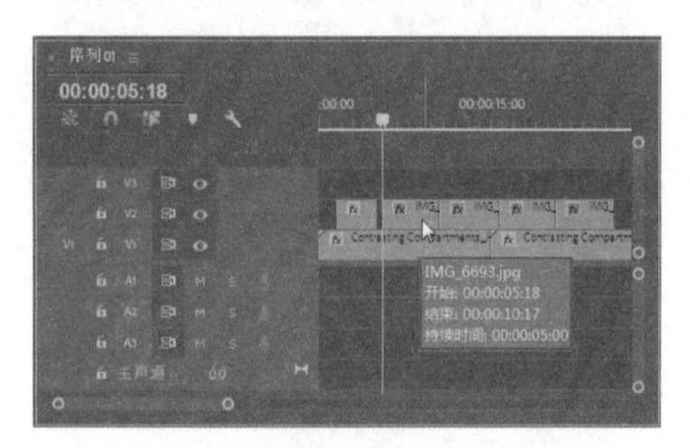

图 4-108

19 选择“序列”面板中的 6693.jpg 文件，进入其“效果控件”面板，将“缩放”参数设置为 0，并单击参数前的“切换动画”按钮，如图 4-109 所示。

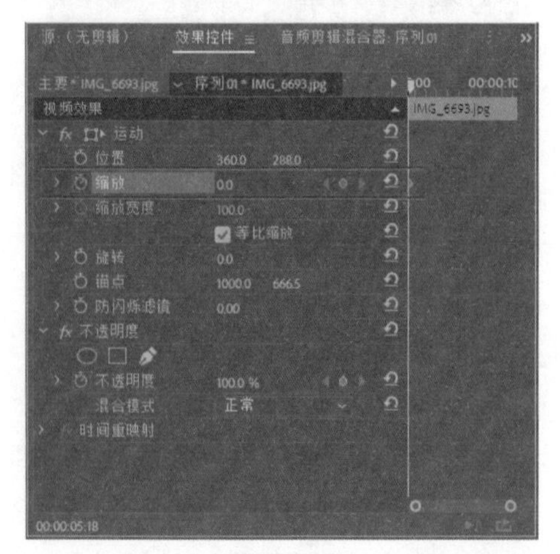

图 4-109

20 在“效果控件”面板中，设置时间为 00:00:06:06，调整“缩放”参数为 30，系统将会自动添加关键帧，如图 4-110 所示。

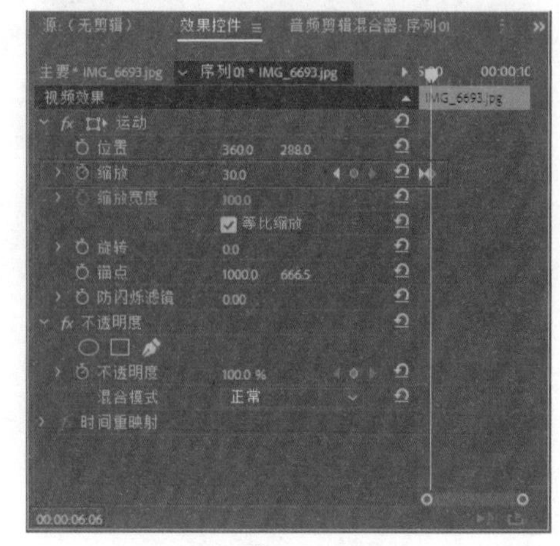

图 4-110

21 分别单击剩下的 4 个图片素材，进入“效果控件”面板将“缩放”参数调整为 30。

22 进入“效果”面板，单击“缩放”文件夹中的“交叉缩放”转场，将其拖至 6693.jpg 和 6742.jpg 文件之间，如图 4-111 所示。

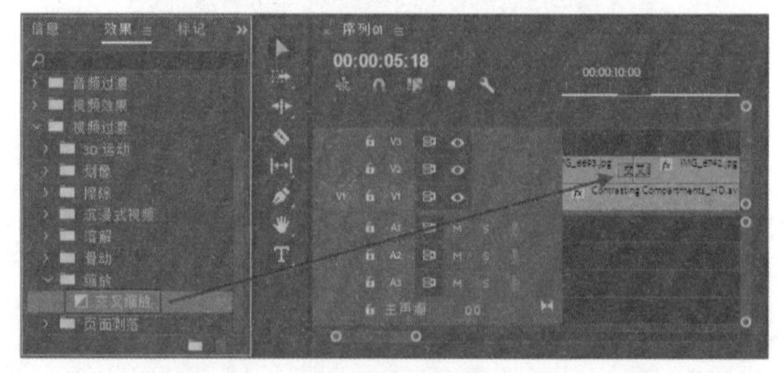

图 4-111

23 进入“效果”面板，选择“滑动”文件夹中的“带状滑动”转场，将其拖至 6742.jpg 和 6858.jpg 文件之间，如图 4-112 所示。

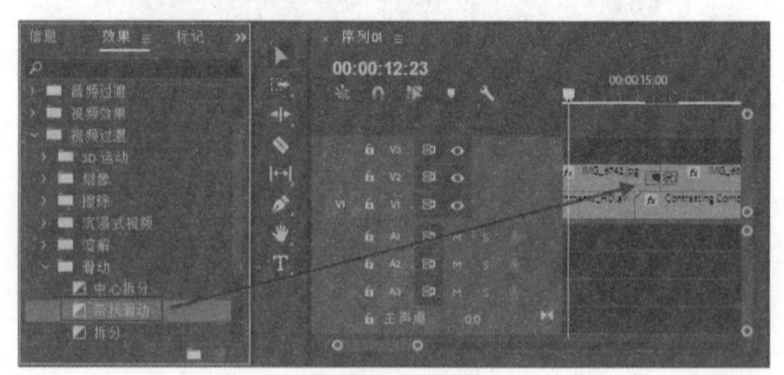

图 4-112

24 进入“效果”面板，选择“滑动”文件夹中的“推”转场，将其拖至 6858.jpg 和 6737.jpg 文件之间，如图 4-113

所示。

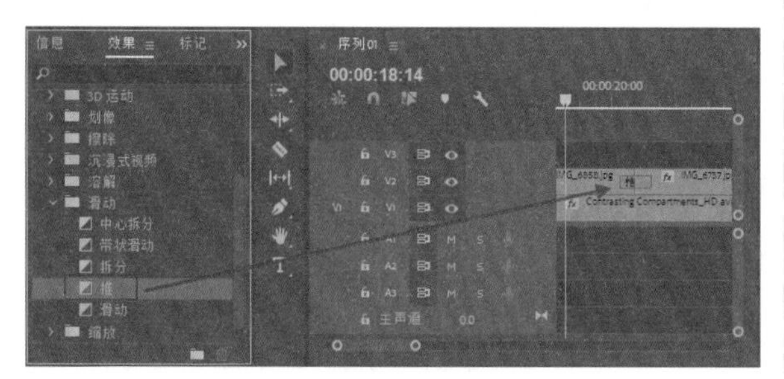

图 4-113

25 进入“效果”面板，选择“缩放”文件夹中的“交叉缩放”转场，将其拖至 6737.jpg 和 6852.jpg 文件之间，如图 4-114 所示。

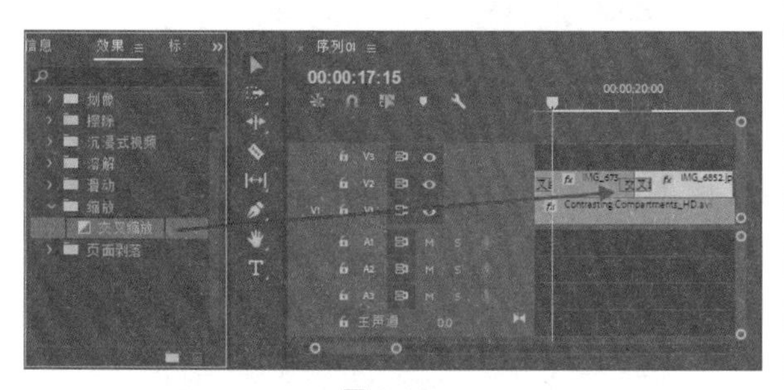

图 4-114

26 在素材库中选择 6681.jpg 文件，将其拖至 V2 轨道的 00:00:30:18 位置，打开“效果控件”面板，设置“缩放”参数为 25，如图 4-115 所示，然后设置其“持续时间”为 5 秒。

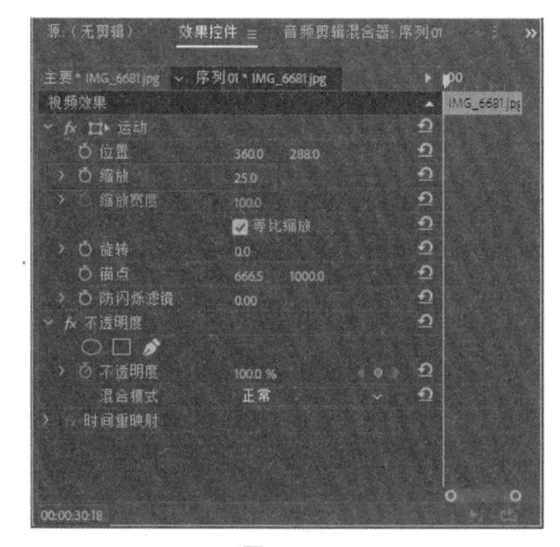

图 4-115

27 在“效果控件”面板中，设置时间为 00:00:33:01，单击“位置”前的“切换动画”按钮，添加关键帧，如图 4-116 所示。

28 在“效果控件”面板中，设置时间为 00:00:34:06，调整“位置”参数为 209、288，如图 4-117 所示。

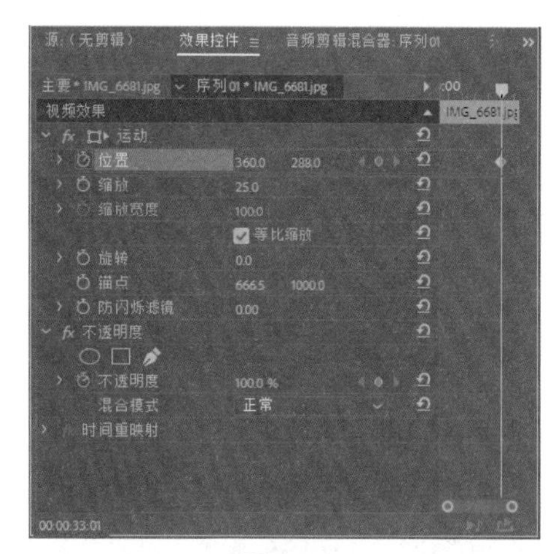

图 4-116

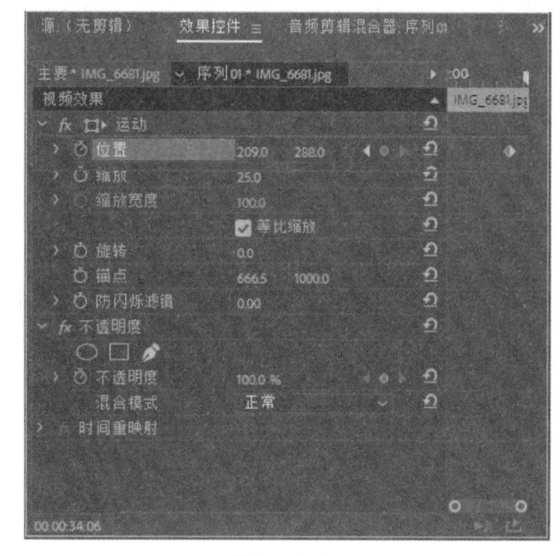

图 4-117

29 打开“效果”面板，打开“视频过渡”文件夹，选择“页面剥落”文件夹中的“页面剥落”转场，将其拖至 6852.jpg 和 6681.jpg 之间，如图 4-118 所示。

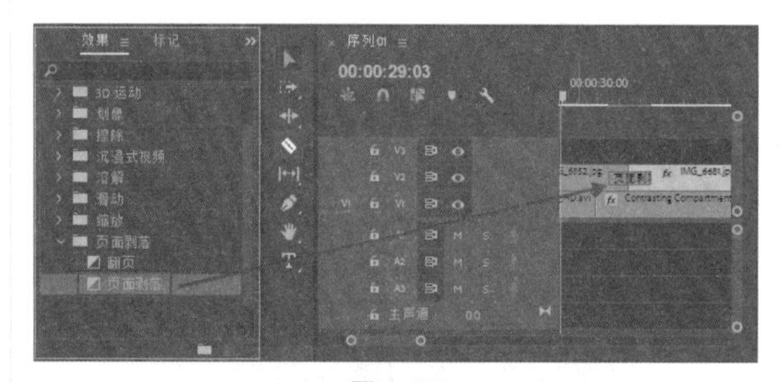

图 4-118

30 在素材库中选择 6692.jpg 文件，将其拖至 V3 轨道中，设置开始时间为 00:00:33:01，并设置“缩放”参数为 25，如图 4-119 所示，然后设置其持续时间为 5 秒。

31 打开“效果控件”面板，设置时间为 00:00:33:01，单击位置左侧的“切换动画”按钮，设置“位置”参数为 835、288，如图 4-120 所示。

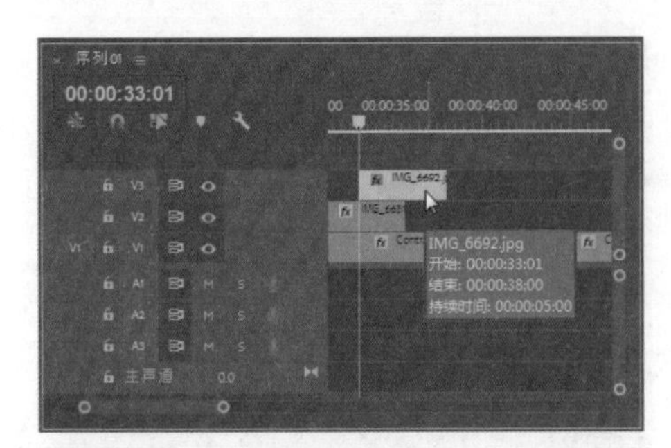

图 4-119

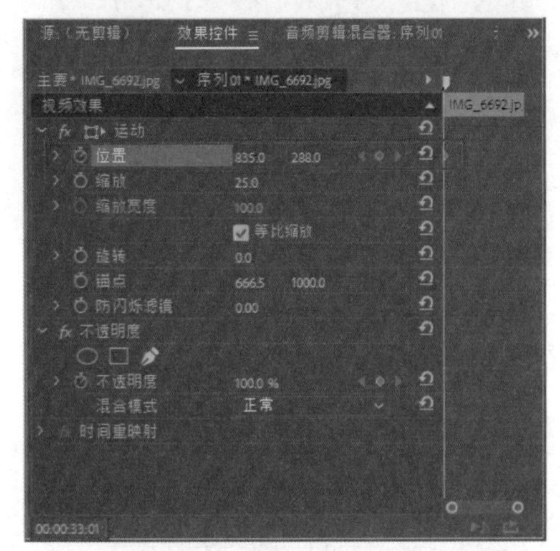

图 4-120

32 在“效果控件”面板中，设置时间为 00:00:34:06，设置“位置”参数为 518、288，如图 4-121 所示。

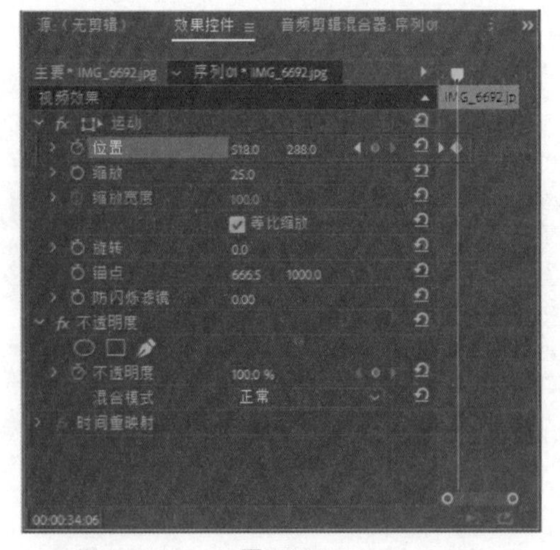

图 4-121

33 在素材库中选择 6731.jpg 文件，将其拖至 V2 轨道中，设置开始时间为 00:00:35:18，修改持续时间为 5 秒。打开“效果”面板，打开“视频过渡”文件夹，选择“溶解”文件夹中的“交叉溶解”转场，将其拖至 6681.jpg 和 6731.jpg 之间，如图 4-122 所示。

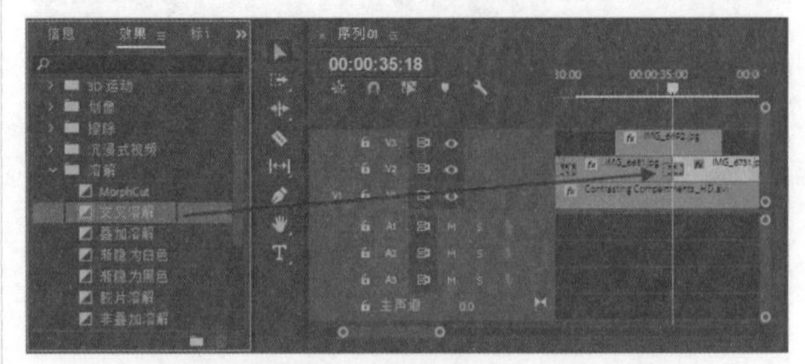

图 4-122

34 选择“时间轴”面板中的 6731.jpg 文件，设置其“位置”参数为 209、288，“缩放”参数为 25，如图 4-123 所示。

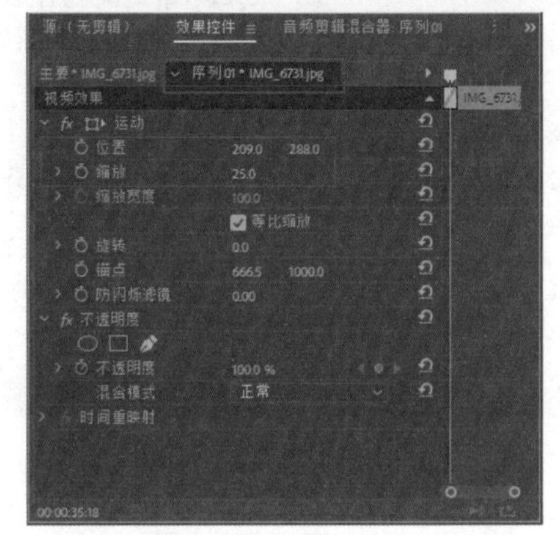

图 4-123

35 在素材库中选择 6695.jpg 文件，将其拖至 V3 轨道中，设置开始时间为 00:00:38:01，并修改其持续时间为 5 秒。打开“效果”面板，打开“视频过渡”文件夹，选择“溶解”文件夹中的“胶片溶解”转场，将其拖至 6692.jpg 和 6695.jpg 之间，如图 4-124 所示。

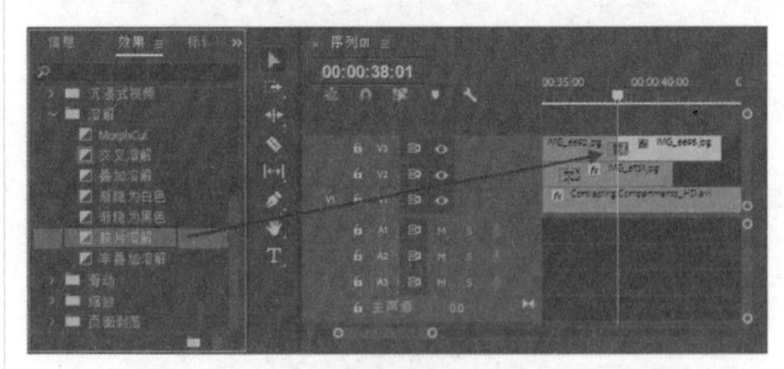

图 4-124

36 选择“时间轴”面板中的 6695.jpg 文件，打开“效果控件”面板，设置“位置”参数为 518、288，“缩放”参数为 25，如图 4-125 所示。

37 在素材库中选择 6868.jpg 文件，将其拖至 V2 轨道中，设置开始时间为 00:00:40:18，并修改其持续时间为 5 秒。打开“效果”面板，打开“视频过渡”文件夹，选择“溶解”文件夹中的“交叉溶解”转场，将其拖至 6731.jpg 和 6868.jpg 之间，如图 4-126 所示。

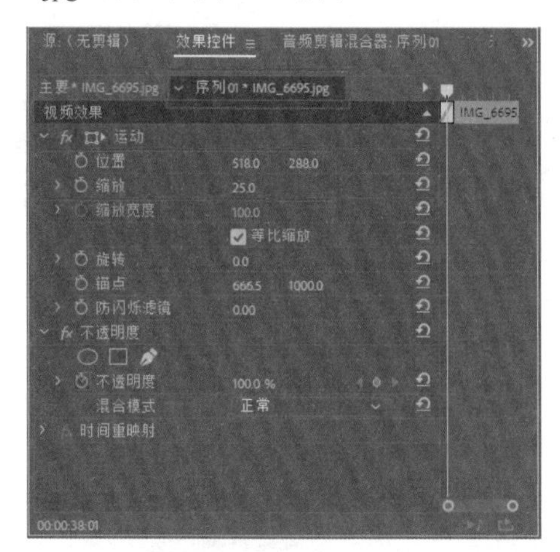

图 4-125

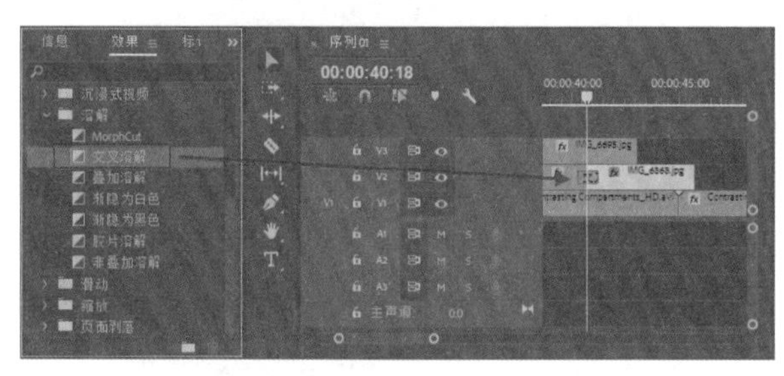

图 4-126

38 选择“时间轴”面板中的 6868.jpg 文件，打开“效果控件”面板，设置“位置”参数为 209、288，“缩放”参数为 25，如图 4-127 所示。

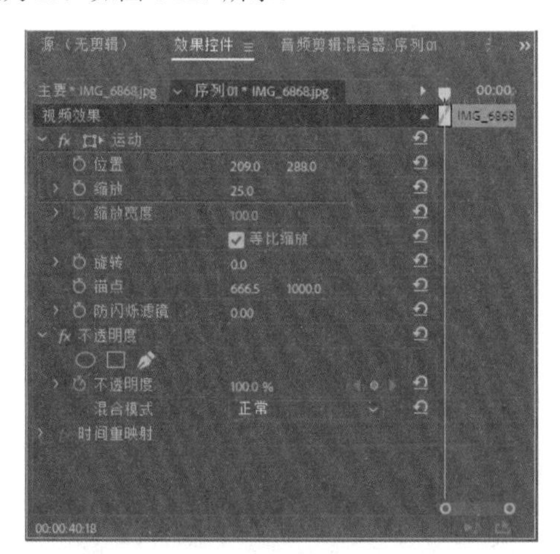

图 4-127

39 在素材库中选择 6912.jpg 文件，将其拖至 V3 轨道中，设置开始时间为 00:00:43:01，并修改其持续时间为 00:00:05:21。打开“效果”面板，打开“视频过渡”文件夹，选择“溶解”文件夹中的“胶片溶解”转场，将其拖至 6695.jpg 和 6912.jpg 之间，如图 4-128 所示。

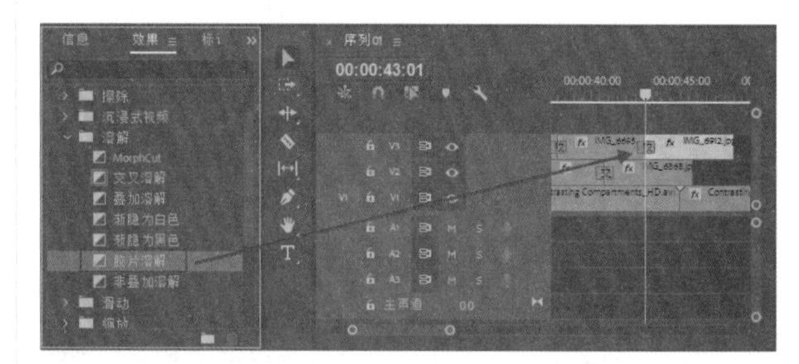

图 4-128

40 在“效果”面板中，打开“视频过渡”文件夹，选择“滑动”文件夹中的“推”转场，将其拖至 6912.jpg 文件的结束处，如图 4-129 所示。

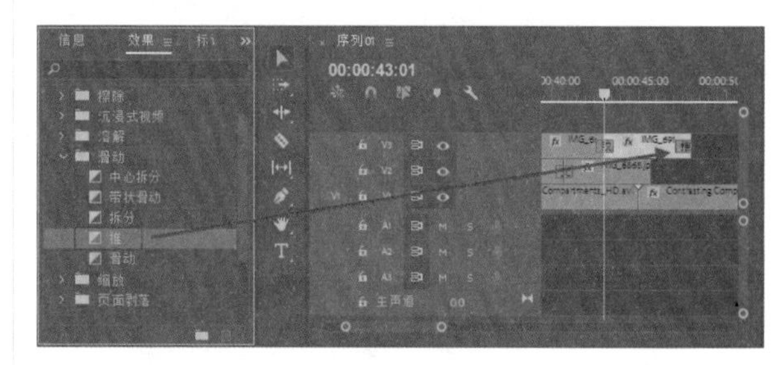

图 4-129

41 选择“时间轴”面板中的 6912.jpg 文件，打开“效果控件”面板，设置“位置”参数为 518、288，“缩放”参数为 25，如图 4-130 所示。

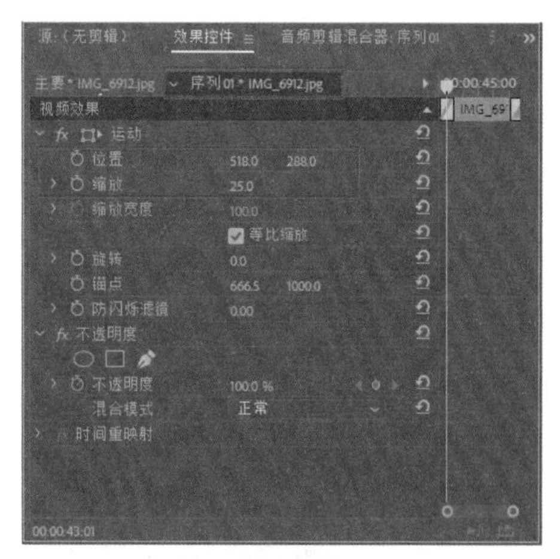

图 4-130

42 在素材库中选择 6978.jpg 文件，将其拖至 V2 轨道中，设置开始时间为 00:00:45:18，并设置其持续时间为 5 秒。打开“效果”面板，打开“视频过渡”文件夹，选择“溶解”文件夹中的“交叉溶解”转场，将其拖至 6868.jpg 和 6978.jpg 之间，如图 4-131 所示。

43 选择“时间轴”面板中的 6978.jpg 文件，打开“效果控件”面板，设置时间为 00:00:49:12，单击“位置”

和“缩放”前的“切换动画”按钮，设置“位置”参数为 209、288，“缩放”参数为 25，如图 4-132 所示。

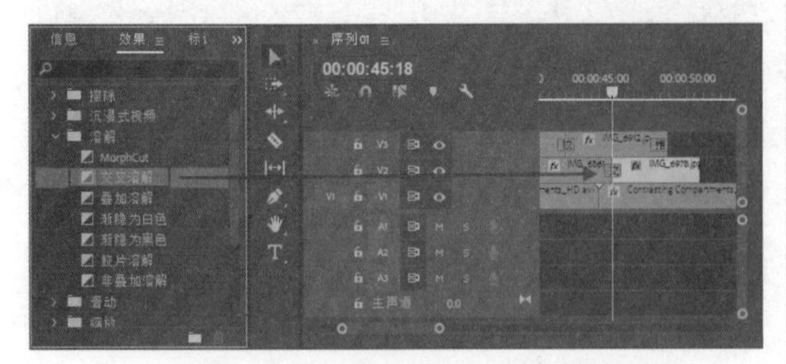

图 4-131

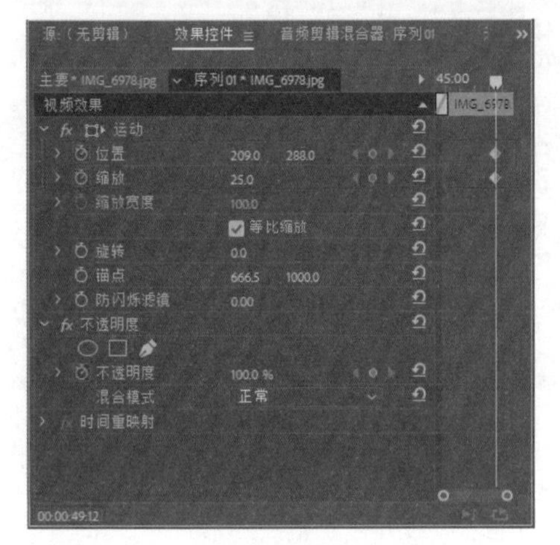

图 4-132

44 设置时间为 00:00:50:06，设置“位置”参数为 360、288，“缩放”参数为 35，如图 4-133 所示。

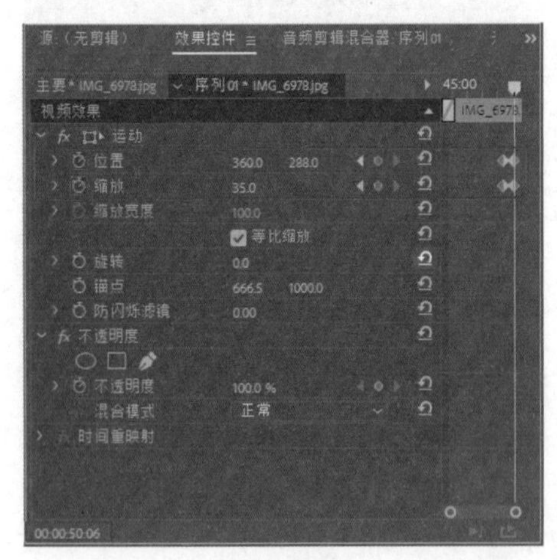

图 4-133

45 在素材库中选择 6996.jpg 文件，将其拖至 V2 轨道中，设置开始时间为 00:00:50:18，并修改其持续时间为 5 秒。打开“效果”面板，打开“视频过渡”文件夹，选择“缩放”文件夹中的“交叉缩放”转场，将其拖至 6978.jpg 和 6996.jpg 之间，如图 4-134 所示。

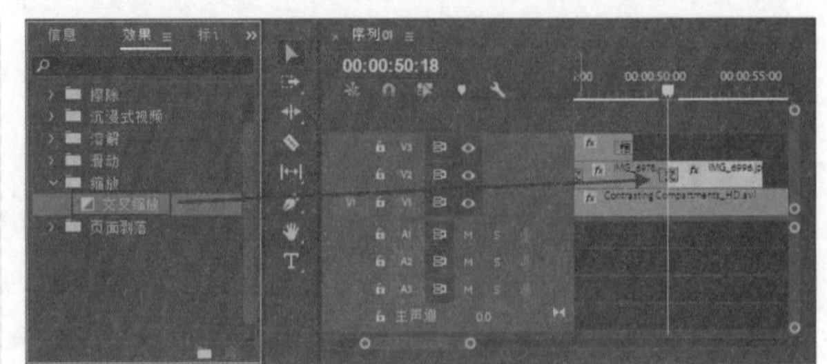

图 4-134

46 选择“时间轴”面板中的 6996.jpg 文件，打开“效果控件”面板，设置“缩放”参数为 80，然后设置时间为 00:00:51:05，单击“位置”前的“切换动画”按钮，设置“位置”参数为 360、288，如图 4-135 所示。

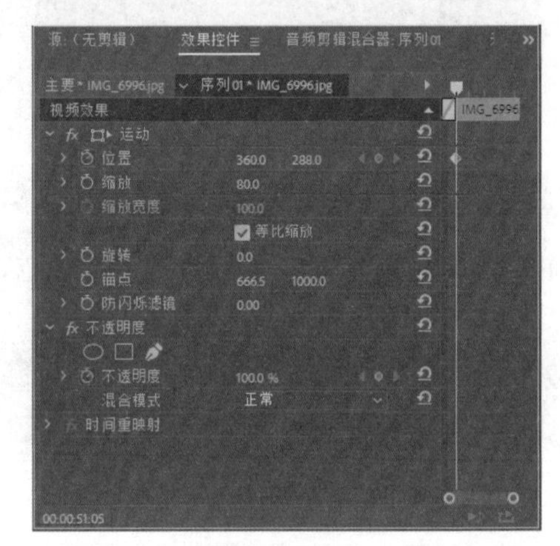

图 4-135

47 设置时间为 00:00:55:06，设置“位置”参数为 360、687，如图 4-136 所示。

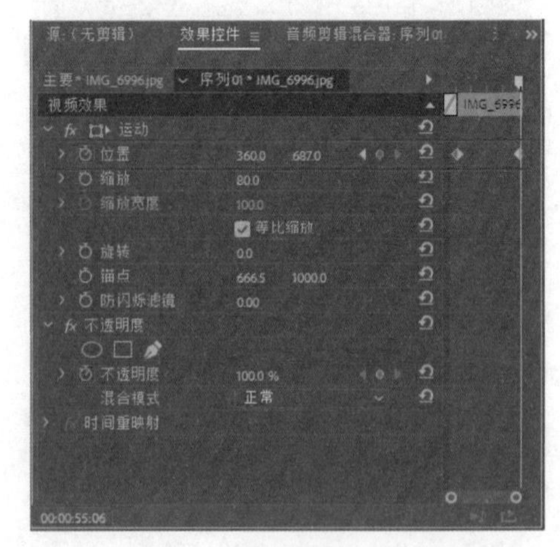

图 4-136

48 在素材库中选择 6998.jpg 文件，将其拖至 V2 轨道中，设置开始时间为 00:00:55:18，并修改其持续时间为 5 秒。打开“效果”面板，打开“视频过渡”文件夹，选择“划像”

文件夹中的“圆划像”转场，将其拖至 6996.jpg 和 6998.jpg 之间，如图 4-137 所示。

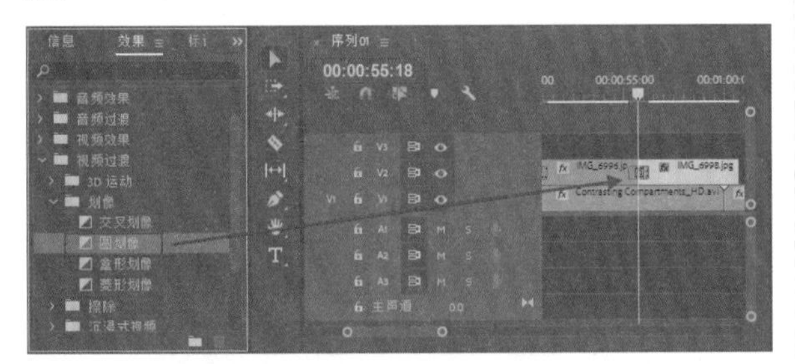

图 4-137

49 选择“时间轴”面板中的 6998.jpg 文件，打开“效果控件”面板，设置时间为 00:00:55:18，设置“缩放”参数为 50，并单击参数前的“切换动画”按钮设置关键帧，如图 4-138 所示。

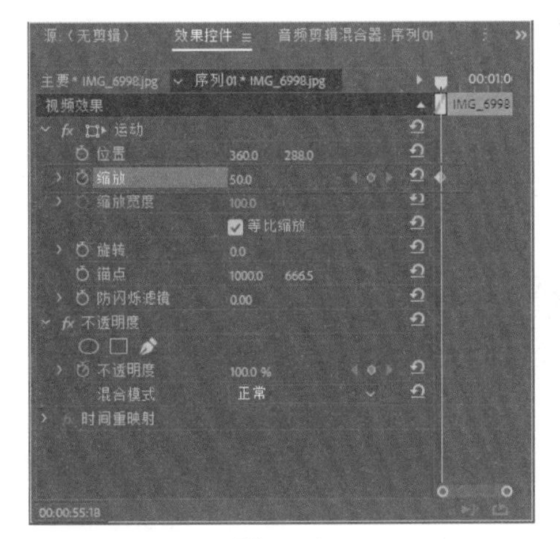

图 4-138

50 设置时间为 00:00:59:14，设置“缩放”参数为 80，如图 4-139 所示。

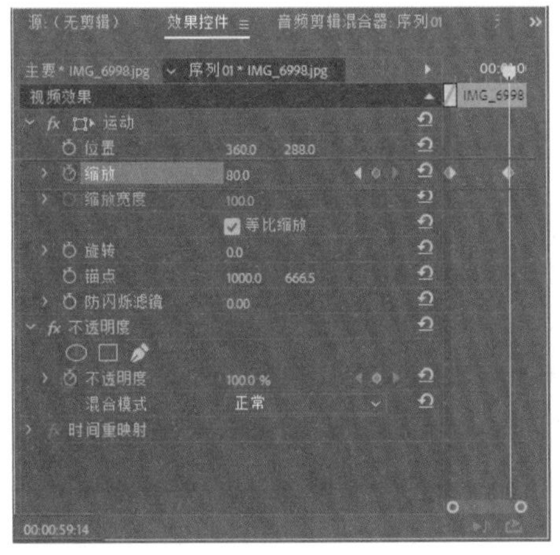

图 4-139

51 在素材库中选择 6931.jpg 文件，将其拖至 V2 轨道中，设置开始时间为 00:01:00:18，并修改其持续时间为 5 秒。打开“效果”面板，打开“视频过渡”文件夹，选择“划像”文件夹中的“交叉划像”转场，将其拖至 6998.jpg 和 6931.jpg 之间，如图 4-140 所示。

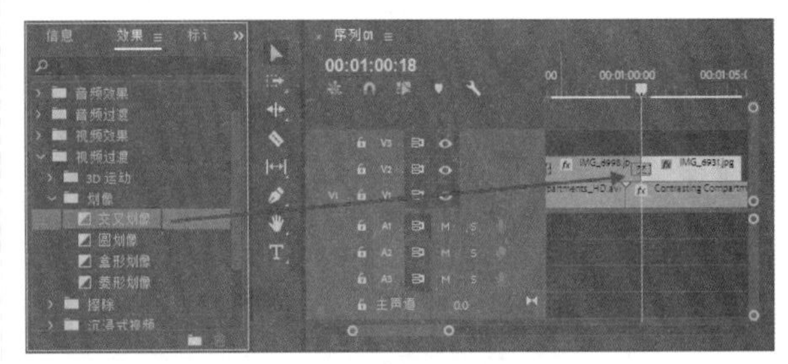

图 4-140

52 选择“时间轴”面板中的 6931.jpg 文件，打开“效果控件”面板，设置时间为 00:01:00:18，单击“缩放”前的“切换动画”按钮添加关键帧，如图 4-141 所示。

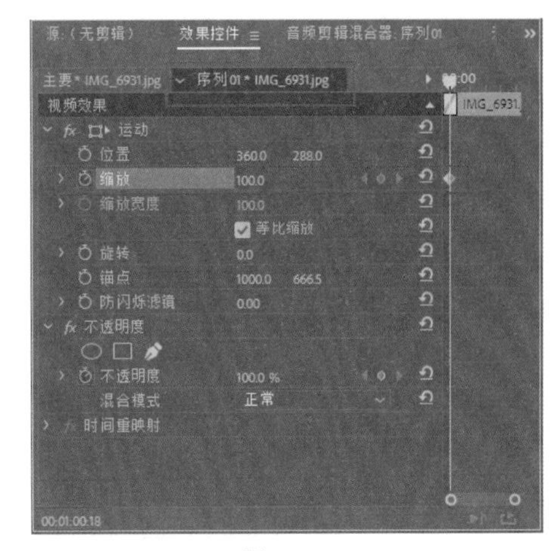

图 4-141

53 设置时间为 00:01:03:24，设置“缩放”参数为 60，如图 4-142 所示。

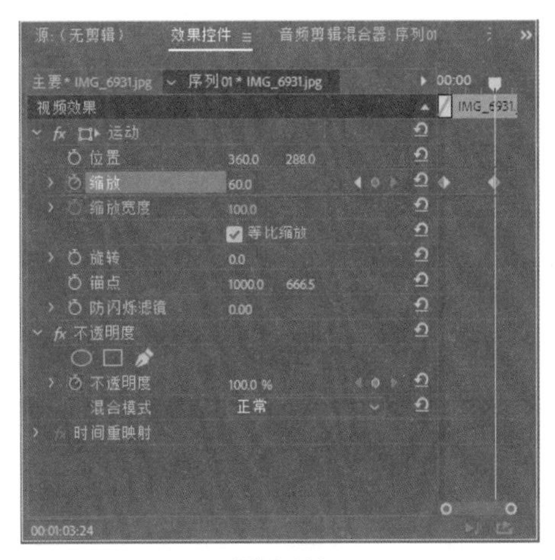

图 4-142

54 在素材库中选择6841.jpg文件，将其拖至V2轨道中，设置开始时间为00:01:05:18，并修改其持续时间为5秒。打开“效果”面板，打开“视频过渡”文件夹，选择“划像”文件夹中的“菱形划像”转场，将其拖至6931.jpg和6841.jpg之间，如图4-143所示。

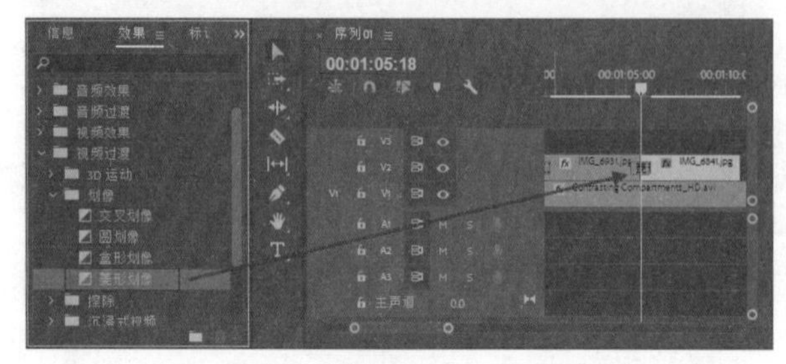

图4-143

55 选择“时间轴”面板中的6841.jpg文件，打开“效果控件”面板，设置时间为00:01:06:06，单击“位置”和“缩放”前的“切换动画”按钮，设置“位置”参数为360、638，“缩放”参数为80，如图4-144所示。

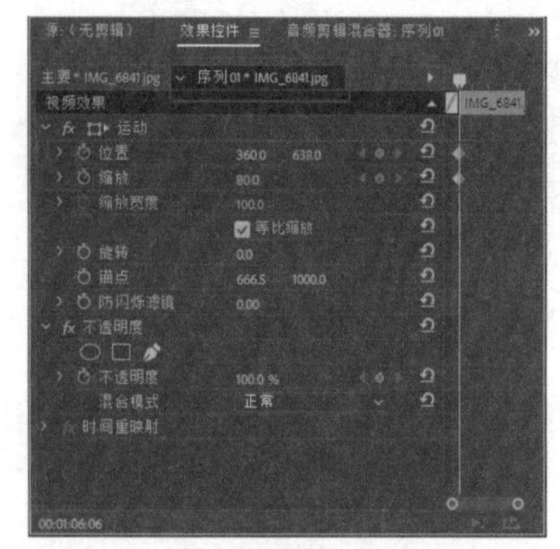

图4-144

56 设置时间为00:01:09:05，设置“位置”参数为360、884，“缩放”参数为100，如图4-145所示。

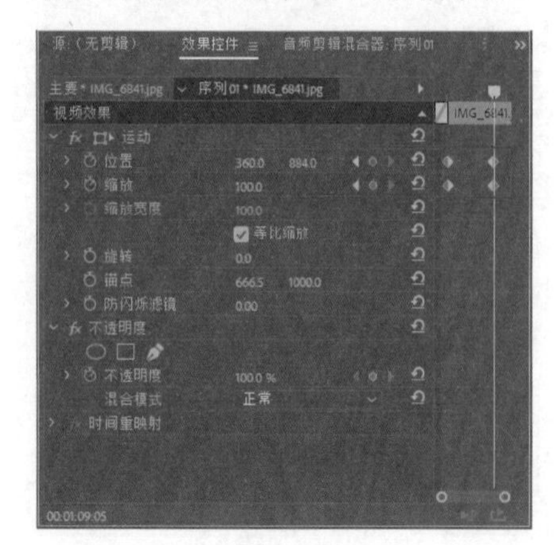

图4-145

57 执行“文件”|“新建”|“旧版标题”命令，弹出“新建字幕”对话框，单击“确定”按钮，如图4-146所示。

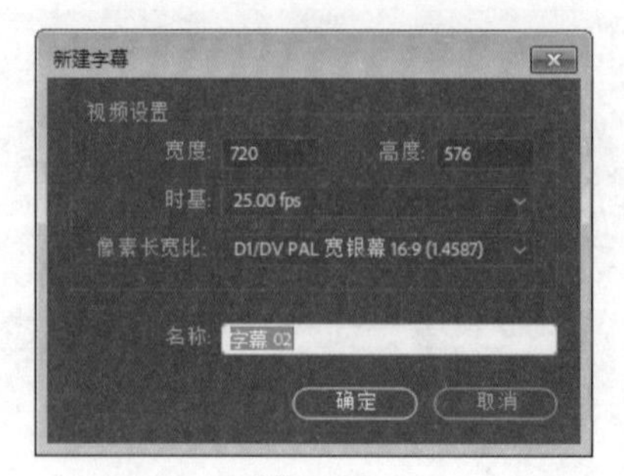

图4-146

58 弹出“字幕编辑框”，输入字幕，设置字体、颜色、大小及阴影等参数，具体如图4-147所示（这里字体选择的是“方正舒体”，颜色RGB参数为240、84、209）。

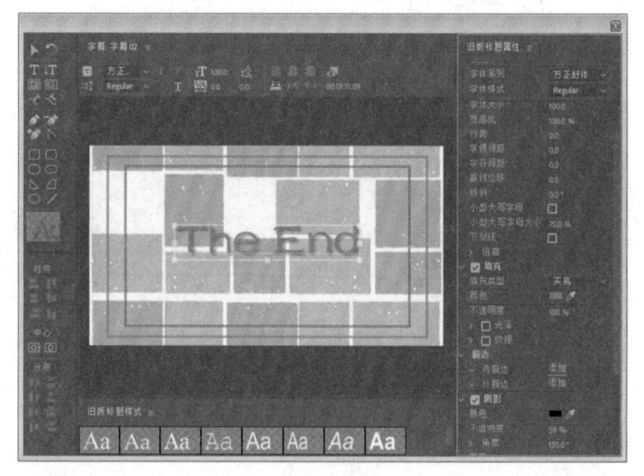

图4-147

59 在素材库中选择“字幕02”，将其拖至V2轨道中，设置开始时间为00:01:10:18，并修改其持续时间为00:00:04:06。打开“效果”面板，打开“视频过渡”文件夹，选择“页面剥落”文件夹中的“页面剥落”转场，将其拖至6841.jpg和字幕02之间，如图4-148所示。

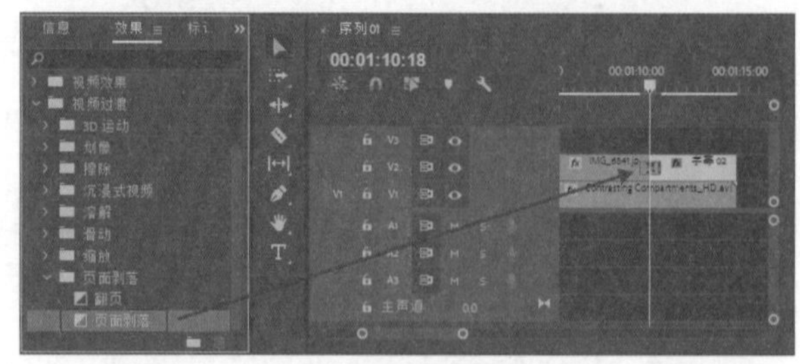

图4-148

60 选择拖入的“页面剥落”转场，双击，弹出“设置过渡持续时间”对话框，设置“持续时间”为2秒，单击“确定”按钮，如图 4-149 所示。

图 4-149

61 在素材库中选择 Your Smile.mp3 文件，将其拖至 A1 轨道中，并设置开始时间为 00:00:00:00，用“剃刀工具”将超出视频的部分音频剪掉并删除，如图 4-150 所示。

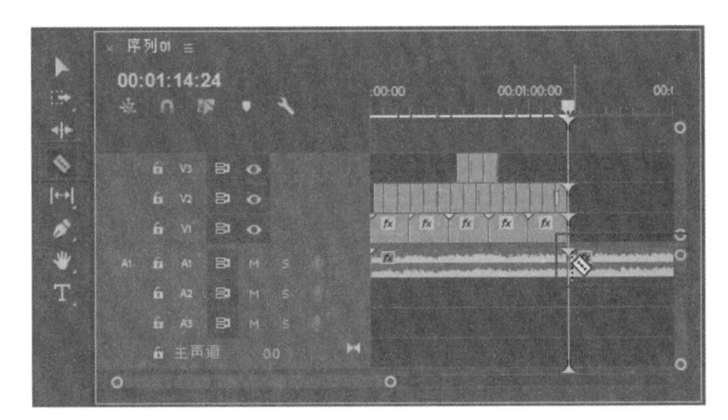

图 4-150

62 打开“效果”面板，打开“音频过渡”文件夹，选择“交叉淡化”文件夹中的“恒定功率”音频转场，将其拖至 Your Smile.mp3 的结束位置，如图 4-151 所示。

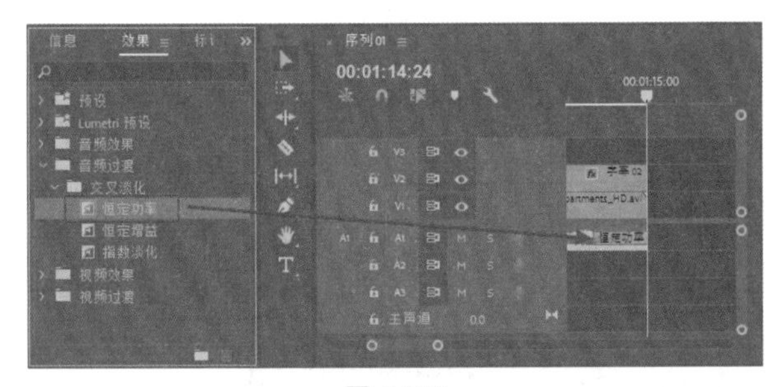

图 4-151

63 按 Enter 键渲染影片，渲染完成后预览最终效果，如图 4-152 所示。

图 4-152

4.4　本章小结

本章主要介绍了视频转场特效的添加与应用方法，以及各个转场特效的特点，并通过多个实例来使读者熟练掌握转场特效的应用。这些特效可以节省用户制作镜头过渡效果的时间，极大地提高了用户的工作效率。在编辑影片时，用户可以非常方便地在两个视频素材衔接处添加转场特效，使影片的过渡自然，更有吸引力。

字幕效果的制作与应用

文字效果是影视编辑处理软件的一项基本功能，字幕处理可以帮助影片更完整地展现相关内容信息外，还可以起到美化画面、表现创意的作用。Premiere Pro CC 2018 的字幕设计功能提供了制作视频作品所需的所有字幕特性，而且无须脱离 Premiere Pro 环境就能实现。

第 5 章素材文件

第 5 章视频文件

5.1　创建字幕素材

在 Premiere Pro CC 2018 中，可以通过创建字幕剪辑制作需要添加到影片中的文字信息。

5.1.1　新建字幕

Premiere Pro CC 2018 创建字幕有多种方式。

1. 通过“旧版标题”选项创建字幕

Premiere Pro CC 2018 在字幕工具上做了很大的改变，该版本取消了界面顶部菜单栏中单独的“字幕”菜单，用户如果需要按旧版模式创建字幕，需执行“文件”|“新建”|“旧版标题”命令，如图 5-1 所示，弹出“新建字幕”对话框，设置字幕名称，单击“确定”按钮，如图 5-2 所示，即可打开一个“字幕编辑器”面板进行字幕编辑。

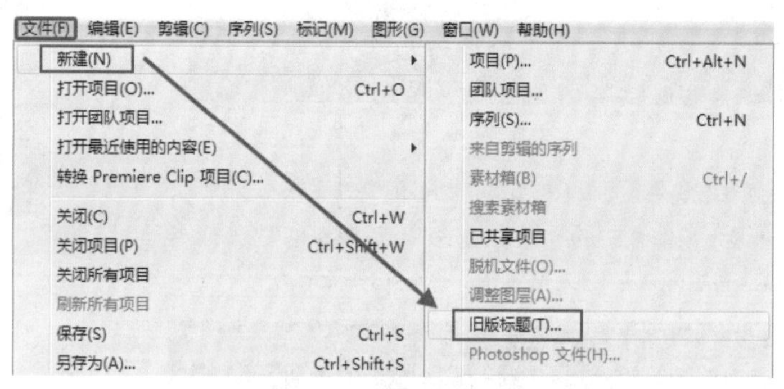

图 5-1

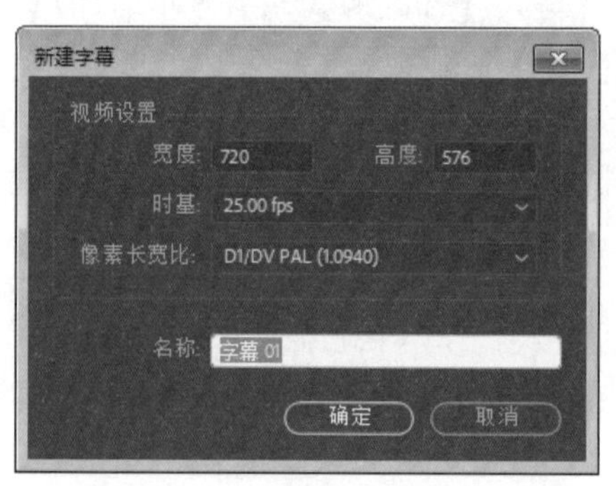

图 5-2

2. 创建隐藏式字幕

CC 字幕即 Closed Caption 字幕的简称，指的是“隐藏式字幕”。

启动 Premiere Pro CC 2018，执行“文件”|“新建”|“字幕”命令，弹出“新建字幕”对话框，如图 5-3 所示。用户可以在该对话框中自行选择字幕类型，并进行参数设置，单击“确定”按钮，即可打开一个新的“字幕编辑器”面板。

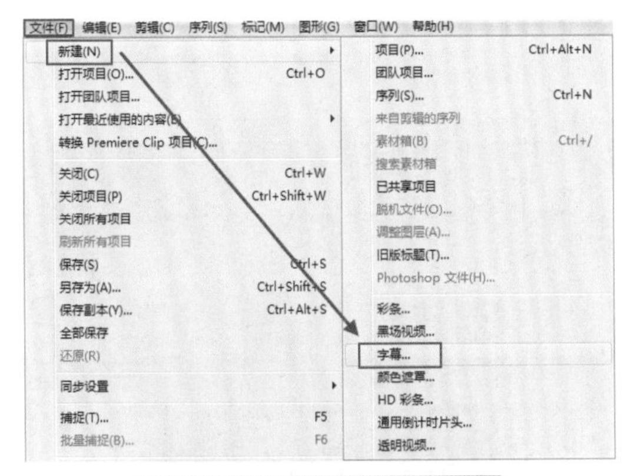

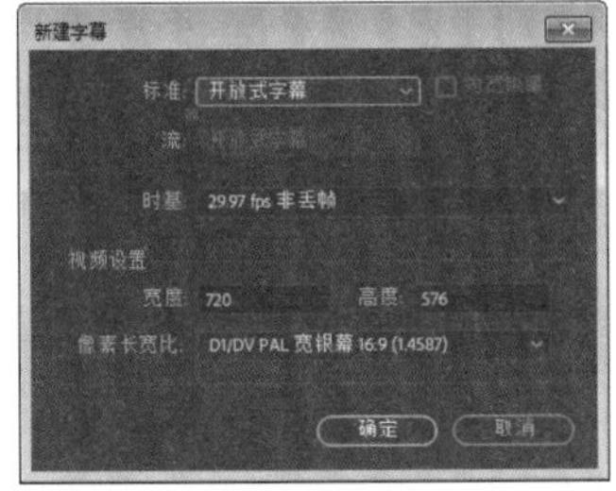

图 5-3

下面对该“新建字幕”对话框中的个别参数进行介绍。

✦ 标准：用户可以展开该项目后的下拉列表选择字幕类型。

✦ CEA-608：由美国电子工业协会（EIA）制定，规定了 PAL/NTSC 模拟电视上 Line21 行所包含的 caption 信息。字幕在 line21 行一个肉眼看不见的视频数据区域传输，采用固定带宽 960 bit/s。在数字电视取代模拟电视的浪潮中，EIA-608 所扮演的角色已经越来越不重要了。在 ATSC 标准中，使用 EIA-708（CEA-708）字幕标准。

✦ CEA-708：由美国电子工业协会制定，在美国和加拿大是 ATSC 数字电视的 CC 字幕标准。Premiere Pro CC 2018 支持导入和导出 CEA-708 字幕。CEA-708 隐藏字幕文件可导出为带 .mcc 或 .xml 文件名格式的 sidecar 文件，也可以在 mxf op1a 文件中的 smpte 436m 辅助数据轨道内嵌入 CEA-708 字幕。

✦ 图文电视：是 20 世纪 70 年代在英国发展起来的一种信息广播系统，它主要利用电视信号场消隐期（VBI）中的某几行（也可以占用电视信号的全部有效行）传送图文和数据信息。

✦ 开放式字幕：字幕与视频是分离的，专门针对电视行业、下载资源领域设计。

3. 通过“新建项”按钮创建字幕

启动 Premiere Pro CC 2018，单击“项目”面板右下角的“新建项”按钮，在弹出的菜单中执行“字幕”命令，如图 5-4 所示。弹出“新建字幕”对话框，设置字幕名称，单击“确定”按钮，即可创建需要的字幕文件。

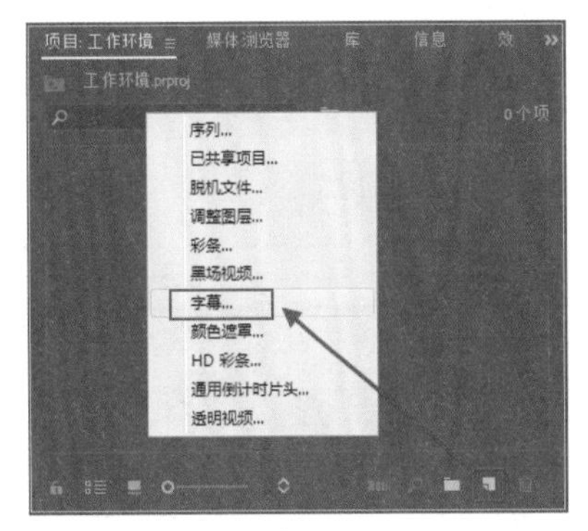

图 5-4

4. 在“项目”面板中创建字幕

启动 Premiere Pro CC 2018，在“项目”面板中右击，在弹出的快捷菜单中执行“新建项目”|“字幕”命令，如图 5-5 所示，即可打开“新建字幕”对话框，创建需要的字幕文件。

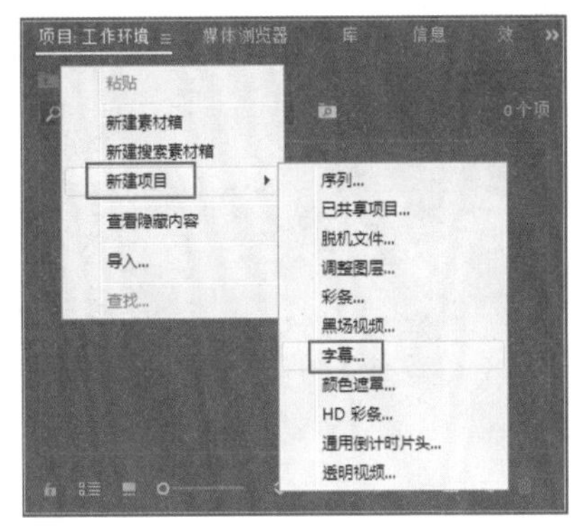

图 5-5

5.1.2 在“时间轴”面板中添加字幕

使用“选择工具”，将“项目”面板中的字幕文件拖至“时间轴”面板的视频轨中，在该面板中添加字幕，如图 5-6 所示。

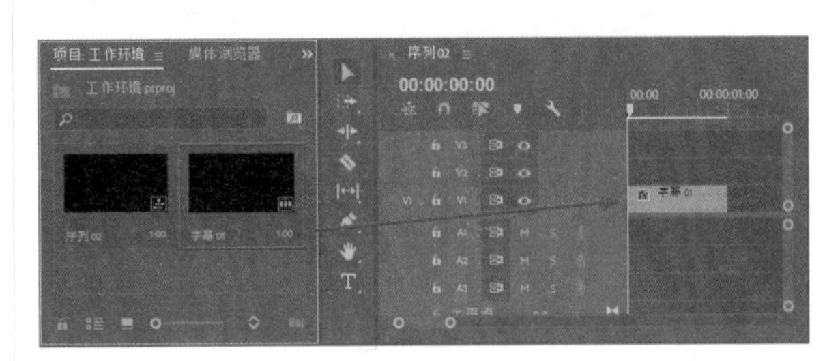

图 5-6

5.1.3 实战——为视频画面添加字幕

下面通过实例来具体介绍字幕的添加操作。

视频文件： 下载资源\视频\第5章\5.1.3 实战——为视频添加字幕.mp4

源 文 件： 下载资源\源文件\第5章\5.1.3

01 打开项目文件，在“项目”面板中选择图像素材，将其拖至“时间轴”面板中，如图5-7所示。

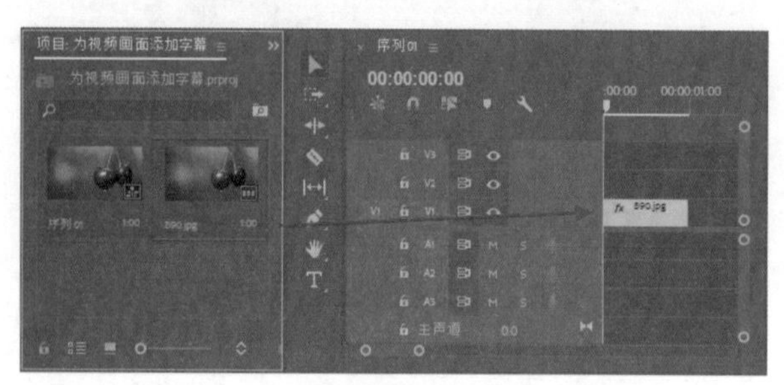

图 5-7

02 选择“时间轴”面板中的素材，打开“效果控件”面板，设置“位置”及“缩放”参数，如图5-8所示。

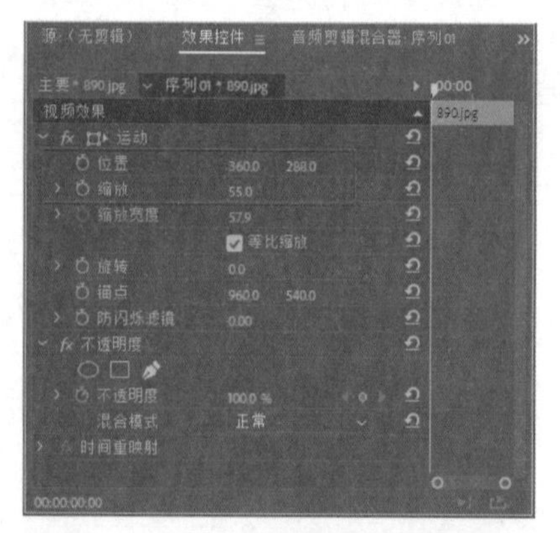

图 5-8

03 执行“文件”|“新建”|“旧版标题”命令，弹出“新建字幕”对话框，设置视频宽度和高度，单击“确定”按钮，如图5-9所示。

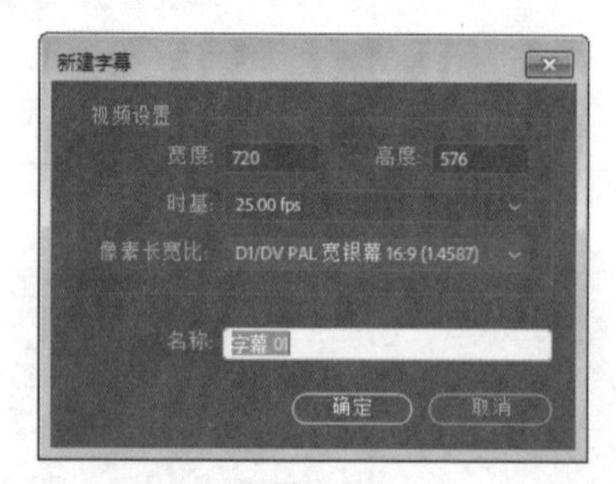

图 5-9

04 弹出“字幕编辑器”面板，输入字幕，设置字体和颜色参数，调整字幕的位置，如图5-10所示。设置完成后，单击右上角的“关闭”按钮（这里选择的字体是“华文彩云”，颜色RGB参数为159、20、40）。

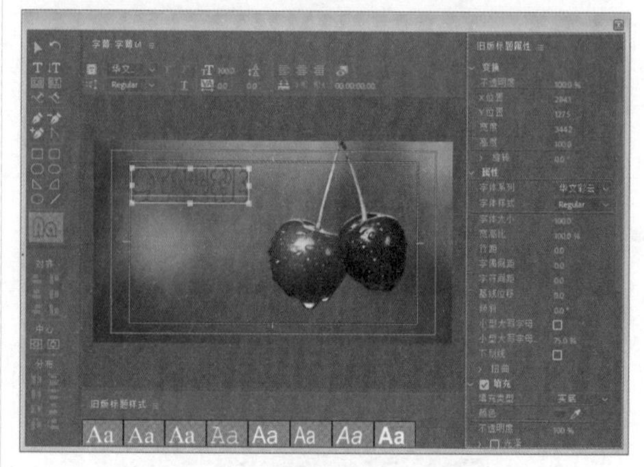

图 5-10

05 在“项目”面板中选择字幕素材，将其拖至“时间轴”面板中，如图5-11所示。

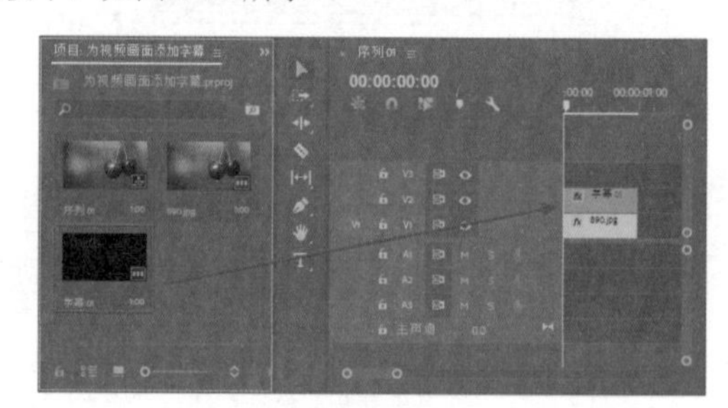

图 5-11

06 预览添加字幕前后的视频效果对比，如图5-12和图5-13所示。

图 5-12

图 5-13

技巧与提示：

新建字幕时，可以设置字幕的“宽”“高”“纵横比”等参数，一般情况下使用默认设置。

5.2 字幕编辑基础知识要点

本节简单介绍“字幕”面板和“字幕”菜单的内容和作用，方便读者更好地利用 Premiere Pro CC 2018 进行影视后期的编辑与处理操作。

5.2.1 “字幕编辑器”面板简介

执行“创建字幕”命令后，即可打开“字幕编辑器”面板，如图 5-14 所示。

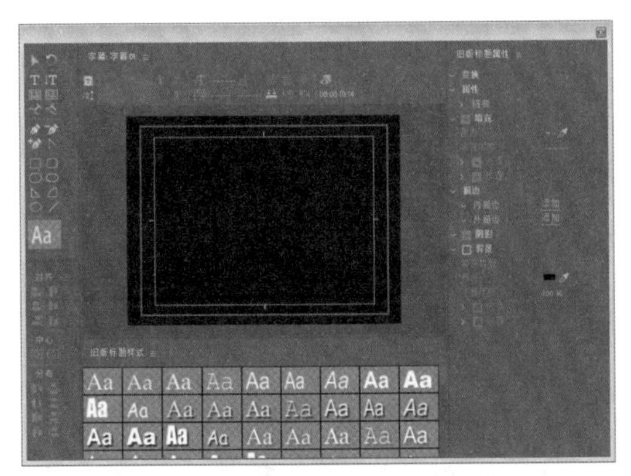

图 5-14

1. 字幕工具

字幕工具可以用来在“字幕编辑器”面板中创建字幕文本、绘制简单几何图形，还可以定义文本的样式，如图 5-15 所示。

图 5-15

下面对主要工具进行介绍。

✦ 选择工具：用于在字幕编辑器中选择、移动、缩放文字对象或图像对象，配合 Shift 键，可以同时选择多个对象。

✦ 旋转工具：用于对文本或图形对象进行旋转操作。

✦ 文字工具：用于在“字幕编辑器”面板中输入水平方向的文字。

✦ 垂直文字工具：用于在“字幕编辑器”面板中输入垂直方向的文字。

✦ 区域文字工具：用于在“字幕编辑器”面板中输入水平方向的多行文本。

✦ 垂直区域文字工具：用于在“字幕编辑器”面板中输入垂直方向的多行文本。

✦ 路径文字：使用该工具可以创建出沿路径弯曲且平行于路径的文本。

✦ 垂直路径文字：使用该工具可以创建出沿路径弯曲且垂直于路径的文本。

✦ 钢笔工具：用于绘制和调整路径曲线。

✦ 添加锚点工具：用于在所选曲线路径或文本路径上增加锚点。

✦ 删除锚点工具：用于删除曲线路径和文本路径上的锚点。

✦ 转换锚点工具：使用该工具单击路径上的锚点，可以调整锚点。

✦ 矩形工具：用于在“字幕编辑器”面板中绘制矩形，按住 Shift 键，同时单击并拖动鼠标，可以绘制正方形。

✦ 圆角矩形工具：用于在“字幕编辑器”面板中绘制圆角矩形，方法和矩形工具相同。

✦ 切角矩形工具：用于在“字幕编辑器”面板中绘制切角矩形。

✦ 圆边矩形工具：用于在“字幕编辑器”面板中绘制边角为圆形的矩形。

✦ 楔形工具：用于在“字幕编辑器”面板中绘制三角形。

✦ 弧形工具：用于在“字幕编辑器”面板中绘制弧形。

✦ 椭圆形工具：用于在“字幕编辑器”面板中绘制椭圆形。

✦ 直线工具：用于在“字幕编辑器”面板中绘制直线线段。

> **技巧与提示：**
>
> 在编辑图形时，如果按住 Shift 键，可以保持图形的长宽比；按住 Alt 键，可以从图形的中心位置开始绘制。
>
> 使用“钢笔工具”创建图形时，路径上的控制点越多，图形的形状越精细，但过多的控制点不利于修改。建议控制点在不影响效果的情况下，尽可能减少。

2. 字幕动作区

字幕动作区主要用于对单个对象或者多个对象进行对齐、排列和分布的调整，如图 5-16 所示。

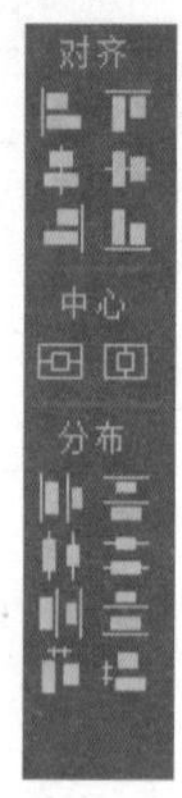

图 5-16

在“对齐”选项组中可以对全选的多个对象进行排列位置的对齐调整。

- ✦ 水平靠左：使所选对象在水平方向上靠左侧对齐。
- ✦ 垂直靠上：使所选对象在垂直方向上靠顶部对齐。
- ✦ 水平居中：使所选对象在水平方向上居中对齐。
- ✦ 垂直居中：使所选对象在垂直方向上居中对齐。
- ✦ 水平靠右：使所选对象在水平方向上靠右侧对齐。
- ✦ 垂直靠下：使所选对象在垂直方向上靠底部对齐。

在“中心”选项组中的控件可以调整对象的位置。

- ✦ 垂直居中：移动对象使其垂直居中。
- ✦ 水平居中：移动对象使其水平居中。

在“分布”组中的控件可以使选中的对象按一定的方式进行分布。

- ✦ 水平靠左：对多个对象进行水平方向上的左对齐分布，并且每个对象左侧缘之间的间距相同。
- ✦ 垂直靠上：对多个对象进行垂直方向上的顶部对齐分布，并且每个对象上边缘之间的间距相同。
- ✦ 水平居中：对多个对象进行水平方向上的居中均匀对齐分布。
- ✦ 垂直居中：对多个对象进行垂直方向上的居中均匀对齐分布。
- ✦ 水平靠右：对多个对象进行水平方向上的右对齐分布，并且每个对象右侧缘之间的间距相同。
- ✦ 垂直靠下：对多个对象进行垂直方向上的底部对齐分布，并且每个对象下边缘之间的间距相同。
- ✦ 水平等距间隔：对多个对象进行水平方向上的均匀分布对齐。
- ✦ 垂直等距间隔：对多个对象进行垂直方向上的均匀分布对齐。

3. 字幕操作区

字幕操作区包括效果设置按钮区域和字幕编辑器区域，如图 5-17 所示。

图 5-17

效果设置按钮用于新建字幕、设置字幕动画类型、设置文本字体、字号、字体样式、对齐方式等常用的字幕文本编辑。下面对这些按钮进行介绍。

- ✦ 基于当前字幕创建新字幕：用于创建新字幕，且新字幕中将保留与当前字幕相同的内容，以便在当前字幕内容的基础上编辑新的字幕效果。
- ✦ 滚动 / 游动：用于对字幕的类型和运动方式进行设置。
- ✦ Adobe... 字体：在下拉列表中可以选择需要的字体。
- ✦ R 样式：在下拉列表中可以选择需要的

文本样式。

✦ 粗体：单击该按钮，可以将所选文本对象设置为粗体。

✦ 斜体：单击该按钮，可以将所选文本对象设置为斜体。

✦ 下画线：单击该按钮，可以为所选文本对象添加下画线。

✦ 大小：在该选项的文字按钮上按住鼠标左键并左右拖动，或直接单击并输入数值，可以设置字号。

✦ 字偶间距：通过调整文字按钮或直接单击并输入数值，可以设置文本字符间距。

✦ 行距：通过调整文字按钮或直接单击并输入数值，可以设置文本段落中文字行之间的间距。

✦ 靠左：单击该按钮，可以将所选文本段落设置为靠左对齐。

✦ 居中：单击该按钮，可以将所选文本段落设置为居中对齐。

✦ 右侧：单击该按钮，可以将所选文本段落设置为靠右对齐。

✦ 显示背景视频：用于在字幕编辑区域中显示合成序列中当前时间指针所在位置的画面。

✦ 制表位：用于对所选段落文本的制表位进行设置，对段落文本进行排列的格式化处理。

技巧与提示：

字幕编辑区是对字幕内容进行编辑操作的主要区域，也可以实时预览当前的编辑效果。其中有两个实线框，外部线框是运动安全框，内部是字幕安全框。如果文字或图形在动作安全框外，那么它们可能不会在某些 NTSC 制式的显示器或电视中显示出来，即使显示了，也会出现模糊或变形的状态。

4. “旧版标题样式”区

“旧版标题样式”面板在“字幕编辑器”的底部，可以直接选择应用或通过“菜单”命令应用一个样式中的部分内容，还可以自定义新的字幕样式或导入外部样式文件。字幕样式是编辑好的字体、填充色、描边以及投影等效果的预设样式，如图 5-18 所示。

5. “旧版标题属性”区

“旧版标题属性”区中的选项可以用来对字幕文本进行多种效果和属性的设置，包括变换效果设置、字体属性设置、文本外观设置等，如图 5-19 所示。

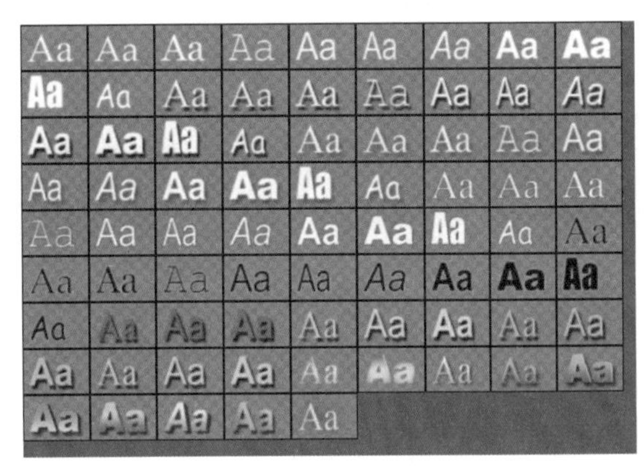

图 5-18

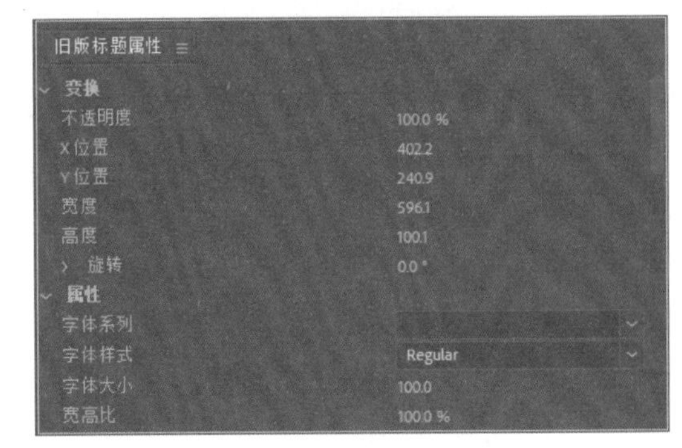

图 5-19

在“变换”选项组中，可以调整文本对象的位置、大小、不透明度及旋转角度，如图 5-20 所示。

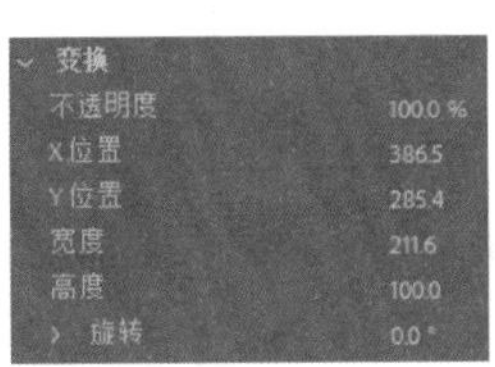

图 5-20

在“属性”选项组中，可以设置文本对象的字体、字体样式、字号大小、字符间距、行距、倾斜、字母大写方式、下画线、字符扭曲等属性，如图 5-21 所示。

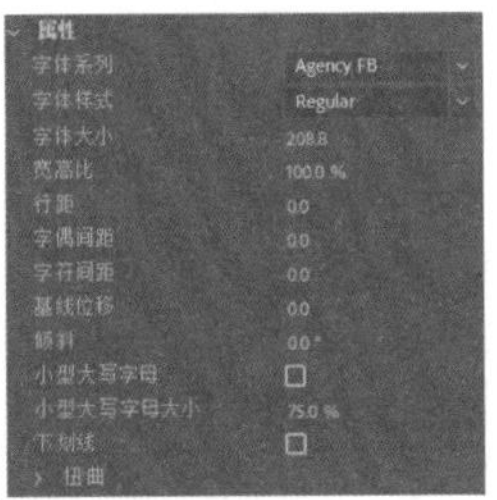

图 5-21

在“填充”选项组中可以设置文本对象的填充样式、填充颜色、光泽、填充纹理等效果，如图 5-22 所示。

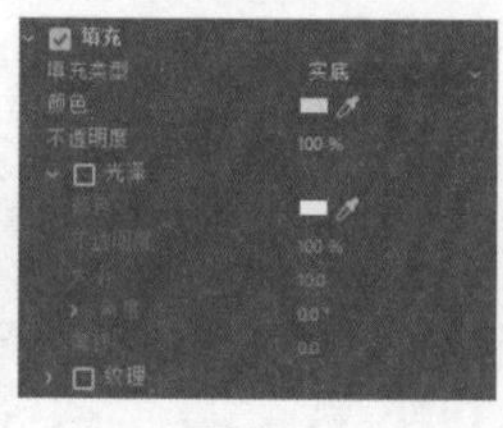

图 5-22

对文本对象的轮廓边缘描边，包括内描边和外描边两种方式，还可以根据需要为文本添加多层描边效果，如图 5-23 所示。

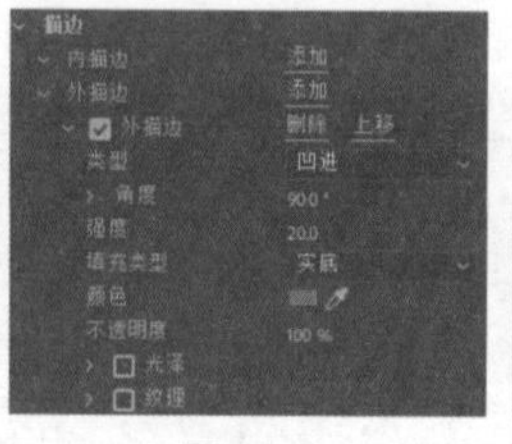

图 5-23

技巧与提示：

添加描边效果时，若设置填充类型为“消除”，可制作出透明标题的效果。

在“阴影”选项组中，可以为字幕文本设置阴影效果。添加“阴影”效果后，可以对阴影的颜色、不透明度、角度、距离、大小、扩展等进行设置，如图 5-24 所示。

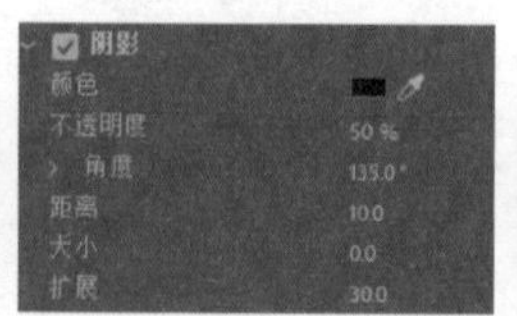

图 5-24

技巧与提示：

在设置“阴影”参数时，通过设置“角度”“大小”“透明度”等属性，可制作出不同的阴影效果。

在“背景”选项组中，可以为文本设置背景填充效果，如图 5-25 所示。

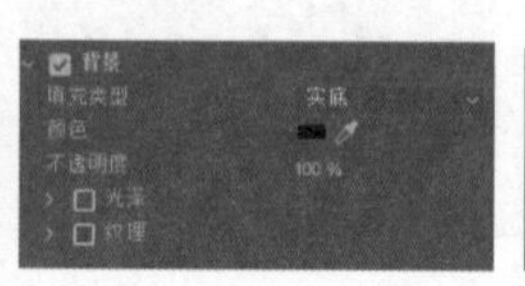

图 5-25

5.2.2 实战——静态字幕的制作

下面通过实例来具体介绍静态字幕的制作方法。

视频文件：　下载资源 \ 视频 \ 第 5 章 \5.2.2 实战——静态字幕的制作

源 文 件：　下载资源 \ 源文件 \ 第 5 章 \5.2.2

01 启动 Premiere Pro CC 2018，新建项目和序列。执行“文件”|“新建”|“旧版标题”命令，如图 5-26 所示。

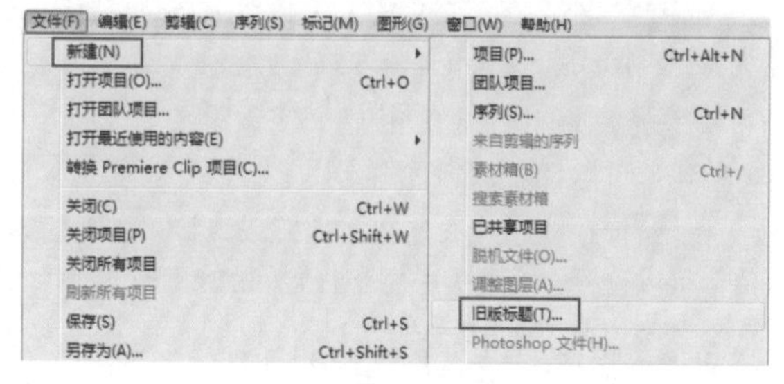

图 5-26

02 弹出“新建字幕”对话框，设置字幕尺寸和名称，单击“确定”按钮，如图 5-27 所示。

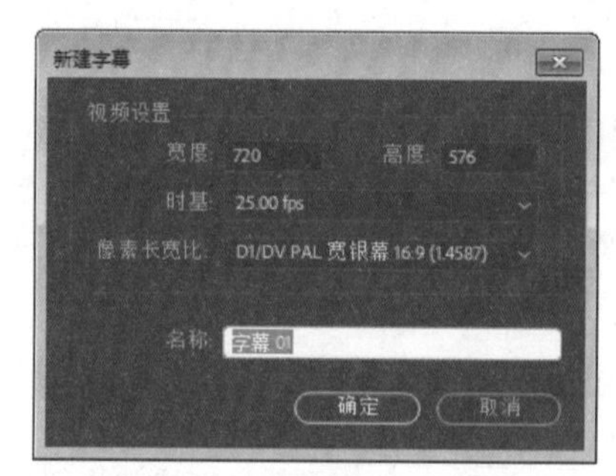

图 5-27

03 弹出“字幕编辑器”面板，在字幕工具中选择“文字工具”，然后在“字幕编辑”区中单击，输入文本“金属字体”，如图 5-28 所示。

图 5-28

04 选中“选择工具”，将“选择工具”放在文本框的边缘，当变成双向箭头时，拖动鼠标，设置文本大小，如图 5-29 所示。

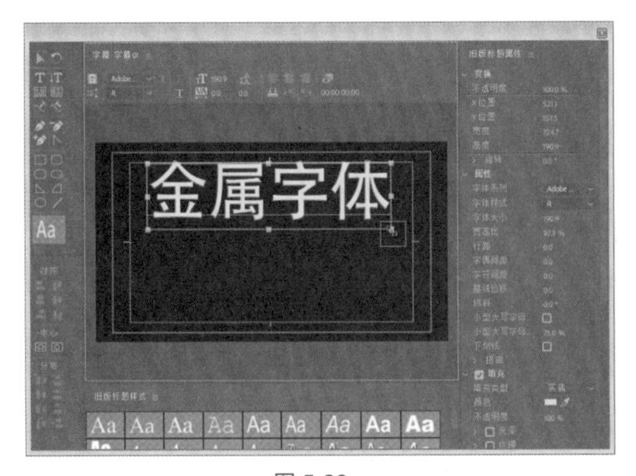

图 5-29

05 单击效果设置按钮区域的“字体”按钮，在下拉列表中选择“黑体”字体，如图 5-30 所示。

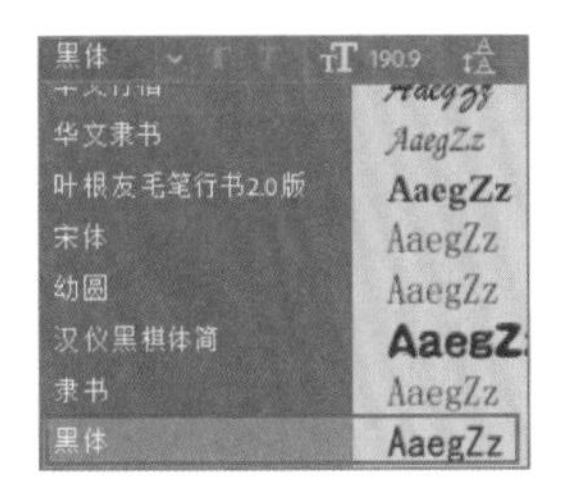

图 5-30

06 在“字幕动作”区中，单击“中心”下的“垂直居中”按钮，使文本移至垂直方向上居中的位置，如图 5-31 所示。

图 5-31

07 单击“中心”下的“水平居中”按钮，使文本在水平方向上也居中，如图 5-32 所示。

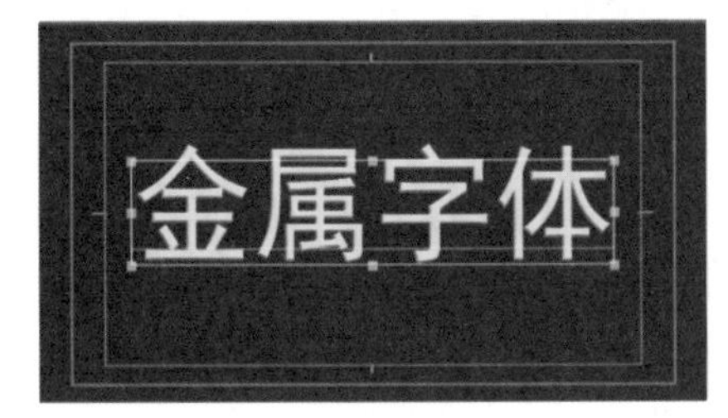

图 5-32

08 单击“填充颜色”后的色块，在弹出的“拾色器”对话框中，选择合适的颜色，单击“确定”按钮，如图 5-33 所示。

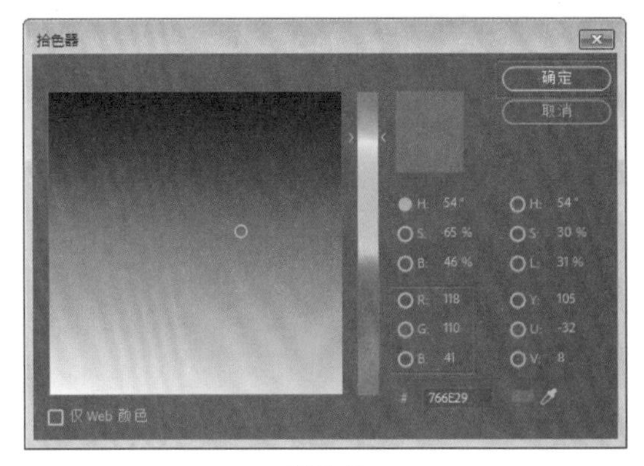

图 5-33

09 在“字幕属性”面板中，单击“外描边”后面的“添加”按钮，并设置“大小”为 3，如图 5-34 所示。

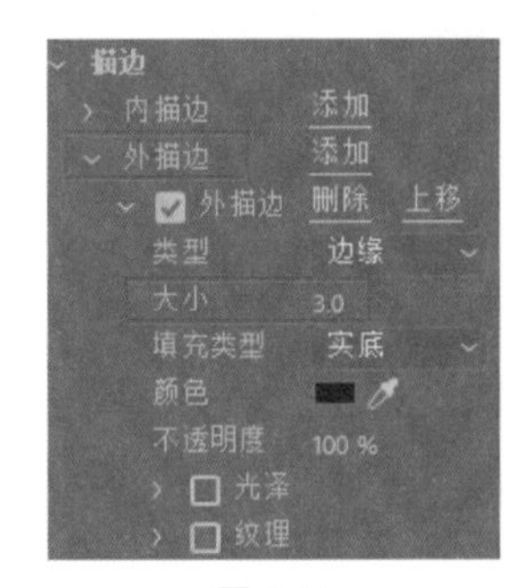

图 5-34

10 选中“阴影”复选框，为字幕添加阴影效果，然后单击“颜色”后的色块，如图 5-35 所示。

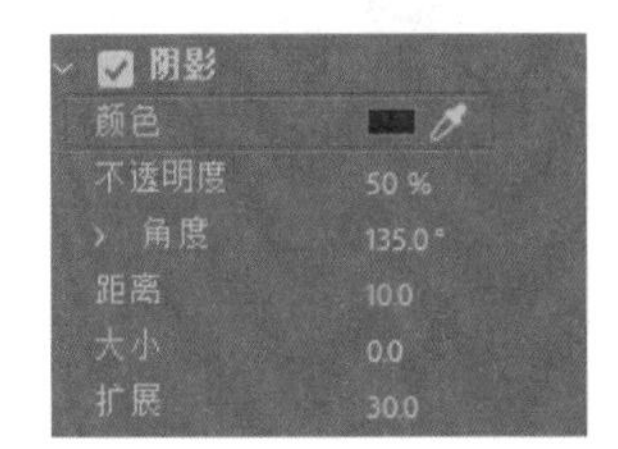

图 5-35

11 在弹出的“拾色器”对话框中选择合适的颜色，单击“确定”按钮完成设置，如图 5-36 所示。

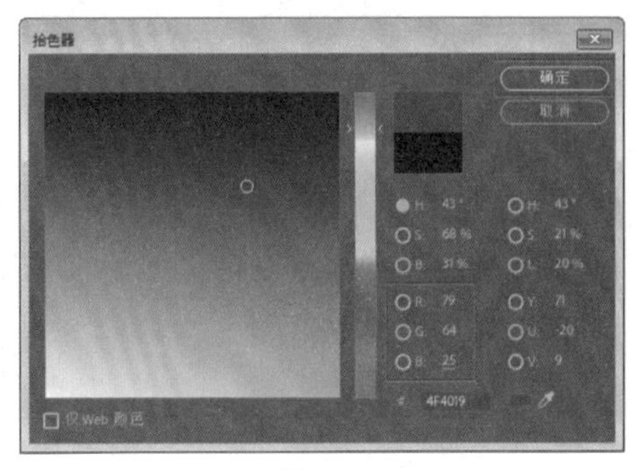

图 5-36

12 设置阴影中的“不透明度”参数为100%，“距离”参数为6，如图5-37所示。

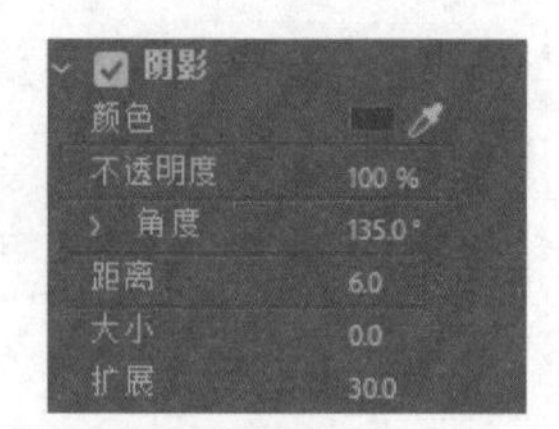

图 5-37

13 在“字幕属性”面板中，选中“填充”下的“光泽”复选框，单击“光泽”前的倒三角按钮，设置“大小”参数为93，“角度”参数为328°，如图5-38所示。

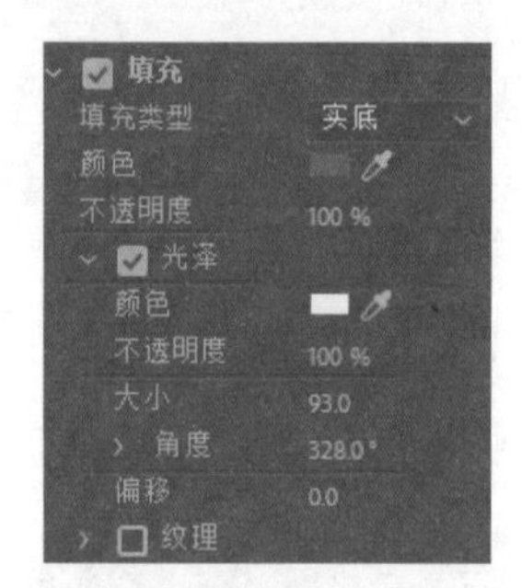

图 5-38

14 关闭“字幕编辑器”面板，将字幕添加到“时间轴”中，如图5-39所示。

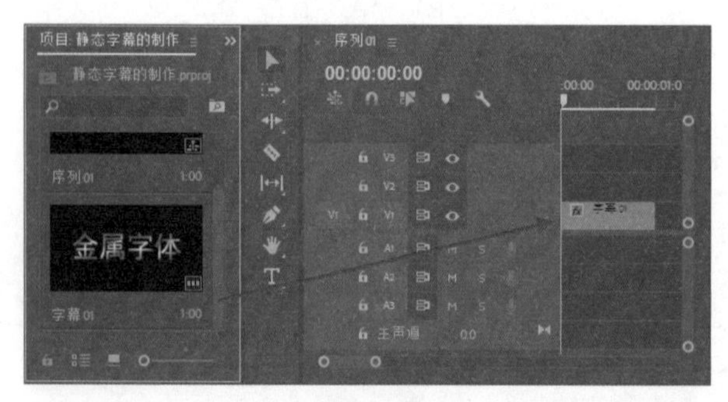

图 5-39

15 预览字幕效果，如图5-40所示。

图 5-40

5.3 字幕样式和模板

Premiere Pro CC 2018中预设了很多种字幕样式，使用样式可以大幅简化创作流程。而字幕模板与字幕样式有所不同，字幕模板是背景图片、几何形状和占位文字的组合，使用模板可以快速创建自己需要的字幕主题。

5.3.1 字幕样式

“字幕编辑器”面板中包含了很多种样式类型，在样式库的空白区域右击，弹出如图5-41所示的菜单，在样式上右击，则弹出如图5-42所示的菜单。要为字幕对象应用样式，只需选中相应的文字，再单击样式库中的某个样式，即可为对象添加该样式。

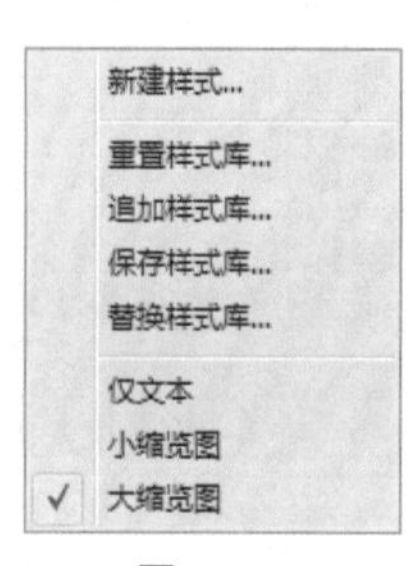

图 5-41

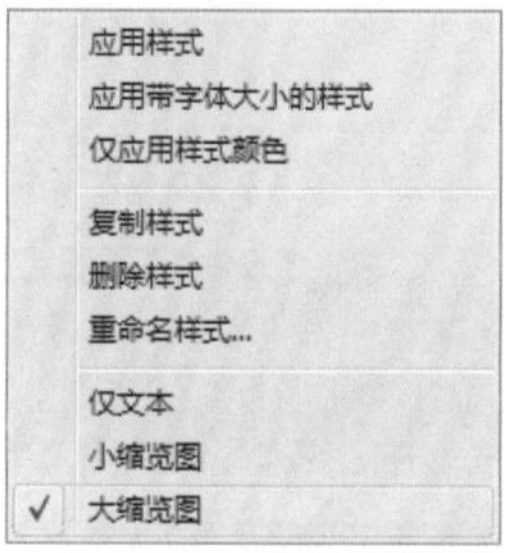

应用样式
应用带字体大小的样式
仅应用样式颜色
复制样式
删除样式
重命名样式...
仅文本
小缩览图
✓ 大缩览图

图 5-42

下面对该菜单中的主要选项进行介绍。

✦ 新建样式：将用户自定义的字幕样式添加到样式库中，以便重复使用。

✦ 重置样式库：将样式库中的样式恢复到默认的字幕样式库状态。

✦ 追加样式库：将保存的字幕样式添加到“字幕样式”面板中。

✦ 保存样式库：将当前面板中的样式保存为样式库文件。

✦ 替换样式库：用所选样式库中的样式替换当前的样式。

✦ 应用样式：选择“字幕编辑器”面板中的字幕对象，然后单击字幕样式库中想用的样式，即可为对象应用该样式。

✦ 应用带字体大小的样式：为对象应用该样式，并应用该样式的文字大小属性。

✦ 仅应用样式颜色：只为字幕对象应用该样式的颜色属性。

✦ 复制样式：复制选择的样式。

✦ 删除样式：将选中的样式删除。

✦ 重命名样式：对选中的样式进行重新命名。

5.3.2　实战——为字幕添加合适的样式

下面用实例具体介绍为字幕添加样式的操作方法。

视频文件：　下载资源 \ 视频 \ 第 5 章 \5.3.2 实战——为字幕添加合适的样式 .mp4

源 文 件：　下载资源 \ 源文件 \ 第 5 章 \5.3.2

01 打开项目文件，执行“字幕”|“新建”|“旧版标题”命令，弹出“新建字幕”对话框，单击“确定”按钮，如图 5-43 所示。

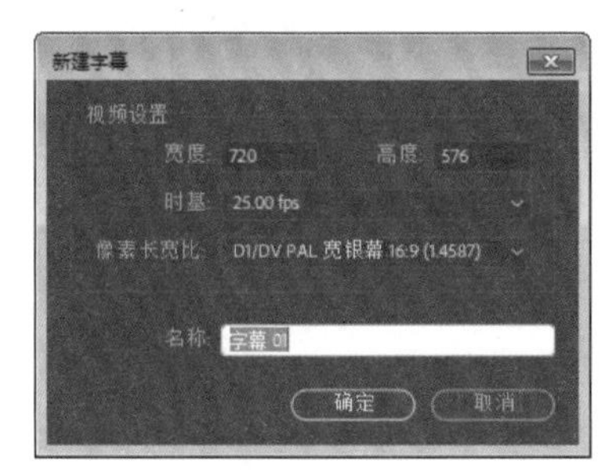

图 5-43

02 弹出“字幕编辑器”面板，在“字幕工具”中选择“文字工具”，如图 5-44 所示。

图 5-44

03 单击“字幕编辑”区，当光标闪烁时，输入字幕，如图 5-45 所示。

图 5-45

04 在“字幕样式”区中，选择合适的样式，如图 5-46 所示，单击该样式，即可将该样式应用到字幕上。

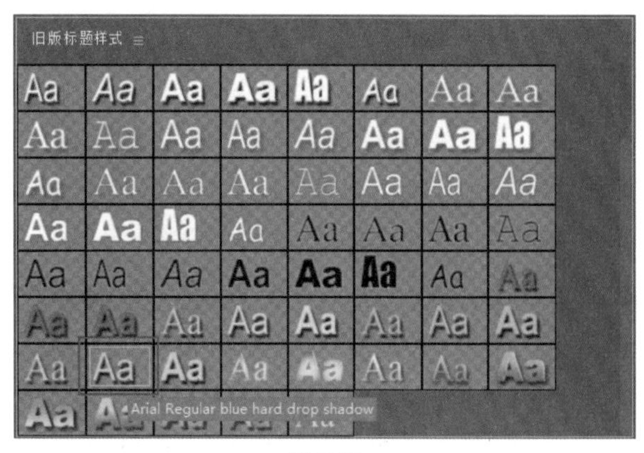

图 5-46

05 使用“选择工具”修改字幕的位置及大小，如图 5-47 所示，关闭“字幕编辑器”面板。

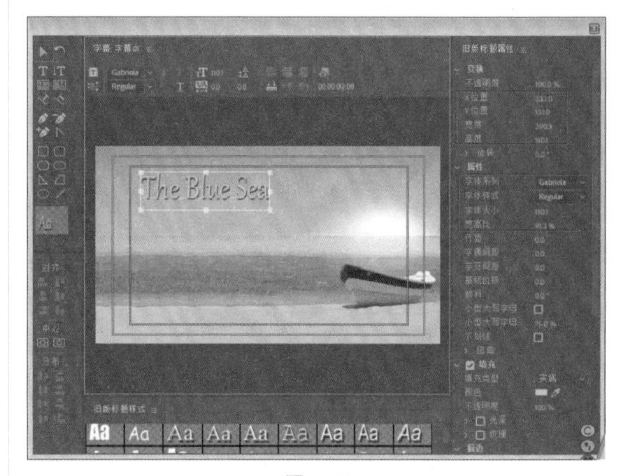

图 5-47

06 将“项目”面板中的字幕拖至“时间轴”中，如图 5-48 所示。

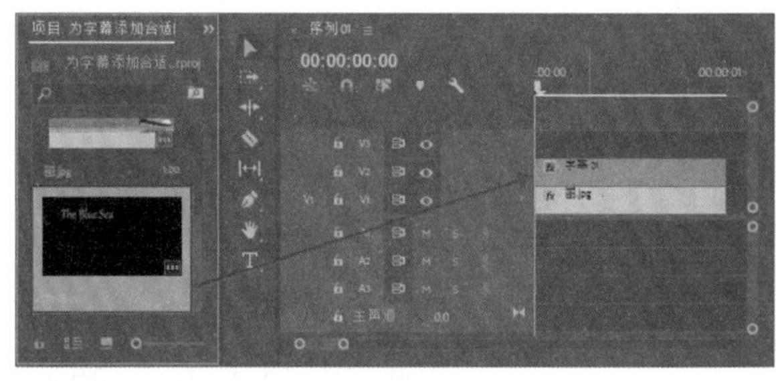

图 5-48

07 预览添加字幕后的视频效果，如图 5-49 所示。

图 5-49

5.4 实战——字幕效果修饰

本节主要通过实例，来介绍字幕效果修饰的操作方法。

视频文件： 下载资源\视频\第 5 章\5.4 实战——字幕效果修饰.mp4

源 文 件： 下载资源\源文件\第 5 章\5.4

01 打开项目文件，执行“文件”|“新建”|“旧版标题”命令，弹出“新建字幕”对话框，单击“确定”按钮，如图 5-50 所示。

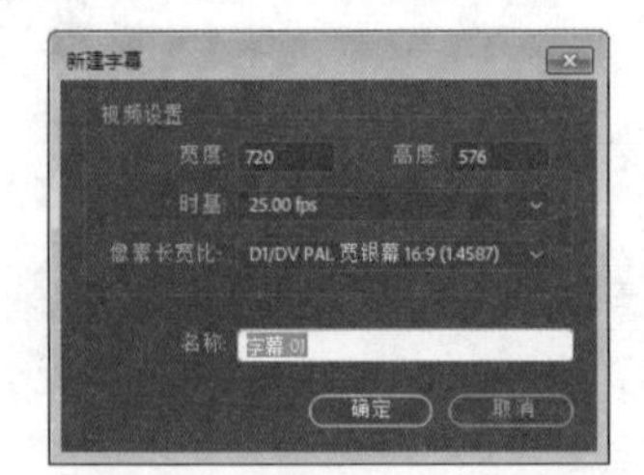

图 5-50

02 弹出“字幕编辑器”面板，输入字幕“童话世界”，设置字体为“方正胖头鱼简体”，选择填充类型为“四色渐变”，并设置相应颜色，如图 5-51 所示。

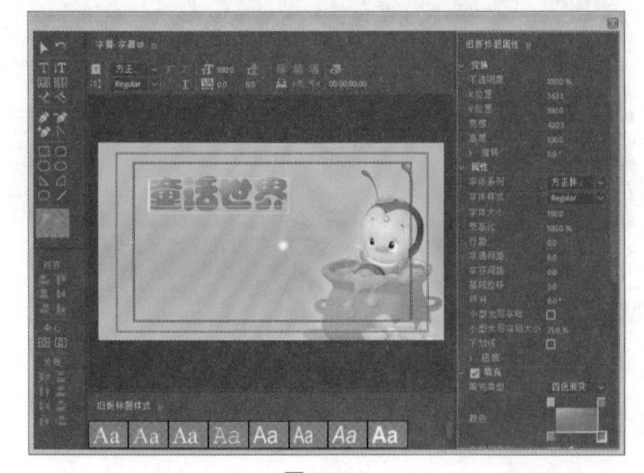

图 5-51

03 选中“字幕属性”面板中的“阴影”复选框。单击“颜色”后的色块，并选择白色，设置“不透明度”参数为 100，“角度”参数为 0，“距离”参数为 0，“大小”参数为 20，如图 5-52 所示。

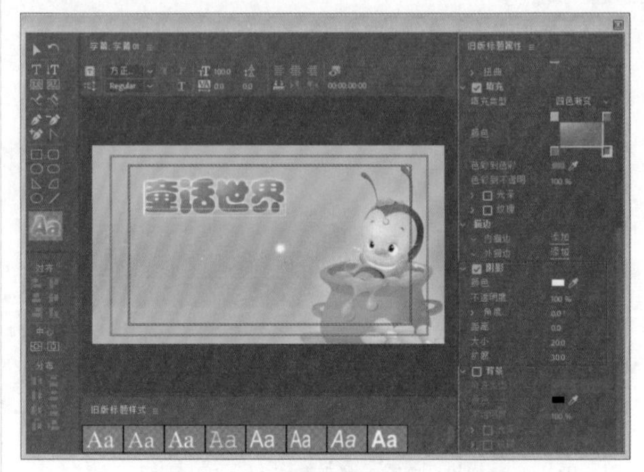

图 5-52

04 使用“选择工具”调整文字的大小和位置，如图 5-53 所示，关闭面板。

图 5-53

05 此时字幕文件已经保存在“项目”面板中，将“项目”面板中的字幕文件添加到“时间轴”中，如图 5-54 所示。

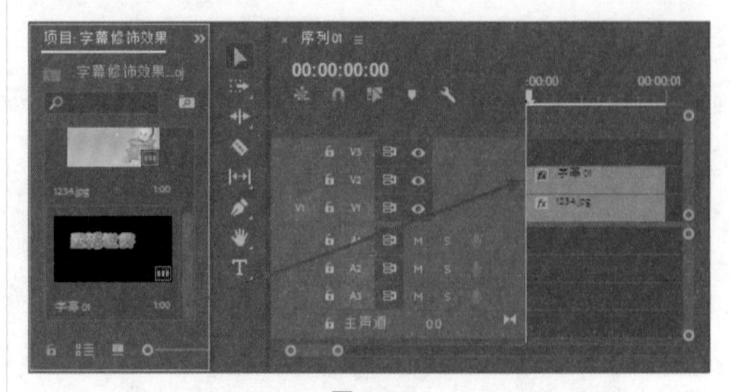

图 5-54

06 预览添加字幕后的效果，如图 5-55 所示。

图 5-55

5.5　运动设置与动画实现

在 Premiere Pro CC 2018 中，可以通过调整文字的位置、缩放比例和旋转角度等属性为文字设置动画。

5.5.1　“滚动 / 游动选项”对话框

Premiere 制作的字幕不仅有静态效果，还有运动效果。单击“字幕编辑器”面板中的“滚动 / 游动选项”按钮，即可打开“滚动 / 游动选项”对话框，如图 5-56 所示。

图 5-56

下面对“滚动 / 游动选项”对话框中的主要参数进行介绍。

✦ 静止图像：字幕在画面中是静止的，这是字幕的默认设置。

✦ 滚动：字幕在画面中由下至上地滚动显示。

✦ 向左游动：字幕在画面中从右至左地游动显示。

✦ 向右游动：字幕在画面中从左至右地游动显示。

✦ 开始于屏幕外：选中该复选框后，字幕开始时从屏幕外进入画面。

✦ 结束于屏幕外：选中该复选框后，字幕结束时从画面中移至画面外。

✦ 预卷：该文本框中的数值表示多少帧后，字幕开始运动。只有在没有选中“开始于屏幕外”复选框时才能使用。

✦ 缓入：该文本框中的数值表示字幕开始运动后，多少帧内的运动速度是由慢到快的。

✦ 缓出：该文本框中的数值表示字幕结束运动前，多少帧内的运动速度是由快到慢的。

✦ 过卷：该文本框中的数值表示字幕结束前的多少帧内，字幕是静止的，且静止画面是结束前多少帧的帧定格画面。

5.5.2　设置动画的基本原理

1. 运动设置

将素材拖入“时间轴”后，打开“效果控件”面板，“运动”效果的设置界面如图 5-57 所示。

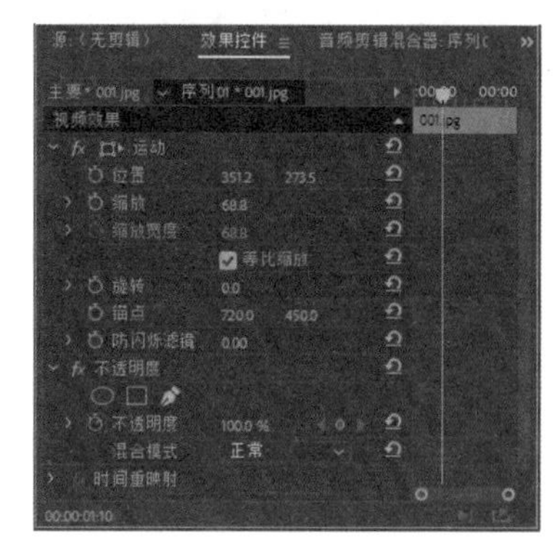

图 5-57

下面对“运动”效果中的主要选项进行介绍。

✦ 位置：设置对象在屏幕中的位置坐标。

✦ 缩放：设置对象的缩小或放大比例。

✦ 旋转：设置对象的旋转角度。

✦ 锚点：设置对象的旋转或移动控制点。

✦ 防闪烁滤镜：消除视频中的闪烁现象。

2. 设置动画的基本原理

在 Premiere Pro CC 2018 中，用户可以通过调整文字的位置、缩放和旋转角度等为文字设置动画。其运动的实现都是基于关键帧概念的。所谓“关键帧”，即对不同时间点的同一对象的同种属性设置不同的属性参数，而时间点之间的变化由计算机来完成。例如，设置两处关键帧，在第一处设置对象的缩放参数为 20，如图 5-58 所示；在第二处设置对象的缩放参数为 80，如图 5-59 所示。计算机通过给定的关键帧，可以计算出对象在两时间点之间的缩放变化过程。一般来说，为对象设置的关键帧越多，所产生的运动变化越复杂，计算机的计算时间也就越长。

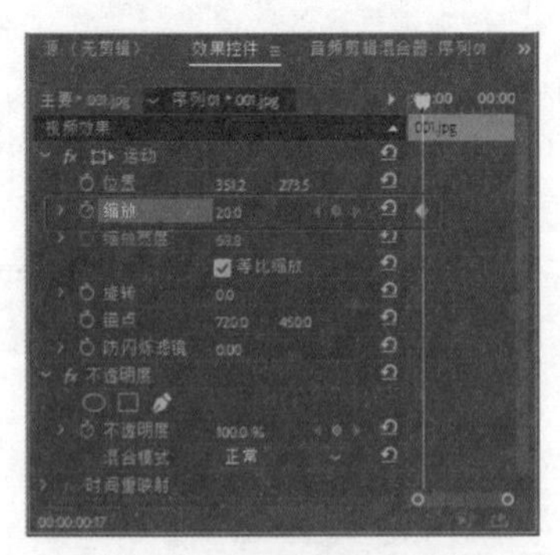

图 5-58

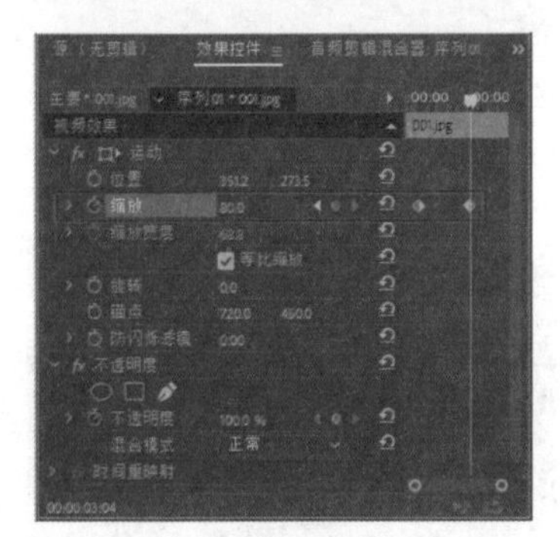

图 5-59

5.6 实战——制作滚动字幕

本节通过实例制作来具体介绍制作滚动字幕的操作方法。

视频文件： 下载资源\视频\第 5 章\5.6 实战——制作滚动字幕 .mp4

源 文 件： 下载资源\源文件\第 5 章\5.6

01 打开项目文件，执行“文件”|“新建”|“旧版标题”命令，弹出“新建字幕”对话框，单击“确定”按钮新建字幕，如图 5-60 所示。

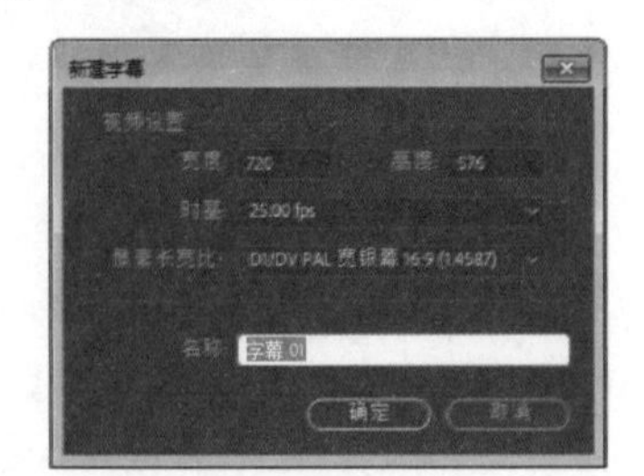

图 5-60

02 打开文本文档，复制内容。进入 Premiere 软件，选择“文字工具”，单击“字幕编辑”区，然后在“字幕属性”区中将填充颜色设置为黑色，如图 5-61 所示。

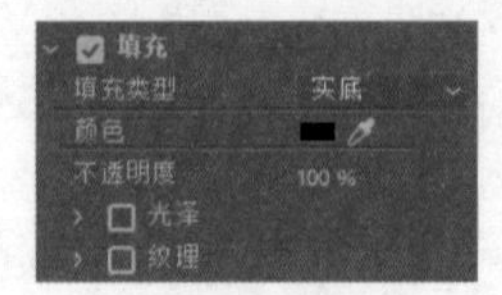

图 5-61

03 按快捷键 Ctrl+V 粘贴文本，结果如图 5-62 所示。

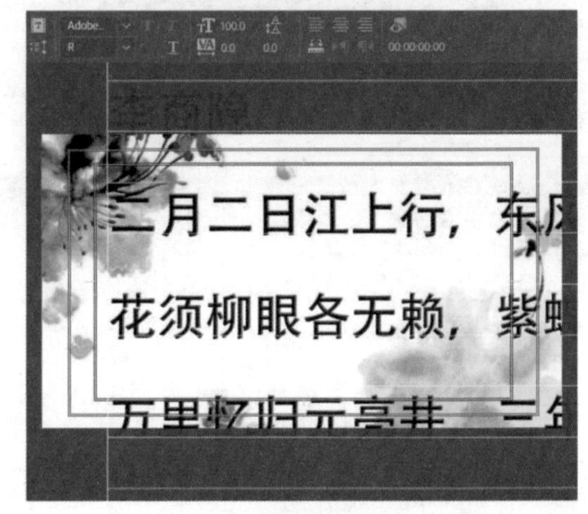

图 5-62

04 设置字体为“华文楷体”，字体大小为 30，单击“字幕编辑器”面板上方的“居中”按钮，单击“字幕动作”区中“中心”类别的“垂直居中”按钮和“水平居中”按钮，如图 5-63 所示。

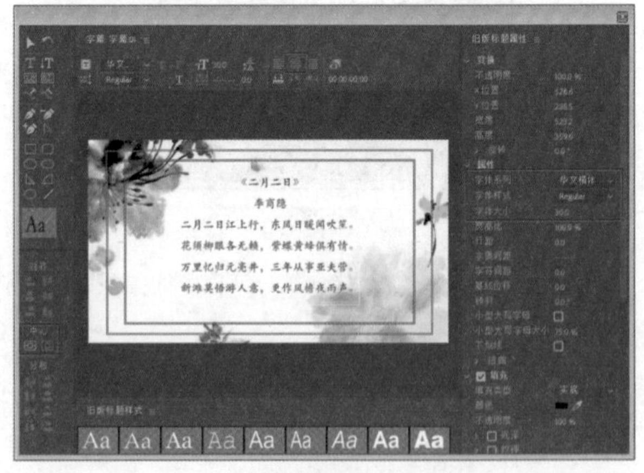

图 5-63

技巧与提示：

如果部分创建的文字不能正常显示，原因是当前的字体类型不支持该文字的显示，替换合适的字体类型后即可正常显示。

05 单击“字幕编辑”区上方的“滚动 / 游动选项”按钮，

如图 5-64 所示。

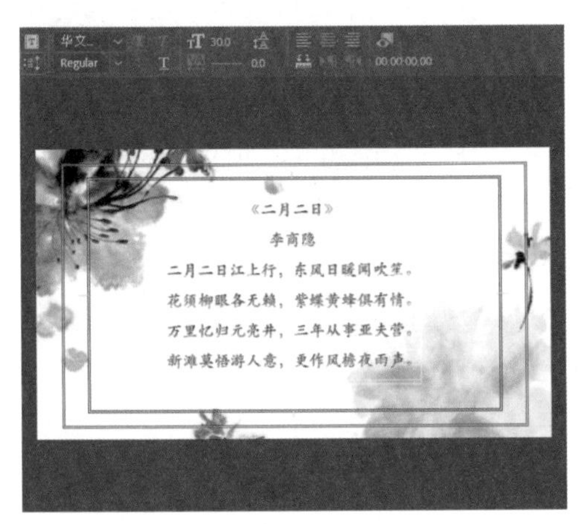

图 5-64

06 弹出“滚动 / 游动选项”对话框，选中“开始于屏幕外”复选框，在“过卷”文本框中填入 125，单击“确定”按钮完成设置，如图 5-65 所示。

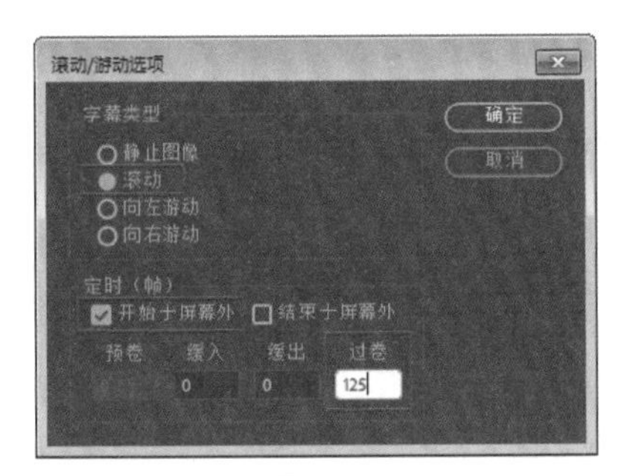

图 5-65

07 关闭“字幕编辑器”，将“项目”面板中的字幕文件拖至“时间轴”中，如图 5-66 所示。

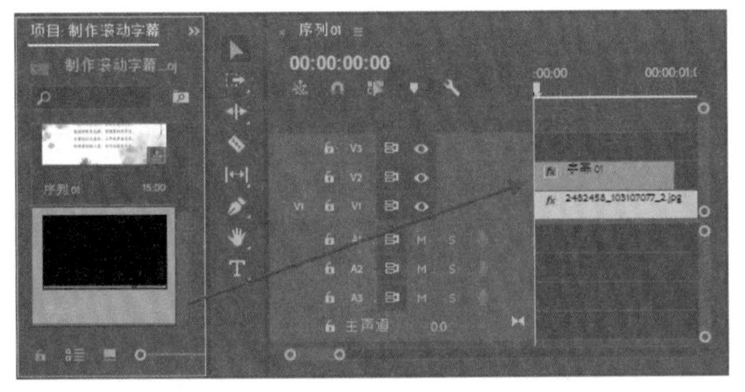

图 5-66

08 选择“时间轴”中的字幕文件，右击，在弹出的快捷菜单中执行“速度 / 持续时间”命令，弹出“速度 / 持续时间”对话框，设置“持续时间”为 15 秒，单击“确定”按钮，如图 5-67 所示。完成设置后，字幕文件与下层视频轨中的文件对齐，如图 5-68 所示。

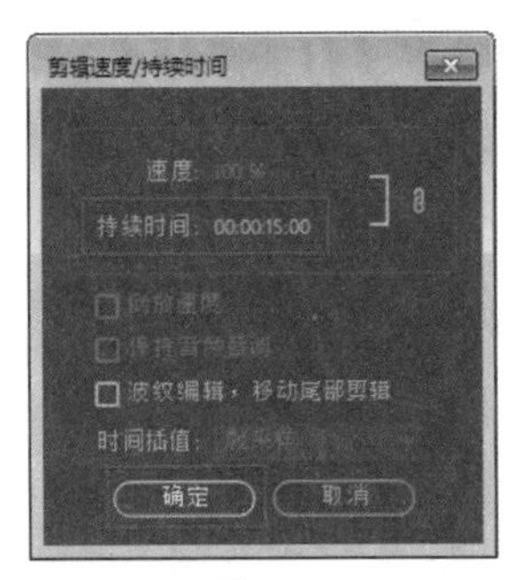

图 5-67

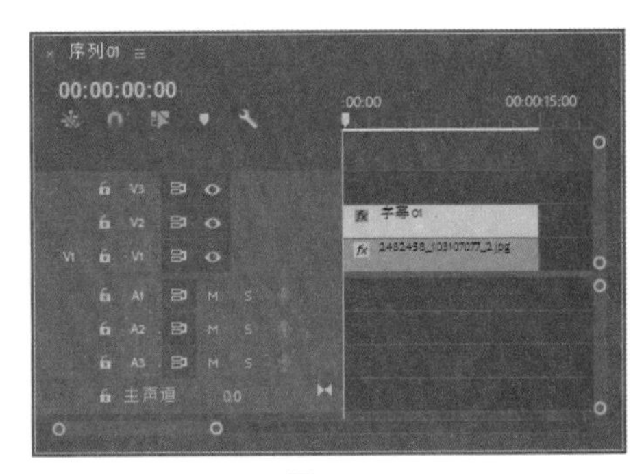

图 5-68

09 按空格键预览滚动字幕的效果，如图 5-69 所示。

图 5-69

5.7 本章小结

本章介绍了字幕的创建与应用方法，其中包括创建字幕素材、静态字幕的制作、滚动字幕的制作以及为字幕设置动画效果。在各种影视节目中，字幕是不可缺少的。熟练掌握编辑字幕的技能，能帮助读者制作出更好的影视作品。

第6章

视频效果

Adobe Premiere Pro CC 2018 中提供了大量的视频特效，用于对视频画面的效果进行再处理，使视频更加具有艺术感，更适合主题，通过应用视频特效，可以使图像产生扭曲、模糊、变色、构造以及其他的一些视频效果。

6.1 基础知识

下面是与视频效果相关的基础知识介绍，包括视频效果和关键帧。

6.1.1 视频效果概述

Adobe Premiere Pro CC 2018 中提供了大量的视频效果，用于改变或增强视频画面的效果。通过应用视频特效，可以使图像产生扭曲、模糊、变色、构造以及其他的一些视频效果。

除了 Premiere 提供的这些视频特效外，用户还可以自己创建视频特效，然后保存在“预设”文件夹中，供以后使用。该软件可以增加类似 Adobe Photoshop 标准格式的第三方插件，这些插件通常放置在 Adobe Premiere Pro CC 2018 中的 Plug-ins 目录中。

6.1.2 关键帧概述

关键帧是 Adobe Premiere Pro CC 2018 中极为重要的概念，通常使用的视频效果都要设置几个关键帧。每个关键帧的设置都要包含视频特效的所有参数，最终将这些参数应用到视频片段的一个特定时间段中。

使用关键帧设置过渡效果时，要设置多个关键帧的参数，通过这些关键帧来控制一定时间范围的视频剪辑，从而也实现了控制视频特效的目的。

在应用视频特效时，Premiere 会自动在两关键帧之间设置线性变化的参数，从而可以获得流畅的画面播放效果，这个过程叫“插补”。通常情况下，只需在一个片段上设置几个关键帧就可以控制整个片段的视频特效。

6.1.3 实战——为视频素材添加视频特效

下面通过实例来介绍为视频素材添加视频特效的操作。

视频文件： 下载资源 \ 视频 \ 第 6 章 \6.1.3 实战——为视频素材添加视频特效 .mp4

源 文 件： 下载资源 \ 源文件 \ 第 6 章 \6.1.3

01 打开项目文件，在“效果”面板中单击“视频效果”文件夹，将其展开，如图 6-1 所示。

图 6-1

第 6 章素材文件

第 6 章视频文件

02 展开“图像控制”文件夹，选择“黑白”效果，如图6-2所示。

图 6-2

03 将选中的“黑白”效果拖至“时间轴”面板中的素材上，如图6-3所示。

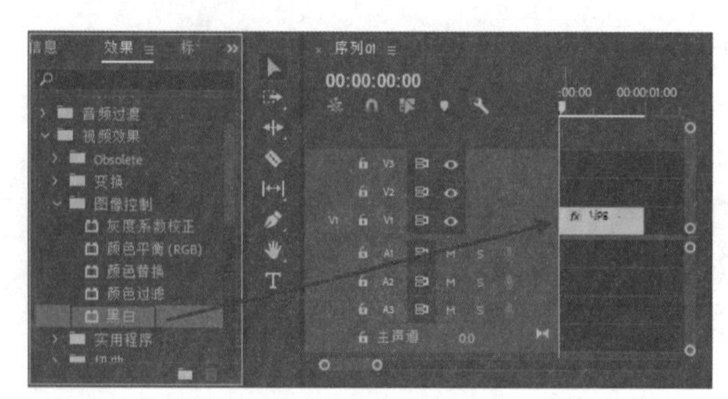

图 6-3

04 预览素材效果，如图6-4所示为添加视频特效前后的对比效果。

图 6-4

6.2 使用视频效果

本节将介绍如何使用视频效果。影片的优劣，视频特效技术起着决定性的作用。巧妙地为影片添加各式各样的视频特效，可以使影片具有很强的视觉感染力。

6.2.1 应用和控制过滤效果

为素材添加视频效果的操作很简单，只需从“效果”面板中拖出一个视频效果到“时间轴”面板的素材上。如果素材片段处于选中状态，也可以拖动特效到该素材的“效果控件”面板上。

6.2.2 使用关键帧控制效果

在设置动画时，将很多张图片按照一定的顺序排列起来，然后按照一定的速度显示就形成了动画。在Premiere中，形成动画的每张图片就相当于其中的一帧，因此帧是构成动画的核心元素。

为了设置动画效果的属性，必须激活属性的关键帧。任何支持关键帧的效果属性都有“切换动画”按钮，单击该按钮可插入一个动画关键帧。插入动画关键帧后，就可以将其添加或调整至素材所需要的属性。

6.2.3 实战——飘落的枫叶

下面通过实例来具体介绍如何使用视频效果。

视频文件：　下载资源\视频\第6章\6.2.3 实战——飘落的枫叶.mp4

源 文 件：　下载资源\源文件\第6章\6.2.3

01 打开项目文件，在“项目”面板中选择“树叶.mov”素材，将其拖至视频轨V2中，如图6-5所示。

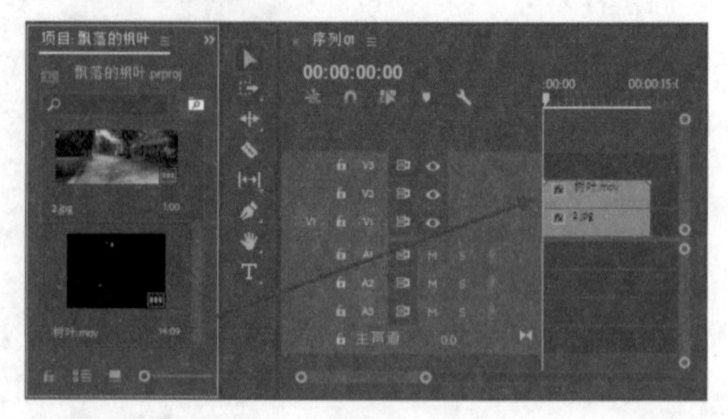

图 6-5

02 选择视频轨中的“树叶.mov”素材，打开“效果控件”面板，设置“位置”参数为246、393，“缩放”参数为

150，如图 6-6 所示。

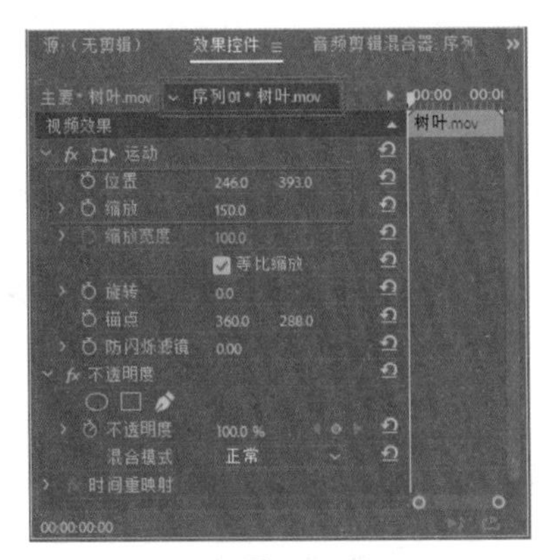

图 6-6

03 打开“效果”面板，展开“视频效果”文件夹，然后再展开“图像控制”文件夹，如图 6-7 所示。

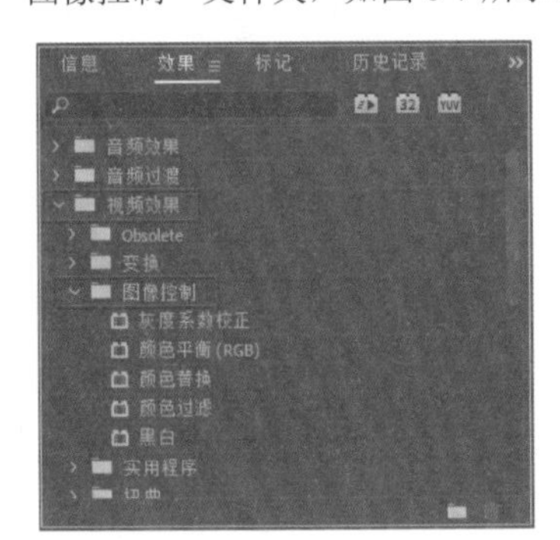

图 6-7

04 选择该文件夹中的“颜色平衡（RGB）”效果，将其拖至视频轨中的“树叶 .mov”素材上。打开“效果控件”面板，设置“颜色平衡（RGB）”中的“红色”参数为 75，如图 6-8 所示。

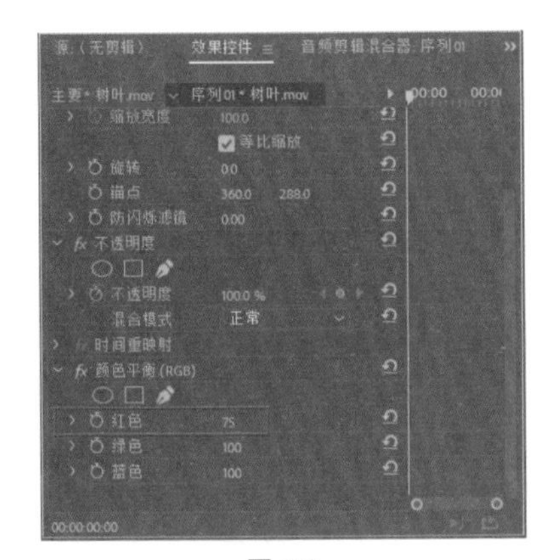

图 6-8

05 进入“效果”面板，展开“变换”文件夹，选择该文件夹中的“水平翻转”效果，将其拖至视频轨中的“树叶 .mov”素材上，如图 6-9 所示。

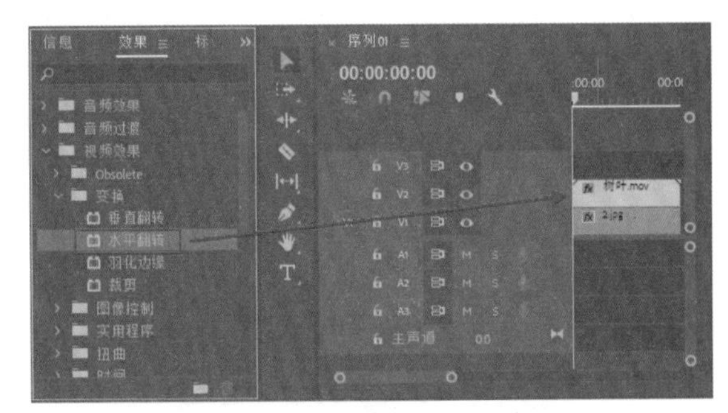

图 6-9

06 按空格键渲染项目，渲染完成后预览最终效果，如图 6-10 所示。

图 6-10

6.3　Premiere Pro CC 视频效果详解

Premiere Pro CC 2018 的“效果”面板中提供了大量的视频特效，下面将分别介绍这些视频特效的应用方法。

6.3.1　Obsolete 效果

Obsolete 文件夹中只有“快速模糊”这一种效果，可用于对图像进行快速模糊处理。

6.3.2 变换效果

在“效果”面板中展开“变换”文件夹，其中的效果可以使图像产生二维或三维的空间变化，该文件夹包含了 4 个效果，如图 6-11 所示。

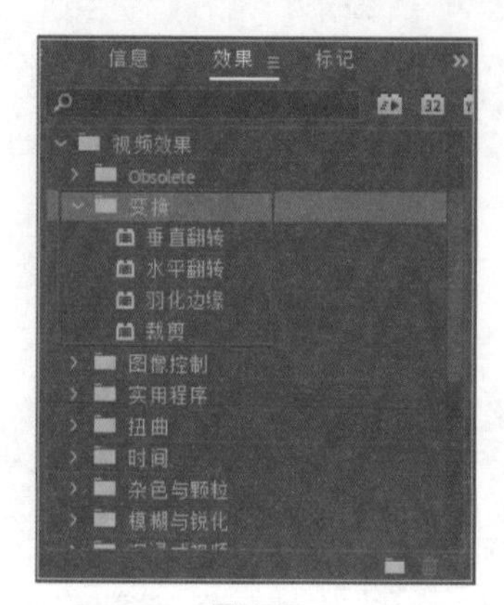

图 6-11

1. 垂直翻转

“垂直翻转”特效可以使画面沿水平中心轴翻转 180°，效果如图 6-12 所示。

图 6-12

2. 水平翻转

“水平翻转”特效可以将画面沿垂直中心翻转 180°，如图 6-13 所示。

图 6-13

3. 羽化边缘

“羽化边缘”特效是在画面周围产生像素羽化的效果，可以设置“数量”参数来控制边缘羽化的程度，效果如图 6-14 所示。

图 6-14

4. 裁剪

“裁剪”特效用于对素材的边缘进行裁切，从而修改素材的尺寸，效果如图 6-15 所示。

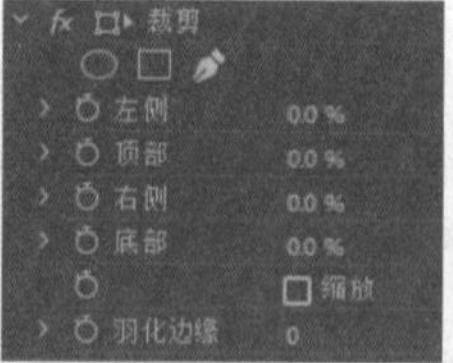

图 6-15

6.3.3 图像控制效果

“图像控制”文件夹中的效果主要用于调整图像的颜色，该文件夹中包含了 5 种效果，如图 6-16 所示。

图 6-16

1. 灰度系数校正

“灰度系数校正”特效可以在不改变图像高亮区域和低亮区域的情况下，使图像变亮或者变暗，如图 6-17 所示。

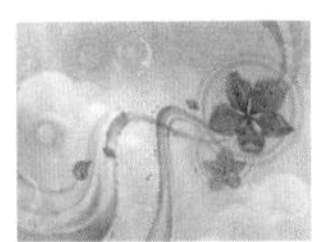

图 6-17

2. 颜色平衡

“颜色平衡”特效可以按 RGB 值来调整视频的颜色，校正或者改变图像色彩，如图 6-18 所示。

图 6-18

3. 颜色替换

“颜色替换”特效可以在不改变灰度的情况下，将选中的色彩以及与之有一定相似度的色彩都用一种新的颜色代替，如图 6-19 所示。

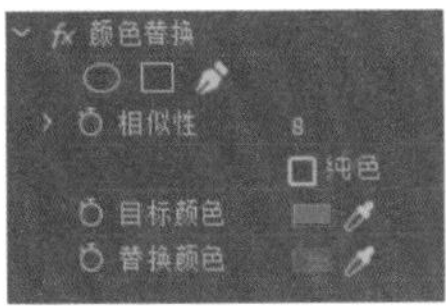

图 6-19

4. 颜色过滤

“颜色过渡”特效可以将图像中没有选中的颜色区域变成灰度色，选中的色彩区域保持不变，如图 6-20 所示。

图 6-20

5. 黑白

“黑白”特效可以将彩色图像直接转换成灰度图像，如图 6-21 所示。

图 6-21

6.3.4　实用程序效果

“实用程序”文件夹中只有“Cineon 转换器”这一种效果，用于对图像的色相、亮度等进行快速调整，如图 6-22 所示。

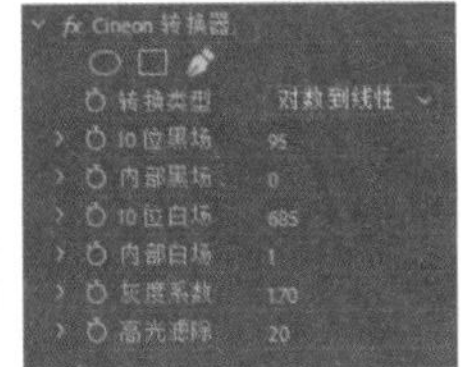

图 6-22

6.3.5 扭曲效果

“扭曲”文件夹中的特效用于对图形进行几何变形，该文件夹包含 12 种扭曲类视频效果，如图 6-23 所示。

图 6-23

1. 位移

“位移”特效可以通过设置图像位置的偏移量对图像进行水平或垂直方向上的位移，而移出的图像会在对面方向上显示，如图 6-24 所示。

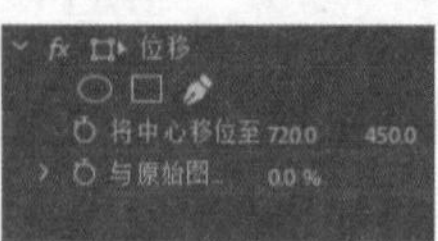

图 6-24

2. 变形稳定器 VFX

“变形稳定器 VFX”特效可以消除因摄像机移动造成的抖动，从而可将摇晃的素材转变为稳定、流畅的拍摄内容。该特效要求剪辑尺寸与序列匹配。

3. 变换

“变换”特效可以对图像的位置、缩放、不透明度、倾斜度等进行综合设置，如图 6-25 所示。

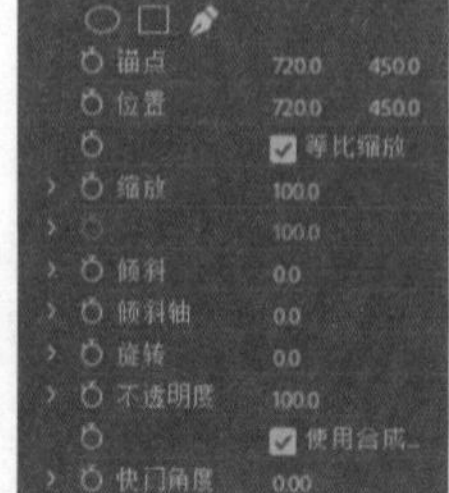

图 6-25

4. 放大

“放大”特效可以放大图像的指定区域，如图 6-26 所示。

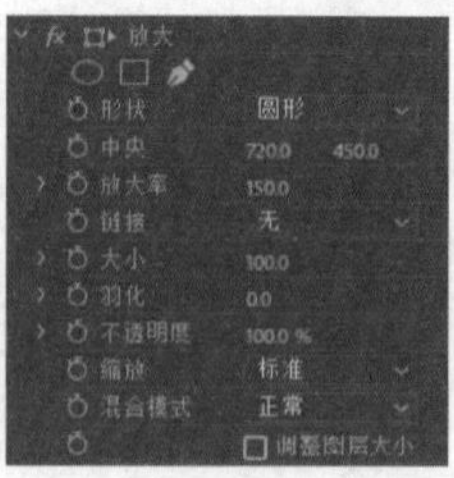

图 6-26

5. 旋转

“旋转”特效可以使图像产生沿中心轴旋转的效果，如图 6-27 所示。

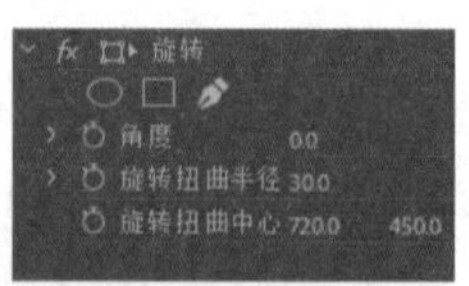

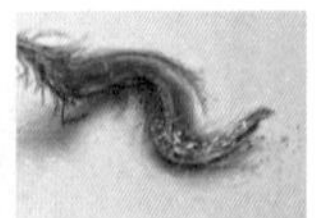

图 6-27

6. 果冻效应修复

“果冻效应修复”特效可以设置视频素材的场序类型，得到需要的匹配效果，或者降低隔行扫描视频素材的画面闪烁。

7. 波形变形

“波形变形”特效可以设置波纹的形状、方向及宽度，与“弯曲”特效类似，效果如图 6-28 所示。

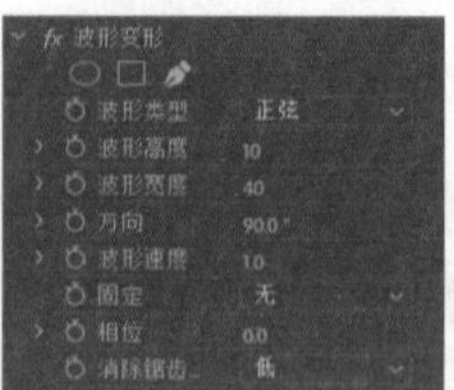

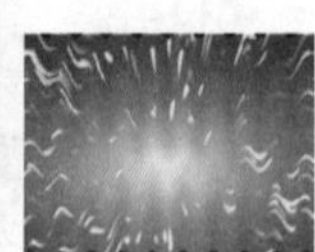

图 6-28

8. 球面化

“球面化”特效可以使画面中产生球面变形的效果，如图 6-29 所示。

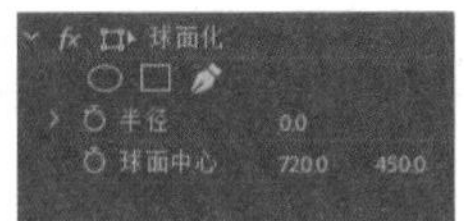

图 6-29

9. 紊乱置换

“紊乱置换”特效可以对素材图像进行多种方式的扭曲变形，如图 6-30 所示。

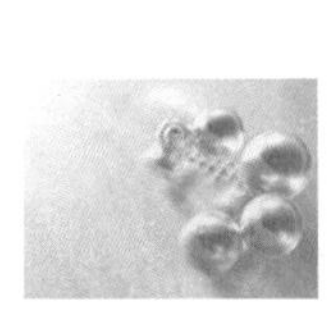
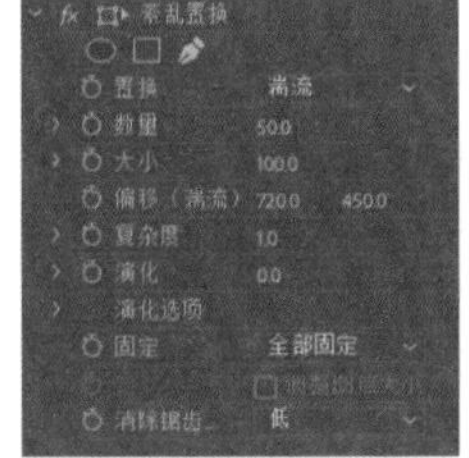

图 6-30

10. 边角定位

“边角定位”特效可以通过设置参数重新定位图像的 4 个顶点位置，从而得到变形的效果，如图 6-31 所示。

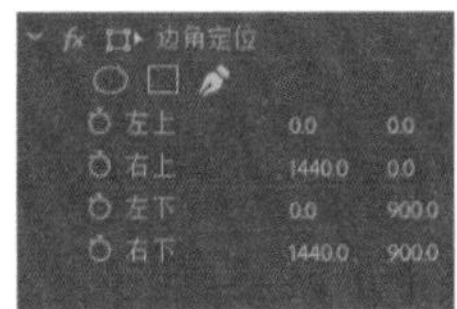

图 6-31

11. 镜像

“镜像”特效可以使图像沿指定角度的射线进行反射，形成镜像的效果，如图 6-32 所示。

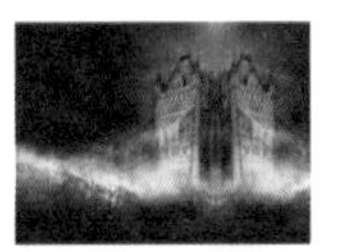

图 6-32

12. 镜头扭曲

“镜头扭曲”特效可以将图像的四角弯折，从而出现镜头扭曲的效果，如图 6-33 所示。

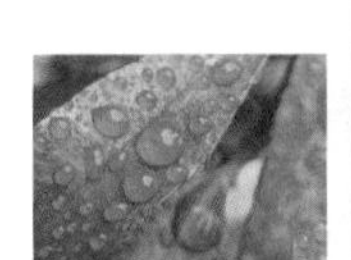
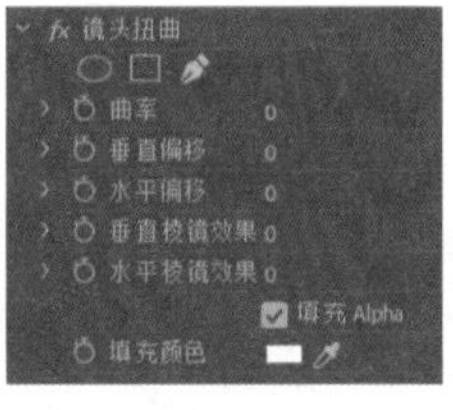

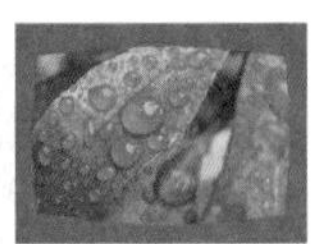

图 6-33

6.3.6　时间效果

“时间”文件夹中的特效用于对动态素材的时间特性进行控制。该文件夹中包含了 4 种效果，如图 6-34 所示。

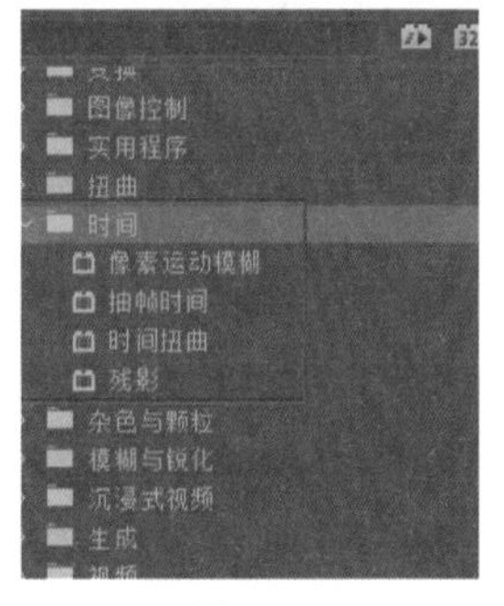

图 6-34

1. 像素运动模糊

“像素运动模糊”特效通过自动跟踪每一帧中的像素，在序列中添加自然的运动模糊效果。

2. 抽帧时间

“抽帧时间”特效可以为动态素材制定一个帧速率，使素材以跳帧播放的方式产生动画效果。

3. 时间扭曲

“时间扭曲”特效通过分析动画的像素运动，加速或减缓运动时间，在最小的影响画面质量的限度上，平滑帧之间的过渡，使画面更加流畅、清晰。

4. 残影

“残影”特效可以将一个素材中很多不同的时间帧混合，产生视觉回声或者飞奔的动感效果。

6.3.7　杂色与颗粒效果

“杂色与颗粒”文件夹中的特效用于柔和处理，

在图像上添加杂色或者去除图像上的噪点。该文件夹中包含了 6 种特效，如图 6-35 所示。

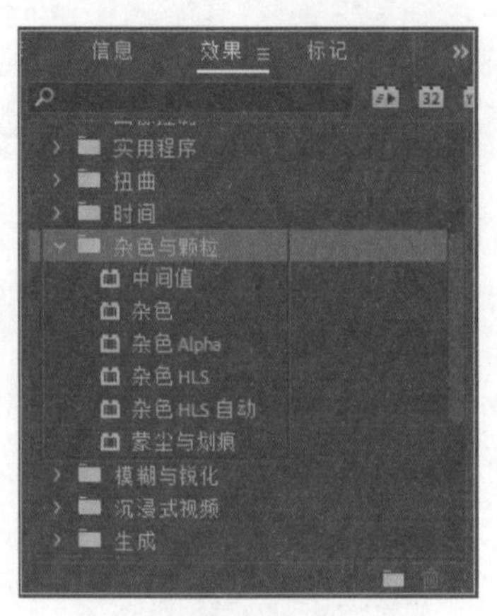

图 6-35

1. 中间值

“中间值”特效可以将图像中的像素用其周围像素的 RGB 平均值来代替，减轻图像上的杂色和噪点，如图 6-36 所示。

图 6-36

2. 杂色

“杂色”特效是在画面中添加模拟的噪点效果，如图 6-37 所示。

图 6-37

技巧与提示：

若取消选中“使用颜色杂色”复选框，则产生的噪点为黑白色。通过设置不同的“杂色数量”，可以模拟干扰效果。

3. 杂色 Alpha

“杂色 Alpha”特效可以在图像的 Alpha 通道中生成杂色，效果如图 6-38 所示。

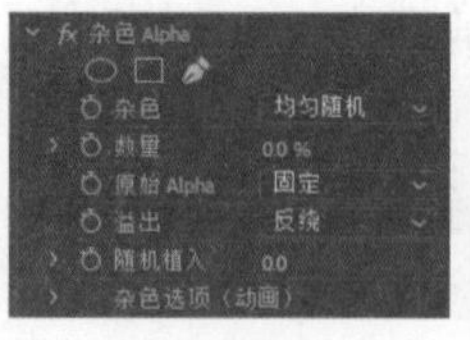

图 6-38

4. 杂色 HLS

“杂色 HLS”特效可以在图像中生成杂色效果后，对杂色噪点的亮度、色相和饱和度进行设置，效果如图 6-39 所示。

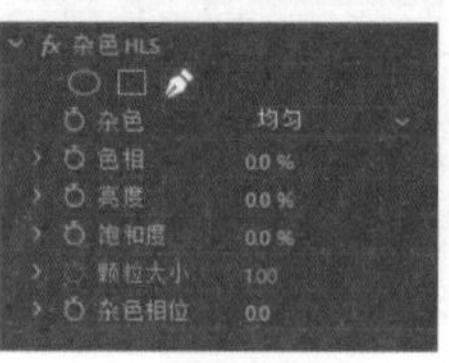

图 6-39

5. 杂色 HLS 自动

“杂色 HLS 自动”特效与“杂色 HLS”相似，只有一个“杂色动画速度”选项，通过设置该选项，可以使不同杂色噪点以不同的速度运动，效果如图 6-40 所示。

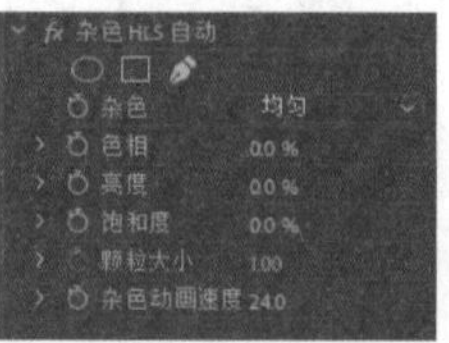

图 6-40

6. 蒙尘与划痕

“蒙尘与划痕”特效可以在图像上生成类似灰尘的杂色噪点效果，如图 6-41 所示。

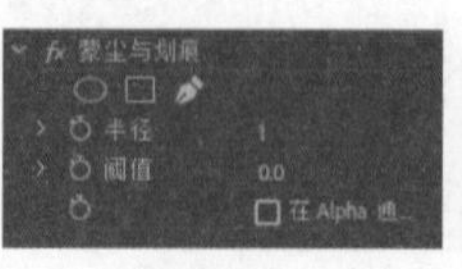

图 6-41

6.3.8 模糊与锐化效果

“模糊与锐化”文件夹中的视频特效可以调整画面中模糊和锐化的效果。该文件夹包含了 7 种视频效果，如图 6-42 所示。

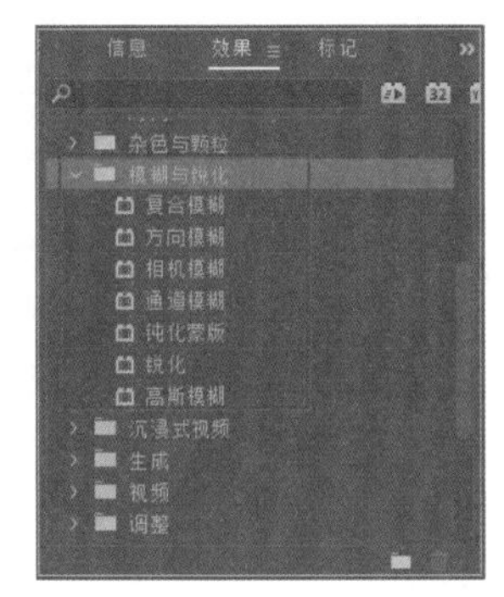

图 6-42

1. 复合模糊

“复合模糊”特效可以使素材产生柔和模糊的效果，如图 6-43 所示。

图 6-43

2. 方向模糊

“方向模糊”特效可以使图像按照指定方向模糊，如图 6-44 所示。

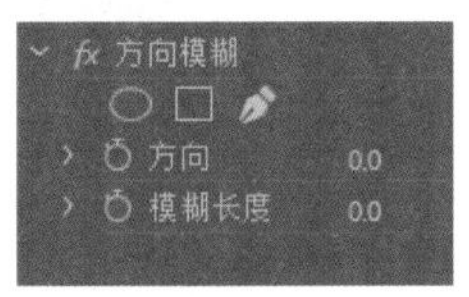

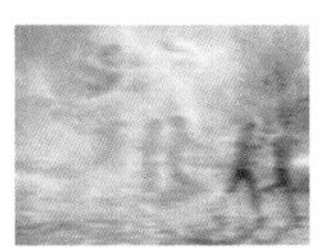

图 6-44

> **技巧与提示：**
>
> 应用“方向模糊”特效，可以制作出快速移动的效果。

3. 相机模糊

“相机模糊”特效可以使图像产生类似拍摄时没有对准焦点的“虚焦”模糊的效果，如图 6-45 所示。

图 6-45

4. 通道模糊

“通道模糊”特效可以对素材图像的红、绿、蓝或 Alpha 通道单独进行模糊处理，如图 6-46 所示。

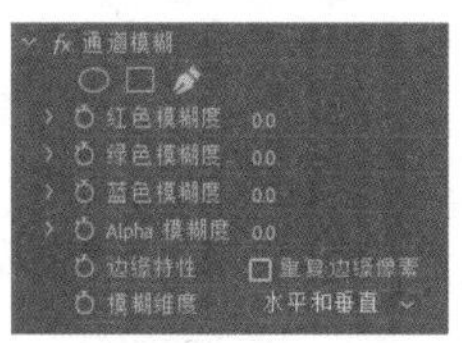

图 6-46

5. 钝化蒙版

“钝化蒙版”特效可以通过调整像素之间的颜色差异，改善画面效果。

6. 锐化

“锐化”特效可以通过增强相邻像素之间的对比度，使图像变得更加清晰，如图 6-47 所示。

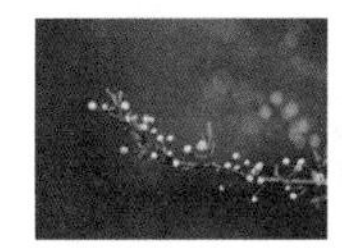
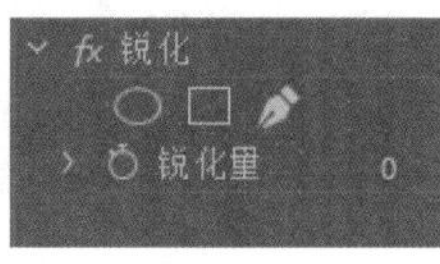

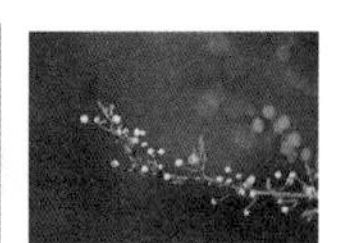

图 6-47

> **技巧与提示：**
>
> “锐化量”参数值越大，画面锐化强度越大，产生的过度锐化会使画面看起来生硬、杂乱，因此在使用该特效时要注意画面的效果。

7. 高斯模糊

“高斯模糊”特效可以使图像产生不同程度的虚化效果，如图 6-48 所示。

图 6-48

6.3.9　沉浸式视频

“沉浸式视频”文件夹中的特效可以通过把高分辨率的立体投影技术、三维计算机图形技术和音响技术等有机地结合在一起，来营造一种较高感官体验的虚拟环境。该文件夹中包含了 11 种视频效果，如图 6-49 所示。

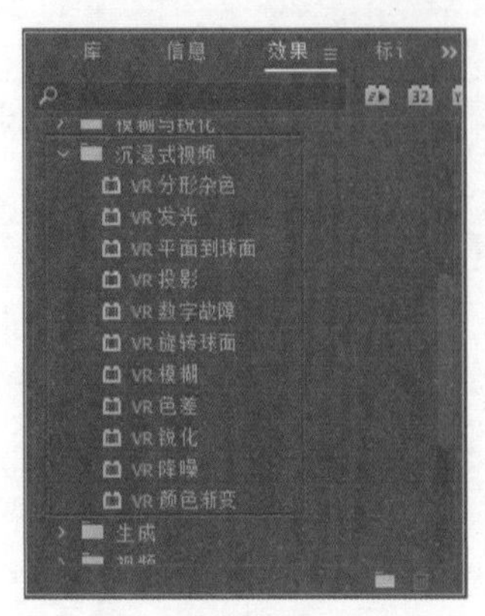

图 6-49

1.VR 分形杂色

“VR分形杂色”特效可以使画面出现杂色的效果，如图 6-50 所示。

图 6-50

2.VR 发光

“VR发光”特效可以使图像产生一种发光的效果，如图 6-51 所示。

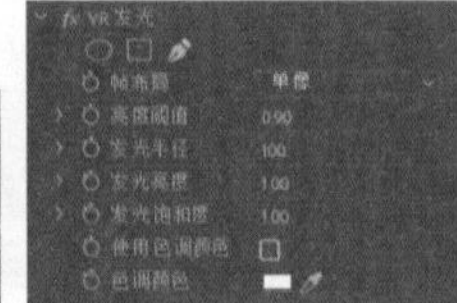

图 6-51

3.VR 平面到球面

“VR 平面到球面”特效可以使画面产生立体化球面效果，如图 6-52 所示。

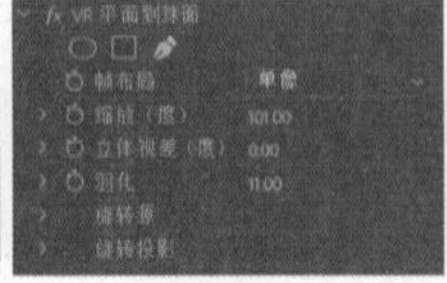

图 6-52

4.VR 投影

“VR 投影”特效可以使画面产生具有立体感的扭曲变形效果，如图 6-53 所示。

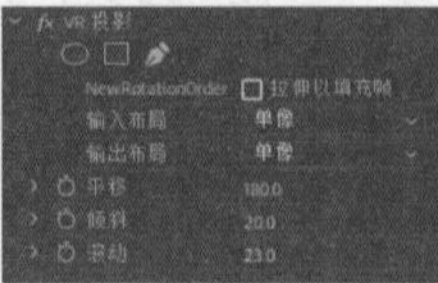

图 6-53

5.VR 数字故障

“VR 数字故障”特效可以使图像画面产生一种类似电视信号点的效果，如图 6-54 所示。

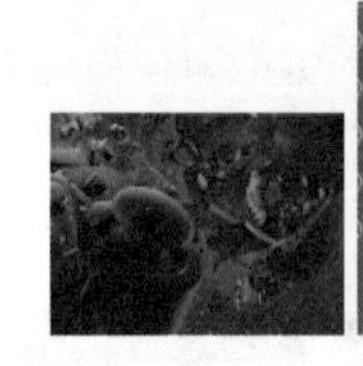
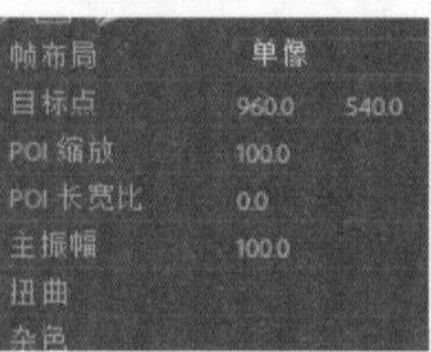

图 6-54

6.VR 旋转球面

“VR 旋转球面”特效可以使画面产生球面旋转变形的效果，如图 6-55 所示。

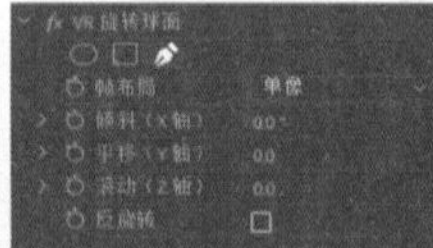

图 6-55

7.VR 模糊

“VR 模糊”特效可以使画面产生不同程度虚化的效果，如图 6-56 所示。

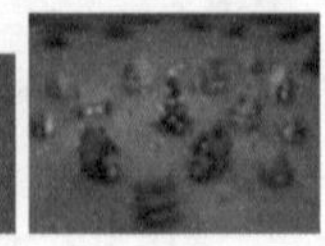

图 6-56

8.VR 色差

“VR 色差”特效可以通过调节图像的红、绿、蓝色差来改善画面效果，如图 6-57 所示。

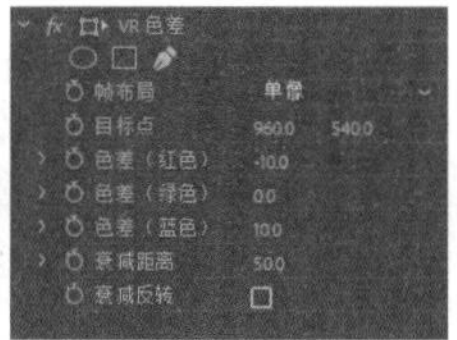

图 6-57

9.VR 锐化

“VR 锐化”特效可以使图像变得更加清晰，如图 6-58 所示。

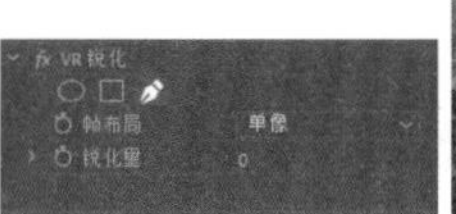

图 6-58

10.VR 降噪

“VR 降噪”特效可以降低画面噪点，使画面柔化，如图 6-59 所示。

图 6-59

11.VR 颜色渐变

“VR 颜色渐变”特效可以混合画面颜色，从而产生一种颜色渐变效果，如图 6-60 所示。

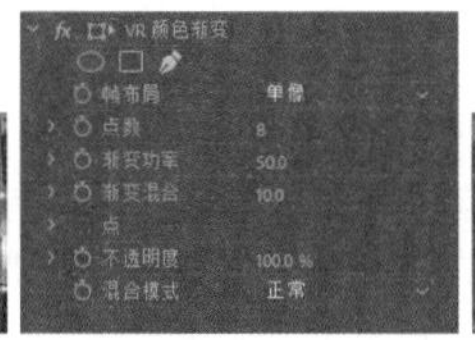
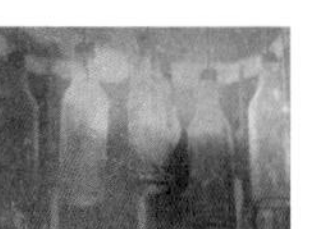

图 6-60

6.3.10　生成效果

“生成”文件夹中的特效主要是对光和填充颜色的处理，使画面具有光感和动感。该文件夹中包含了 12 种视频效果，如图 6-61 所示。

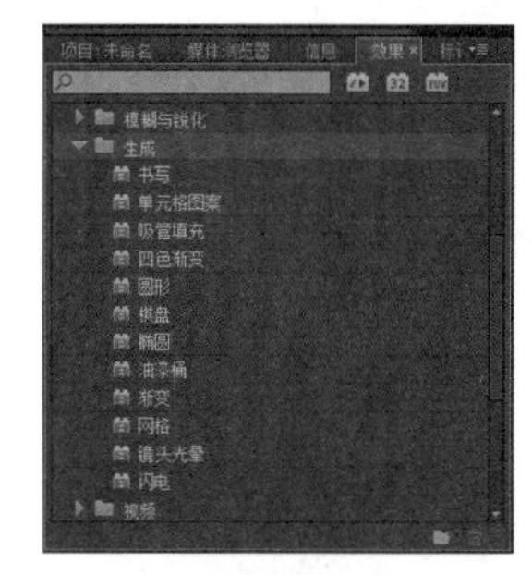

图 6-61

1. 书写

“书写”特效可以在图像上创建类似画笔书写的关键帧动画，效果如图 6-62 所示。

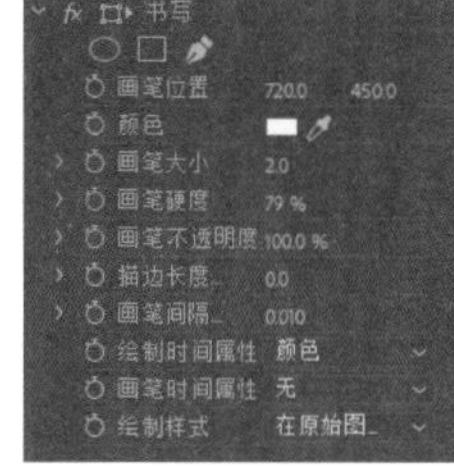

图 6-62

2. 单元格图案

“单元格图案”特效可以在图像上模拟生成不规则单元格的效果，如图 6-63 所示。

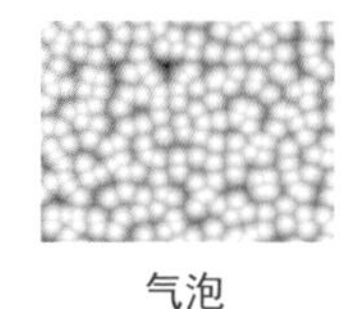
气泡

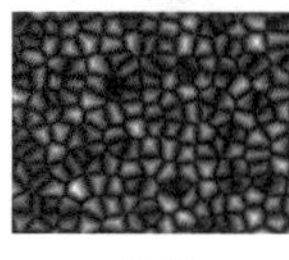
晶体

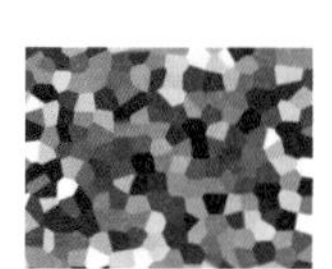
静态板

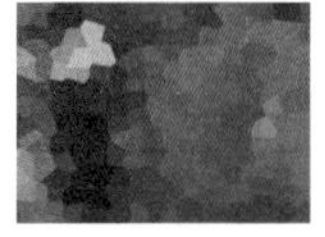
晶格化

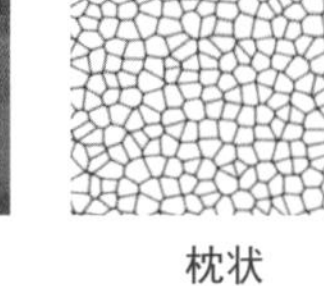
枕状

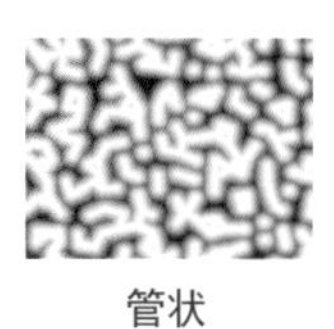
管状

图 6-63

3. 吸管填充

“吸管填充”特效可以提取采样点的颜色来填充整个画面，从而得到整体画面的偏色效果，效果如图 6-64 所示。

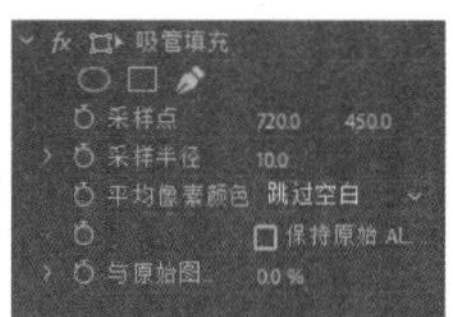

图 6-64

4. 四色渐变

“四色渐变”特效可以设置4种相互渐变的颜色，以此来填充图像，如图6-65所示。

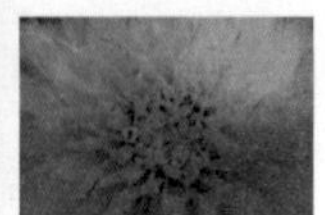

图6-65

5. 圆形

“圆形”特效可以在图像上创建一个自定义的圆形或圆环图案，如图6-66所示。

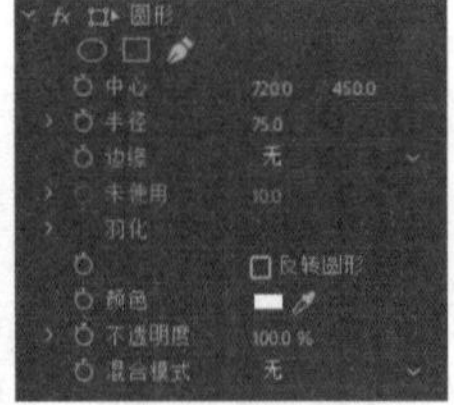

图6-66

6. 棋盘

“棋盘”特效可以在图像上创建一种棋盘格的图案效果，如图6-67所示。

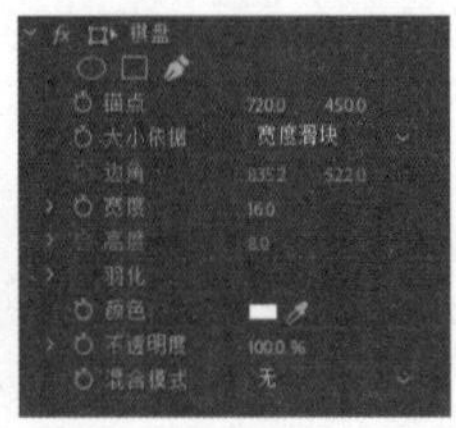

图6-67

7. 椭圆

“椭圆”特效可以在图像上创建一个椭圆形的光圈图案，如图6-68所示。

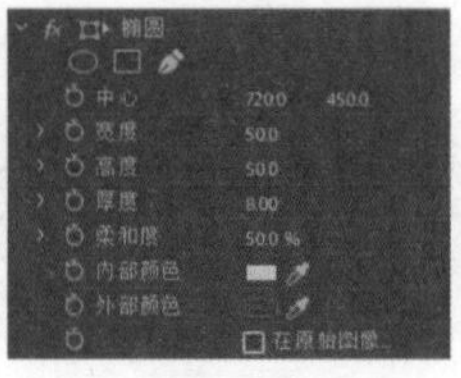

图6-68

8. 油漆桶

“油漆桶”特效可以将图像上指定区域的颜色用另外一种颜色来代替，效果如图6-69所示。

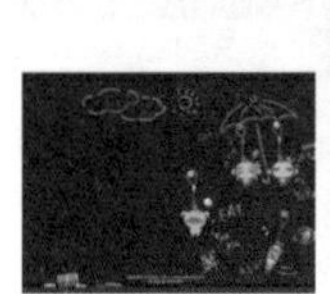
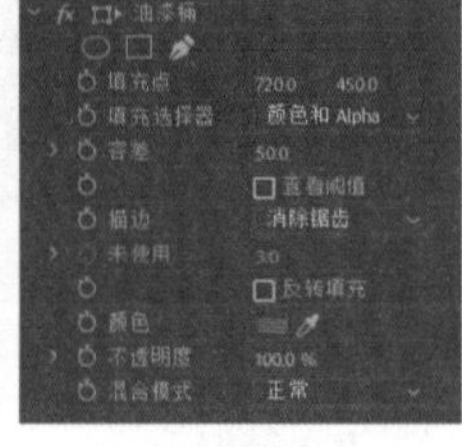
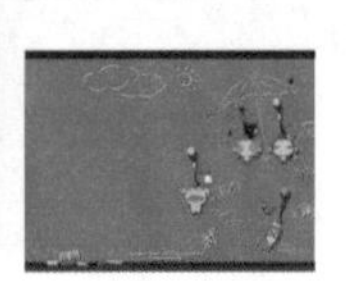

图6-69

9. 渐变

“渐变”特效可以在图像上叠加一个双色渐变填充的蒙版效果，如图6-70所示。

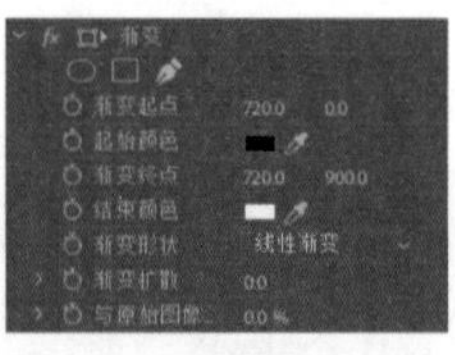

图6-70

10. 网格

“网格”特效可以在图像上创建自定义的网格效果，如图6-71所示。

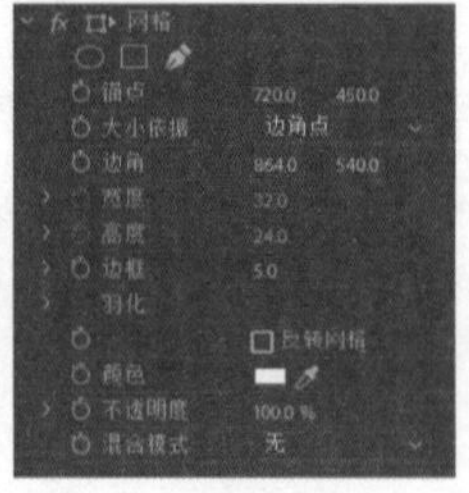
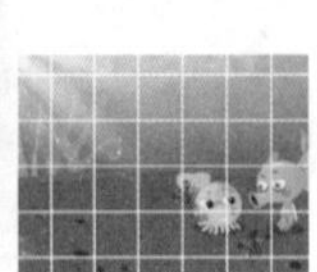

图6-71

11. 镜头光晕

“镜头光晕”特效可以在画面中模拟出相机镜头拍摄的强光折射效果，如图6-72所示。

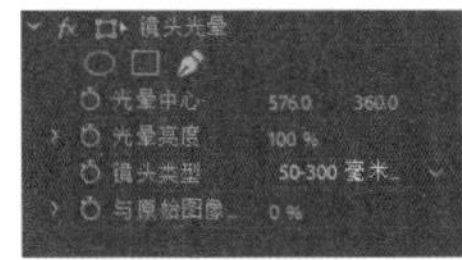

图 6-72

12. 闪电

“闪电”特效可以在图像上产生类似闪电或火花的效果，如图6-73所示。

图 6-73

6.3.11　视频效果

“视频”文件夹中的特效主要用来模拟视频信号的电子变动。该文件夹中包含4种特效，如图6-74所示。

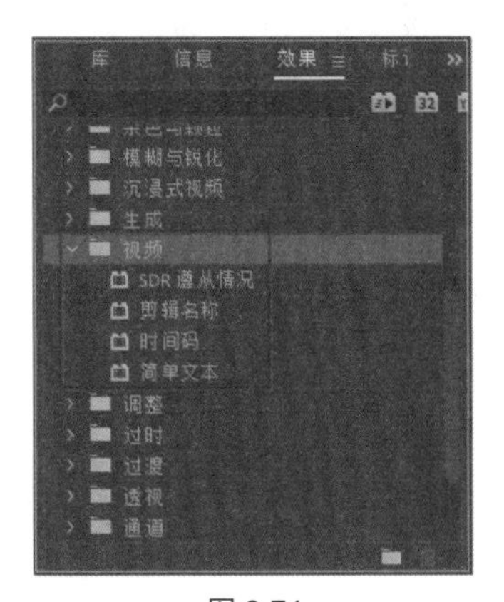

图 6-74

1.SDR 遵从情况

“SDR遵从情况”特效可以用来提升画面图像的清晰度和明亮度。

2. 剪辑名称

“剪辑名称”特效可以在“节目”监视器面板中播放素材时，在屏幕中显示该素材剪辑的名称，效果如图6-75所示。

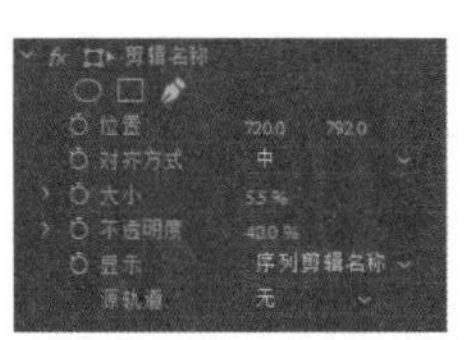

图 6-75

3. 时间码

“时间码”特效可以将时间码“录制”到影片中，以便在“节目”监视器面板中显示，效果如图6-76所示。

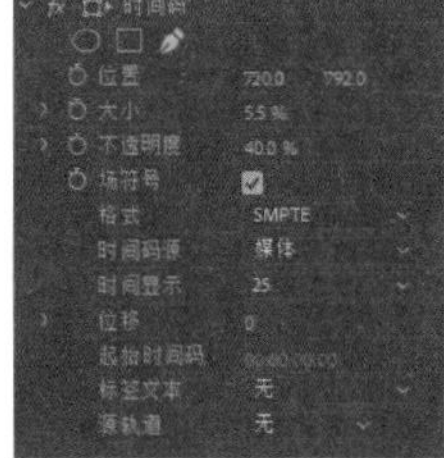

图 6-76

4. 简单文本

“简单文本”特效可以在素材图像上方添加简单的文字效果，通过“效果控件”面板可以调整文字内容和基本格式。

6.3.12　调整效果

在“调整”文件夹中的特效主要用来调整素材的颜色，其中包含5种视频特效，如图6-77所示。

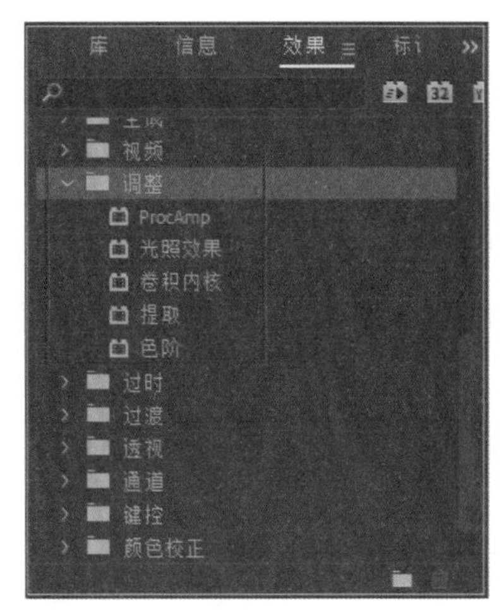

图 6-77

1.ProcAmp

ProcAmp（调色）特效可以调整视频的亮度、对比度、色相、饱和度以及拆分百分比，效果如图 6-78 所示。

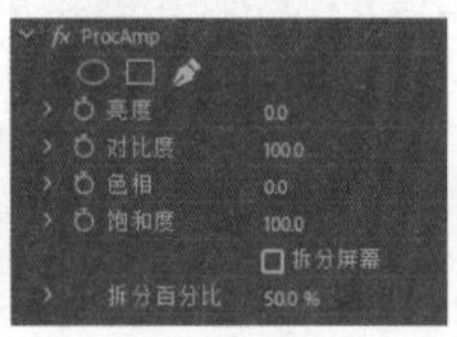

图 6-78

2. 光照效果

“光照效果”特效可以为图像添加照明效果，如图 6-79 所示。

图 6-79

> **技巧与提示：**
>
> “光照效果”视频特效可以制作出多个灯光照射的效果，也可以制作出聚光灯照射的效果。

3. 卷积内核

“卷积内核”特效可以调整图像的亮度和清晰度，如图 6-80 所示。

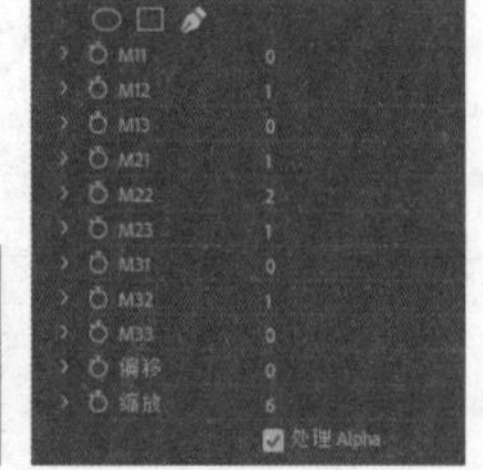

图 6-80

4. 提取

“提取”特效可以将素材的颜色转换成黑白色，如图 6-81 所示。

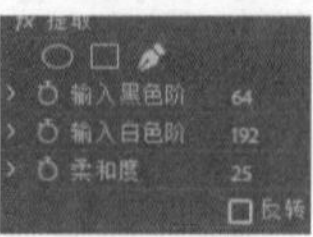

图 6-81

5. 色阶

“色阶”特效可以调整图像的色阶，如图 6-82 所示。

图 6-82

6.3.13 过时效果

“过时”文件夹中的特效主要用于调整素材的颜色，其中包含 10 种视频特效，如图 6-83 所示。

图 6-83

1.RGB 曲线

“RGB 曲线”特效可以调整图像的红、绿、蓝通道和主通道的曲线，从而调节 RGB 色彩值，如图 6-84 所示。

> **技巧与提示：**
>
> 在设置“RGB 曲线”特效的曲线参数时，在需要添加控制点的曲线位置单击即可。

2.RGB 颜色校正器

“RGB 颜色校正器”特效可以通过修改 RGB 参数来改变图像的颜色和亮度，效果如图 6-85 所示。

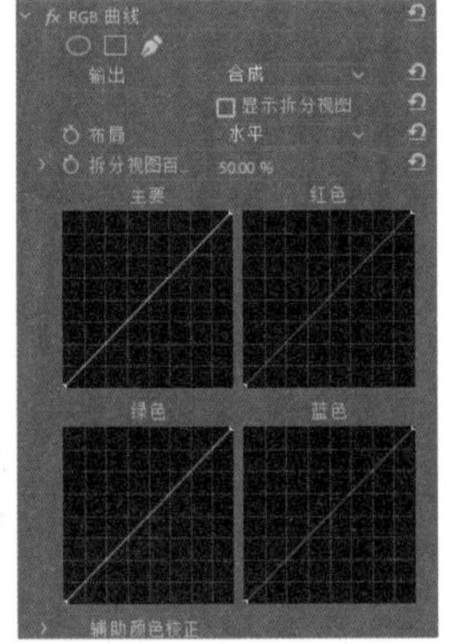

图 6-84

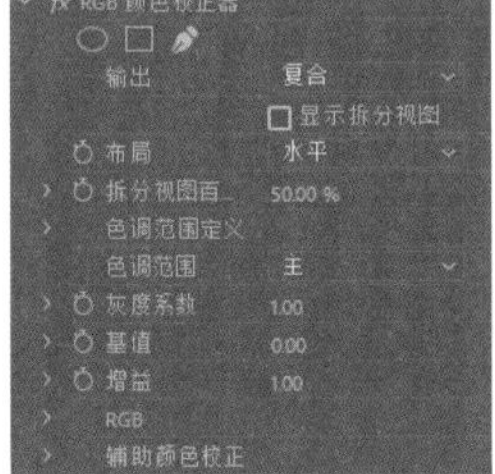

图 6-85

3. 三向颜色校正器

“三向颜色校正器”特效可以通过调整阴影、中间调和高光来调节颜色，效果如图 6-86 所示。

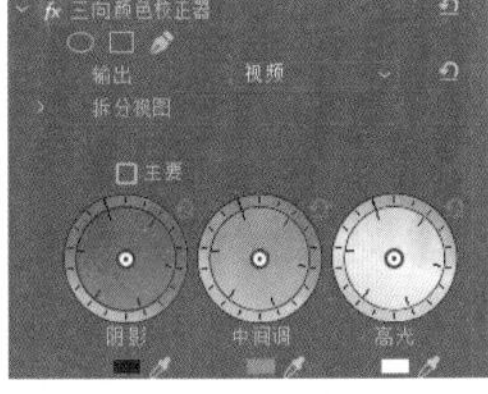

图 6-86

4. 亮度曲线

“亮度曲线”特效可以通过调整亮度值的曲线来调节图像的亮度值，效果如图 6-87 所示。

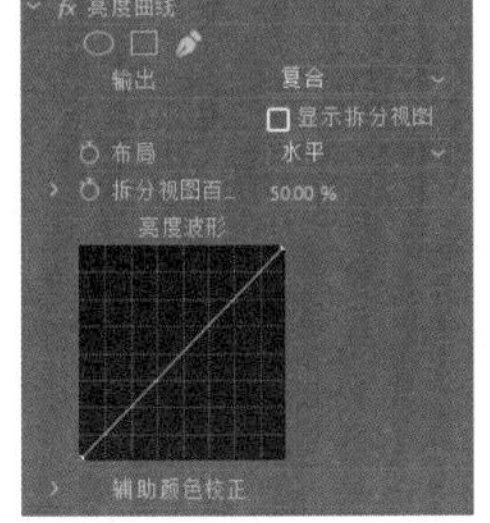

图 6-87

5. 亮度校正器

“亮度校正器”特效可以调整图像的亮度，如图 6-88 所示。

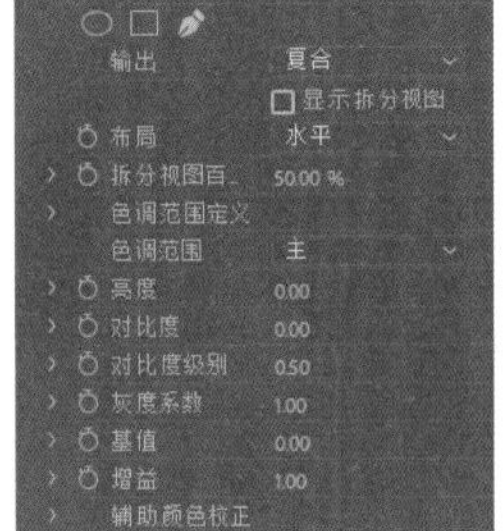

图 6-88

6. 快速颜色校正器

“快速颜色校正器”特效可以快速调整图像的颜色，如图 6-89 所示。

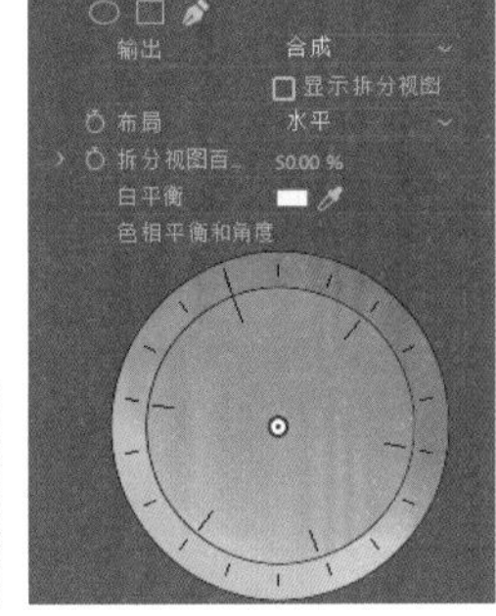

图 6-89

7. 自动对比度

“自动对比度”特效可以快速校正素材颜色的对比度，效果如图 6-90 所示。

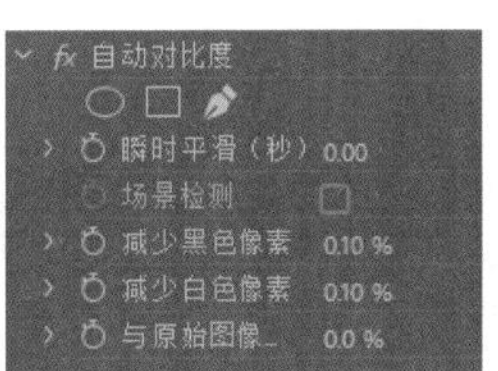

图 6-90

8. 自动色阶

“自动色阶”特效可以快速校正素材颜色的色阶亮度，效果如图 6-91 所示。

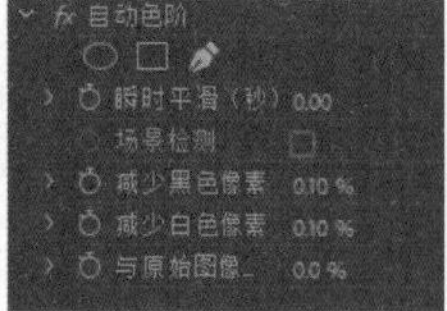

图 6-91

9. 自动颜色

“自动颜色”特效可以快速校正素材颜色，效果如图 6-92 所示。

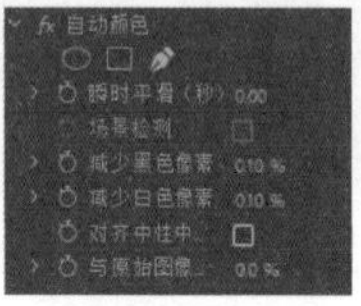

图 6-92

10. 阴影 / 高光

“阴影 / 高光”特效可以处理图像的逆光效果，如图 6-93 所示。

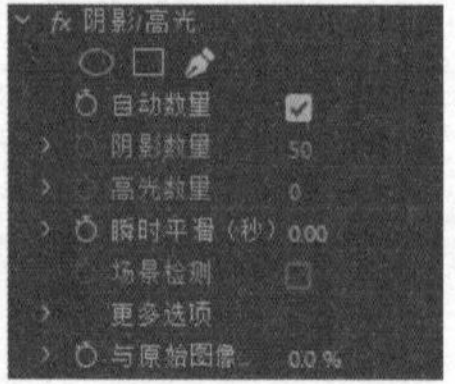

图 6-93

6.3.14 过渡效果

“过渡”文件夹中的特效与“效果”面板的“视频过渡”文件夹中的特效类似，不同的是，该文件夹中的特效默认持续时间长度是整个素材范围。该文件夹中包含了 5 种视频过渡效果，如图 6-94 所示。

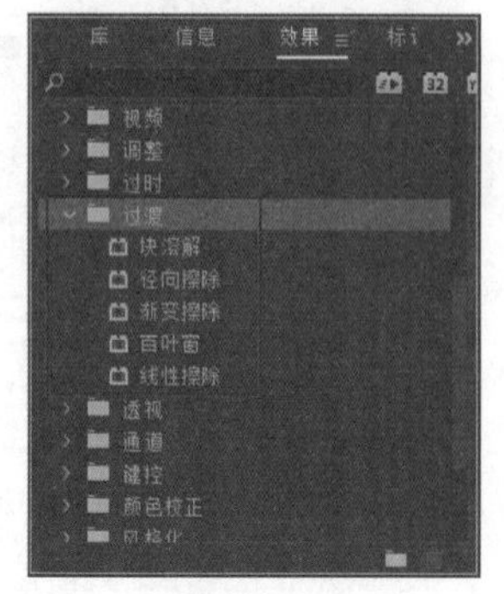

图 6-94

1. 块溶解

“块溶解”特效可以在图像上生成随机块，然后使素材消失在随机块中，效果如图 6-95 所示。

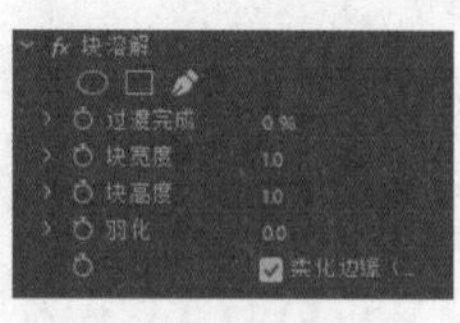

图 6-95

2. 径向擦除

“径向擦除”特效可以以指定的点为中心，以旋转的方式逐渐将图像擦除，如图 6-96 所示。

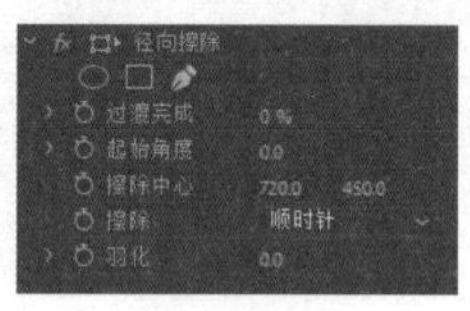

图 6-96

3. 渐变擦除

“渐变擦除”特效可以基于亮度值将两个素材进行渐变切换，如图 6-97 所示。

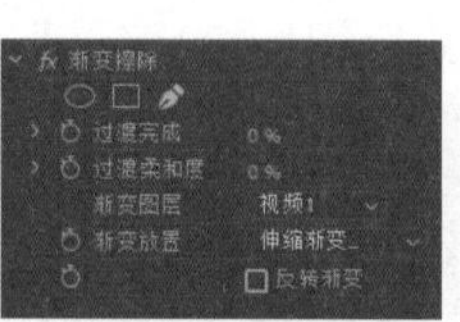

图 6-97

4. 百叶窗

“百叶窗”特效可以用类似百叶窗的条纹蒙版逐渐遮挡住原素材，并显示出新素材，如图 6-98 所示。

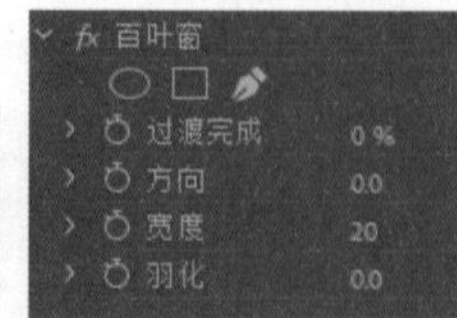

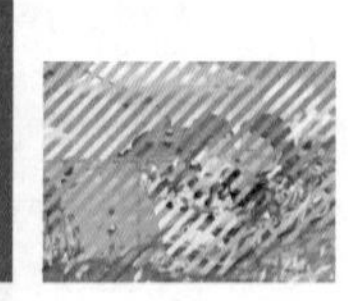

图 6-98

5. 线性擦除

“线性擦除”特效可以通过线条滑动的方式，擦除原素材，显示出下方的新素材，如图 6-99 所示。

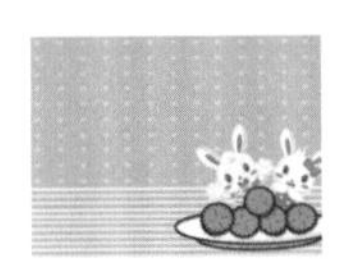
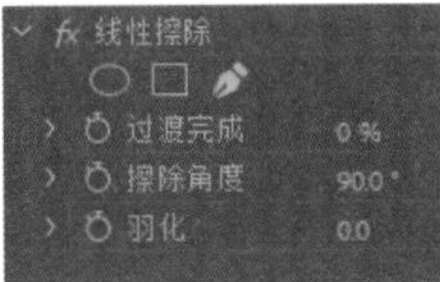

图 6-99

6.3.15　透视效果

“透视”文件夹中的特效可以为图像添加深度，使图像看起来有立体感，该文件夹包含 5 种视频透视效果，如图 6-100 所示。

图 6-100

1. 基本 3D

“基本 3D”特效是将图像放置在一个虚拟的三维空间中，为图像创建旋转和倾斜效果，如图 6-101 所示。

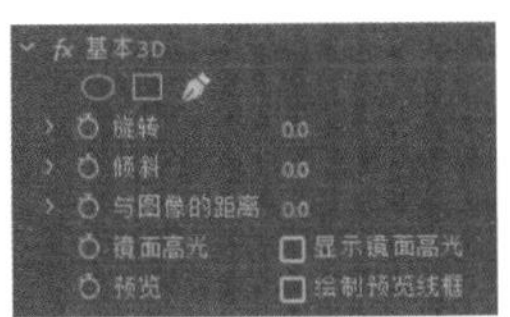

图 6-101

2. 投影

“投影”特效可以为图像创建阴影效果，如图 6-102 所示。

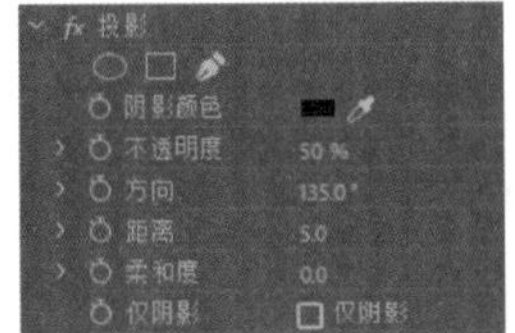

图 6-102

3. 放射阴影

“放射阴影”特效可以为图像添加一个点光源，使阴影投射到下层素材上，效果如图 6-103 所示。

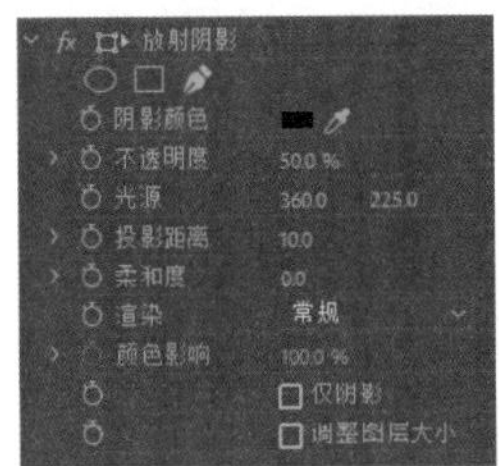

图 6-103

4. 斜角边

“斜角边”特效可以在图像四周产生立体斜边效果，如图 6-104 所示。

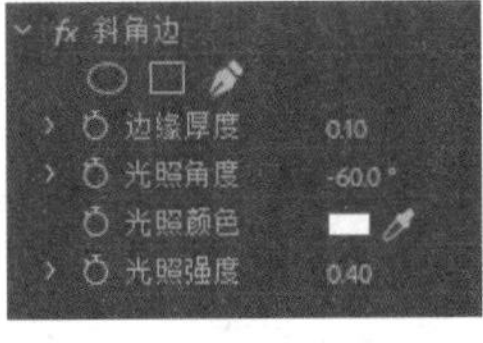

图 6-104

5. 斜面 Alpha

“斜面 Alpha”特效可以使图像的 Alpha 通道倾斜，使二维图像看起来具有三维效果，如图 6-105 所示。

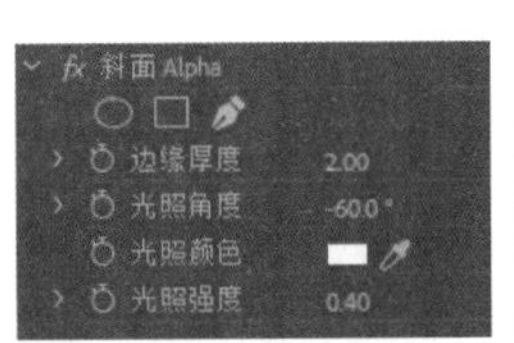

图 6-105

6.3.16　通道效果

“通道”文件夹中的特效可以对素材的通道进行处理，达到调整图像颜色、色阶等颜色属性的效果。该文件夹中包含 7 种效果，如图 6-106 所示。

1. 反转

“反转”特效可以将图像中的颜色反转成相应的互补色，效果如图 6-107 所示。

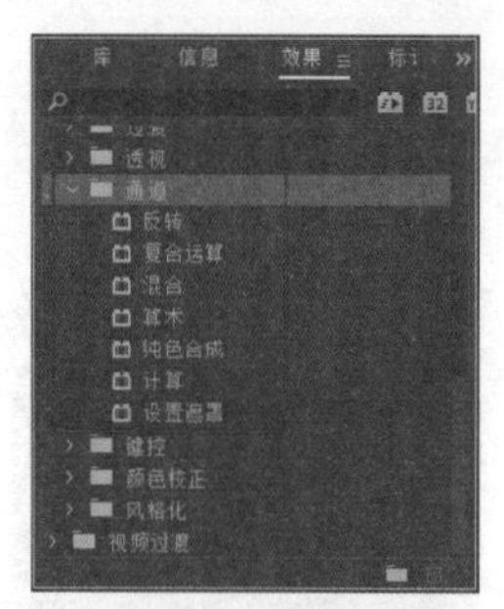

图 6-106

图 6-107

2. 复合运算

“复合运算”特效可以使用数学运算的方式创建图层的组合效果，如图 6-108 所示。

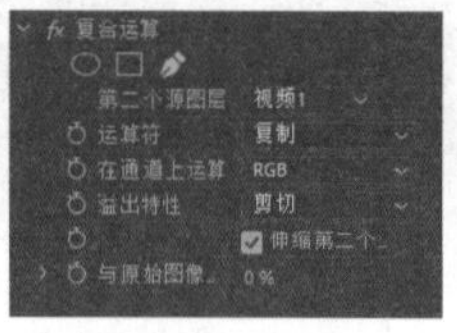

图 6-108

3. 混合

“混合”特效可以将指定轨道的图像混合，效果如图 6-109 所示。

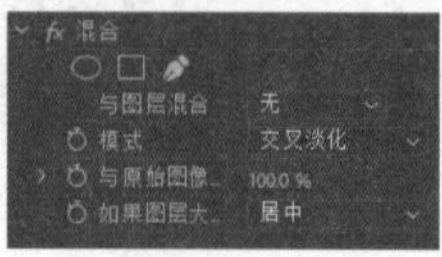

图 6-109

4. 算术

“算术”特效可以对图像的色彩通道进行算术运算，效果如图 6-110 所示。

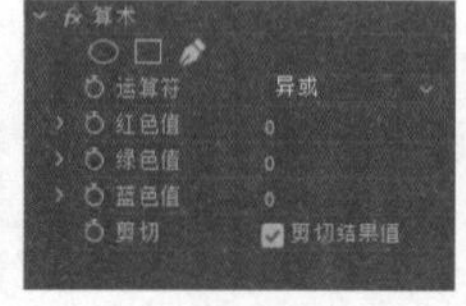

图 6-110

5. 纯色合成

“纯色合成”特效可以将一种颜色覆盖在素材上，将它们以不同的方式混合，效果如图 6-111 所示。

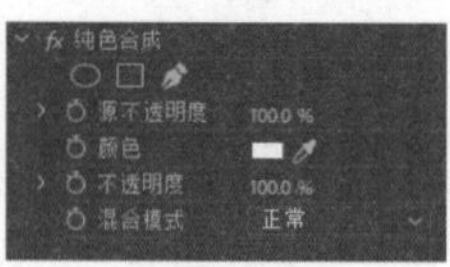

图 6-111

6. 计算

“计算”特效可以通过混合指定的通道和各种混合模式的设置，从而调整图像颜色的效果，如图 6-112 所示。

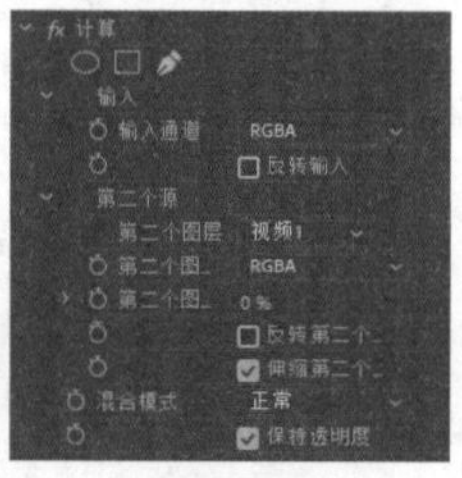

图 6-112

7. 设置遮罩

“设置遮罩”特效是通过当前层的 Alpha 通道取代指定层的 Alpha 通道，从而创建移动蒙版的效果，如图 6-113 所示。

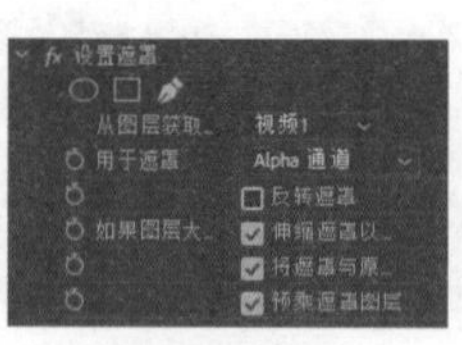

图 6-113

6.3.17 颜色校正效果

“颜色校正”文件夹中的特效主要用于对图像颜色的校正。该文件夹包含 12 种视频效果，如图 6-114 所示。

1.ASC CDL

ASC CDL 特效由美国电影摄影协会的技术委员会开发，可用于对画面图像进行基础调色。

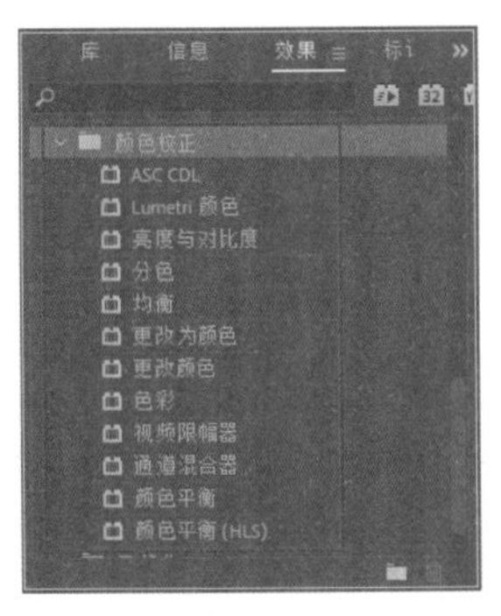

图 6-114

2.Lumetri 颜色

Lumetri 特效颜色可以链接外部 Lumetri Looks 颜色分级引擎，对图像颜色进行校正。Premiere Pro CC 2018 中预设了部分 Lumetri Looks 颜色分级引擎的特效，在“效果”面板中可以直接选择应用，效果如图 6-115 所示。

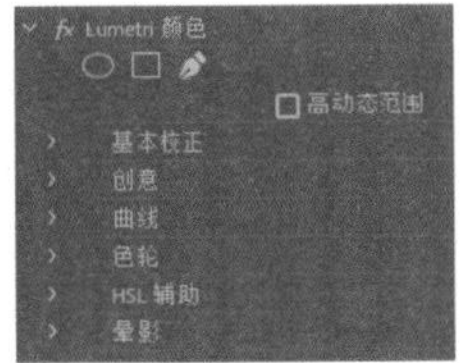

图 6-115

3. 亮度与对比度

“亮度与对比度”特效可以调节图像的亮度和对比度，如图 6-116 所示。

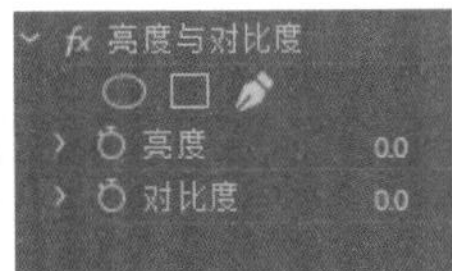

图 6-116

4. 分色

“分色”特效可以仅保留图像中的一种色彩，将其他色彩变为灰度色，如图 6-117 所示。

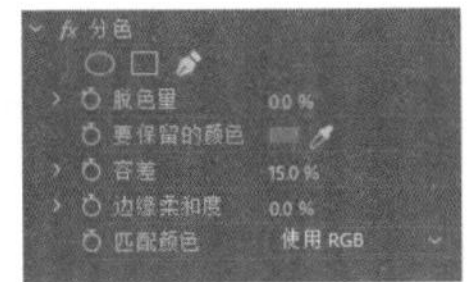

图 6-117

> **技巧与提示：**
>
> 将“容差”参数值设置得大一些，可以使制作的画面具有一定的色彩过渡效果。

5. 均衡

“均衡”特效可以对图像中的颜色值和亮度进行平均化处理，效果如图 6-118 所示。

图 6-118

6. 更改为颜色

“更改为颜色”特效可以将图像中选定的一种颜色更改为其他的颜色，如图 6-119 所示。

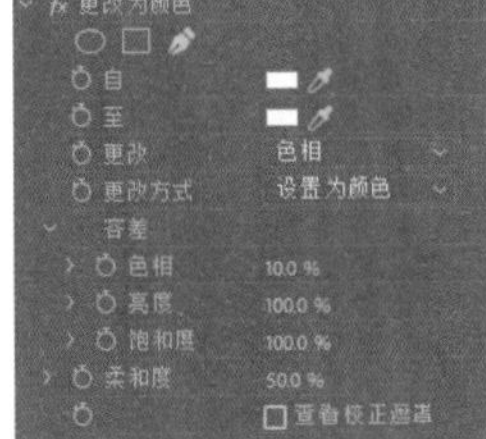

图 6-119

7. 更改颜色

“更改颜色”特效可以选定图像中的某种颜色，更改其色相、饱和度和亮度等，效果如图 6-120 所示。

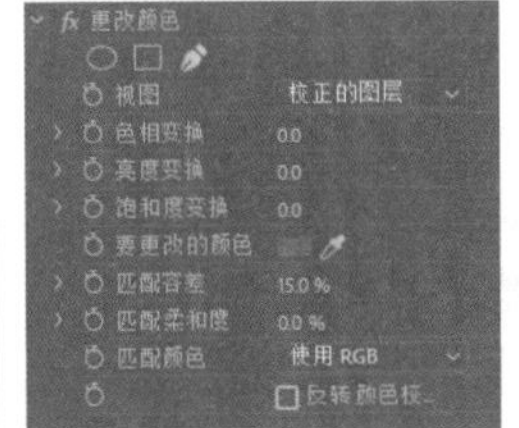

图 6-120

8. 色彩

“色彩”特效可以将图像中的黑白色映射成其他颜色，效果如图 6-121 所示。

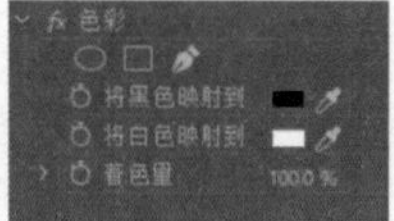

图 6-121

9. 视频限幅器

“视频限幅器”特效可以为图像的色彩限定范围，效果如图 6-122 所示。

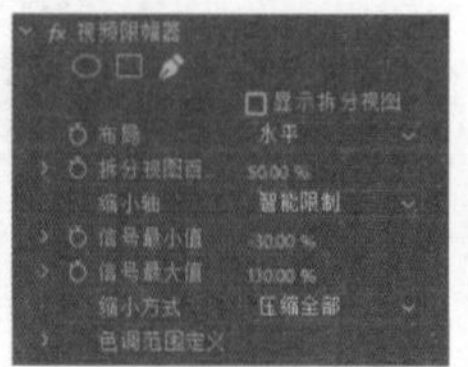

图 6-122

10. 通道混合器

“通道混合器”特效可以通过将图像的不同颜色通道进行混合，达到调整颜色的目的，效果如图 6-123 所示。

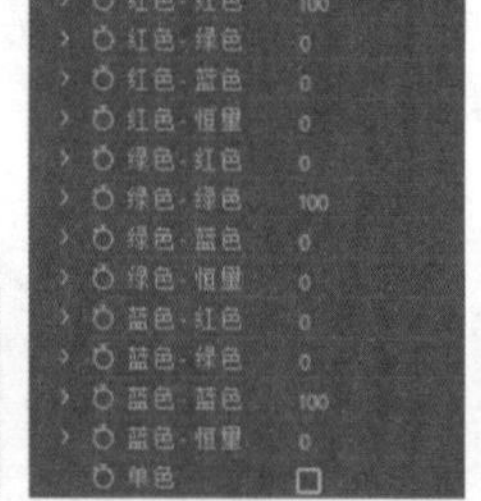

图 6-123

11. 颜色平衡

“颜色平衡”特效可以分别对不同颜色通道的阴影、中间调和高光范围进行调整，使图像颜色更平衡，效果如图 6-124 所示。

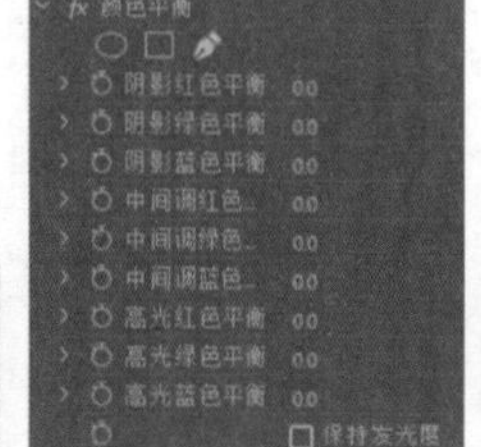

图 6-124

12. 颜色平衡（HLS）

“颜色平衡（HLS）”特效可以分别对不同颜色通道的色相、亮度和饱和度进行调整，使图像颜色更平衡，效果如图 6-125 所示。

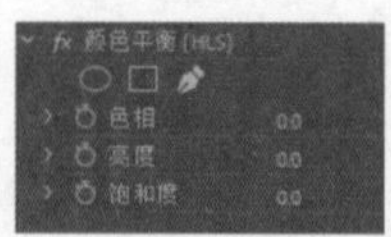

图 6-125

6.3.18 风格化效果

“风格化”文件夹中的特效主要用于对图像进行艺术化处理，而不会进行重大的扭曲。该文件夹中包含了 13 种视频效果，如图 6-126 所示。

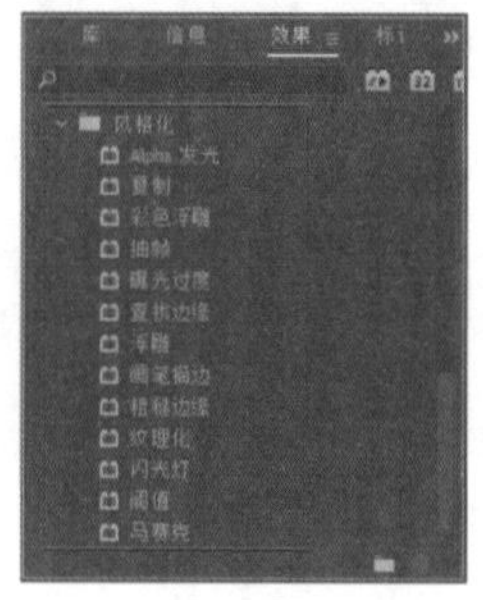

图 6-126

1.Alpha 发光

“Alpha 发光”特效是在图像的 Alpha 通道中生成向外的发光效果，如图 6-127 所示。

图 6-127

2. 复制

“复制”特效可以在画面中将图像复制，效果如图 6-128 所示。

图 6-128

3. 彩色浮雕

“彩色浮雕”特效可以将图像处理成浮雕效果，但不移除图像颜色，如图 6-129 所示。

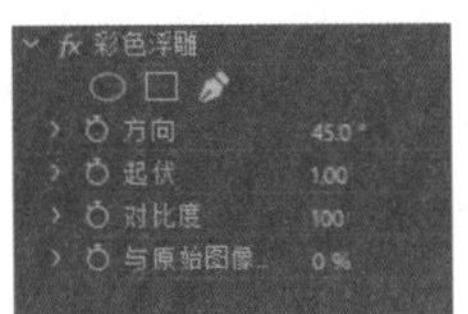

图 6-129

4. 抽帧

“抽帧”特效可以通过改变图像画面的色彩层次来改变图像颜色的效果，如图 6-130 所示。

图 6-130

5. 曝光过度

“曝光过度”特效可以将图像调整为类似相机曝光过度的效果，如图 6-131 所示。

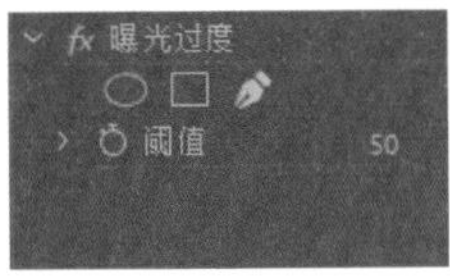

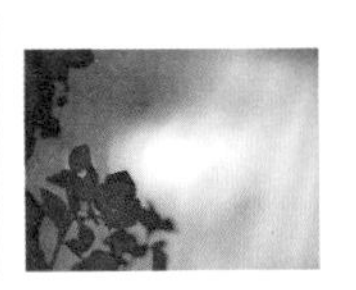

图 6-131

6. 查找边缘

“查找边缘”特效可以通过查找对比度高的区域，将其以线条方式进行边缘勾勒，如图 6-132 所示。

图 6-132

7. 浮雕

“浮雕”特效可以使图像产生浮雕效果，并且去除颜色，效果如图 6-133 所示。

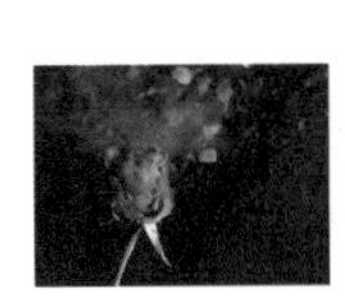
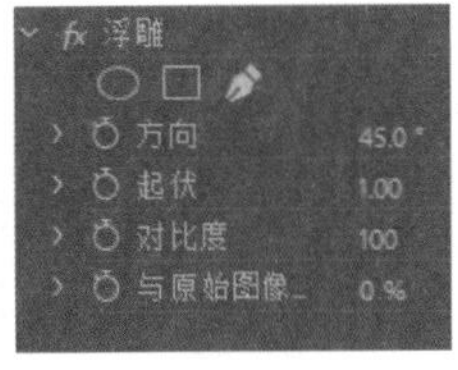

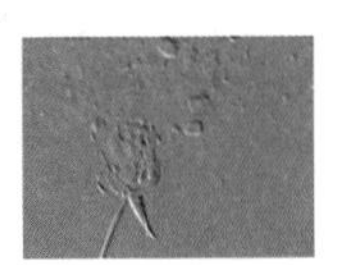

图 6-133

8. 画笔描边

“画笔描边”特效可以模仿画笔绘图的效果，如图 6-134 所示。

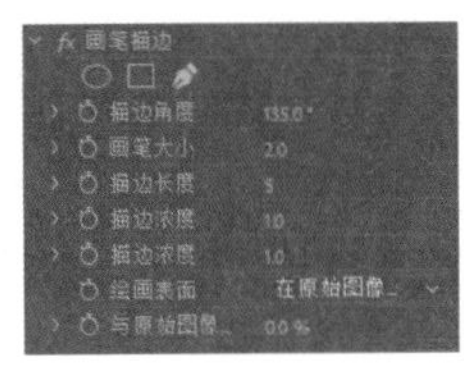

图 6-134

9. 粗糙边缘

“粗糙边缘”特效可以使图像边缘粗糙化，如图 6-135 所示。

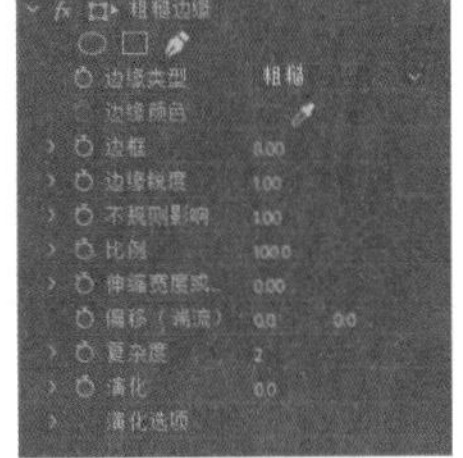
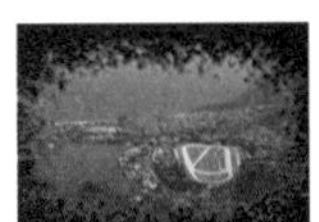

图 6-135

10. 纹理化

“纹理化”特效可以在当前图层中创建指定图层的浮雕纹理，效果如图 6-136 所示。

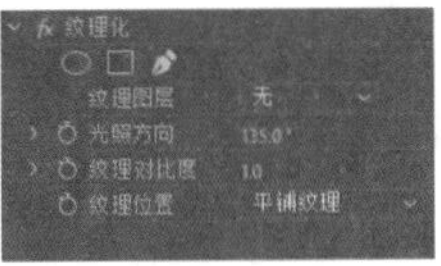

图 6-136

11. 闪光灯

“闪光灯”特效可以在指定时间的帧画面中创建闪烁效果，如图 6-137 所示。

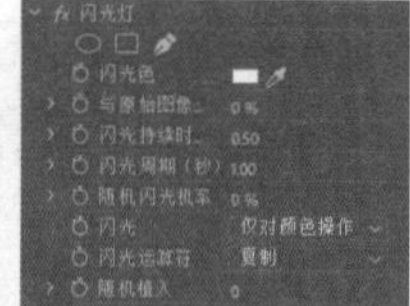
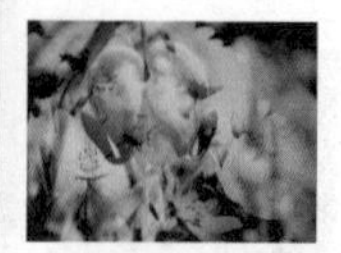

图 6-137

12. 阈值

"阈值"特效可以调整阈值，将图像变成黑白模式，效果如图 6-138 所示。

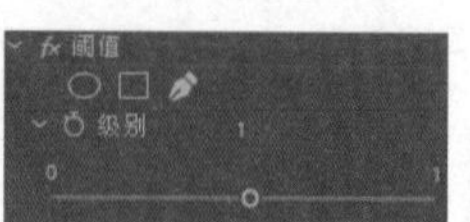

图 6-138

13. 马赛克

"马赛克"特效可以在画面上生成马赛克效果，如图 6-139 所示。

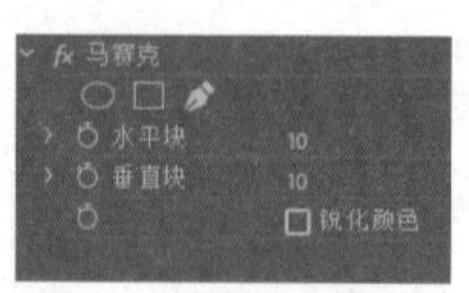

图 6-139

6.3.19 实战——变形画面

下面通过实例来介绍视频效果的应用与操作方法。

视频文件： 下载资源 \ 视频 \ 第 6 章 \6.3.19 实战——变形画面 .mp4

源 文 件： 下载资源 \ 源文件 \ 第 6 章 \6.3.19

01 启动 Premiere Pro CC 2018，新建项目和序列。执行"文件" | "导入"命令，弹出"导入"对话框，选择需要导入的素材，单击"打开"按钮，如图 6-140 所示，将素材导入"项目"面板。

图 6-140

02 执行"文件" | "新建" | "颜色遮罩"命令，弹出"新建颜色遮罩"对话框，单击"确定"按钮，如图 6-141 所示。

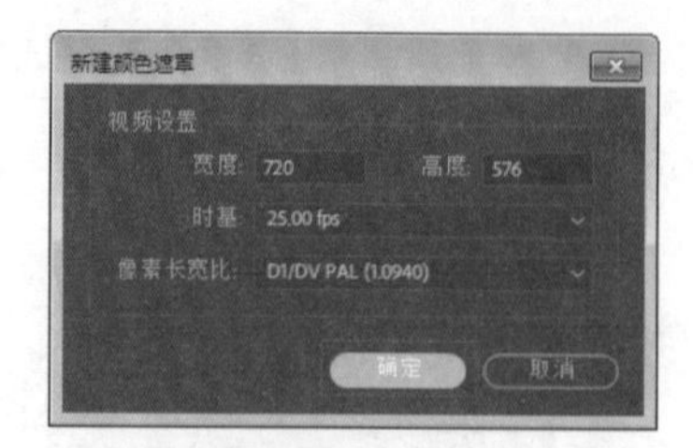

图 6-141

03 弹出"拾色器"对话框，选择白色，单击"确定"按钮，如图 6-142 所示。

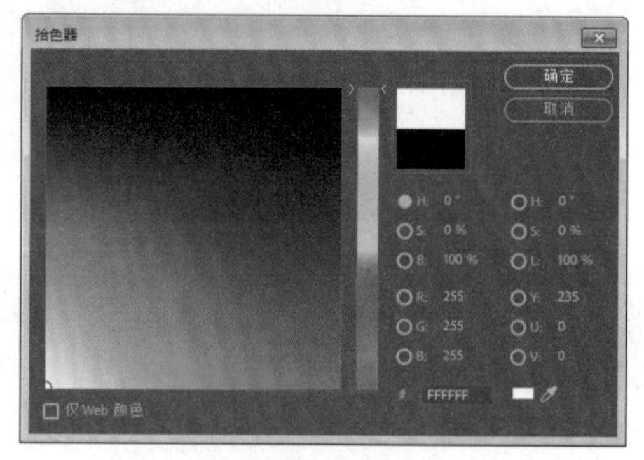

图 6-142

04 弹出"选择名称"对话框，设置素材名称，单击"确定"按钮完成设置，如图 6-143 所示。

图 6-143

05 在"项目"面板中选择"颜色遮罩"素材，将其拖至"时间轴"中，如图 6-144 所示。

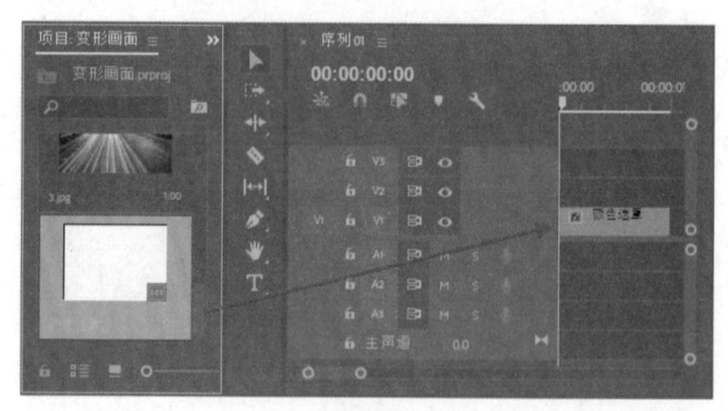

图 6-144

06 选择"时间轴"的"颜色遮罩"素材，右击，在弹出的快捷菜单中执行"速度 / 持续时间"命令，弹出"剪辑速度 / 持续时间"对话框，设置"持续时间"为

00:00:20:00（即 20 秒），单击“确定”按钮完成设置，如图 6-145 所示。

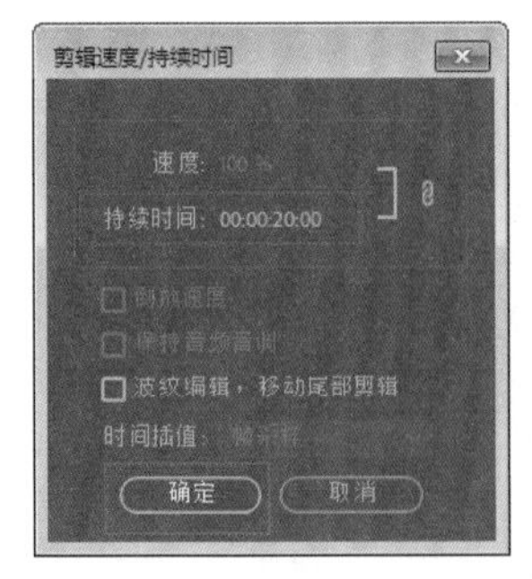

图 6-145

07 在“项目”面板中选择 1.jpg 素材，将其拖至“时间轴”面板的 V3 轨道中，如图 6-146 所示，然后修改其持续时间为 5 秒。

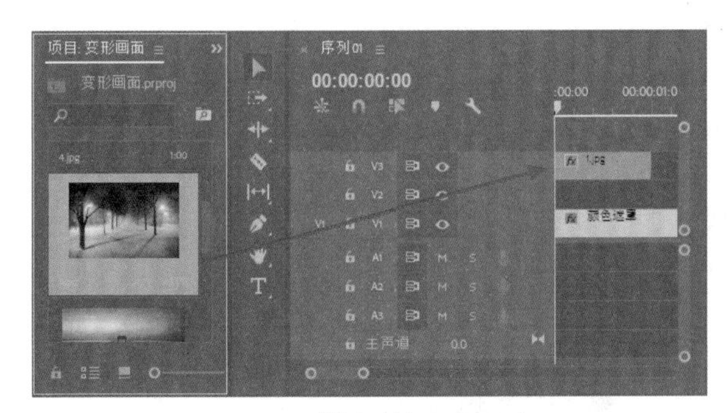

图 6-146

08 打开“效果”面板，展开“视频效果”文件夹和“扭曲”文件夹，选择“球面化”特效，如图 6-147 所示。

图 6-147

09 将“球面化”特效添加到“时间轴”面板中的 1.jpg 素材上，打开“效果控件”面板，设置时间为 00:00:00:00，单击“半径”前的“切换动画”按钮，如图 6-148 所示。

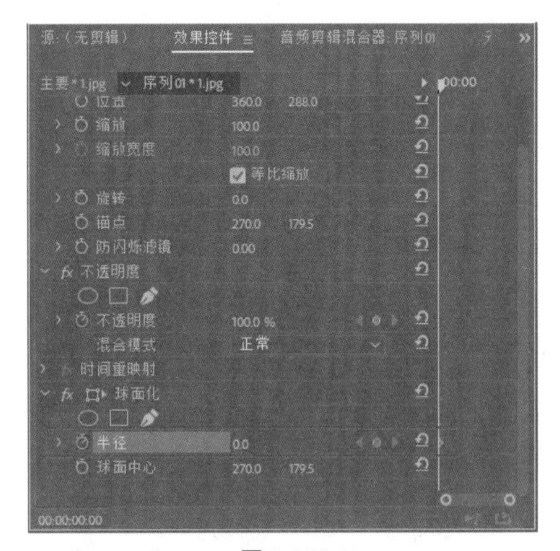

图 6-148

10 在“效果”面板中，选择“扭曲”文件夹中的“边角定位”特效，如图 6-149 所示。

图 6-149

11 将其添加到“时间轴”面板中的 1.jpg 素材上，打开“效果控件”面板，设置时间为 00:00:02:00，激活“左上”“右上”“左下”“右下”前的“切换动画”按钮，并设置球面化特效中的“半径”参数为 956，如图 6-150 所示。

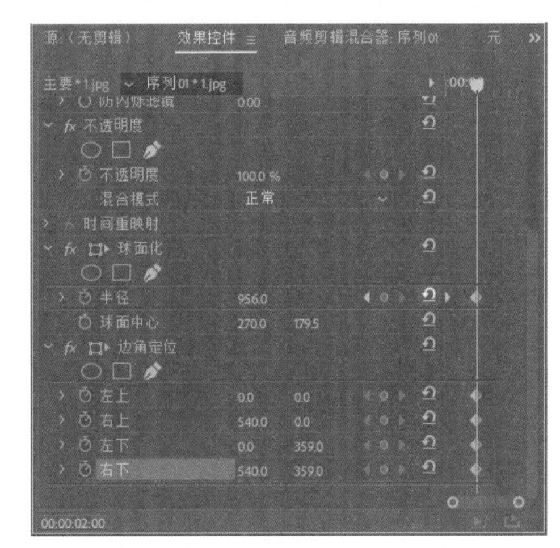

图 6-150

12 在“效果控件”面板中，设置时间为00:00:03:00，设置“半径”参数为0，左上参数为-125、-109，右上参数为664、-109，左下参数为-125、470，右下参数为664、470，如图6-151所示。

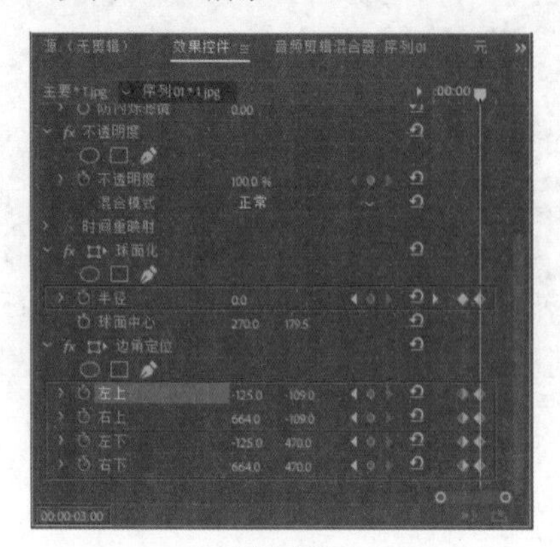

图 6-151

13 打开“效果”面板，展开“视频效果”文件夹，选择“风格化”文件夹中的“纹理化”特效，如图6-152所示。

图 6-152

14 将“纹理化”特效添加到“时间轴”面板中的1.jpg素材上。选择1.jpg素材，打开“效果控件”面板，选择纹理图层为“视频2”，选择“纹理位置”为“伸缩纹理以适合”，设置时间为00:00:04:00，激活“纹理对比度”的“切换动画”按钮，设置“纹理对比度”参数为0，如图6-153所示。

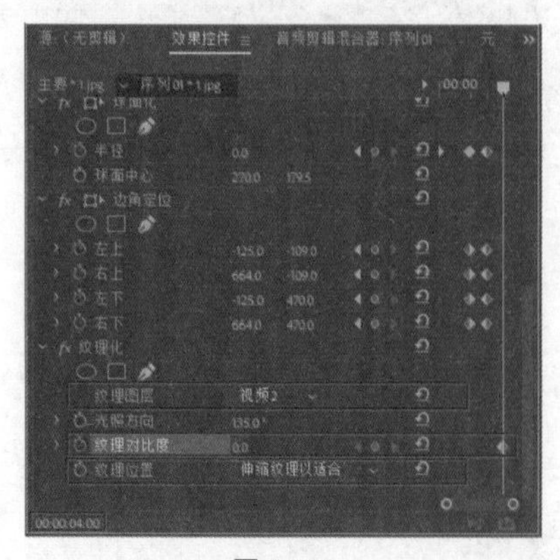

图 6-153

15 设置时间为00:00:04:24，设置“纹理对比度”参数为2，如图6-154所示。

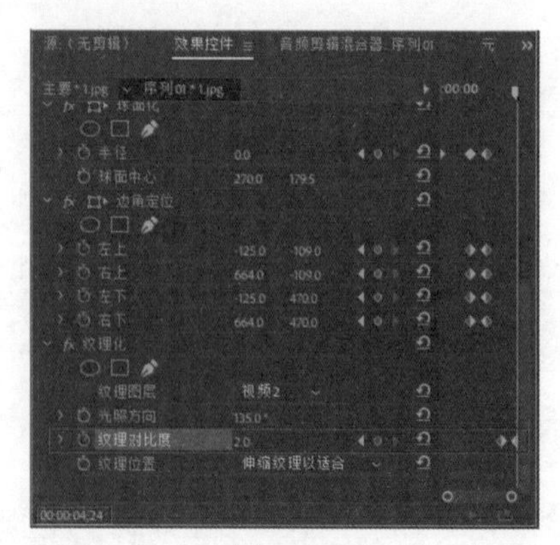

图 6-154

16 在“序列”面板中，将时间指针放置在00:00:04:00位置，将“项目”面板中的2.jpg、3.jpg、4.jpg素材，按3—4—2的顺序分别添加到“时间轴”面板中的V2轨道中，并统一修改持续时间为5秒，如图6-155所示。

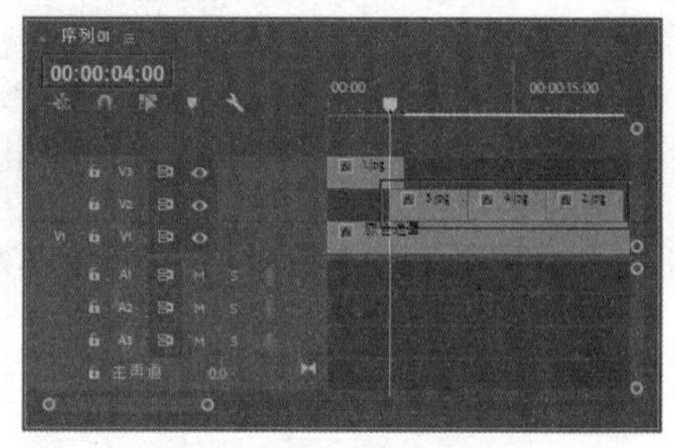

图 6-155

17 选择“时间轴”面板中的3.jpg素材，打开“效果控件”面板，取消选中“等比缩放”复选框，设置“缩放高度”参数为125，“缩放宽度”为115，如图6-156所示。

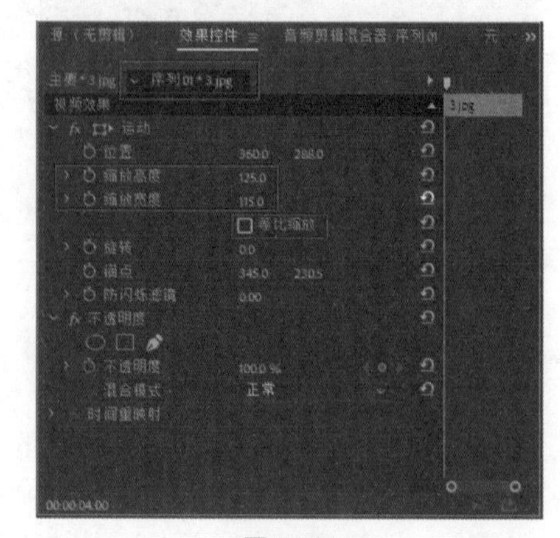

图 6-156

18 打开“效果”面板，展开“视频效果”文件夹，选择“生成”文件夹中的“网格”特效，如图6-157所示。

图 6-157

19 将“网格”特效添加到“时间轴”面板中的 3.jpg 素材上。选择 3.jpg 素材，打开“效果控件”面板，设置时间为 00:00:08:02，设置“大小依据”为“宽度和高度滑块”，“宽度”参数为 50，“高度”参数为 50，“混合模式”为“滤色”。单击“边框”前的“切换动画”按钮，设置“边框”参数为 0，如图 6-158 所示。

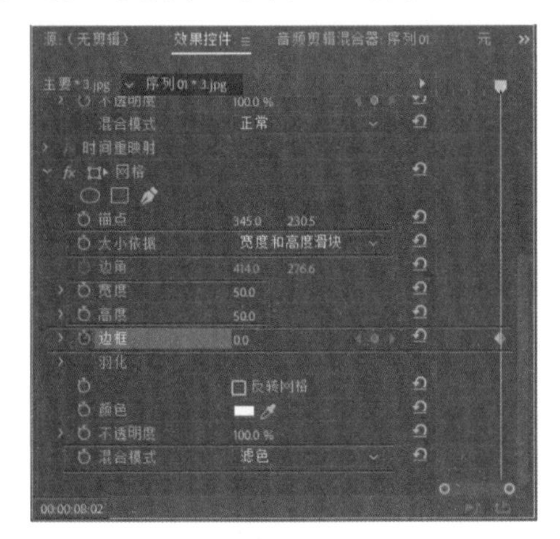

图 6-158

20 在“效果控件”面板中，设置时间为 00:00:08:24，设置“边框”参数为 50，如图 6-159 所示。

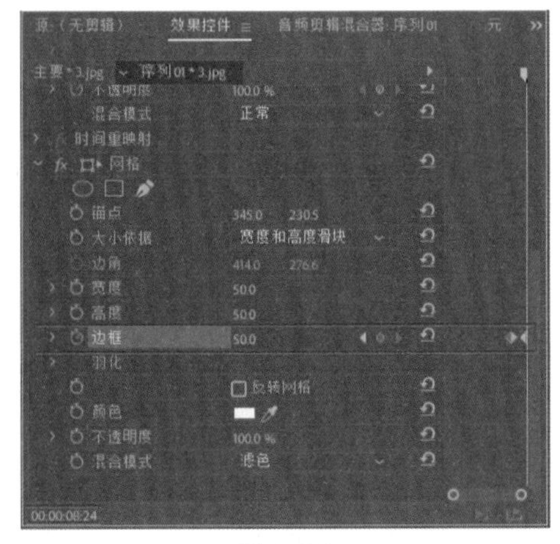

图 6-159

21 打开“效果”面板，展开“视频效果”文件夹和“透视”文件夹，选择“基本 3D”特效，如图 6-160 所示。

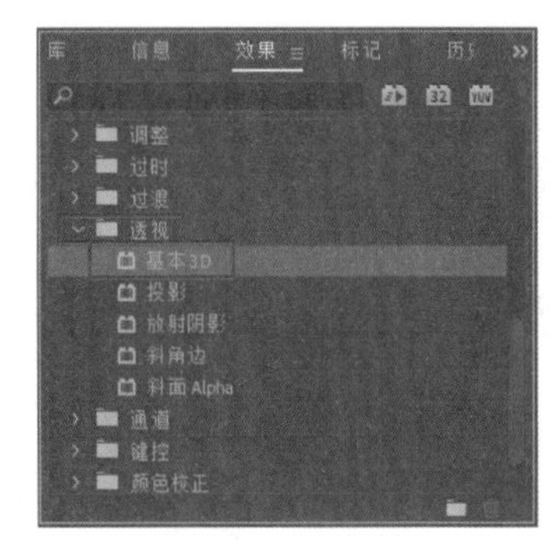

图 6-160

22 将“基本 3D”特效添加到“时间轴”面板中的 4.jpg 素材上。选择该素材，打开“效果控件”面板，设置“缩放”参数为 192。设置时间为 00:00:09:00，激活“旋转”“倾斜”和“与图像的距离”三者前的“切换动画”按钮，然后设置“旋转”参数为 90，“倾斜”参数为 90，“与图像的距离”参数为 50，如图 6-161 所示。

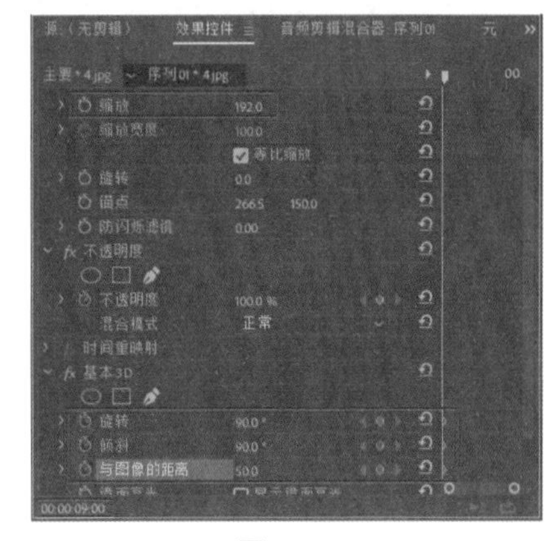

图 6-161

23 在“效果控件”面板中，设置时间为 00:00:10:11，设置“旋转”参数为 0，“倾斜”参数为 0，如图 6-162 所示。

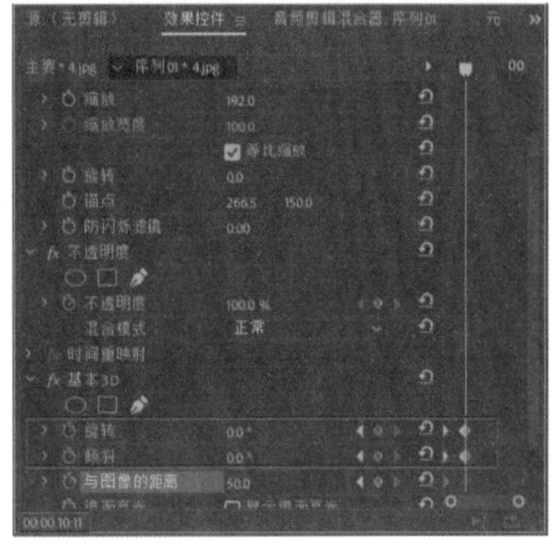

图 6-162

24 设置时间为00:00:11:01，设置“与图像的距离”参数为-20，如图6-163所示。

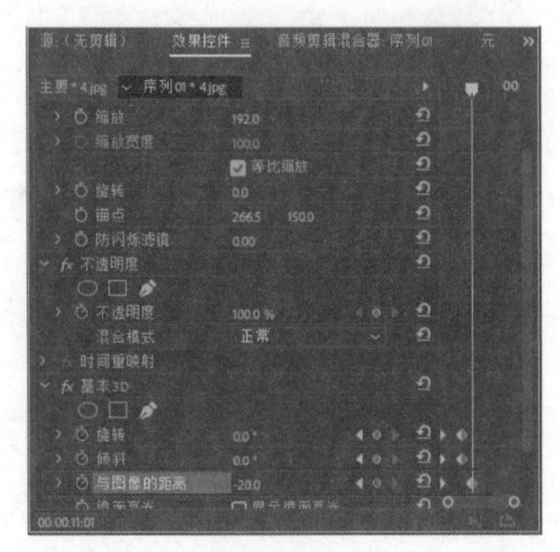

图6-163

25 设置时间为00:00:13:10，单击“与图像的距离”后的“添加/移除关键帧”按钮，添加关键帧，如图6-164所示。

图6-164

26 设置时间为00:00:13:24，设置“与图像的距离”参数为1000，如图6-165所示。

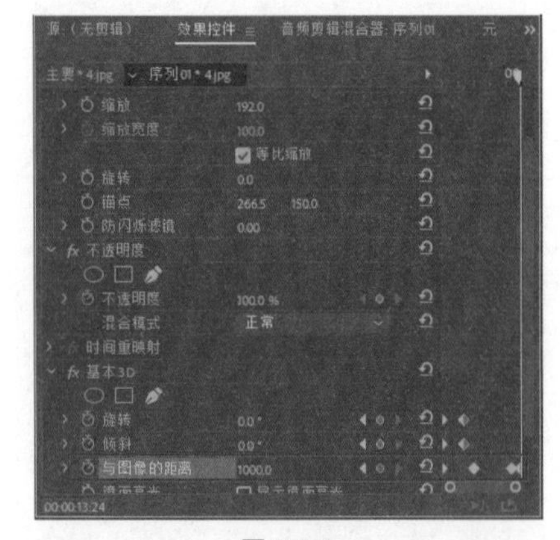

图6-165

27 打开“效果”面板，展开“视频效果”文件夹和“透视”文件夹，选择“基本3D”特效，如图6-166所示。

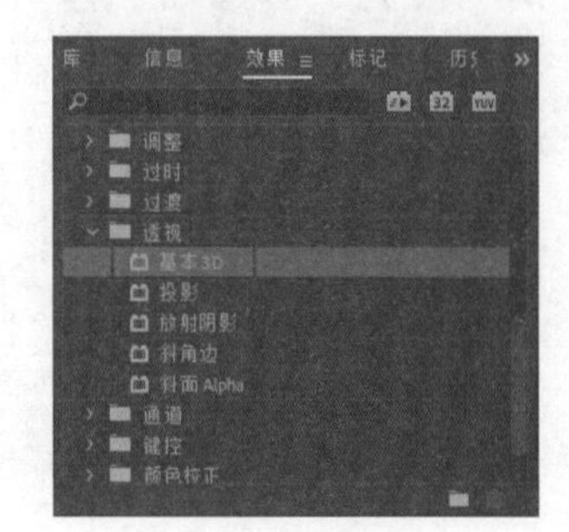

图6-166

28 将“基本3D”特效添加到“时间轴”面板中的2.jpg素材上。选择该素材，打开“效果控件”面板，设置时间为00:00:14:00，单击“缩放”前的“切换动画”按钮，设置“缩放”参数为0。单击“旋转”前的“切换动画”按钮，设置“旋转”参数为90。单击“倾斜”前的“切换动画”按钮，设置“倾斜”参数为90，如图6-167所示。

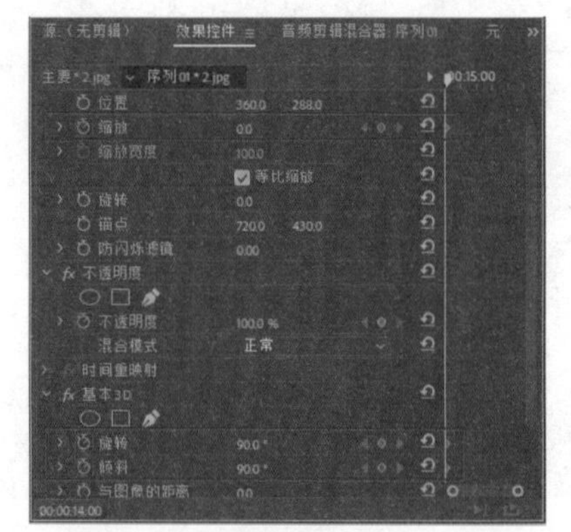

图6-167

29 在“效果控件”面板中，设置时间为00:00:15:05，设置“缩放”参数为67，“旋转”参数为0，“倾斜”参数为0，如图6-168所示。

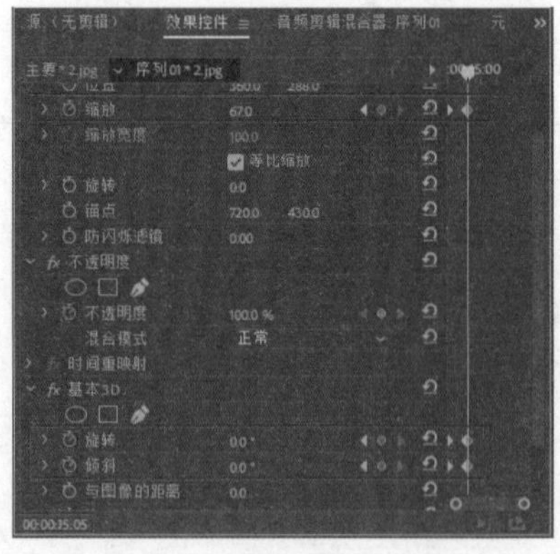

图6-168

30 将鼠标放置在“时间轴”面板中的“颜色遮罩”素材的右侧缘，直到光标变成边缘图标，向左拖动鼠标，使该素材的持续时间更改为 19 秒，如图 6-169 所示。

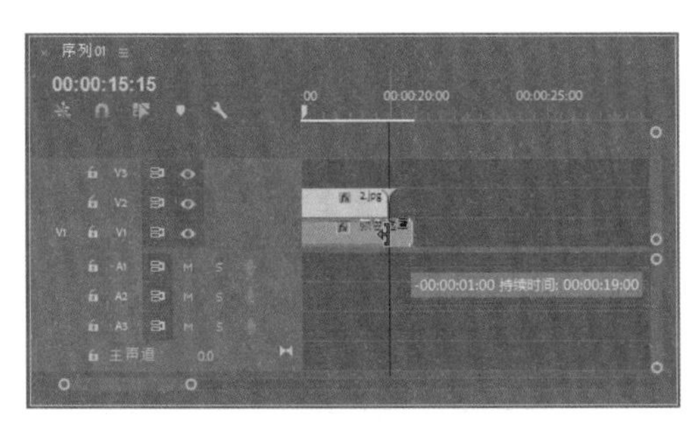

图 6-169

31 按 Enter 键渲染项目，渲染完成后预览效果，如图 6-170 所示。

图 6-170

6.4　综合实例——文字雨

所谓文字雨，就是使文字产生像下雨一样的运动效果。本节将学习如何制作“文字雨”效果。

视频文件：　下载资源 \ 视频 \ 第 6 章 \6.4 综合实例——文字雨 .mp4
源 文 件：　下载资源 \ 源文件 \ 第 6 章 \6.4

01 启动 Premiere Pro CC 2018，在开始页面上单击“新建项目”按钮，弹出“新建项目”对话框，设置项目名称及项目存储位置，单击“确定”按钮，如图 6-171 所示。

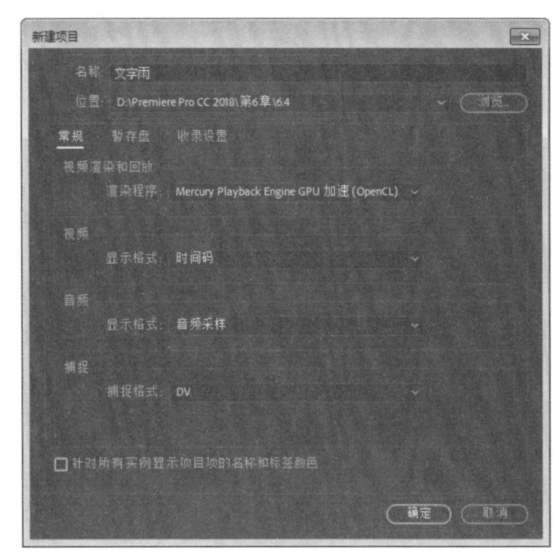

图 6-171

02 执行“文件”|“新建”|“序列”命令，弹出“新建序列”对话框，选择合适的序列预设，单击“确定”按钮完成设置，如图 6-172 所示。

图 6-172

03 执行“文件”|“新建”|“旧版标题”命令，弹出“新建字幕”对话框，单击“确定”按钮，如图 6-173 所示。

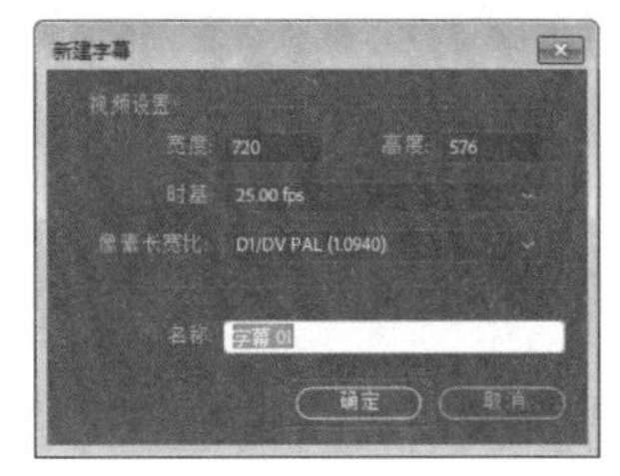

图 6-173

04 弹出“字幕编辑器”面板，单击“滚动/游动选项”按钮，弹出“滚动/游动选项”对话框，选择“滚动”选项，选中“结束于屏幕外”复选框，单击“确定”按钮，如图6-174所示。

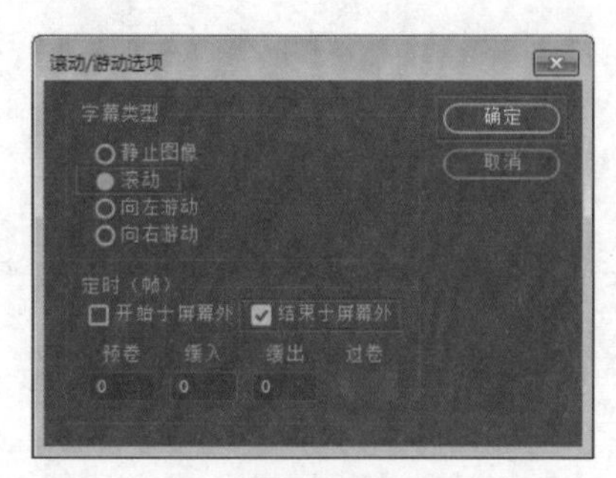

图 6-174

05 单击“垂直文字工具”按钮，在“字幕编辑器”面板中绘制一个大的文本框，随意输入文字，设置适当的字体、字体大小、行距、间距和颜色，如图6-175所示。

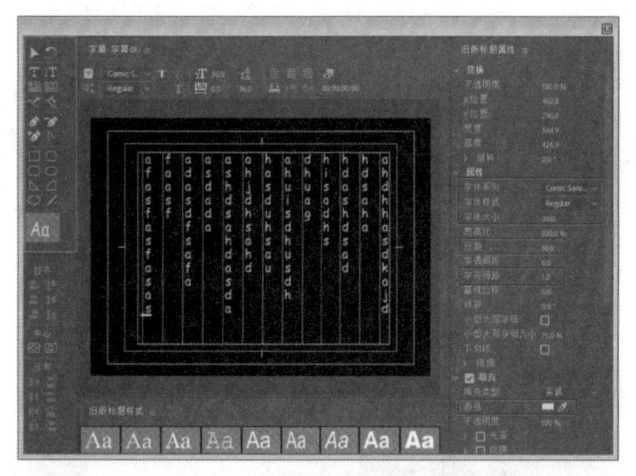

图 6-175

06 关闭“字幕编辑器”面板，在“项目”面板中选择“字幕01”素材，将其拖至“时间轴”中，如图6-176所示，然后修改素材持续时间为5秒。

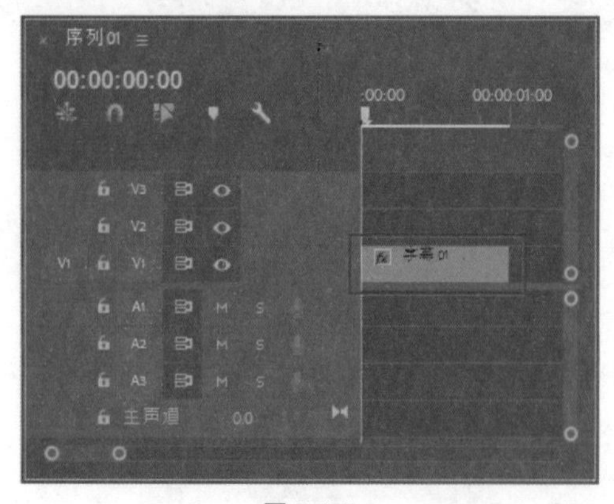

图 6-176

07 打开“效果”面板，展开“视频效果”文件夹，单击展开列表中的“时间”文件夹，选择“残影”特效，如图6-177所示。

图 6-177

08 将“残影”特效添加到字幕素材中，然后选择“时间轴”面板中的“字幕01”素材，打开“效果控件”面板，设置“残影时间（秒）”参数为0.1，“残影数量”参数为5，“起始强度”参数为1，“衰减”参数为0.7，如图6-178所示。

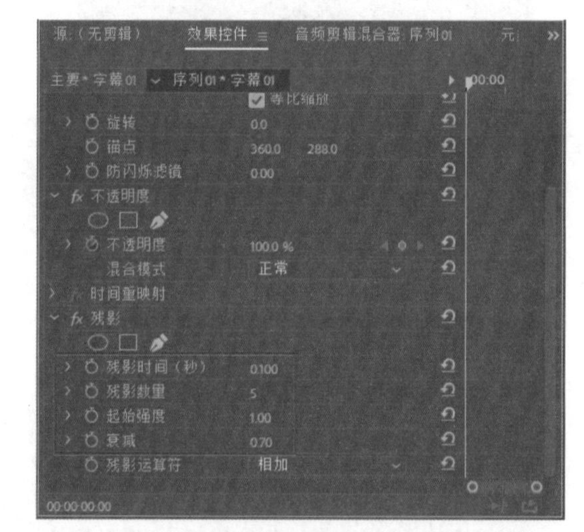

图 6-178

09 执行“文件”|“新建”|“序列”命令，如图6-179所示。

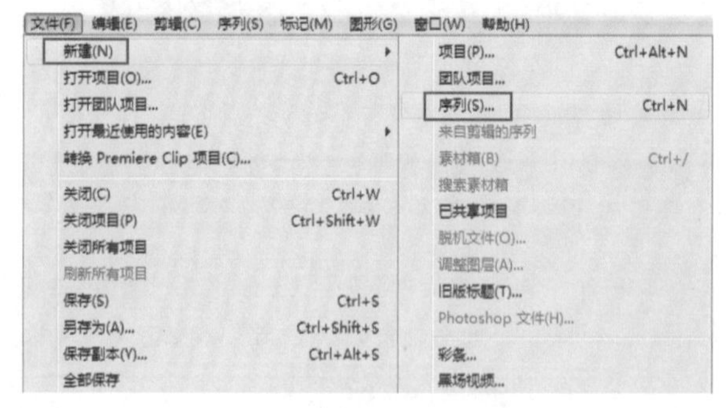

图 6-179

10 弹出“新建序列”对话框，单击“确定”按钮，如图6-180所示，创建第二个序列。

图 6-180

11 在“项目”面板中选择“序列 01”，将其拖至“序列 02”的视频轨中，如图 6-181 所示。

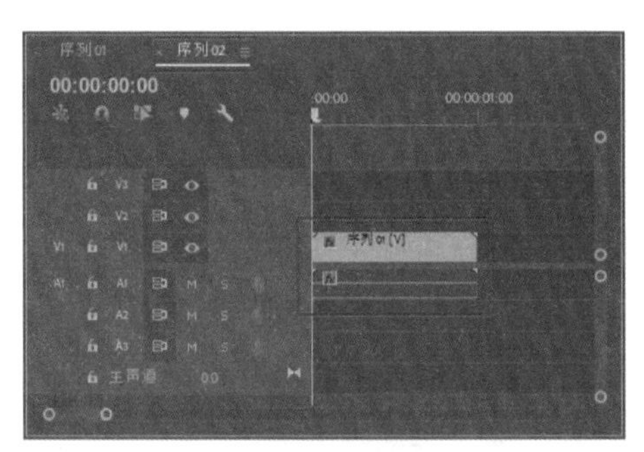

图 6-181

12 执行“剪辑”|“速度 / 持续时间”命令，如图 6-182 所示。弹出“剪辑速度 / 持续时间”对话框，选中“倒放速度”复选框，单击“确定”按钮完成设置，如图 6-183 所示。

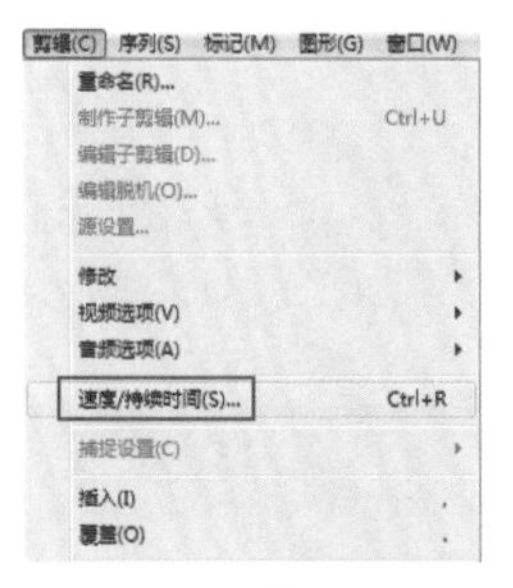

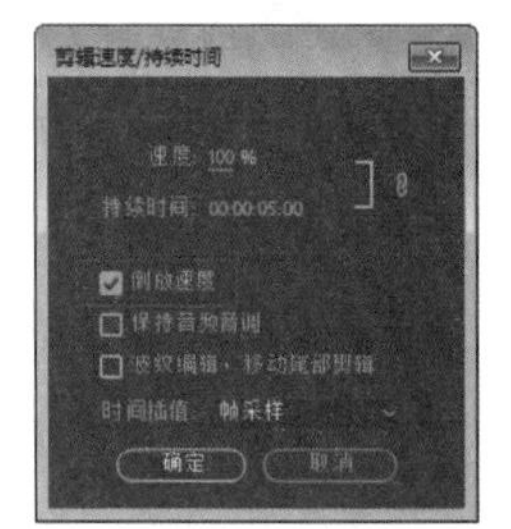

图 6-182　　图 6-183

13 按 Enter 键渲染项目，渲染完成后预览最终效果，如图 6-184 所示。

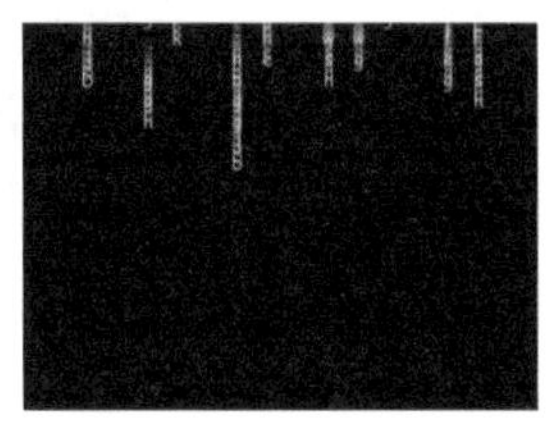

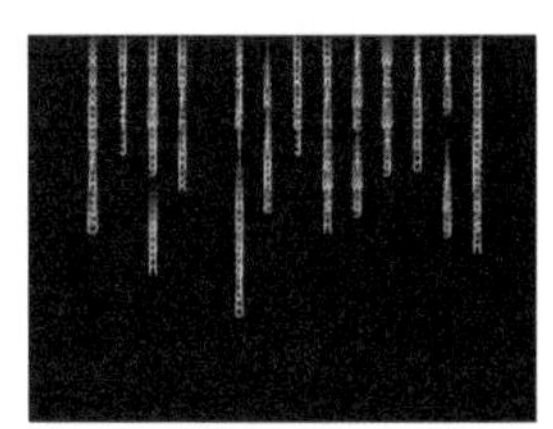

图 6-184

6.5　本章小结

本章主要介绍了各类视频效果的添加与应用方法。在 Premiere Pro CC 2018 中，为素材添加视频效果的操作很简单，只需从“效果”面板中将选中的特效拖至“时间轴”中的素材上即可。当素材处于选择状态时，也可以将特效直接拖至“效果控件”面板中。

第7章

运动特效

运动特效可以使静止的图片或者视频产生运动效果，是视频剪辑中常见的表现技巧，Premiere Pro CC 2018 中可以为对象创建运动特效，以此改变对象的位置、缩放、旋转等属性，还可以为各个属性添加关键帧，产生运动动画。

第 7 章素材文件

第 7 章视频文件

7.1 运动基础知识

在 Premiere Pro CC 2018 中要想为对象添加运动特效，需要对运动基础知识有所了解，理解运动特效中的各种属性，下面会对运动的基础知识进行详细介绍。

7.1.1 运动效果的概念

所谓“运动效果”就是对象随时间的变化，其位置、大小、旋转角度等属性也在不断改变，如图 7-1 所示，这种非静止的效果称为“运动效果”。

图 7-1

7.1.2 添加运动效果

在 Premiere Pro CC 2018 中可以对轨道中的素材添加运动效果，选中“时间轴”面板中的素材后，展开“效果控件”面板中的运动选项，可以看到 Premiere Pro CC 2018 运动效果的相关参数，如图 7-2 所示。

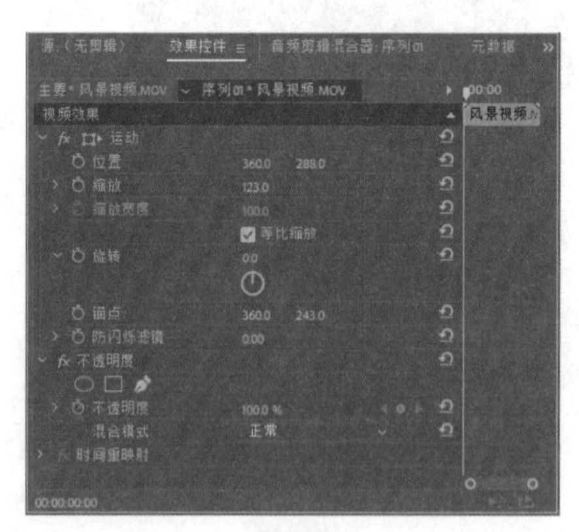

图 7-2

下面对运动效果的主要参数进行简单介绍。

✦ 位置：可以通过调整素材的坐标来控制素材在画面中的位置，主要用来制作素材的位移动画。

✦ 缩放：主要用于控制素材的尺寸，选中“等比缩放”复选框会对素材的高宽同时进行等比缩放。

✦ 等比缩放：默认是选中状态，当取消选中该复选框时可以单独对素材的高度或宽度进行设置。

✦ 旋转：用于设置素材在画面中的角度。

✦ 锚点：即是素材的轴心点，素材的位置、旋转和缩放都是基于锚点来操作的。

✦ 防闪烁滤镜：对处理的素材进行颜色的提取，减少或避免素材出现画面闪烁的问题。

在 Premiere Pro CC 2018 中主要是通过关键帧的概念对目标的运动、缩放和旋转等属性进行动画设置的。所有的运动效果都是在“效果控件”面板中的运动选项中设置。下面将介绍为素材添加运动效果的基本操作步骤。

01 在“项目”面板中导入一张图片素材，然后将其拖至“时间轴”面板中的任意一个视频轨道中，如图 7-3 和图 7-4 所示。

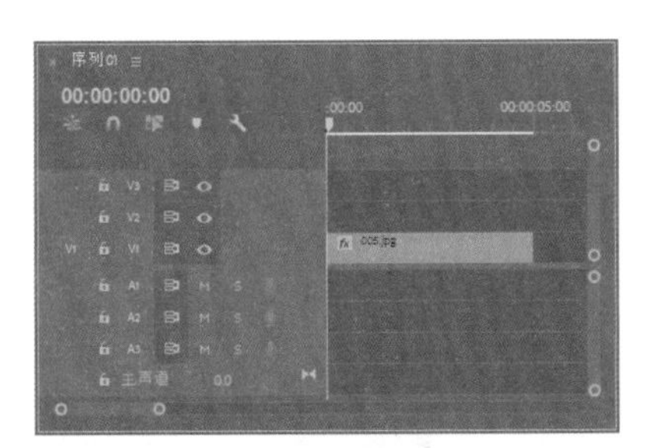

图 7-3

图 7-4

02 选中“时间轴”面板中的素材，然后展开“效果控件”面板中的运动选项，如图 7-5 和图 7-6 所示。

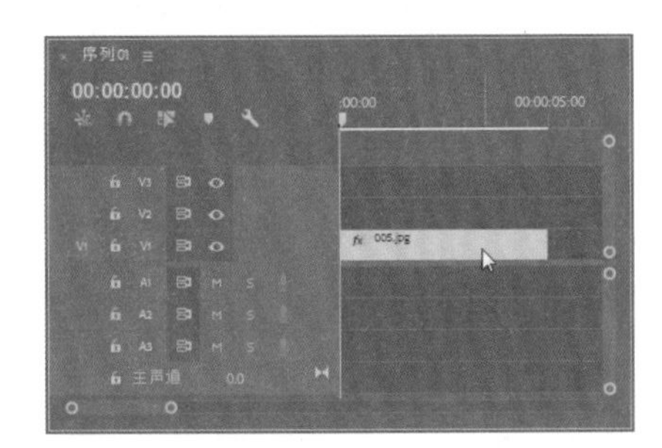

图 7-5

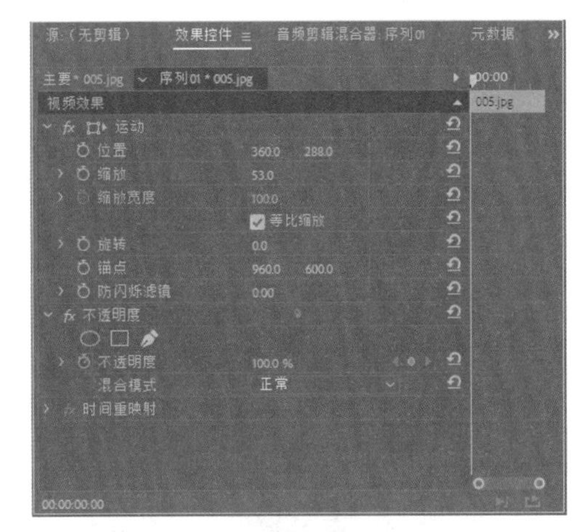

图 7-6

03 将时间指针移至 00:00:00:00 位置，设置素材的“缩放”参数为 10，然后单击“缩放”名称前的“切换动画”按钮 设置第一个关键帧，如图 7-7 所示。

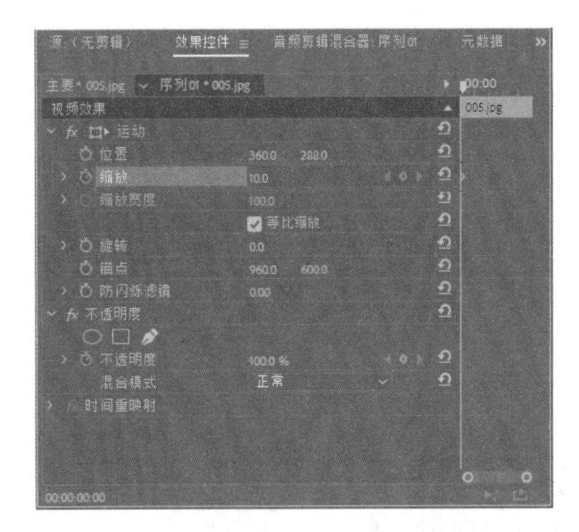

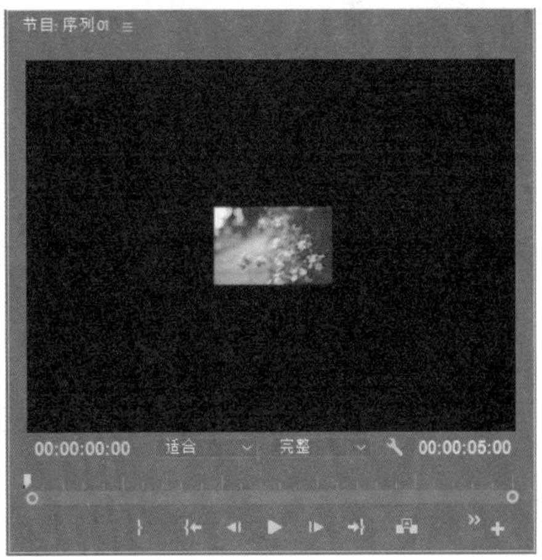

图 7-7

04 将时间指针移至 00:00:02:00 位置，设置素材的“缩放”参数为 50，然后单击“缩放”名称前的“切换动画”按钮 设置第二个关键帧，如图 7-8 所示。

图 7-8

05 简单的运动动画已经制作完成，单击“节目”监视器面板中的“播放”按钮▶，可以看到当前素材已经产生了由小变大的运动效果，如图 7-9 所示。

图 7-9

在设置运动效果的动画时，不仅可以对一个参数设置动画，还可以根据需要同时对多个参数设置动画关键帧，关键帧的多少也是由实际需要而定的。

7.1.3 实战——运动动画效果的应用

下面通过实例来具体介绍运动动画效果的应用方法。

视频文件：　下载资源 \ 视频 \ 第 7 章 \7.1.3 实战——运动动画效果的应用 .mp4
源 文 件：　下载资源 \ 视频 \ 第 7 章 \7.1.3

01 启动 Premiere Pro CC，新建项目和序列。

02 执行“文件”|“导入”命令，弹出“导入”对话框，选择要导入的素材，单击“打开”按钮，如图 7-10 所示。

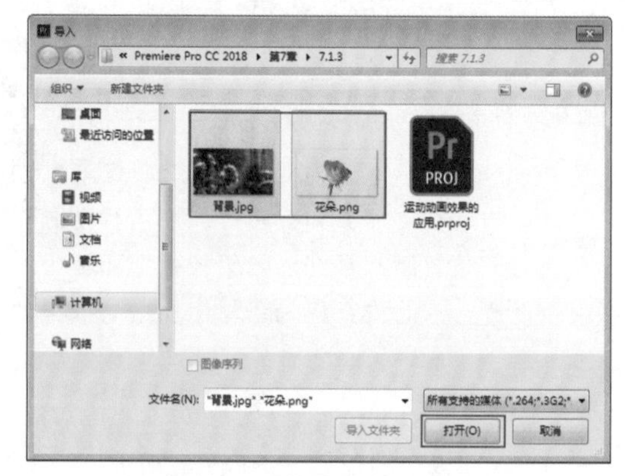

图 7-10

03 在“项目”面板中，选择“背景 .jpg”图片素材，将其拖入“节目”监视器面板中，如图 7-11 所示。

图 7-11

04 选择“背景 .jpg”图片素材，修改持续时间为 5 秒，然后把时间指针移至 00:00:02:00 位置，在“效果控件”面板中展开“运动”选项，设置“缩放”参数为 54，“旋转”参数为 0°，并单击“切换动画”按钮，为“缩放”和“旋转”参数设置一个关键帧，具体参数设置及在“节目”监视器面板中的对应效果如图 7-12 和图 7-13 所示。

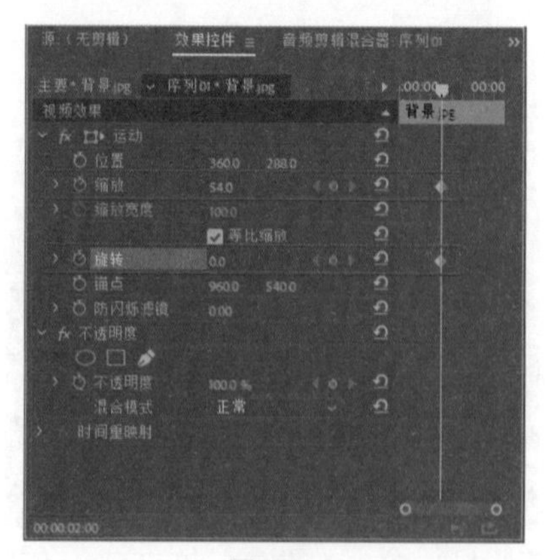

图 7-12

图 7-13

05 把时间指针移至 00:00:00:00 位置，在“效果控件”面板中设置“缩放”参数为 0，“旋转”参数为 45°，具体参数设置及在“节目”监视器面板中的对应效果如图 7-14 和图 7-15 所示。

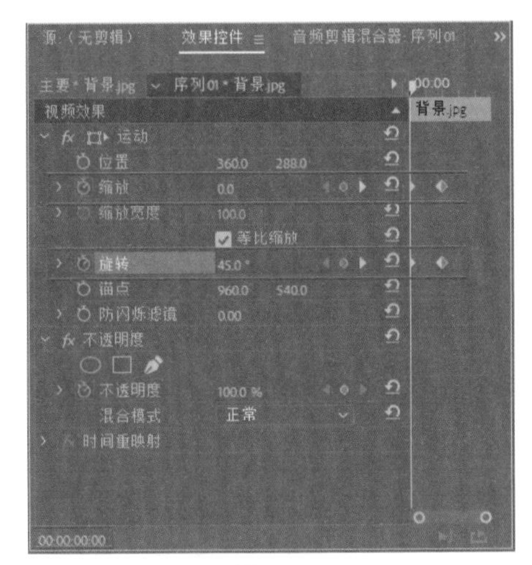

图 7-14

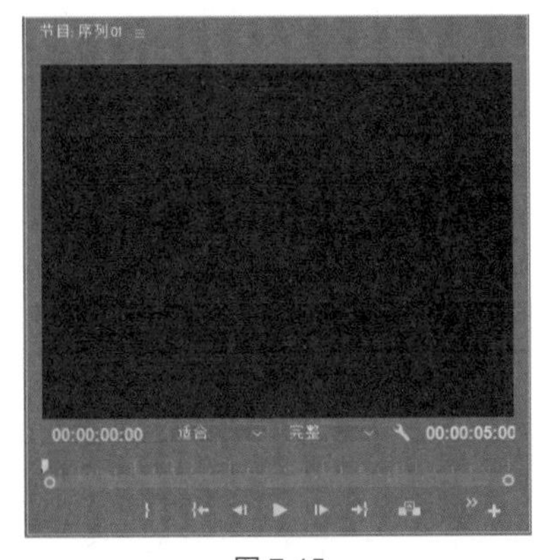

图 7-15

06 在“项目”面板中，选择“花朵 .png”图片素材，将其拖入 V2 轨道中的 00:00:00:00 位置，并与下方轨道的素材对齐，如图 7-16 所示。

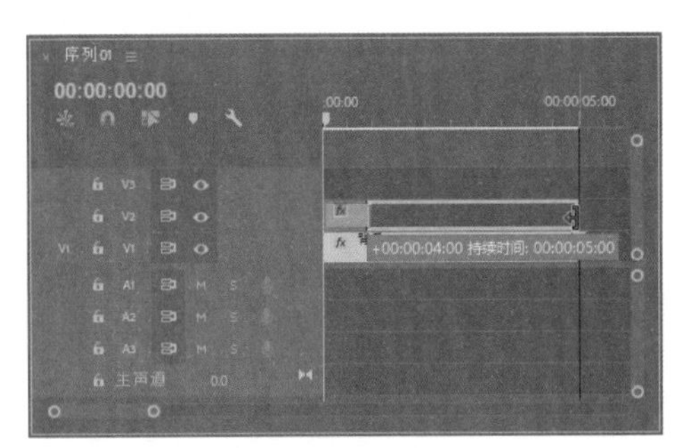

图 7-16

07 选择“花朵 .png”图片素材，把时间指针移至 00:00:03:05 位置，在“效果控件”面板中展开“运动”选项，设置“缩放”参数为 38，“位置”参数为 562,375，并单击“切换动画”按钮，为“位置”参数设置一个关键帧，具体参数设置及在“节目”监视器面板中的对应效果如图 7-17 和图 7-18 所示。

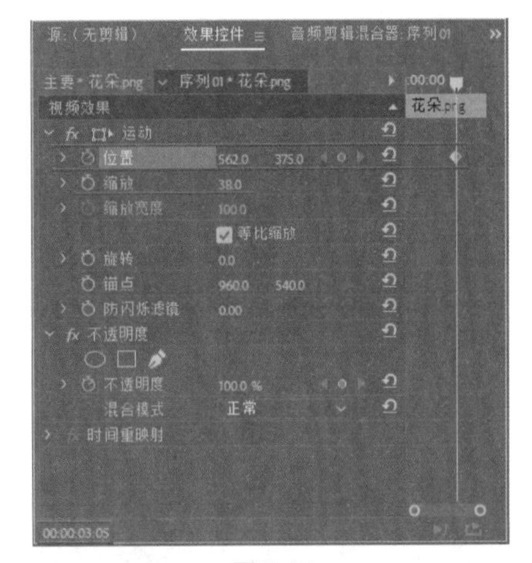

图 7-17

图 7-18

08 把时间指针移至 00:00:02:00 位置，在“效果控件”面板中设置“位置”参数为 850,375，具体参数设置及在“节目”监视器面板中的对应效果如图 7-19 和图 7-20 所示。

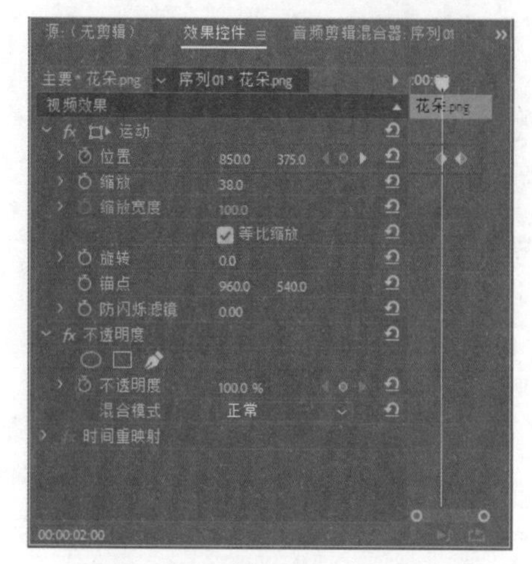

图 7-19

图 7-20

09 按 Enter 键渲染项目，渲染完成后预览效果，如图 7-21 所示。

图 7-21

7.2 运动特效的使用

在 Premiere Pro CC 2018 中可以通过调整素材的方向来旋转素材，或者调整素材的大小，来制作素材的缩放动画，本节将介绍这些运动效果的使用技巧。

7.2.1 实战——创建滑动遮罩

滑动遮罩是一种特效，它结合了运动和蒙版技术。通常，遮罩是在屏幕上移动的某个形状，在遮罩内是一个图像，在遮罩外是背景图像。

创建一个移动遮罩效果，需要两个视频剪辑，一个用于作为背景使用，另外一个可以为其添加动画，使其在遮罩内滑动，还需要一个图像用于遮罩本身。下面将详细讲解创建滑动遮罩的操作方法。

视频文件：　下载资源 \ 视频 \ 第 7 章 \7.2.1 实战——创建滑动遮罩 .mp4

源 文 件：　下载资源 \ 视频 \ 第 7 章 \7.2.1

01 启动 Premiere Pro CC 2018，新建项目和序列。执行“文件”|“导入”命令，导入素材到“项目”面板，如图 7-22 所示。

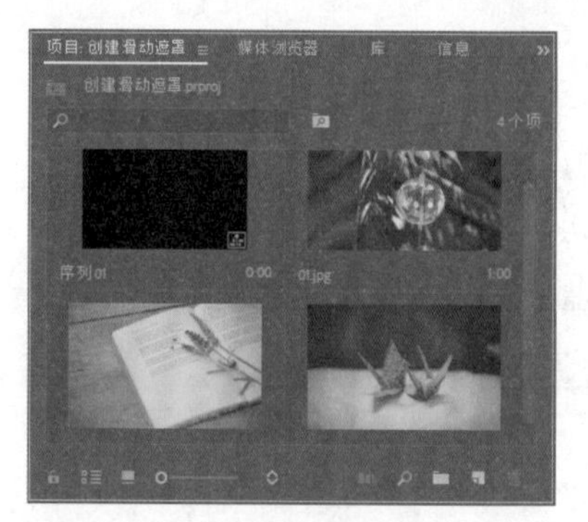

图 7-22

02 在“项目”面板中，选择要用作背景的图像 01.jpg，将其拖入 V1 轨道中，然后拖动将要出现在遮罩中的图像 02.jpg 到 V2 轨道中，如图 7-23 所示。

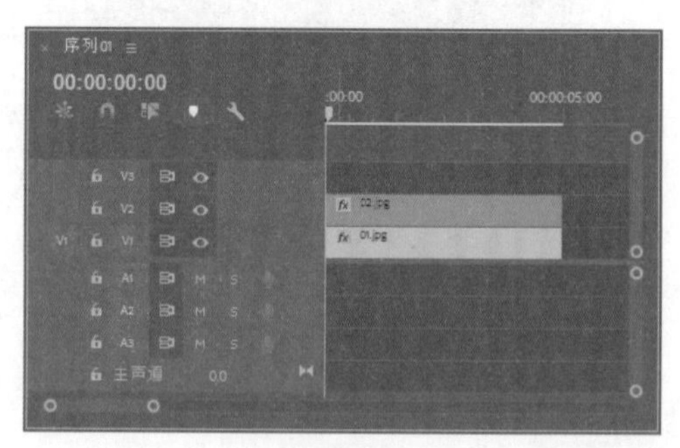

图 7-23

技巧与提示：

这里素材的持续时间统一设置为 5 秒，并在“效果控件”面板调整“缩放”参数使其在“节目”监视器面板呈现合适大小。

03 在“项目”面板中，选择要用作遮罩的图像 03.jpg，将其拖入 V3 轨道中，如图 7-24 所示。

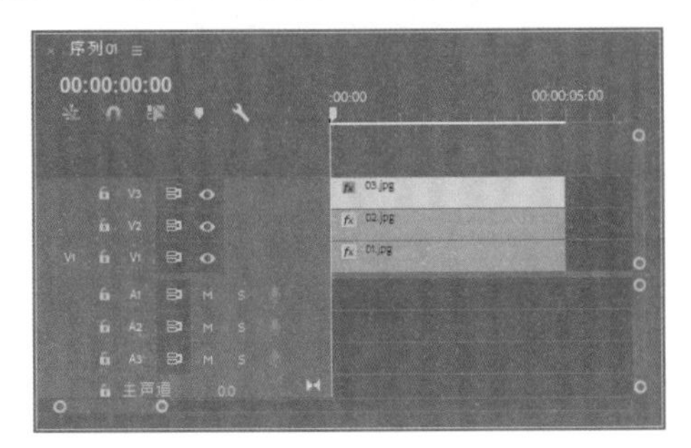

图 7-24

04 在“时间轴”面板中依次选择各个轨道中的图像，分别调整图像至合适的尺寸及位置，如图 7-25 所示。

图 7-25

05 在“效果”面板中展开“视频效果”文件夹和“键控”文件夹，选择“轨道遮罩键”特效，将其拖至 V2 视频轨道中的 02.jpg 素材上，如图 7-26 所示，接着在“效果控件”面板中设置“遮罩”为“视频 3”，如图 7-27 所示。

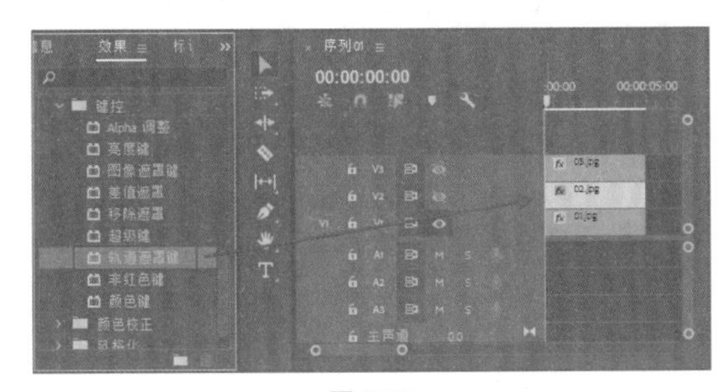

图 7-26

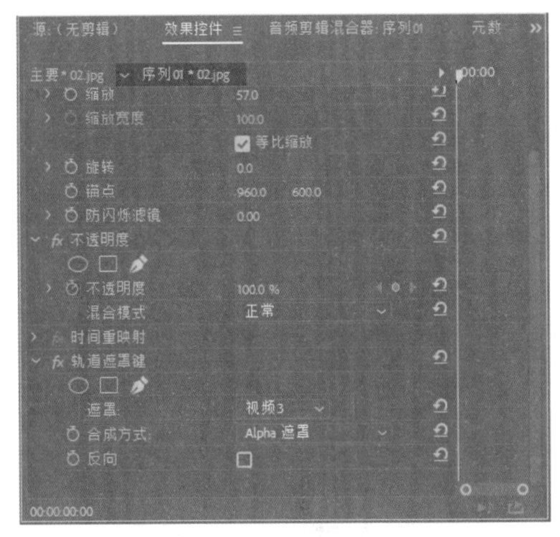

图 7-27

06 在“时间轴”面板中，选择 V3 轨道中的图像 03.jpg，为其创建一个由画面中心向右平移出镜的运动特效，如图 7-28 所示。

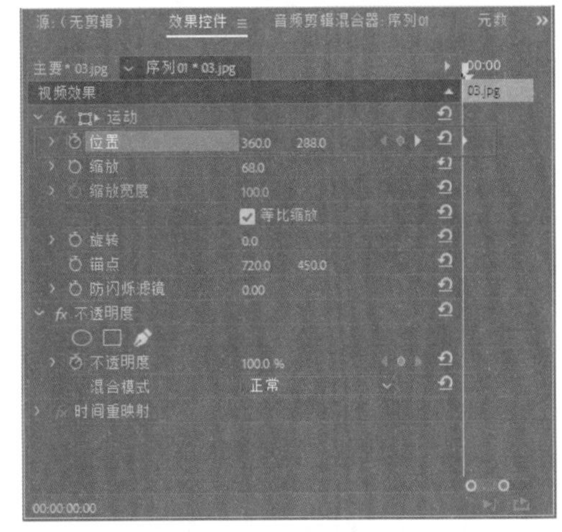

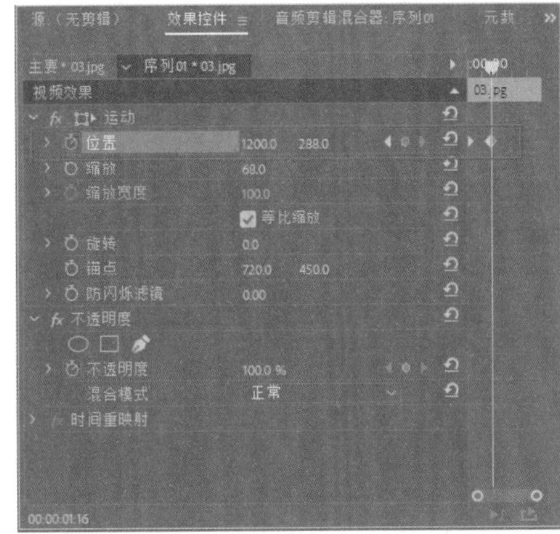

图 7-28

07 按 Enter 键渲染项目，渲染完成后预览效果，如图 7-29 所示。

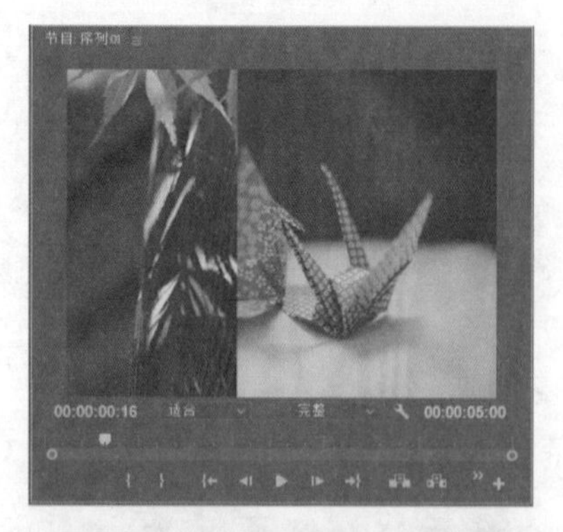

图 7-29

7.2.2 实战——缩放特效的应用

“缩放”效果指的是将素材进行放大或缩小。“缩放”效果是通过设置“效果控件”面板中的“缩放”参数来实现的。“缩放”参数中的数值以 100 为原始素材的尺寸，小于 100 时，对素材进行缩小处理，大于 100 时则对素材进行放大处理，下面简单介绍缩放特效应用的一般操作步骤。

视频文件：　下载资源 \ 视频 \ 第 7 章 \7.2.2 实战——缩放特效的应用 .mp4

源 文 件：　下载资源 \ 视频 \ 第 7 章 \7.2.2

01 启动 Premiere Pro CC，新建项目和序列。执行“文件”|“导入”命令，导入素材到“项目”面板，如图 7-30 所示。

图 7-30

02 在“项目”面板中，选择素材并将其拖入“节目”监视器面板中，如图 7-31 所示。

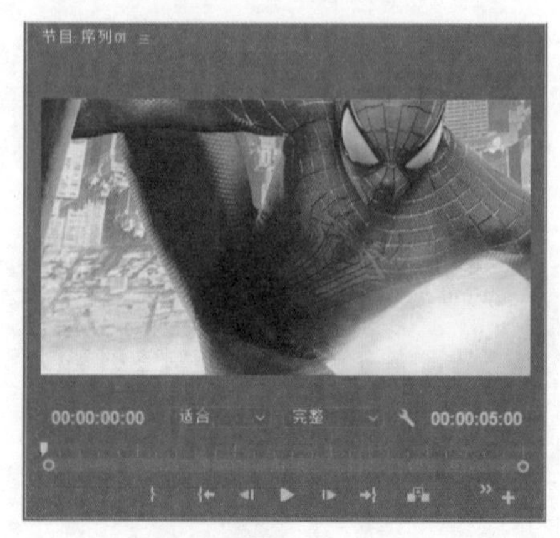

图 7-31

03 修改素材的持续时间为 5 秒，把时间指针移至 00:00:00:00 位置，在“效果控件”面板中设置“缩放”参数，并单击“切换动画”按钮为其设置第一个关键帧，如图 7-32 所示。

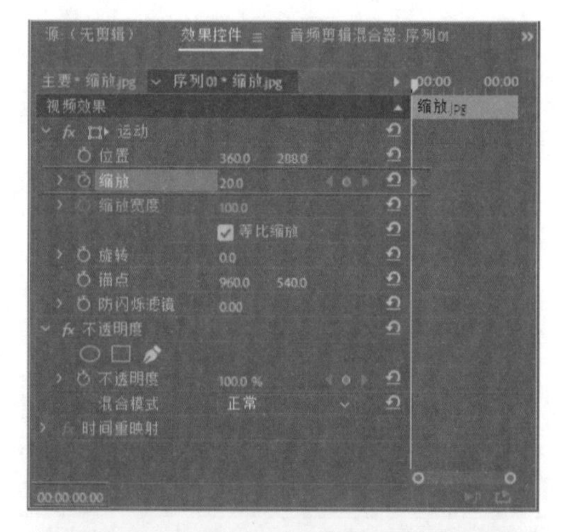

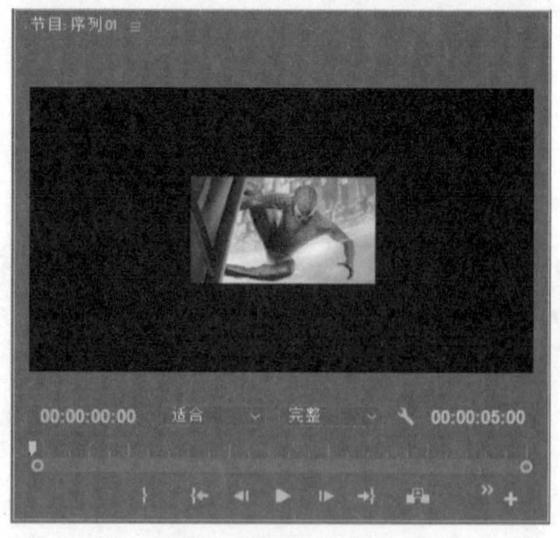

图 7-32

04 把时间标记移至 00:00:02:18 位置，在“效果控件”面板中改变“缩放”参数，此时系统会自动记录第二个关键帧，如图 7-33 所示。

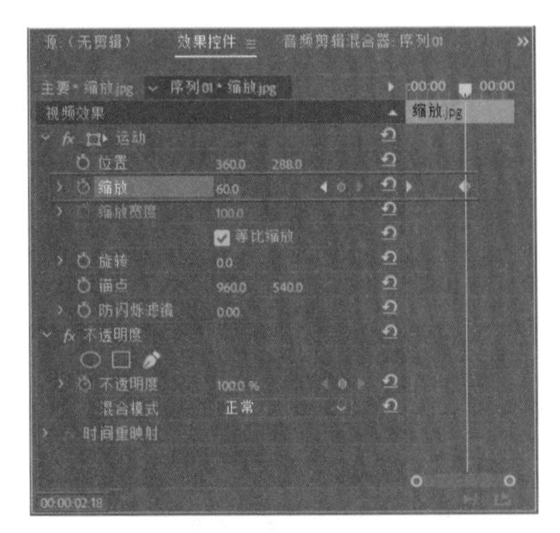

图 7-33

我们也可以按照相同的方法，设置第三个、第四个，甚至更多的关键帧，参数设置完成，按 Enter 键对运动效果进行渲染后，就可以在“节目”监视器面板中预览最终效果了。

7.2.3　实战——旋转特效的应用

“旋转”特效是指通过改变一段素材的角度使其产生旋转运动的效果。在 Premiere 中，该特效主要是通过设置“效果控件”面板中的“旋转”参数来实现的。

下面简单介绍“旋转”特效应用的一般操作步骤。

视频文件：　下载资源 \ 视频 \ 第 7 章 \7.2.3 实战——旋转特效的应用 .mp4

源 文 件：　下载资源 \ 视频 \ 第 7 章 \7.2.3

01 启动 Premiere Pro CC，新建项目和序列。执行“文件”|“导入”命令，导入素材到“项目”面板，如图 7-34 所示。

02 在“项目”面板中，选择素材并将其拖入“节目”监视器面板中，如图 7-35 所示。

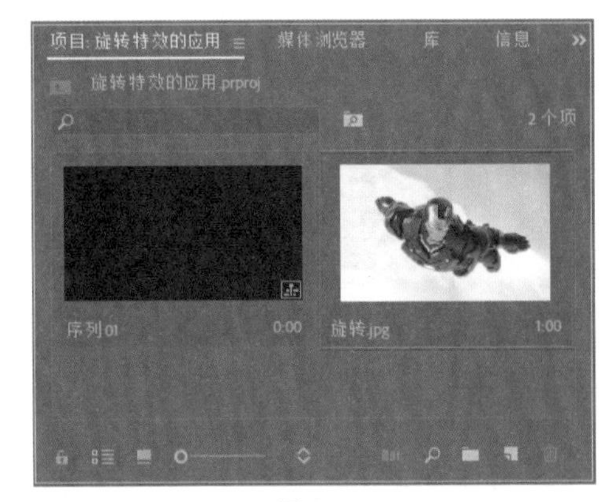

图 7-34

图 7-35

03 设置素材的持续时间为 5 秒，把时间指针移至 00:00:00:00 位置，在“效果控件”面板中设置合适的“缩放”和“旋转”参数，并单击“旋转”参数前的“切换动画”按钮 为其设置第一个关键帧，如图 7-36 所示。

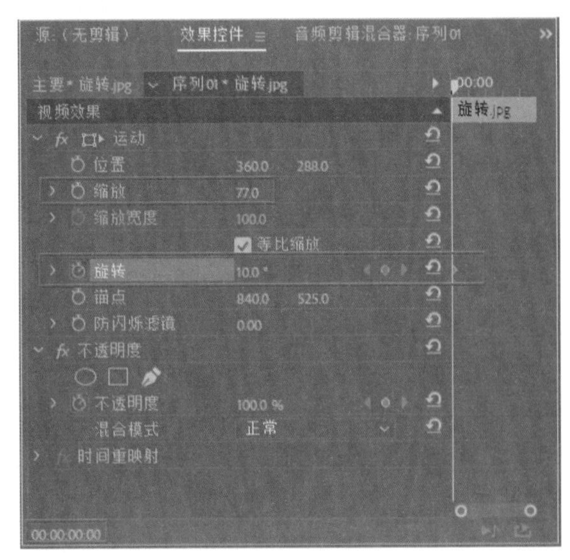

图 7-36

图 7-36（续）

04 把时间标记移至 00:00:02:18 位置，在“效果控件”面板中修改“旋转”参数，此时 Premiere 会自动记录第二个关键帧，如图 7-37 所示。

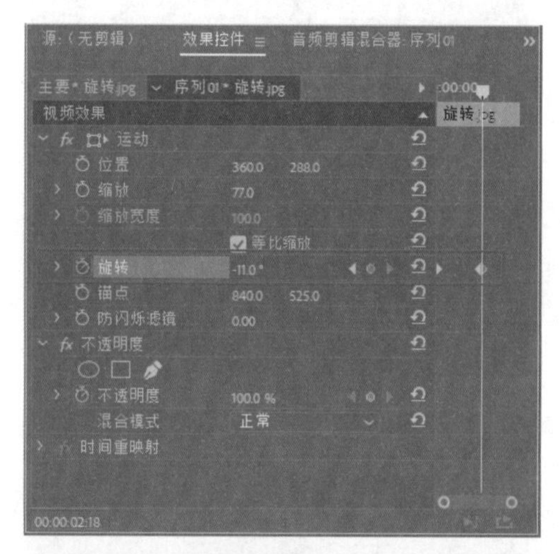

图 7-37

05 参数设置完成，按 Enter 键对运动效果进行渲染，就可以在“节目”监视器面板中预览最终效果了。同样也可以为“旋转”参数设置多个关键帧，对旋转角度进行精确控制，如果需要制作素材的骤然旋转效果，只需要添加两个关键帧，并且把两个关键帧的时间间隔缩小即可。

7.2.4 实战——控制运动的缩放

下面通过实例来具体介绍如何控制运动的缩放。

视频文件：　下载资源 \ 视频 \ 第 7 章 \7.2.4 实战——控制运动的缩放 .mp4

源 文 件：　下载资源 \ 视频 \ 第 7 章 \7.2.4

01 启动 Premiere Pro CC 2018，新建项目和序列。执行“文件” | “导入”命令，弹出“导入”对话框，选择要导入的素材，单击“打开”按钮，如图 7-38 所示。

图 7-38

02 在“项目”面板中，选择“背景.jpg”素材，将其拖入“节目”监视器面板中，如图 7-39 所示。

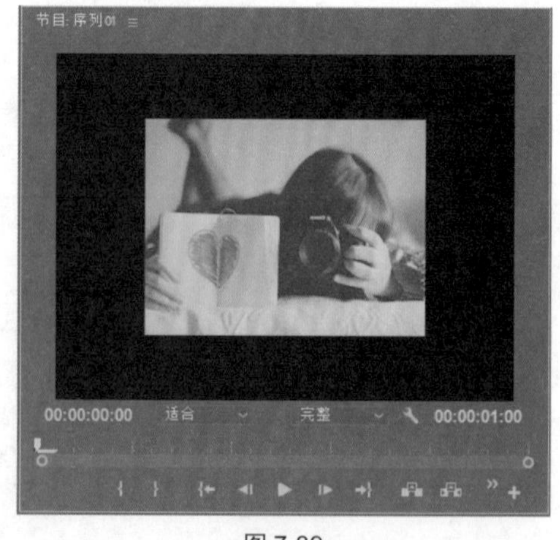

图 7-39

03 把时间指针移至 00:00:00:00 位置，在“时间轴”面板中选择“背景.jpg”素材，修改其持续时间为 5 秒，并在“效果控件”面板设置“缩放”参数为 168，具体参数设置及在“节目”监视器面板中的对应效果如图 7-40 所示。

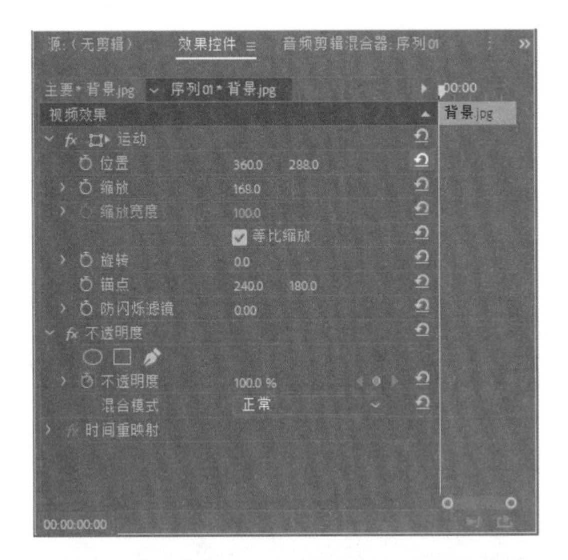

图 7-40

04 在“效果”面板中展开“视频效果”文件夹和“过渡”文件夹，选择“百叶窗”特效，将其拖至视频轨 1 中的“背景 .jpg”素材上，如图 7-41 所示。

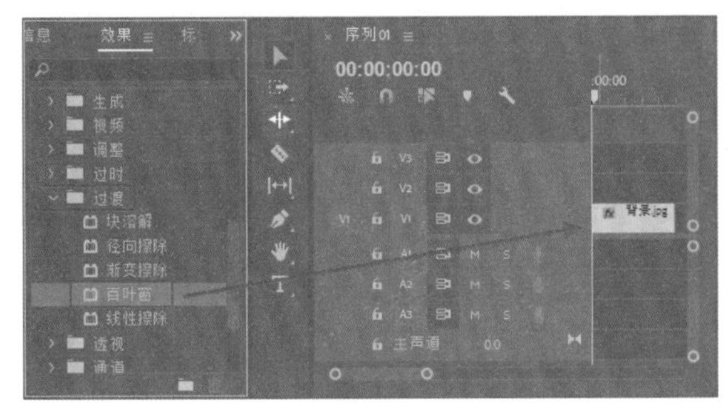

图 7-41

05 继续选择“背景 .jpg”素材，在“效果控件”面板中设置“过渡完成”参数为 100%，并单击“切换动画”按钮设置一个关键帧，具体参数设置及在“节目”监视器面板中的对应效果如图 7-42 所示。

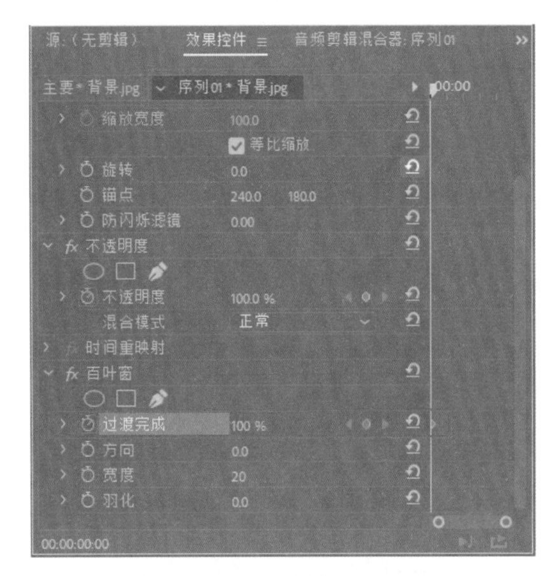

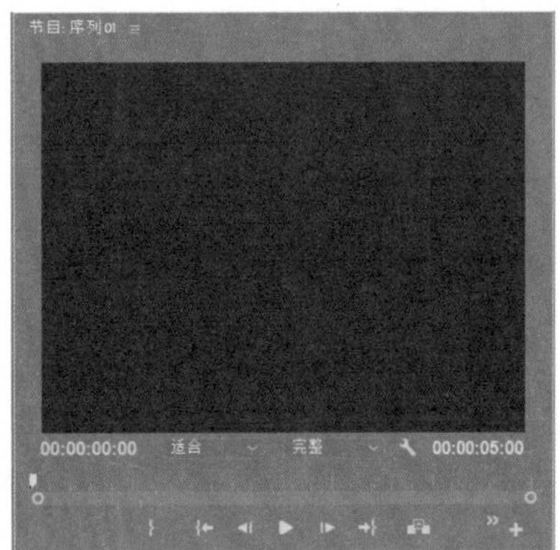

图 7-42

06 把时间指针移至 00:00:01:06 位置，在“效果控件”面板中设置“过渡完成”参数为 0%，具体参数设置及在“节目”监视器面板中的对应效果如图 7-43 所示。

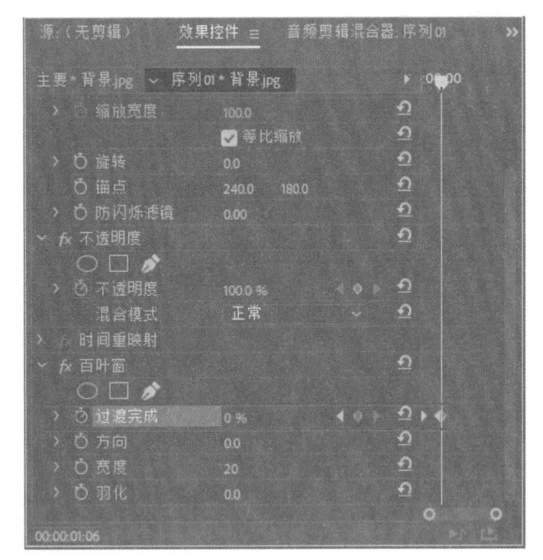

图 7-43

图 7-43（续）

07 在“项目”面板中，选择“心形.jpg”素材，将其拖入 V2 轨道中的 00:00:01:06 位置，并修改其持续时间为 5 秒，如图 7-44 所示。

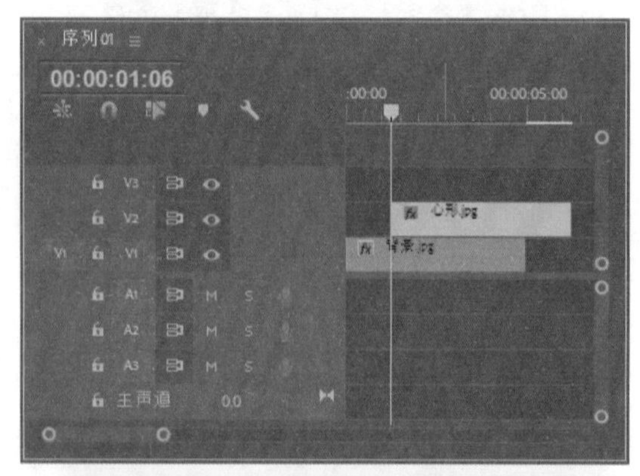

图 7-44

08 把时间指针移至 00:00:01:06 位置，在“时间轴”面板中选择“心形.jpg”素材，在“效果控件”面板中设置“缩放”参数为 485，并单击“切换动画”按钮为“缩放”和“位置”各设置一个关键帧，具体参数设置及在“节目”监视器面板中的对应效果如图 7-45 所示。

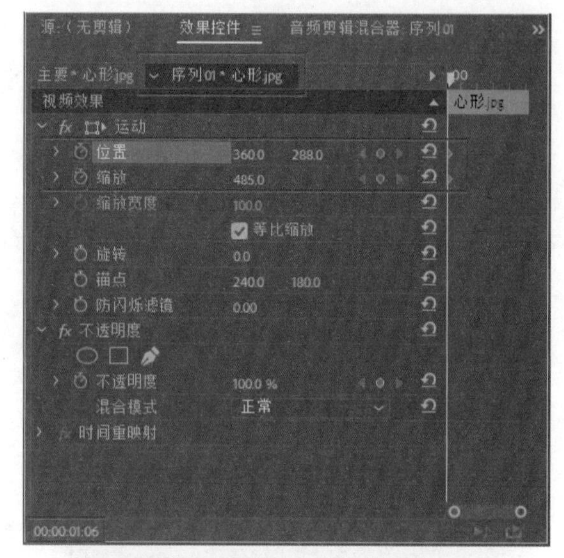

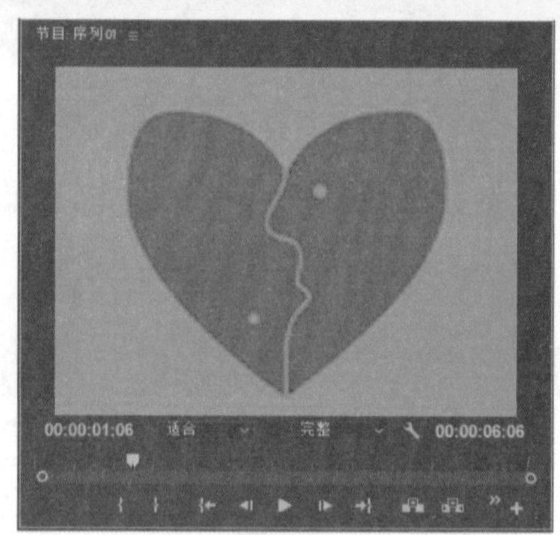

图 7-45

09 在“效果”面板中展开“视频效果”文件夹和“键控”文件夹，选择“颜色键”特效，将其拖至视频轨 2 中的“心形.jpg”素材上，如图 7-46 所示。

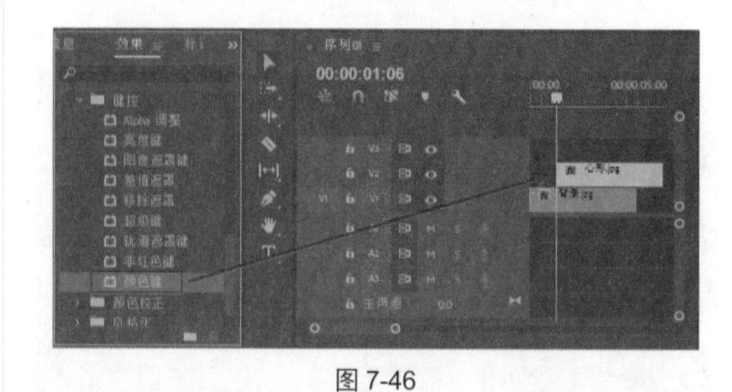

图 7-46

10 选择“心形.jpg”素材，在“效果控件”面板中单击“主要颜色”右侧的“吸管工具”吸取画面中的粉红色背景，所吸取到的颜色值为（R:241,G:159,B:193），然后设置“颜色容差”为 12，“边缘细化”为 1，“羽化边缘”为 1，具体参数设置及在“节目”监视器面板中的对应效果如图 7-47 所示。

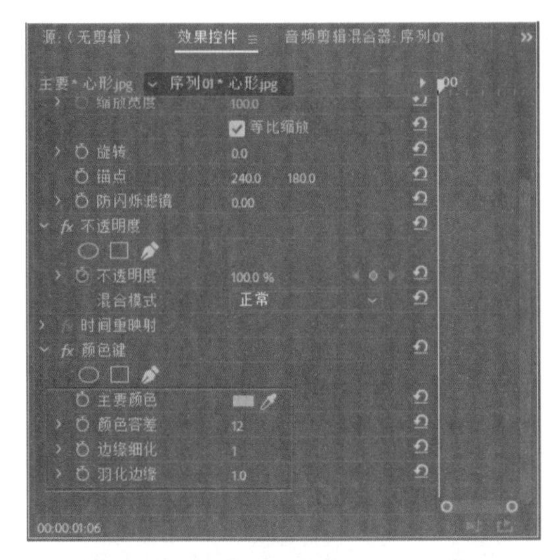

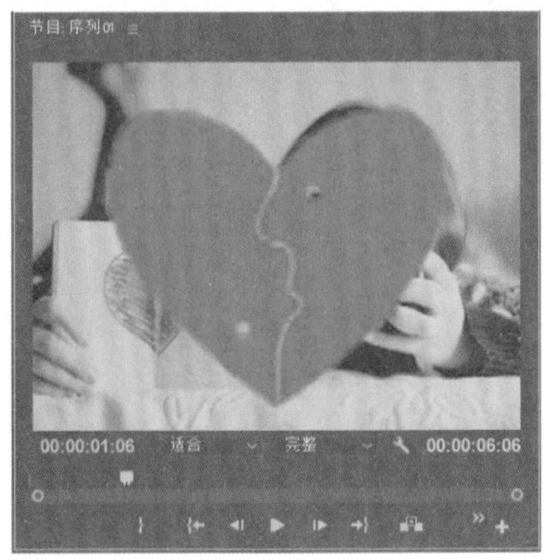

图 7-47

11 把时间指针移至 00:00:03:02 位置，在“效果控件”面板中设置“缩放”参数为 186，“位置”参数为 187,359，具体参数设置及在“节目”监视器面板中的对应效果如图 7-48 所示。

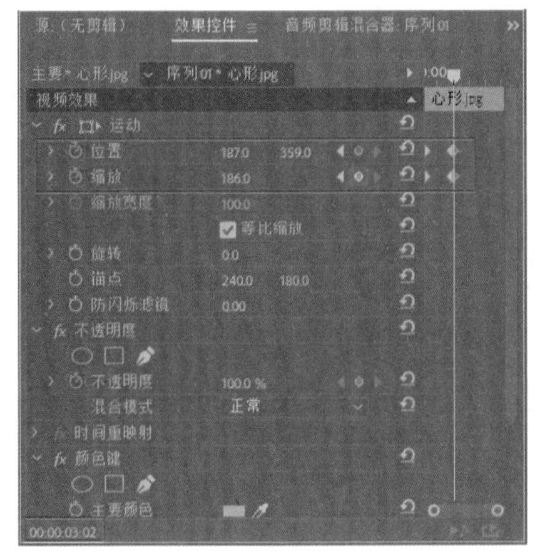

图 7-48

图 7-48（续）

12 把时间指针移至 00:00:01:06 位置，在“效果控件”面板中设置“不透明度”参数为 0%，接着把时间指针移至 00:00:01:18 位置，设置“不透明度”参数为 80%，如图 7-49 所示。

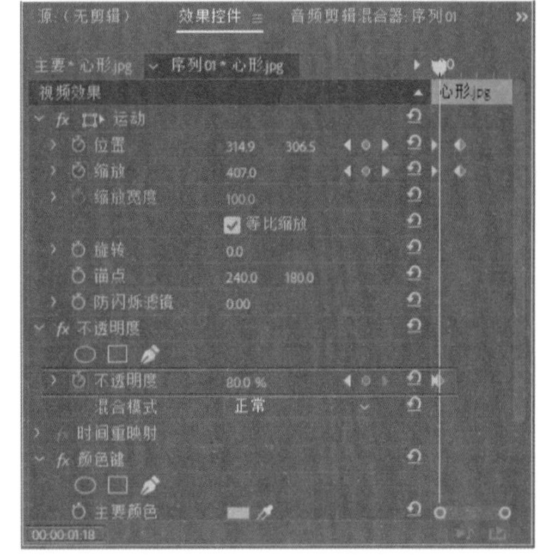

图 7-49

13 使用“选择工具”，拖动“心形.jpg”剪辑的末端使之与 V1 轨道中剪辑的末端对齐，如图 7-50 所示。

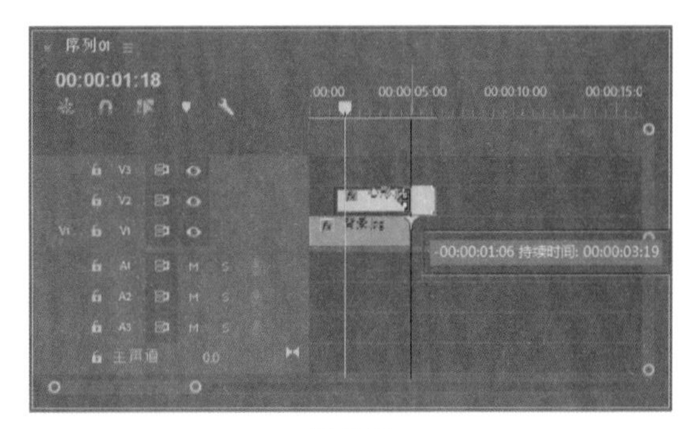

图 7-50

14 按 Enter 键渲染项目，渲染完成后预览效果如图 7-51 所示。

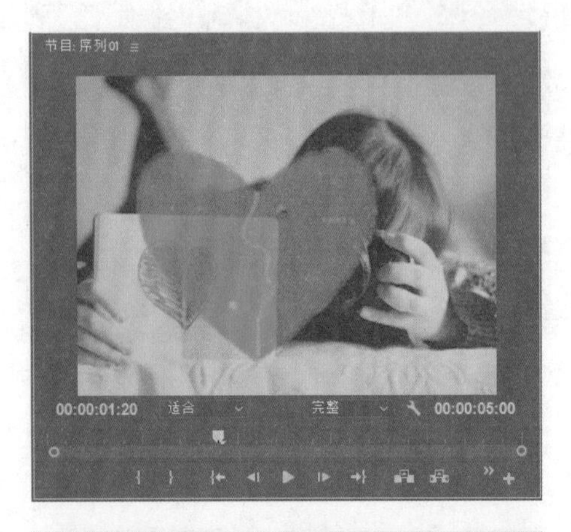

图 7-51

技巧与提示：

如果需要制作素材的骤然运动效果，只需添加两个关键帧，并且将这两个关键帧之间的距离缩小或者使两关键帧的数值差加大。

7.3 综合实例——创建图像的简单运动

下面通过实例来具体介绍如何创建图像的简单运动效果。

视频文件：　下载资源\视频\第 7 章\7.3 综合实例——创建图像的简单运动 .mp4
源 文 件：　下载资源\视频\第 7 章\7.3

01 启动 Premiere Pro CC 2018，新建项目和序列。

02 执行“文件”|“导入”命令，弹出“导入”对话框，选择要导入的素材，单击“打开”按钮，如图 7-52 所示。

03 执行“序列”|“添加轨道”命令，在弹出的“添加轨道”对话框中设置“添加 1 视频轨道”和“添加 0 音频轨道”，如图 7-53 所示。

图 7-52

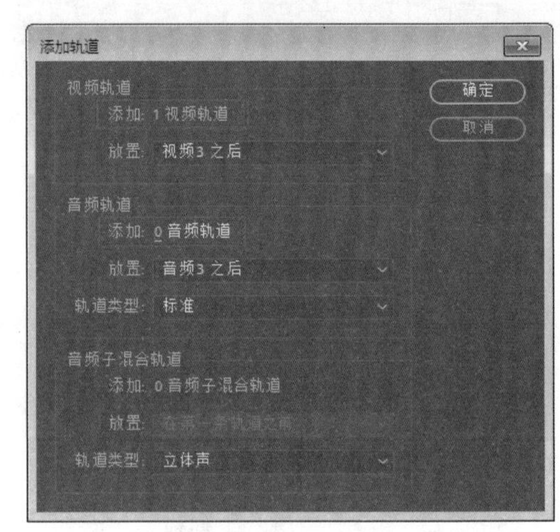

图 7-53

04 在“项目”面板中，选择 1.png 素材，将其拖入“节目”监视器面板中，修改其持续时间为 5 秒，并在“效果控件”面板中设置“缩放”参数为 99，如图 7-54 所示。

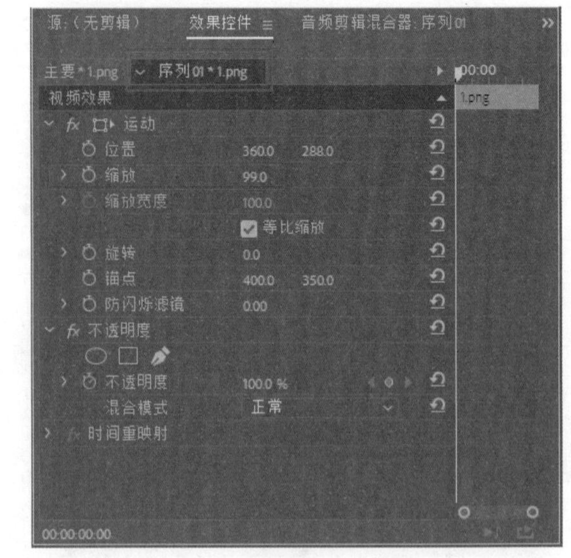

图 7-54

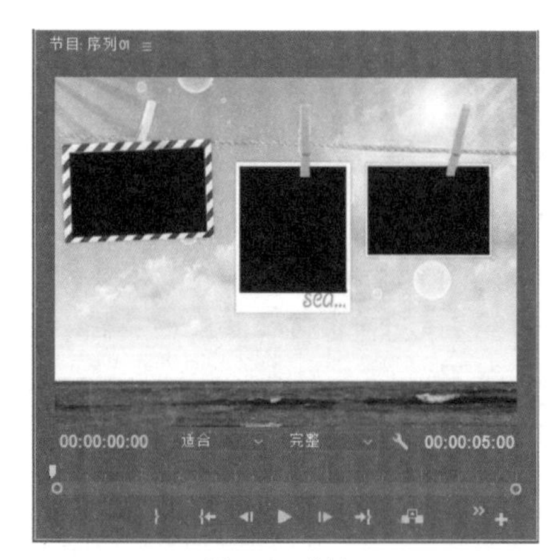

图 7-54（续）

05 在“效果”面板中展开“视频过渡”文件夹和“擦除”文件夹，选择“风车”特效，将其拖至视频轨 1 中的 1.png 素材最左端，如图 7-55 所示。

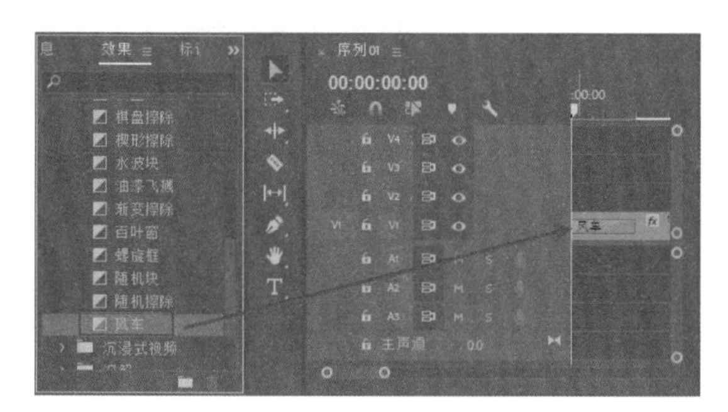

图 7-55

06 在“项目”面板中，选择 2.jpg 素材，将其拖入 V2 轨道中，修改其持续时间为 5 秒。在“效果控件”面板中设置“位置”参数为 130.7,187，取消选中“等比缩放”复选框，并设置“缩放高度”参数为 5.1，“缩放宽度”参数为 5.7，“旋转”参数为 -2.0°，具体参数设置及在“节目”监视器面板中的对应效果如图 7-56 所示。

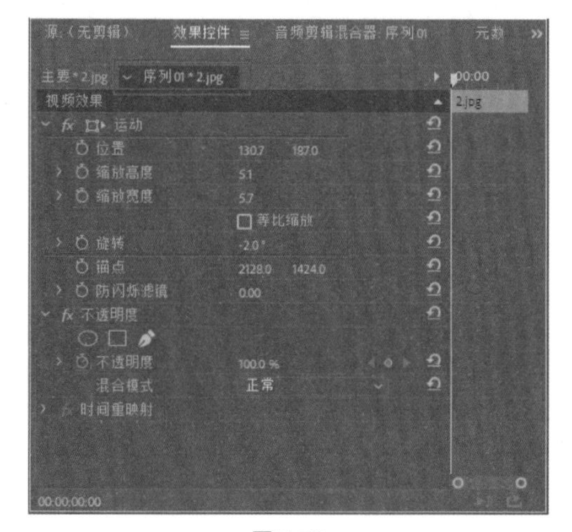

图 7-56

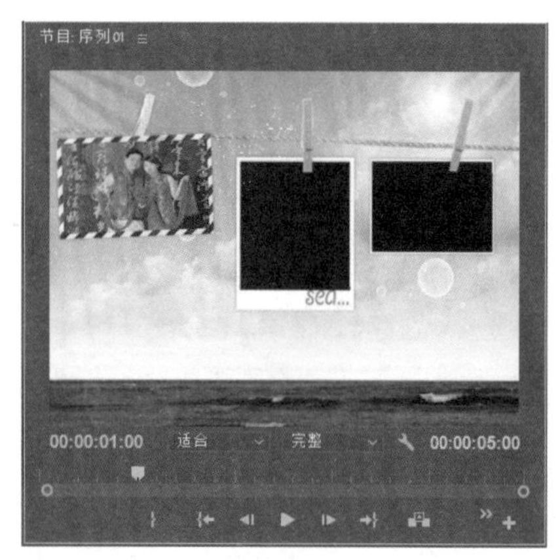

图 7-56（续）

07 把时间指针移至 00:00:02:01 位置，在“时间轴”面板中选择 2.jpg 素材，在“效果控件”面板中单击“切换动画”按钮为“位置”参数设置一个关键帧，然后把时间指针移至 00:00:01:10 位置，设置“位置”为 -120.3,187，具体参数设置及在“节目”监视器面板中的对应效果如图 7-57 所示。

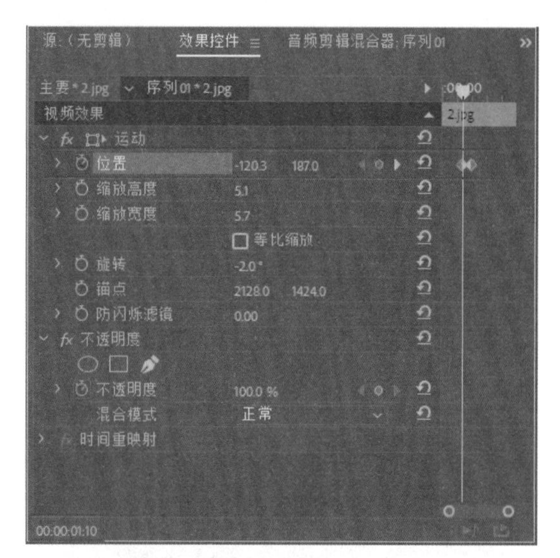

图 7-57

08 在“项目”面板中，选择 3.jpg 素材，将其拖入 V3 轨道中，设置其持续时间为 5 秒。在“效果控件”面板中设置“位置”参数为 372.8,250，取消选中“等比缩放”复选框，并设置“缩放高度”参数为 5，“缩放宽度”参数为 6.5，“旋转”参数为 0.0°，具体参数设置及在“节目”监视器面板中的对应效果如图 7-58 所示。

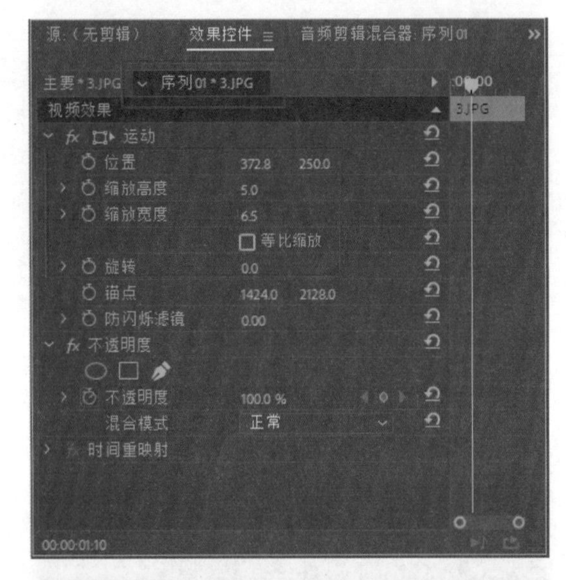

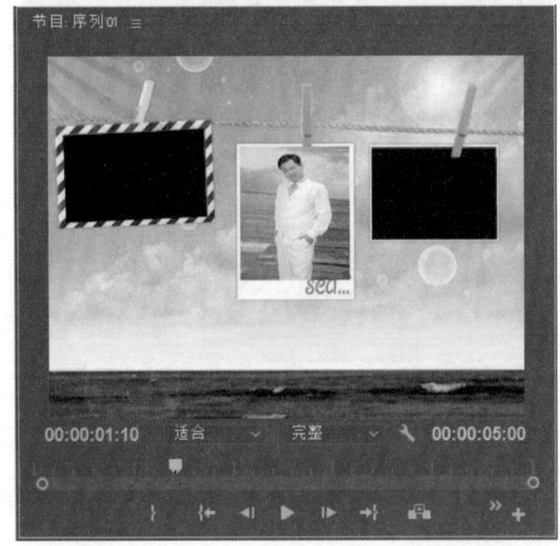

图 7-58

09 把时间指针移至 00:00:03:09 位置，在“时间轴”面板中选择 3.jpg 素材，在“效果控件”面板中单击“切换动画”按钮为“位置”和“旋转”参数分别设置一个关键帧，然后把时间指针移至 00:00:02:11 位置，设置“位置”参数为 372.8,751，“旋转”参数为 134°，具体参数设置及在“节目”监视器面板中的对应效果如图 7-59 所示。

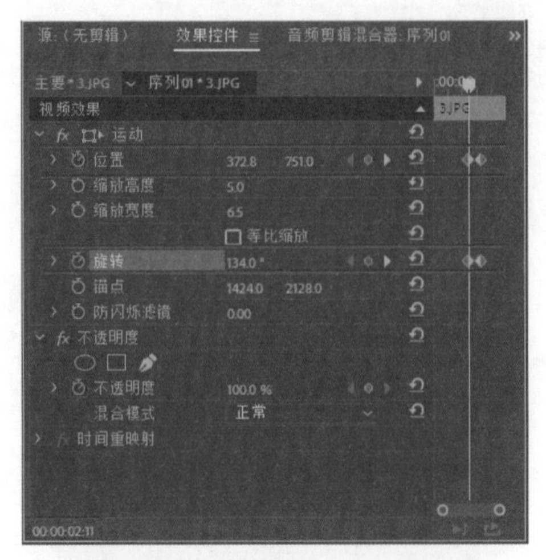

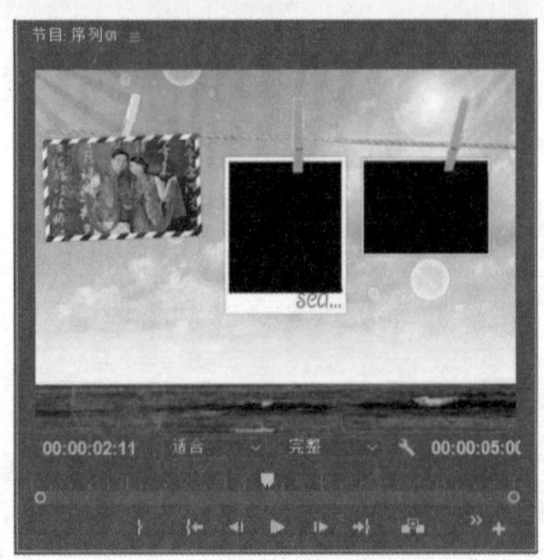

图 7-59

10 在“项目”面板中，选择 4.jpg 素材，将其拖入 V4 轨道中，设置其持续时间为 5 秒。在“效果控件”面板中设置“位置”参数为 584.8,219，取消选中“等比缩放”复选框，并设置“缩放高度”参数为 5.2，“缩放宽度”参数为 4.9，具体参数设置及在“节目”监视器面板中的对应效果如图 7-60 所示。

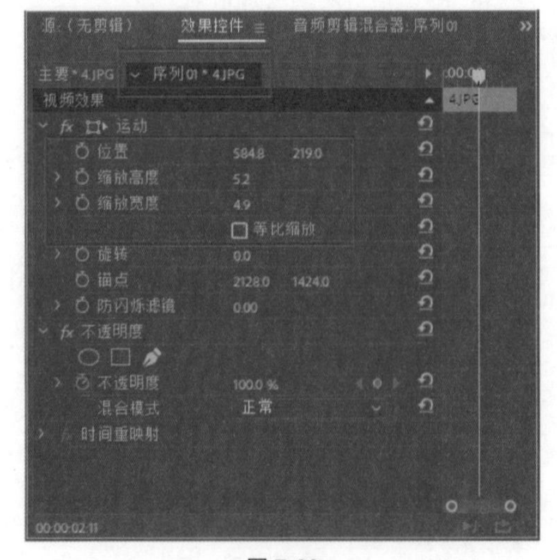

图 7-60

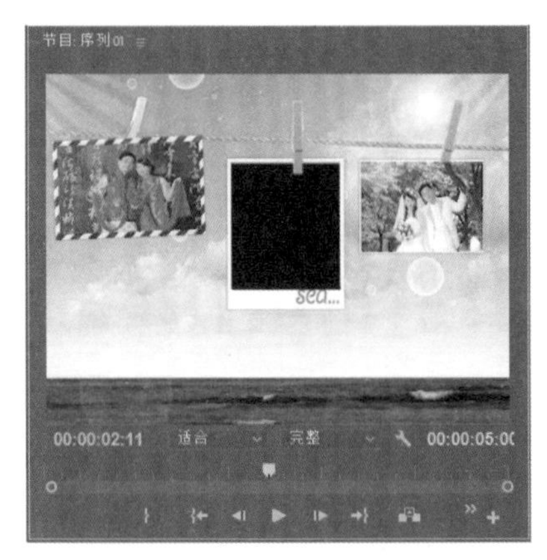

图 7-60（续）

11 把时间指针移至 00:00:02:01 位置，在“时间轴”面板中选择 4.jpg 素材，在“效果控件”面板中单击“切换动画”按钮 为“位置”参数设置一个关键帧，然后把时间指针移至 00:00:01:10 位置，设置“位置”为 819.8,219，具体参数设置及在“节目”监视器面板中的对应效果如图 7-61 所示。

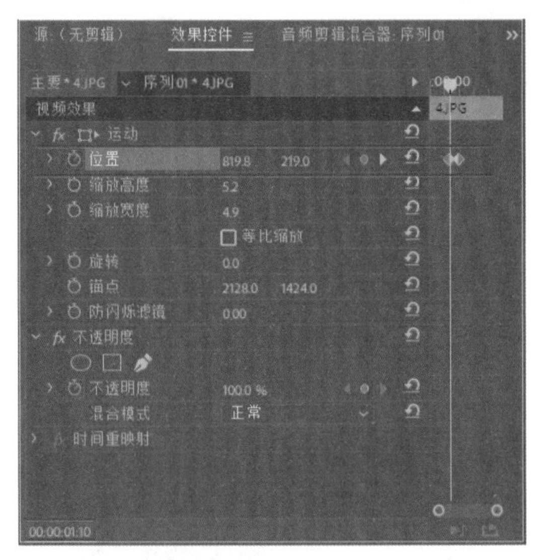

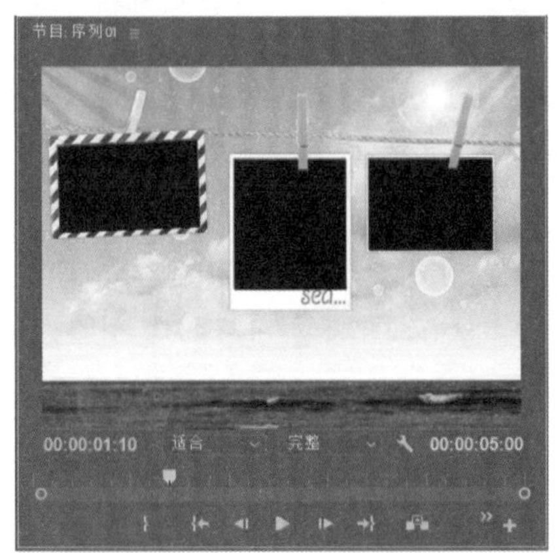

图 7-61

12 按 Enter 键渲染项目，渲染完成后预览效果如图 7-62 所示。

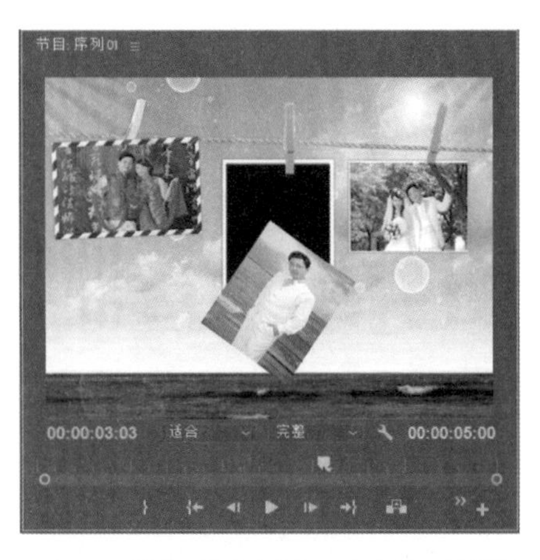

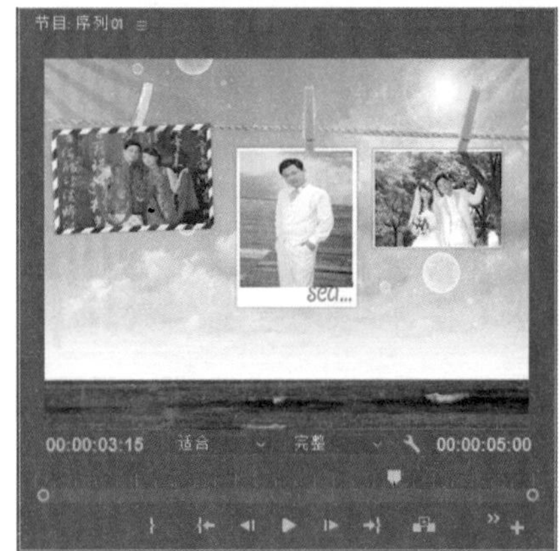

图 7-62

7.4　本章小结

本章主要对运动特效的相关知识进行了详细讲解，通过对本章的学习，可以利用 Premiere Pro CC 2018 的运动参数对图像或者视频剪辑创建运动效果。

Premiere Pro CC 2018 中的运动参数主要有 5 种：位置、缩放、旋转、锚点和防闪烁滤镜。每种参数设置所对应的效果不同，也可以对各个参数设置进行关键帧动画制作。

第 8 章

音频效果的应用

一部完整的影视作品，包括了图像和声音，声音在影视作品中可以起到解释、烘托、渲染气氛和感染力、增强影片的表现力度等作用，前面我们讲到的都是影视作品中图像方面的效果处理，本章将讲解在Premiere Pro CC 2018 中音频效果的编辑与应用方法。

第 8 章素材文件

第 8 章视频文件

8.1 关于音频效果

Premiere Pro CC 2018 具有很强大的音频理解能力，通过使用“音频剪辑混合器”面板，如图 8-1 所示，可以很方便地编辑与控制声音。其最新的声道处理能力及实时录音功能，以及音频素材和音频轨道的分离处理概念，也使在 Premiere Pro CC 2018 中编辑音效更为轻松、便捷。

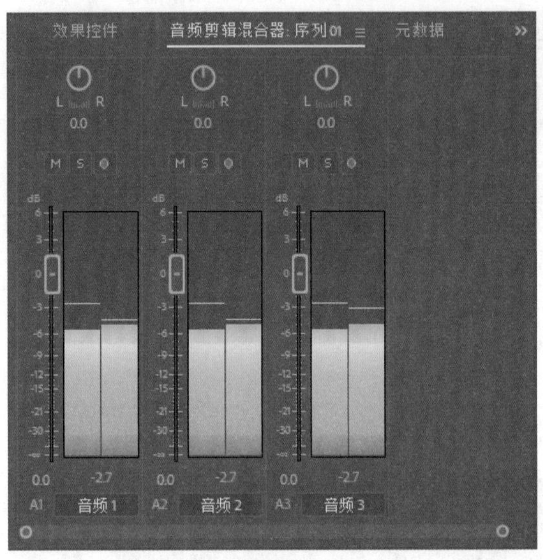

图 8-1

8.1.1 Premiere Pro CC 2018 对音频效果的处理方式

首先简要介绍一下 Premiere Pro CC 2018 对音频效果的处理方式。在“音频剪辑混合器”面板中可以看到音频轨道分为两个通道，即左（L）、右（R）声道，如果音频素材的声音所使用的是单声道，就可以在 Premiere Pro CC 2018 中对其声道效果进行改变；如果音频素材使用的是双声道，则可以在两个声道之间实现音频特有的效果。另外在声音的效果处理方面，Premiere Pro CC 2018 还提供了多种处理音频的特效，这些特效与视频特效类似，不同的特效能够产生不同的效果，可以很方便地将其添加到音频素材上，并能转化成帧，方便对其进行编辑与设置。

8.1.2 Premiere Pro CC 2018 处理音频的顺序

在 Premiere Pro CC 2018 中处理音频的时候，需要讲究一定的顺序，例如按次序添加音频特效，Premiere 会对序列中所应用的音频特效进行最先处理，等这些音频特效处理完，再对“音频剪辑混合器”面板的音频轨道中所添加的摇移或者增益进行调整。可以按照以下的两种操作方法对素材的音频增益进行调整。

方法 1：在“时间轴”面板中选择素材，执行“剪辑”|“音频选项”|“音频增益”命令，如图 8-2 所示，然后在弹出的“音频增益”对话框中调整增益数值，如图 8-3 所示。

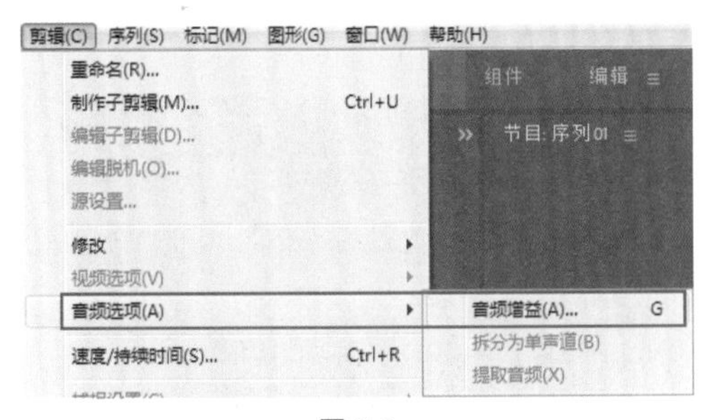

图 8-2

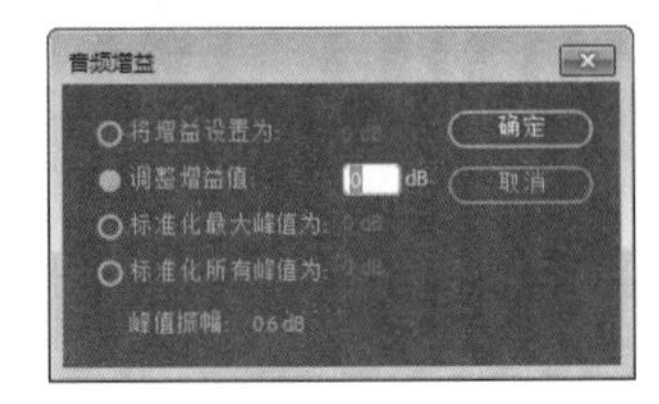

图 8-3

方法 2：在“时间轴”面板中选择素材，右击，在弹出的快捷菜单中执行“音频增益”命令，如图 8-4 所示，然后在弹出的“音频增益”对话框中调整增益数值，如图 8-5 所示。

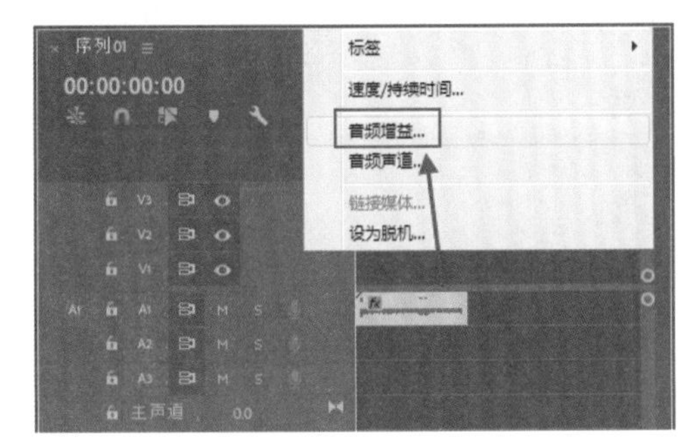

图 8-4

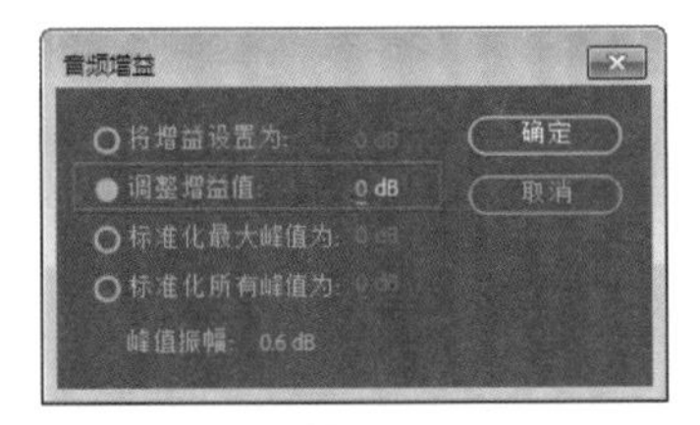

图 8-5

技巧与提示：

“调整增益值”参数的范围为 -96dB ～ 96dB。

8.1.3　实战——调节影片的音频

下面通过实例来具体介绍如何调节影片的音频。

视频文件：　下载资源 \ 视频 \ 第 8 章 \8.1.3 实战——调节影片的音频 .mp4

源 文 件：　下载资源 \ 源文件 \ 第 8 章 \8.1.3

01 启动 Premiere Pro CC 2018，在开始界面中单击“打开项目”按钮，打开项目文件，如图 8-6 和图 8-7 所示。

图 8-6

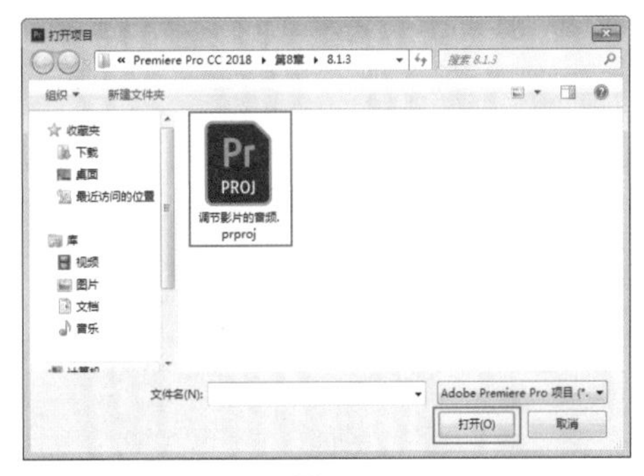

图 8-7

02 进入操作界面，在“时间轴”面板中选择“视频 .avi”素材，执行“剪辑”|“音频选项”|“音频增益”命令，如图 8-8 所示，然后在弹出的“音频增益”对话框中设置“调整增益值”参数为 5，单击“确定”按钮，如图 8-9 所示。

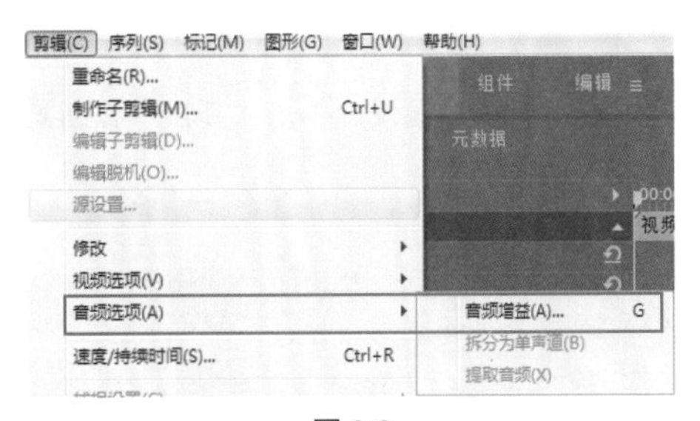

图 8-8

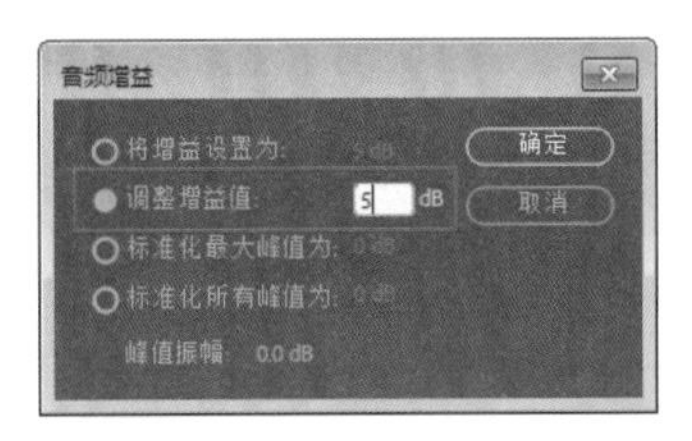

图 8-9

03 选择“视频.avi”素材，在“效果控件”面板中展开“音频”效果参数，单击“级别”属性右侧的“添加关键帧”按钮，并设置其参数为 -280dB，如图 8-10 所示。

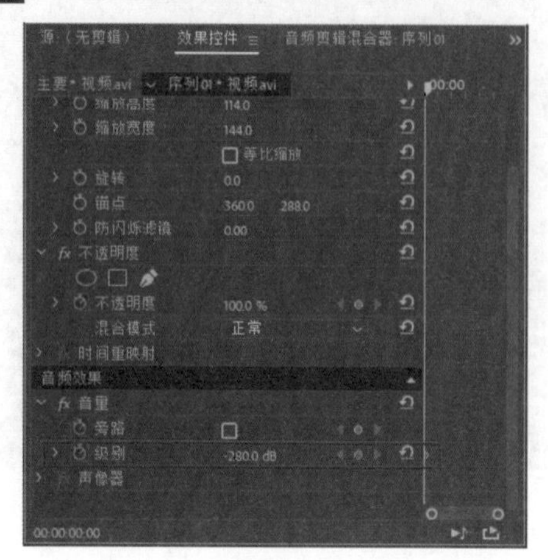

图 8-10

04 把时间指针移至 00:00:01:15 位置，设置“级别”参数为 0dB，如图 8-11 所示。

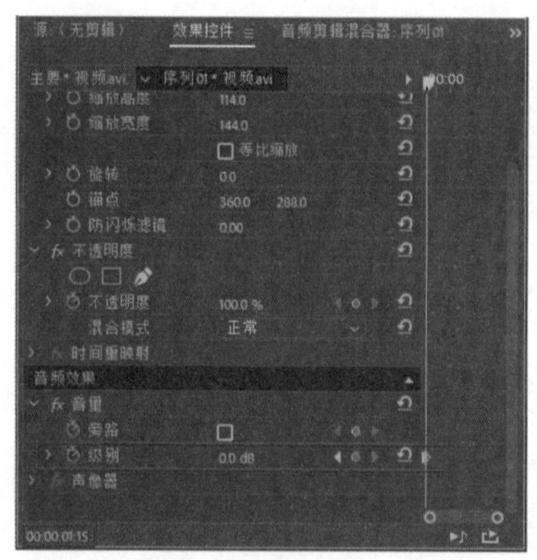

图 8-11

05 在“节目”监视器面板中单击“播放”按钮预览音频的最终效果。

8.2 基础知识要点

在 Premiere Pro CC 2018 中进行音频效果编辑前，首先要了解音频相关的基础知识，在本节将为大家详细介绍音频编辑与应用的基础知识要点。

8.2.1 音频轨道

在 Premiere Pro CC 2018 的“时间轴”面板中有两种类型的轨道，即视频轨和音频轨，音频轨道位于视频轨道的下方，如图 8-12 所示。

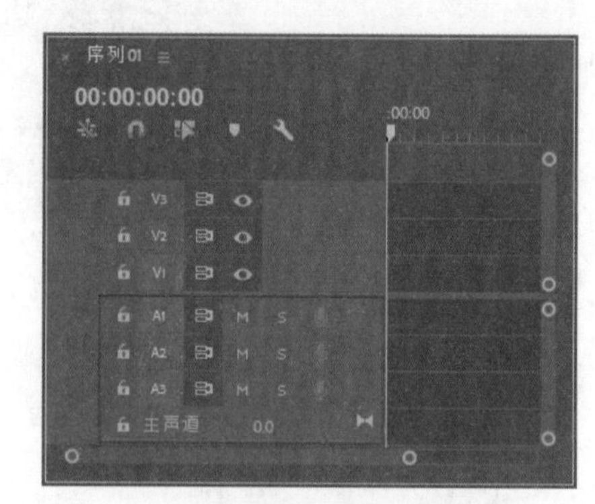

图 8-12

把视频剪辑从“项目”面板中拖至“时间轴”上时，Premiere Pro CC 2018 会自动将剪辑中的音频放到相应的音频轨道上，如果把视频剪辑放在视频轨道 1 上，则剪辑中的音频就会被自动放置在音频 1 轨道上，如图 8-13 所示。

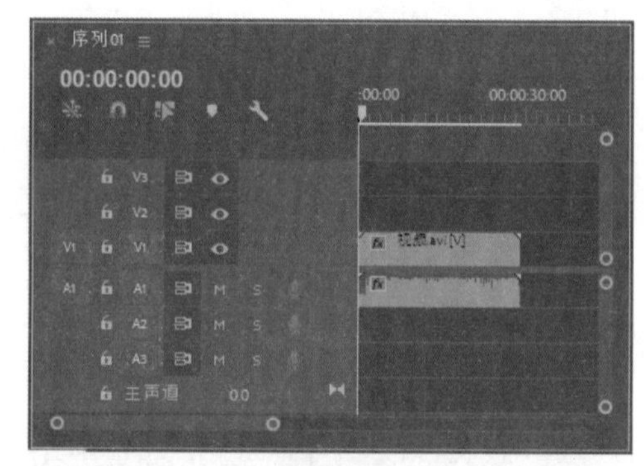

图 8-13

在 Premiere Pro CC 2018 中处理音频的时候，使用“剃刀工具”切割视频剪辑，则与该剪辑相链接的音频也同时被切割，如图 8-14 所示。选择视频剪辑素材执行“剪辑”|“取消链接”命令，或者在视频剪辑素材上右击，在弹出的快捷菜单中执行“取消链接”命令，如图 8-15 所示，可以将剪辑中的视频与音频断开链接。

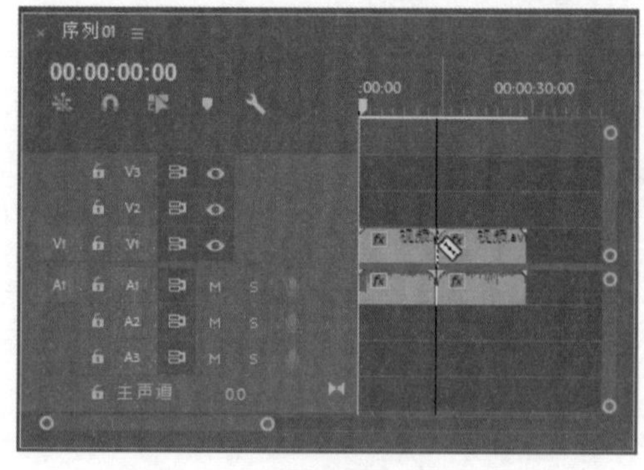

图 8-14

图 8-15

8.2.2　调整音频的持续时间和速度

音频的持续时间就是指音频的入点和出点之间的素材持续时间，因此可以通过改变音频的入点或者出点位置来调整音频的持续时间。在“时间轴”面板中使用“选择工具”直接拖动音频的边缘，以改变音频轨道上音频素材的长度，还可以选择“时间轴”面板中的音频素材，右击，选择“速度 / 持续时间”选项，如图 8-16 所示，在弹出的“剪辑速度 / 持续时间”对话框中设置音频的持续时间，如图 8-17 所示。

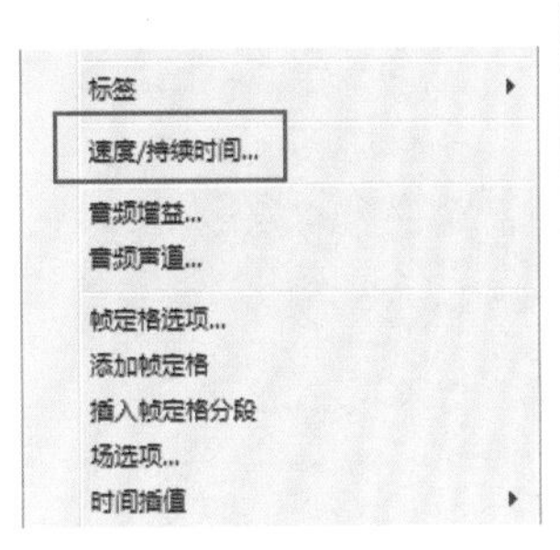

图 8-16

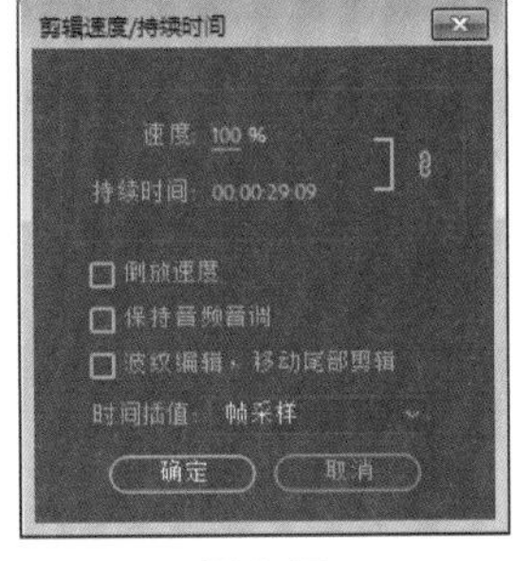

图 8-17

> **技巧与提示：**
>
> 可以在“剪辑速度 / 持续时间”对话框中通过设置音频素材的速度，来改变音频的持续时间，改变音频的播放速度后会影响音频的播放效果，音调会因速度的变化而改变，同时播放速度变化了，播放时间也会随着改变，但是这种改变与单纯改变音频素材的出、入点而改变持续时间是不同的。

8.2.3　音量的调节与关键帧技术

在对音频素材进行编辑时，有时候经常会遇到音频素材固有的音量过高或者过低的情况，此时我们就需要对素材的音量进行调节。调节素材的音量有多种方法，下面我们简单介绍其中两种调节音频素材音量的操作方法。

通过“音频剪辑混合器”来调节音量。在“时间轴”面板中选择音频素材，然后在“音频剪辑混合器”面板中拖动相应音频轨道的音量调节滑块，如图 8-18 所示。

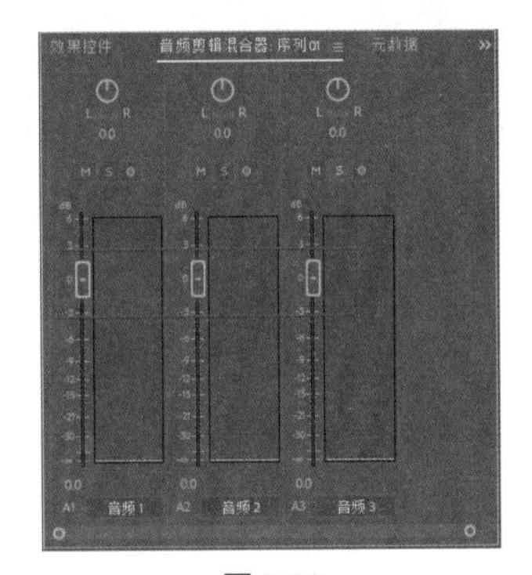

图 8-18

每个音频轨道都有一个对应的音量调节滑块，上下拖动该滑块，可以增加或降低对应音频轨道中音频素材的音量。滑块下方的数值会显示当前音量，用户也可以直接在文本栏中输入音量数值。

在“效果控件”面板中调节音量。选择音频素材，在“效果控件”面板中展开“音频”效果属性，然后通过设置“级别”参数值调节所选音频素材的音量大小，如图 8-19 所示。

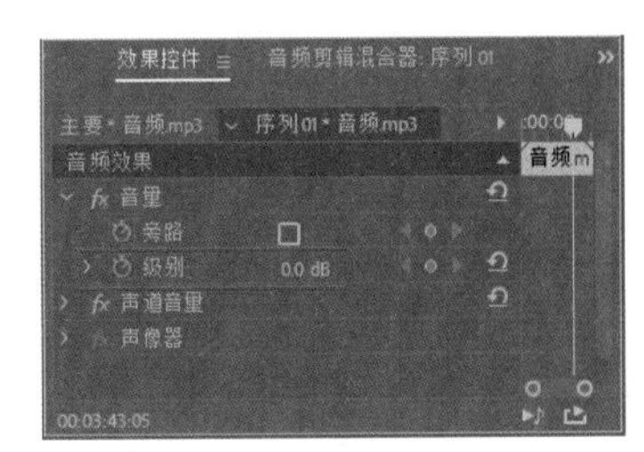

图 8-19

在“效果控件”面板中可以对所选的音频素材参数设置关键帧，制作音频关键帧动画。单击“音频”效果属性右侧的“添加关键帧”按钮，如图 8-20 所示，接着把时间指针移至其他时间位置，设置音频属性参数，Premiere Pro CC 2018 会自动在该时间处添加一个关键帧，如图 8-21 所示。

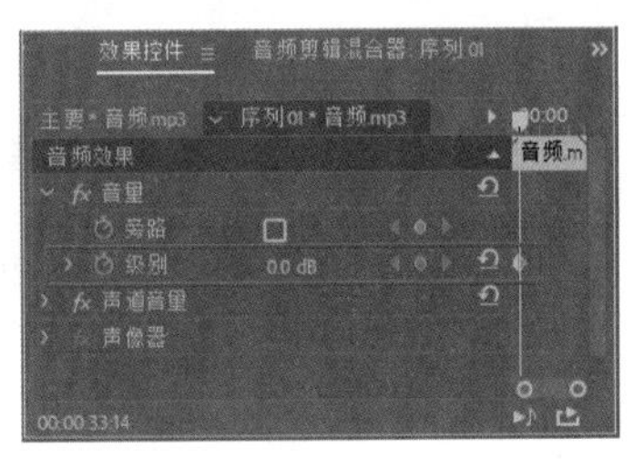

图 8-20

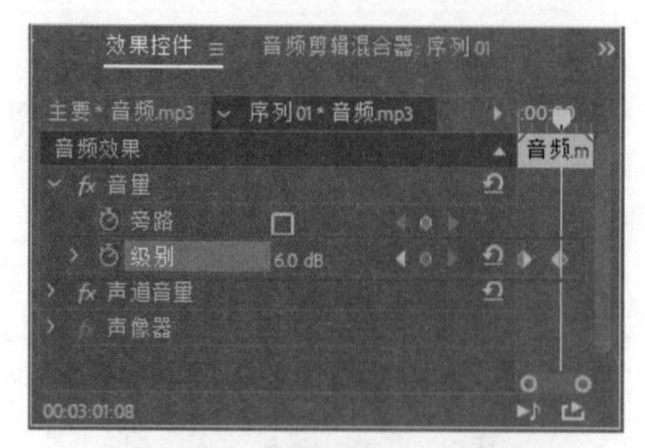

图 8-21

8.2.4 实战——更改音频的增益与速度

下面通过实例来具体介绍如何更改音频的增益与速度。

视频文件：　下载资源 \ 视频 \ 第 8 章 \8.2.4 实战——更改音频的增益与速度 .mp4

源 文 件：　下载资源 \ 源文件 \ 第 8 章 \8.2.4

01 启动 Premiere Pro CC 2018，新建项目和序列。执行“文件”|“导入”命令，弹出“导入”对话框，选择要导入的素材，单击“打开”按钮，如图 8-22 所示。

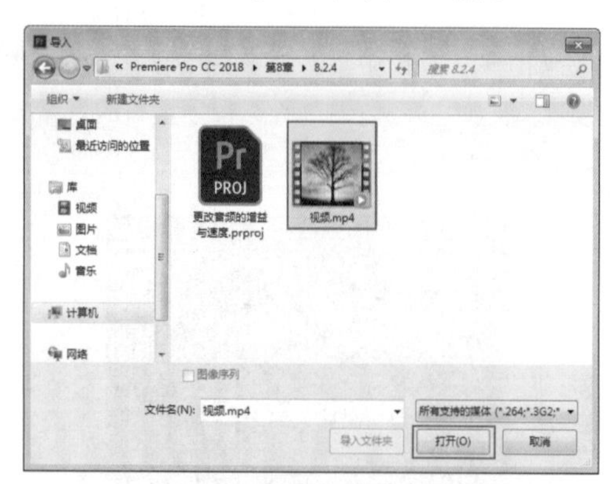

图 8-22

02 在“项目”面板中，选择“视频 .mp4”素材，将其拖入“节目”监视器面板，如图 8-23 所示。

图 8-23

03 在“时间轴”面板中选择素材“视频 .mp4”，在“效果控件”面板设置素材的“缩放”参数为 110，如图 8-24 所示。

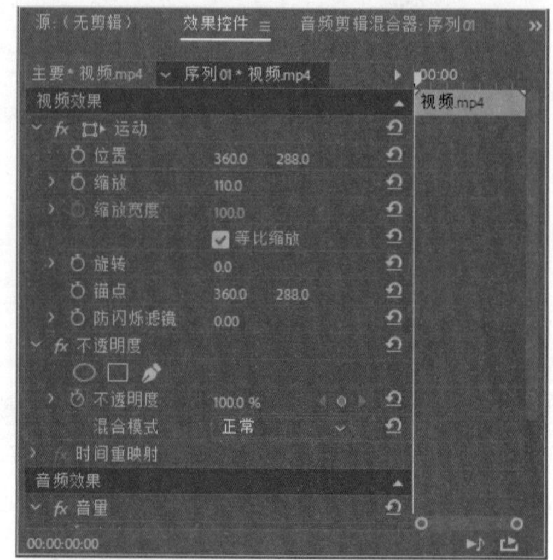

图 8-24

04 选择素材“视频 .mp4”，右击，在弹出的快捷菜单中选择“速度 / 持续时间”选项，如图 8-25 所示，在弹出的“剪辑速度 / 持续时间”对话框中设置音频的“速度”为 85%，如图 8-26 所示。

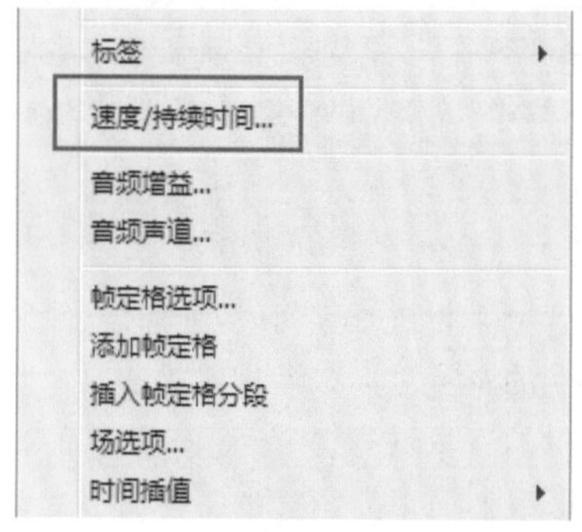

图 8-25

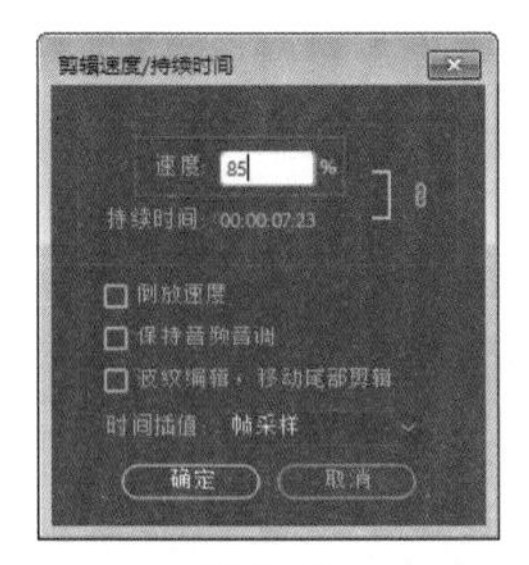

图 8-26

> **技巧与提示：**
>
> 在“剪辑速度\持续时间”对话框中，设置“持续时间”参数，还可以精确调整音频素材的速率。

05 继续选择素材“视频.mp4”，执行“剪辑”|“音频选项”|“音频增益”命令，如图 8-27 所示，在弹出的“音频增益”对话框中设置“调整增益值”参数为 5dB，单击“确定”按钮，如图 8-28 所示。

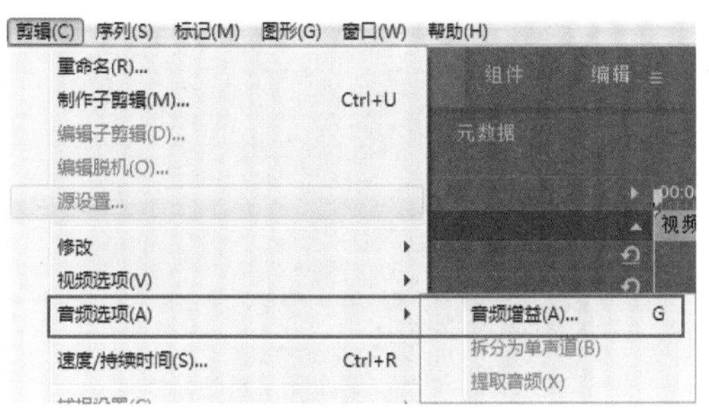

图 8-27

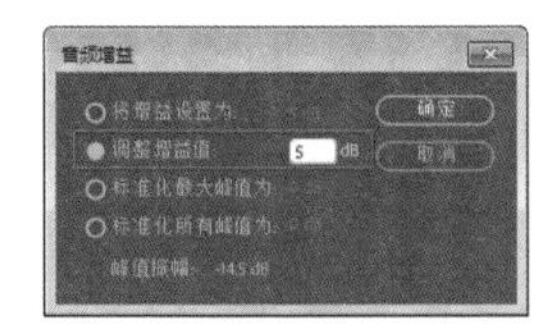

图 8-28

8.3 使用音频剪辑混合器

“音频剪辑混合器”面板可以实时混合“时间轴”面板中各个轨道中的音频素材，可以在该面板中选择相应的音频控制器进行调整，以调节它在“时间轴”面板对应轨道中的音频素材，通过“音频剪辑混合器”可以很方便地把控音频的声道、音量等属性。

8.3.1 认识“音频剪辑混合器”面板

“音频剪辑混合器”面板由若干个轨道音频控制器、主音频控制器和播放控制器组成，如图 8-29 所示。其中轨道音频控制器主要是用于调节“时间轴”面板中与其对应轨道上的音频。轨道音频控制器的数量与“时间轴”面板中音频轨道的数量一致，轨道音频控制器由控制按钮、声道调节滑轮和音量调节滑块 3 部分组成。

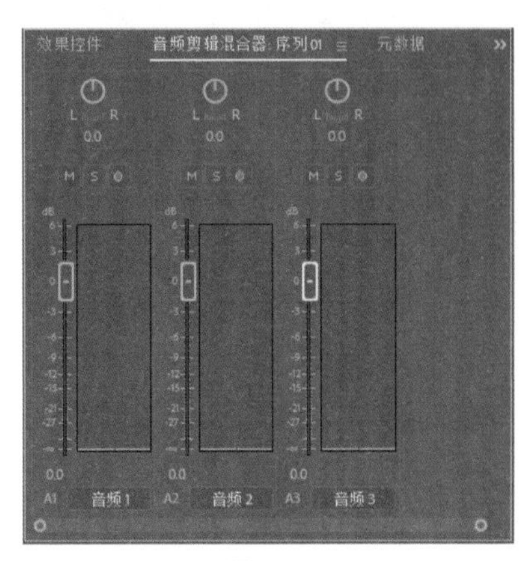

图 8-29

1. 控制按钮

轨道音频控制器的控制按钮主要用于控制音频调节器的状态，下面分别介绍各个按钮名称及其功能作用。

+ M 静音轨道按钮：主要用于设置轨道音频是否为静音状态，单击该按钮后，变为绿色，表示该音轨处于静音状态，再次单击该按钮，取消静音。
+ S 独奏轨道按钮：单击该按钮，变为黄色，则其他普通音频轨道将会自动被设置为静音模式。
+ 写关键帧按钮：单击该按钮，颜色变为蓝色，可用于对音频素材进行关键帧设置。

2. 声道调节滑轮

声道调节滑轮如图 8-30 所示，主要用来实现音频素材的声道切换，当音频素材为双声道音频时，可以使用声道调节滑轮来调节播放声道。在滑轮上按住鼠标左键向左拖动，则输出左声道的音量增大，向右拖动滑轮则输出右声道的音量增大。

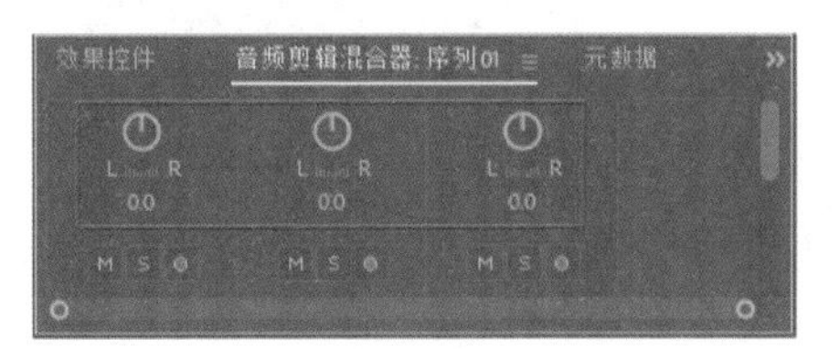

图 8-30

3. 音量调节滑块

音量调节滑块如图 8-31 所示，主要用于控制当前轨道音频素材的音量大小，向上拖动滑块增加音量，向下拖动滑块减小音量。

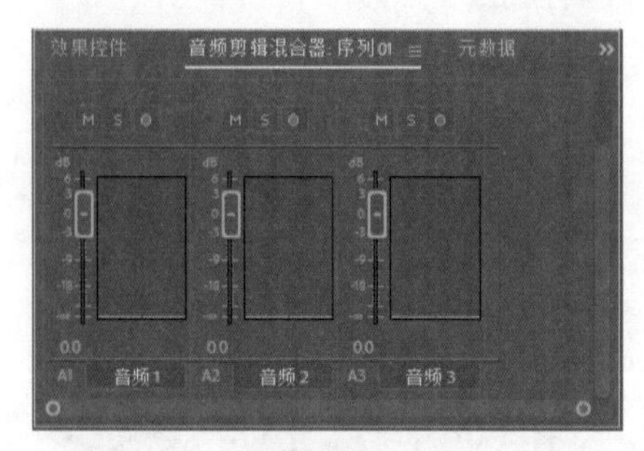

图 8-31

8.3.2 实战——使用“音频剪辑混合器”控制音频

下面通过实例来具体介绍如何调节影片的音频。

视频文件：下载资源\视频\第 8 章\8.3.2 实战——使用“音频剪辑混合器”控制音频.mp4

源 文 件：下载资源\源文件\第 8 章\8.3.2

01 启动 Premiere Pro CC 2018，打开项目文件，如图 8-32 和图 8-33 所示。

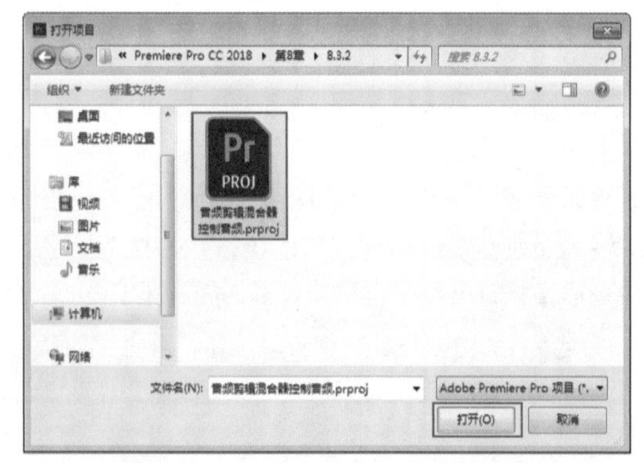

图 8-32

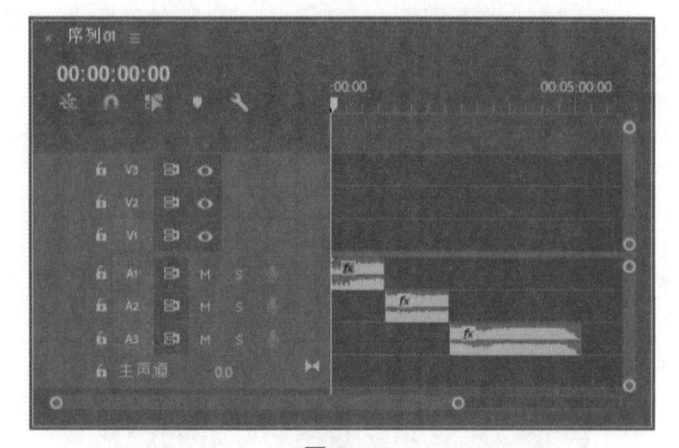

图 8-33

02 通过预览“时间轴”面板中的三段音频素材，发现第二段音频素材音量过低，而第三段音频素材音量过高。在“时间轴”面板移动时间标记到音频 2 轨道中的音频素材范围内，在“音频剪辑混合器”面板中单击相应的音量调节滑块，如图 8-34 所示，向上拖至音量表中 0 的位置，如图 8-35 所示。

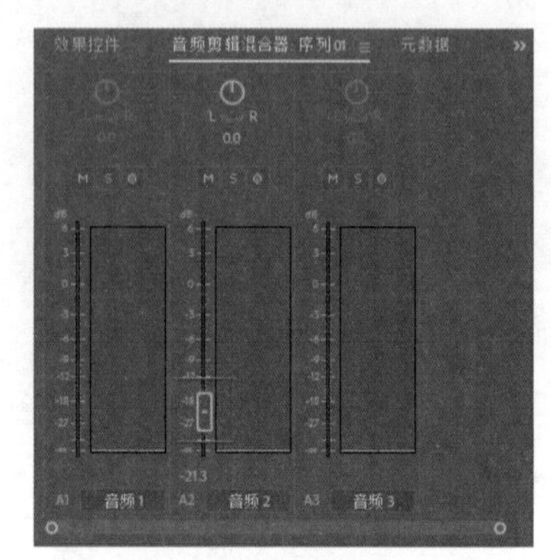

图 8-34

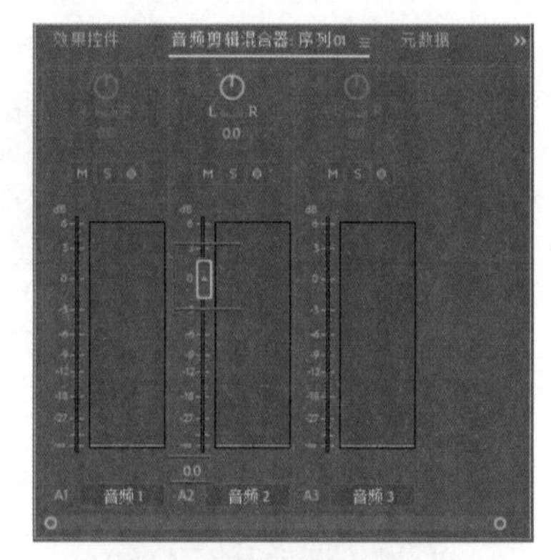

图 8-35

03 在“时间轴”面板移动时间标记到音频 3 轨道中的音频素材范围内，在“音频剪辑混合器”面板中单击相应的音量调节滑块如图 8-36 所示，然后向下拖至音量表中 0 的位置，如图 8-37 所示。

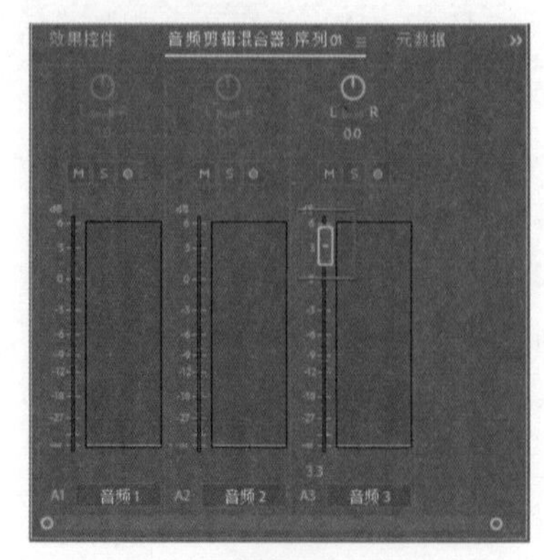

图 8-36

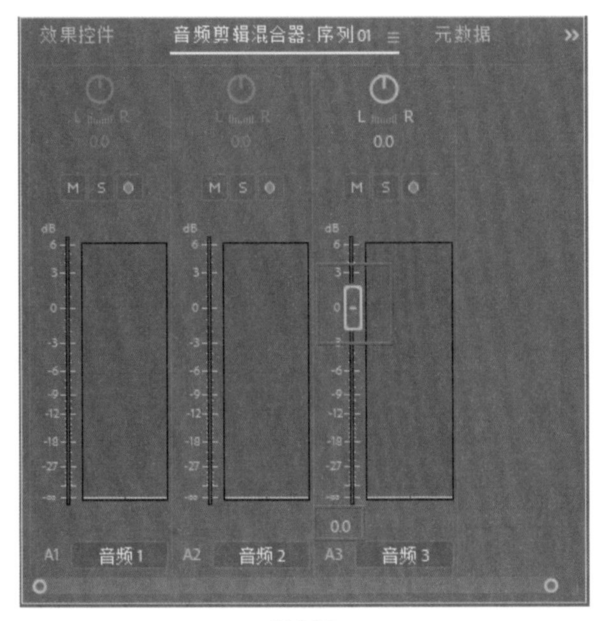

图 8-37

8.4　音频效果

Premiere Pro CC 2018 具有很强的音频编辑功能，其“音频效果”文件夹中提供了大量的音频效果，可以满足多种音频特效的编辑需求，下面将简单介绍一些常用的音频效果。

8.4.1　多功能延迟效果

延迟效果可以使音频剪辑产生回音效果，“多功能延迟”效果则可以产生 4 层回音，可以通过调节参数来控制每层回音发生的延迟时间与程度。

在“效果”面板中选择“音频效果”文件夹，再选择“多功能延迟”效果，将其拖至需要应用该效果的音频素材上，并在“效果控件”面板对其进行参数设置即可，如图 8-38 所示。

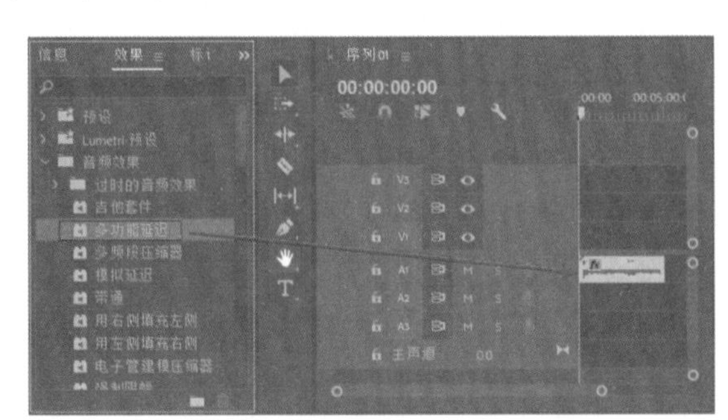

图 8-38

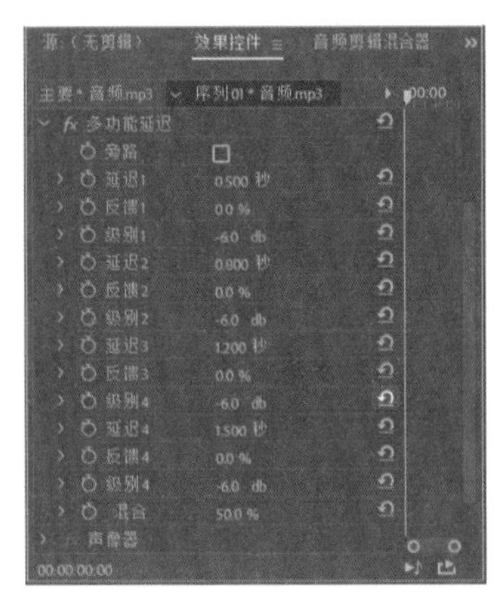

图 8-38（续）

下面对“多功能延迟”效果的主要属性参数进行简单介绍。

✦ 延迟 1/2/3/4：用于指定原始音频与回声之间的时间量。

✦ 反馈 1/2/3/4：用于指定延迟信号的叠加程度，以控制产生多重衰减回声的百分比。

✦ 级别 1/2/3/4：用于设置每层的回声强度。

✦ 混合：用于控制延迟声音和原始音频的混合百分比。

8.4.2　带通效果

“带通”效果可以删除指定声音之外的范围或者波段的频率。在“效果”面板中选择“音频效果”文件夹，再选择“带通”效果，将其拖至需要应用该效果的音频素材上，并在“效果控件”面板中对其进行参数设置，如图 8-39 所示。

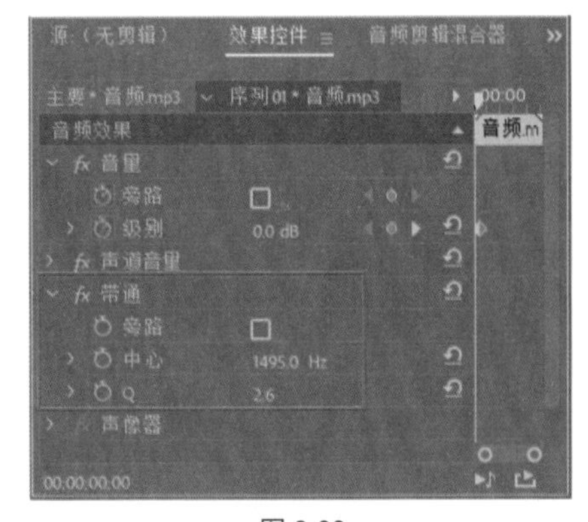

图 8-39

下面对“带通”效果的主要属性参数进行简单介绍。

✦ 中心：用于设置频率范围的中心频率数值。

✦ Q：用于设置波段频率的宽度。

8.4.3 低通 / 高通效果

“低通”效果用于删除高于指定频率界限的频率，使音频产生浑厚的低音音场效果；“高通”效果用于删除低于指定频率界限的频率，使音频产生清脆的高音音场效果。

在“效果”面板中选择“音频效果”文件夹，再分别将“低通”和“高通”效果拖至需要应用该效果的音频素材上，并在“效果控件”面板中对其进行参数设置，如图 8-40 所示。

“低通”和“高通”效果属性中都只有一个参数即“屏蔽度”，在“低通”中该选项用于设定可通过声音的最高频率。在“高通”中该选项则用于设定可通过声音的最低频率。

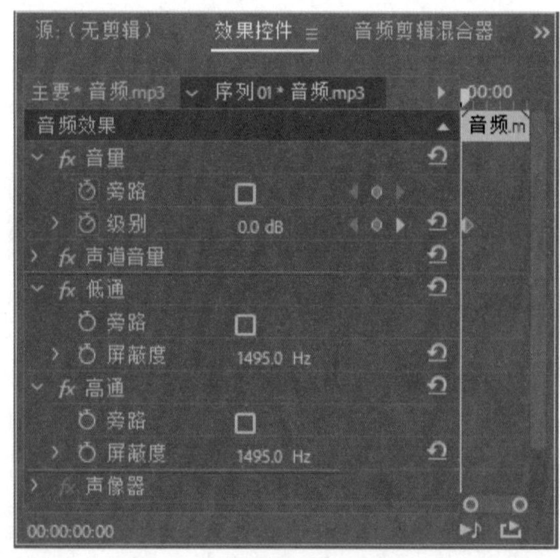

图 8-40

8.4.4 低音 / 高音效果

“低音”效果用于提升音频波形中低频部分的音量，使音频产生低音增强效果；“高音”效果用于提升音频波形中高频部分的音量，使音频产生高音增强效果。

在“效果”面板中展开“音频效果”文件夹，再分别将“低音”和“高音”效果拖至需要应用该效果的音频素材上，并在“效果控件”面板中对其进行参数设置，如图 8-41 所示。

“低音”和“高音”效果属性中都只有一个参数即“提升”，用于提升或降低低音或高音。

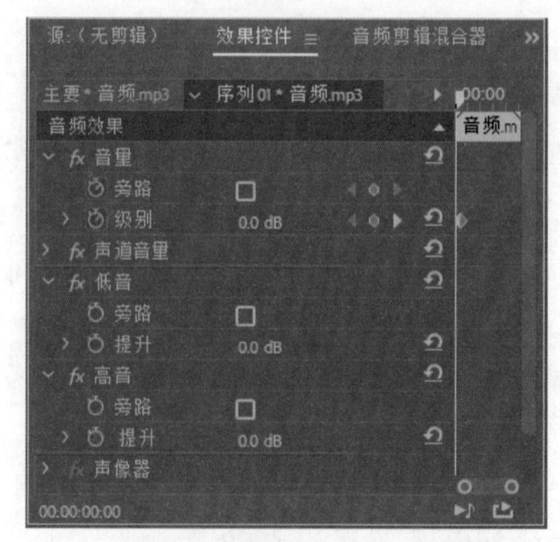

图 8-41

8.4.5 消除齿音效果

“消除齿音”效果用于对人物语音音频的清晰化处理，一般用来消除人物对着麦克风说话时产生的齿音。在“效果”面板中展开“音频效果”文件夹，再选择“消除齿音”效果，将其拖至需要应用该效果的音频素材上，并在“效果控件”面板中对其进行参数设置，如图 8-42 所示。

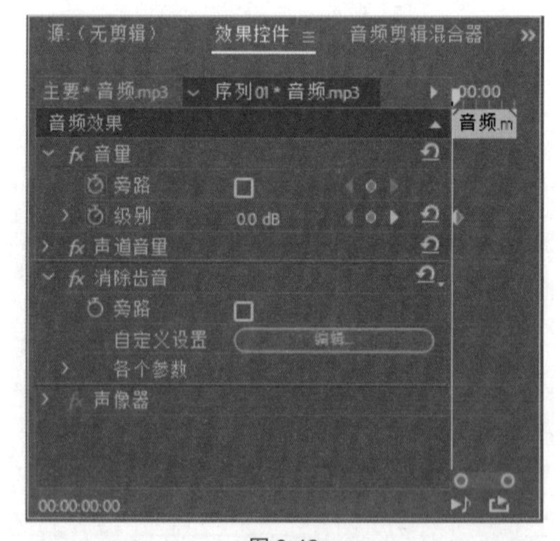

图 8-42

在其参数设置中，可以根据语音的类型和具体情况，选择对应的预设处理方式，对指定的频率范围进行限制，以便能高效地完成音频内容的优化处理。

技巧与提示：

可以在同一个音频轨道上添加多个音频特效，并分别进行控制。

8.4.6 音量效果

“音量”效果是指渲染音量可以使用音量效果的音量来代替原始素材的音量，该特效可以为素材建立一个类似于封套的效果，在其中设定一个音频标准。

在“效果”面板中展开“音频效果”文件夹，再选择“音量”效果，将其拖至需要应用该效果的音频素材上，并在“效果控件”面板对其进行参数设置，如图 8-43 所示。

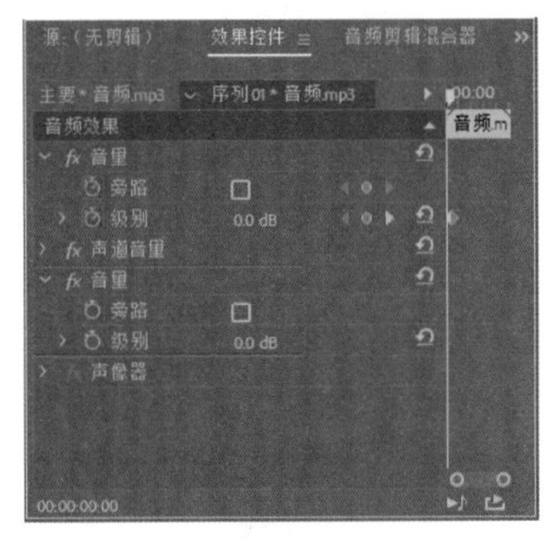

图 8-43

在“效果控件”面板中只包含一个“级别”参数，该参数用于设置音量的大小，正值提高音量，负值则相反。

8.4.7　实战——实现音乐的余音绕梁效果

下面通过实例来具体介绍如何实现音乐的余音绕梁效果。

视频文件：　下载资源\视频\第 8 章\8.4.7 实战——实现音乐的余音绕梁效果 .mp4

源 文 件：　下载资源\源文件\第 8 章\8.4.7

01 启动 Premiere Pro CC 2018，新建项目和序列。执行“文件”|“导入”命令，弹出“导入”对话框，选择要导入的素材，单击“打开”按钮，如图 8-44 所示。

图 8-44

02 在“项目”面板中，选择“风景 .wmv”素材，将其拖入“节目”监视器面板中，如图 8-45 所示。

图 8-45

03 在“时间轴”面板中选择“风景 .wmv”素材，然后右击，在弹出的快捷菜单中执行“取消链接”命令，如图 8-46 所示。选择音频 1 轨道中的音频，按 Delete 键将其删除，如图 8-47 所示。

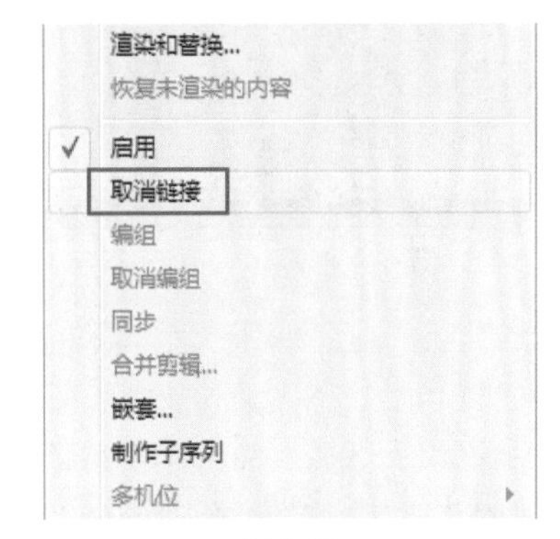

图 8-46

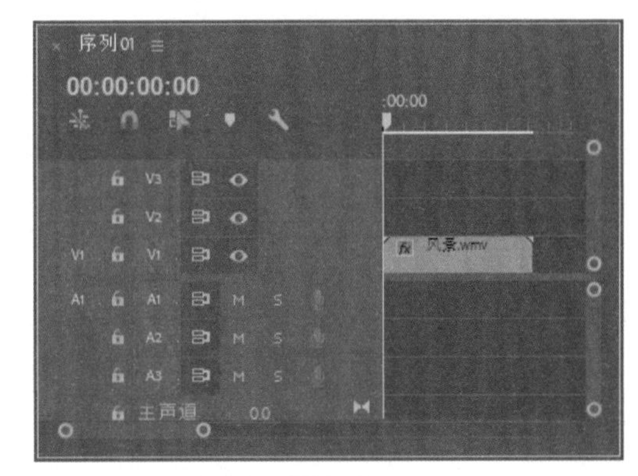

图 8-47

04 将“项目”面板中的“音频 .mp4”素材拖至音频 1 轨道中，如图 8-48 所示。

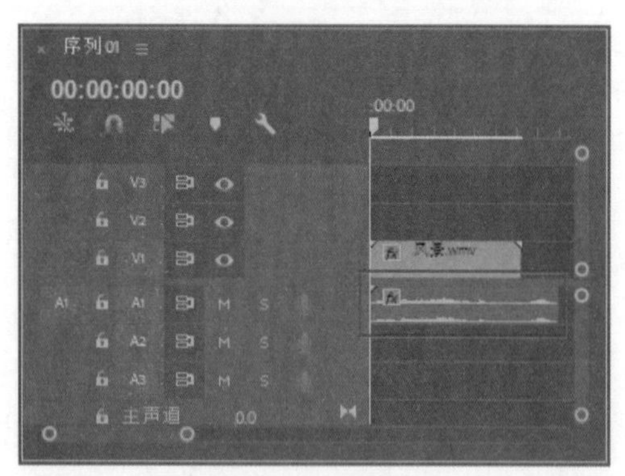

图 8-48

05 选择“风景 .wmv”素材，右击，在弹出的快捷菜单中执行“速度 / 持续时间”命令，在弹出的“剪辑速度 / 持续时间”对话框中设置“持续时间”为 00:00:08:24，如图 8-49 所示。

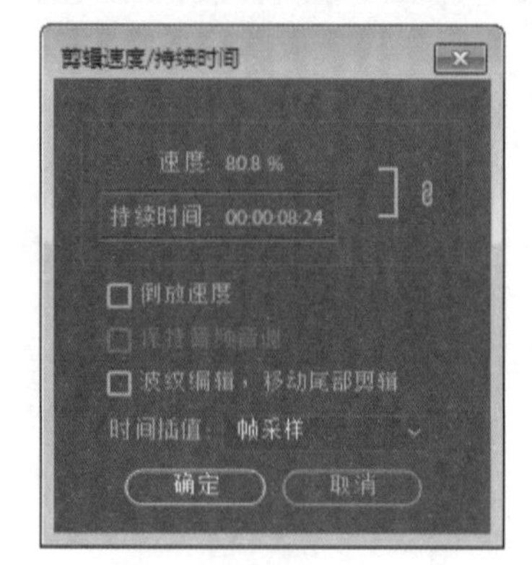

图 8-49

06 继续选择“风景 .wmv”素材，在“效果控件”面板中取消选中“等比缩放”复选框，设置“缩放高度”参数为 108，“缩放宽度”参数为 80，具体参数设置及在“节目”监视器面板中的对应效果如图 8-50 所示。

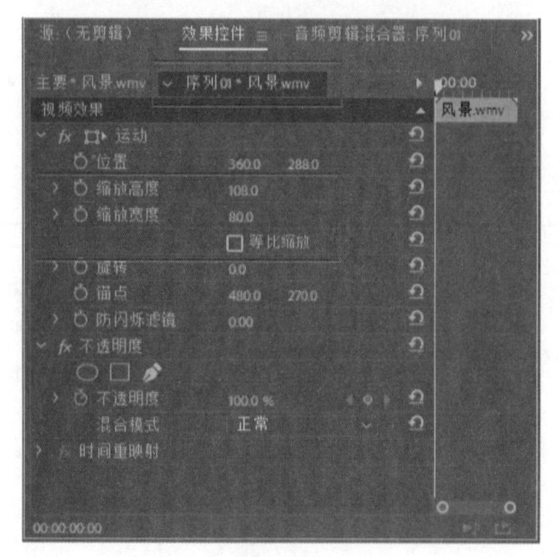

图 8-50

图 8-50（续）

07 在“效果”面板中展开“音频效果”文件夹，选择“延迟”效果，将其拖至音频 1 轨道中的音频素材上，如图 8-51 所示。

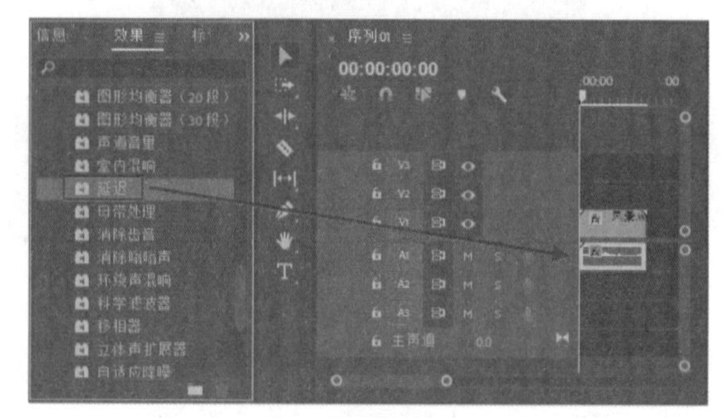

图 8-51

08 选择音频 1 轨道中的音频素材，在“效果控件”面板中设置“延迟”效果属性中的“延迟”参数为 1.5 秒，“反馈”参数为 20%，“混合”为 60%，如图 8-52 所示。

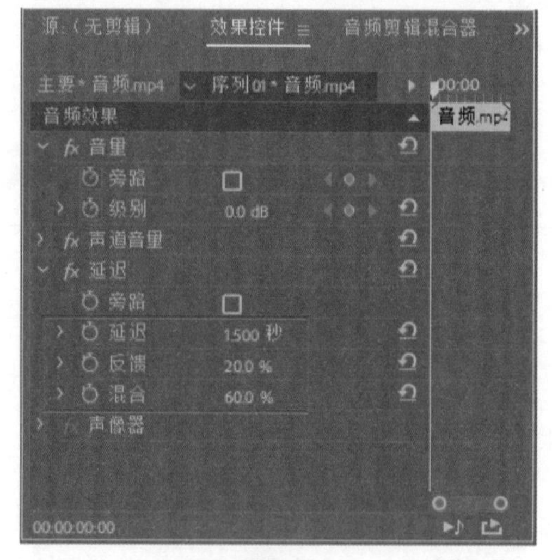

图 8-52

8.5　音频过渡效果

音频过渡指的是通过在音频剪辑的头尾或两个相邻音频之间添加一些音频过渡特效，使音频产生淡入淡出效果或者音频与音频之间的衔接变得柔和、自然，Premiere Pro CC 2018 为音频素材提供了简单的过渡效果，存放在“音频过渡”文件夹中。

8.5.1　交叉淡化效果

在“效果”面板中展开“音频过渡”文件夹，在其中的“交叉淡化”文件夹中提供了“恒定功率”“恒定增益”“指数淡化”3 种音频过渡效果，它们的应用方法与添加视频过渡效果的方法相似，将其添加到音频剪辑中后，在“效果控件”面板设置好需要的持续时间、对齐方式等参数即可，如图 8-53 所示。

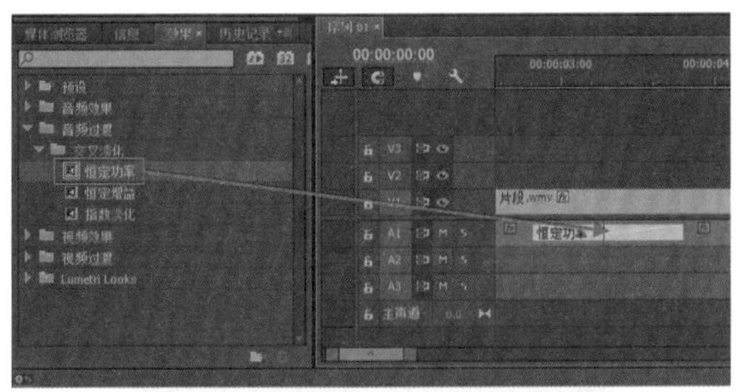

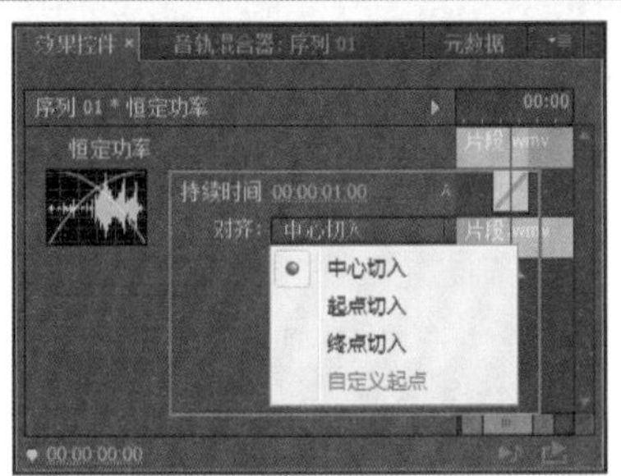

图 8-53

8.5.2　实战——实现音频的淡入淡出效果

下面通过实例来具体介绍如何实现音频的淡入淡出效果。

视频文件：　下载资源 \ 视频 \ 第 8 章 \8.5.2 实战——实现音频的淡入淡出效果 .mp4

源 文 件：　下载资源 \ 源文件 \ 第 8 章 \8.5.2

01 启动 Premiere Pro CC 2018，打开项目文件，如图 8-54 和图 8-55 所示。

图 8-54

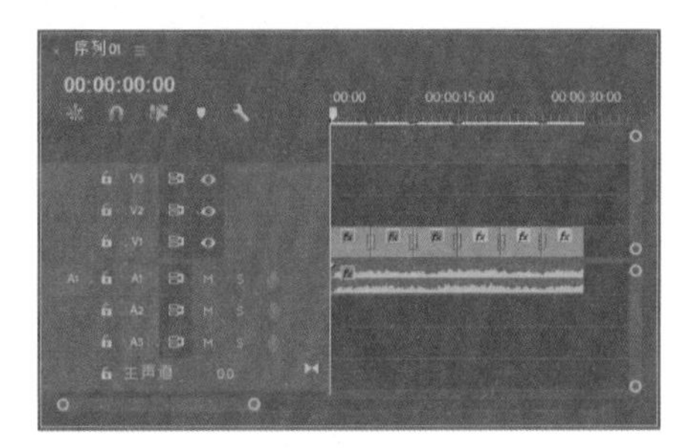

图 8-55

02 在“效果”面板中展开“音频过渡”文件夹和“交叉淡化”文件夹，选择“恒定增益”效果，并将其拖至音频 1 轨道中的音频素材最左端，如图 8-56 所示。

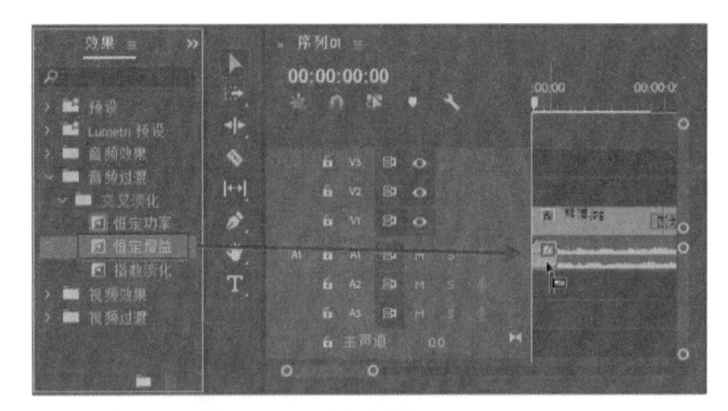

图 8-56

03 在音频 1 轨道上单击“恒定增益”效果，然后打开“效果控件”面板，将“持续时间”设置为 00:00:02:00，如图 8-57 所示。

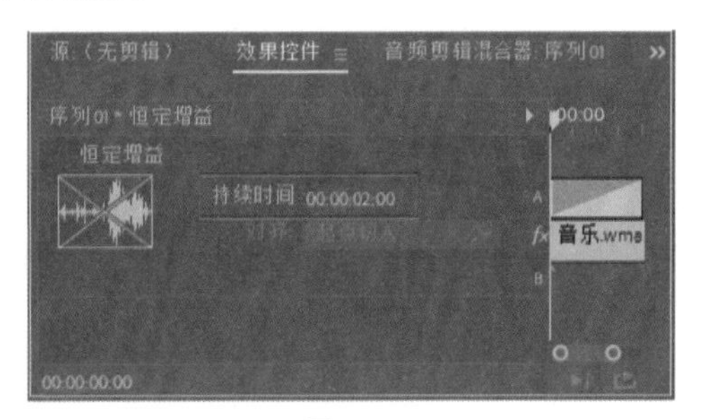

图 8-57

04 使采用同样的方法将“恒定增益”效果拖至音频 1 轨道中的音频素材最右端，如图 8-58 所示。在音频 1 轨道上单击右端的“恒定增益”效果，然后打开“效果控件”面板，将“持续时间”设置为00:00:02:00，如图 8-59 所示。

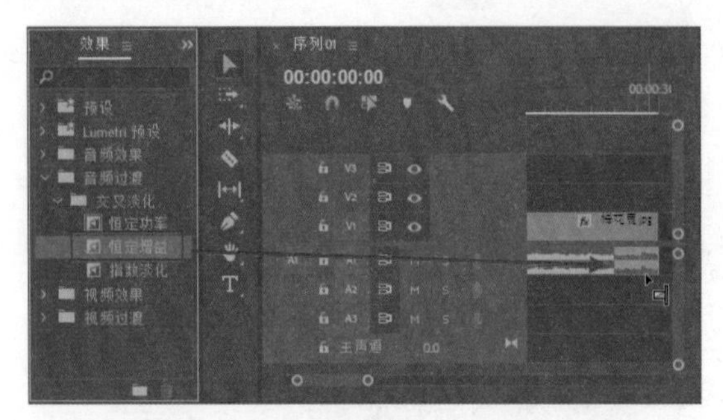

图 8-58

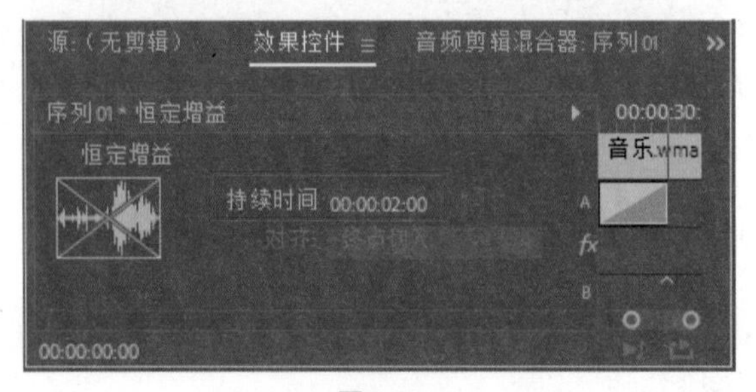

图 8-59

05 最终，在音频 1 轨道上的音频素材包含了两个音频过渡效果，一个位于开始处对音频进行淡入，另一个位于结束处对音频进行淡出，如图 8-60 所示。

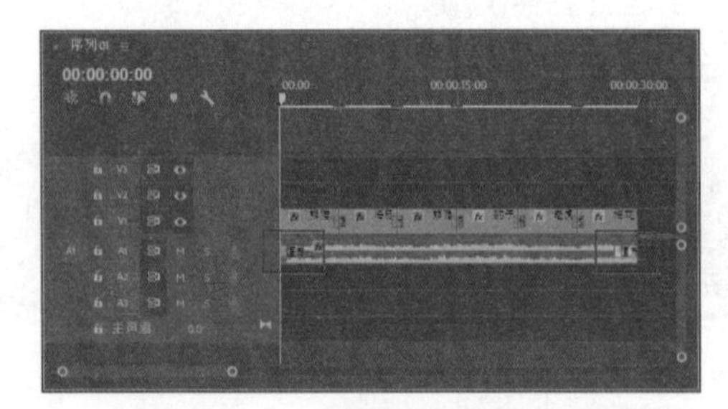

图 8-60

技巧与提示：

除了使用音频特效实现音频素材的淡入淡出效果外，还可以通过添加“音量”关键帧来实现。

8.6 综合实例——超重低音效果的制作

下面通过实例来具体介绍如何实现超重低音效果。

视频文件：　下载资源 \ 视频 \ 第 8 章 \8.6 综合实例——超重低音效果的制作 .mp4
源 文 件：　下载资源 \ 源文件 \ 第 8 章 \8.6

01 启动 Premiere Pro CC 2018，新建项目和序列。执行“文件” | “导入”命令，弹出“导入”对话框，选择要导入的素材，单击“打开”按钮，如图 8-61 所示。

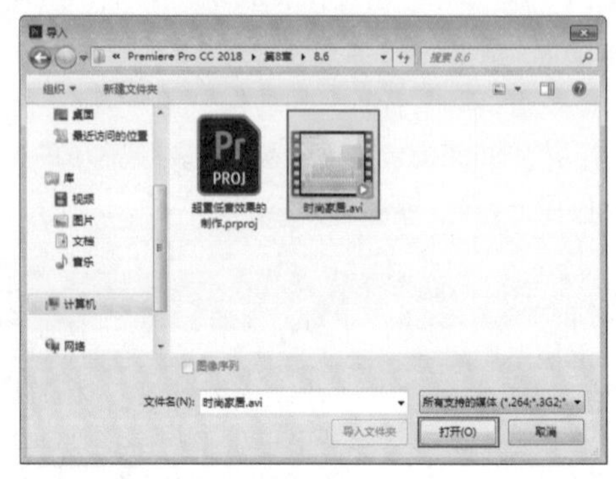

图 8-61

02 在“项目”面板中，选择“时尚家居 .avi”素材，将其拖入“节目”监视器面板中，在 00:00:07:18 处的画面如图 8-62 所示。

图 8-62

03 在“时间轴”面板中按住 Alt 键，单击并向下拖动音频 1 轨道中的音频，对该音频进行复制，并放置在音频 2 轨道上，如图 8-63 所示。

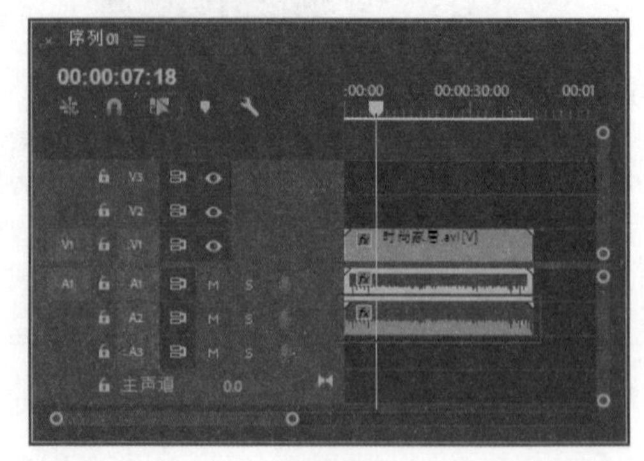

图 8-63

04 在“效果”面板中展开“音频效果”文件夹，选择“低通”效果，将其拖至音频 2 轨道中的音频素材上，如图 8-64 所示。

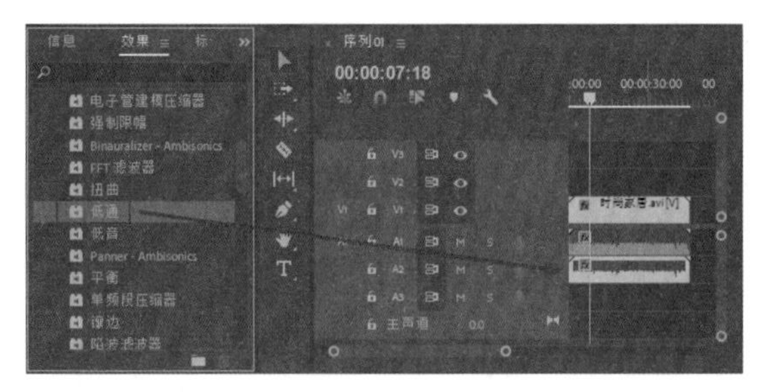

图 8-64

05 选择音频 2 轨道中的音频素材，在“效果控件”面板中设置“低通”效果属性中的“屏蔽度”参数为 1500 Hz，具体参数设置如图 8-65 所示。

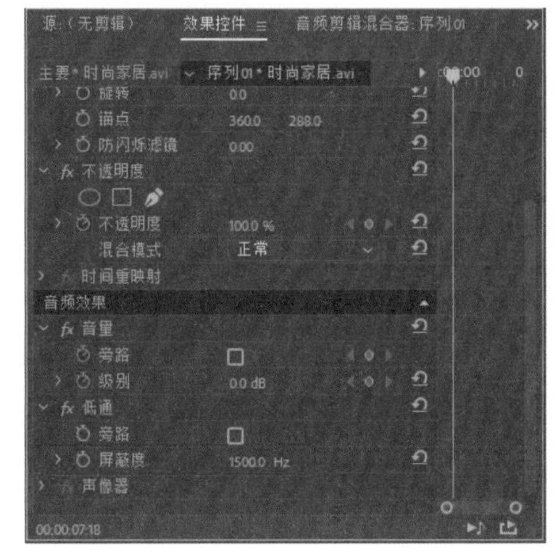

图 8-65

8.7　本章小结

本章主要介绍了如何在 Premiere Pro CC 2018 中为影视作品添加音频、如何对音频进行编辑和处理，以及常用的一些音频效果、音频过渡效果的方法。

在“时间轴”面板选择素材，执行“剪辑”|“音频选项”|“音频增益”命令，然后在弹出的“音频增益”对话框中可以对素材的音频增益进行调整。

选择“时间轴”面板中的音频素材，右击，在弹出的快捷菜单中执行“速度 / 持续时间”命令，在弹出的“剪辑速度 / 持续时间”对话框中可以调整剪辑的速度和持续时间。

“音频剪辑混合器”面板由若干个轨道音频控制器、主音频控制器和播放控制器组成，可以实时混合“时间轴”面板各个轨道中的音频素材，可以在该面板中选择相应的音频控制器进行调整，以调节它在“时间轴”面板对应轨道中的音频素材，通过“音频剪辑混合器”可以很方便地调控音频的声道、音量等属性。

Premiere Pro CC 2018 的“音频效果”文件夹中提供了大量的音频效果，可以满足多种音频特效的编辑需求，另外在“音频过渡”文件夹中提供了“恒定功率”“恒定增益”“指数淡化”3 种简单的音频过渡效果，应用它们可以使音频产生淡入淡出效果或者使音频与音频之间的衔接变得柔和、自然。

素材采集

从工作流程来看，素材采集是视频编辑的首要工作，视频素材的采集是具体编辑前的一项准备性工作，在使用 Premiere 进行项目制作时，视频素材的质量通常会影响最终作品的质量，所以如何采集素材，是至关重要的一步。Premiere 为用户提供了十分高效、可靠的采集方法，本章将主要介绍素材采集的方法。

第 9 章素材文件

第 9 章视频文件

9.1 视频素材的采集

Premiere Pro CC 2018 是一个音视频编辑软件，它所编辑的是已经存在的视频或音频素材。将原始视频素材输入计算机硬盘中可以通过“外部视频输入”和“软件视频素材输入”两种方式进行。

（1）外部视频输入是指将摄像机、放像机及 DVD 机等设备中拍摄或录制的视频素材输入计算机。

（2）软件视频素材输入是指把一些由应用软件如 3ds Max、Maya 等制作的动画视频素材输入到计算机。

9.1.1 关于数字视频

数字视频就是先用摄像机之类的视频捕捉设备，将外界影像的颜色和亮度信息转变为电信号，再记录到存储介质。数字视频一般以每秒 30 帧的速度进行播放，电影播放的帧率是每秒 24 帧。数字视频的格式有很多种，如：MPEG-1、MPEG-2、DAC、AVI、RGB、YUV、复合视频和 S-Video、NTSC、PAL 和 SECAM、Ultrascale 等。

9.1.2 在 Premiere Pro CC 2018 中进行视频采集

采集视频素材是指将 DV 录像带中的模拟视频信号采集、转换成数字视频文件的过程。首先要在计算机中安装好视频采集卡，接着将拍摄了影视内容的 DV 录像带正确地安装到摄像机中，通过专用数据线将摄像机连接到计算机中预先安装的视频采集卡上并打开录像机，然后在 Premiere Pro CC 2018 中执行“文件”|“捕捉”命令，进入“捕捉设置”面板，如图 9-1 所示。

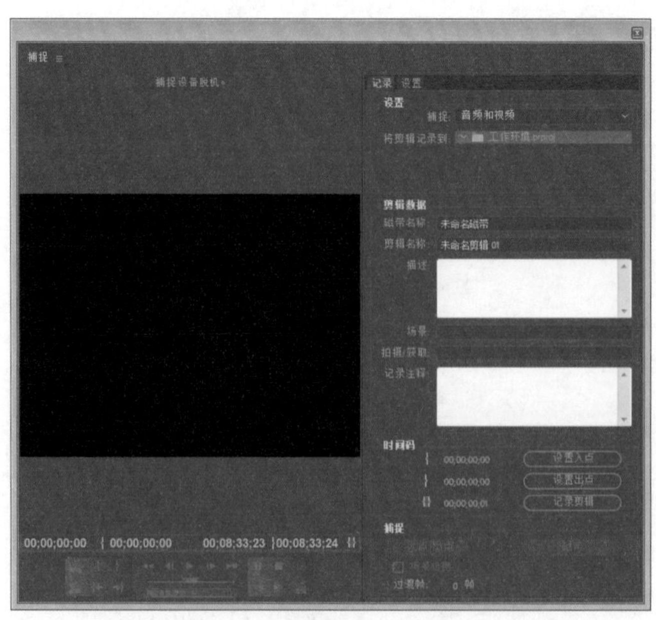

图 9-1

下面简单介绍“捕捉设置”面板中“记录”选项卡的主要属性参数。

✦ 记录：用于对捕捉生成的素材进行相关信息的设置。

✦ 设置：单击进入“设置”选项卡。

✦ 捕捉：用于设置捕捉的内容，包括“音频”“视频”“音频和视频”3 个选项。

✦ 将剪辑记录到：显示捕捉得到的媒体文件在当前项目文件中的存放位置。

✦ 剪辑数据：设置捕捉得到的媒体文件的名称、描述、场景、注释等信息。

✦ 时间码：用于设置要从录像带中进行捕捉采集的时间范围，在设置好入点和出点后，单击“磁带”按钮，则捕捉整个磁带中的内容。

✦ 场景检测：选中该选项，可以自动按场景归类，分开采集。

✦ 过渡帧：设置在指定的入点、出点范围之外采集的帧长度。

下面切换到“设置”选项卡，如图 9-2 所示，简单介绍“设置”选项卡的主要属性参数。

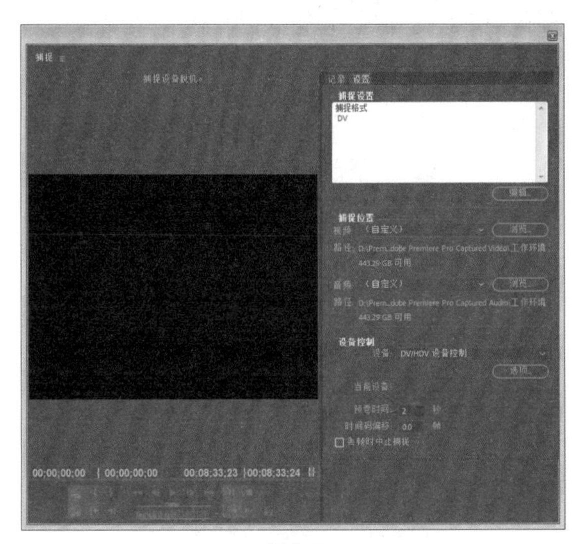

图 9-2

✦ 捕捉设置：用于设置当前要捕捉模拟视频的格式，单击下面的“编辑”按钮，在弹出的对话框中，可以根据实际情况选择 DV 或 HDV，如图 9-3 所示。

✦ 捕捉位置：用于设置捕捉获取的视频、音频文件在计算机中的存放位置。

✦ 设备控制：在“设备”下拉列表中选择“无”，则使用程序进行捕捉过程的控制；选择“DV/HDV 设备控制”，则可以使用连接在计算机上的摄像机或其他相关设备进行捕捉控制。单击“选项”按钮，进入“DV/HDV 设备控制设置”对话框，设置设备的其他属性参数，如图 9-4 所示。

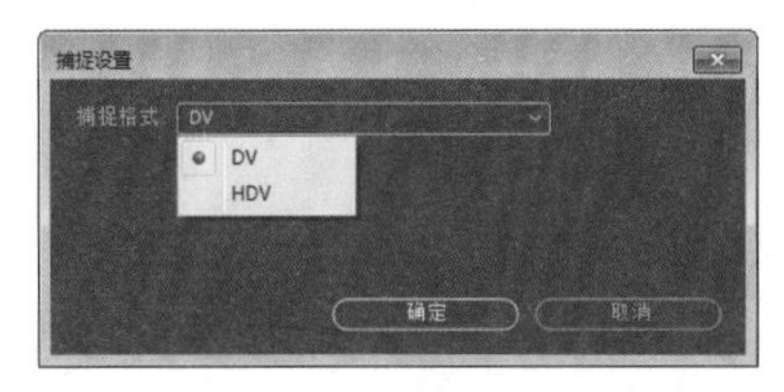

图 9-3

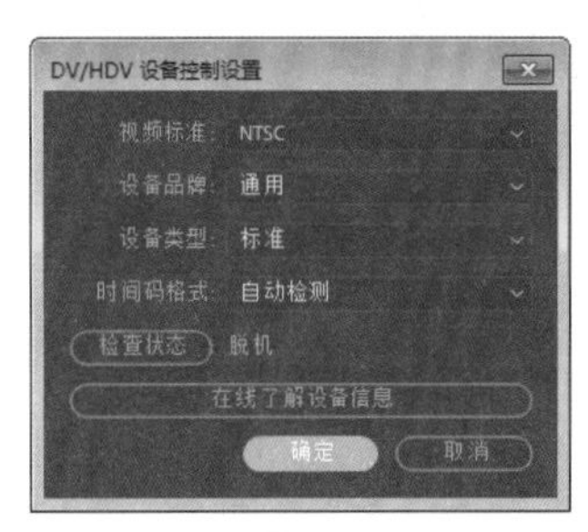

图 9-4

✦ 预卷时间：用于设置 DV 设备中的录像带在执行捕捉采集前的运转时间。

✦ 时间码偏移：设置捕捉到的素材与录像带之间的时间码偏移补偿，以降低采集误差，提高同步质量。

✦ 丢帧时终止捕捉：选中该选项，在捕捉时如果丢帧，会自动停止捕捉。

9.1.3　实战——从 DV 采集素材

下面通过实例来具体介绍如何从 DV 采集素材。

视频文件：　下载资源 \ 视频 \ 第 9 章 \9.1.3 实战——从 DV 采集素材 .mp4

源 文 件：　下载资源 \ 源文件 \ 第 9 章 \9.1.3

01 启动 Premiere Pro CC 2018，新建项目和序列。执行“编辑”|“首选项”|“捕捉”命令，如图 9-5 所示。

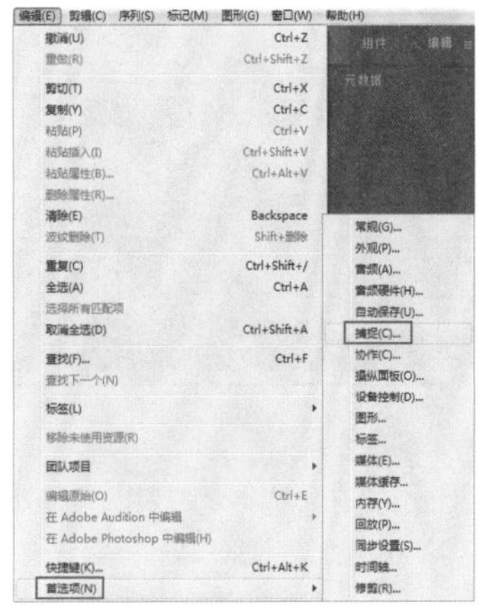

图 9-5

02 在弹出的“首选项”对话框中设置如图 9-6 所示参数。

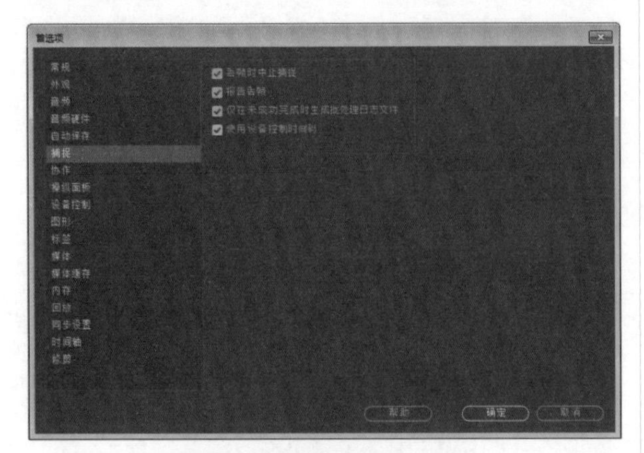

图 9-6

03 选择“设备控制”选项，从“设备”下拉列表中选择“DV/HDV 设备控制”选项，如图 9-7 所示。

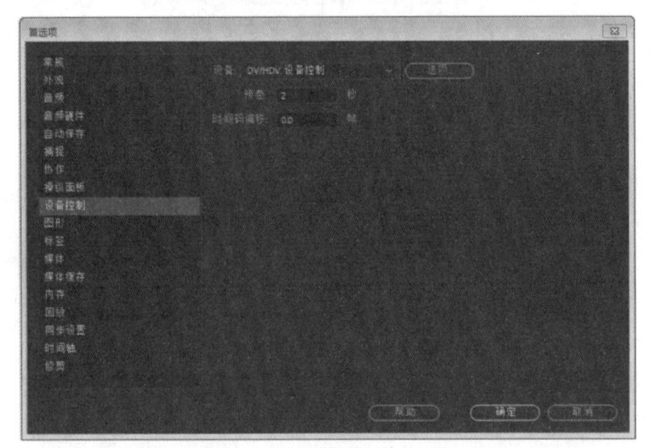

图 9-7

04 单击“选项”按钮，设置“视频标准”“设备品牌”“设备类型”“时间码格式”等参数，如图 9-8 所示，单击“确定”按钮完成设置。

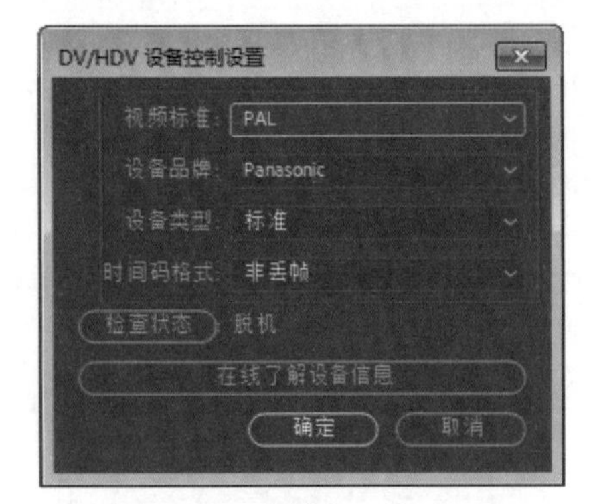

图 9-8

05 执行“文件”|“捕捉”命令，如图 9-9 所示。

06 执行“捕捉”命令后即可弹出如图 9-10 所示的“捕捉”面板。

图 9-9

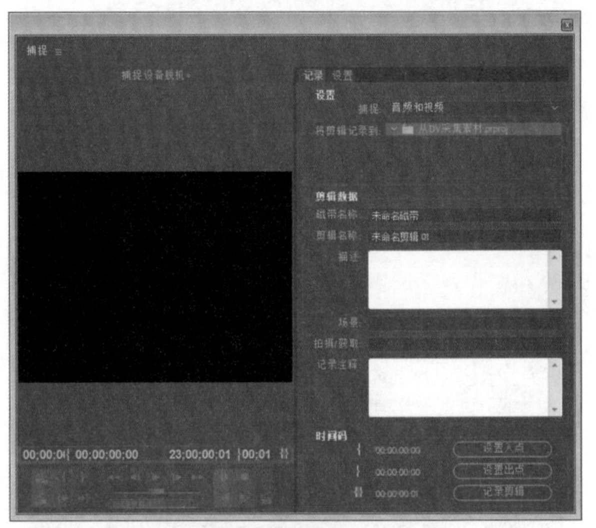

图 9-10

07 在“记录”选项卡中设置如图 9-11 所示的参数。

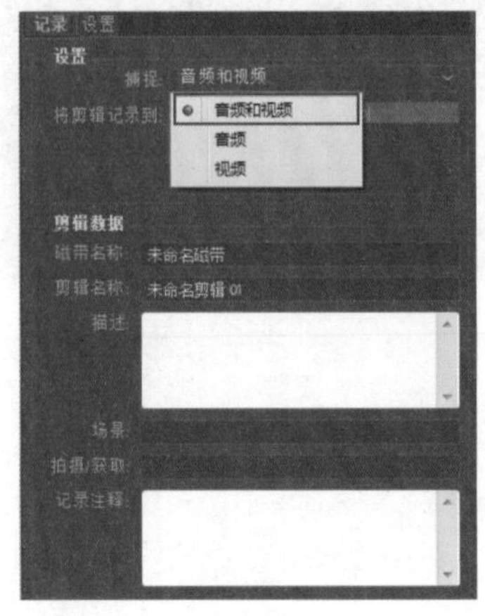

图 9-11

08 在“剪辑数据”选项组中设置“磁带名称”“剪辑名称”等参数，如图 9-12 所示。

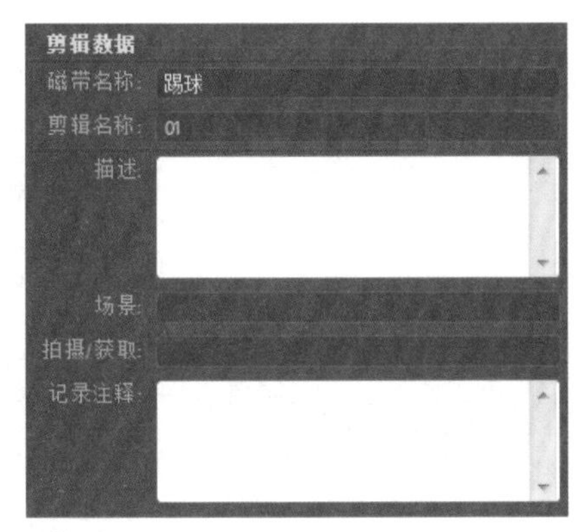

图 9-12

09 切换到“设置”选项卡，单击“编辑”按钮，在弹出的对话框中设置如图 9-13 所示的参数。

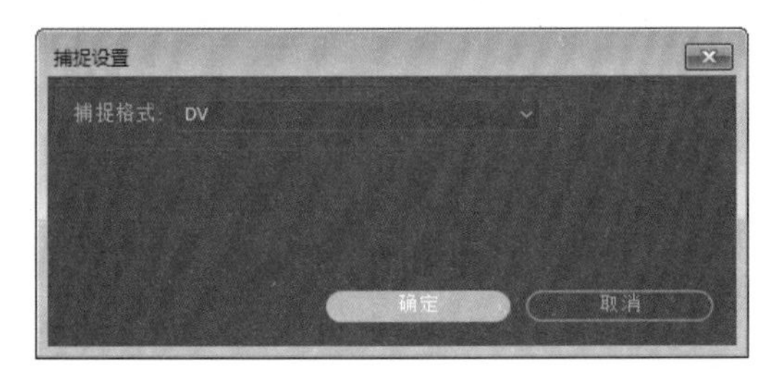

图 9-13

10 在“设置”选项卡中的“捕捉位置”选项组中可查看素材的保存位置等参数，如图 9-14 所示。

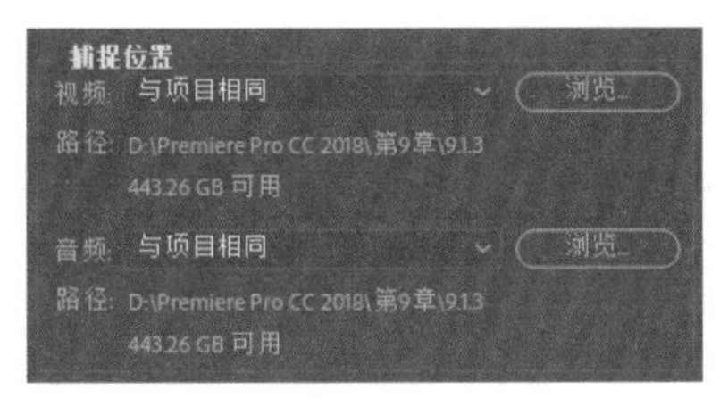

图 9-14

11 单击“捕捉”对话框中的“录制”按钮，系统将播放的视频数据记录到计算机硬盘的指定位置，采集的视频在“项目”面板的显示效果如图 9-15 所示。

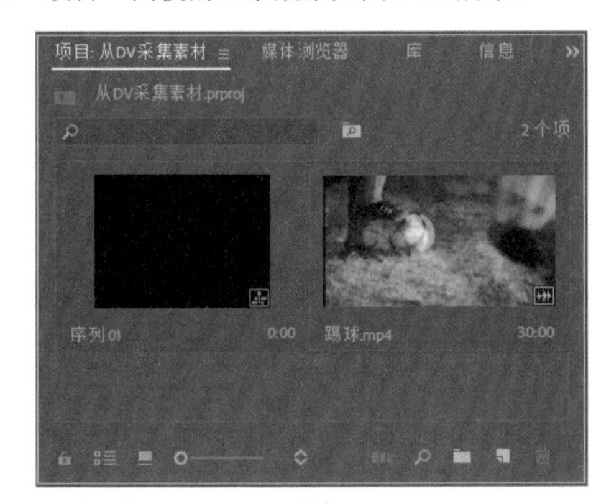

图 9-15

> **技巧与提示：**
>
> 在“捕捉设置”对话框中，系统默认的采集格式为 DV，还可以选择其他的采集格式，如 HDV。

9.2　音频素材的录制

在进行影视编辑时，有时候需要一些特定的配音、独白或背景音乐，就需要录制音频素材。本节将介绍两种录制音频素材的方法：使用 Windows 录音机录制音频和使用 Premiere Pro CC 2018 录制音频。

9.2.1　使用 Windows 录音机录制音频

在 Windows 操作系统中附带一个可以录制音频的小软件——录音机，录音机录制的音频文件可以作为视频编辑中的音频素材使用，下面具体介绍录音机录制音频的操作方法。

单击任务栏中的“开始”按钮，执行“所有程序”|“附件”|“录音机”命令，开启“录音机”软件，如图 9-16 所示。

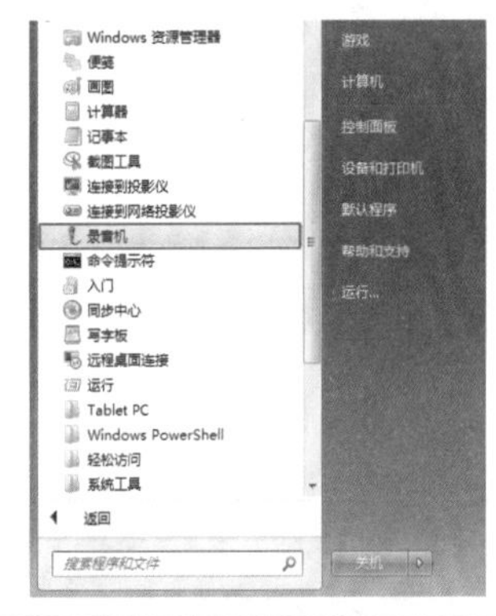

图 9-16

下面简单介绍“录音机”软件中的属性参数。

✦ 开始录制(S)（开始录制）：单击该按钮，开始录制音频，录制完成后再次单击该按钮结束音频的录制。

✦ 0:00:00（时间显示器）：用于显示已经录制音频的长度。

录制好的音频文件一般以 .wav 格式保存，可以将其导入 Premiere Pro CC 2018 或其他视频编辑软件中使用。

9.2.2 使用 Premiere Pro CC 2018 录制音频

Premiere Pro CC 2018 的“音轨混合器”也具有基本的录音功能。在操作界面执行“窗口”|“音轨混合器”命令，在打开的“音轨混合器”面板中可以直接录制由声卡输入的任何声音。下面具体介绍使用 Premiere Pro CC 2018 录制音频的操作方法。

01 启动 Premiere Pro CC 2018，新建项目和序列。

02 确认麦克风已经插入声卡的麦克风插孔，执行“编辑”|“首选项”|“音频硬件”命令，在弹出的对话框中单击“ASIO 设置”按钮，如图 9-17 所示，最后在弹出的“音频硬件设置”面板中单击“输入”，切换到“输入”选项卡，选中“麦克风（VIA HD Audio）”复选框，单击“确定”按钮，如图 9-18 所示。

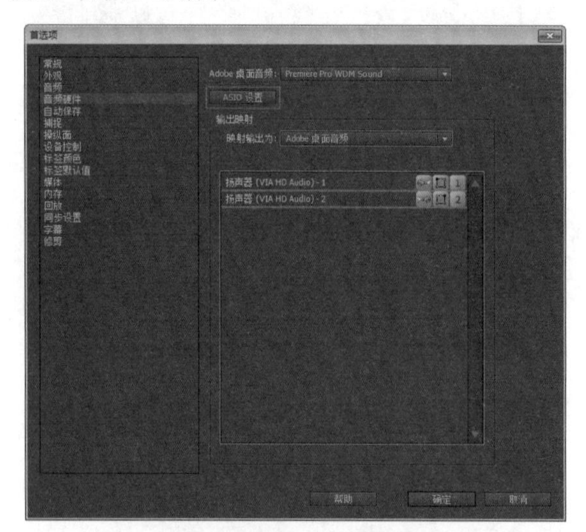

图 9-17

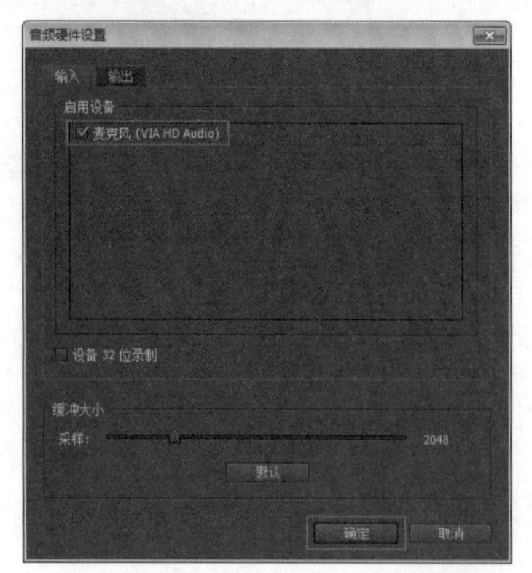

图 9-18

03 执行“窗口”|“音轨混合器”命令，打开“音轨混合器”面板如图 9-19 所示。

图 9-19

04 如果“时间轴”中有视频，并且想为视频录制叙述材料，则将“时间轴”移至音频开始之前约 5 秒钟的位置。

05 在“音轨混合器”面板中单击所要录制轨道部分的“启用轨道以进行录制”按钮 R，如图 9-20 所示，此时该按钮会变成红色。如果正在录制画外音叙述材料，那么可以在轨道中单击“独奏轨道”按钮 S，使来自其他音频轨道的输出变为静音，如图 9-21 所示。

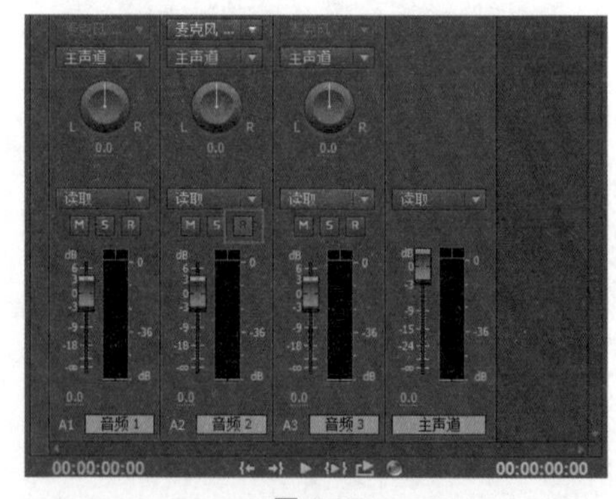

图 9-20

图 9-21

06 单击“音轨混合器”面板底部的“录制”按钮，“录制”按钮开始闪动。

07 测试音频级别。在“音轨混合器”面板右上角单击按钮，在弹出的菜单中选择“仅计量器输入”选项，此时面板菜单中会出现一个对号标记，代表已经执行该命令，如图 9-22 所示，激活只静音输入时，仍然可以查看未录制轨道的轨道音量。

图 9-22

08 对着麦克风开始录制话音。录制话音时，声音级别应接近 0dB，而不会进入红色区域。

09 调整麦克风或录制输入设备的音量。例如，可以在“声音和音频设备属性”的“音频”选项卡中更改录音级别。

10 单击“音轨混合器”面板底部的“播放—停止切换”按钮，开始录制话音。

11 播放录音机或开始对着麦克风讲话以录制叙述材料。

12 录制完成后，单击“音轨混合器”面板底部的“录制”按钮结束录制。

录制完成的音频剪辑显示在被选中的音频轨道上和“项目”面板中。Premiere Pro CC 2018 会自动根据音频轨道编号或名称命名该剪辑，并在硬盘上该项目文件夹中添加这个音频文件。

9.2.3　实战——采集音频素材

下面通过实例来具体介绍如何使用 Windows 系统自带的“录音机”采集音频素材。

视频文件：　下载资源 \ 视频 \ 第 9 章 \9.2.3——采集音频素材 .mp4

01 在计算机桌面单击任务栏中的“开始”按钮，执行“所有程序”|“附件”|“录音机”命令，如图 9-23 所示。执行“录音机”命令之后，即可打开如图 9-24 所示的“录音机”对话框。

图 9-23

图 9-24

02 单击“录音机”对话框中的“开始录制”按钮，录音机将自动录制从麦克风中传来的声音信息，如图 9-25 所示。

图 9-25

03 当录音结束时，单击“停止录制”按钮，弹出“另存为”对话框，如图 9-26 所示，为录制的音频文件设置一个名称和存放路径，最后单击“保存”按钮即可完成音频的录制。

图 9-26

9.3　综合实例——音视频压缩与转制

下面通过实例来具体介绍如何在 Premiere Pro CC 2018 中进行音视频素材的压缩与转制。

视频文件：	下载资源\视频\第 9 章\9.3 综合实例——音视频素材的压缩与转制 .mp4
源 文 件：	下载资源\源文件\第 9 章\9.3

01 启动 Premiere Pro CC 2018，新建项目和序列。

02 执行“文件”|“导入”命令，弹出“导入”对话框，选择要导入的素材，单击“打开”按钮关闭对话框，如图 9-27 所示。

图 9-27

03 在“项目”面板中，选择“片段 .wmv”素材，将其拖入“节目”监视器面板中，如图 9-28 所示。

图 9-28

04 执行“文件”|“导出”|“媒体”命令，弹出“导出设置”对话框，如图 9-29 所示。

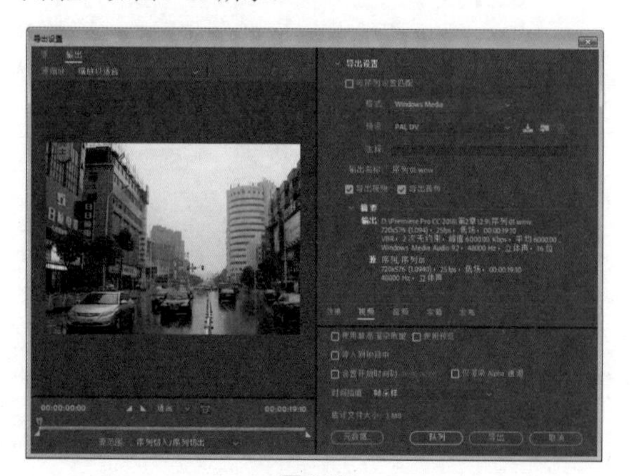

图 9-29

05 在“导出设置”对话框的“格式”下拉列表中选择“Quick Time”选项，如图 9-30 所示。在“预设”下拉列表中，选择 PAL DV 选项，如图 9-31 所示。

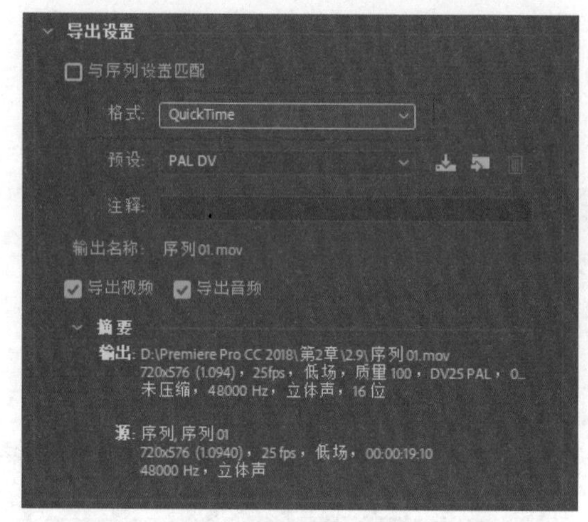

图 9-30

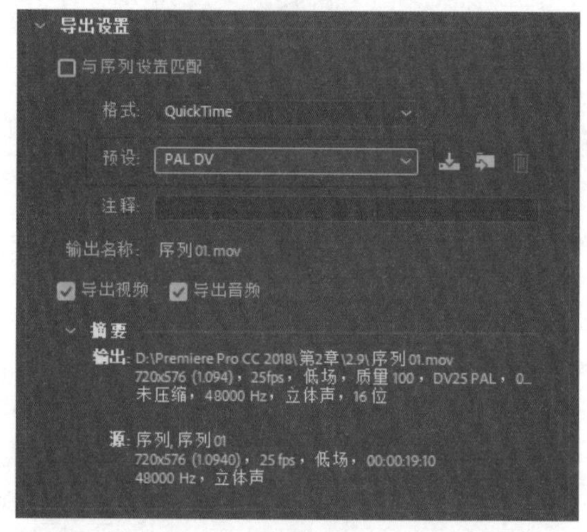

图 9-31

06 切换到“视频”选项卡，在该选项卡的“视频编解码器”下拉列表中选择如图 9-32 所示的编解码器。

图 9-32

07 最后单击“导出”按钮开始输出影片，如图 9-33 所示。

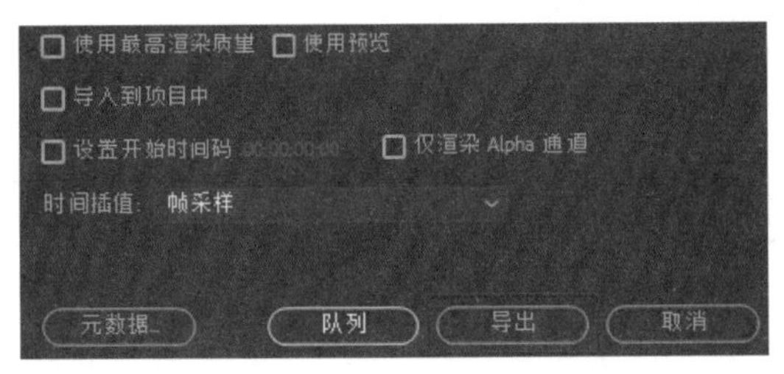

图 9-33

9.4　本章小结

本章主要学习了素材采集的相关知识，其中素材的采集分别介绍了视频素材的采集方法和音频素材的录制方法，掌握好本章所学的知识点，有助于在采集素材时提高工作效率，把控好影片质量。

第 10 章

叠加与抠像

抠像作为一门实用且有效的特效手段，被广泛运用于影视处理的很多领域。它可以使多种影片素材通过剪辑产生完美的画面合成效果。而叠加则是将多个素材混合在一起，从而产生各种特别的效果，两者有着必然的联系，本章将叠加与抠像技术放在一起来学习。

第 10 章素材文件

第 10 章视频文件

10.1 叠加与抠像概述

10.1.1 叠加概述

在编辑视频时，如果需要让两个或多个画面同时出现，就可以使用叠加的方式，Premiere Pro CC2018 的“键控”文件夹中提供了多种特效，可以帮助我们实现素材叠加的效果，素材叠加效果的应用效果如图 10-1 所示。

图 10-1

10.1.2 抠像概述

一说到“抠像”，大家就会想起 Photoshop，但是 Photoshop 的抠像只能对静态图片起作用，对于视频素材，假如要求不是非常高，Premiere 也能满足大多数情况的需求。在 Premiere 中抠像主要是将不同的对象合成到一个场景中，可以对动态的视频进行抠像，也可以对静止的图片素材抠像。抠像特效的应用如图 10-2 所示。

图 10-2

在进行抠像叠加合成时，至少需要在抠像层和背景层上下两个轨道上放置素材，并且抠像层要放在背景层的上面。当对上层轨道中的素材进行抠像后，位于下层的背景才会显示出来。

10.2 叠加方式与抠像技术

抠像是通过运用虚拟的方式，将背景进行特殊透明叠加的一种技术，抠像又是影视合成中常用的背景透明方法，它通过将指定区域的颜色除去，使其透明来完成和其他素材的合成效果。叠加方式与抠像技术是紧密相连的，叠加类特效主要用于处理抠像效果、对素材进行动态跟踪和叠加各种不同的素材，是影视编辑与制作中常用的视频特效。

10.2.1　键控抠像操作基础

选择抠像素材，在“视频效果”的“键控”文件夹中可以为其选择各种抠像特效，“键控”文件夹中一共有 15 种抠像类型，如图 10-3 所示。

图 10-3

使用抠像选项的操作，也称为“键抠像”，在后面的内容中，将为大家介绍不同的键控选项的应用方法和技巧。

10.2.2　显示键控特效

显示键控特效的操作很简单，打开一个 Premiere 项目，执行“窗口”|“效果”命令，如图 10-4 所示。在“效果”面板中单击“视频效果”文件夹前面的 > 小三角按钮，然后再找到“键控”文件夹，单击该文件夹前面的 > 小三角按钮。

图 10-4

10.2.3　应用键控特效

在 Premiere Pro CC 2018 中可以将“键控”特效赋予轨道的素材，还可以在“时间轴”面板或者“效果控件”面板对特效添加关键帧。

“键控”特效的具体应用方法如下。

01 导入素材到视频轨道上。在应用“键控”特效前，首先要确保有一个剪辑在视频轨道 1 上，另一个剪辑在视频轨道 2 上，如图 10-5 所示。

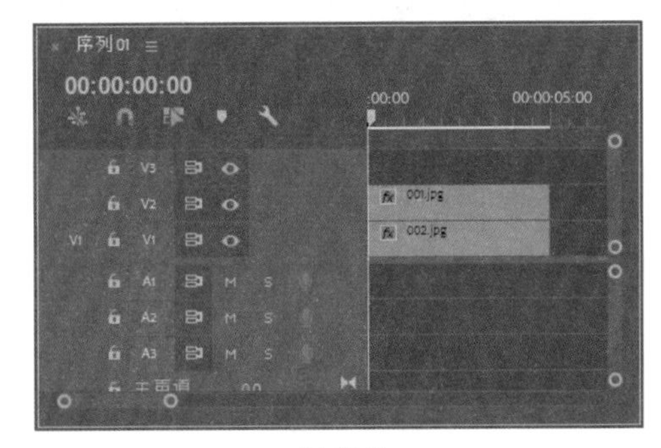

图 10-5

02 从“键控”文件夹中选择一种键控特效，将其拖至所要赋予该特效的剪辑上，如图 10-6 所示。

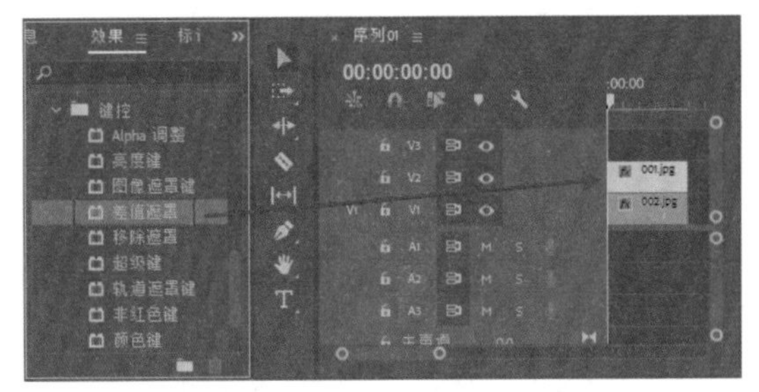

图 10-6

03 在“时间轴”面板中选择被赋予键控特效的剪辑，接着在“效果控件”面板中单击键控特效前的 > 小三角按钮，显示该特效的效果属性，如图 10-7 所示。

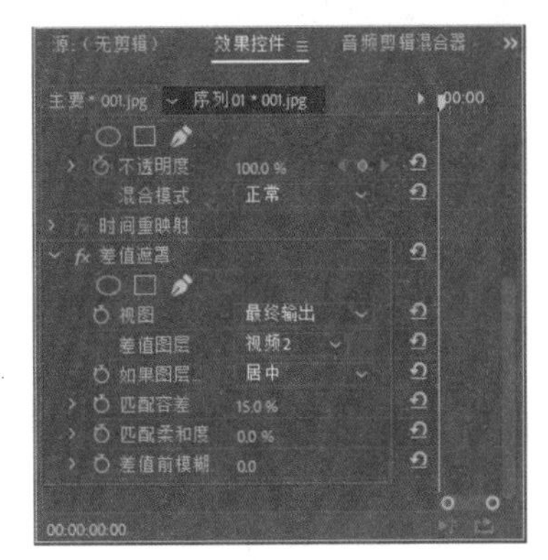

图 10-7

04 单击效果属性前面的“切换动画”按钮，为该属性设置一个关键帧，并根据需要设置属性参数。接着把时间指针移至新的时间位置，调整属性参数，此时“时间轴”面板上会自动添加一个关键帧，如图 10-8 所示。

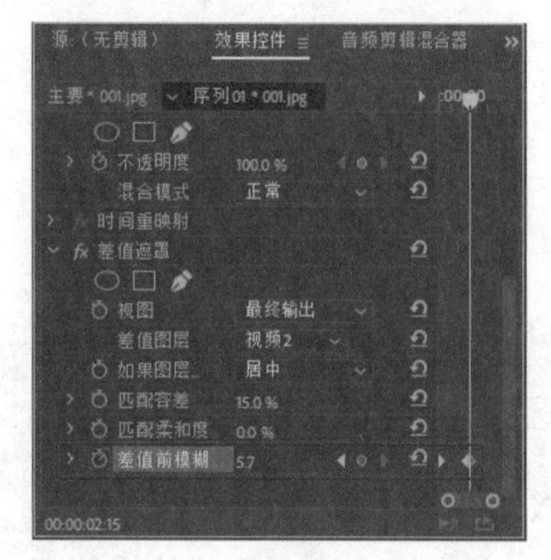

图 10-8

10.2.4 Alpha 调整抠像

“Alpha 调整”特效，可以对包含 Alpha 通道的导入图像创建透明，其应用前后的效果对比如图 10-9 所示。

图 10-9

Alpha 通道是指一张图片的透明和半透明度。Premiere Pro CC 2018 能够读取来自 Adobe Photoshop 和 3D 图形等程序文件中的 Alpha 通道，还能够将 Adobe Illustrator 文件中的不透明区域转换成 Alpha 通道。

下面简单介绍“Alpha 调整”特效的主要属性参数，如图 10-10 所示。

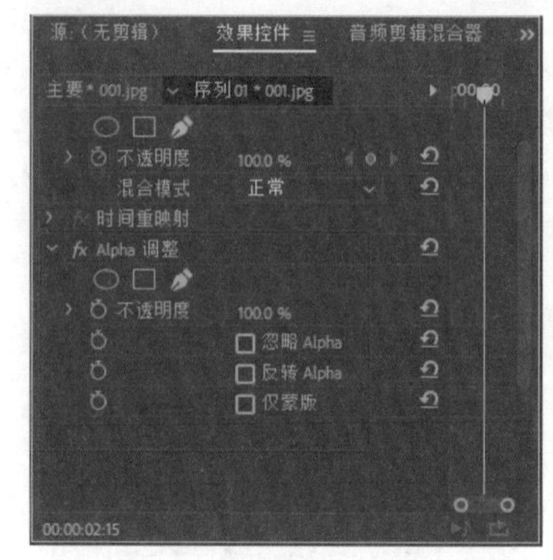

图 10-10

✦ 不透明度：数值越小，图像越透明。

✦ 忽略 Alpha：选中该复选框将会忽略 Alpha 通道。

✦ 反转 Alpha：选中该复选框会将 Alpha 通道反转。

✦ 仅蒙版：选中该复选框，将只显示 Alpha 通道的蒙版，而不显示其中的图像。

10.2.5 亮度键抠像

“亮度键”特效可以去除素材中较暗的图像区域，使用“阈值”和“屏蔽度”可以微调效果。“亮度键”特效应用前后的效果对比如图 10-11 所示。

图 10-11

下面简单介绍“亮度键”特效的主要属性参数，如图 10-12 所示。

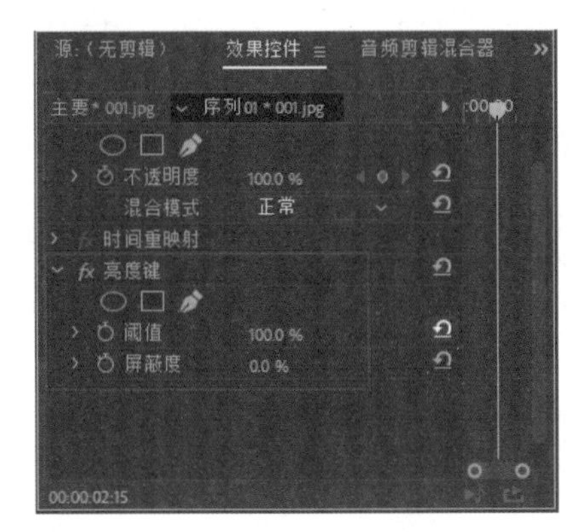

图 10-12

✦ 阈值：单击并向右拖动，增加被去除的暗色值范围。

✦ 屏蔽度：用于设置素材的屏蔽程度，数值越大，图像越透明。

10.2.6　图像遮罩键抠像

“图像遮罩键”特效用于静态图像，尤其是在图形中创建透明。与遮罩黑色部分对应的图像区域是透明的，与遮罩白色区域对应的图像区域不透明，灰色区域创建混合效果。

在使用“图像遮罩键”特效时，需要在“效果控件”面板的特效属性中单击“设置”按钮，为其指定一张遮罩图片，这幅图像将决定最终显示效果，还可以使用素材的 Alpha 通道或亮度来创建复合效果。

下面简单介绍“图像遮罩键”特效的主要属性参数，如图 10-13 所示。

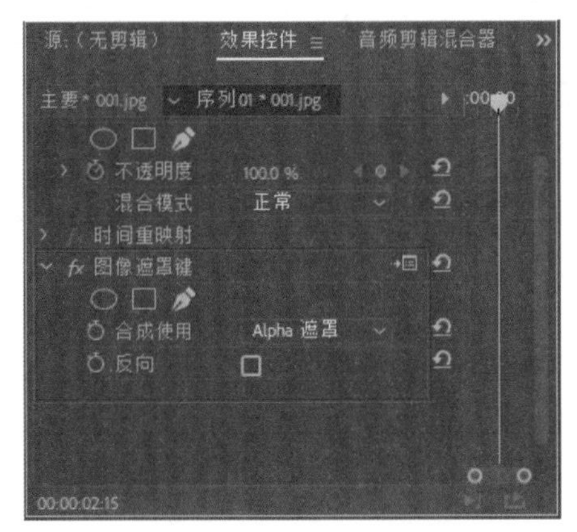

图 10-13

✦ 合成使用：指定创建复合效果的遮罩方式，从右侧的下拉列表中可以选择“Alpha 遮罩”和“亮度遮罩”。

✦ 反向：选中该选项可以使遮罩反向。

10.2.7　差值遮罩抠像

“差值遮罩”特效可以去除两个素材中相匹配的图像区域。是否使用“差值遮罩”特效取决于项目中使用了何种素材，如果项目中的背景是静态的，而且位于运动素材之上，就需要使用“差值遮罩”特效将图像区域从静态素材中去掉。“差值遮罩”特效应用前后的效果对比如图 10-14 所示。

图 10-14

下面简单介绍“差值遮罩”特效的主要属性参数，如图 10-15 所示。

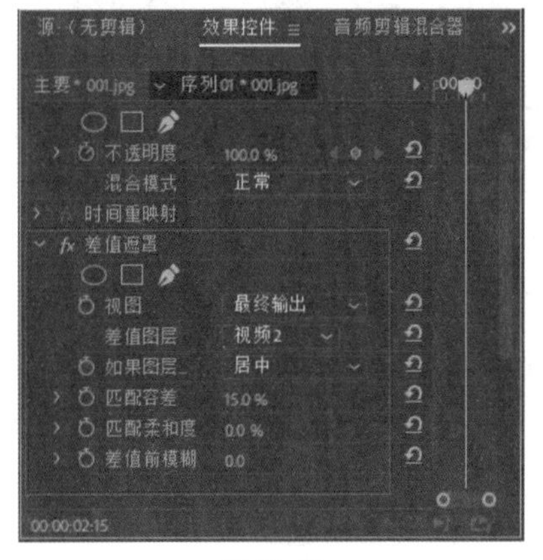

图 10-15

✦ 视图：用于设置显示视图的模式，从右侧的下拉列表中可以选择“最终输出”“仅限源”和“仅限遮罩”3种模式。

✦ 差值图层：用于指定以哪个视频轨道中的素材作为差值图层。

✦ 如果图层：用于设置图层是否居中或者伸缩以适合。

✦ 匹配容差：设置素材层的容差值，使之与另一素材相匹配。

✦ 匹配柔和度：用于设置素材的柔和程度。

✦ 差值前模糊：用于设置素材的模糊程度，值越大，素材越模糊。

10.2.8 移除遮罩抠像

“移除遮罩”特效可以由Alpha通道创建透明区域，而这种Alpha通道是在红色、绿色、蓝色和Alpha共同作用下产生的。通常，“移除遮罩”特效用来去除黑色或者白色背景，尤其对于处理纯白或者纯黑背景的图像时非常有用。

下面简单介绍“移除遮罩”特效的主要属性参数，如图10-16所示。

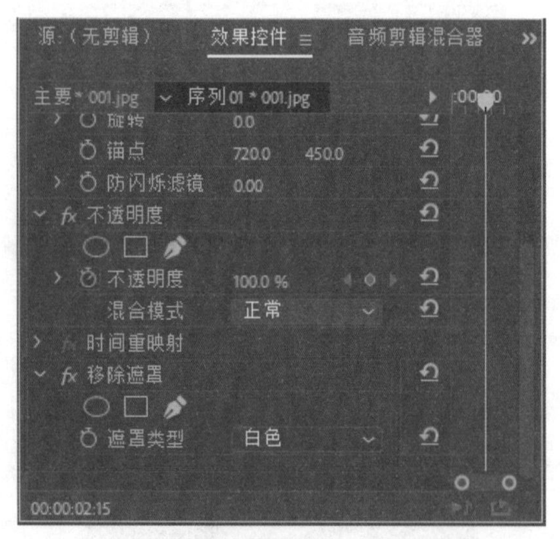

图 10-16

✦ 遮罩类型：用于指定遮罩的类型，从右侧的下拉列表中可以选择白色或黑色两种类型。

10.2.9 超级键抠像

“超级键”又称为“极致键”，该效果可以使用指定颜色或相似颜色调整图像的容差值来显示图像透明度，也可以使用它来修改图像的色彩显示，效果如图10-17所示。

图 10-17

下面简单介绍“色度键”特效的主要属性参数，如图10-18所示。

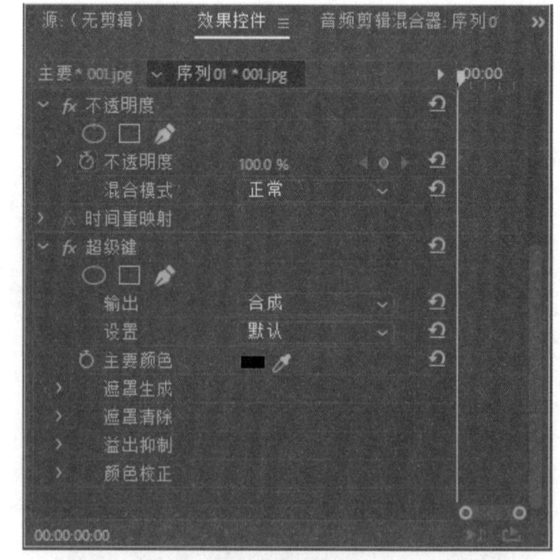

图 10-18

✦ 主要颜色：用于吸取需要被键出的颜色。

✦ 遮罩生成：展开该项目可以自行设置遮罩层的各项属性。

10.2.10 轨道遮罩键抠像

“轨道遮罩键”特效可以创建移动或滑动蒙版效果。通常，蒙版设置在运动屏幕的黑白图像上，与蒙版上黑色相对应的图像区域为透明区域，与白色相对应的图像区域不透明，灰色区域创建混合效果，即呈半透明。

下面简单介绍“轨道遮罩键”特效的主要属性参数，如图 10-19 所示。

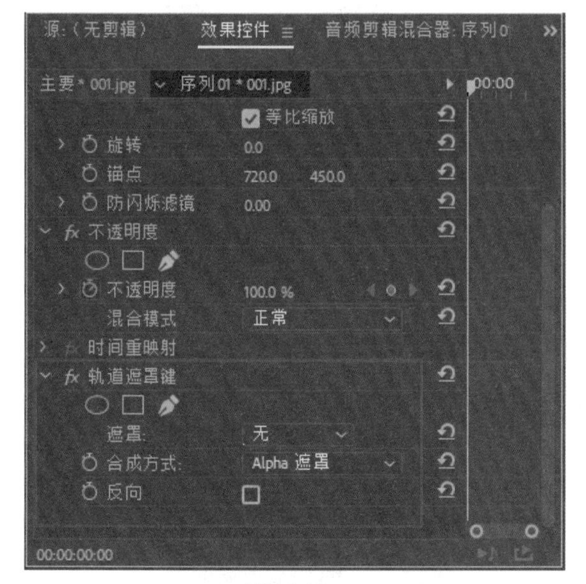

图 10-19

✦ 遮罩：从右侧的下拉列表中可以为素材指定一个遮罩。

✦ 合成方式：指定应用遮罩的方式，从右侧的下拉列表中可以选择 Alpha 遮罩和亮度遮罩。

✦ 反向：选中该选项使遮罩反向。

10.2.11　非红色键抠像

“非红色键”特效与“蓝屏键”特效类似，也可以去除蓝色和绿色背景，不过是同时完成的。它包括两个混合滑块，可以混合两个轨道素材。“非红色键”特效应用前后的效果对比如图 10-20 所示。

图 10-20

图 10-20（续）

下面简单介绍“非红色键”特效的主要属性参数，如图 10-21 所示。

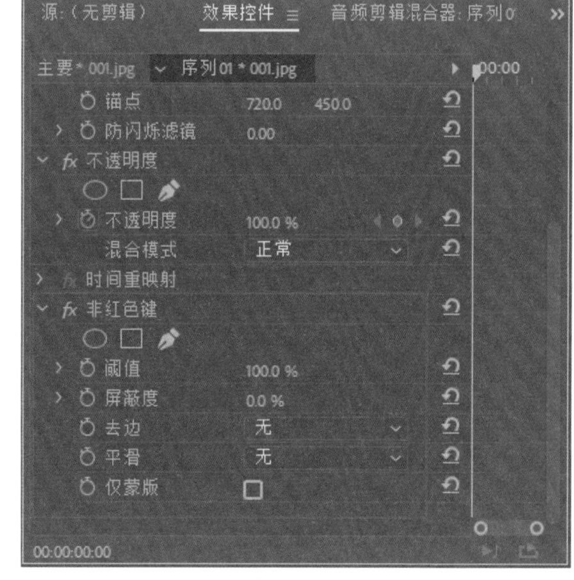

图 10-21

✦ 阈值：向左拖动会去除更多的绿色和蓝色区域。

✦ 屏蔽度：用于微调键控的屏蔽程度。

✦ 去边：可以从右侧的下拉列表中选择“无”“绿色”和“蓝色”3 种去边效果。

✦ 平滑：用于设置锯齿消除程度，通过混合像素颜色来平滑边缘。从右侧的下拉列表中可以选择“无”“低”和“高”3 种消除锯齿程度。

✦ 仅蒙版：选中该选项显示素材的 Alpha 通道。

10.2.12　颜色键抠像

“颜色键”特效可以去掉素材图像中所指定颜色的像素，这种特效只会影响素材的 Alpha 通道，其应用前后的效果对比如图 10-22 所示。

图 10-22

下面简单介绍“非红色键”特效的主要属性参数，如图 10-23 所示。

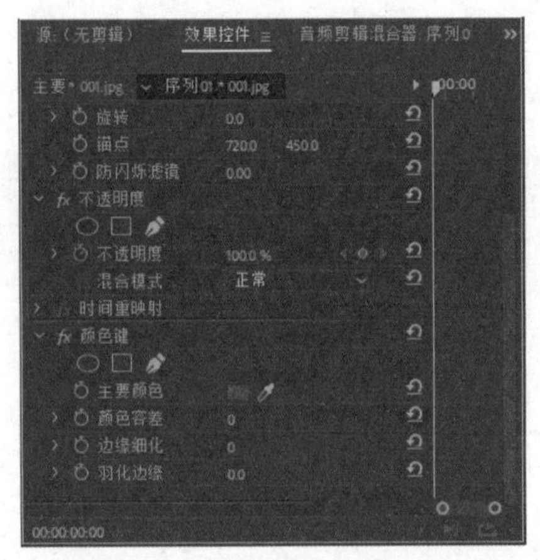

图 10-23

+ 主要颜色：用于吸取需要被键出的颜色。
+ 颜色容差：用于设置素材的容差度，容差度越大，被键出的颜色区域越透明。
+ 边缘细化：用于设置键出边缘的细化程度，数值越小边缘越粗糙。
+ 羽化边缘：用于设置键出边缘的柔化程度，数值越大，边缘越柔和。

10.2.13 实战——画面亮度抠像效果

下面通过实例来具体介绍画面亮度抠像效果的应用方法。

视频文件：　下载资源 \ 视频 \ 第 10 章 \10.2.13 实战——画面亮度抠像效果 .mp4
源 文 件：　下载资源 \ 源文件 \ 第 10 章 \10.2.13

01 启动 Premiere Pro CC，新建项目和序列。

02 执行“文件”|“导入”命令，弹出“导入”对话框，选择要导入的素材，单击“打开”按钮，如图 10-24 所示。

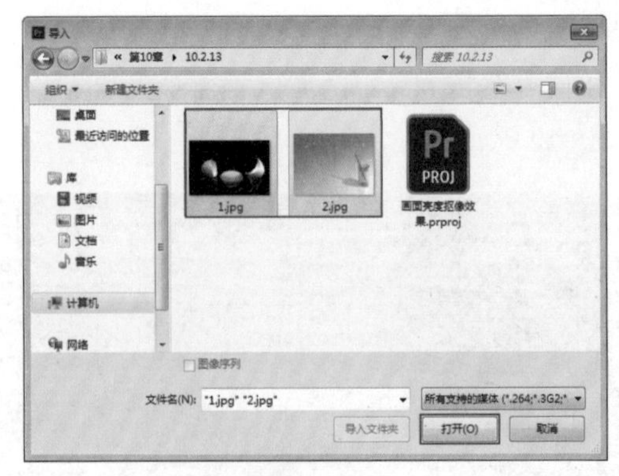

图 10-24

03 在“项目”面板中，选择 2.jpg 图片素材，将其拖入“节目”监视器面板中，并在“时间轴”面板中将素材 1.jpg 拖至视频轨 2 中，如图 10-25 所示。

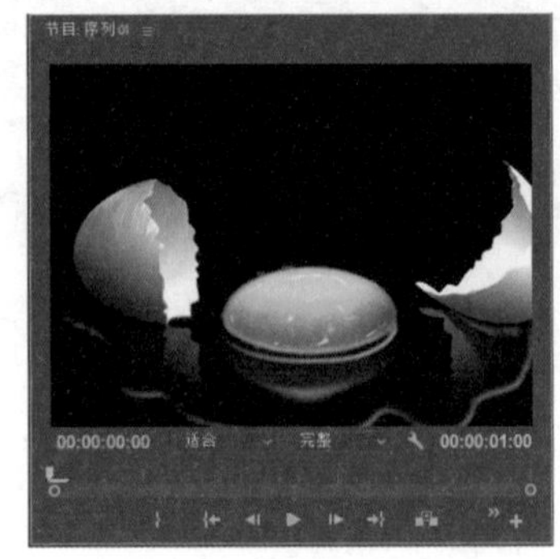

图 10-25

04 在“时间轴”面板中单击“切换轨道输出”按钮 ，隐藏视频轨 2 中的素材，然后在“效果控件”面板设置素材 2.jpg 的“缩放”参数为 165，具体参数设置及在“节目”监视器面板中的对应效果如图 10-26 所示。

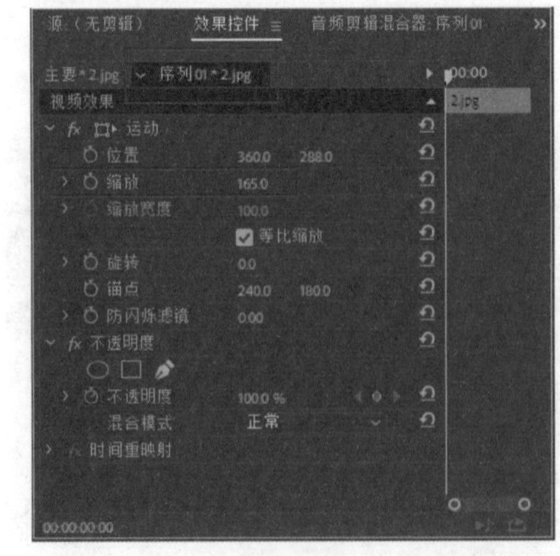

图 10-26

图 10-26（续）

05 在“时间轴”面板中单击“切换轨道输出”按钮，显示视频轨 2 中的素材，然后在“效果控件”面板设置素材 1.jpg 的“缩放”参数为 50，如图 10-27 所示。

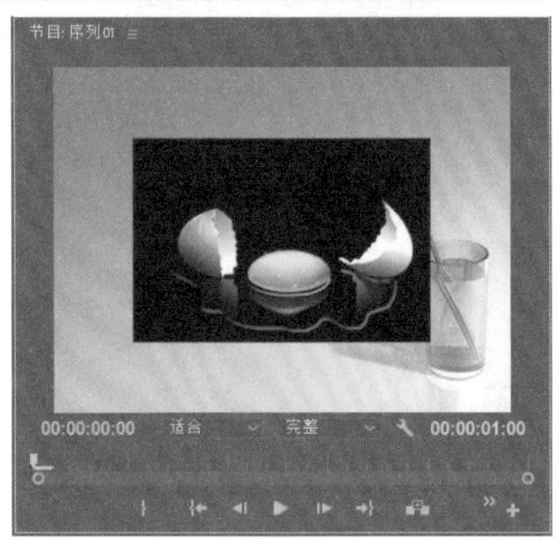

图 10-27

06 在“效果”面板中展开“视频效果”文件夹和“键控”文件夹，选择“亮度键”特效，将其拖至视频轨 2 中的 1.jpg 素材上，如图 10-28 所示。

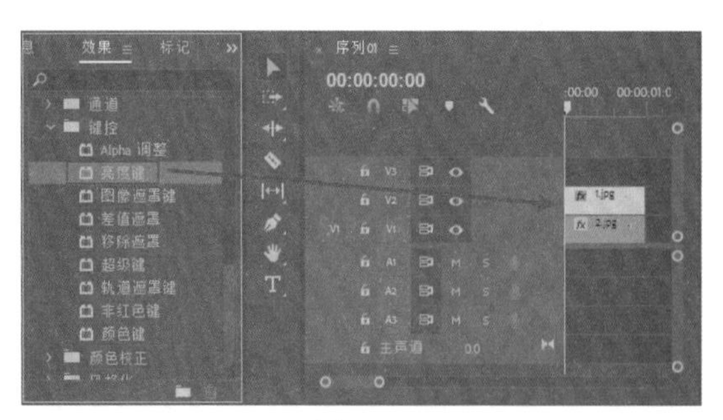

图 10-28

07 选择素材 1.jpg，在“效果控件”面板中设置“亮度键”特效属性中的“阈值”参数为 50%，“屏蔽度”参数为 0%，具体参数设置及最终实例效果如图 10-29 所示。

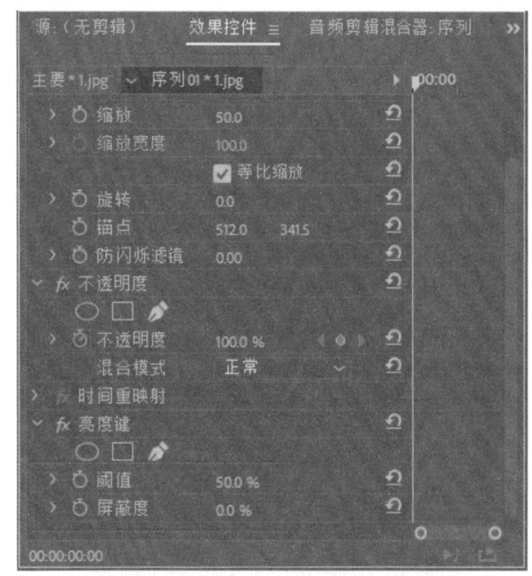

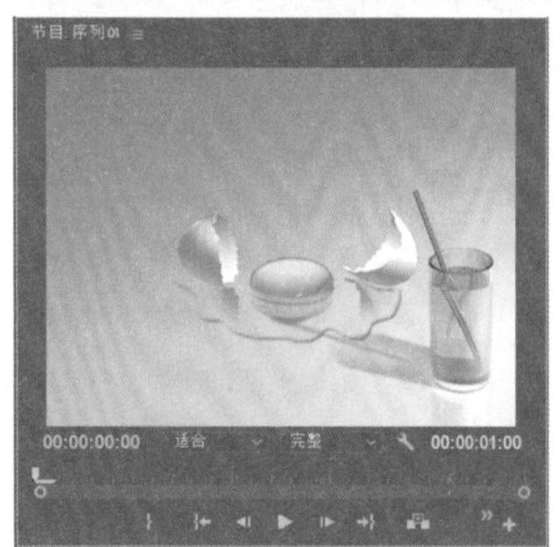

图 10-29

10.3 综合实例——通过色度进行抠像

下面通过综合实例来讲解如何利用素材的色度进行抠像。

视频文件：	下载资源 \ 视频 \ 第 10 章 \10.3 综合实例——通过素材的色度进行抠像 .mp4
源 文 件：	下载资源 \ 源文件 \ 第 10 章 \10.3

01 启动 Premiere Pro CC 2018，新建项目和序列。

02 执行“文件”|“导入”命令，弹出“导入”对话框，选择要导入的素材，单击“打开”按钮，如图 10-30 所示。

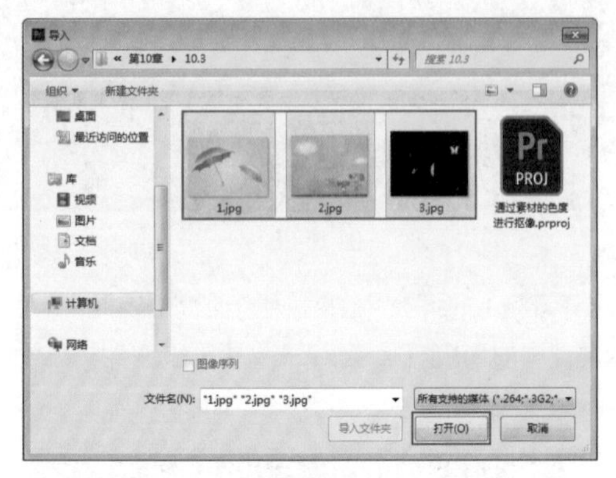

图 10-30

03 在“项目”面板中，选择 2.jpg 图片素材，将其拖入“节目”监视器面板中，如图 10-31 所示。

图 10-31

04 在“效果控件”面板设置素材 2.jpg 的“缩放”参数为 95，具体参数设置及在“节目”监视器面板中的对应效果如图 10-32 所示。

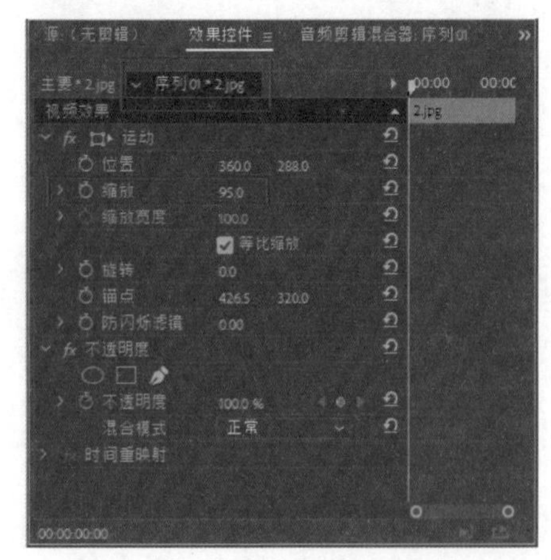

图 10-32

图 10-32（续）

05 在“时间轴”面板选择素材 2.jpg，右击，在弹出的快捷菜单中执行“速度 / 持续时间”命令，然后在弹出的对话框中设置“持续时间”为 00:00:05:00，如图 10-33 所示。

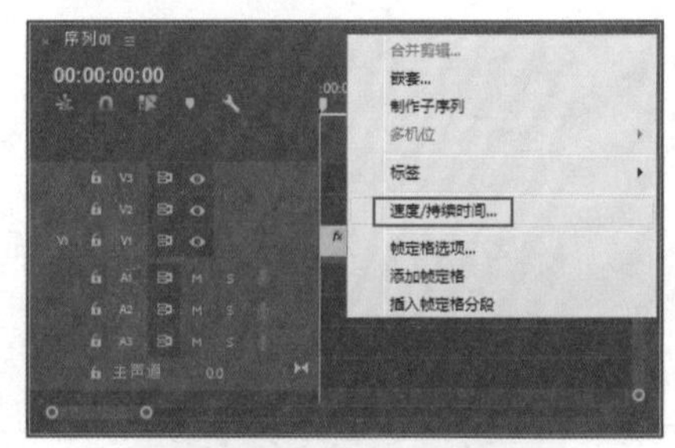

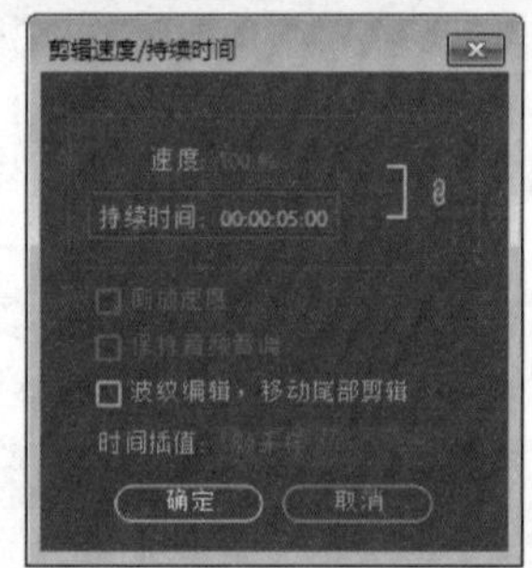

图 10-33

06 在“项目”面板中，选择 1.jpg 图片素材，将其拖入“时间轴”面板的视频轨 2 中，如图 10-34 所示。

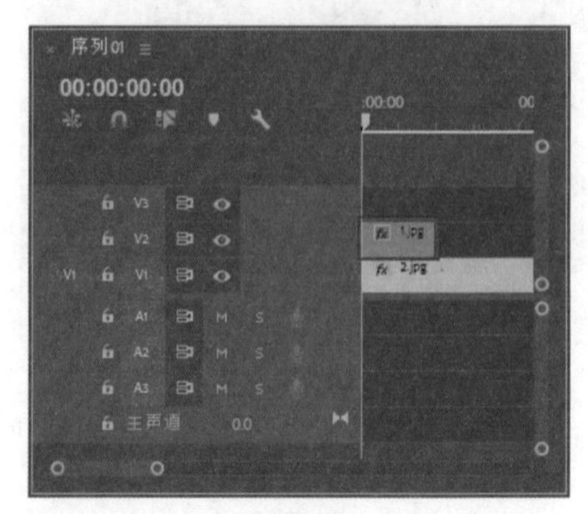

图 10-34

07 “节目”监视器面板中的预览效果如图 10-35 所示。

图 10-35

08 选择 1.jpg 图片素材，修改其持续时间为 5 秒，在“效果控件”面板设置其“缩放”参数为 47，具体参数设置及在“节目”监视器面板中的预览效果如图 10-36 所示。

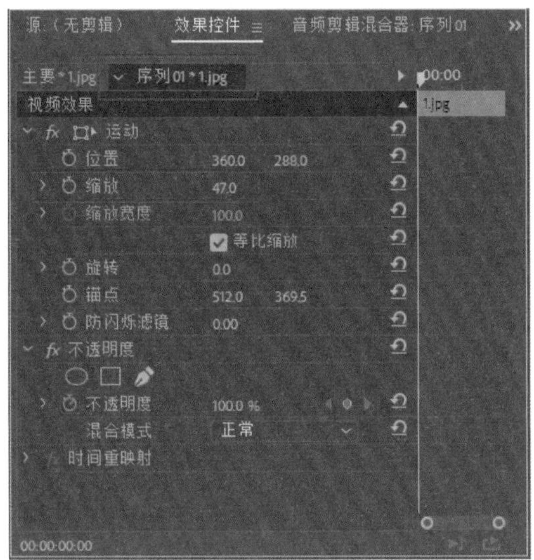

图 10-36

09 在“效果”面板中展开“视频效果”文件夹和“键控”文件夹，选择“颜色键”特效，将其拖至视频轨 2 中的 1.jpg 素材上，如图 10-37 所示。

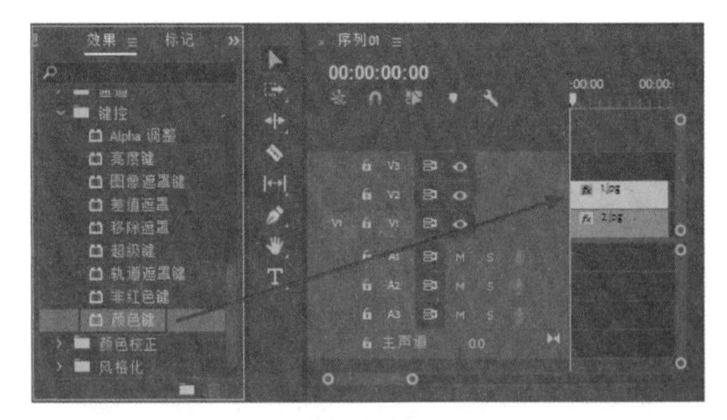

图 10-37

10 选择素材 1.jpg，在“效果控件”面板中设置“色度键”特效属性中的“颜色”参数为（R:169,G:222,B:255），“颜色容差”参数为 43，具体参数设置及在“节目”监视器面板中的预览效果如图 10-38 所示。

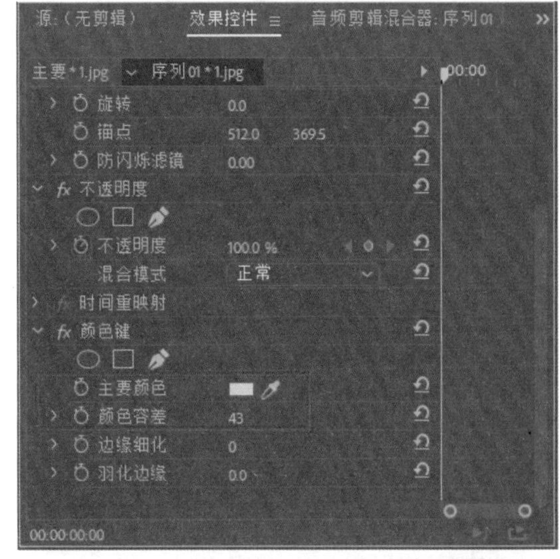

图 10-38

11 在“项目”面板中，选择 3.jpg 图片素材，将其拖入“时间轴”面板的视频轨 3 中，并修改其持续时间为 5 秒，如图 10-39 所示。

12 “节目”监视器面板中的预览效果如图 10-40 所示。

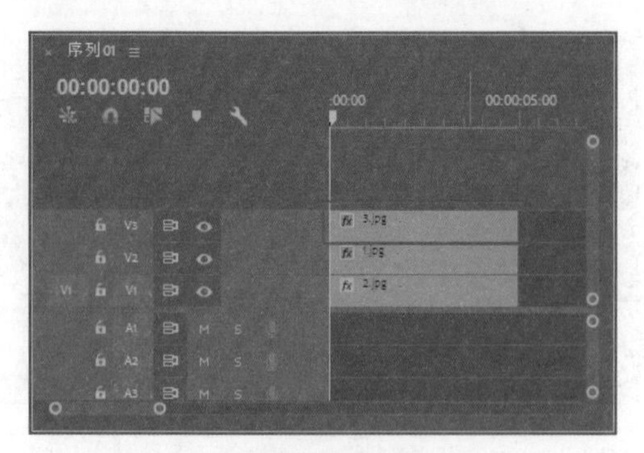

图 10-39

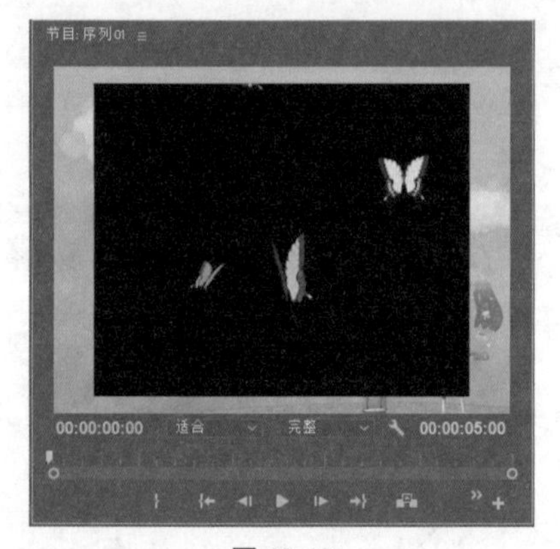

图 10-40

13 在“效果”面板中展开“视频效果”文件夹和“键控”文件夹，选择“亮度键”特效，将其拖至视频轨 3 中的 3.jpg 素材上，如图 10-41 所示。

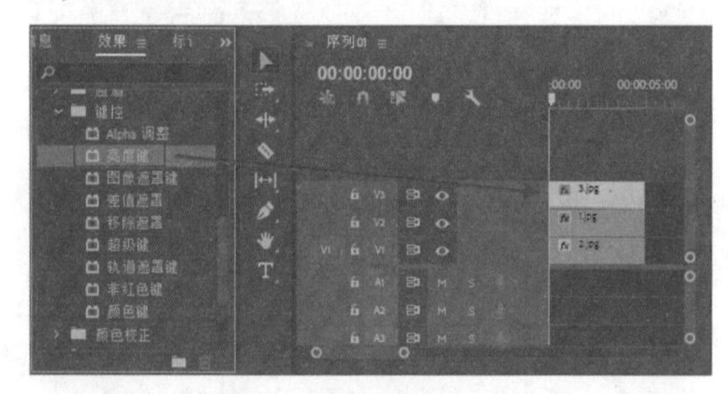

图 10-41

14 选择素材 3.jpg，在“效果控件”面板中设置“亮度键”特效属性中的“阈值”参数为 26%，“屏蔽度”参数为 12%，具体参数设置及最终实例效果如图 10-42 所示。

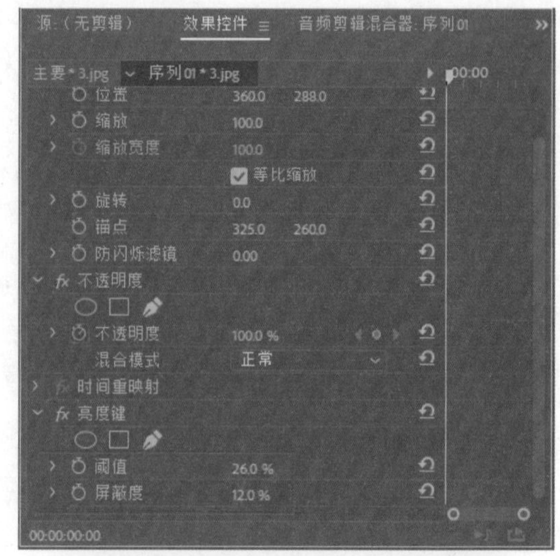

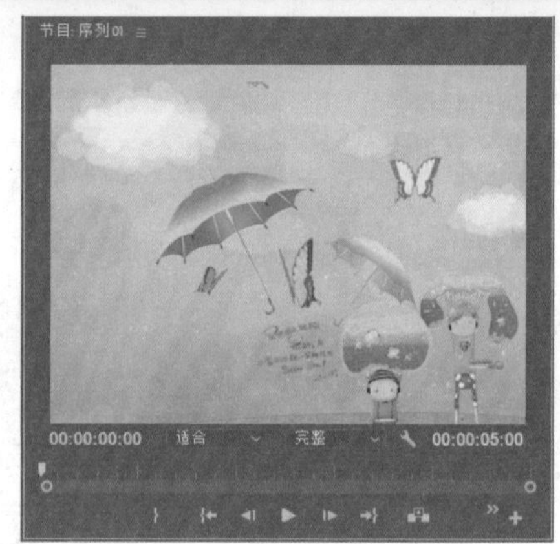

图 10-42

10.4 本章小结

本章主要学习了叠加与抠像的应用原理及技巧。Premiere Pro CC 2018 提供了 9 种抠像特效，它们分别是 Alpha 调整、亮度键、图像遮罩键、差值遮罩、移除遮罩、超级键、轨道遮罩键、非红色键和颜色键，熟练掌握每种抠像特效的使用方法，可以帮助我们在平常的项目制作中对各种不同的背景素材进行抠像处理。

综合实例——电子贺卡

电子贺卡用于联络感情和互致问候，之所以深受人们的喜爱，是因为它具有温馨的祝福语言、浓郁的民俗色彩、传统的东方韵味、古典与现代交融的魅力，既方便又实用，是促进和谐的重要手段。

本实例以一段带有中国传统风格新年祝福电子贺卡为例，通过制作字幕和字幕的关键帧动画等方法，配以欢快喜庆的民乐，制作出传统喜庆与时尚相结合的电子贺卡。

本电子贺卡主题分为两部分，它们是“片头”和“祝福篇”。

第 11 章素材文件

第 11 章视频文件

11.1 片头制作

本章的实例将制作带有书卷展开效果的片头，下面将介绍具体的操作方法。

视频文件：　下载资源 \ 视频 \ 第 11 章 \11.1 片头制作 .mp4

01 打开 Premiere Pro CC 2018 软件，在开始页面上单击“新建项目”按钮，如图 11-1 所示。

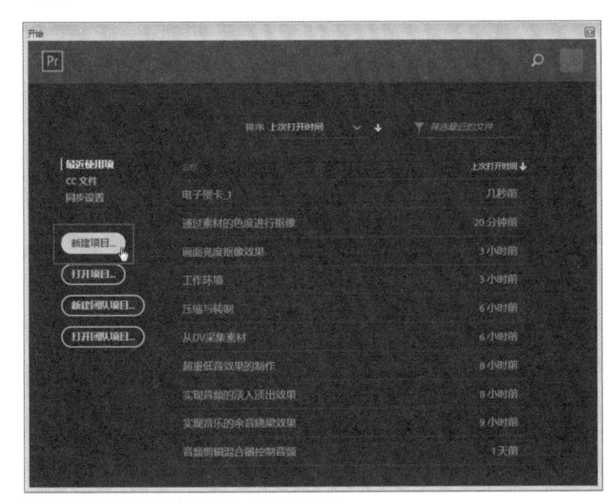

图 11-1

02 在弹出的“新建项目”对话框中，输入项目名称并设置项目存储位置，单击“确定”按钮，如图 11-2 所示。

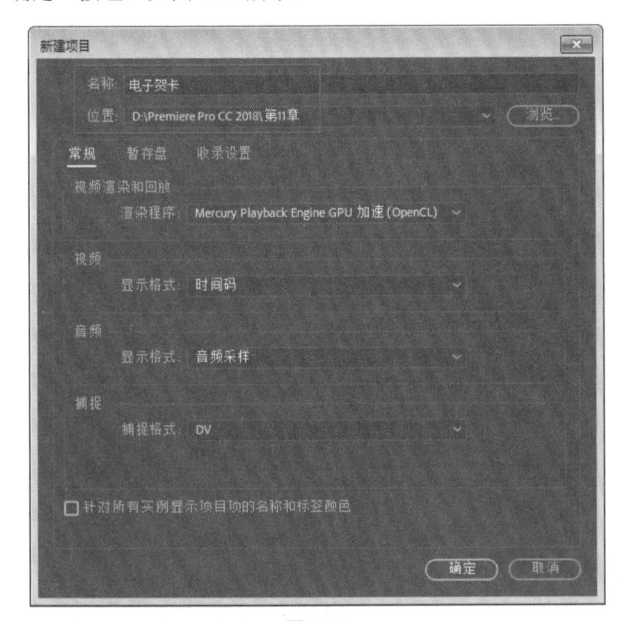

图 11-2

03 执行“文件”|“新建”|“序列”命令，如图 11-3 所示。在弹出的“新建序列”对话框中，选择合适的序列预设，单击“确定”按钮完成设置，如图 11-4 所示。

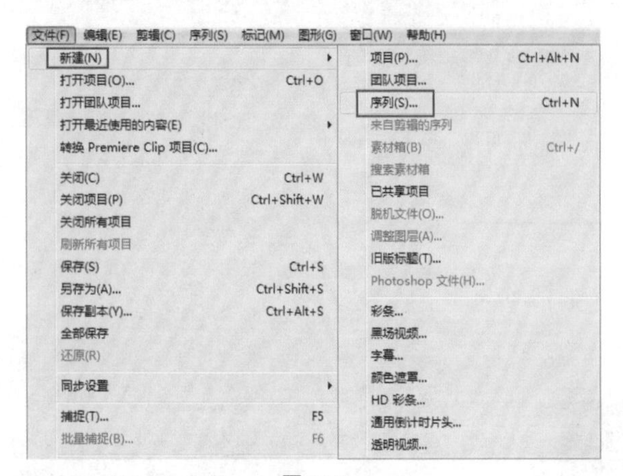

图 11-3

图 11-4

04 在“项目”面板中，右击并在弹出的快捷菜单中执行“导入”命令，如图 11-5 所示。

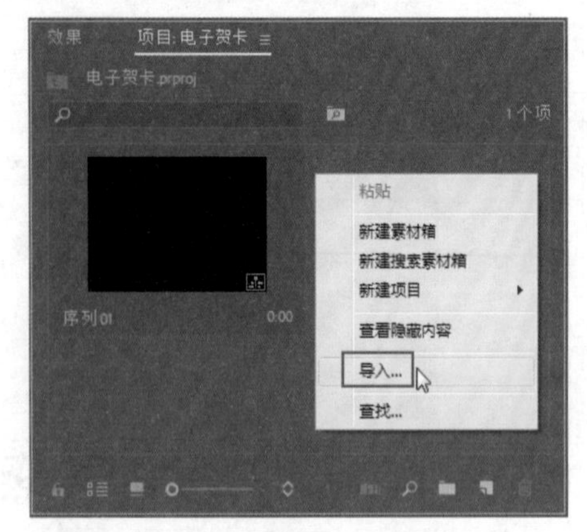

图 11-5

05 在弹出的“导入”对话框中，选择需要的多个素材，单击“打开”按钮导入素材，如图 11-6 所示。

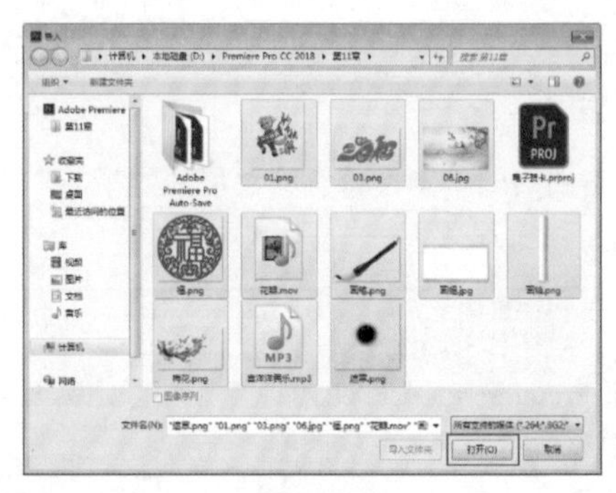

图 11-6

06 选择“项目”面板中的 06.jpg 素材，将其拖至视频轨 1 上，如图 11-7 所示。

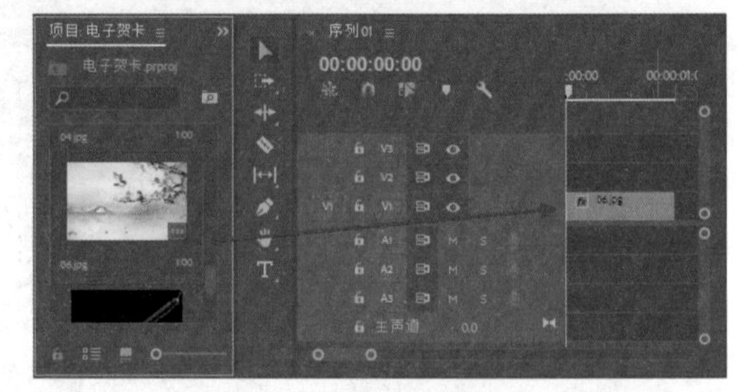

图 11-7

07 选择视频轨上的 06.jpg 素材，右击并在弹出的快捷菜单中选择“速度 / 持续时间”选项，如图 11-8 所示。

图 11-8

08 在弹出的“剪辑速度 / 持续时间”对话框中，设置持续时间参数为 00:00:30:00（即 30 秒），单击“确定”按钮完成设置，如图 11-9 所示。

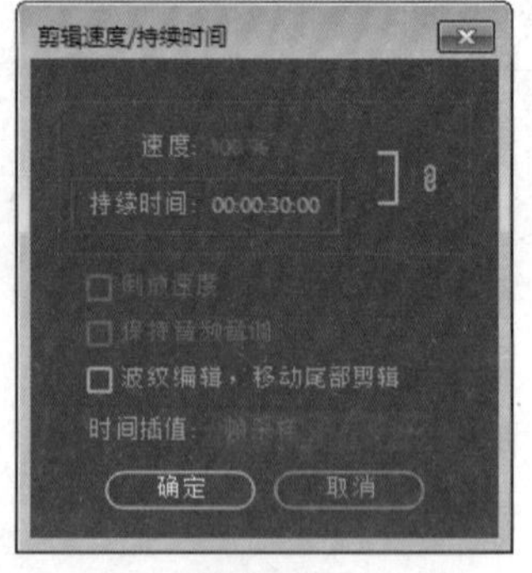

图 11-9

09 在“项目”面板中，选择“画幅 .jpg”素材，将其拖至视频轨 2 上，如图 11-10 所示。

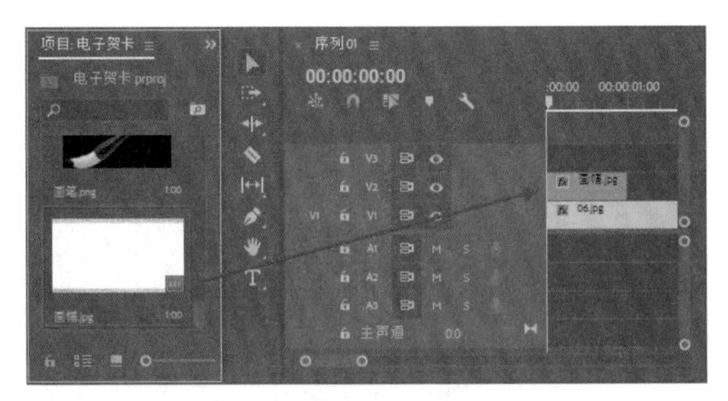

图 11-10

10 选择视频轨 2 上的“画幅 .jpg”素材，右击并在弹出的快捷菜单中选择“速度 / 持续时间”命令，在弹出的对话框中设置“持续时间”为 30 秒，单击“确定”按钮完成设置，如图 11-11 所示。

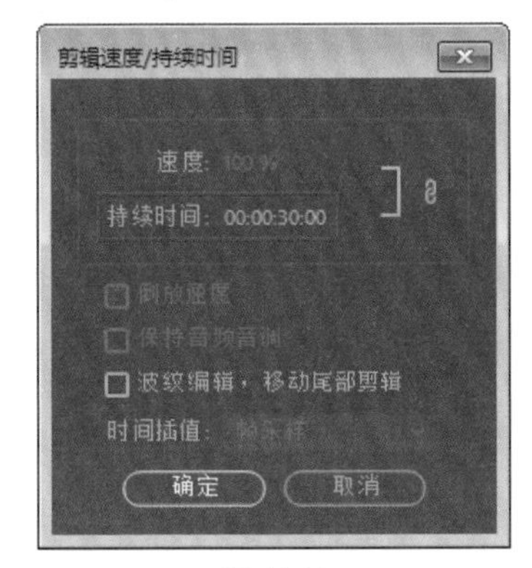

图 11-11

11 打开“效果”面板，展开“视频过渡”文件夹，单击“擦除”文件夹前的三角按钮，如图 11-12 所示。

图 11-12

12 选择“擦除”文件夹中的“双侧平推门”特效，将其拖至视频轨中的“画幅 .jpg”素材的开始位置，如图 11-13 所示。

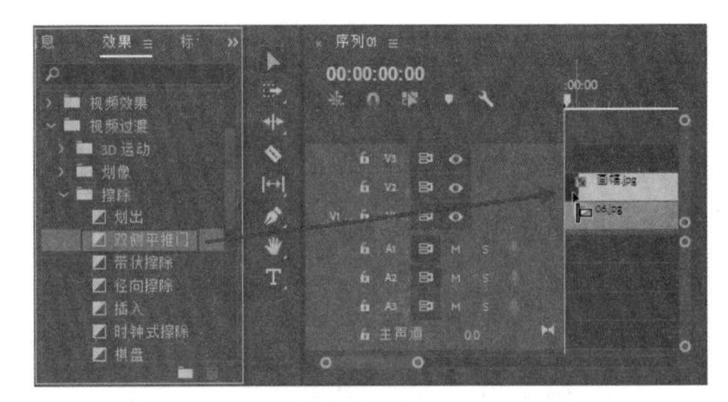

图 11-13

13 双击素材上的“双侧平推门”特效，弹出“设置过渡持续时间”对话框，设置“持续时间”为 3 秒，单击“确定”按钮，如图 11-14 所示。

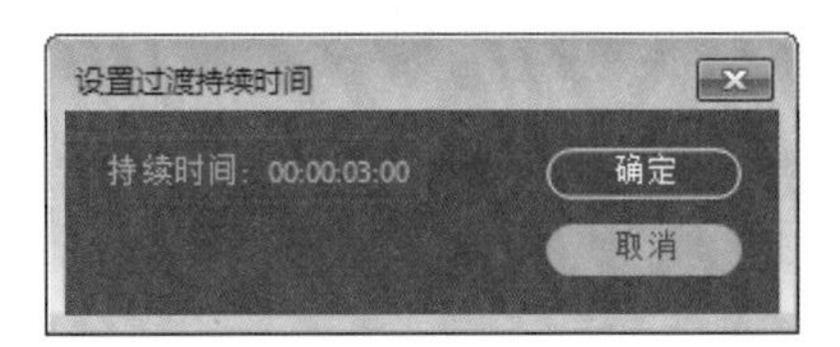

图 11-14

14 在“项目”面板中选择“画轴 .png”素材，将其分别拖至视频轨 V3 和 V4 上，如图 11-15 所示。

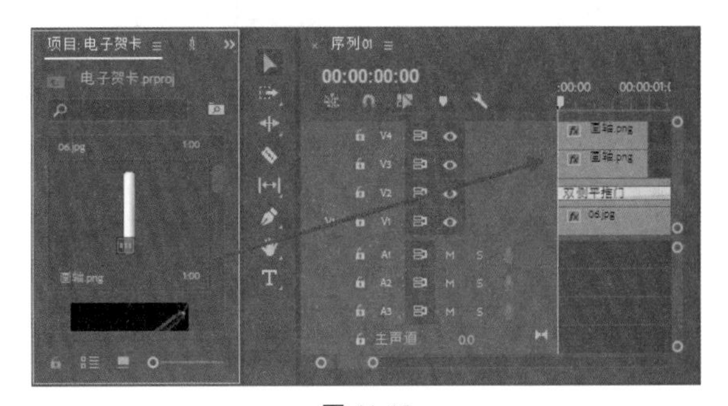

图 11-15

15 同时选中 V3 和 V4 轨道上的“画轴 .png”素材，将鼠标放置在素材的右侧，待鼠标变成边缘图标时，向右拖动，使两素材的持续时间变成 30 秒，如图 11-16 所示。

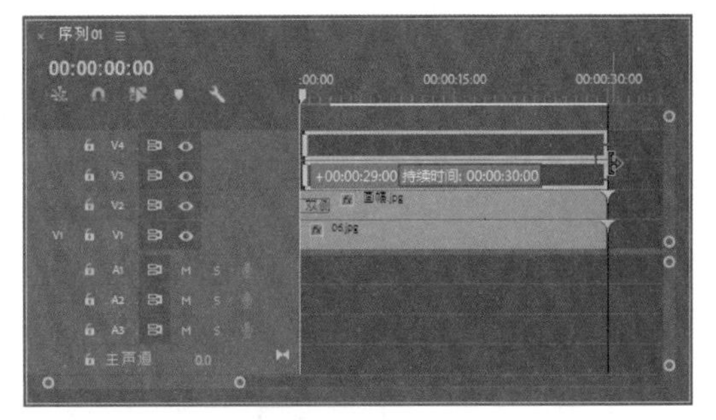

图 11-16

16 选择视频轨 3 上的“画轴 .png”素材，进入“效果控件”面板，在 00:00:00:00 的位置，单击“位置”前的“切换动画”按钮，设置“位置”参数为340、288，“缩放”参数为52，如图11-17所示。

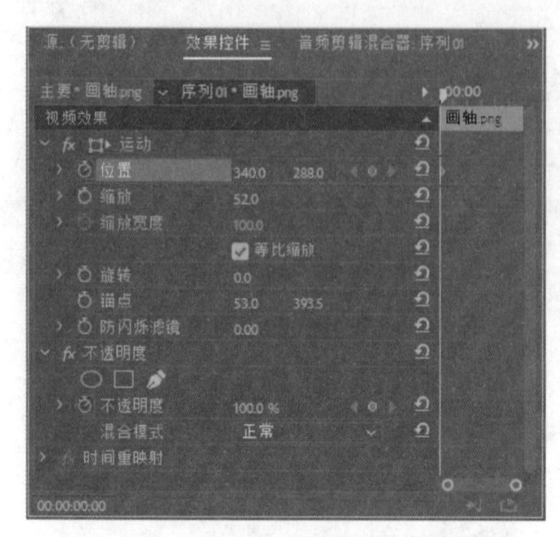

图 11-17

17 在“效果控件”面板中，设置时间为00:00:02:22，设置“位置”参数为45、288，如图11-18所示。

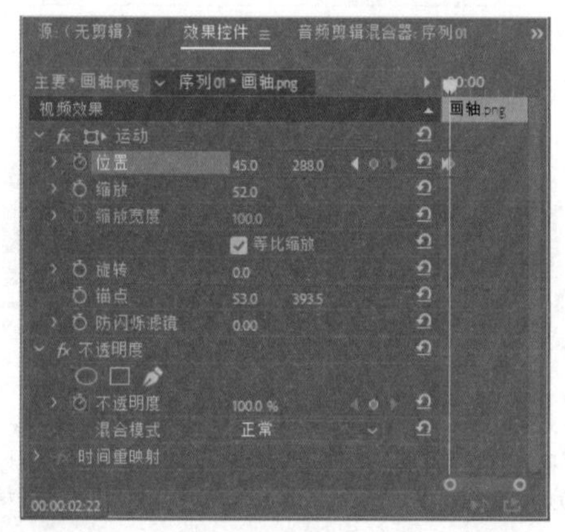

图 11-18

18 选择视频轨4上的“画轴.png”素材，进入“效果控件”面板，在00:00:00:00的位置，单击“位置”前的“切换动画”按钮，设置“位置”参数为380、288，“缩放”参数为52，如图11-19所示。

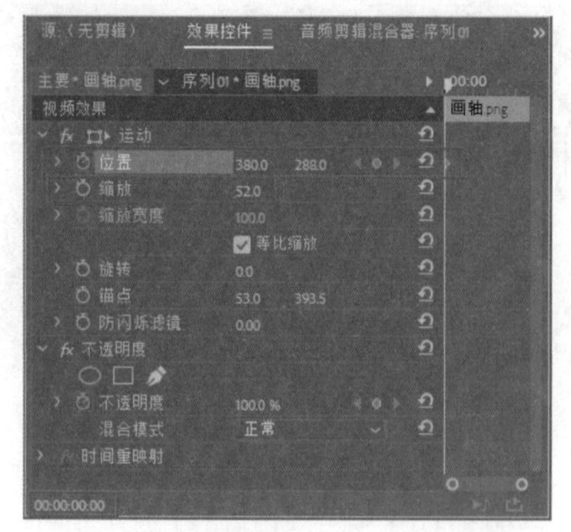

图 11-19

19 在“效果控件”面板中，设置时间为00:00:02:22，设置“位置”参数为678、288，如图11-20所示。

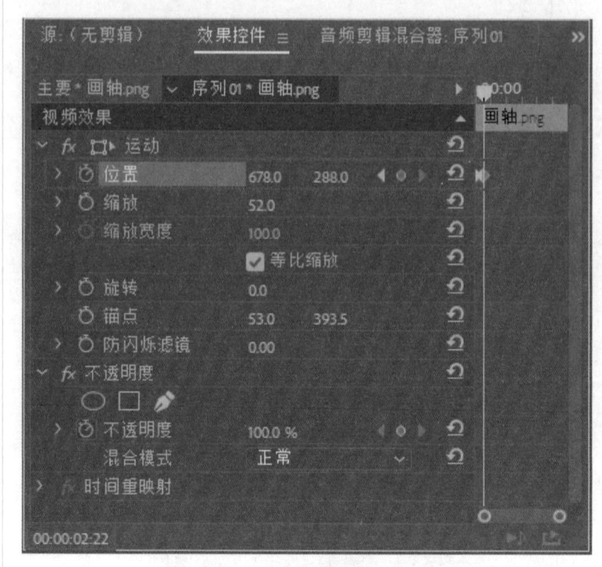

图 11-20

11.2 溶解效果的制作

书卷打开能看到什么？无论是文章、诗词，还是图画，必然是笔墨留下的痕迹。下面将制作书卷展开后，素材滴入溶解画面的效果。

视频文件： 下载资源\视频\第11章\11.2 溶解效果的制作.mp4

01 修改时间点为00:00:03:18，在“项目”面板中选择03.png素材，将其拖至视频轨5中，并放置在时间线指针后面，如图11-21所示。

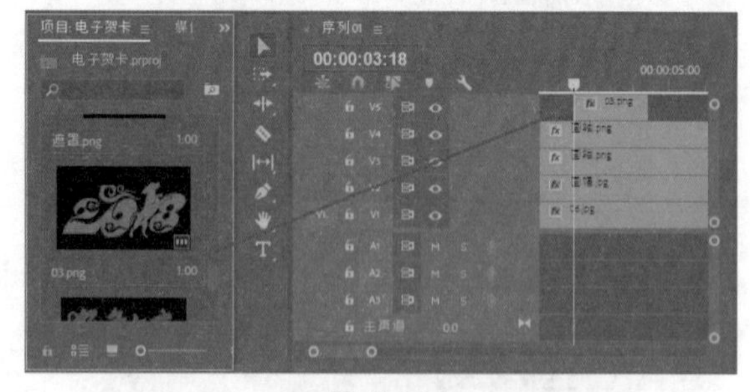

图 11-21

02 选择刚拖入的素材，右击并在弹出的快捷菜单中选择“速度/持续时间”选项，弹出“剪辑速度/持续时间”对话框，设置“持续时间”为00:00:09:07，单击“确定”按钮完成设置，如图11-22所示。

03 打开“效果”面板，展开“视频过渡”文件夹和“溶解”文件夹，如图11-23所示。

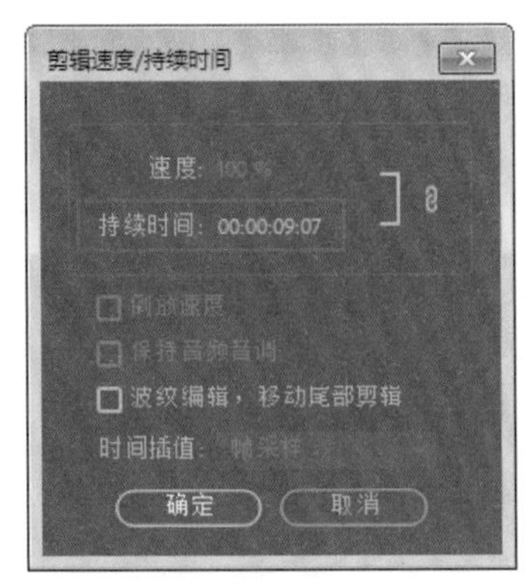

图 11-22

图 11-23

04 选择“溶解”文件夹中的“交叉溶解”特效，将其拖至 03.png 素材的结束位置，如图 11-24 所示。

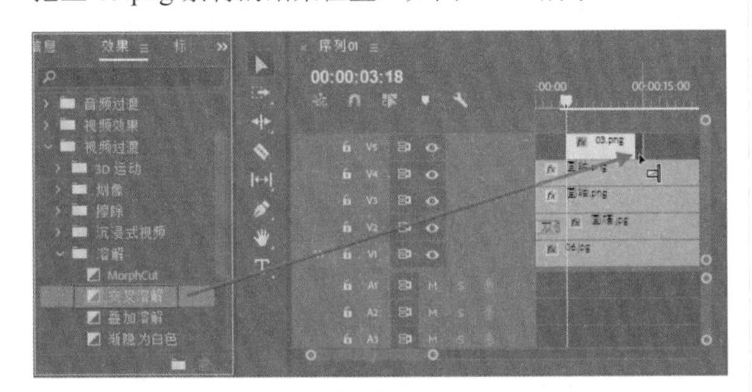

图 11-24

05 选择视频轨中的 03.png 素材，进入“效果控件”面板，在 00:00:05:19 位置，单击“位置”前的“切换动画”按钮，设置“位置”参数为 360、288，“缩放”参数为 56，如图 11-25 所示。

06 在“效果控件”面板中，设置时间为 00:00:06:15，设置“位置”参数为 254、288，如图 11-26 所示。

07 在“效果控件”面板中，设置时间为 00:00:12:02，单击“位置”右侧的“添加 / 移除关键帧”按钮，如图 11-27 所示。

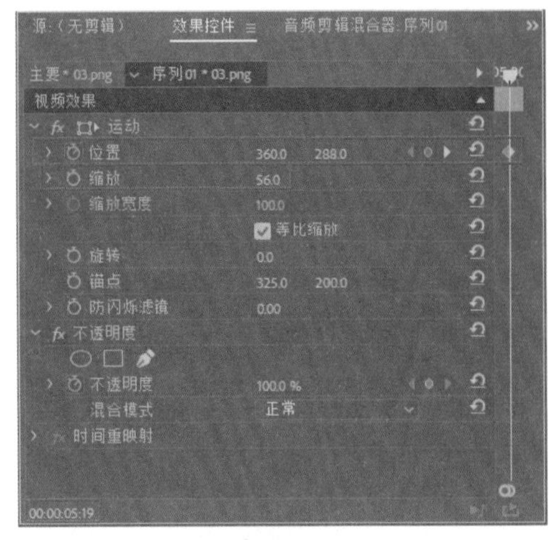

图 11-25

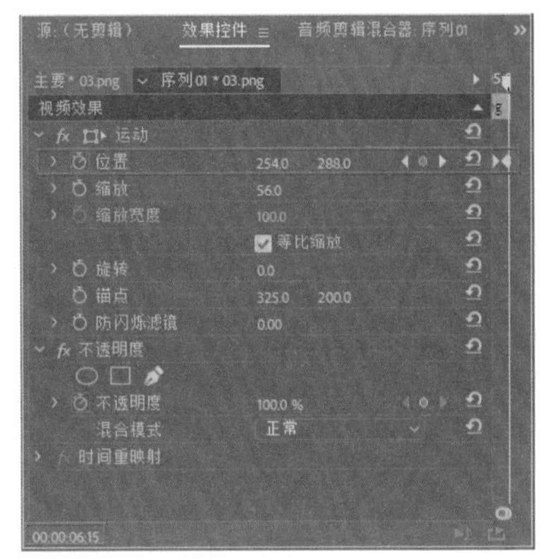

图 11-26

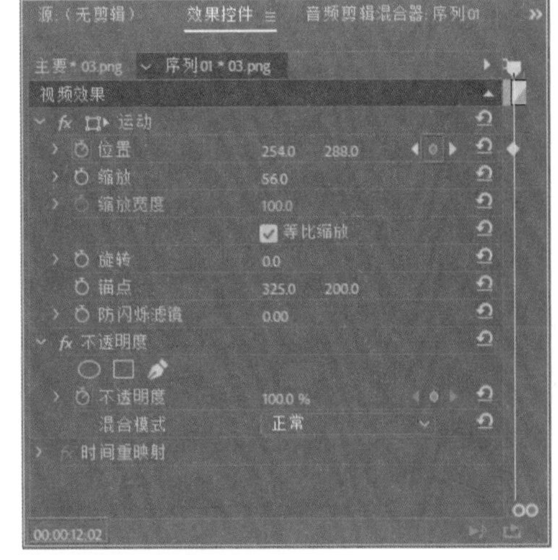

图 11-27

08 在“效果控件”面板中，设置时间为 00:00:13:00，设置“位置”参数为 230、288，如图 11-28 所示。

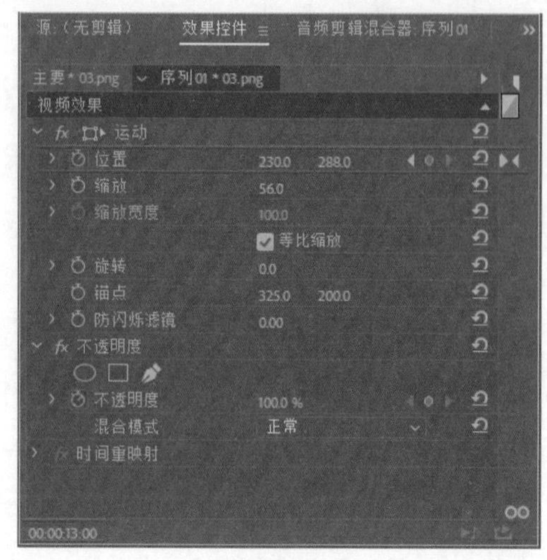

图 11-28

09 在“项目”面板中，选择“遮罩 .png”素材并将其拖至视频轨 6 上，并与下端素材首端对齐，如图.11-29 所示。

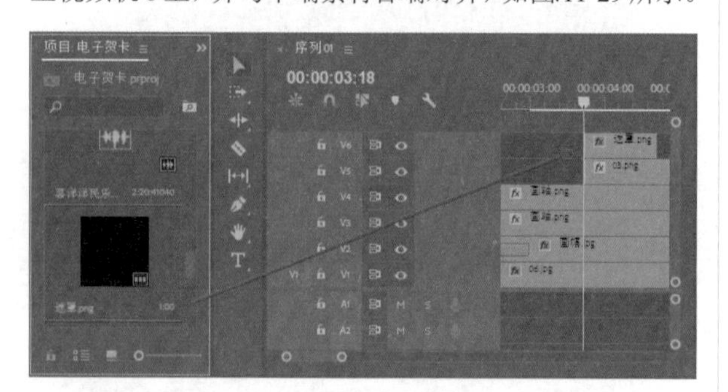

图 11-29

10 将鼠标放置在“遮罩 .png”素材的右侧，当鼠标变成边缘图标时，向右拖动，使素材的持续时间变成 00:00:09:07，如图 11-30 所示。

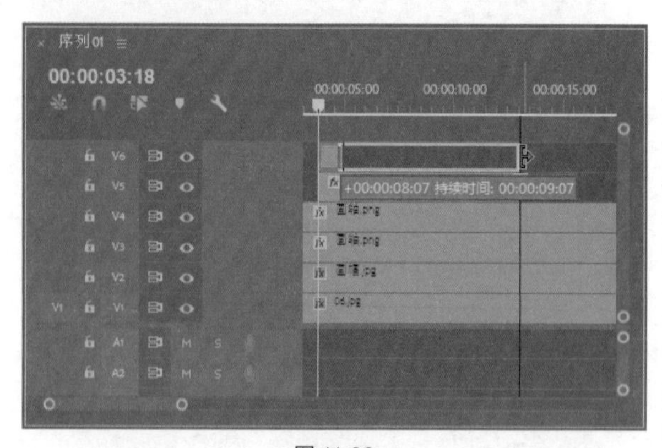

图 11-30

11 进入“遮罩 .png”素材的“效果控件”面板，在 00:00:03:19 位置，单击“缩放”前的“切换动画”按钮，设置“缩放”参数为 50，如图 11-31 所示。

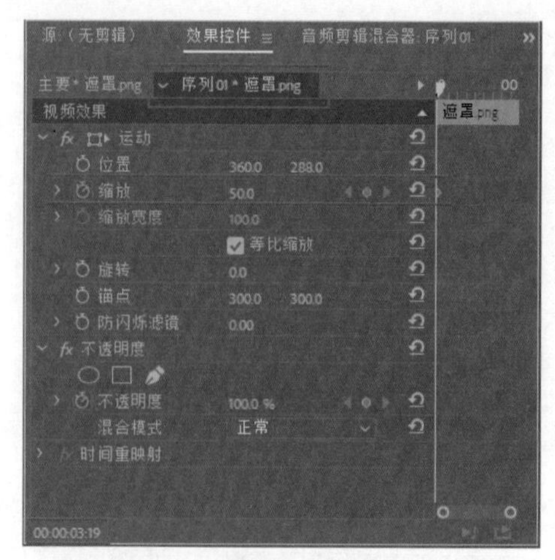

图 11-31

12 在“效果控件”面板中，设置时间为 00:00:05:10，设置“缩放”参数为 600，如图 11-32 所示。

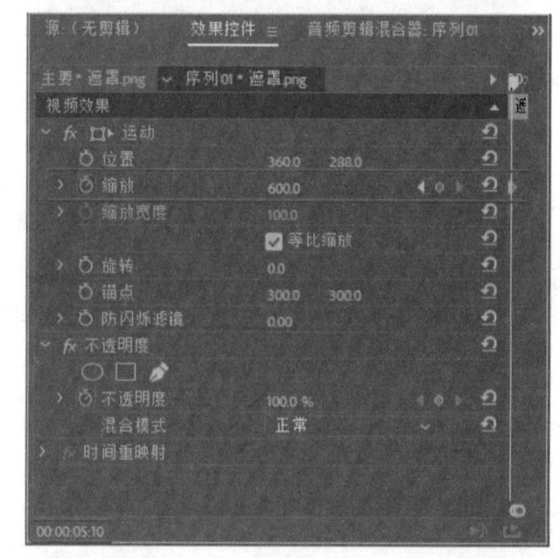

图 11-32

13 进入“效果”面板，展开“视频效果”文件夹和“键控”文件夹，选择“键控”文件夹中的“轨道遮罩键”特效，如图 11-33 所示。

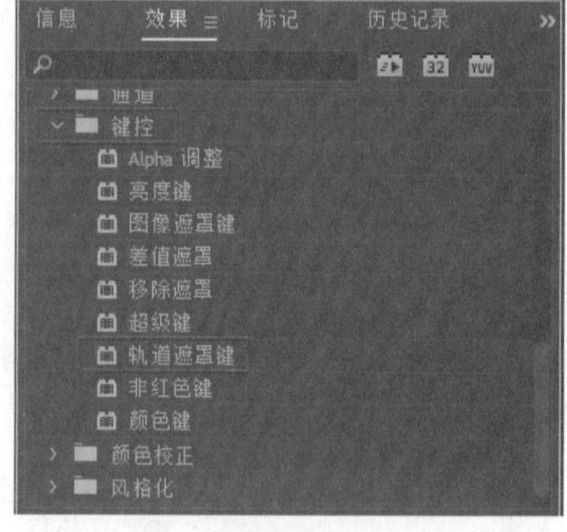

图 11-33

14 将“轨道遮罩键”特效添加到 03.png 素材上，如图 11-34 所示。

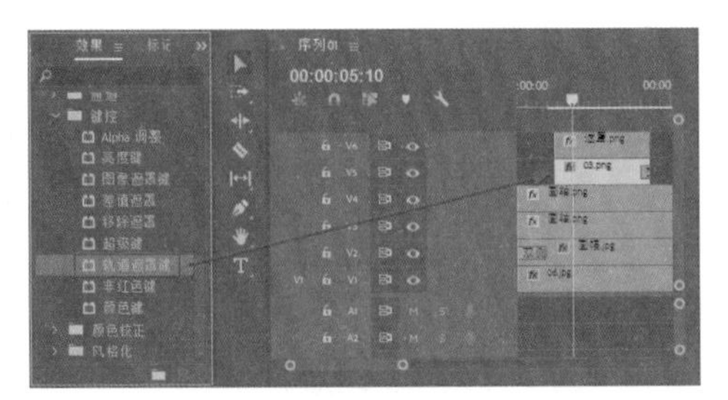

图 11-34

15 进入其“效果控件”面板，在“遮罩”下拉列表中选择“视频 6”，如图 11-35 所示。

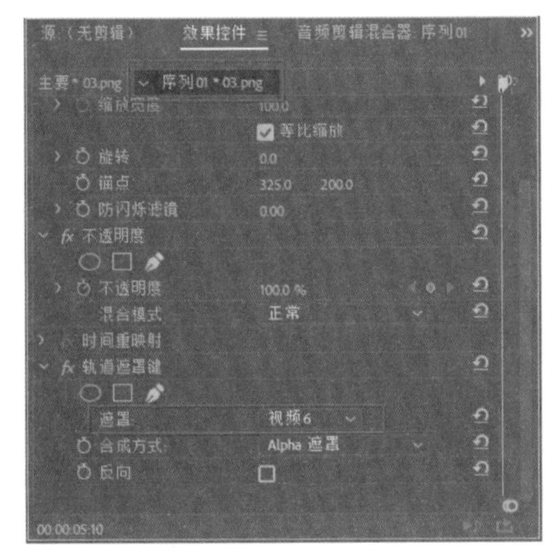

图 11-35

技巧与提示：

运用“轨道遮罩键”特效将使用其他轨道上的素材作为被叠加的底纹背景素材，与 Photoshop 的蒙版意义相同，遮罩图像的白色区域使下层对象不透明，显示当前对象；黑色区域使对象透明，显示背景对象；灰度区域为半透明，混合背景对象。在使用中如果利用 Photoshop 创作“轨道遮罩键”所使用的图像，效果会更好。

16 修改时间点为 00:00:03:05，在“项目”面板中选择“福 .png”素材，将其拖至视频轨 7 上，并放置在时间线指针后面，如图 11-36 所示。

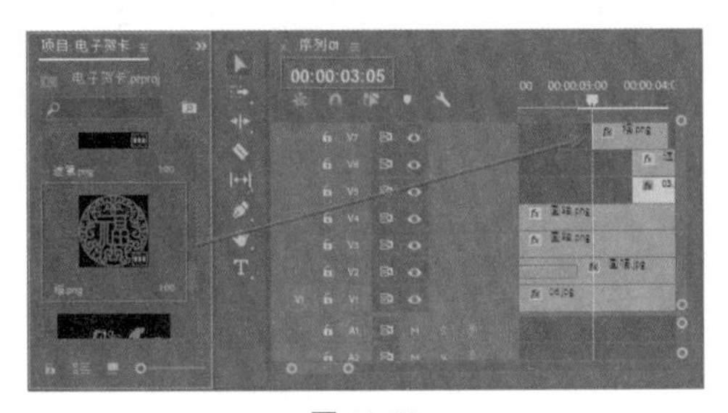

图 11-36

17 设置视频轨 7 中的“福 .png”素材的持续时间为 00:00:00:22，如图 11-37 所示。

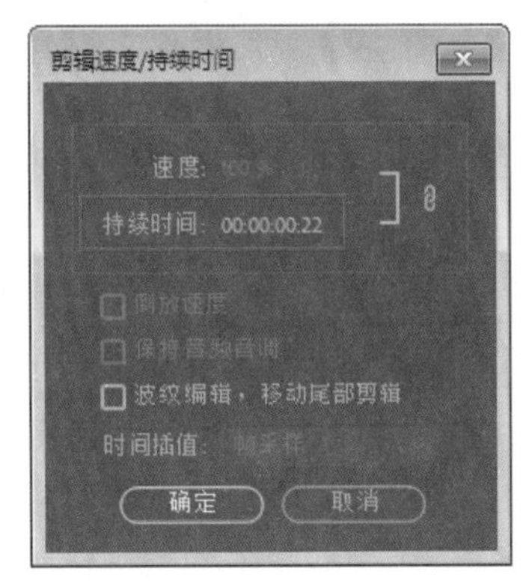

图 11-37

18 打开“效果”面板，展开“视频过渡”文件夹，选择“溶解”文件夹中的“胶片溶解”特效，将其添加到“福 .png”素材上，如图 11-38 所示。

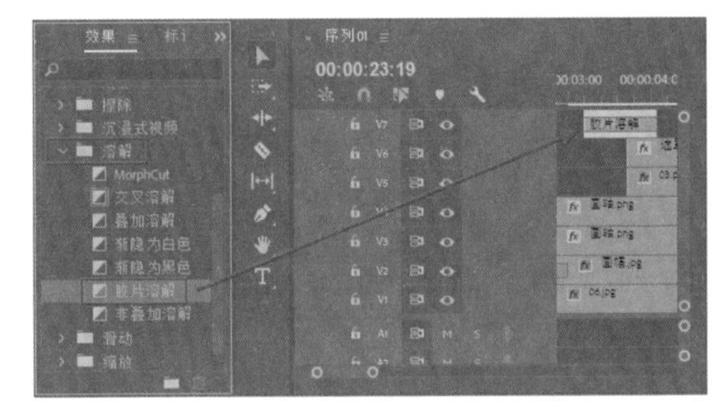

图 11-38

19 选择素材上的“胶片溶解”特效，进入“效果控件”面板，设置“持续时间”为 00:00:00:10，如图 11-39 所示。

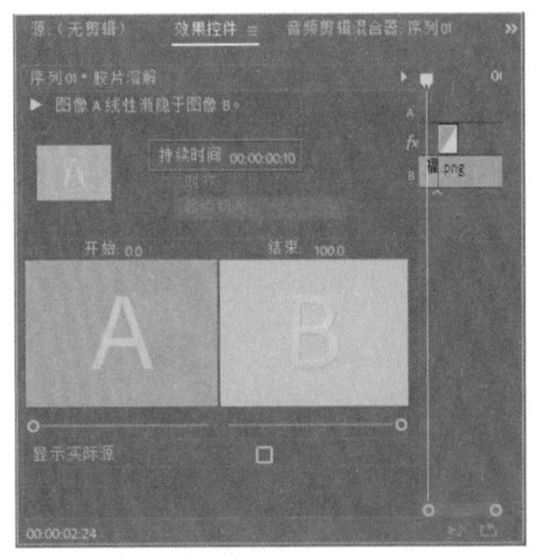

图 11-39

20 选择视频轨上的“福 .png”素材，进入“效果控件”面板，在 00:00:03:07 位置，单击“位置”和“缩放”前的“切换动画”按钮，设置“位置”参数为 360、119，“缩放”参数为 0，如图 11-40 所示。

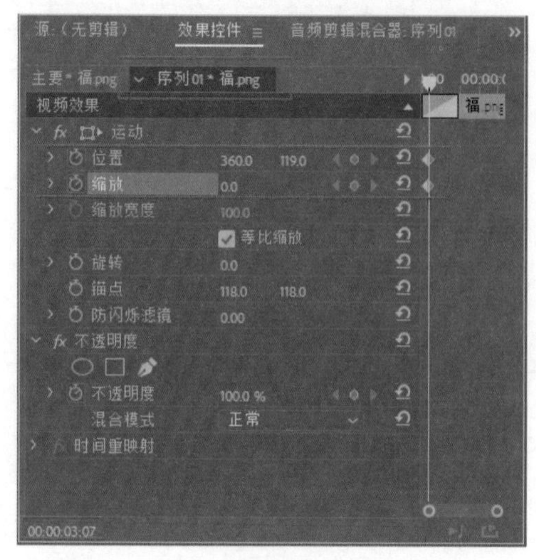

图 11-40

21 在“效果控件”面板中，设置时间为00:00:03:17，设置“位置”参数为360、288，“缩放”参数为70，如图11-41所示。

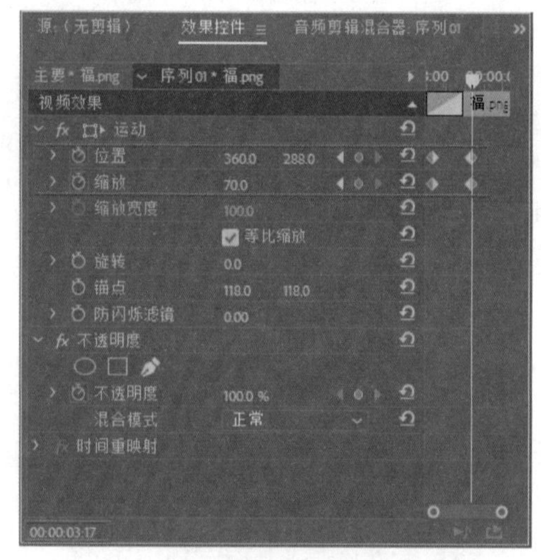

图 11-41

22 在“效果”面板中，选择“溶解”文件夹中的“交叉溶解”特效，将其添加到视频轨中的“福.png”素材的最右端，并在“效果控件”面板中修改特效持续时间为00:00:00:10，如图11-42所示。

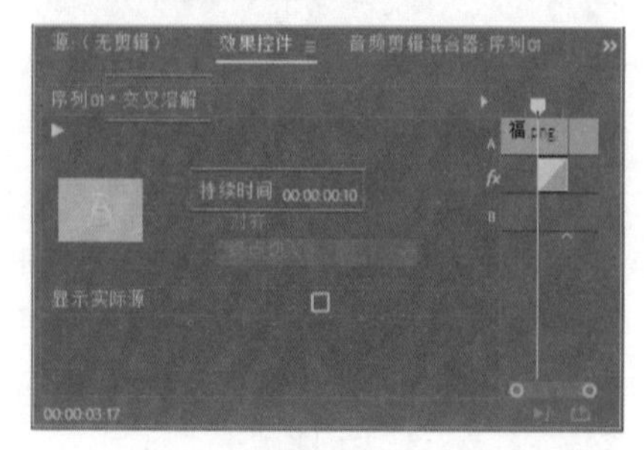

图 11-42

11.3 创建蒙版

创建4点多边形蒙版通过在图像的4个角上安排控制点，然后对每个点的位置进行修改，从而编辑遮罩形状改变图像的显示形状。这里将利用该蒙版的特点，制作出用毛笔写出文字的效果。

视频文件：　下载资源\视频\第11章\11.3 创建蒙版.mp4

01 执行“文件”|“新建”|“旧版标题”命令，新建字幕。弹出“字幕编辑器”面板，在其中输入文本，设置字体、大小、颜色、位置等参数，如图11-43所示（这里选择的字体是“华文新魏”，颜色RGB参数为22、19、19）。

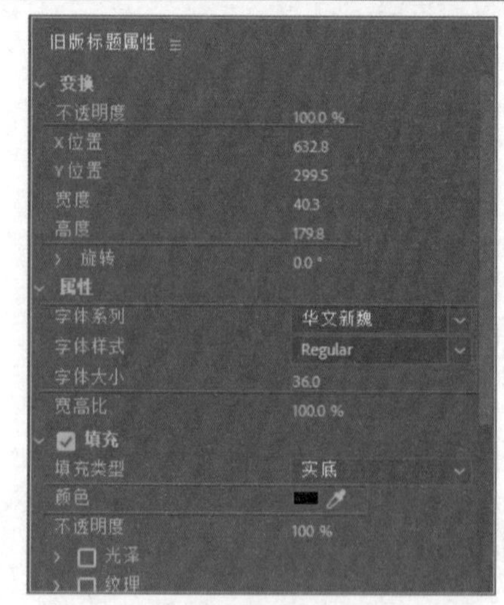

图 11-43

02 关闭“字幕编辑器”面板。修改时间点为00:00:07:01，在“项目”面板中选择“字幕01”素材，将其拖至视频轨8上，并放置在时间线指针之后，并修改该素材的持续时间为00:00:06:00，如图11-44所示。

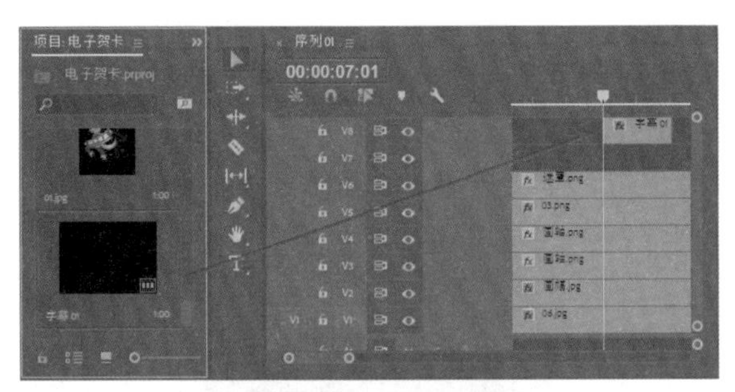

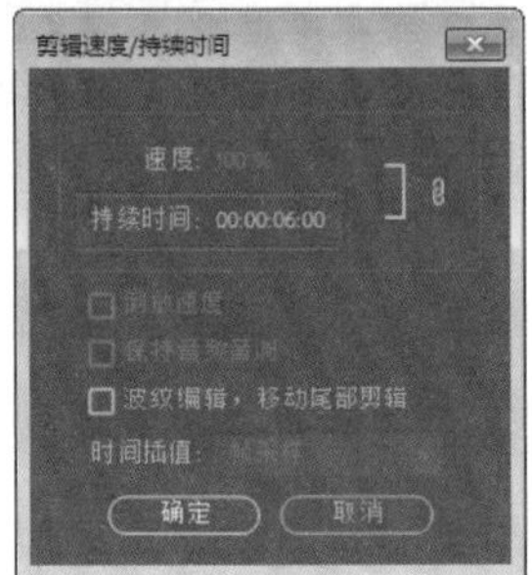

图 11-44

03 单击“字幕 01”素材，进入其“效果控件”面板。单击该面板中“不透明度”属性下的“创建 4 点多边形蒙版”按钮，会在“节目”监视器面板的画面中心生成一个四边形蒙版，如图 11-45 所示。

图 11-45

04 在“节目”监视器面板，移动光标到四边形蒙版上方变成手掌工具后，拖动蒙版到文字上方，并调整 4 个角上的点，如图 11-46 所示。

图 11-46

05 在“效果控件”面板中，设置时间为 00:00:07:01，单击“蒙版路径”参数后的“添加 / 移除关键帧”按钮，插入一个位置关键帧，同时在“节目”监视器面板移动四边形蒙版到文字顶端，如图 11-47 所示。

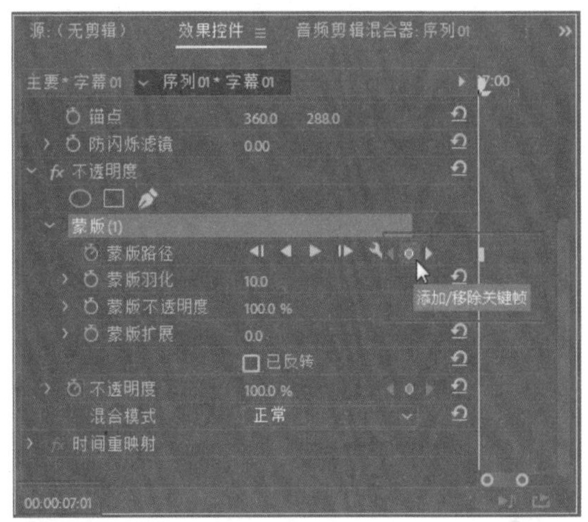

图 11-47

技巧与提示：

可以先单击一次“向前跟踪所选蒙版 1 个帧”按钮来激活“蒙版路径”参数后的“添加 / 移除关键帧”按钮，然后删除按钮所产生的两个帧，再回到设置的时间点重新自行设置关键帧。另外，如果“节目”监视器面板中的四边形蒙版没有出现，单击一次“效果控件”面板中的“蒙版”属性栏即可出现。

06 在“效果控件”面板中，设置时间为 00:00:08:11，再次单击“蒙版路径”参数后的“添加 / 移除关键帧”按钮，插入一个“位置”关键帧，同时在“节目”监视器面板移动四边形蒙版到文字上方，如图 11-48 所示。

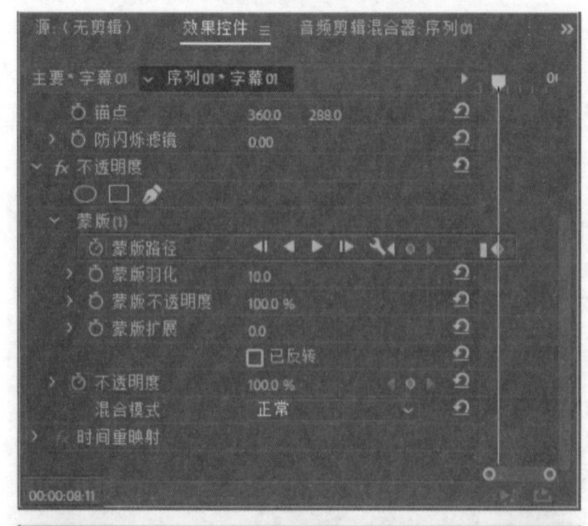

图 11-48

07 在 00:00:12:02 位置，单击“位置”前的“切换动画”按钮，如图 11-49 所示。

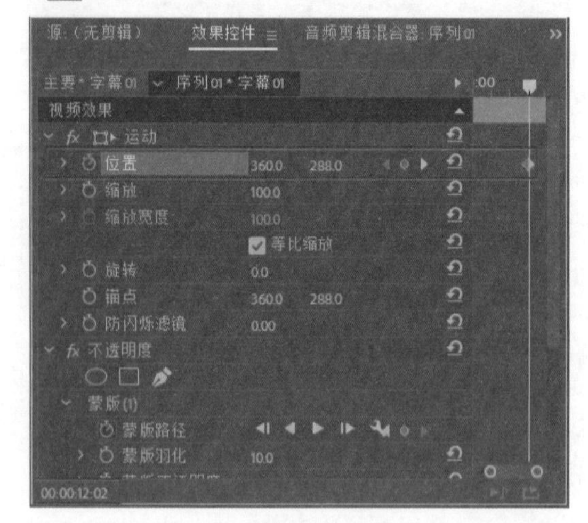

图 11-49

08 在“效果控件”面板，设置时间为 00:00:13:00，设置“位置”参数为 360、266.7，如图 11-50 所示。

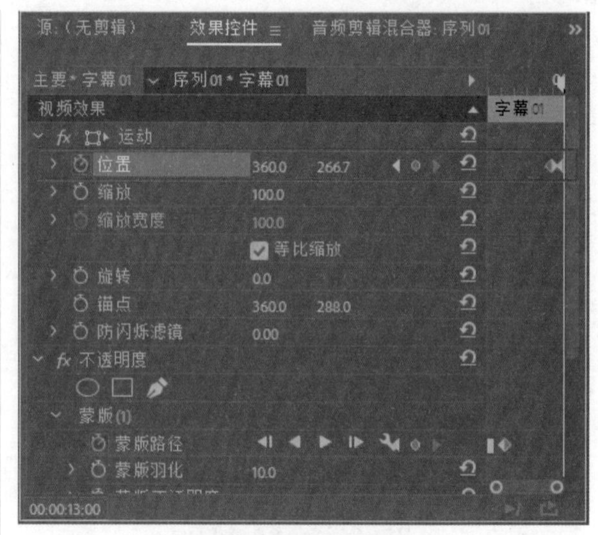

图 11-50

09 打开“效果”面板，展开“视频过渡”文件夹，选择“溶解”文件夹中的“交叉溶解”特效，将其添加到“字幕 01”素材的结束位置，如图 11-51 所示。

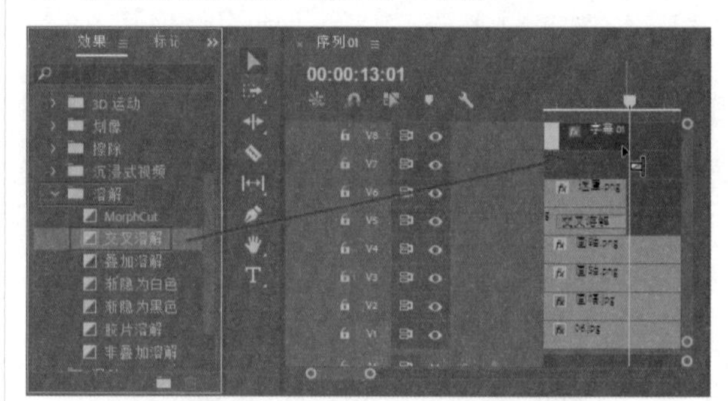

图 11-51

10 再次执行“文件”|“新建”|“旧版标题”命令，弹出“新建字幕”对话框，单击“确定”按钮，如图 11-52 所示。

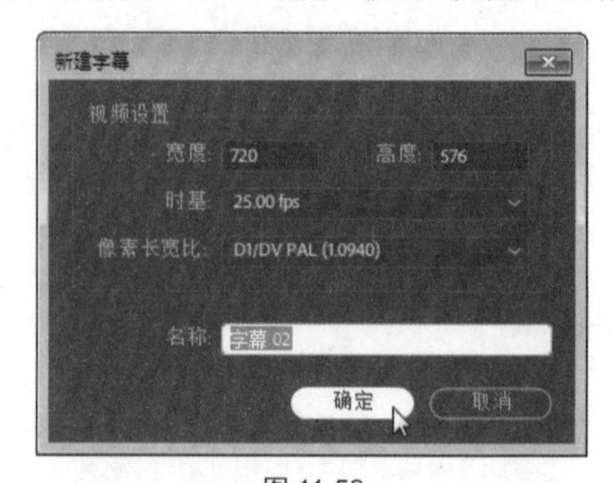

图 11-52

11 弹出“字幕编辑器”面板，输入文本，并设置字体、大小、颜色、位置等参数，如图 11-53 所示（这里选择的字体是“华文新魏”，颜色 RGB 参数为 22、19、19）。

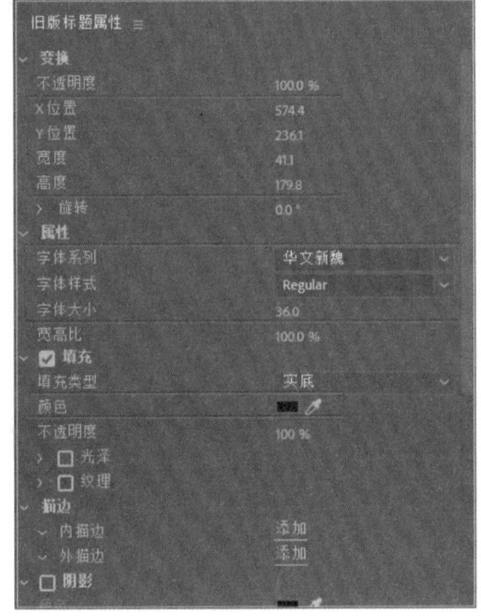

图 11-53

12 关闭“字幕编辑器”面板。修改时间点为 00:00:07:01，在“项目”面板中选择“字幕 02”素材，将其拖至视频轨 7 上，并放置在时间线指针之后，如图 11-54 所示。

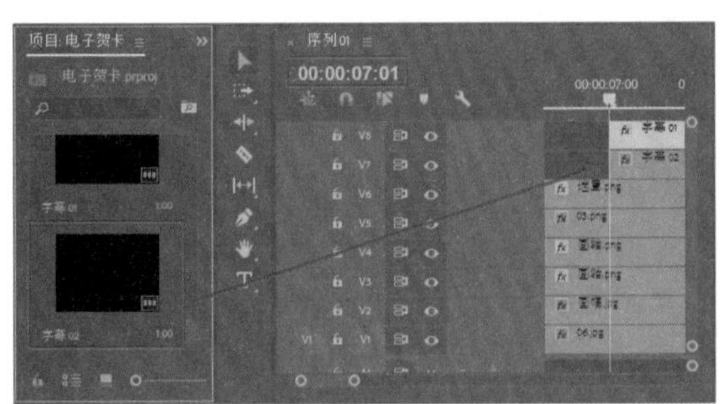

图 11-54

13 修改“字幕 02”素材的持续时间为 00:00:06:00，然后将鼠标放置在“字幕 02”素材的起始位置，当鼠标变成边缘图标时，向右拖动鼠标，使素材的持续时间变成 00:00:04:06，如图 11-55 所示。

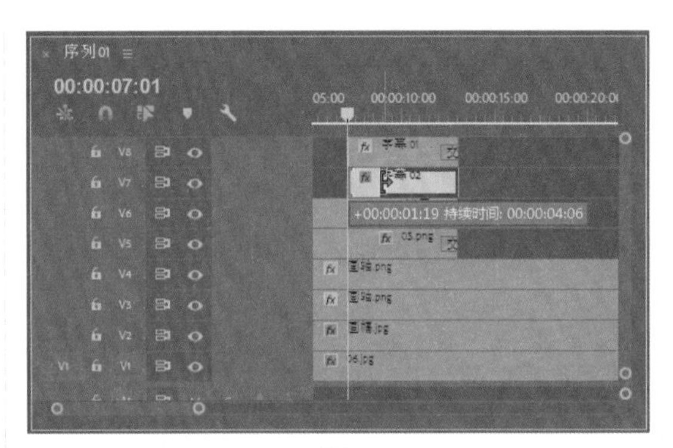

图 11-55

14 单击“字幕 02”素材，进入其“效果控件”面板，设置时间为 00:00:08:20。然后单击该面板中“不透明度”属性下的“创建 4 点多边形蒙版”按钮，在“节目”监视器面板生成一个四边形蒙版，拖动 4 个角上的点调整位置，如图 11-56 所示。

图 11-56

15 在“效果控件”面板中，单击“蒙版路径”参数后的“添加/移除关键帧”按钮，在当前时间点插入一个关键帧，同时在“节目”监视器面板移动四边形蒙版到文字顶端，如图 11-57 和图 11-58 所示。

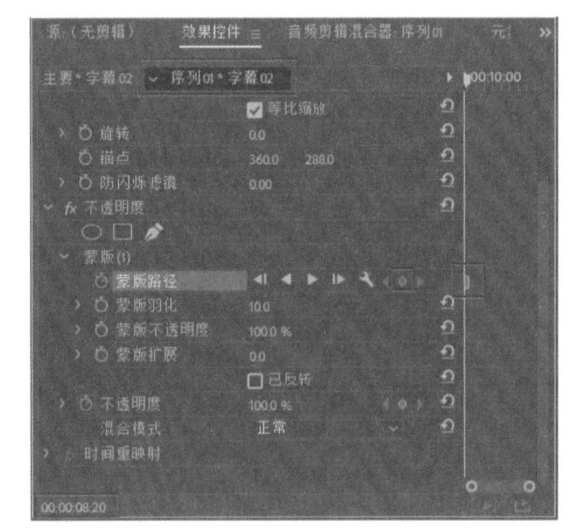

图 11-57

图 11-58

16 在“效果控件”面板中，设置时间为00:00:10:09，再次单击“蒙版路径”参数后的“添加/移除关键帧”按钮，插入一个“位置”关键帧，同时在“节目”监视器面板移动四边形蒙版到文字上方，如图11-59所示。

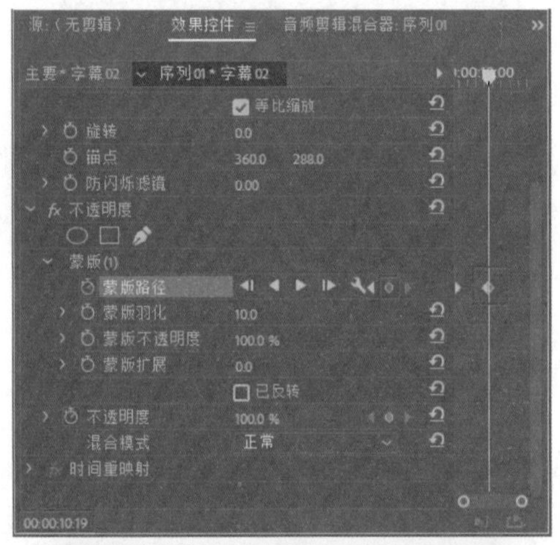

图 11-59

17 在00:00:12:02位置，单击“位置”前的“切换动画”按钮，设置“位置”参数为360、288，如图11-60所示。

18 设置时间为00:00:13:00，设置“位置”参数为360、309.3，如图11-61所示。

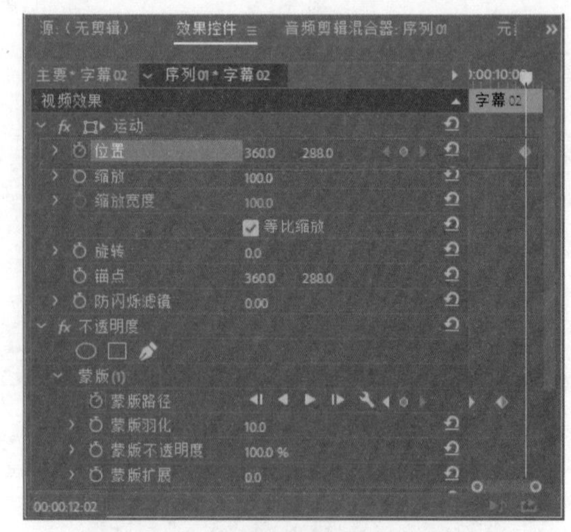

图 11-60

图 11-61

19 进入“效果”面板，打开“视频过渡”文件夹，选择“溶解”文件夹中的“交叉溶解”特效，如图11-62所示。

图 11-62

20 将“交叉溶解”特效添加到“字幕 02”素材的结束位置，如图 11-63 所示。

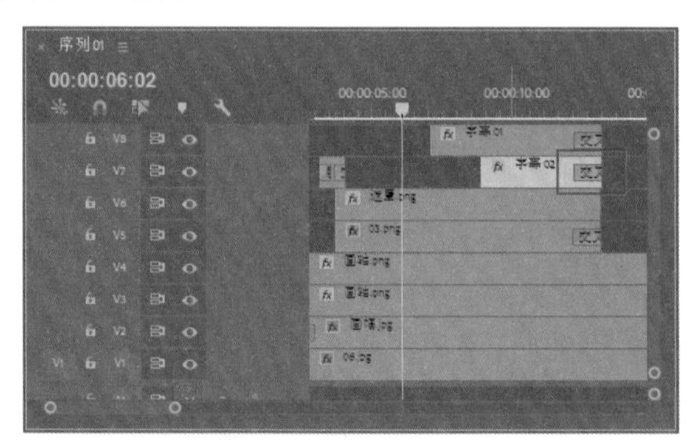

图 11-63

21 修改时间点为 00:00:06:20，在“项目”面板中选择“画笔 .png”素材，将其拖至视频轨 9 上，并放置在时间线指针之后，如图 11-64 所示。

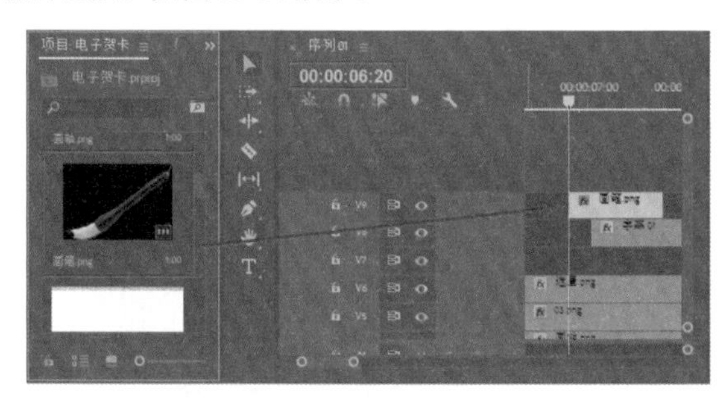

图 11-64

22 修改“画笔 .png”素材的持续时间为 5 秒，然后进入“效果”面板，打开“视频效果”文件夹，选择“透视”文件夹中的“放射阴影”特效，将其添加到“画笔 .png”素材上，如图 11-65 所示。

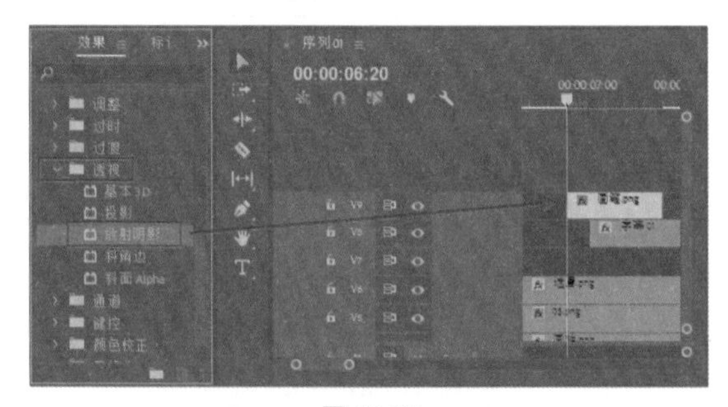

图 11-65

23 进入“效果控件”面板，设置时间为 00:00:06:20，单击“位置”前的“切换动画”按钮，设置“位置”参数为 848、174，“缩放”参数为 50。单击“光源”前的“切换动画”按钮，设置“光源”参数为 -108.3、28.5，“投影距离”为 21。在“渲染”下拉列表中选择“常规”选项，如图 11-66 所示。

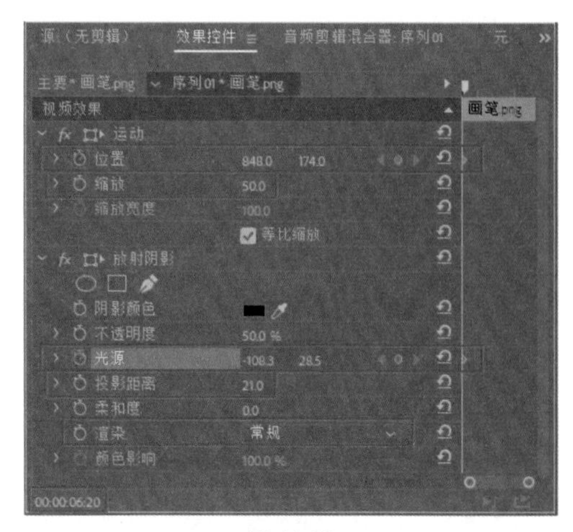

图 11-66

24 设置时间为 00:00:07:01，设置“位置”参数为 695、174，“光源”参数为 -108.3、235.5，如图 11-67 所示。

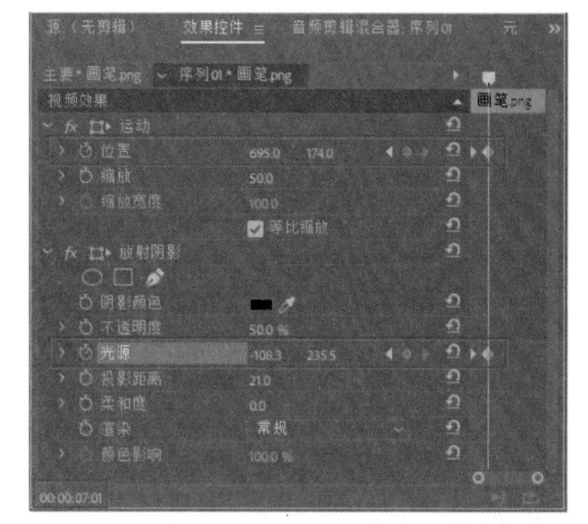

图 11-67

25 设置时间为 00:00:07:07，设置“位置”参数为 704.3、203.7，如图 11-68 所示。

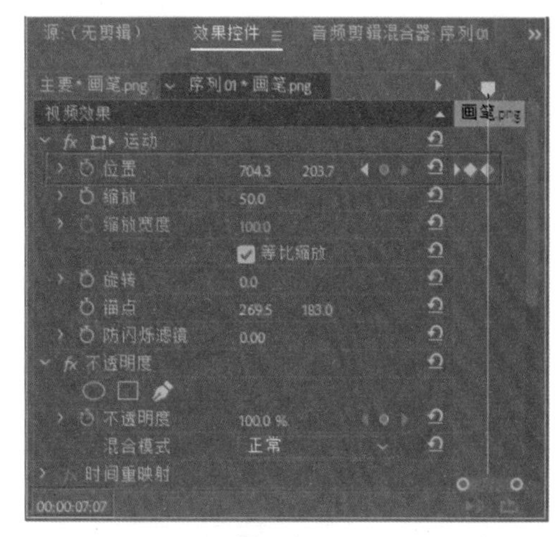

图 11-68

26 设置时间为 00:00:07:14，设置“位置”参数为 693.4、240.3，如图 11-69 所示。

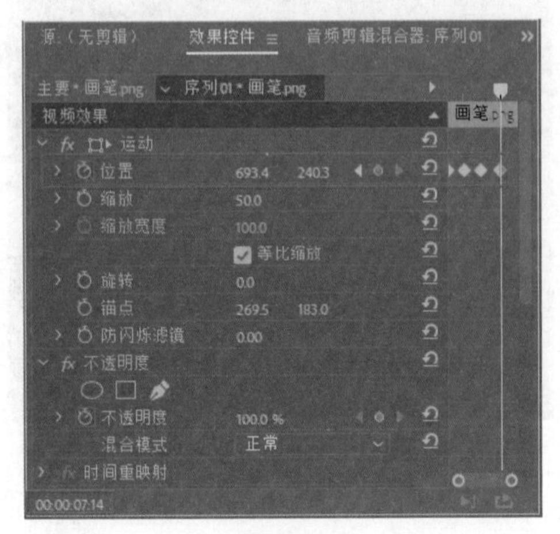

图 11-69

27 设置时间为 00:00:07:21，设置“位置”参数为 706.8、266.8，如图 11-70 所示。

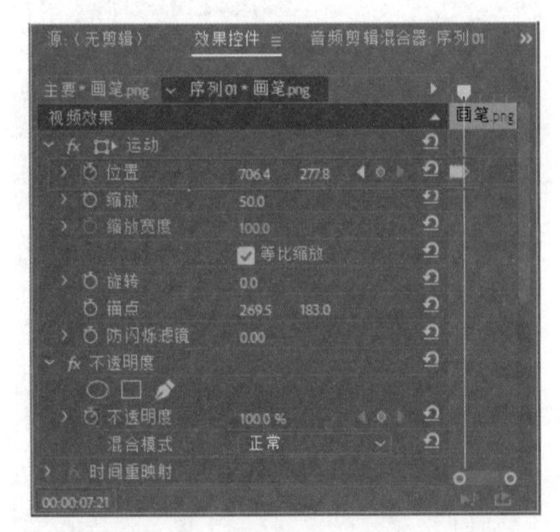

图 11-70

28 设置时间为 00:00:08:04，设置“位置”参数为 694、324.8，如图 11-71 所示。

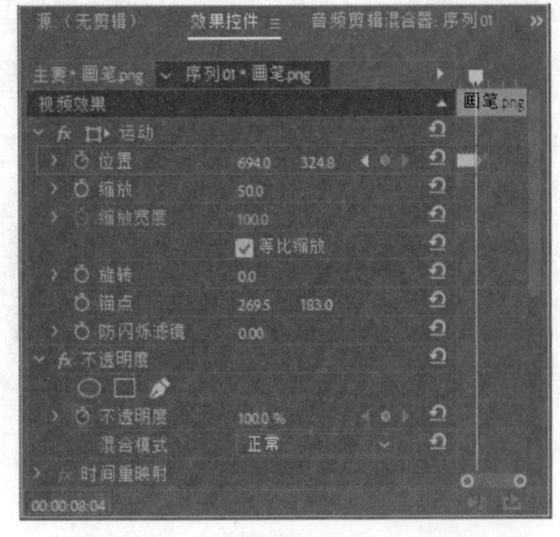

图 11-71

29 设置时间为 00:00:08:11，设置“位置”参数为 705、319，单击“光源”后的“添加 / 移除关键帧”按钮 ，如图 11-72 所示。

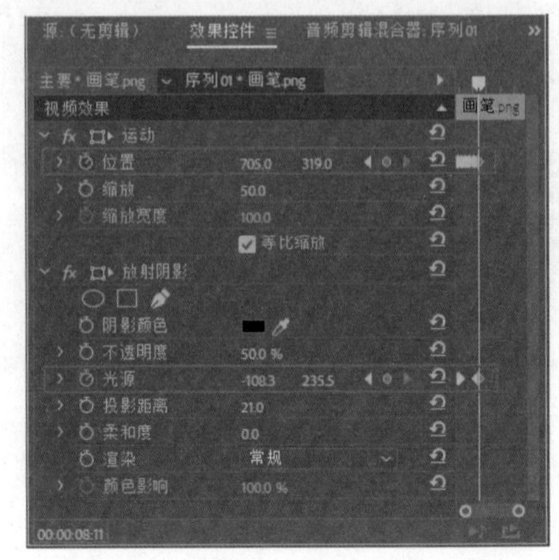

图 11-72

30 设置时间为 00:00:08:19，设置“位置”参数为 635、90，“光源”参数为 108.3、254.5，如图 11-73 所示。

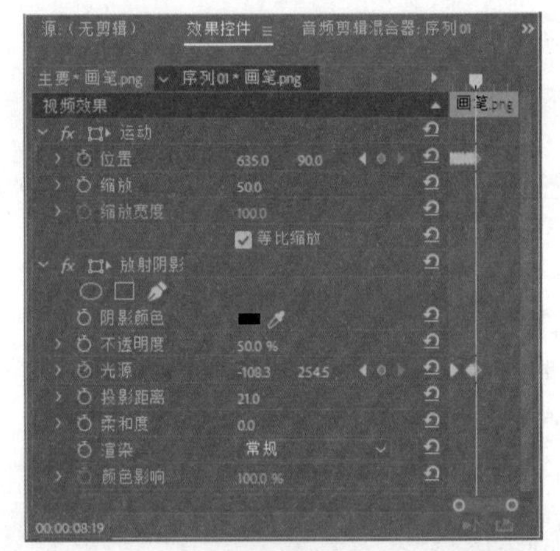

图 11-73

31 设置时间为 00:00:09:01，设置“位置”参数为 649.3、119.1，如图 11-74 所示。

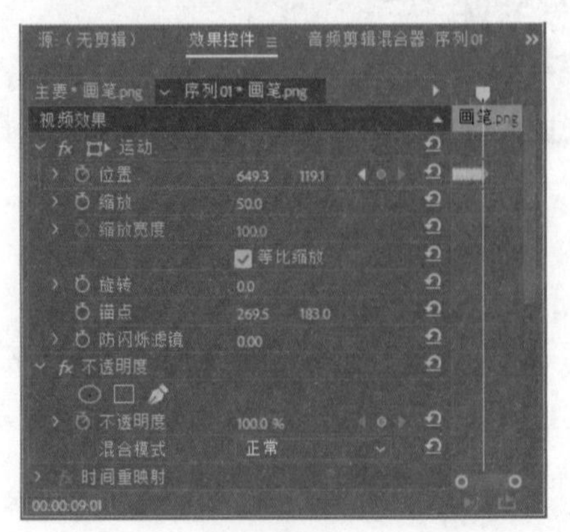

图 11-74

32 设置时间为 00:00:09:10，设置“位置”参数为 635.4、161.1，如图 11-75 所示。

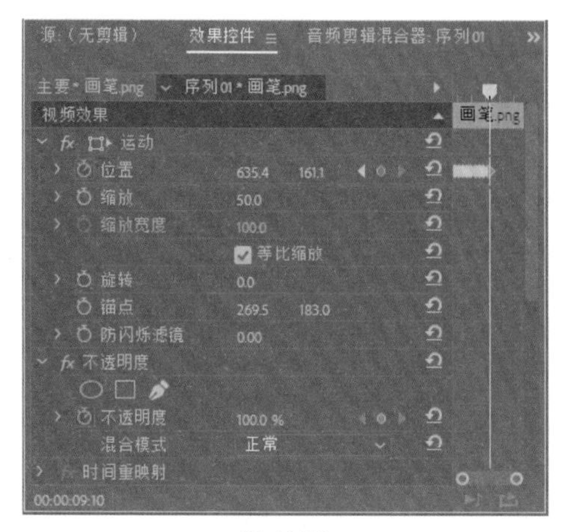

图 11-75

33 设置时间为 00:00:09:18，设置“位置”参数为 649、198.5，如图 11-76 所示。

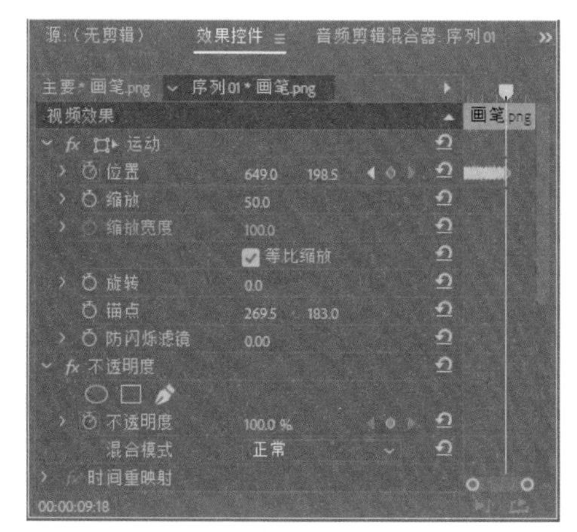

图 11-76

34 设置时间为 00:00:10:00，设置“位置”参数为 635、231.4，如图 11-77 所示。

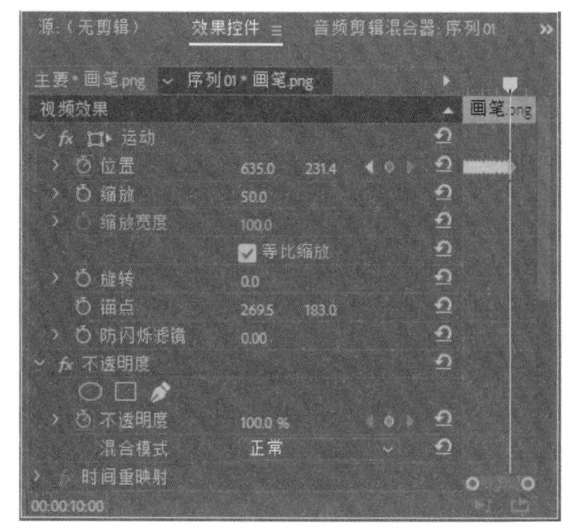

图 11-77

35 设置时间为 00:00:10:08，设置“位置”参数为 649、267，单击“光源”后的“添加 / 移除关键帧”按钮 ，如图 11-78 所示。

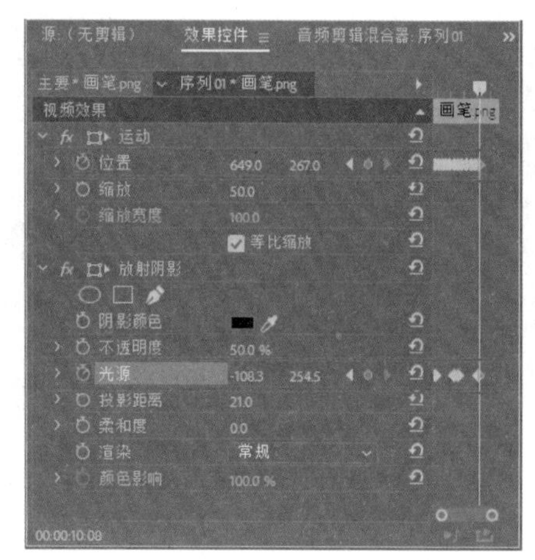

图 11-78

36 设置时间为 00:00:10:11，设置“光源”参数为 -108.3、139.5，如图 11-79 所示。

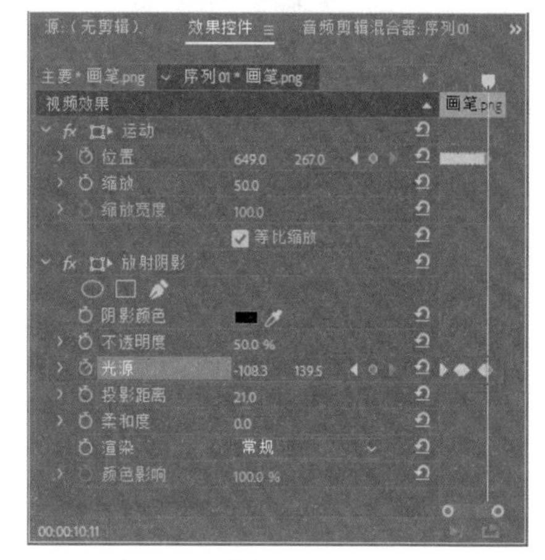

图 11-79

37 设置时间为 00:00:10:22，设置“位置”参数为 850、267，如图 11-80 所示。

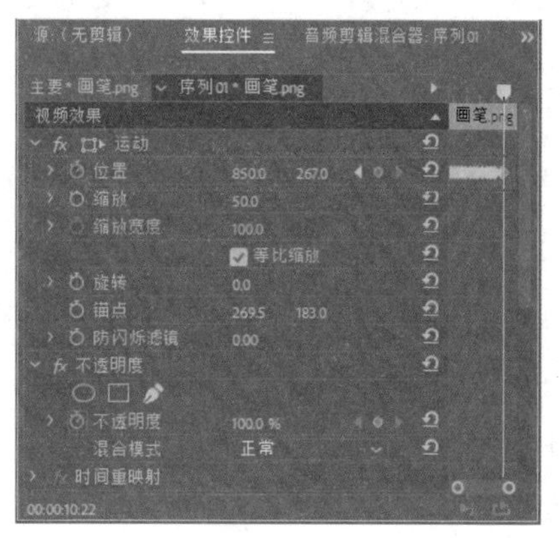

图 11-80

38 修改时间点为00:00:00:00，在“项目”面板中选择“梅花.png”素材，将其拖至视频轨10上，并放置在时间线指针之后，如图11-81所示。

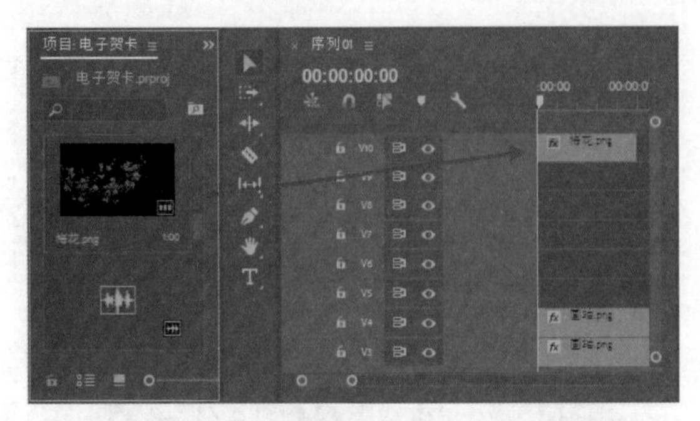

图 11-81

39 在视频轨上的“梅花.png”素材上右击，并在弹出的快捷菜单中选择“速度/持续时间”选项，弹出“剪辑速度/持续时间”对话框，设置“持续时间”为30秒，单击“确定”按钮完成设置，如图11-82所示。

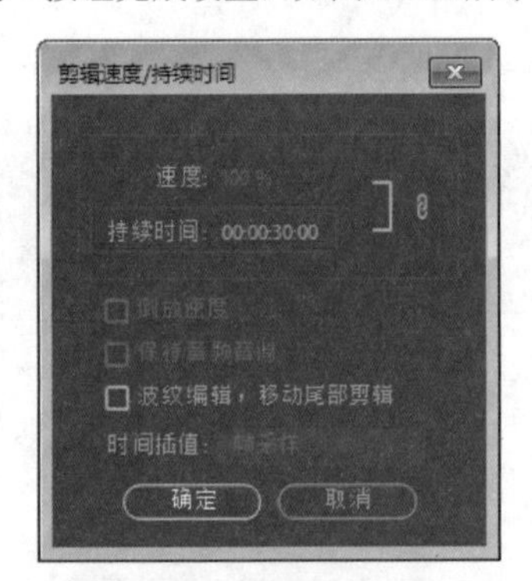

图 11-82

40 进入“梅花.png”素材的“效果控件”面板，设置“位置”参数为165、462，“缩放”参数为90。设置时间为00:00:00:00，单击“旋转”前的“切换动画”按钮，设置“旋转”参数为5°，如图11-83所示。

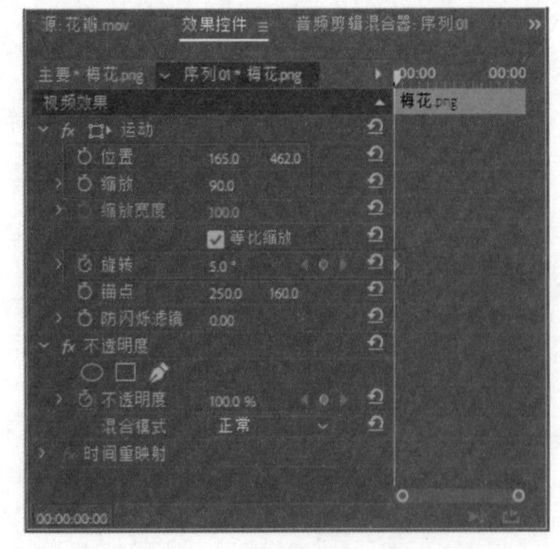

图 11-83

41 设置时间为00:00:04:00，设置“旋转”参数为-5°，如图11-84所示。

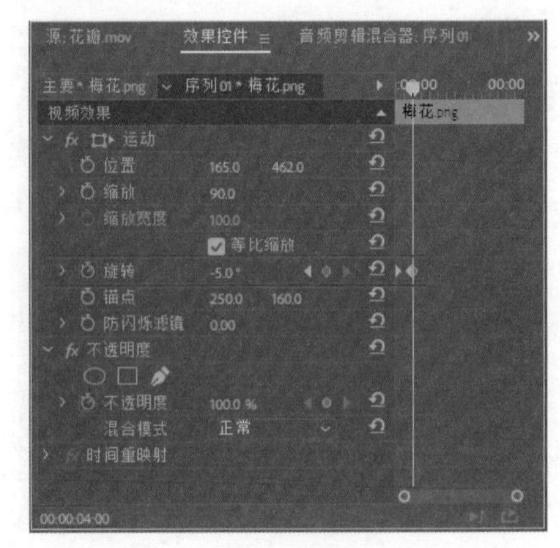

图 11-84

42 设置时间为00:00:08:00，设置“旋转”参数为5°，如图11-85所示。

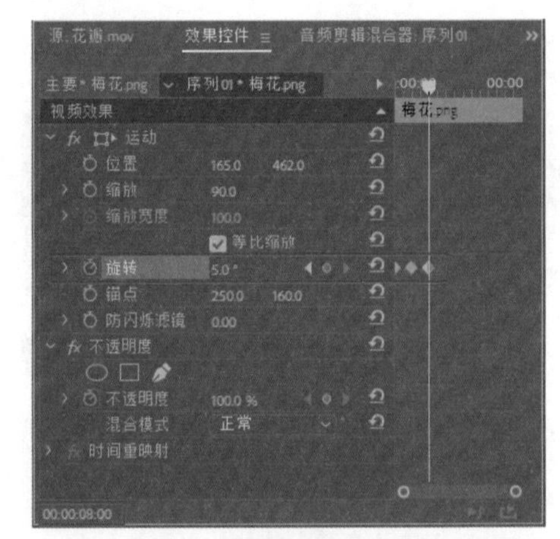

图 11-85

43 设置时间为00:00:12:00，设置“旋转”参数为-5°，如图11-86所示。

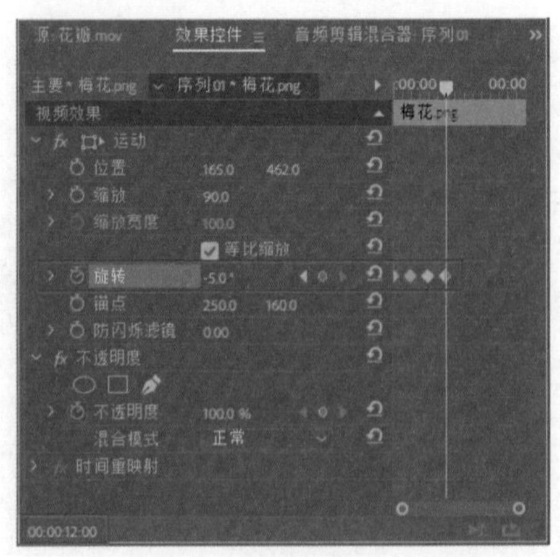

图 11-86

44 设置时间为 00:00:16:00，设置“旋转”参数为 5°，如图 11-87 所示。

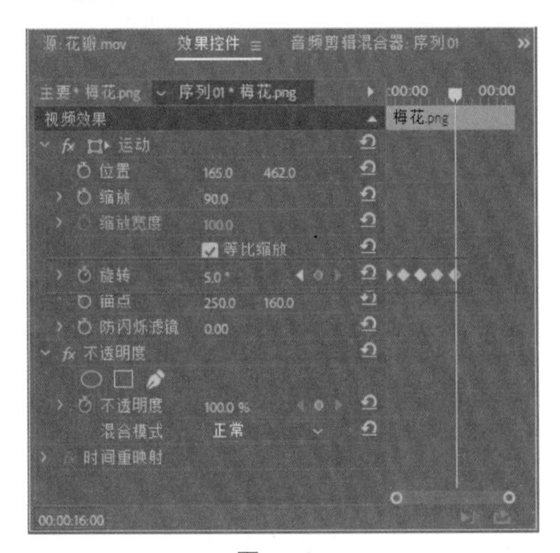

图 11-87

45 设置时间为 00:00:20：00，设置“旋转”参数为 -5°，如图 11-88 所示。

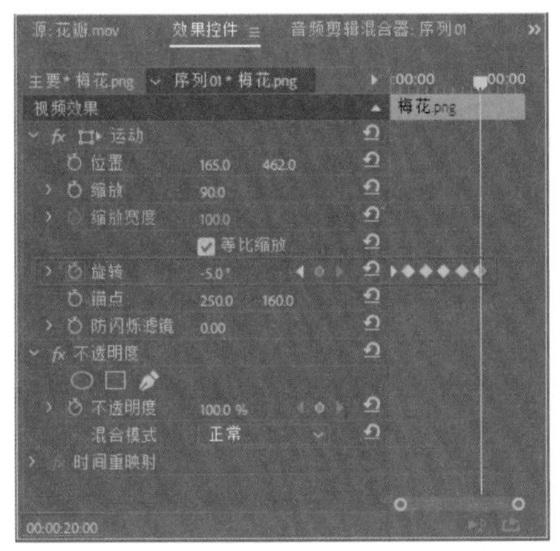

图 11-88

46 设置时间为 00:00:24:00，设置“旋转”参数为 5°，如图 11-89 所示。

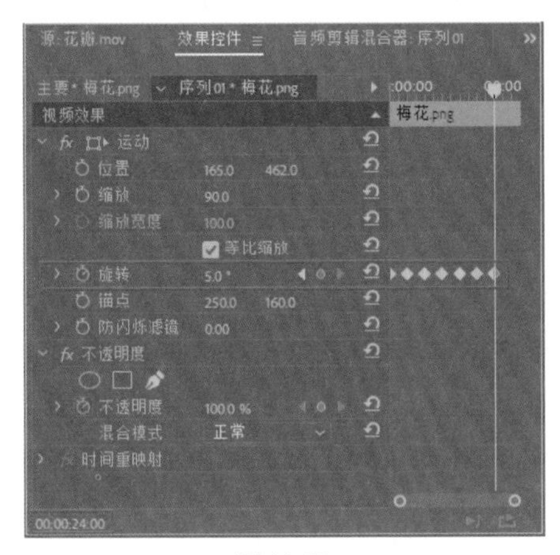

图 11-89

47 设置时间为 00:00:28:00，设置“旋转”参数为 -5°，如图 11-90 所示。

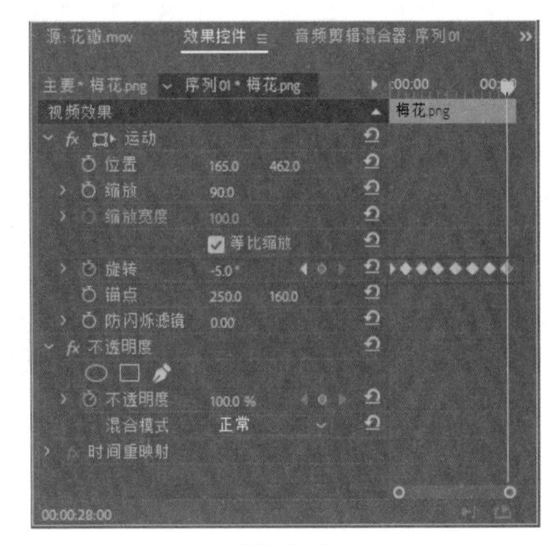

图 11-90

48 设置时间为 00:00:29:15，设置“旋转”参数为 5°，如图 11-91 所示。

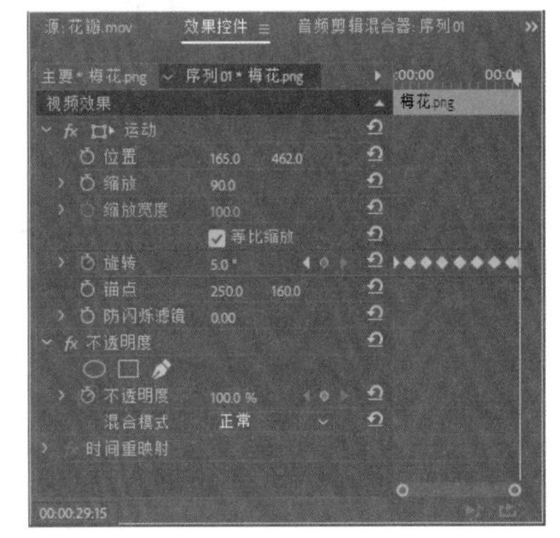

图 11-91

49 修改时间点为 00:00:13:00，在“项目”面板中选择 01.jpg 素材，将其拖至视频轨 5 上，并放置在时间线指针之后，如图 11-92 所示。

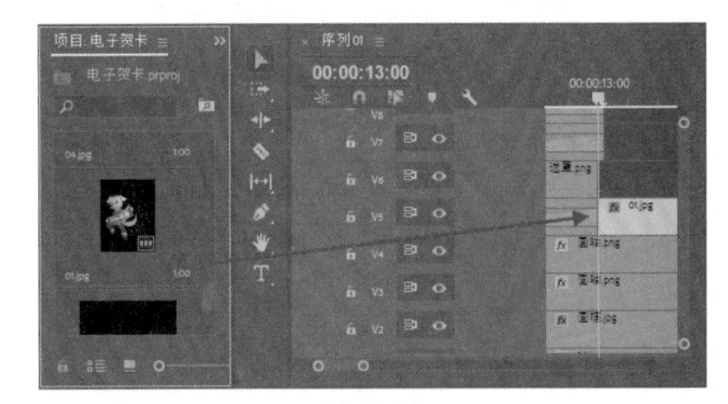

图 11-92

50 将鼠标放置在 01.jpg 素材的右侧缘，当鼠标变成边缘图标时向右拖动，使素材的结束位置与项目结束位置对齐，如图 11-93 所示。

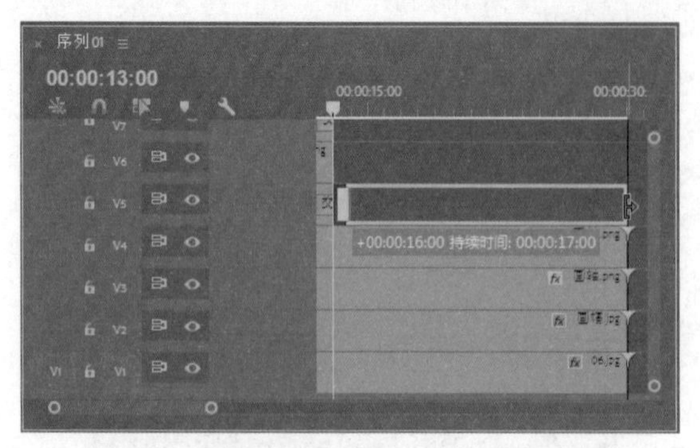

图 11-93

51 进入“效果”面板，打开“视频过渡”文件夹，选择“溶解”文件夹中的“交叉溶解”特效，将其添加到 01.jpg 素材的最左端位置，如图 11-94 所示。

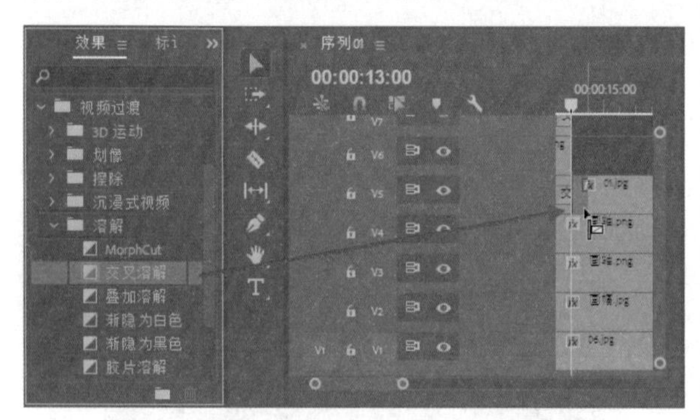

图 11-94

52 选择视频轨上的 01.jpg 素材，进入“效果控件”面板，设置“位置”参数为 530、282，“缩放”参数为 28，如图 11-95 所示。

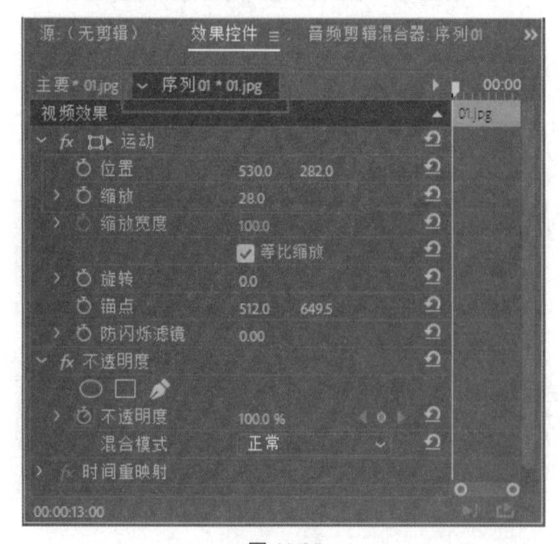

图 11-95

53 执行“文件”|“新建”|“旧版标题”命令，弹出“新建字幕”对话框，单击“确定”按钮，如图 11-96 所示。

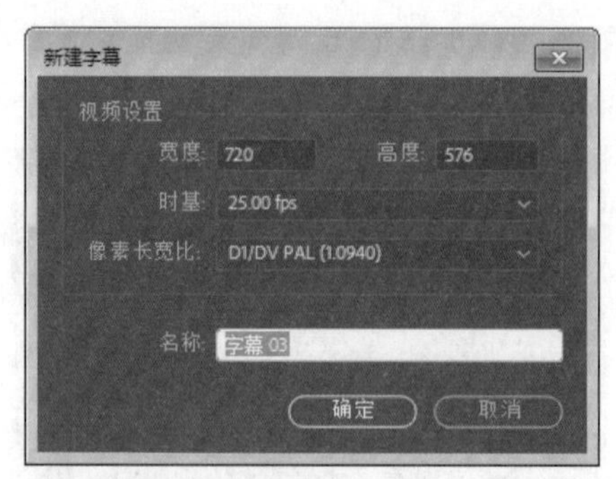

图 11-96

54 弹出“字幕编辑器”面板，输入文本，设置字体、大小、间距及行距等参数，如图 11-97 所示（这里选择的字体为“华文行楷”，颜色 RGB 参数为 35、24、21）。

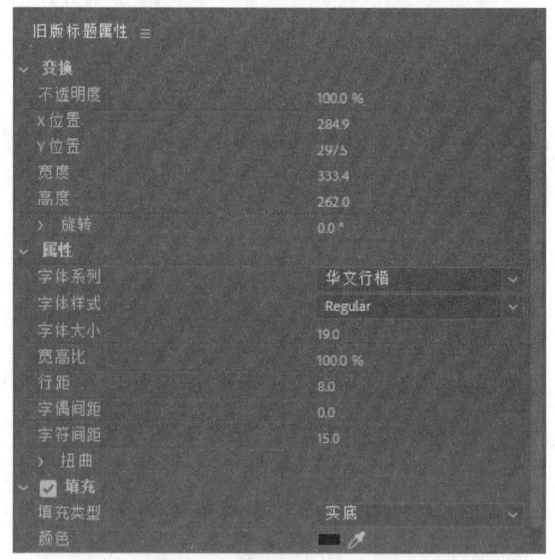

图 11-97

55 关闭“字幕编辑器”面板。修改时间点为 00:00:14:02，在“项目”面板中选择“字幕 03”素材，将其拖至视频轨 6 上，并放置到时间线指针之后，如图 11-98 所示。

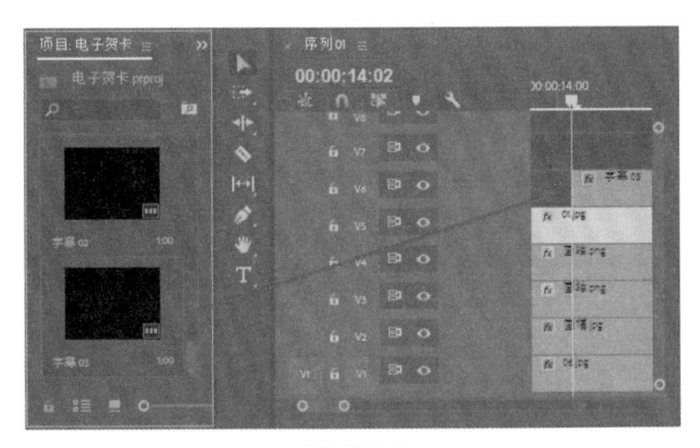

图 11-98

56 将鼠标放置在“字幕 03”素材的右侧缘，当鼠标变成边缘图标时向右拖动，使素材的结束位置与项目结束位置对齐，如图 11-99 所示。

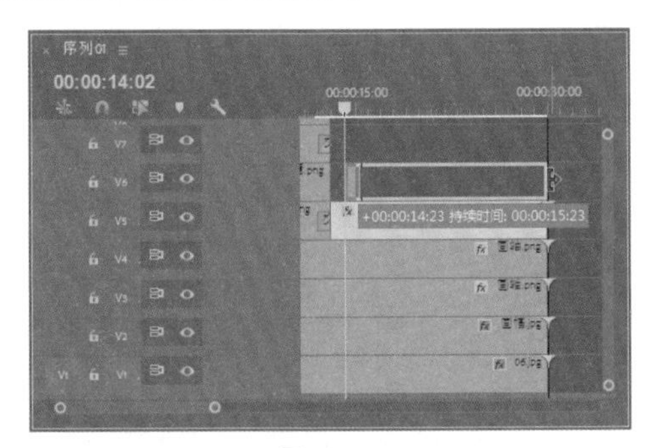

图 11-99

57 进入“字幕 03”素材的“效果控件”面板，单击该面板中“不透明度”属性下的“创建 4 点多边形蒙版”按钮，在“节目”监视器面板生成一个四边形蒙版，调整 4 个角上的点将蒙版放大使其包围文字，如图 11-100 所示。

图 11-100

58 在“效果控件”面板中的 00:00:14:02 时间点位置，单击“蒙版路径”参数后的“添加 / 移除关键帧”按钮，插入一个“位置”关键帧，同时在“节目”监视器面板移动四边形蒙版到文字顶端，如图 11-101 所示。

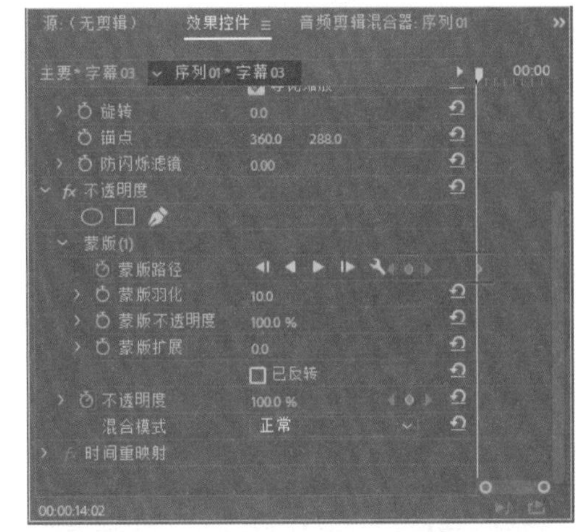

图 11-101

59 设置时间为 00:00:25:02，再次单击“蒙版路径”参数后的“添加 / 移除关键帧”按钮，插入一个位置关键帧，同时在“节目”监视器面板移动四边形蒙版到文字上方，如图 11-102 所示。

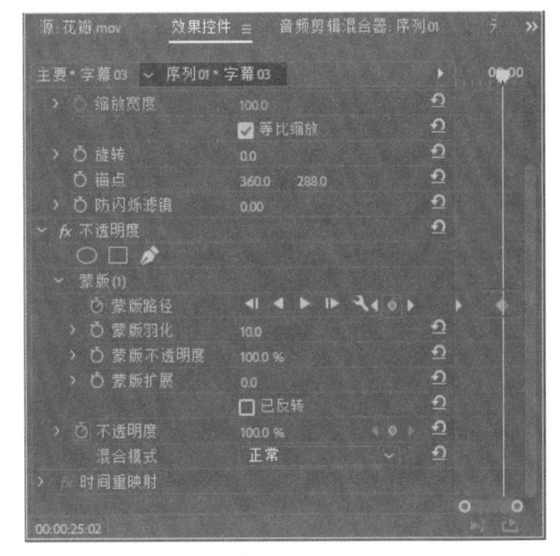

图 11-102

图 11-102（续）

技巧与提示：

这里设置的第二个关键帧决定了蒙版的最终移动速度。在实际操作时，用户随时可以单击该关键帧进行左右移动调整，以达到想要的动画效果。

60 修改时间点为00:00:00:00，在“项目”面板中选择“花瓣.mov”素材，将其拖至视频轨11上，并放置在时间线指针之后。修改时间点为00:00:19:00，选择“剃刀工具”在素材的当前位置单击进行分割，如图11-103所示。

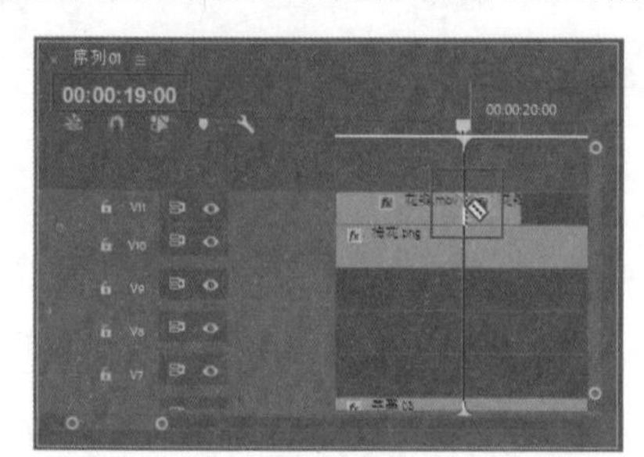

图 11-103

61 切换“选择工具”，单击时间线指针后面被分割出来的“花瓣.mov”素材，按Delete键将其删除。

62 在“项目”面板中再次选择“花瓣.mov”素材，将其拖至视频轨11上，衔接在前一个“花瓣.mov”素材之后。将鼠标放置在该“花瓣.mov”素材的右侧缘，当鼠标变成边缘图标时向左拖动，使素材的结束位置与项目结束位置对齐，如图11-104所示。

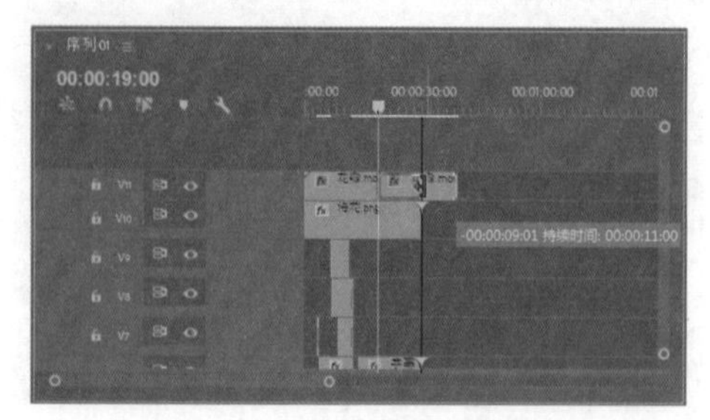

图 11-104

11.4 添加背景音乐

好的音乐能起到烘托气氛的作用，背景音乐更是如此。

视频文件：　下载资源\视频\第11章\11.4 添加背景音乐.mp4

01 在“项目”面板中选择“喜洋洋民乐.mp3”素材，将其拖至“源”监视器面板中，如图11-105所示。

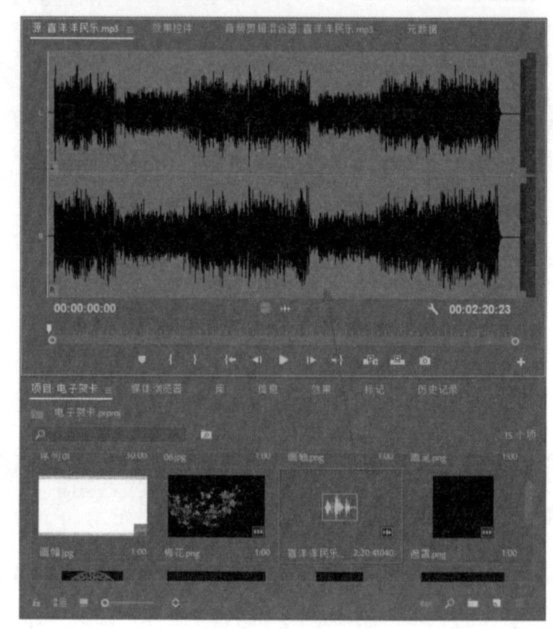

图 11-105

02 在“源”监视器面板中，设置时间为00:00:01:22，单击面板下方的“标记入点”按钮，如图11-106所示。

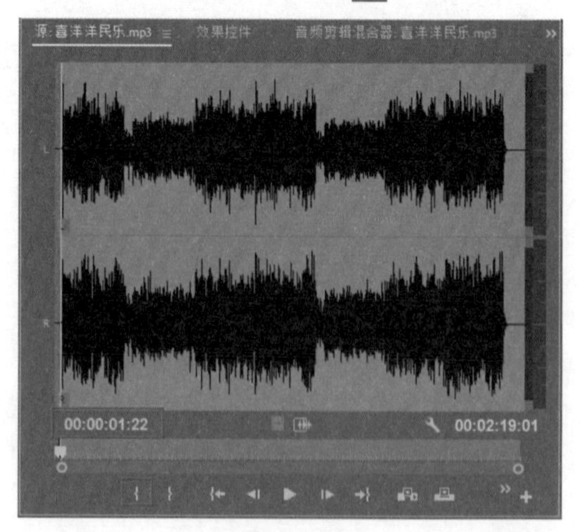

图 11-106

03 设置时间为00:00:31:22，单击面板下方的“标记出点”按钮，如图11-107所示。

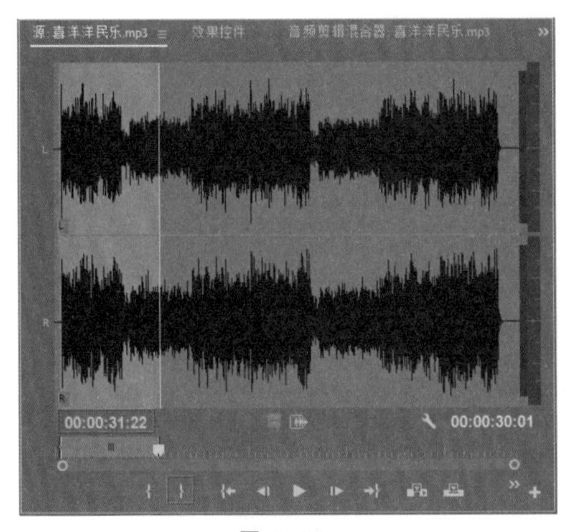

图 11-107

04 在“源”监视器面板中，单击下方的“仅拖动音频”按钮，如图 11-111 所示。

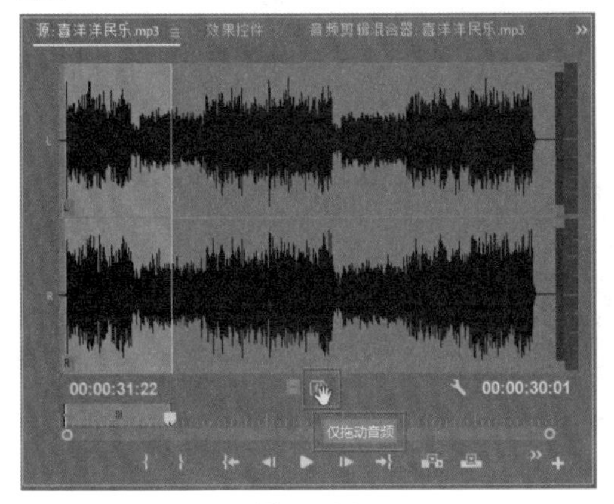

图 11-108

05 将音频剪辑拖入 V1 音频轨中，并与项目首尾对齐，如图 11-109 所示。

图 11-109

06 最后根据整体构图，单击 06.png 素材进入其“特效控件”面板，修改素材“位置”参数为 339、245，使画面更加饱满。按空格键预览最终效果，如图 11-110 所示。

图 11-110

第 12 章

综合实例——APP展示广告

APP 是英文 Application 的简称，指的是智能手机的应用程序。一开始 APP 只是作为一种第三方应用的合作形式参与到互联网商业活动中，随着互联网越来越开放化，APP 作为一种智能手机的盈利模式开始被更多的互联网商业大亨看重，众多的企业与个人开发者希望从中掘金。

本章实例是制作一个 APP 展示广告，通过将图像、视频和文字进行组合搭配，来产生视频效果。本实例将全方位地操作展示 APP，主要内容分为 5 部分，分别是“制作开场”“APP 内容展示”“关键帧的应用”“制作片尾”以及“输出视频”。

第 12 章素材文件

第 12 章视频文件

12.1 制作开场

12.1.1 新建项目与导入素材

在确定创意和构思之后，准备好相关素材，启动 Premiere Pro CC 2018，新建项目文件和序列。下面将介绍新建项目、新建序列并将素材导入项目中的具体操作。

视频文件： 下载资源 \ 视频 \ 第 12 章 \12.1.1 新建项目与导入素材 .mp4

01 打开 Premiere Pro CC 2018 软件，在开始页面上单击“新建项目”按钮，如图 12-1 所示。

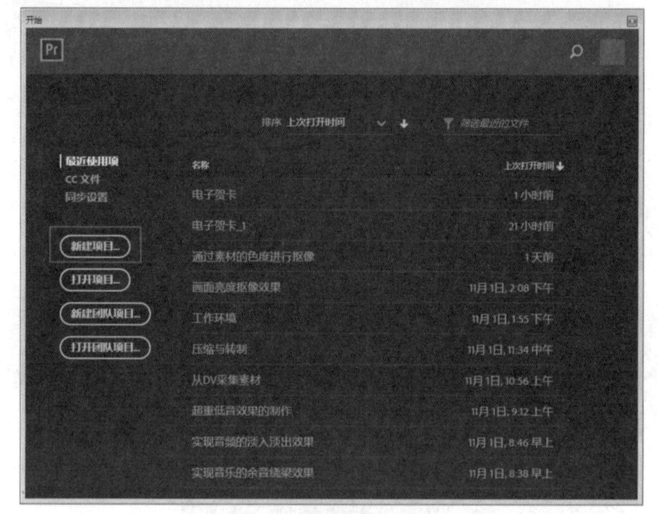

图 12-1

02 在弹出的“新建项目”对话框中，输入项目名称并设置项目存储位置，单击“确定”按钮，如图 12-2 所示。

图 12-2

03 执行“文件”|“新建”|“序列”命令，弹出“新建序列”对话框，选择合适的序列预设，单击“确定”按钮，如图 12-3 所示。

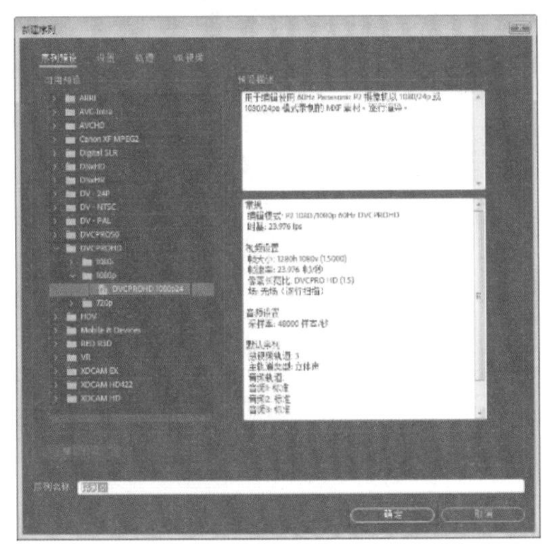

图 12-3

04 执行“文件”|“导入”命令，在弹出“导入”对话框中逐一选择文件夹，单击“导入文件夹”按钮分别将文件夹导入“项目”面板，如图 12-4 所示。

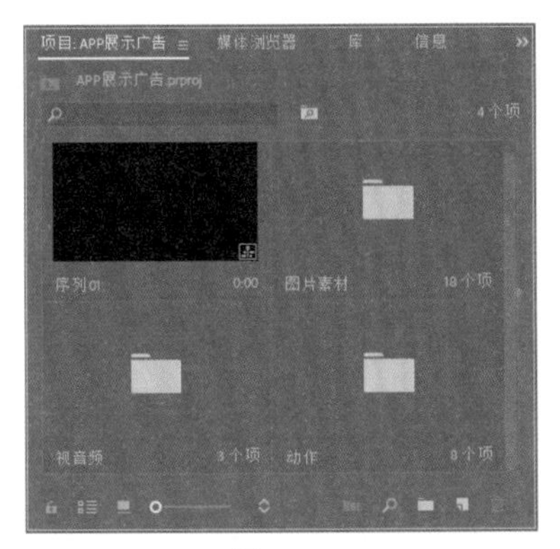

图 12-4

技巧与提示：

直接导入文件夹可以省去在 Premiere Pro CC 2018 中再次建立素材箱的步骤，如果素材过多，建议用户提前进行分类整理。文件夹一次只能导入一个，上述有 3 个文件夹就需要分 3 次导入。

12.1.2 字幕与特效的应用

将素材全数导入“项目”面板后，就可以着手制作广告的开场部分了。本实例的开场部分主要是通过创建字幕与添加内置特效来完成的，下面将为大家介绍影片开场视频的具体制作方法。

视频文件：　下载资源 \ 视频 \ 第 12 章 \12.1.2 字幕与特效的应用 .mp4

01 执行“序列”|“添加轨道”命令，添加 4 个视频轨道，单击“确定”按钮，如图 12-5 所示。

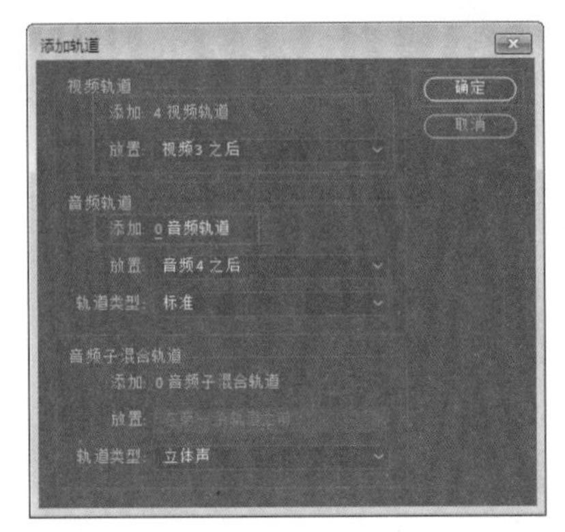

图 12-5

02 在“项目”面板中双击打开“图片素材”文件夹，在其中选择“白色背景 .png”素材，将其拖入视频轨道 1，如图 12-6 所示。

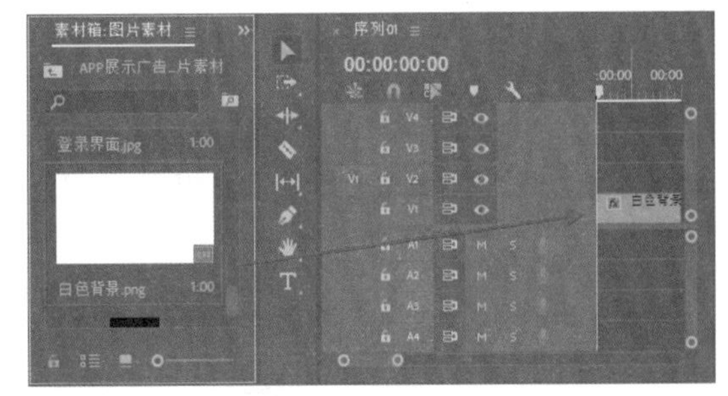

图 12-6

03 右击“时间线”面板中的“白色背景 .png”素材，在弹出的快捷菜单中选择“速度 / 持续时间”命令，设置其持续时间为 00:01:18:00，如图 12-7 所示。

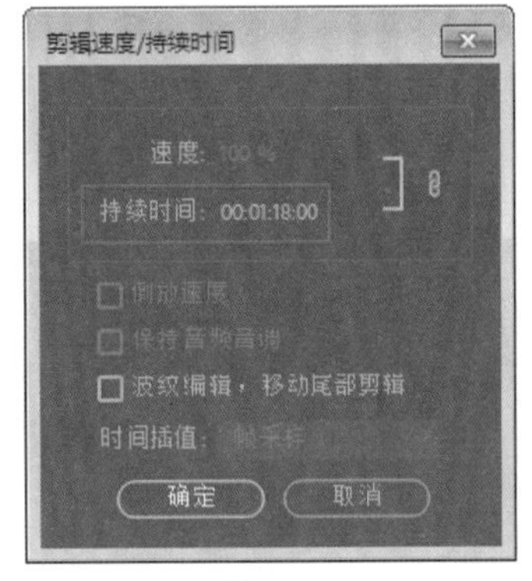

图 12-7

04 执行“文件”|“新建”|“旧版标题”命令，弹出“新建字幕”对话框，设置好属性及名称后，单击“确定”按钮完成字幕创建，如图 12-8 所示。

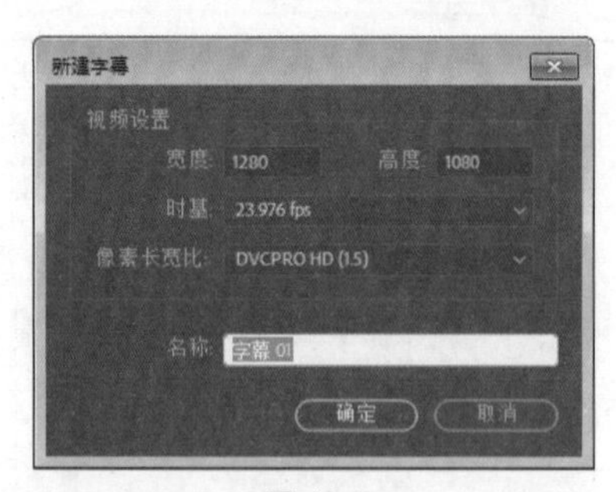

图 12-8

05 弹出“字幕编辑器”面板，在其中输入文本，设置字体、大小、颜色、位置等参数，如图 12-9 所示（这里选择的字体是“Adobe 黑体 Std”，颜色 RGB 参数为 89、84、84）。

图 12-9

06 关闭“字幕编辑器”面板，在“项目”面板中选择“字幕 01”素材，将其拖入视频轨道 2，然后修改其持续时间为 00:00:02:00，如图 12-10 所示。

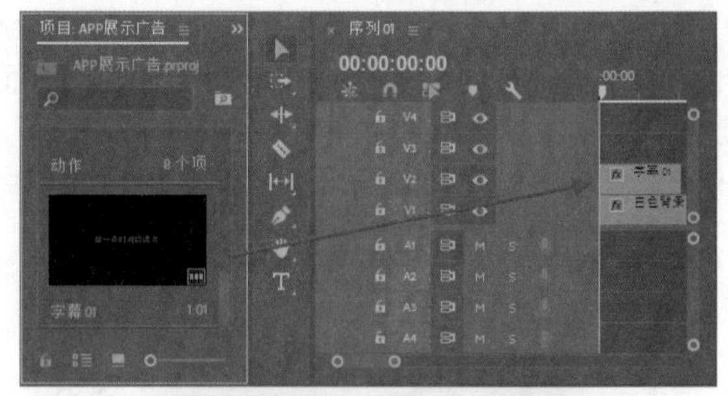

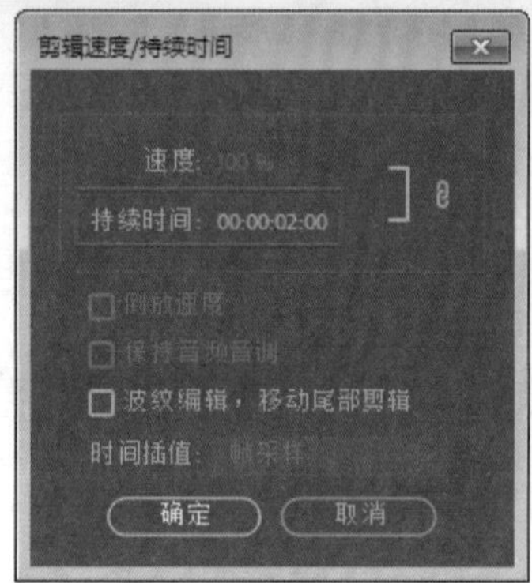

图 12-10

07 打开“效果”面板，展开“视频过渡”文件夹，选择“溶解”文件夹中的“交叉溶解”特效，如图 12-11 所示。

图 12-11

08 将“交叉溶解”特效添加到视频轨道 2 中的“字幕 01”素材的最左端，如图 12-12 所示。

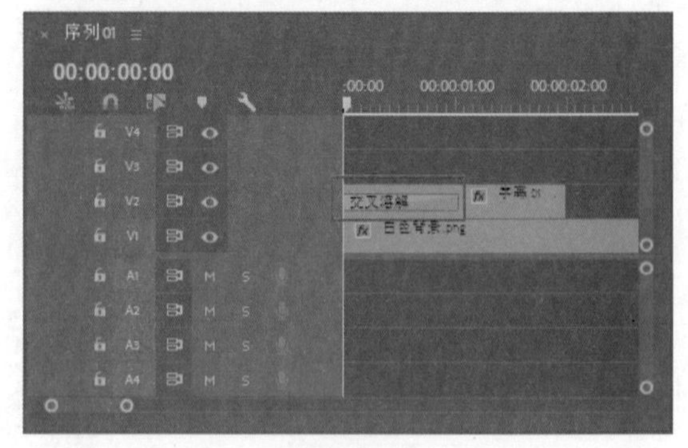

图 12-12

09 单击“交叉溶解”特效，进入其“效果控件”面板，修改特效持续时间为 00:00:00:10，如图 12-13 所示。

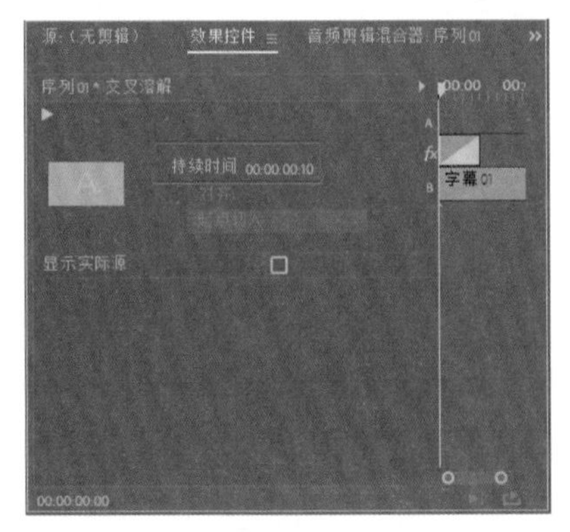

图 12-13

10 单击视频轨道 2 中的“字幕 01”素材，进入其“效果控件”面板，在 00:00:00:00 时间点单击“位置”参数前的“切换动画”按钮，并设置“位置”参数为 640、667，如图 12-14 所示。

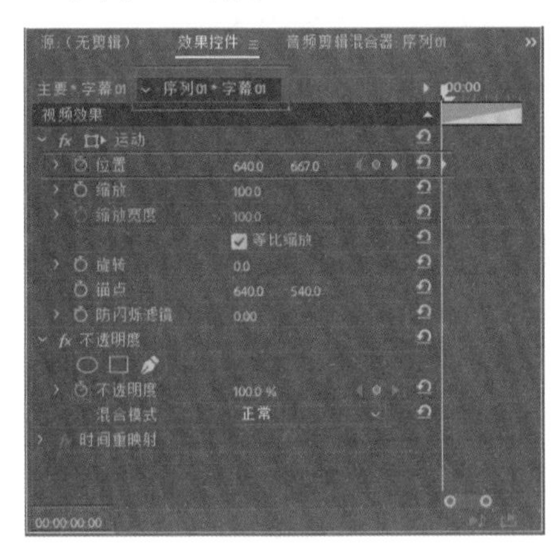

图 12-14

11 在面板左下角修改时间点为 00:00:00:08，并修改“位置”参数为 640、540，此时会自动在该时间点生成一个关键帧，如图 12-15 所示。

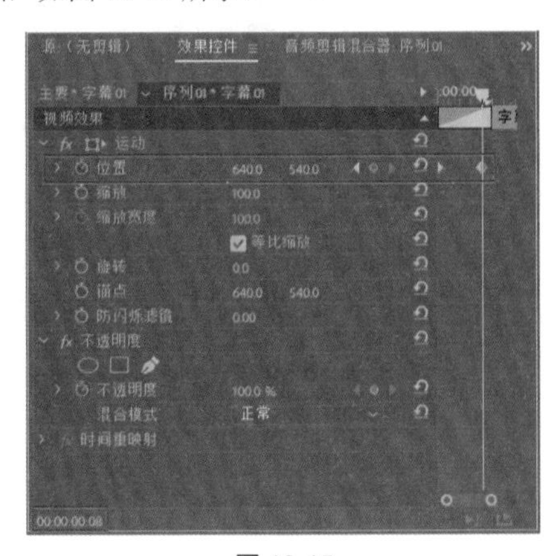

图 12-15

12 执行“文件”|“新建”|“旧版标题”命令，弹出“新建字幕”对话框，单击“确定”按钮完成字幕的创建，如图 12-16 所示。

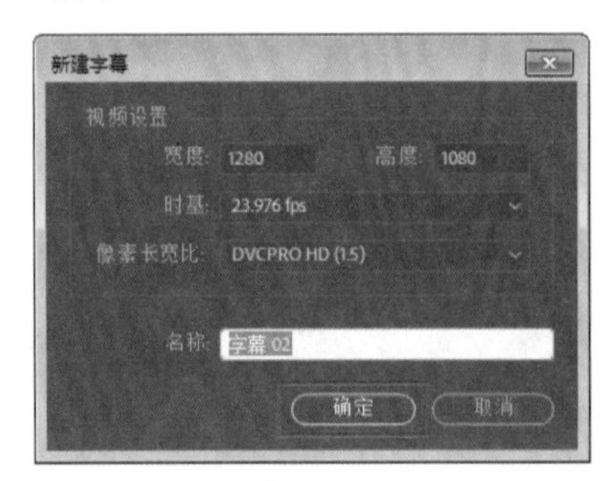

图 12-16

13 弹出“字幕编辑器”面板，在其中输入文本，设置字体、大小、颜色、位置等参数，如图 12-17 所示（这里选择的字体是“Adobe 黑体 Std”，颜色 RGB 参数为 89、84、84）。

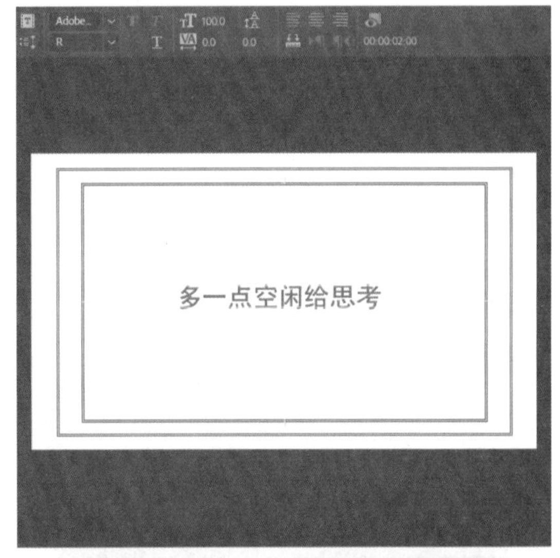

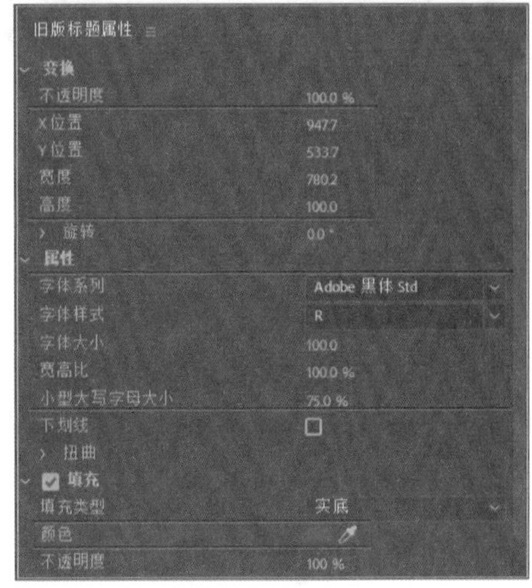

图 12-17

14 关闭“字幕编辑器”面板，在“项目”面板中选择“字幕 02”素材，将其拖入视频轨道 2，与“字幕 01”素材末端衔接在一起，然后修改其持续时间为 00:00:02:00，如图 12-18 所示。

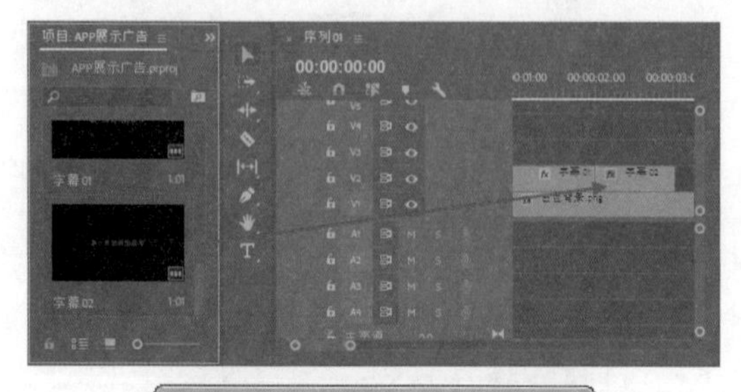

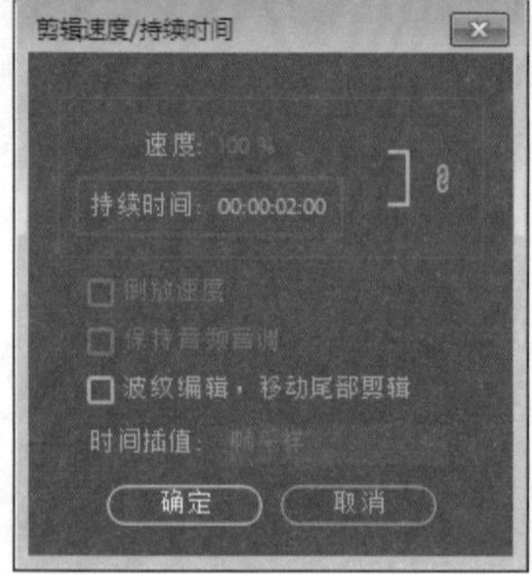

图 12-18

15 打开“效果”面板，选择“溶解”文件夹中的“交叉溶解”特效，将该特效单独添加到“字幕 02”素材的最左端，如图 12-19 所示。

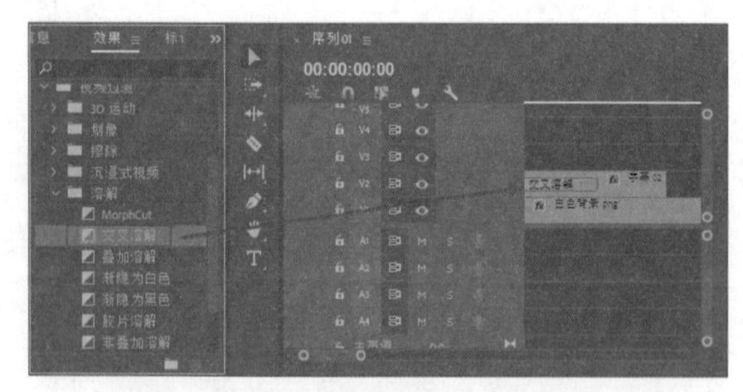

图 12-19

16 单击“交叉溶解”特效，进入其“效果控件”面板，修改特效持续时间为 00:00:00:10，如图 12-20 所示。

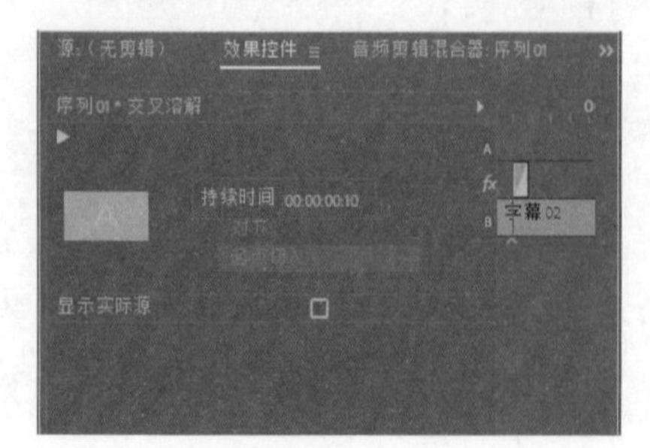

图 12-20

技巧与提示：

上述添加的“交叉溶解”特效是单独添加给“字幕 02”素材的，为了避免与“字幕 01”素材产生特效叠加的效果，可以先将“字幕 02”素材放到单独轨道添加完特效后，再衔接到“字幕 01”素材的末端，这样特效就不会在两个素材中间产生叠加效果了。

17 单击视频轨道 2 中的“字幕 02”素材，进入其“效果控件”面板，在 00:00:02:00 时间点单击“位置”参数前的“切换动画”按钮，并设置“位置”参数为 640、667，如图 12-21 所示。

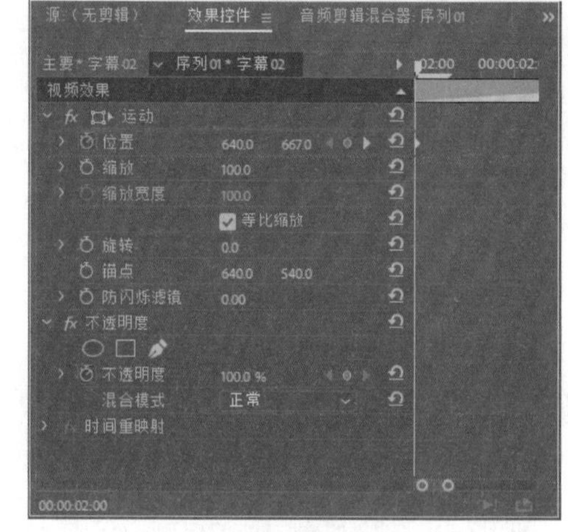

图 12-21

18 在面板左下角修改时间点为 00:00:02:08，并修改“位置”参数为 640、540，此时会自动在该时间点生成一个关键帧，如图 12-22 所示。

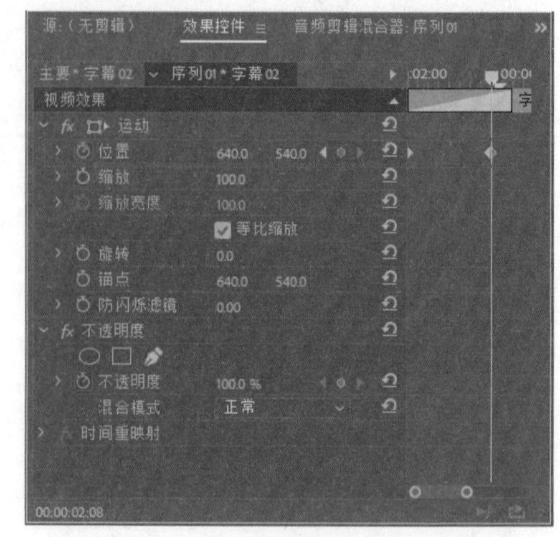

图 12-22

19 执行“文件”|“新建”|“旧版标题”命令，弹出“新建字幕”对话框，单击“确定”按钮完成字幕的创建，如图 12-23 所示。

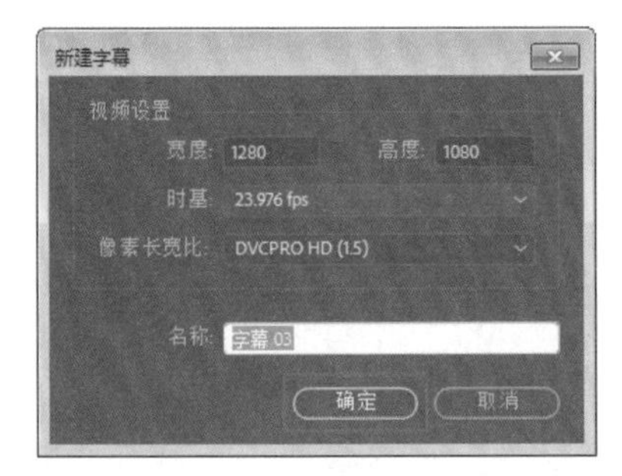

图 12-23

20 弹出“字幕编辑器”面板，在其中输入文本，设置字体、大小、颜色、位置等参数，如图 12-24 所示（这里选择的字体是“Adobe 黑体 Std”，颜色 RGB 参数为 89、84、84）。

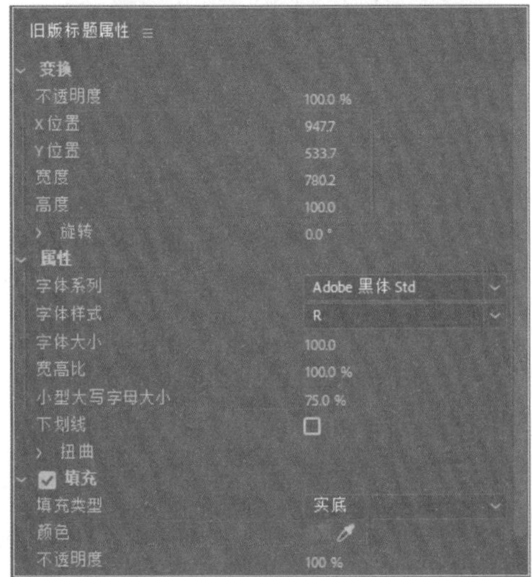

图 12-24

21 关闭“字幕编辑器”面板，在“项目”面板中选择“字幕 03”素材，将其拖入视频轨道 2，与“字幕 02”素材末端衔接在一起，然后修改其持续时间为 00:00:02:00，如图 12-25 所示。

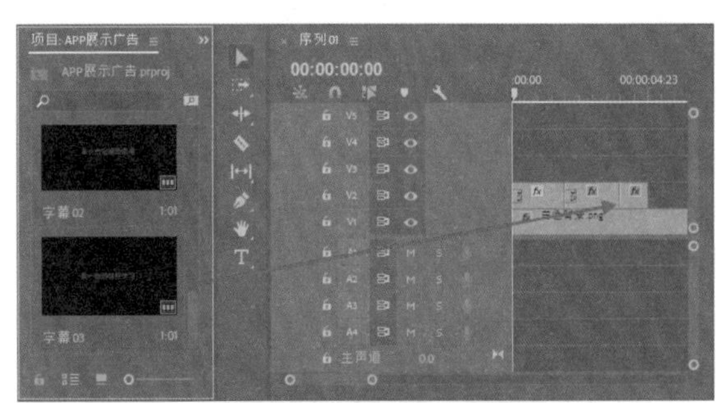

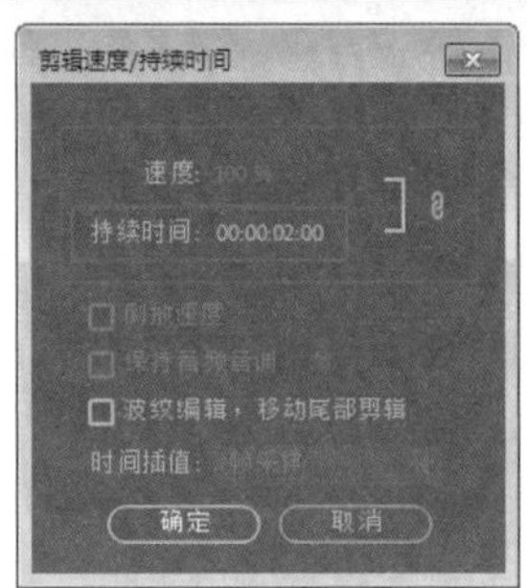

图 12-25

22 打开“效果”面板，选择“溶解”文件夹中的“交叉溶解”特效，将该特效单独添加到“字幕 03”素材的最左端，如图 12-26 所示。

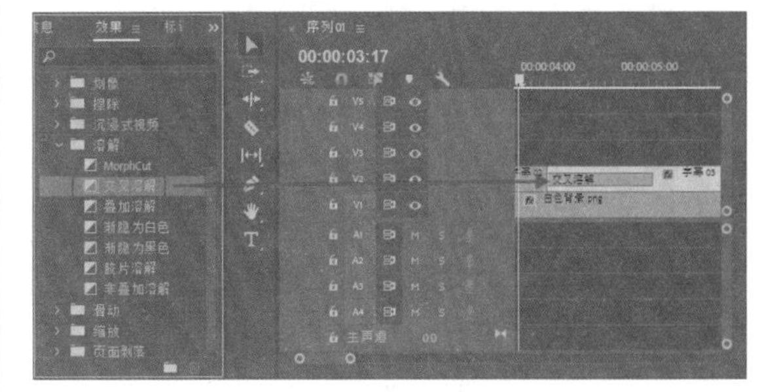

图 12-26

23 单击“交叉溶解”特效，进入其“效果控件”面板，修改特效持续时间为 00:00:00:10，如图 12-27 所示。

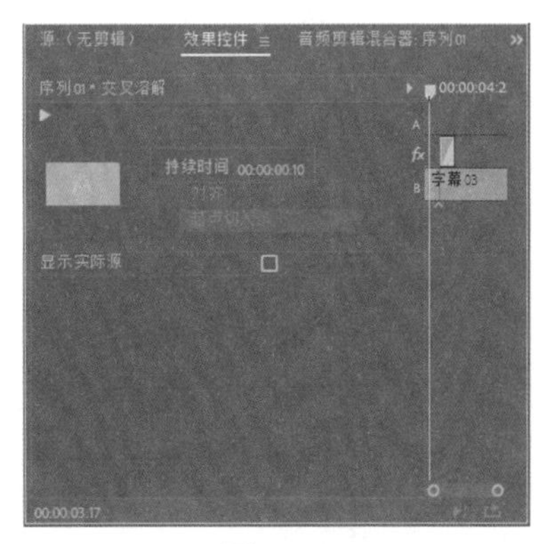

图 12-27

24 单击视频轨道 2 中的“字幕 03”素材，进入其“效果控件”面板，在 00:00:04:00 时间点单击“位置”参数前的“切换动画”按钮，并设置“位置”参数为 640、667，如图 12-28 所示。

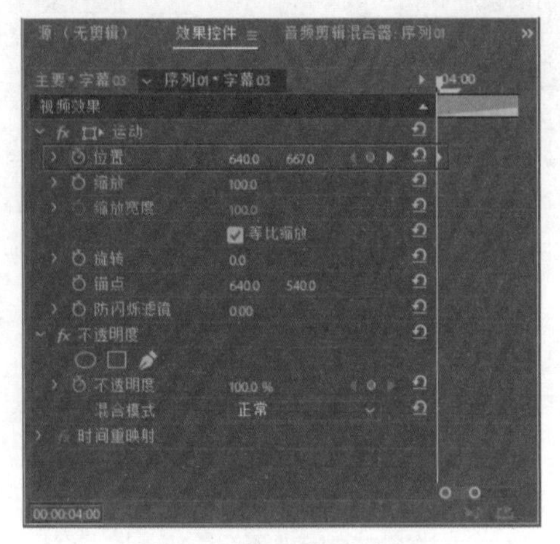

图 12-28

25 在面板左下角修改时间点为 00:00:04:08，并修改“位置”参数为 640、540，此时会自动在该时间点生成一个关键帧，如图 12-29 所示。

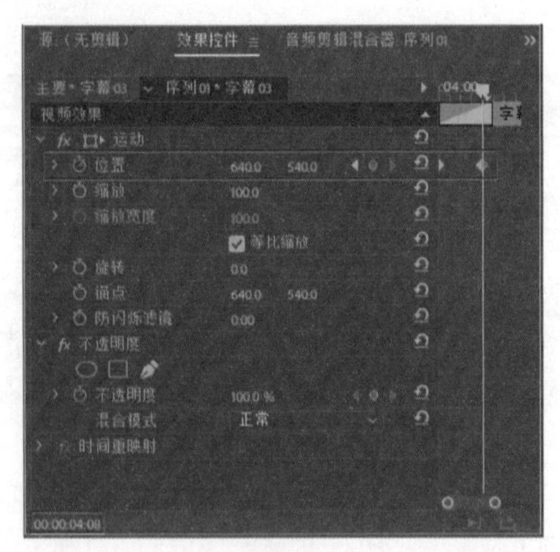

图 12-29

26 执行“文件”|“新建”|“旧版标题”命令，弹出“新建字幕”对话框，单击“确定”按钮完成字幕的创建，如图 12-30 所示。

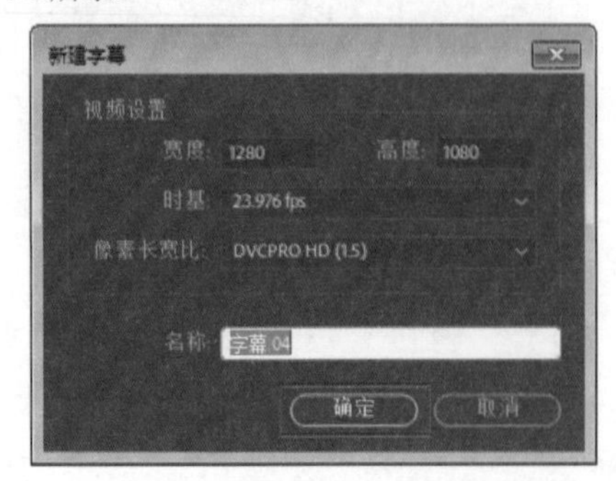

图 12-30

27 弹出“字幕编辑器”面板，在其中输入文本，设置字体、大小、颜色、位置等参数，如图 12-31 所示（这里选择的字体是“Adobe 黑体 Std”，颜色 RGB 参数为 89、84、84）。

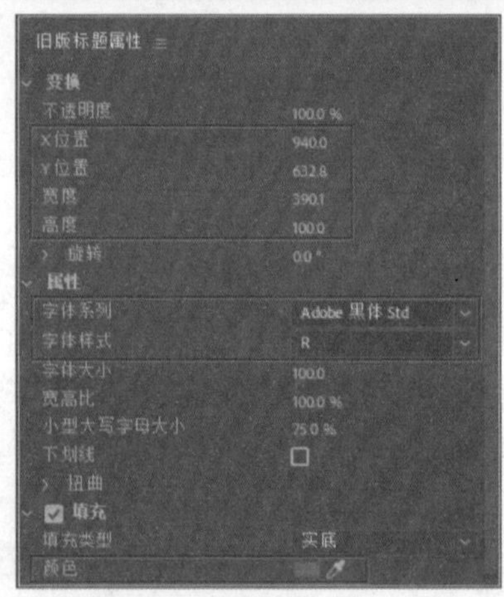

图 12-31

28 关闭“字幕编辑器”面板，在“项目”面板中选择“字幕 04”素材，将其拖入视频轨道 2，与“字幕 03”素材末端衔接在一起，然后修改其持续时间为 00:00:02:00，如图 12-32 所示。

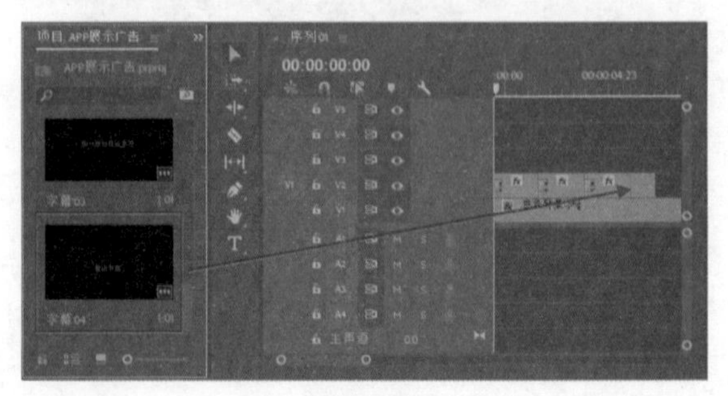

图 12-32

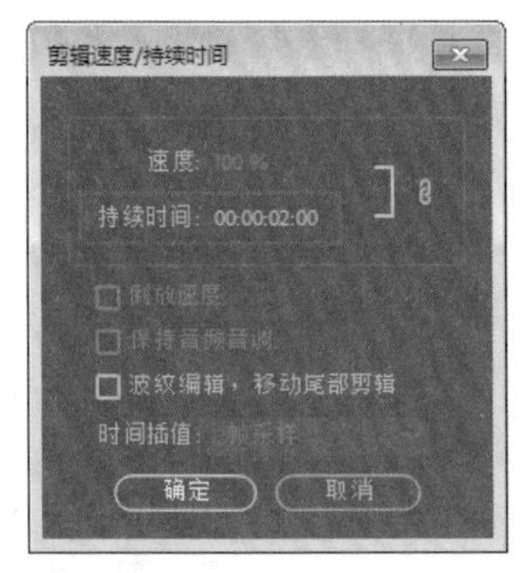

图 12-32（续）

29 打开“效果”面板，选择“溶解”文件夹中的“交叉溶解”特效，将该特效单独添加到“字幕 04”素材的最左端，如图 12-33 所示。

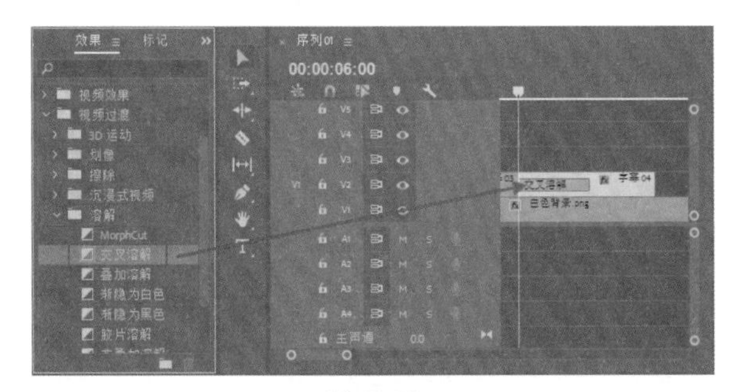

图 12-33

30 单击“交叉溶解”特效，进入其“效果控件”面板，修改特效持续时间为 00:00:00:10，如图 12-34 所示。

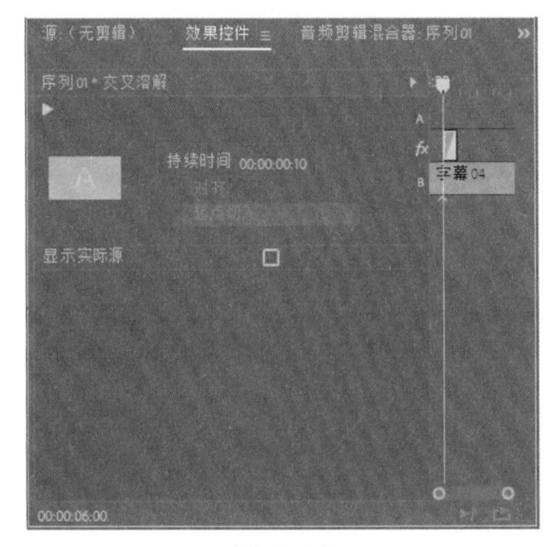

图 12-34

31 单击视频轨道 2 中的“字幕 04”素材，进入其“效果控件”面板，在 00:00:06:00 时间点单击“位置”参数前的“切换动画”按钮，并设置“位置”参数为 640、598，如图 12-35 所示。

32 在面板左下角修改时间点为 00:00:06:08，并修改“位置”参数为 640、540，此时会自动在该时间点生成一个关键帧，如图 12-36 所示。

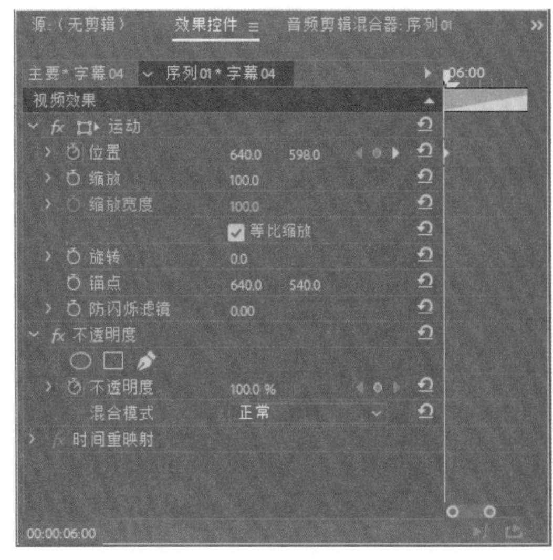

图 12-35

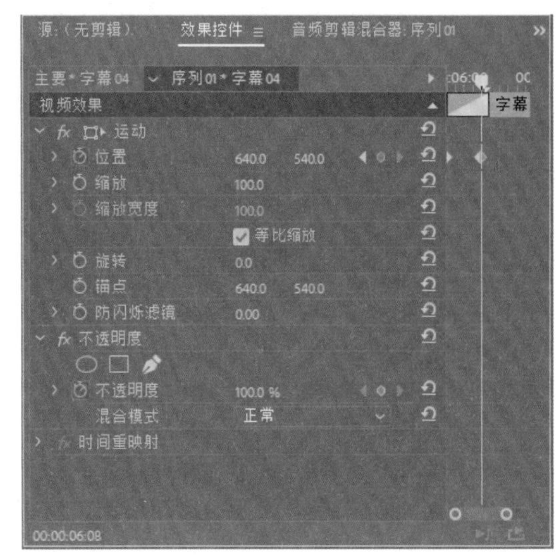

图 12-36

33 在“项目”面板中选择“图标.png”素材，将其拖入视频轨道 3 的 00:00:06:00 位置，如图 12-37 所示。

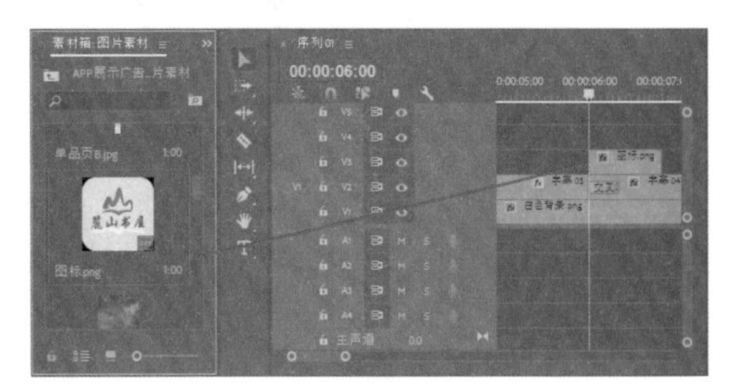

图 12-37

34 右击“时间线”面板中的“图标.png”素材，在弹出的快捷菜单中选择“速度 / 持续时间”命令，然后修改其持续时间为 00:00:02:00，如图 12-38 所示。

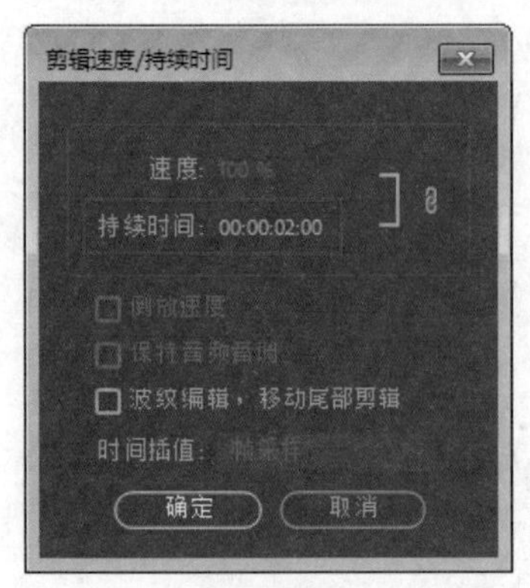

图 12-38

35 打开“效果”面板，选择“溶解”文件夹中的“交叉溶解”特效，将该特效单独添加到“图标.png”素材的最左端，如图12-39所示。

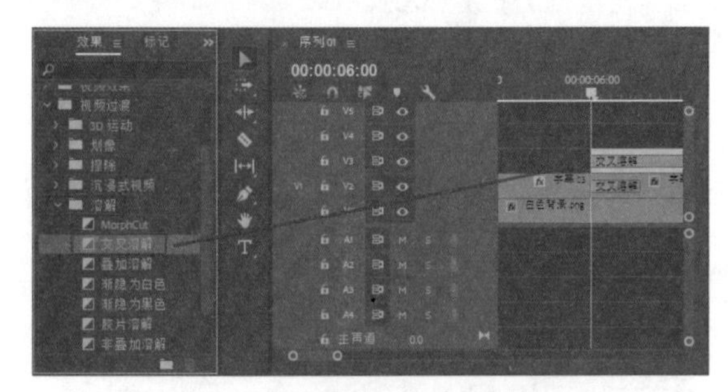
图 12-39

36 单击“交叉溶解”特效，进入其“效果控件”面板，修改特效持续时间为00:00:00:10，如图12-40所示。

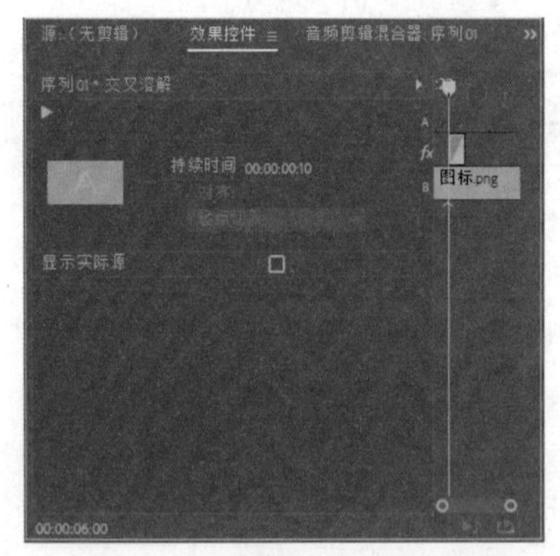

图 12-40

37 单击视频轨道3中的“图标.png”素材，进入其“效果控件”面板，在00:00:06:00时间点单击“位置”参数前的“切换动画”按钮，并设置“位置”参数为627、340，“缩放”参数为15，如图12-41所示。

38 在面板左下角修改时间点为00:00:06:08，并修改“位置”参数为627、415，此时会自动在该时间点生成一个关键帧，如图12-42所示。

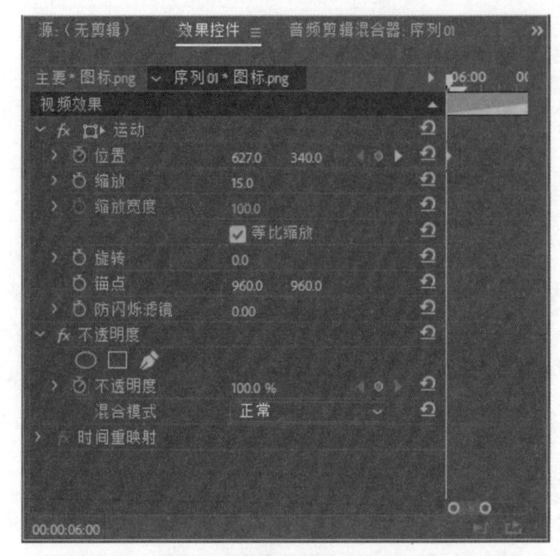

图 12-41

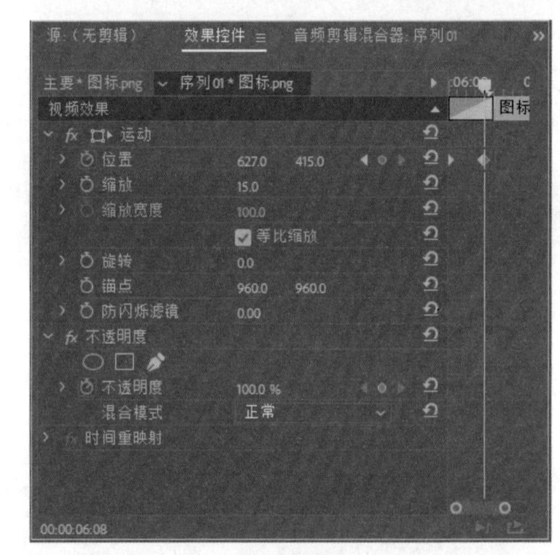

图 12-42

12.2 APP内容展示

12.2.1 启动动画的制作

本实例视频主要是展示一款读书APP，为了使APP展示效果更清晰，第一步将为大家介绍APP启动动画的制作方法。

视频文件：　下载资源\视频\第12章\12.2.1 启动动画的制作.mp4

01 在“项目”面板中选择“手持.png”素材，将其拖入视频轨道6的00:00:08:00位置，并设置该素材的持续时间为00:00:05:00，如图12-43所示。

02 进入“手持.png”素材的“效果控件”面板，修改素材的“位置”参数为 542、563，“缩放”参数为 39，如图 12-44 所示。

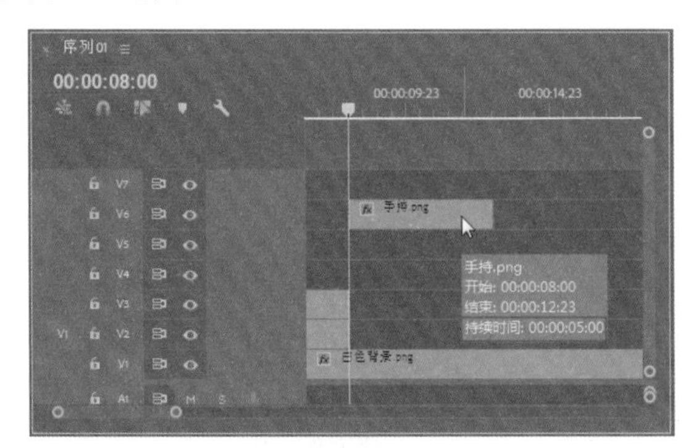

图 12-43

图 12-44

03 在“项目”面板中选择“黑色背景 .jpg”素材，将其拖入视频轨道 2 的 00:00:08:00 位置，并设置该素材的持续时间为 00:00:02:00，如图 12-45 所示。

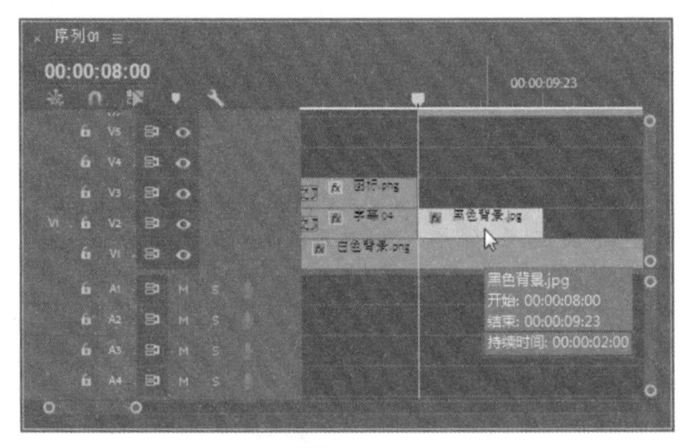

图 12-45

04 进入“黑色背景 .jpg”素材的“效果控件”面板，修改素材的“位置”参数为 649、448，“缩放”参数为 28.7，如图 12-46 所示。

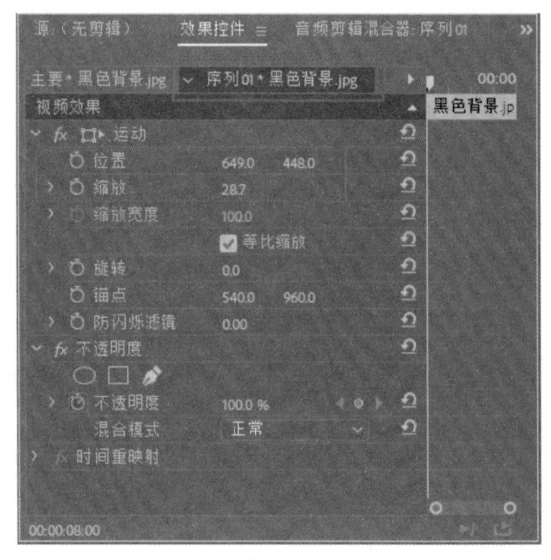

图 12-46

05 在“项目”面板中选择“壁纸 .jpg”素材，将其拖入视频轨道 2 的 00:00:10:00 位置，并设置该素材的持续时间为 00:00:03:00，如图 12-47 所示。

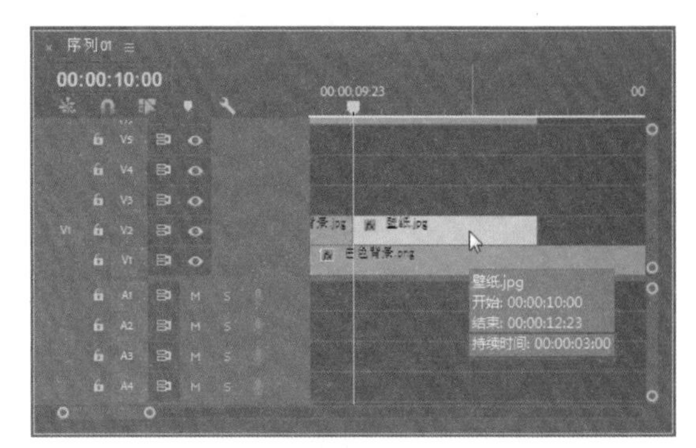

图 12-47

06 进入“壁纸 .jpg”素材的“效果控件”面板，修改素材的“位置”参数为 649、448，“缩放”参数为 28.7，如图 12-48 所示。

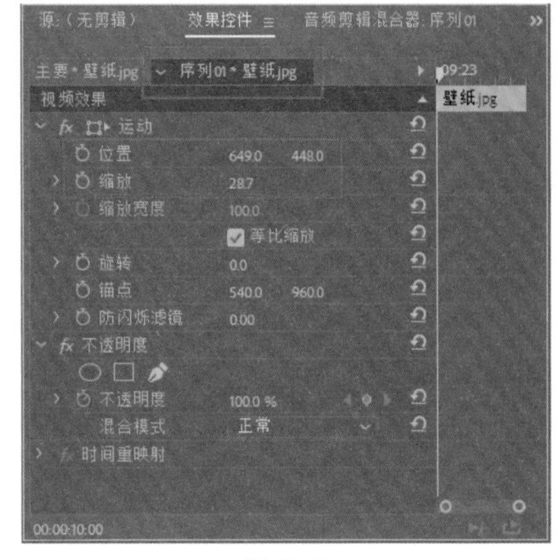

图 12-48

07 在“项目”面板中选择“Home 界面 .mov”素材，将其拖入视频轨道 3 的 00:00:10:00 位置，移动鼠标到素材末端，待光标变为边缘图标后向左拖动，使其与下方素材末端对齐，如图 12-49 所示。

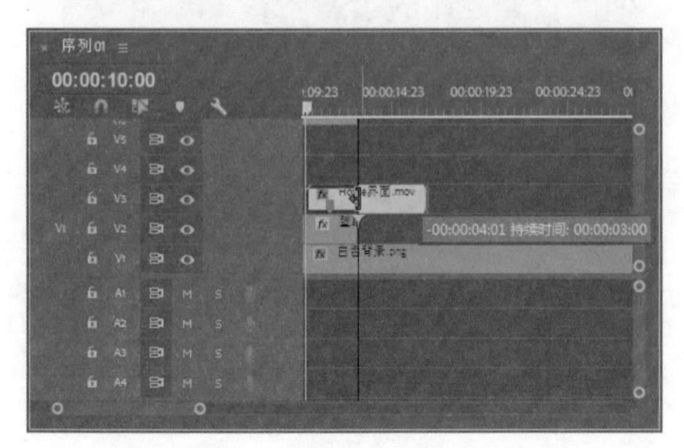

图 12-49

08 进入“Home 界面 .mov”素材的“效果控件”面板，修改素材的“位置”参数为 650、446，“缩放”参数为 28，如图 12-50 所示。

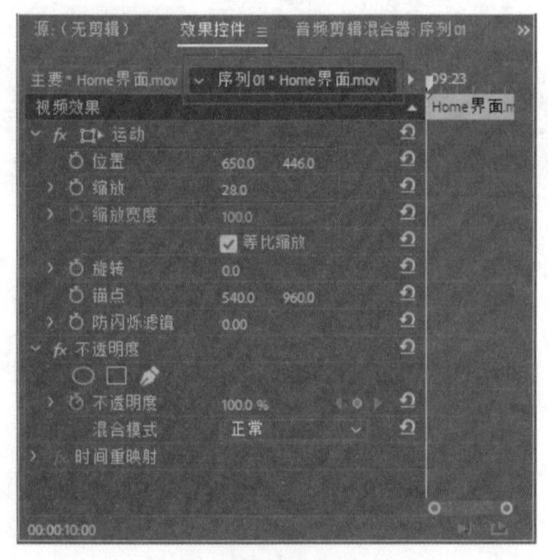

图 12-50

09 在“项目”面板中选择“白色背景 .png”素材，将其拖入视频轨道 5 的 00:00:10:00 位置，并设置该素材的持续时间为 00:00:03:00，如图 12-51 所示。

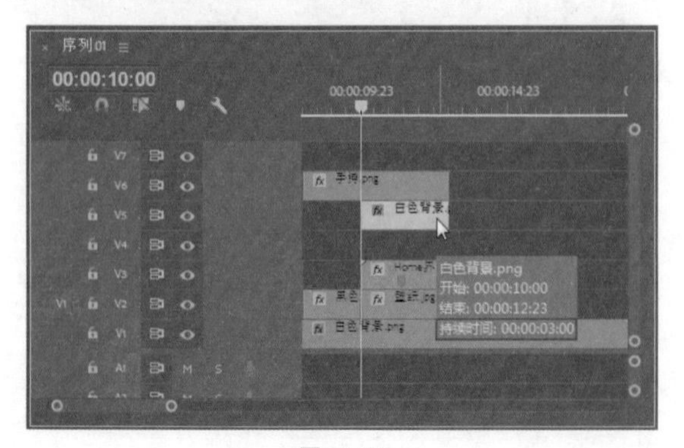

图 12-51

10 进入“白色背景 .png”素材的“效果控件”面板，修改素材的“位置”参数为 277、491，“缩放”参数为 41，如图 12-52 所示。

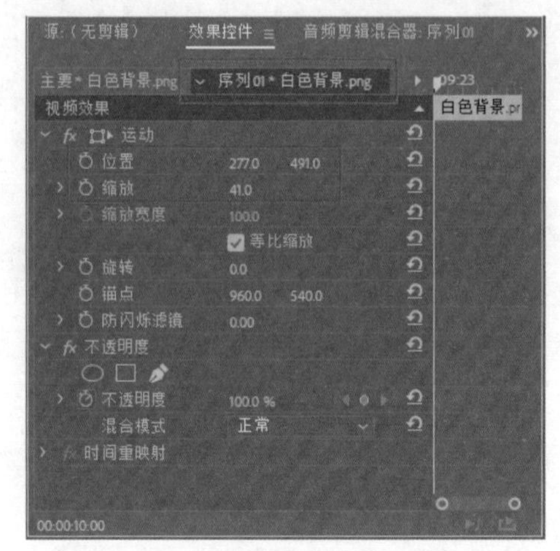

图 12-52

11 在“项目”面板中选择“单击 .mov”素材，将其拖入视频轨道 7 的 00:00:09:07 位置，如图 12-53 所示。

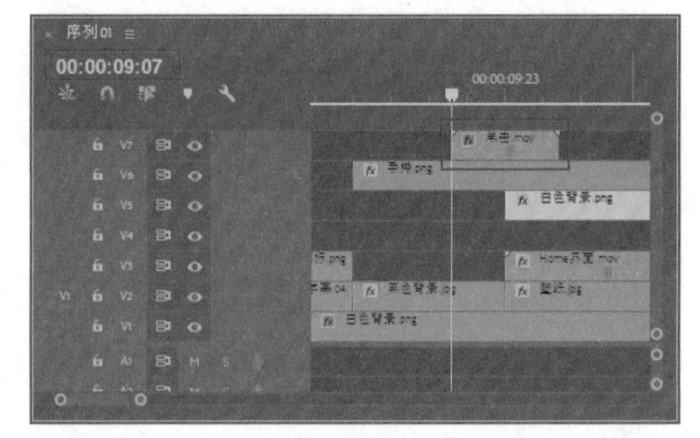

图 12-53

12 进入“单击 .mov”素材的“效果控件”面板，修改素材的“位置”参数为 601、769，“缩放”参数为 79，如图 12-54 所示。

图 12-54

12.2.2　开始界面

首次单击进入 APP 应用后，通常会向用户展示几张文字图片，用户只需通过左右滑动，即可切换预览这些文字图片。下面将为大家介绍制作该效果的具体操作。

视频文件：　下载资源 \ 视频 \ 第 12 章 \12.2.2 开始界面 .mp4

01 在“项目”面板中选择“壁纸 .jpg”素材，将其拖入视频轨道 2 的 00:00:13:00 位置，并设置该素材的持续时间为 00:00:03:00，如图 12-55 所示。

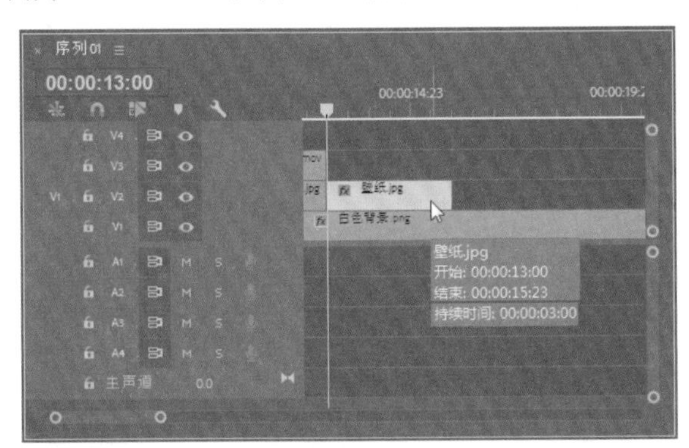

图 12-55

02 进入“壁纸 .jpg”素材的“效果控件”面板，修改素材的“位置”参数为 649、448，“缩放”参数为 28.7，如图 12-56 所示。

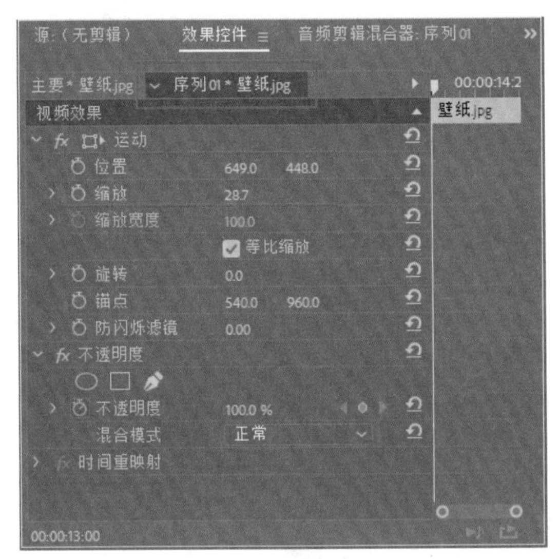

图 12-56

03 在“项目”面板中选择“Home 界面 .mov”素材，将其拖入视频轨道 3 的 00:00:13:00 位置，如图 12-57 所示。在“时间线”面板设置时间为 00:00:18:09，在工具栏单击“剃刀工具”按钮，然后移动光标到时间线位置对“Home 界面 .mov”素材进行切割，如图 12-58 所示。

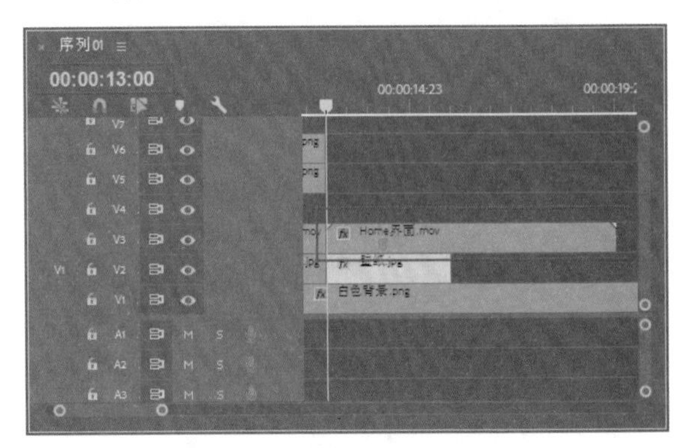

图 12-57

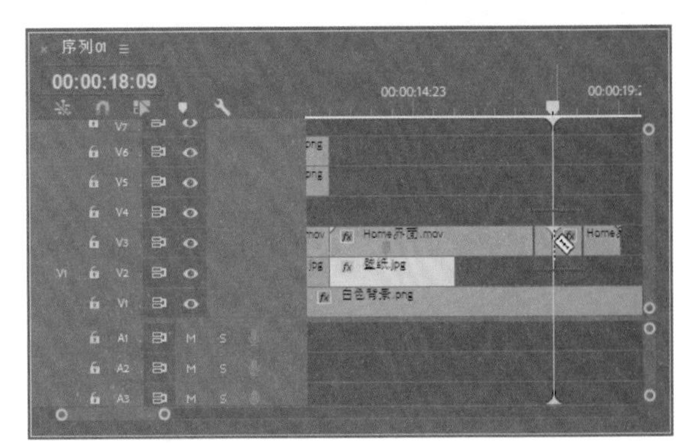

图 12-58

04 选择“选择工具”，选中时间线指针前的“Home 界面 .mov”素材，按 Delete 键将其删除，然后将时间线指针后的“Home 界面 .mov”素材向左拖至 00:00:13:00 的位置，如图 12-59 所示。

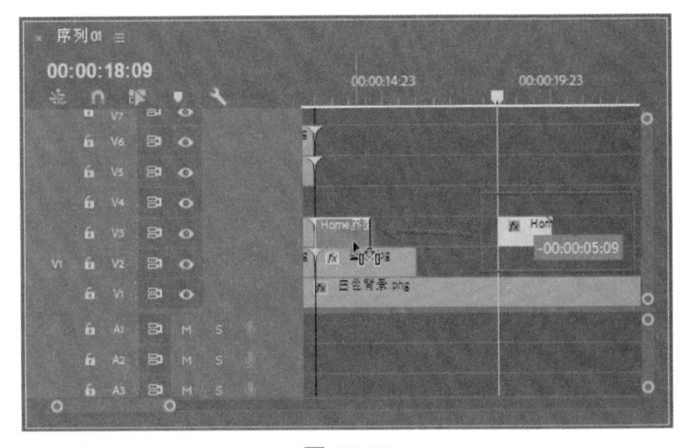

图 12-59

05 进入“Home 界面 .mov”素材的“效果控件”面板，修改素材的“位置”参数为 650、446，“缩放”参数为 28，如图 12-60 所示。

06 在“项目”面板中选择“带字图标 .png”素材，将其拖入视频轨道 4 的 00:00:13:00 位置，并设置该素材的持续时间为 00:00:01:16，如图 12-61 所示。

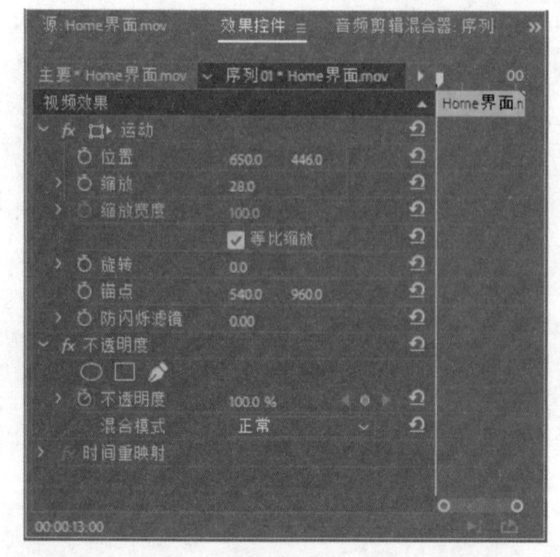

图 12-60

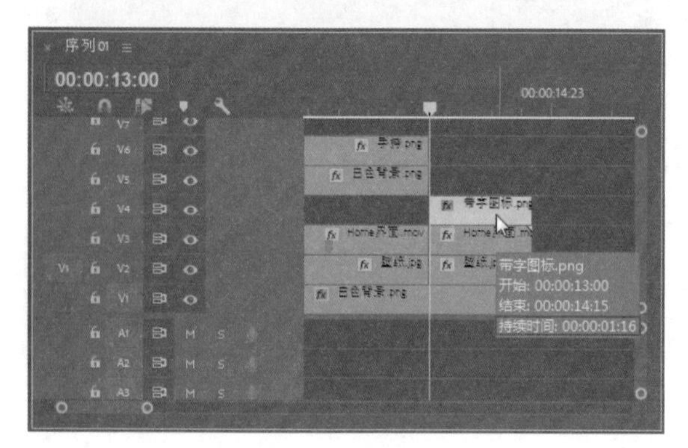

图 12-61

07 进入“带字图标 .png”素材的“效果控件”面板，修改素材的“位置”参数为 580、448，“缩放”参数为 3，如图 12-62 所示。

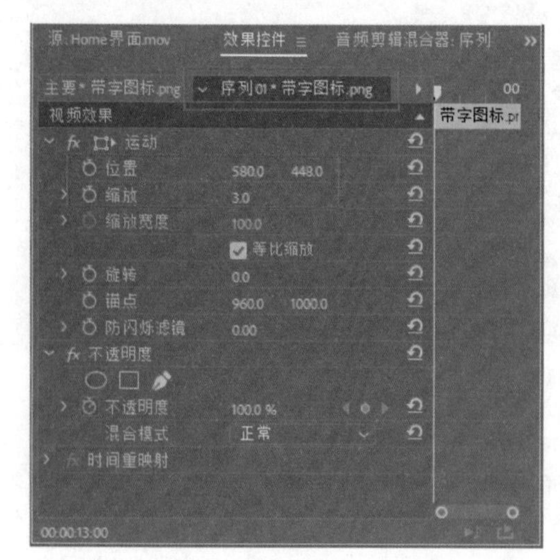

图 12-62

08 在“项目”面板中选择“手持 .png”素材，将其拖入视频轨道 6 的 00:00:13:00 位置，并设置该素材的持续时间为 00:00:03:00，如图 12-63 所示。

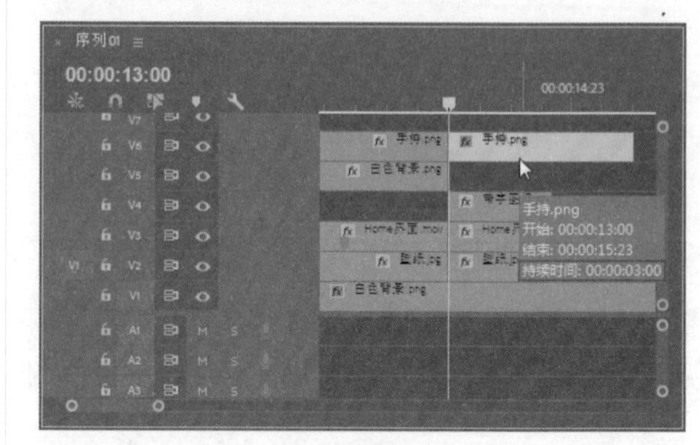

图 12-63

09 进入“手持 .png”素材的“效果控件”面板，修改素材的“位置”参数为 542、563，“缩放”参数为 39，如图 12-64 所示。

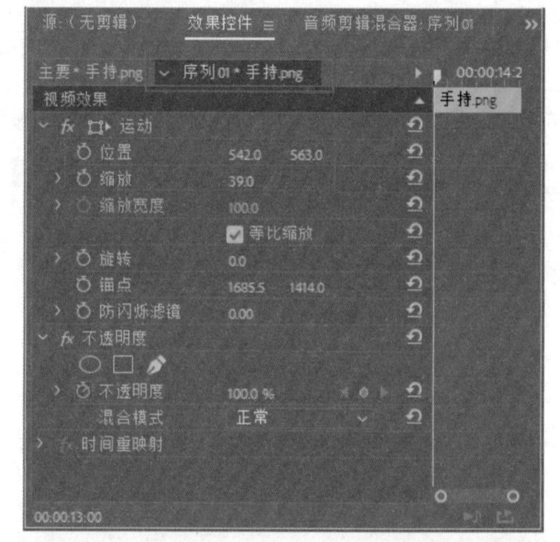

图 12-64

10 同时选择时间线指针后 V2~V6 轨道的 4 个素材，右击，在弹出的快捷菜单中选择“嵌套”命令，如图 12-65 所示。弹出“嵌套序列名称”对话框，保持默认设置，单击“确定”按钮。

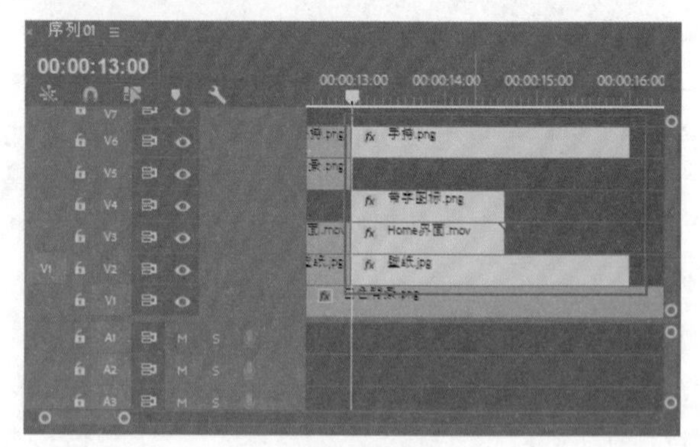

图 12-65

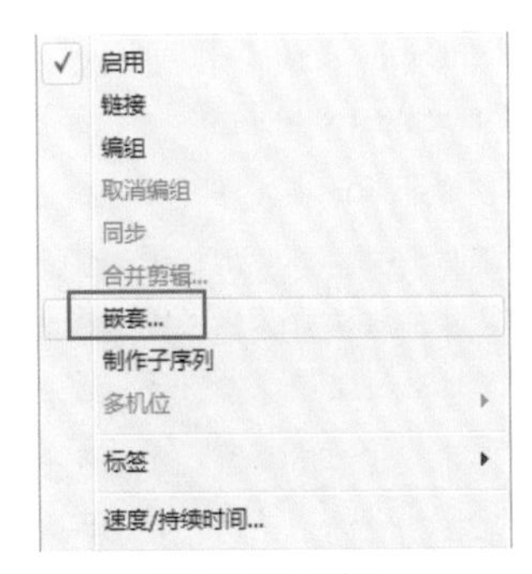

图 12-65（续）

11 双击“时间线”面板生成的绿色“嵌套序列 01”素材，进入“嵌套序列 01”窗口。在“项目”面板中选择“单击.mov”素材，将其拖入视频轨道 7 的 00:00:00:12 位置，如图 12-66 所示。

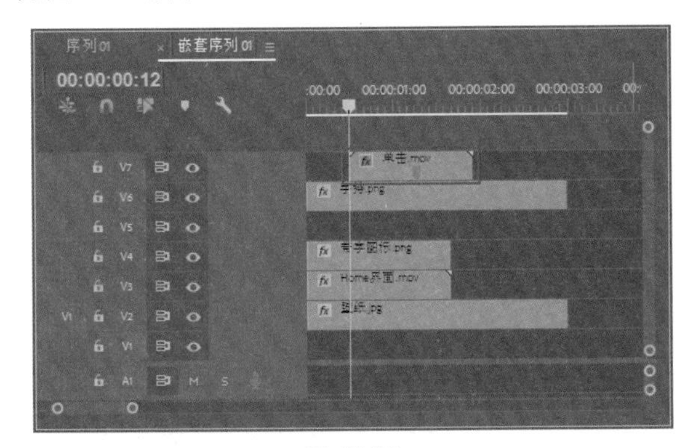

图 12-66

12 进入“单击.mov”素材的“效果控件”面板，修改素材的“位置”参数为 524、478，如图 12-67 所示。

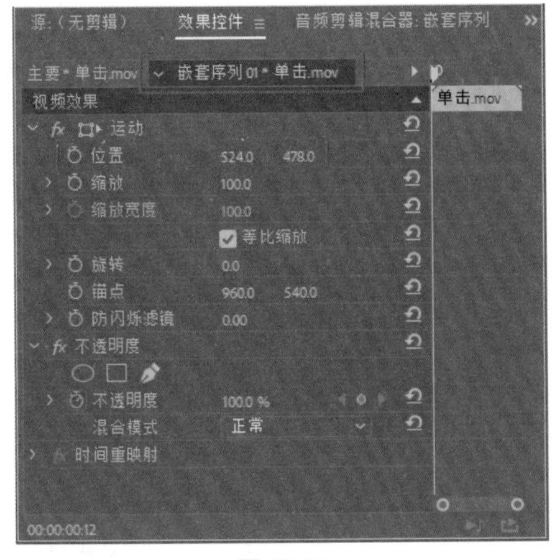

图 12-67

13 在“项目”面板中选择“登录界面.jpg”素材，将其拖入视频轨道 5 的 00:00:01:04 位置，并设置该素材的持续时间为 00:00:01:20，如图 12-68 所示。

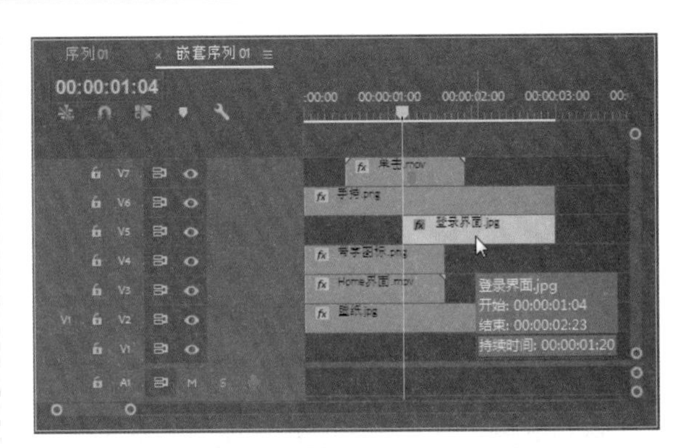

图 12-68

14 进入“登录界面.jpg”素材的“效果控件”面板，修改素材的“位置”参数为 649、448，“缩放”参数为 29，如图 12-69 所示。

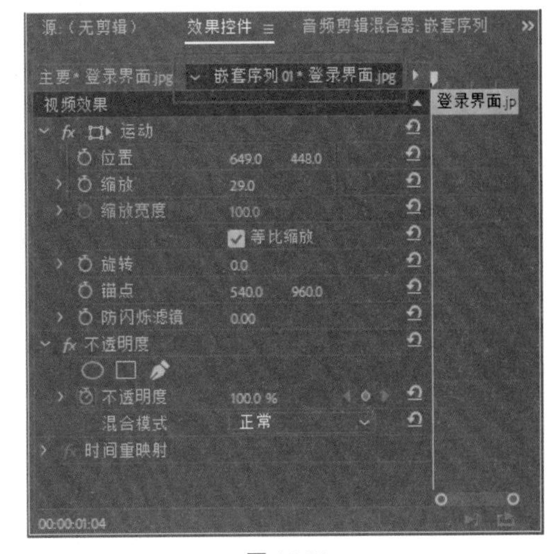

图 12-69

15 单击“时间线”面板顶端的“序列 01”文字，返回“序列 01”窗口，如图 12-70 所示。

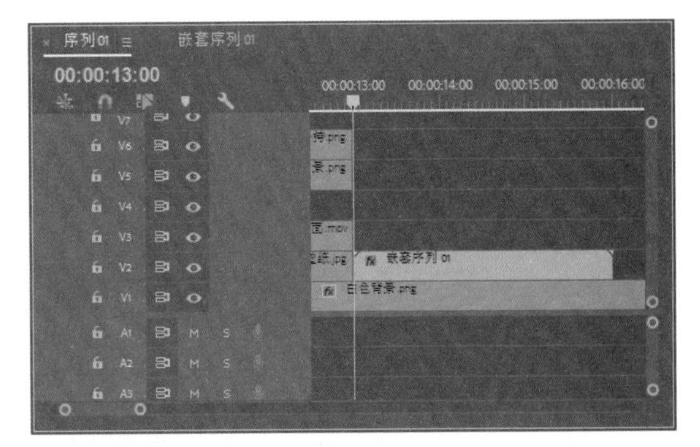

图 12-70

16 进入“嵌套序列 01”素材的“效果控件”面板，修改素材的“位置”参数为 643、845，“缩放”参数为 141，如图 12-71 所示。

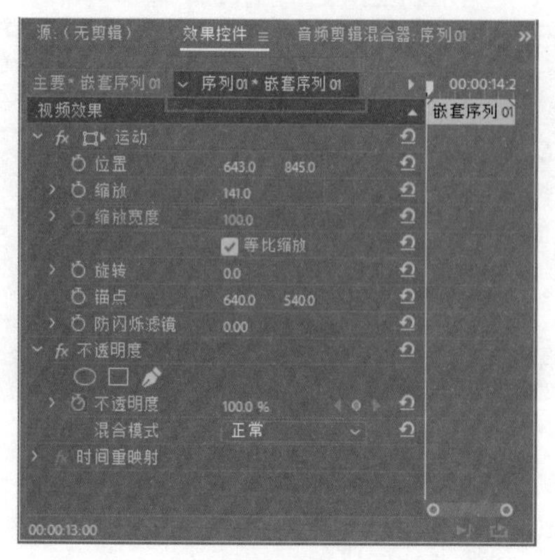

图 12-71

17 在“项目”面板中选择“开始页 A.jpg”素材，将其拖入视频轨道 2 的 00:00:16:00 位置，并设置该素材的持续时间为 00:00:04:00，如图 12-72 所示。

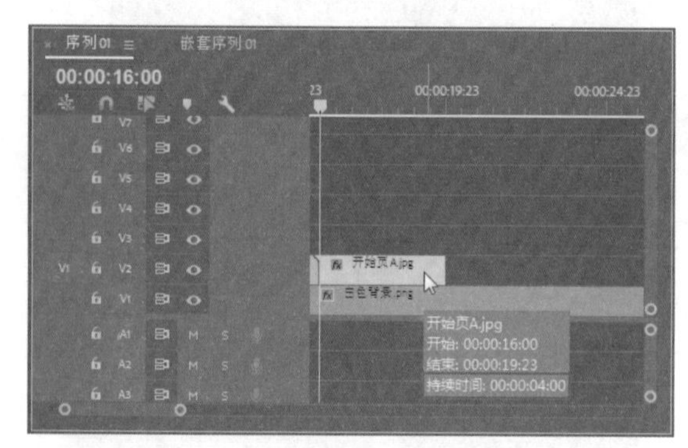

图 12-72

18 进入“开始页 A.jpg”素材的“效果控件”面板，修改素材的“位置”参数为 649、447，“缩放”参数为 29，如图 12-73 所示。

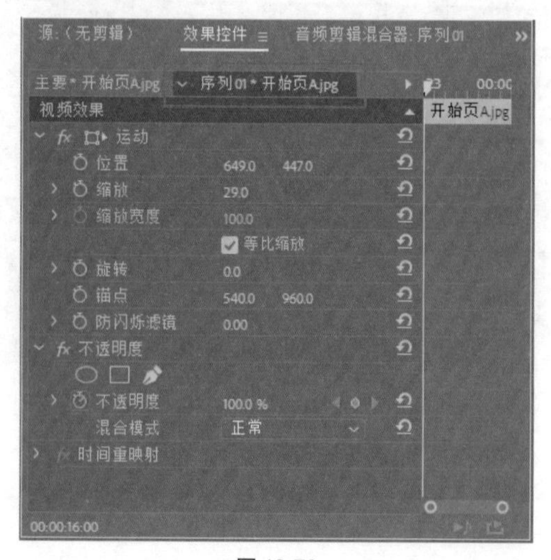

图 12-73

19 在“项目”面板中选择“手持 .png”素材，将其拖入视频轨道 3 的 00:00:16:00 位置，并设置该素材的持续时间为 00:00:04:00，如图 12-74 所示。

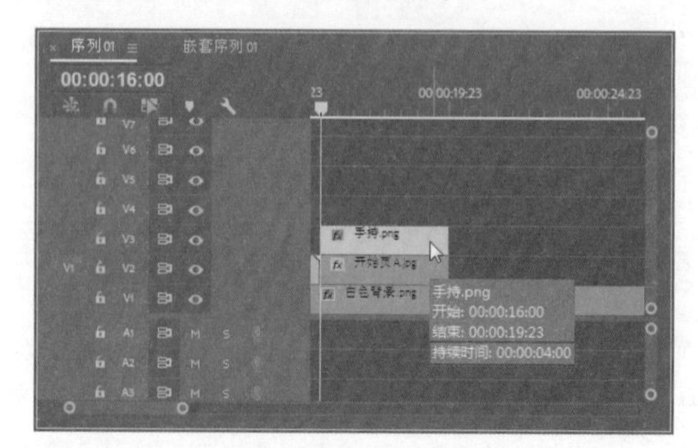

图 12-74

20 进入“手持 .png”素材的“效果控件”面板，修改素材的“位置”参数为 542、563，“缩放”参数为 39，如图 12-75 所示。

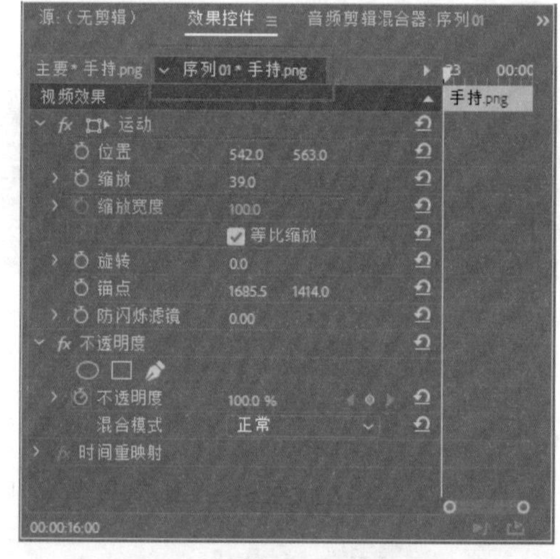

图 12-75

21 同时选择时间线指针后 V2~V3 轨道的两个素材，右击，在弹出的快捷菜单中选择“嵌套”命令，弹出“嵌套序列名称”对话框，保持默认设置，单击“确定”按钮。如图 12-76 所示。

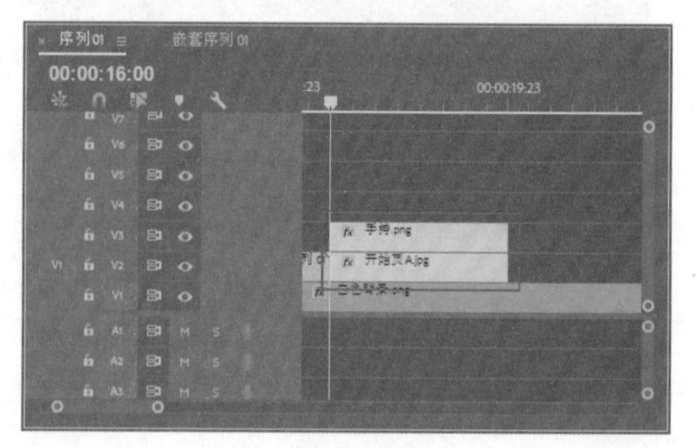

图 12-76

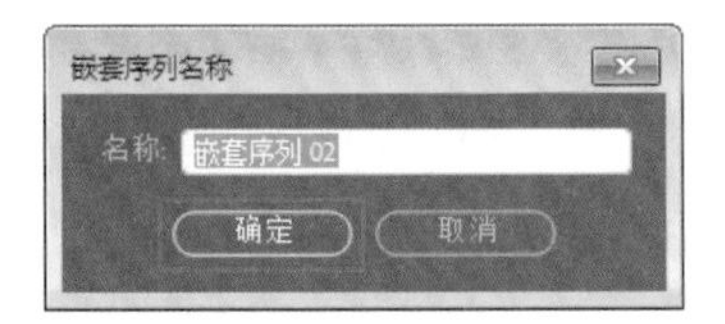

图 12-76（续）

22 在“项目”面板中选择“开始页 A.jpg”素材，将其拖入视频轨道 2 的 00:00:20:00 位置，并设置该素材的持续时间为 00:00:02:00，如图 12-77 所示。

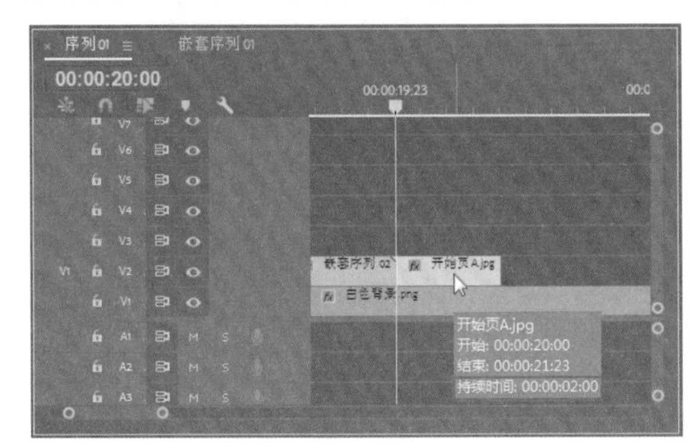

图 12-77

23 进入“开始页 A.jpg”素材的“效果控件”面板，修改素材的“位置”参数为 649、447，“缩放”参数为 29，如图 12-78 所示。

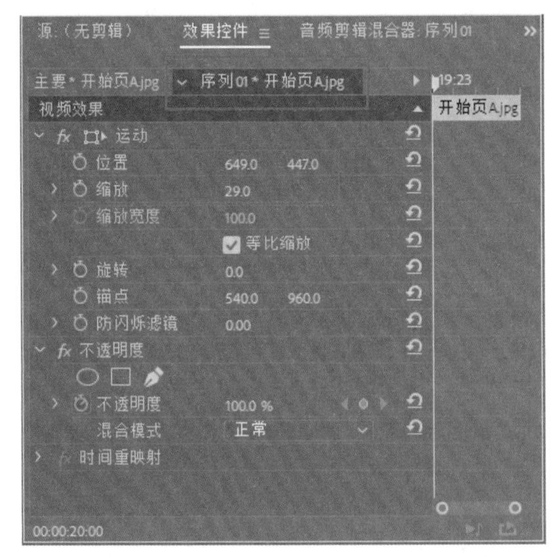

图 12-78

24 在“项目”面板中选择“开始页 B.jpg”素材，将其拖入视频轨道 2 的 00:00:22:00 位置，并设置该素材的持续时间为 00:00:03:00，如图 12-79 所示。

25 进入“开始页 B.jpg”素材的“效果控件”面板，修改素材的“位置”参数为 649、447，“缩放”参数为 29，如图 12-80 所示。

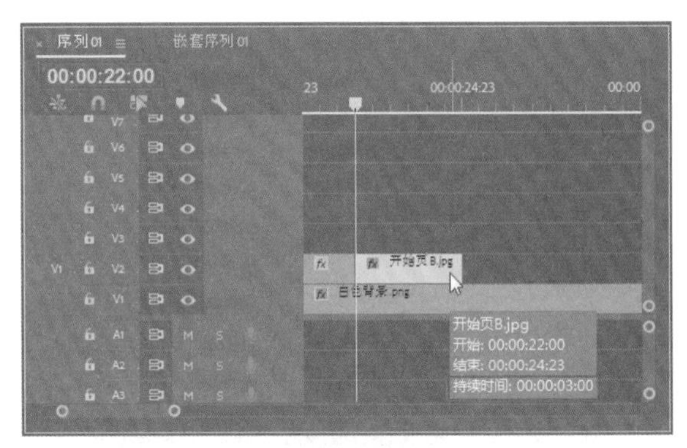

图 12-79

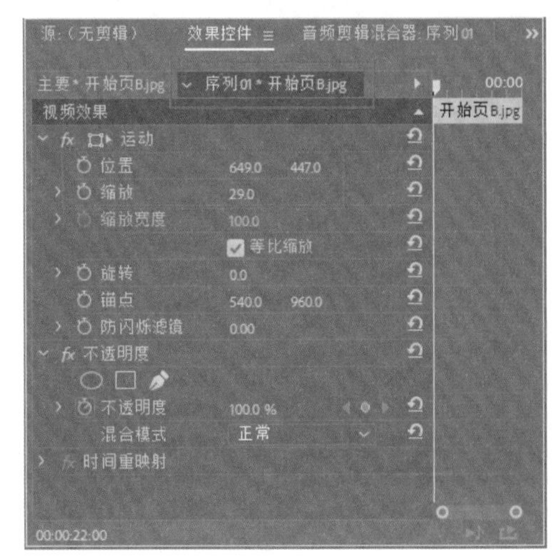

图 12-80

26 在“项目”面板中选择“手持 .png”素材，将其拖入视频轨道 3 的 00:00:20:00 位置，并设置该素材的持续时间为 00:00:05:00，如图 12-81 所示。

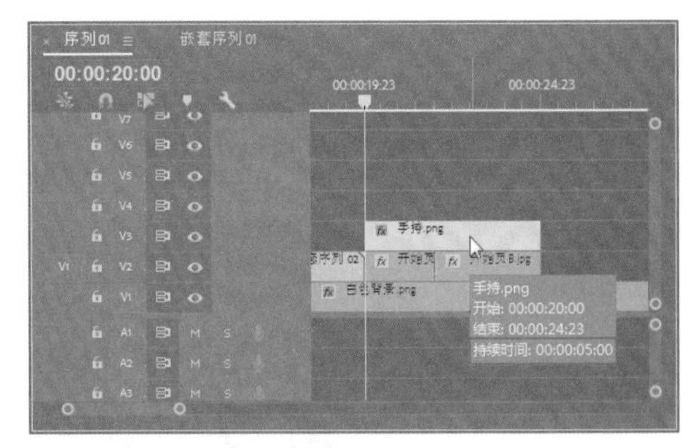

图 12-81

27 进入“手持 .png”素材的“效果控件”面板，修改素材的“位置”参数为 542、563，“缩放”参数为 39，如图 12-82 所示。

28 在“项目”面板中选择“左滑 .mov”素材，将其拖入视频轨道 4 的 00:00:20:18 位置，如图 12-83 所示。

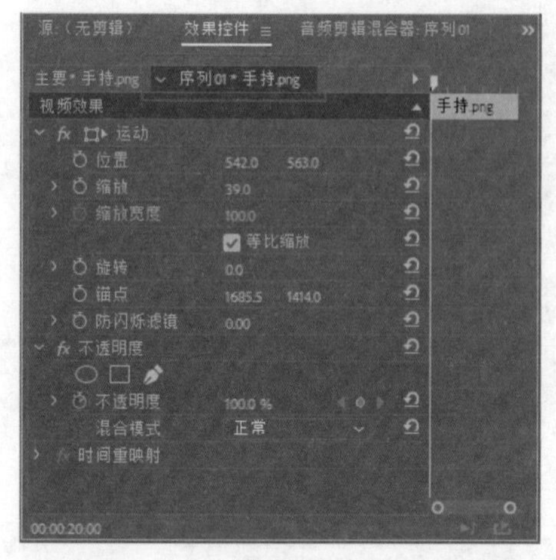

图 12-82

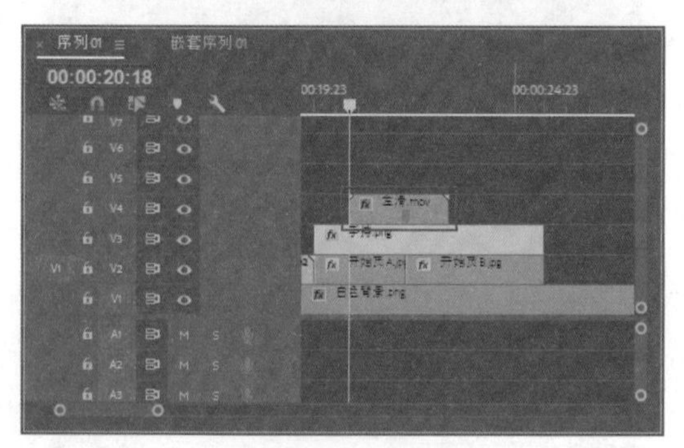

图 12-83

12.2.3 APP 交互界面

启动 APP 后，将通过滑动、缩放等操作来向用户展示交互界面，让用户更直观地了解展示 APP 的属性和界面，下面将介绍 APP 交互界面展示的具体制作方法。

视频文件：　下载资源 \ 视频 \ 第 12 章 \12.2.3 APP 交互界面 .mp4

01 在“项目”面板中选择“书架 .jpg”素材，将其拖入视频轨道 2 的 00:00:25:00 位置，并设置该素材的持续时间为 00:00:05:00，如图 12-84 所示。

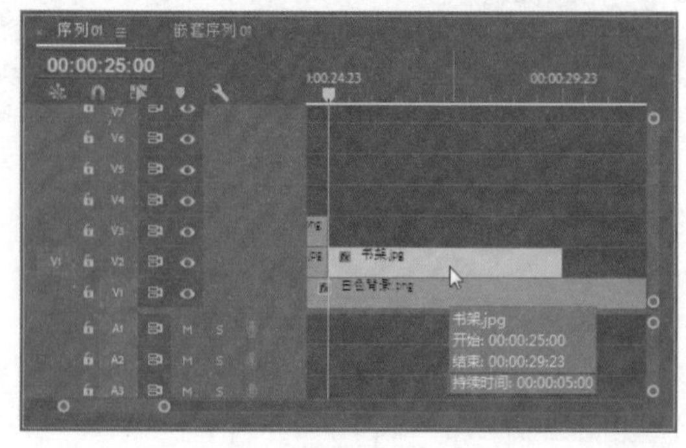

图 12-84

02 进入“书架 .jpg”素材的“效果控件”面板，修改素材的“位置”参数为 649、447，“缩放”参数为 29，如图 12-85 所示。

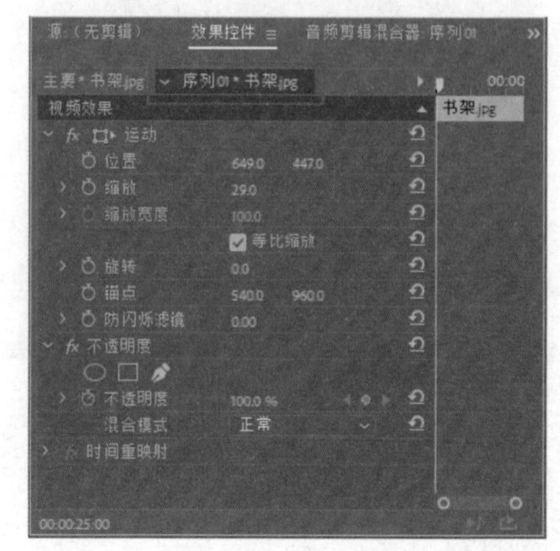

图 12-85

03 在“项目”面板中选择“手持 .png”素材，将其拖入视频轨道 3 的 00:00:25:00 位置，并设置该素材的持续时间为 00:00:05:00，如图 12-86 所示。

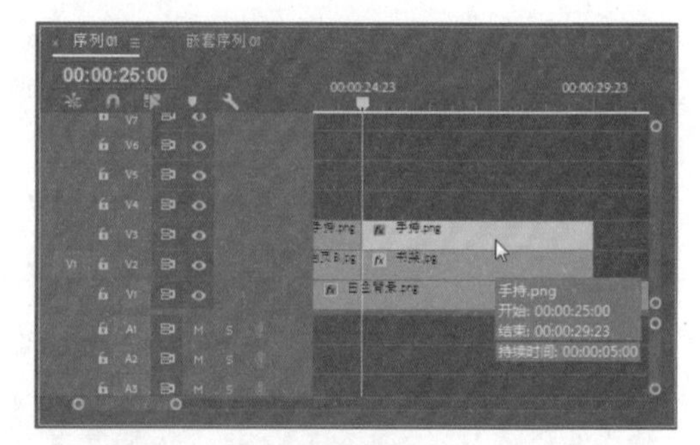

图 12-86

04 进入“手持 .png”素材的“效果控件”面板，修改素材的“位置”参数为 542、563，“缩放”参数为 39，如图 12-87 所示。

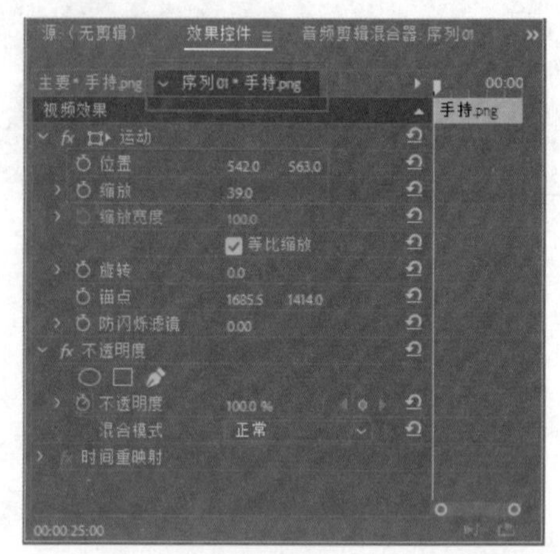

图 12-87

05 同时选择时间线指针后 V2~V3 轨道的两个素材，右击，在弹出的快捷菜单中选择“嵌套”命令，弹出“嵌套序列名称”对话框，保持默认设置，单击“确定”按钮。如图 12-88 所示。

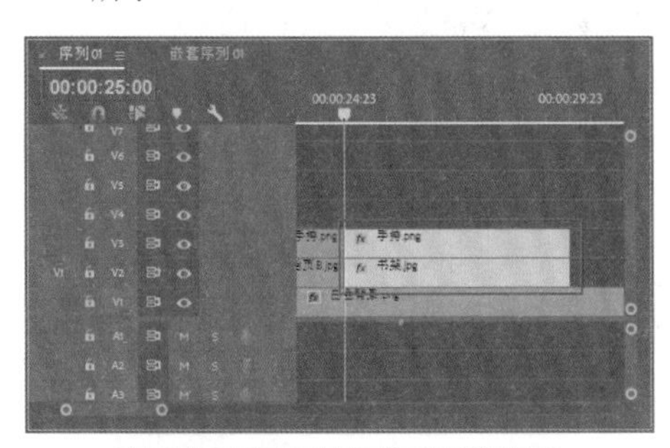

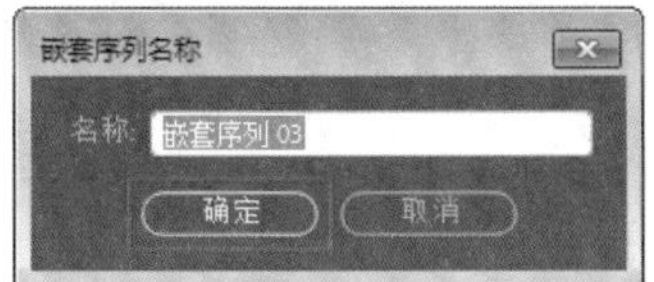

图 12-88

06 在“项目”面板中选择“介绍页面 .jpg”素材，将其拖入视频轨道 2 的 00:00:30:00 位置，并设置该素材的持续时间为 00:00:04:00，如图 12-89 所示。

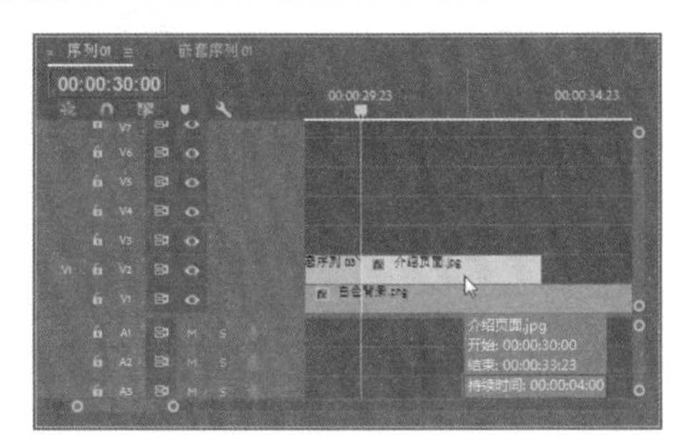

图 12-89

07 进入“介绍页面 .jpg”素材的“效果控件”面板，修改素材的“位置”参数为 649、450，“缩放”参数为 29，如图 12-90 所示。

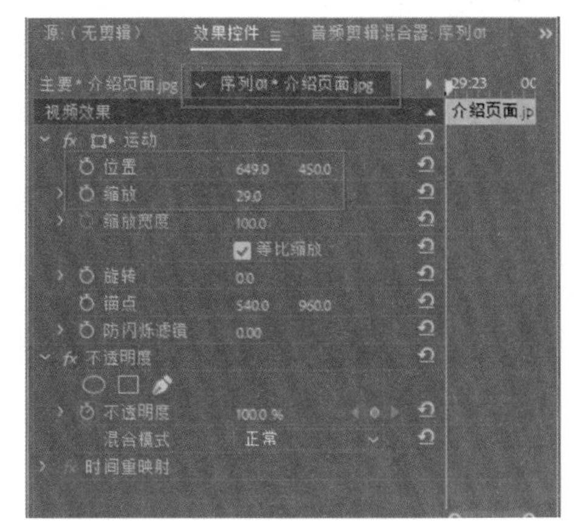

图 12-90

08 在“项目”面板中选择“手持 .png”素材，将其拖入视频轨道 3 的 00:00:30:00 位置，并设置该素材的持续时间为 00:00:04:00，如图 12-91 所示。

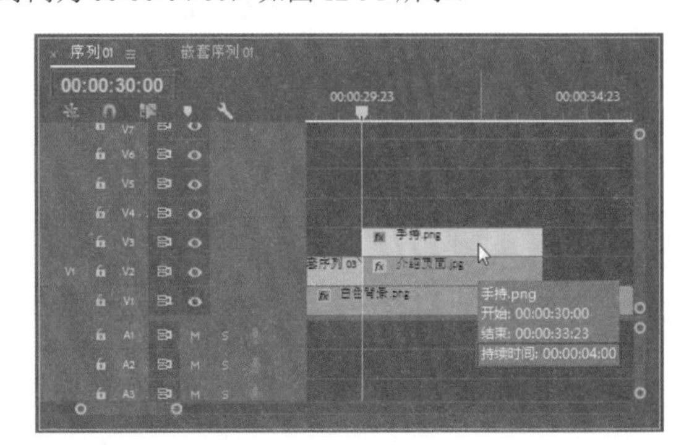

图 12-91

09 进入“手持 .png”素材的“效果控件”面板，修改素材的“位置”参数为 542、563，“缩放”参数为 39，如图 12-92 所示。

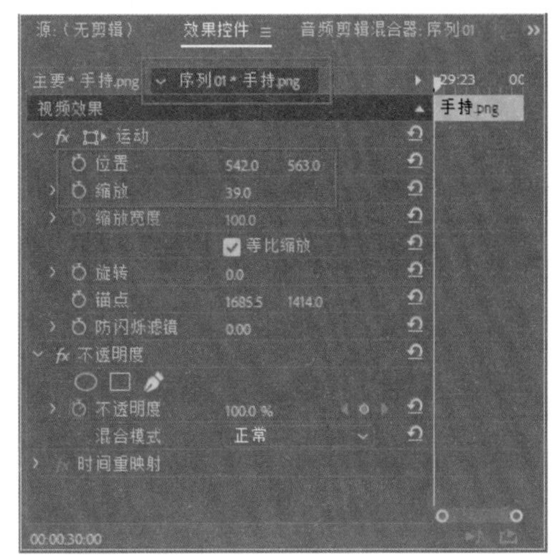

图 12-92

10 同时选择时间线指针后 V2~V3 轨道的两个素材，右击，在弹出的快捷菜单中选择“嵌套”命令，弹出“嵌套序列名称”对话框，保持默认设置，单击“确定”按钮。如图 12-93 所示。

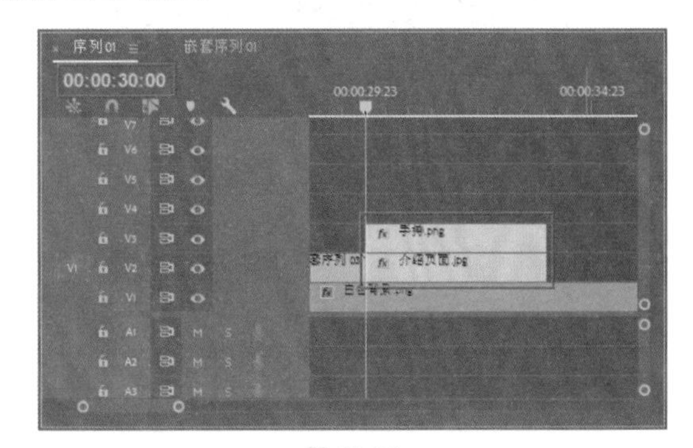

图 12-93

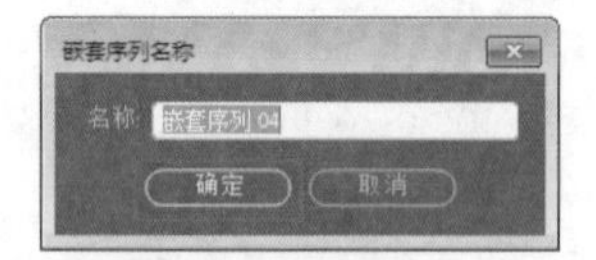

图 12-93（续）

11 在“项目”面板中选择“单品页 A.jpg”素材，将其拖入视频轨道 2 的 00:00:34:00 位置，并设置该素材的持续时间为 00:00:05:00，如图 12-94 所示。

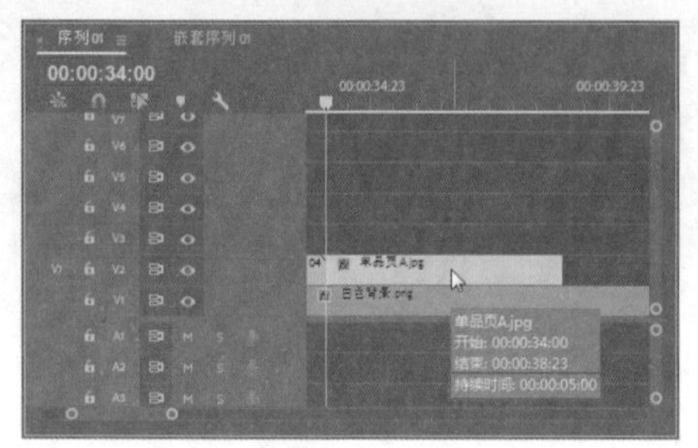

图 12-94

12 在“项目”面板中选择“手持 .png”素材，将其拖入视频轨道 3 的 00:00:34:00 位置，并设置该素材的持续时间为 00:00:05:00，如图 12-95 所示。

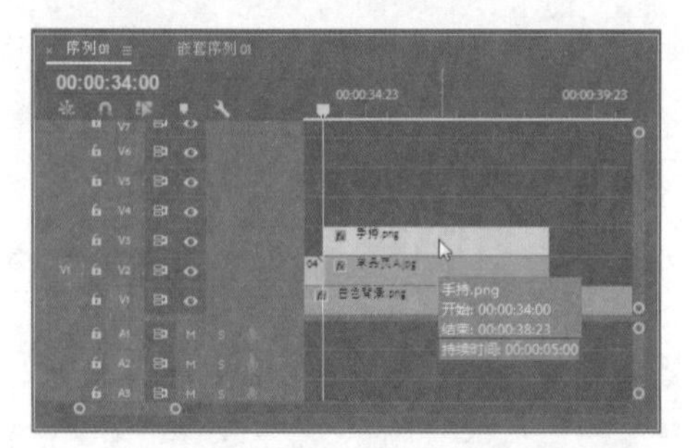

图 12-95

13 进入“手持 .png”素材的“效果控件”面板，修改素材的“位置”参数为 359、667，“缩放”参数为 113，如图 12-96 所示。

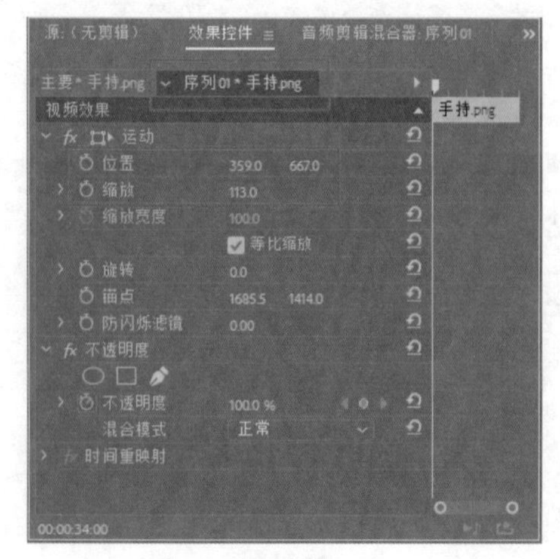

图 12-96

14 在“项目”面板中选择“上滑 .mov”素材，将其拖入视频轨道 4 的 00:00:34:19 位置，如图 12-97 所示。

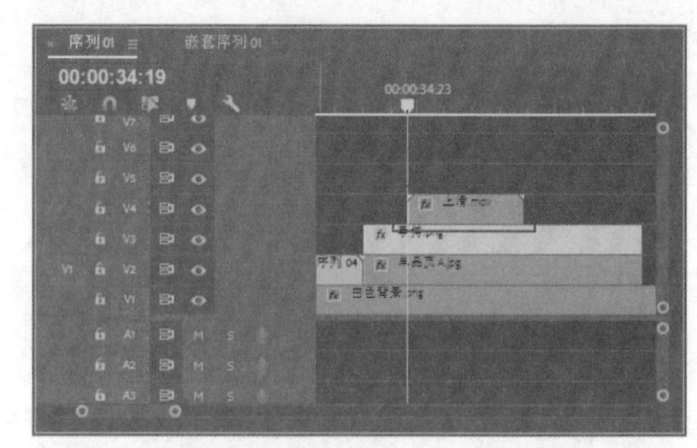

图 12-97

15 进入“上滑 .mov”素材的“效果控件”面板，修改素材的“位置”参数为 923、540，“缩放”参数为 261，如图 12-98 所示。

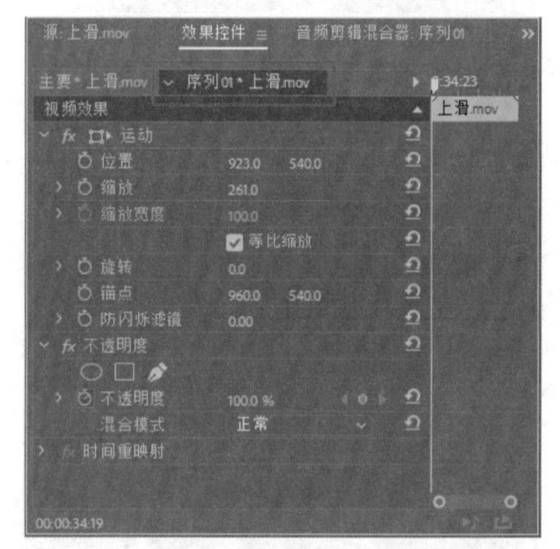

图 12-98

16 在“项目”面板中选择“单品页 A.jpg”素材，将其拖入视频轨道 2 的 00:00:39:00 位置，并设置该素材的持续时间为 00:00:04:00，如图 12-99 所示。

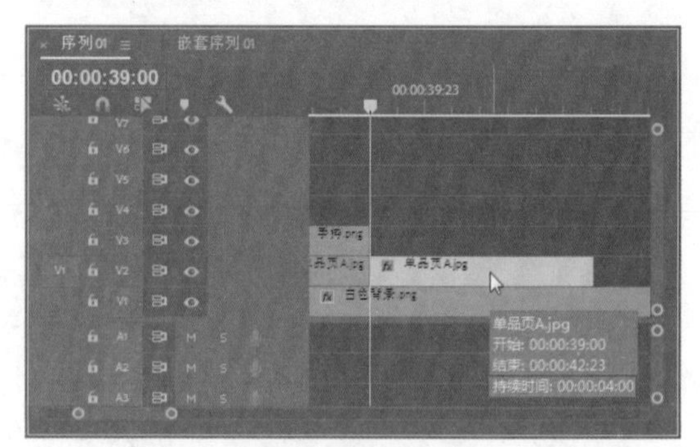

图 12-99

17 在“项目”面板中选择“白色背景 .jpg”素材，将其拖入视频轨道 3 的 00:00:39:00 位置，并设置该素材的持续时间为 00:00:04:00，如图 12-100 所示。

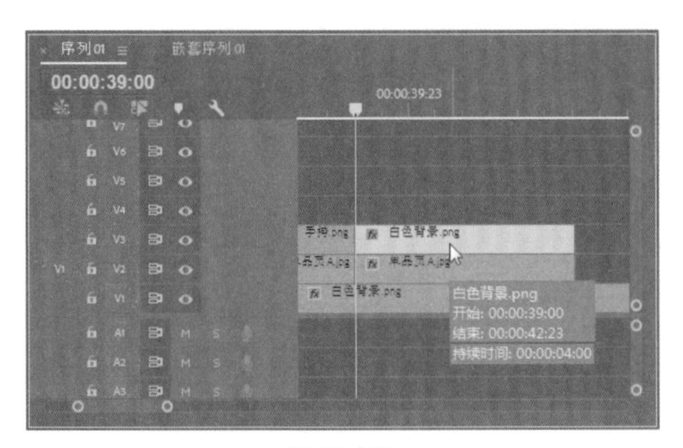

图 12-100

18 进入“白色背景.jpg”素材的“效果控件”面板，修改素材的“位置”参数为215、540，取消选中“等比缩放”复选框，然后修改“缩放高度”参数为105，“缩放宽度”参数为38，如图12-101所示。

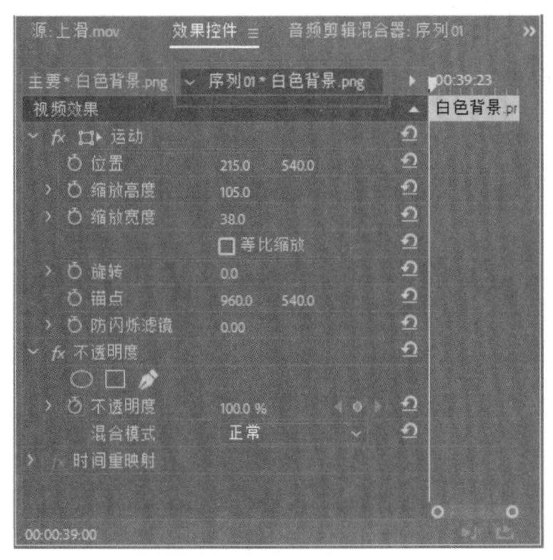

图 12-101

19 在“项目”面板中选择“白色背景.jpg”素材，将其拖入视频轨道4的00:00:39:00位置，并设置该素材的持续时间为00:00:04:00，如图12-102所示。

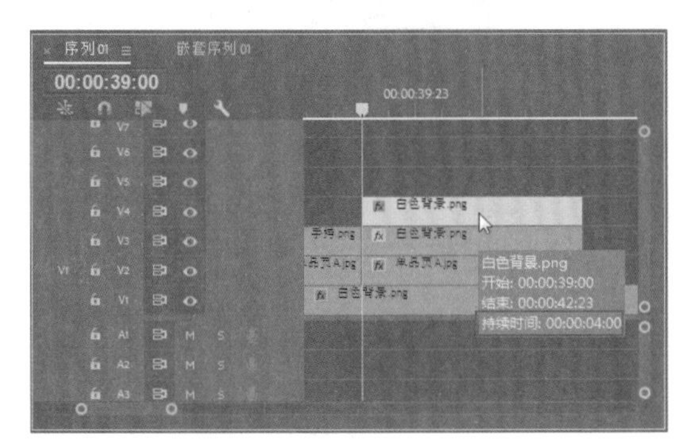

图 12-102

20 进入V4轨道“白色背景.jpg”素材的“效果控件”面板，修改素材的“位置”参数为1059、540，取消选中“等比缩放”复选框，然后修改“缩放高度”参数为105，“缩放宽度”参数为38，如图12-103所示。

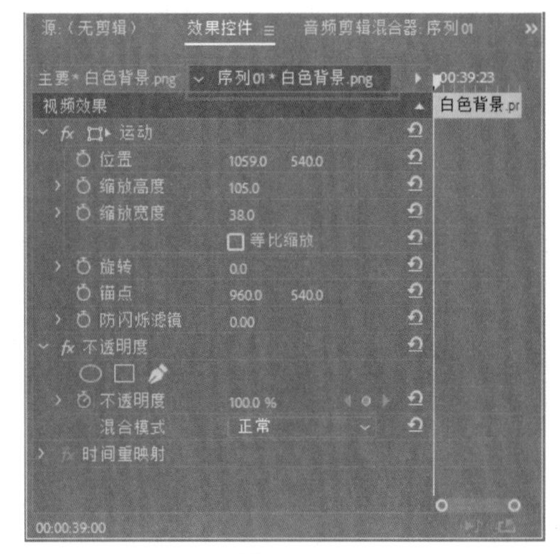

图 12-103

21 在“项目”面板中选择“手持.png”素材，将其拖入视频轨道5的00:00:39:00位置，并设置该素材的持续时间为00:00:04:00，如图12-104所示。

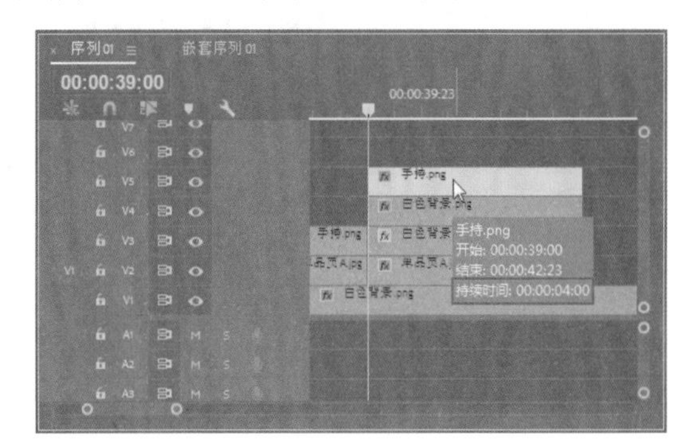

图 12-104

22 进入“手持.png”素材的“效果控件”面板，修改素材的“位置”参数为462、724，“缩放”参数为65，如图12-105所示。

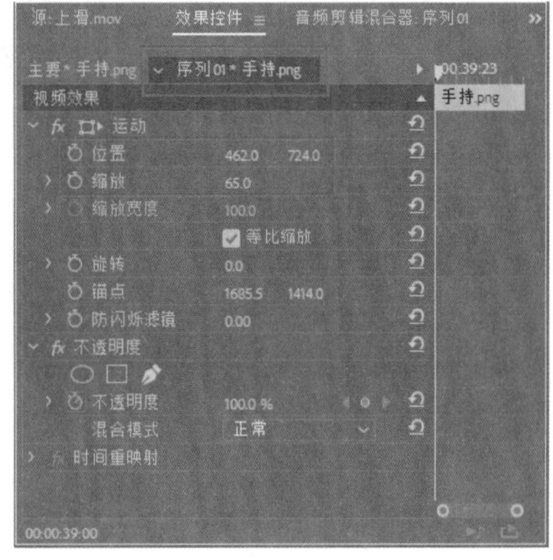

图 12-105

23 在“项目”面板中选择“放大.mov”素材，将其拖入视频轨道6的00:00:39:19位置，如图12-106所示。

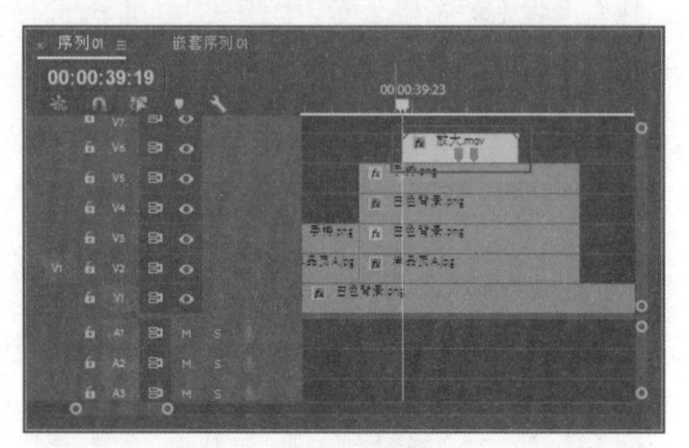

图12-106

24 进入“放大.mov”素材的“效果控件”面板，修改素材的“位置”参数为682、575，如图12-107所示。

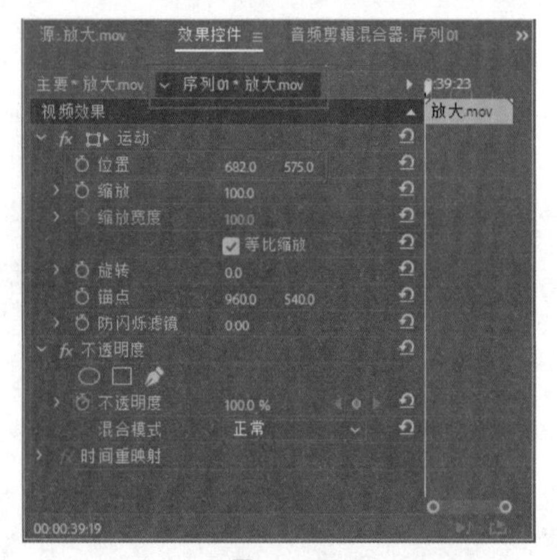

图12-107

25 在“项目”面板中选择“单品页B.jpg”素材，将其拖入视频轨道2的00:00:43:00位置，并设置该素材的持续时间为00:00:03:00，如图12-108所示。

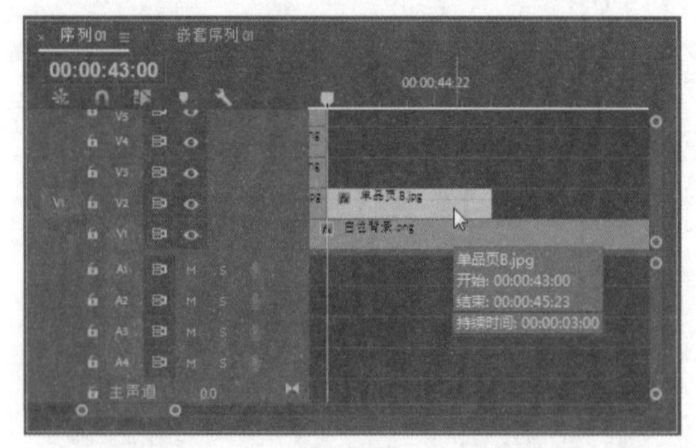

图12-108

26 在“项目”面板中选择“白色背景.png”素材，将其拖入视频轨道3的00:00:43:00位置，并设置该素材的持续时间为00:00:03:00，如图12-109所示。

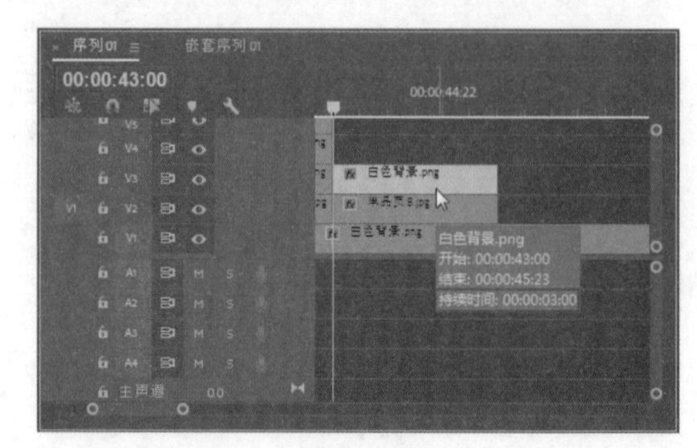

图12-109

27 进入“白色背景.png”素材的“效果控件”面板，修改素材的“位置”参数为640、42，“缩放”参数为52，如图12-110所示。

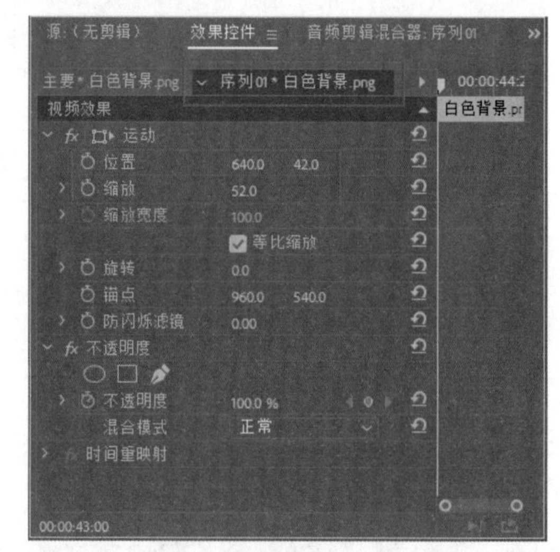

图12-110

28 在“项目”面板中选择“手持.png”素材，将其拖入视频轨道4的00:00:43:00位置，并设置该素材的持续时间为00:00:03:00，如图12-111所示。

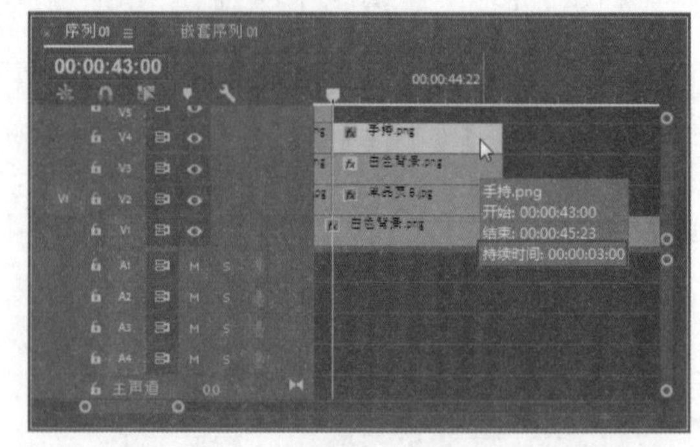

图12-111

29 进入“手持.png”素材的“效果控件”面板，修改素材的“位置”参数为399、1445，“缩放”参数为108，如图12-112所示。

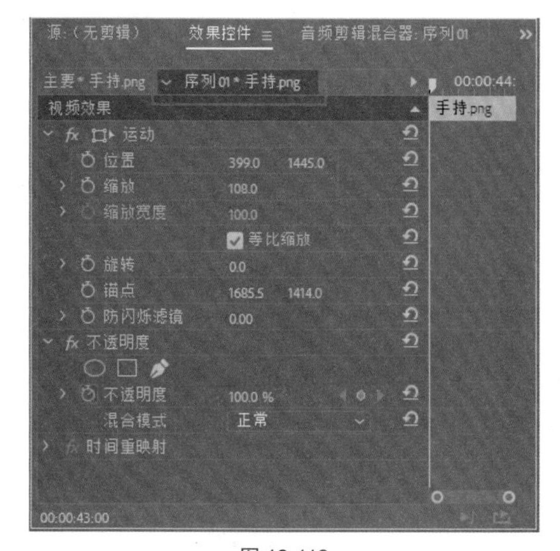

图 12-112

30 在“项目”面板中选择“下滑 .mov”素材，将其拖入视频轨道 5 的 00:00:43:21 位置，如图 12-113 所示。

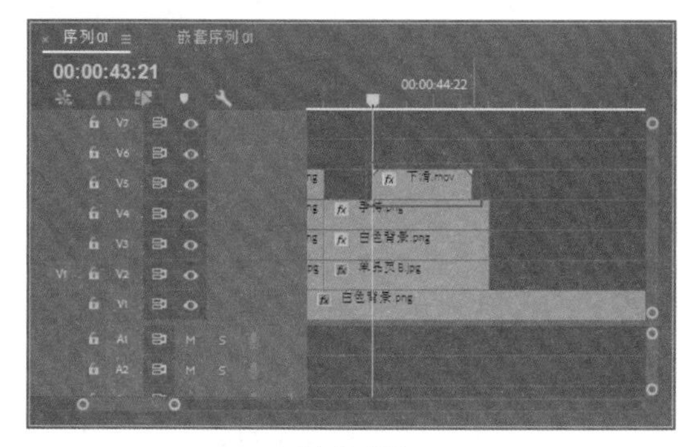

图 12-113

31 进入“下滑 .mov”素材的“效果控件”面板，修改素材的“位置”参数为 751、1047，“缩放”参数为 244，如图 12-114 所示。

图 12-114

12.2.4　图片及视频展示

本实例制作的读书 APP，在进行交互体验时会有部分图片及视频的细节展示，下面将介绍制作图片和视频展示的具体制作方法。

视频文件：　下载资源 \ 视频 \ 第 12 章 \12.2.4 图片及视频展示 .mp4

01 在“项目”面板中选择“展示图 A.jpg”素材，将其拖入视频轨道 2 的 00:00:46:00 位置，并设置该素材的持续时间为 00:00:04:00，如图 12-115 所示。

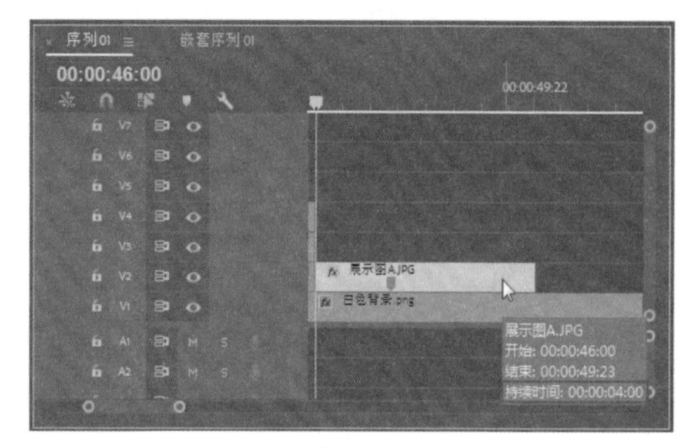

图 12-115

02 在“项目”面板中选择“白色背景 .jpg”素材，将其拖入视频轨道 3 的 00:00:46:00 位置，并设置该素材的持续时间为 00:00:04:00，如图 12-116 所示。

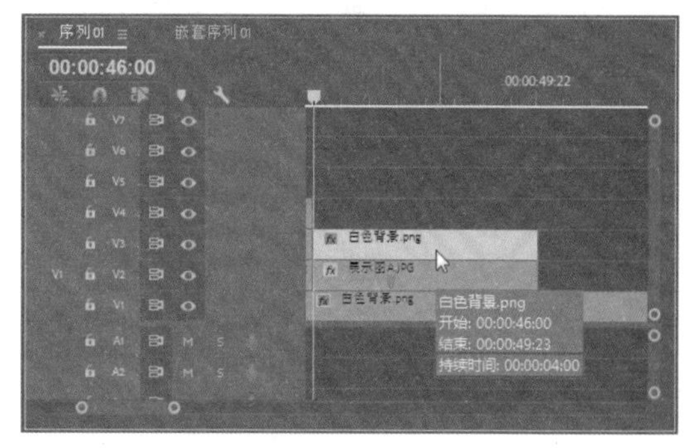

图 12-116

03 进入“白色背景 .jpg”素材的“效果控件”面板，修改素材的“位置”参数为 215、540，取消选中“等比缩放”复选框，然后设置“缩放高度”参数为 105，“缩放宽度”参数为 38，如图 12-117 所示。

04 在“项目”面板中选择“白色背景 .jpg”素材，将其拖入视频轨道 4 的 00:00:46:00 位置，并设置该素材的持续时间为 00:00:04:00，如图 12-118 所示。

05 进入视频轨道 4“白色背景 .jpg”素材的“效果控件”面板，修改素材的“位置”参数为 1059、540，取消选中“等比缩放”复选框，然后设置“缩放高度”参数为 105，“缩放宽度”参数为 38，如图 12-119 所示。

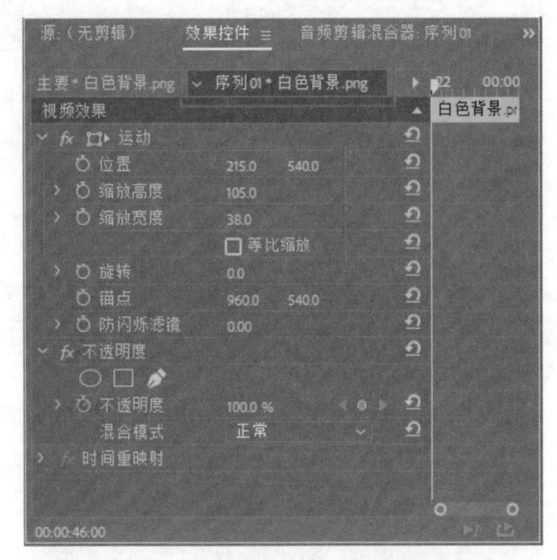

图 12-117

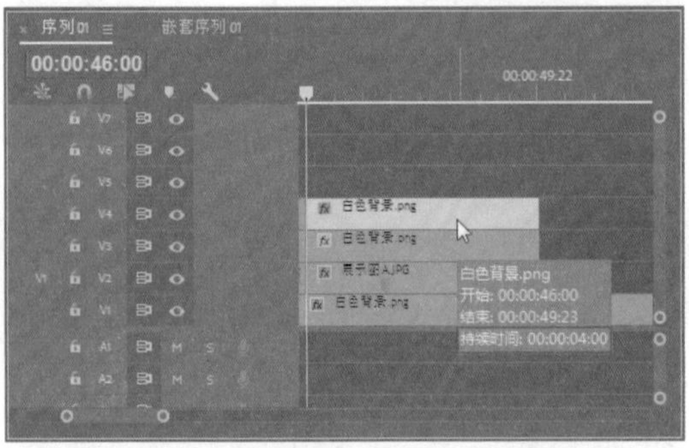

图 12-118

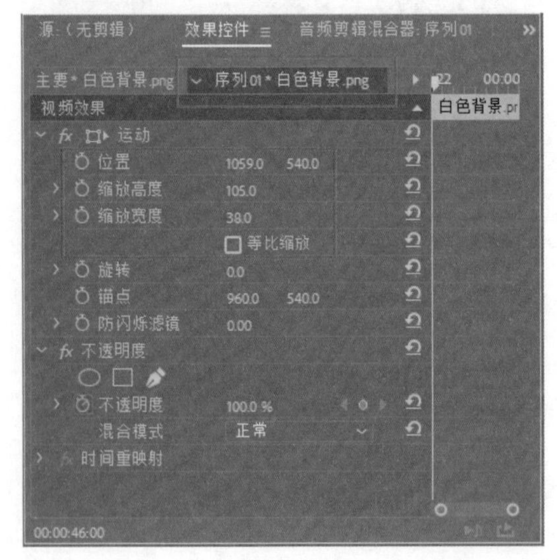

图 12-119

06 在“项目”面板中选择“手持 .png”素材，将其拖入视频轨道 5 的 00:00:46:00 位置，并设置该素材的持续时间为 00:00:04:00，如图 12-120 所示。

07 进入“手持 .png”素材的“效果控件”面板，修改素材的“位置”参数为 462、724，“缩放”参数为 65，如图 12-121 所示。

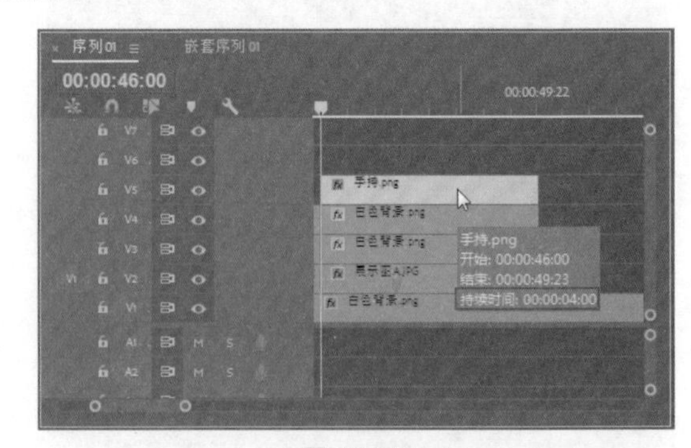

图 12-120

图 12-121

08 在“项目”面板中选择“双击 .mov”素材，将其拖入视频轨道 6 的 00:00:46:13 位置，如图 12-122 所示。

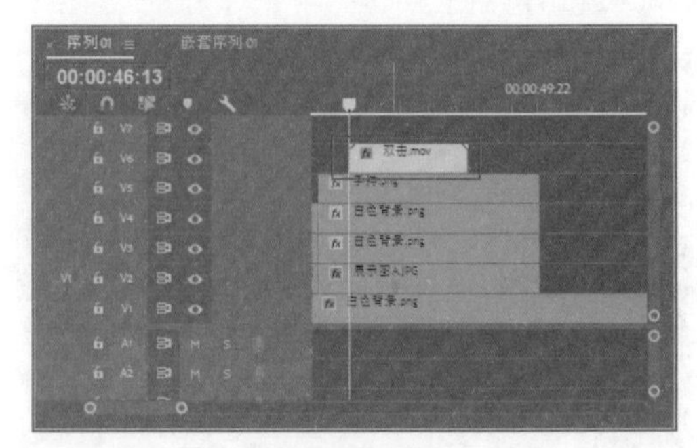

图 12-122

09 进入“双击 .mov”素材的“效果控件”面板，修改素材的“位置”参数为 640、875，“缩放”参数为 112，如图 12-123 所示。

10 在“项目”面板中选择“花开 .mov”素材，将其拖入视频轨道 2 的 00:00:50:00 位置，如图 12-124 所示。

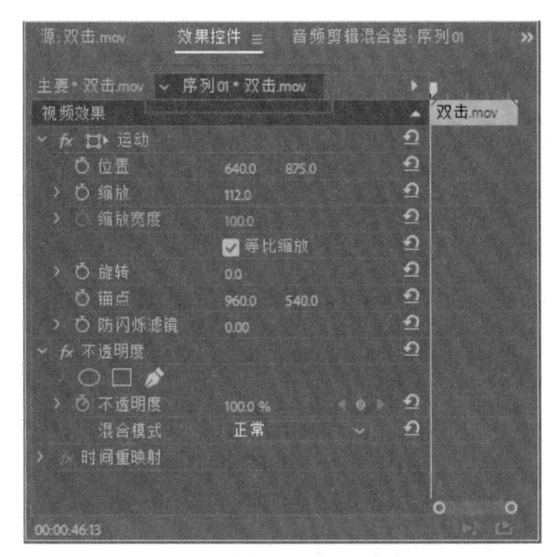

图 12-123

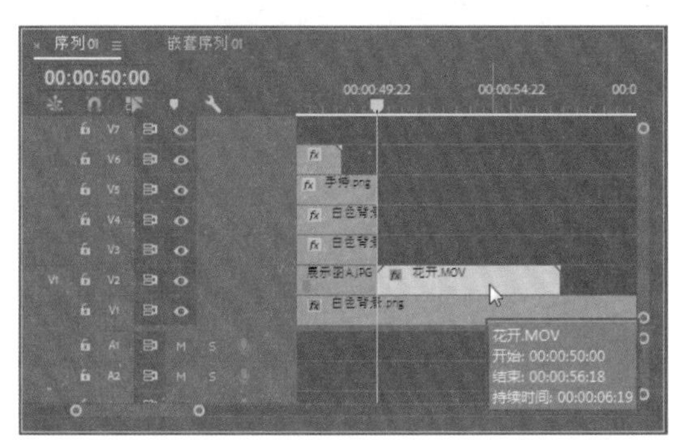

图 12-124

11 在“效果”面板中选择“透视”文件夹中的“基本3D”特效，将该特效添加给“花开.mov”素材，然后进入“花开.mov”素材的“效果控件”面板，修改素材的“位置”参数为642.1、479.7，取消选中“等比缩放”复选框，然后设置“缩放高度”参数为84.7，“缩放宽度”参数为155.3，设置“基本3D”特效下的“倾斜”参数为-18，如图12-125所示。

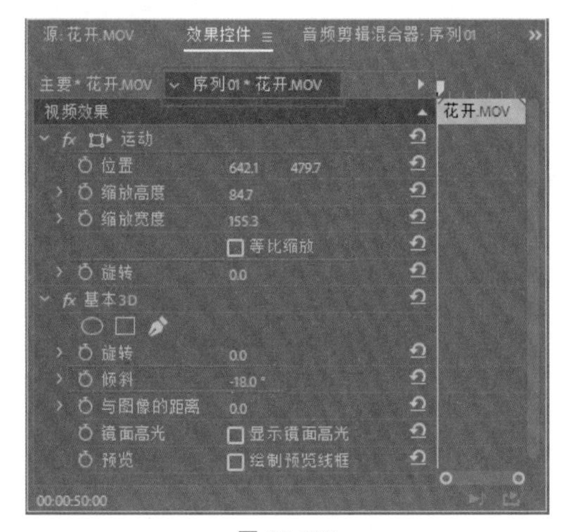

图 12-125

12 在“项目”面板中选择“侧面.png”素材，将其拖入视频轨道3的00:00:50:00位置，并设置该素材的持续时间为00:00:06:19，如图12-126所示。

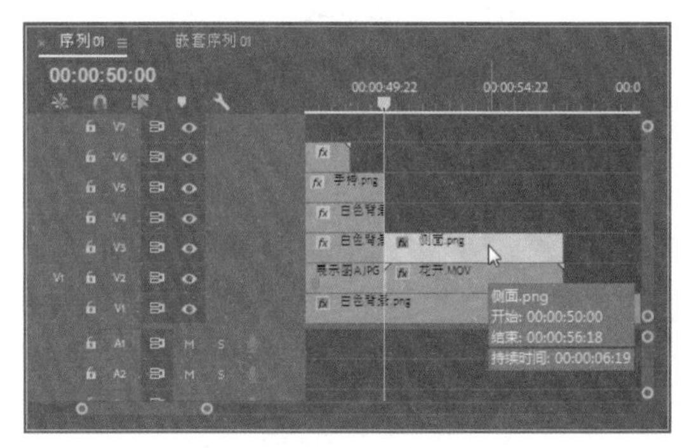

图 12-126

13 进入“侧面.png”素材的“效果控件”面板，修改素材的“位置”参数为640、540，“缩放”参数为60，“旋转”参数为90，如图12-127所示。

图 12-127

14 同时选择时间线指针后V2~V3轨道的两个素材，右击，在弹出的快捷菜单中选择“嵌套”命令，弹出“嵌套序列名称”对话框，保持默认设置，单击“确定”按钮。如图12-128所示。

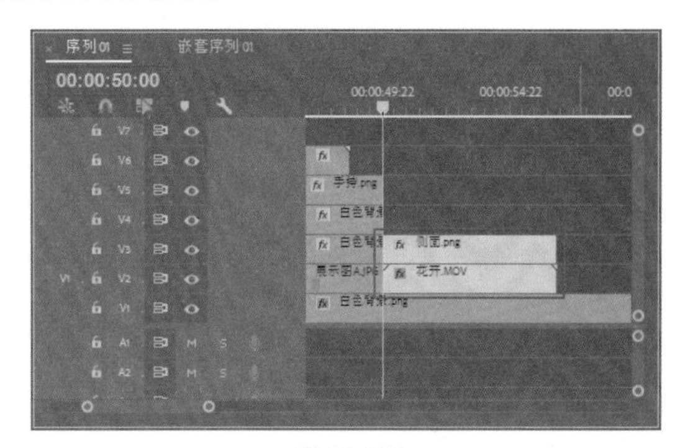

图 12-128

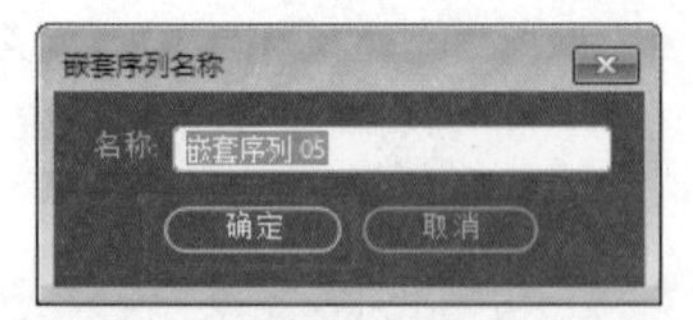

图 12-128（续）

15 在“项目”面板中选择“展示图 B.jpg”素材，将其拖入视频轨道 2 的 00:00:56:19 位置，并设置该素材的持续时间为 00:00:01:23，如图 12-129 所示。

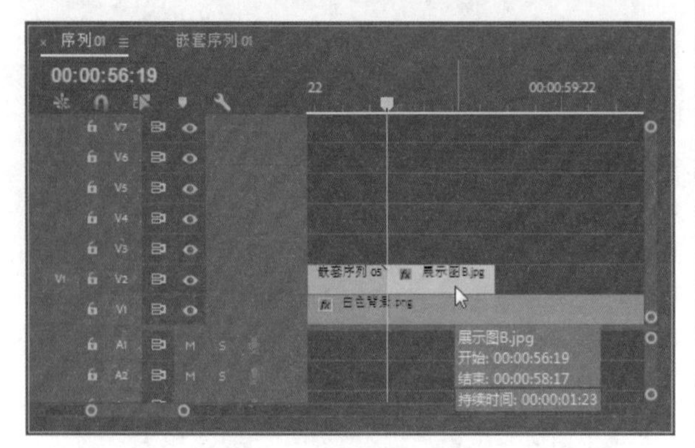

图 12-129

16 进入“展示图 B.jpg”素材的“效果控件”面板，修改素材的“位置”参数为 868、688，“缩放”参数为 83，如图 12-130 所示。

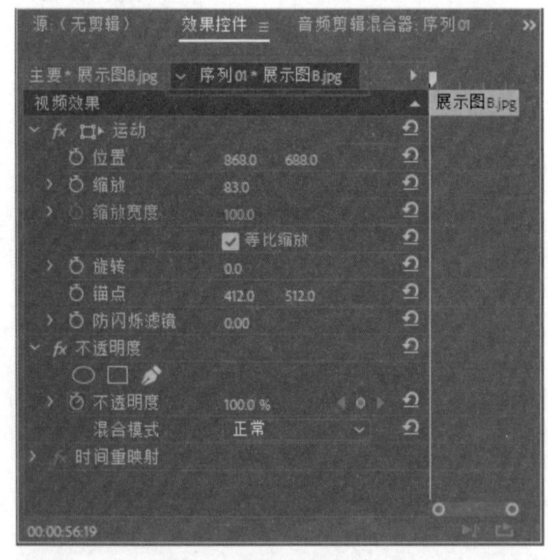

图 12-130

17 在“项目”面板中选择“手持 .png”素材，将其拖入视频轨道 3 的 00:00:56:19 位置，并设置该素材的持续时间为 00:00:01:23，如图 12-131 所示。

18 进入“手持 .png”素材的“效果控件”面板，修改素材的“位置”参数为 640、1079，“缩放”参数为 82，如图 12-132 所示。

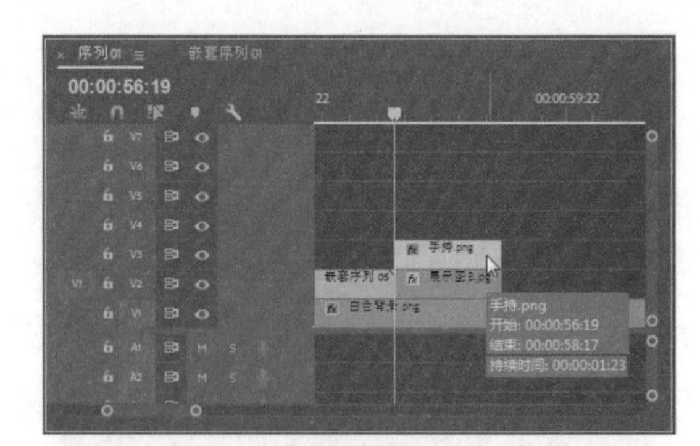

图 12-131

图 12-132

19 同时选择时间线指针后 V2~V3 轨道的两个素材，右击，在弹出的快捷菜单中选择“嵌套”命令，弹出“嵌套序列名称”对话框，保持默认设置，单击“确定”按钮。如图 12-133 所示。

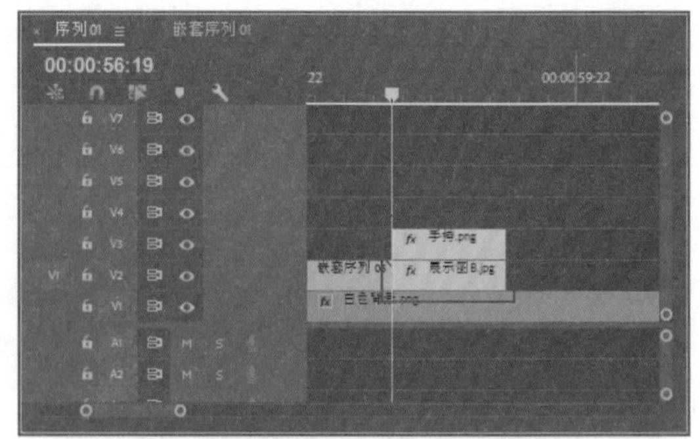

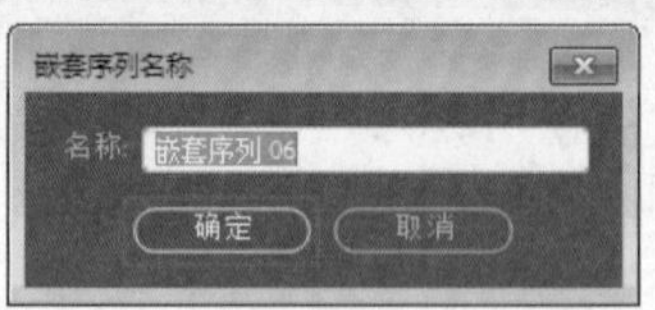

图 12-133

20 在“项目”面板中选择“展示图 C.jpg”素材，将其拖入视频轨道 2 的 00:00:58:18 位置，并设置该素材的持续时间为 00:00:02:00，如图 12-134 所示。

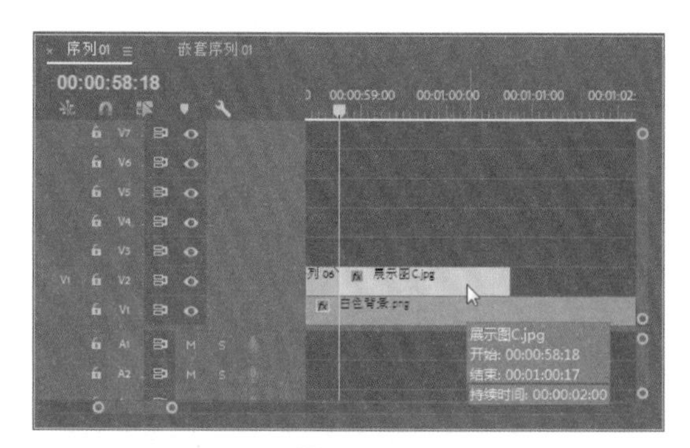

图 12-134

21 进入“展示图 C.jpg”素材的“效果控件”面板，修改素材的“位置”参数为 446、546，“缩放”参数为 68，如图 12-135 所示。

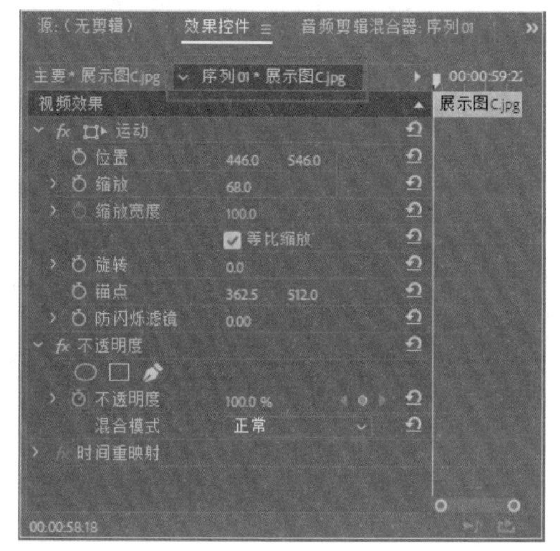

图 12-135

22 在“项目”面板中选择“展示图 D.jpg”素材，将其拖入视频轨道 2 的 00:01:00:18 位置，并设置该素材的持续时间为 00:00:04:00，如图 12-136 所示。

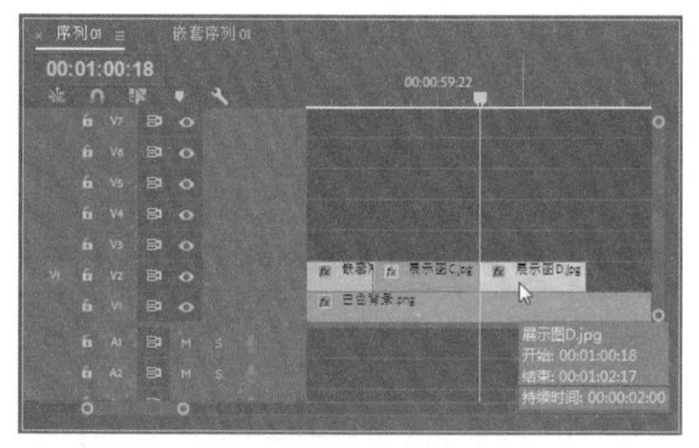

图 12-136

23 进入“展示图 D.jpg”素材的“效果控件”面板，修改素材的“位置”参数为 448、529，“缩放”参数为 81，如图 12-137 所示。

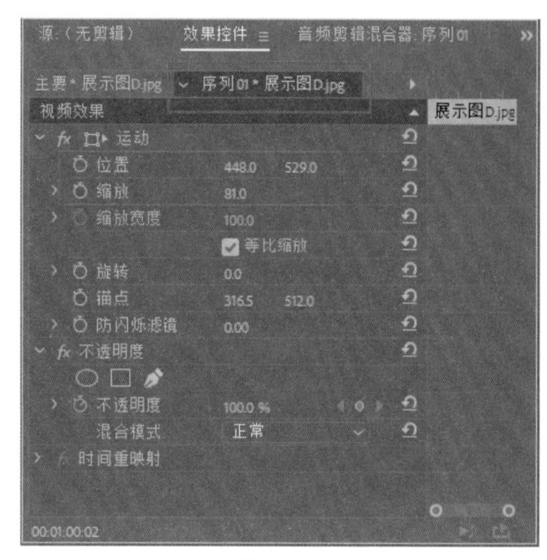

图 12-137

24 在“项目”面板中选择“手持 .png”素材，将其拖入视频轨道 3 的 00:00:58:18 位置，并设置该素材的持续时间为 00:00:04:00，如图 12-138 所示。

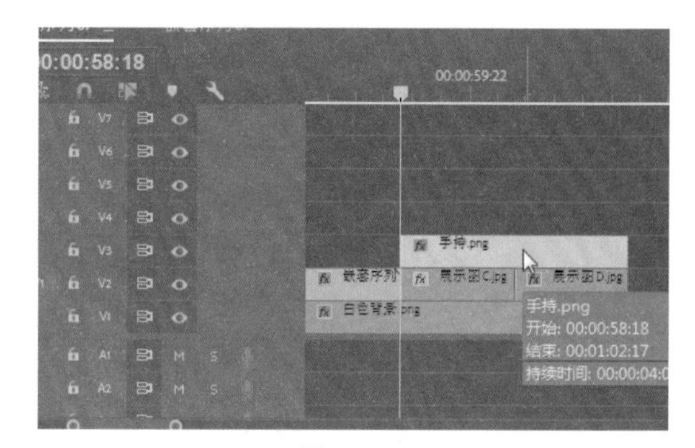

图 12-138

25 进入“手持 .png”素材的“效果控件”面板，修改素材的“位置”参数为 289、709，“缩放”参数为 58，如图 12-139 所示。

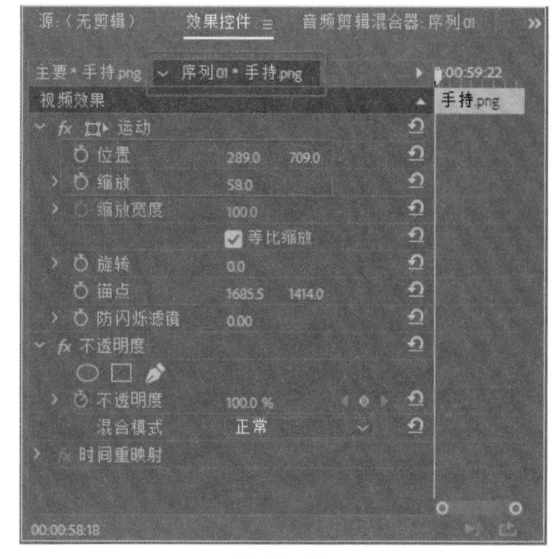

图 12-139

26 在“项目”面板中选择“右滑.mov”素材，将其拖入视频轨道4的00:01:00:02位置，如图12-140所示。

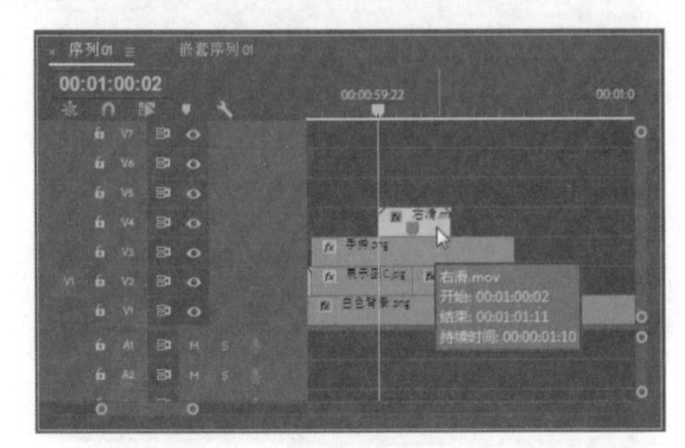

图 12-140

27 进入“右滑.mov”素材的“效果控件”面板，修改素材的“位置”参数为497、705，“缩放”参数为108，如图12-141所示。

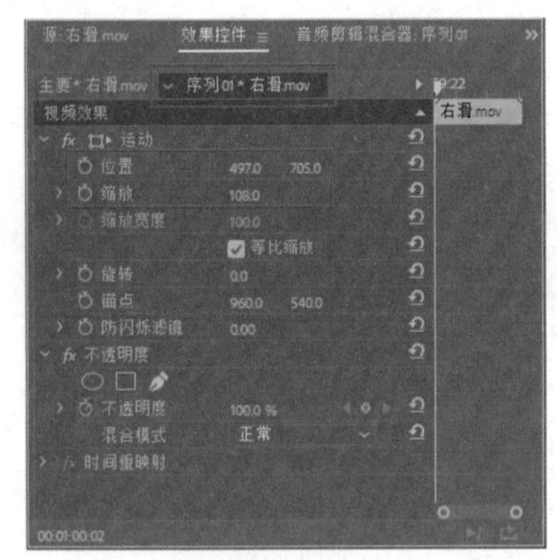

图 12-141

12.3 关键帧的应用

在进行视频广告制作时，部分特殊的视频效果用内置特效可能难以达成。这时，我们可以通过设置关键帧来达到自己想要的特殊效果，下面将介绍本实例视频中关键帧的设置及应用方法。

视频文件：　下载资源\视频\第12章\12.3 关键帧的应用.mp4

01 在“项目”面板中选择“带字图标.png”素材，将其拖入视频轨道4的00:00:10:00位置，并设置该素材的持续时间为00:00:03:00，如图12-142所示。

02 单击“带字图标.png”素材，进入其“效果控件”面板，在面板左下角修改时间点为00:00:10:10，然后单击“位置”参数前的“切换动画”按钮，在当前时间点设置“位置”参数为509、521，如图12-143所示。

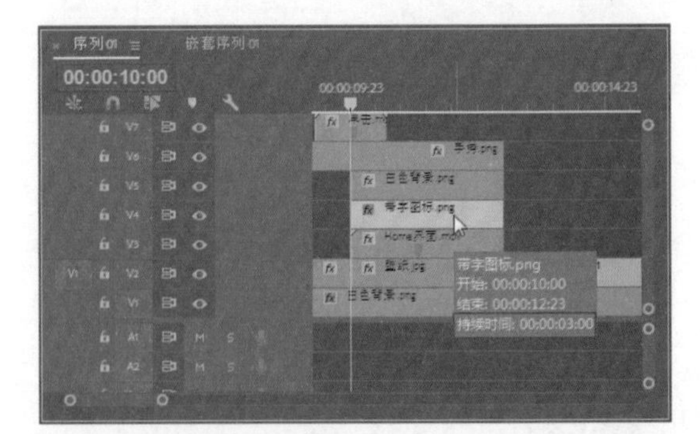

图 12-142

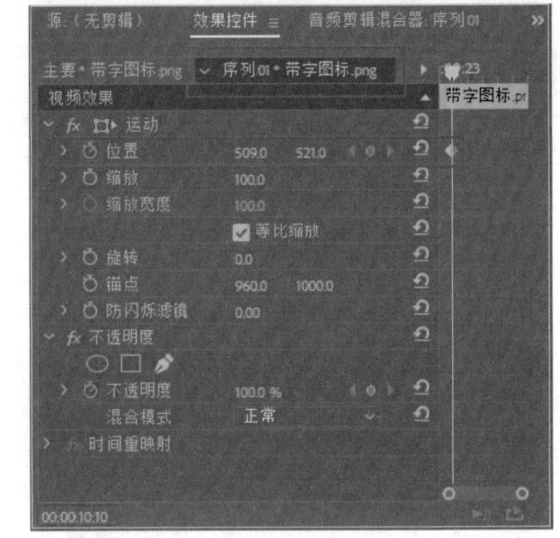

图 12-143

03 在“效果控件”面板左下角修改时间点为00:00:10:12，设置“位置”参数为529、521，此时会在当前位置自动设置一个关键帧。单击“缩放”参数前的“切换动画”按钮，设置“缩放”参数为5.3，如图12-144所示。

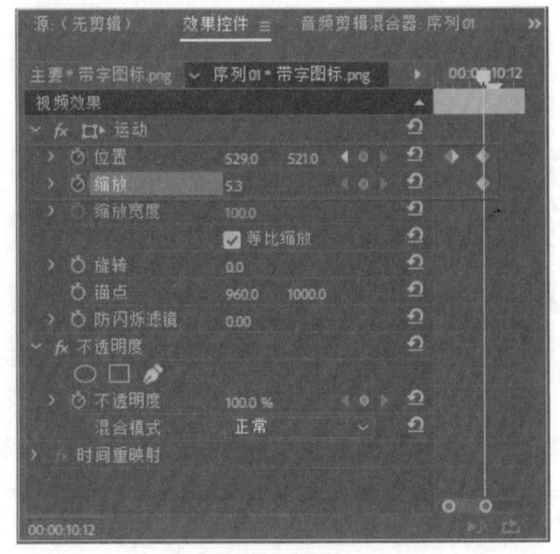

图 12-144

04 在“效果控件”面板左下角修改时间点为 00:00:10:17，设置“位置”参数为 571.2、470.8，“缩放”参数为 3.5，如图 12-145 所示。

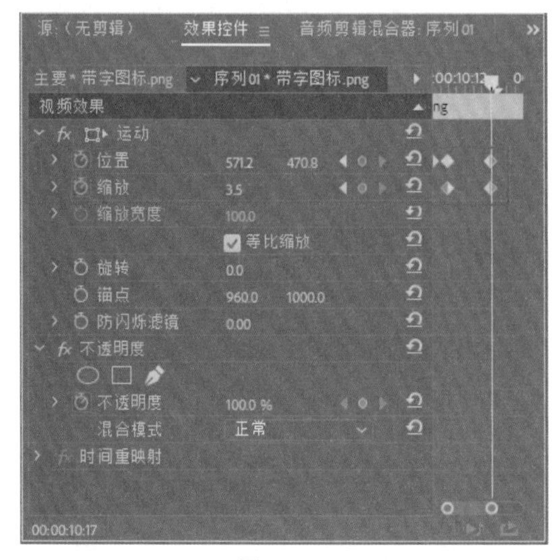

图 12-145

05 在“效果控件”面板左下角修改时间点为 00:00:10:23，设置“位置”参数为 580、448，“缩放”参数为 3，如图 12-146 所示。

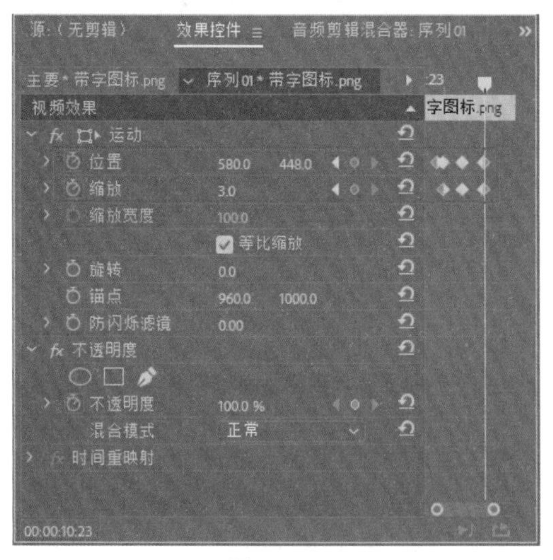

图 12-146

06 进入“嵌套序列 01”窗口，单击该窗口中的“登录界面.jpg”素材，进入其“效果控件”面板，在面板左下角修改时间点为 00:00:01:05，分别单击“位置”和“缩放”参数前的“切换动画”按钮，然后设置“位置”参数为 580、463，“缩放”参数为 0，如图 12-147 所示。

07 在“效果控件”面板左下角修改时间点为 00:00:01:10，设置“位置”参数为 649、448，“缩放”参数为 29，如图 12-148 所示。

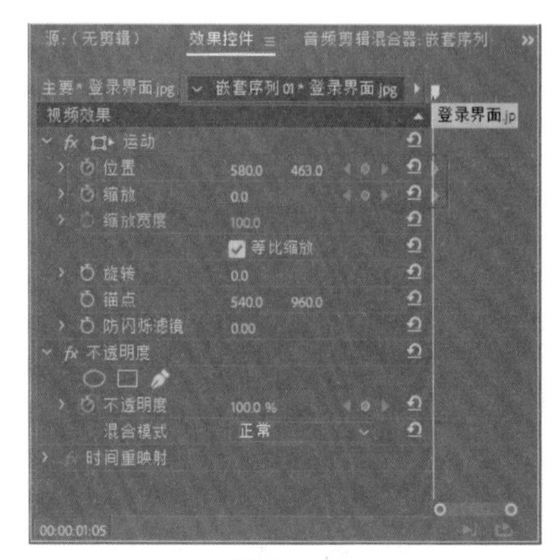

图 12-147

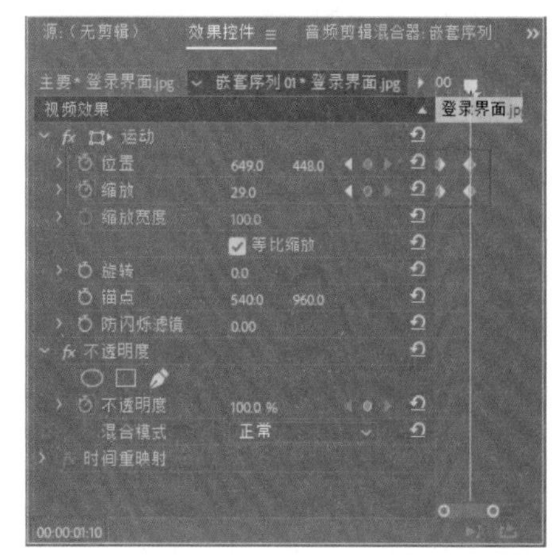

图 12-148

08 在“时间线”面板中单击“序列 01”文字，切换返回“序列 01”窗口，单击该窗口中的“嵌套序列 02”素材，进入其“效果控件”面板，在面板左下角修改时间点为 00:00:16:00，单击“位置”参数前的“切换动画”按钮，然后设置“位置”参数为 611、1263，“缩放”参数为 200，如图 12-149 所示。

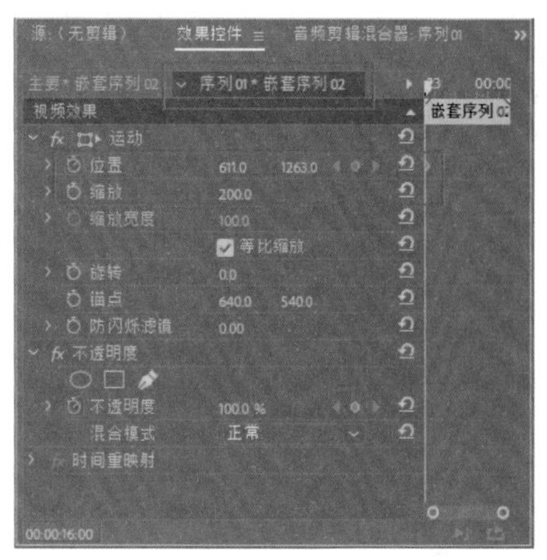

图 12-149

09 在“效果控件”面板左下角修改时间点为00:00:18:10，设置“位置”参数为611、379，如图12-150所示。

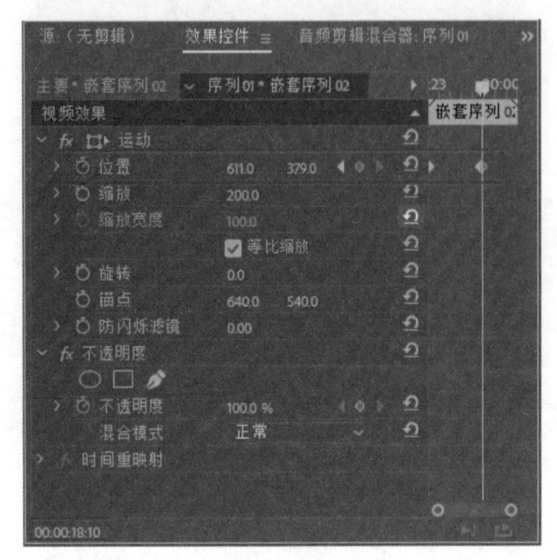

图 12-150

10 在“序列01”窗口中单击“嵌套序列03”素材，进入其“效果控件”面板，在面板左下角修改时间点为00:00:25:00，单击“位置”参数前的“切换动画”按钮，并设置“位置”参数为640、334，“缩放”参数为150，如图12-151所示。

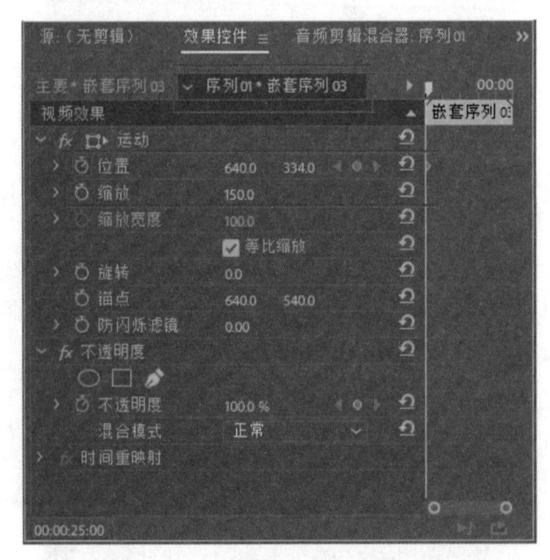

图 12-151

11 在“效果控件”面板左下角修改时间点为00:00:28:04，设置“位置”参数为640、882，如图12-152所示。

12 单击“时间线”面板中的“嵌套序列04”素材，进入其“效果控件”面板，在面板左下角修改时间点为00:00:30:00，分别单击“位置”和“缩放”参数前的“切换动画”按钮，然后设置“位置”参数为640、540，“缩放”参数为100，如图12-153所示。

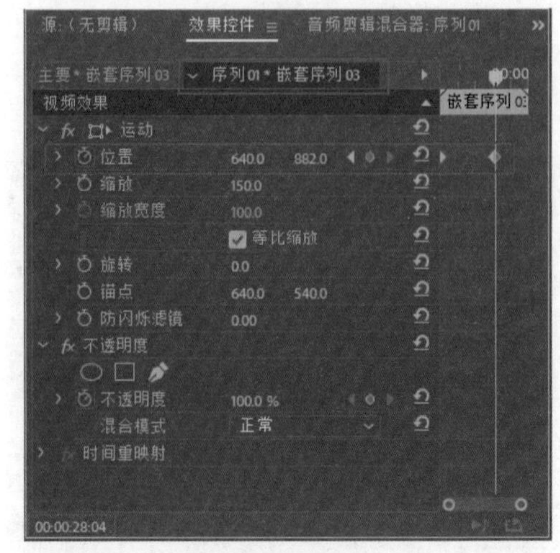

图 12-152

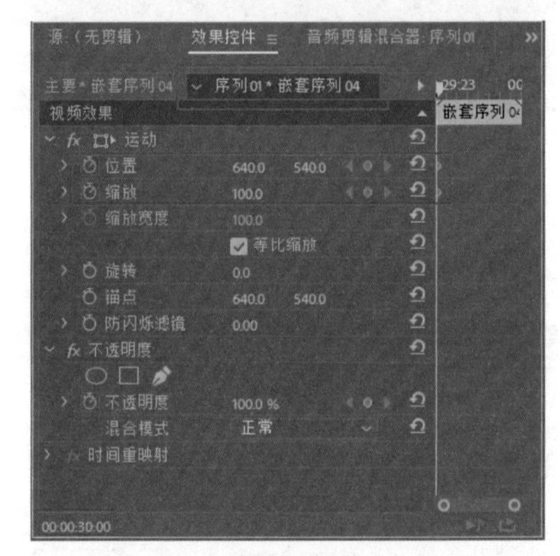

图 12-153

13 在“效果控件”面板左下角修改时间点为00:00:33:23，设置“位置”参数为640、676，“缩放”参数为151，如图12-154所示。

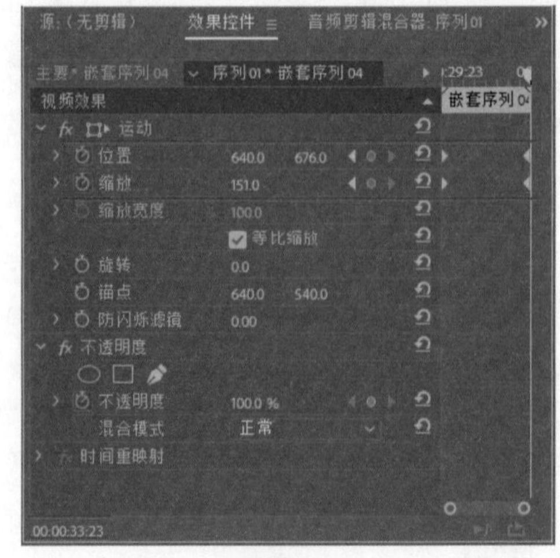

图 12-154

14 在“时间线”面板中修改时间点为00:00:34:00，然后单击时间线指针后的“单品页 A.jpg”素材，进入其“效果控件”面板，在面板左下角修改时间点为00:00:35:16，单击“位置”参数前的“切换动画”按钮 ，在当前时间点设置一个关键帧，并设置“位置”参数为670、3091，“缩放”参数为119，如图12-155所示。

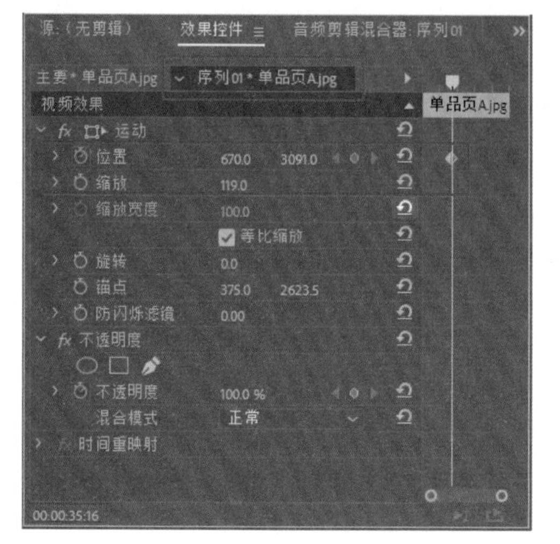

图 12-155

15 在“效果控件”面板左下角修改时间点为00:00:36:12，设置“位置”参数为670、1779，如图12-156所示。

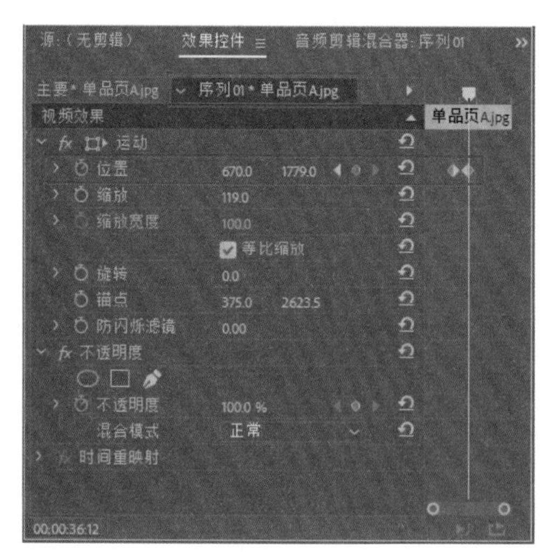

图 12-156

16 在“时间线”面板中修改时间点为00:00:39:00，然后单击时间线指针后的“单品页 A.jpg”素材，进入其“效果控件”面板，在面板左下角修改时间点为00:00:40:19，分别单击“位置”和“缩放”参数前的“切换动画”按钮 ，并设置“位置”参数为642、-483，“缩放”参数为72，如图12-157所示。

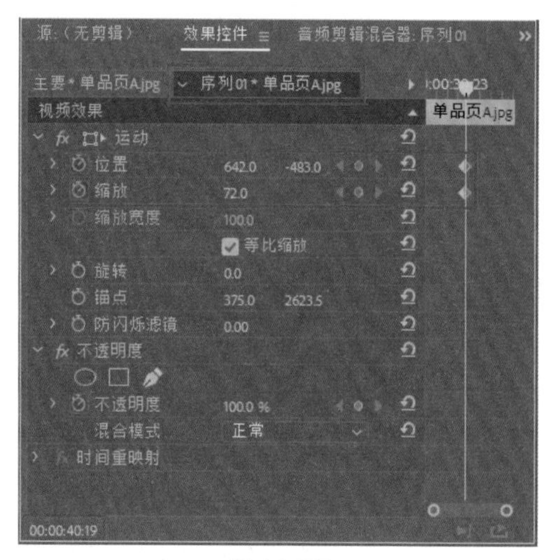

图 12-157

17 在“效果控件”面板左下角修改时间点为00:00:41:02，设置“位置”参数为642、-839，“缩放”参数为90，如图12-158所示。

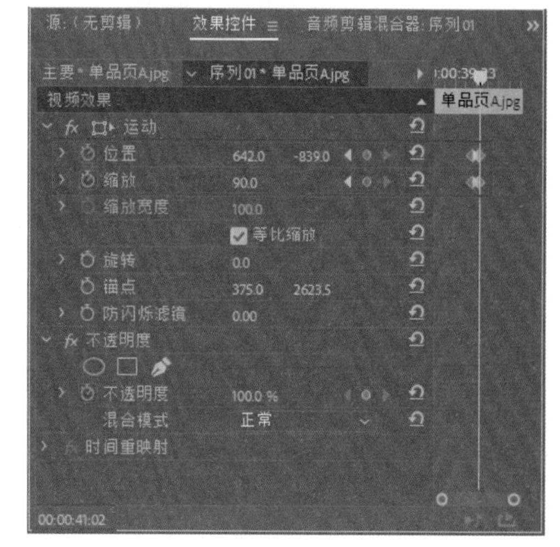

图 12-158

18 在“时间线”面板中修改时间点为00:00:43:00，然后单击时间线指针后的“单品页 B.jpg”素材，进入其“效果控件”面板，在面板左下角修改时间点为00:00:44:14，单击“位置”参数前的“切换动画”按钮 ，并设置“位置”参数为697、-1302，“缩放”参数为101，如图12-159所示。

19 在“效果控件”面板左下角修改时间点为00:00:44:19，设置“位置”参数为697、-5，如图12-160所示。

20 在“时间线”面板中单击“展示图 A.jpg”素材，进入其“效果控件”面板，在面板左下角修改时间点为00:00:47:22，设置“位置”参数为647、540，然后单击“缩放”参数前的“切换动画”按钮，并设置“缩放”参数为42，如图12-161所示。

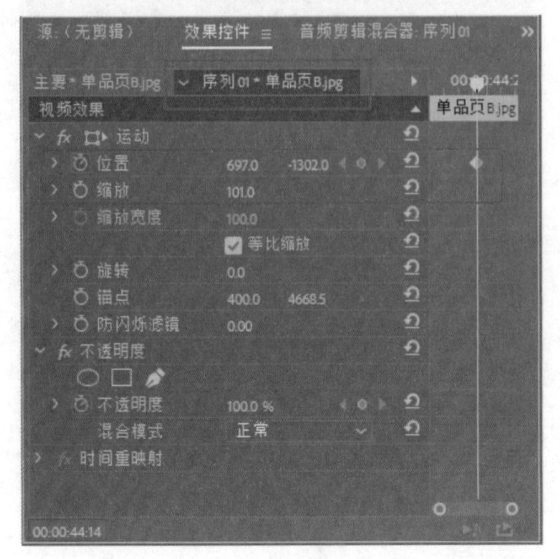

图12-159

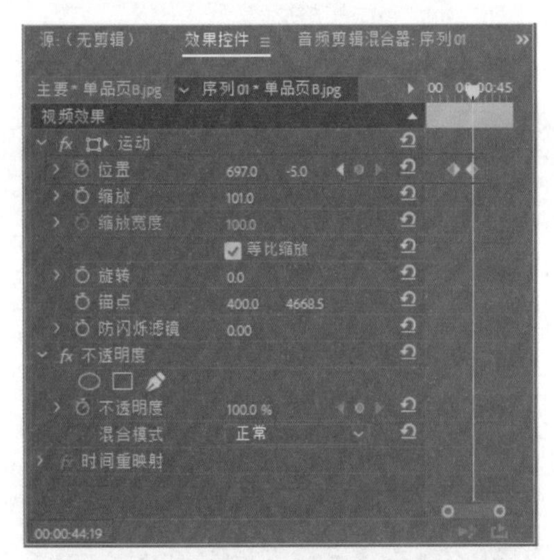

图12-160

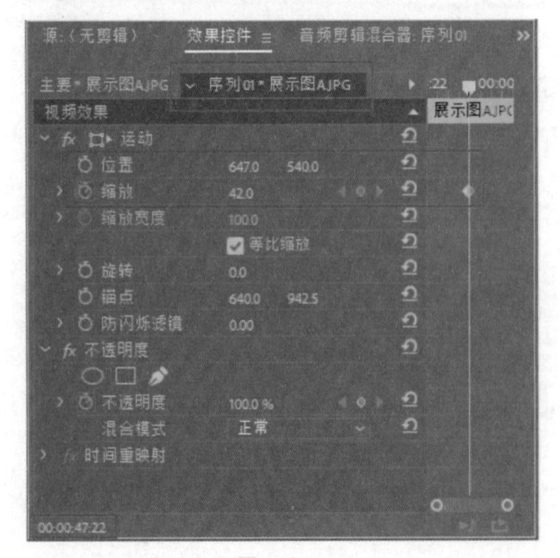

图12-161

21 在“效果控件”面板左下角修改时间点为00:00:48:06，设置“缩放”参数为105，如图12-162所示。

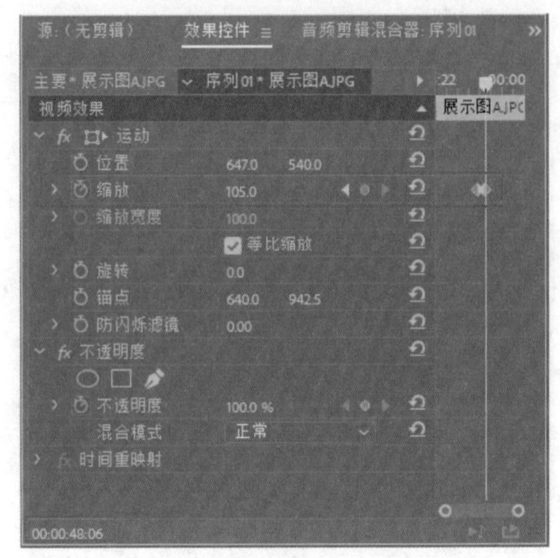

图12-162

22 在“时间线”面板中单击“嵌套序列05”素材，进入其“效果控件”面板，在面板左下角修改时间点为00:00:50:00，单击“缩放”参数前的“切换动画”按钮，并设置“缩放”参数为66，如图12-163所示。

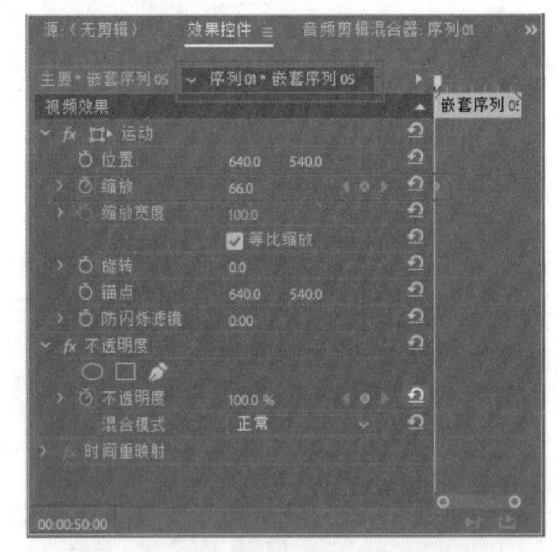

图12-163

23 在“效果控件”面板左下角修改时间点为00:00:54:06，设置“缩放”参数为100，如图12-164所示。

24 在“时间线”面板中单击“嵌套序列06”素材，进入其“效果控件”面板，在面板左下角修改时间点为00:00:56:19，设置“位置”参数为640、540，然后单击“位置”参数前的“切换动画”按钮，在当前时间点设置一个关键帧，如图12-165所示。

25 在“效果控件”面板左下角修改时间点为00:00:58:08，设置“位置”参数为469、540，如图12-166所示。

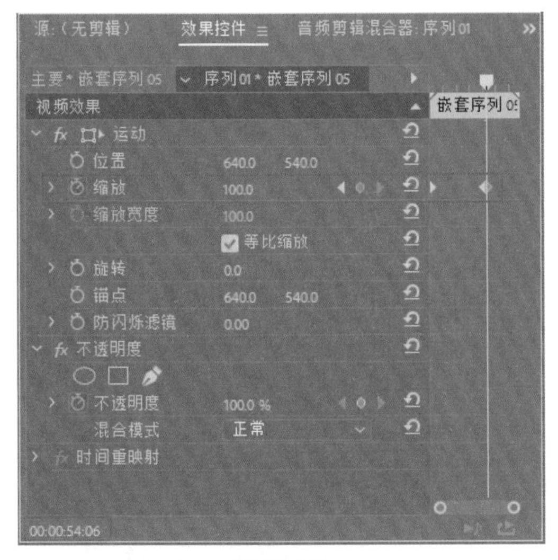

图 12-164

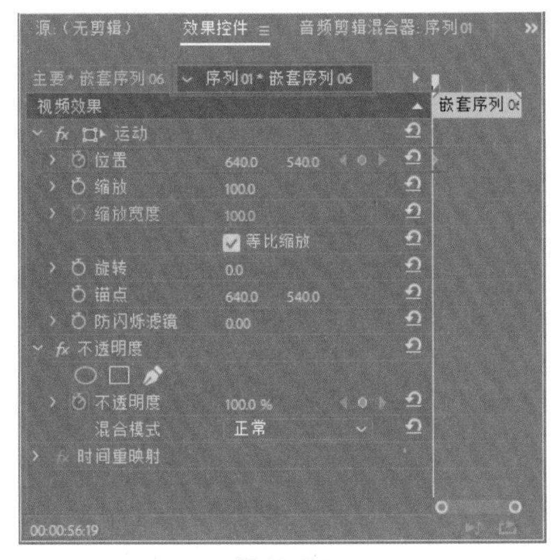

图 12-165

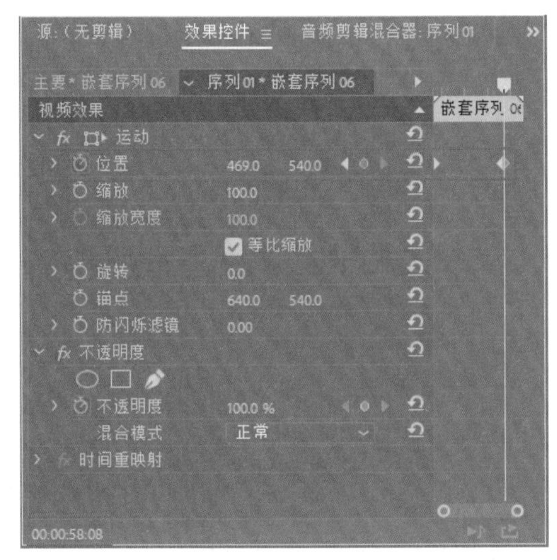

图 12-166

12.4 制作片尾

12.4.1 文字动画

本实例视频的片尾主要是由文字动画和图片素材组合而成的，下面将为大家介绍文字动画的具体制作方法。

视频文件： 下载资源 \ 视频 \ 第 12 章 \12.4.1 文字动画 .mp4

01 在“项目”面板中选择“开始页 A.jpg”素材，将其拖入视频轨道 2 的 00:01:02:18 位置，并设置该素材的持续时间为 00:00:05:00，如图 12-167 所示。

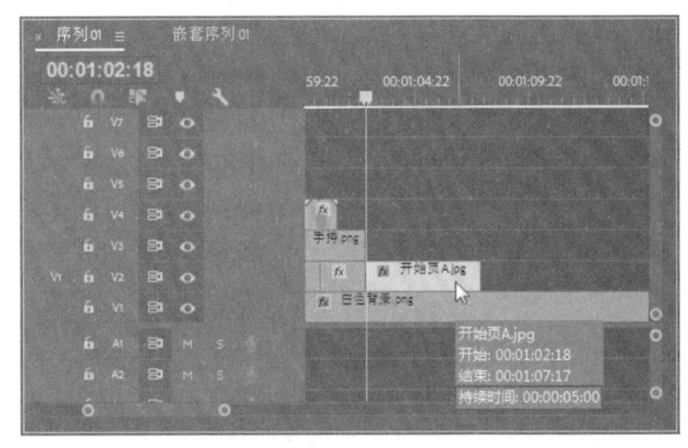

图 12-167

02 在“效果”面板中选择“透视”文件夹中的“基本 3D”特效，将其添加给上述的“开始页 A.jpg”素材，然后进入该素材“效果控件”面板，设置“位置”参数为 983、535，取消选中“等比缩放”复选框，然后设置“缩放高度”参数为 35，“缩放宽度”为 29，并设置“基本 3D”特效下的“旋转”参数为 20，如图 12-168 所示。

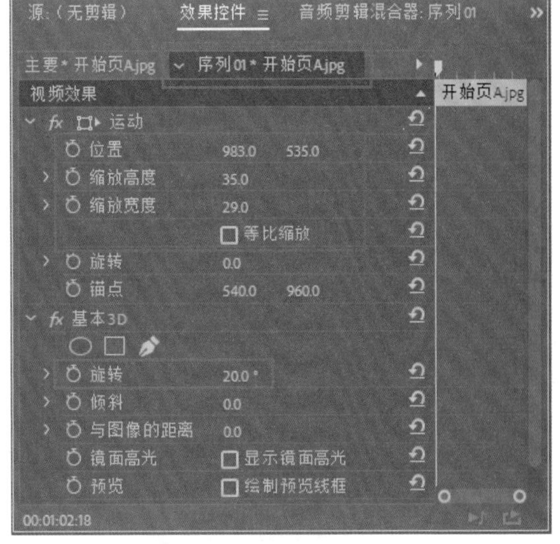

图 12-168

03 在“项目”面板中选择“侧面.png”素材，将其拖入视频轨道3的00:01:02:18位置，并设置该素材的持续时间为00:00:05:00（5秒），如图12-169所示。

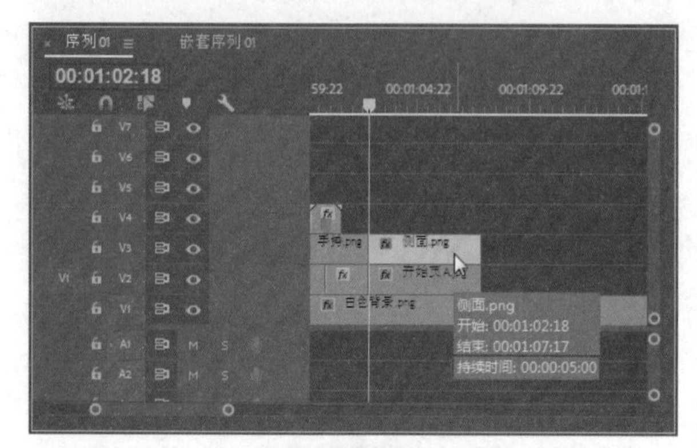

图 12-169

04 进入“侧面.png”素材的“效果控件”面板，设置“位置”参数为992、540，“缩放”参数为33，如图12-170所示。

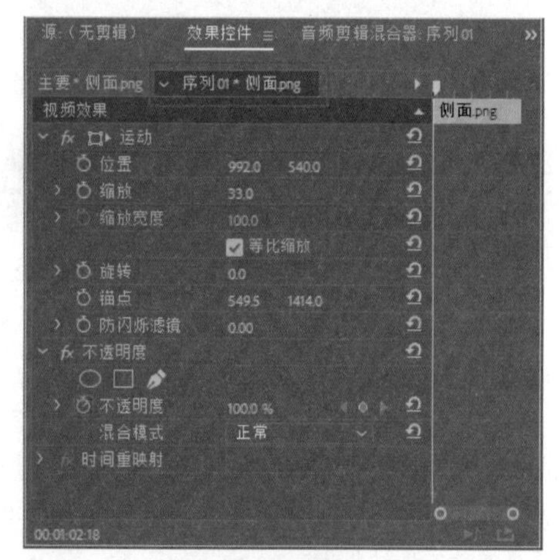

图 12-170

05 同时选择时间线指针后V2~V3轨道的两个素材，右击，在弹出的快捷菜单中选择“嵌套”命令，弹出“嵌套序列名称”对话框，保持默认设置，单击“确定”按钮。如图12-171所示。

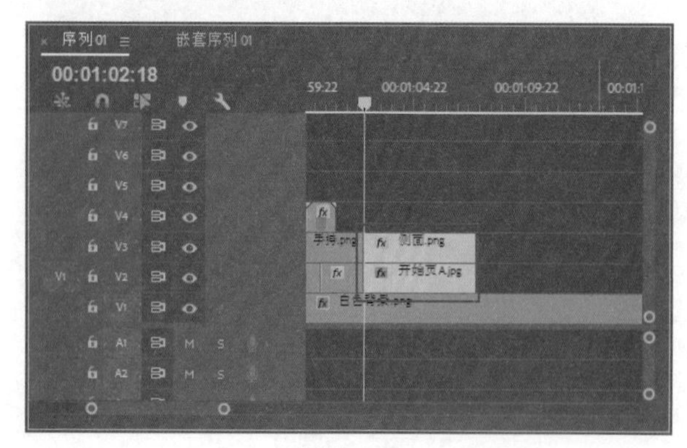

图 12-171

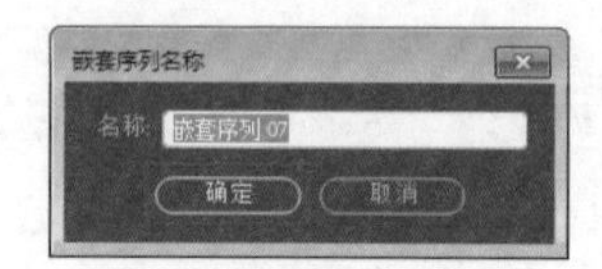

图 12-171（续）

06 单击上述生成的“嵌套序列07”素材，进入其“效果控件”面板，设置“位置”参数为597、540，如图12-172所示。

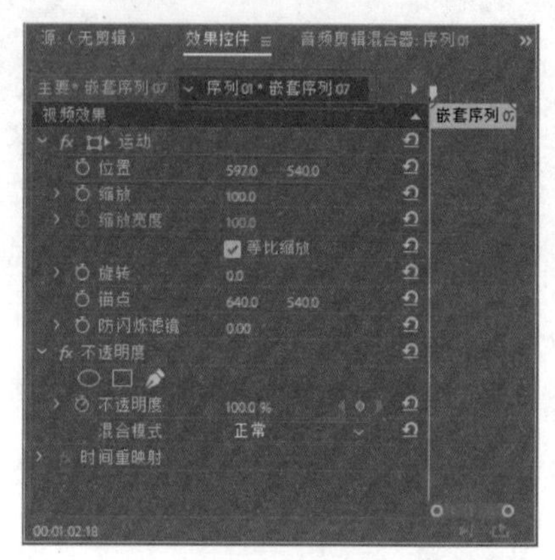

图 12-172

07 执行“文件”|“新建”|“旧版标题”命令，弹出“新建字幕”对话框，设置好属性及名称后，单击“确定”按钮完成字幕的创建，如图12-173所示。

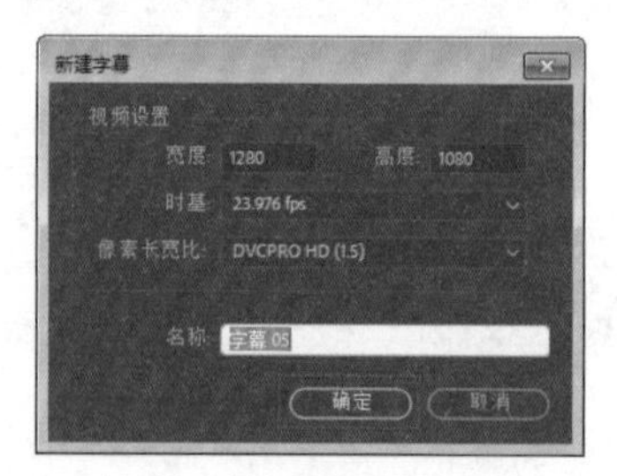

图 12-173

08 弹出“字幕编辑器”面板，在其中输入文本，设置字体、大小、颜色、位置等参数，如图12-174所示（这里选择的字体是“Adobe 黑体 Std”，颜色RGB参数为89、84、84）。

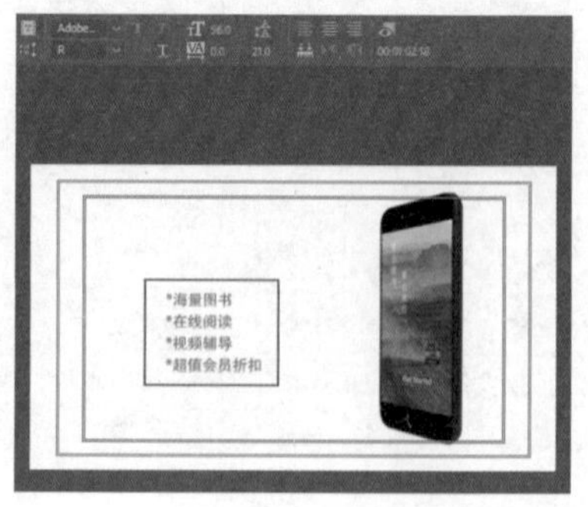

图 12-174

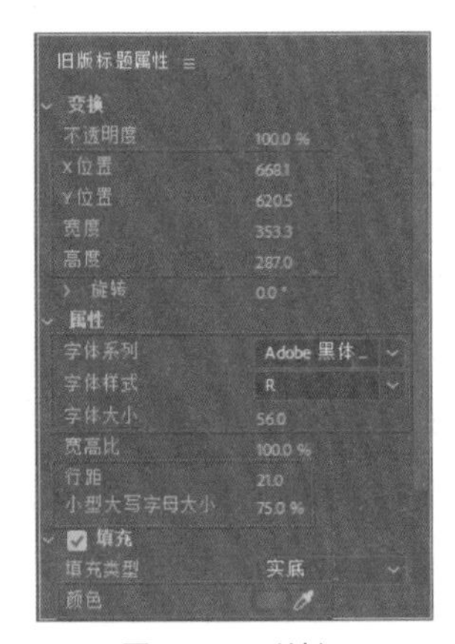

图 12-174（续）

09 关闭“字幕编辑器”面板，在“项目”面板中选择“字幕 05”素材，将其拖入视频轨道 3 的 00:01:02:18 位置，然后修改其持续时间为 00:00:05:00，如图 12-175 所示。

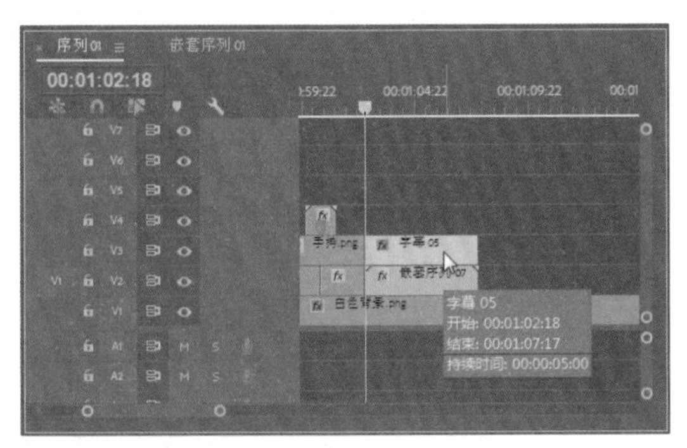

图 12-175

10 在“效果”面板中选择“溶解”文件夹中的“交叉溶解”特效，将该特效单独添加到“字幕 05”素材的最左端，如图 12-176 所示。

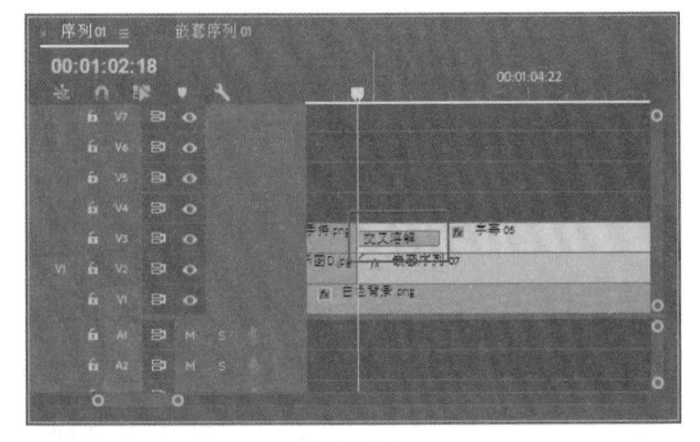

图 12-176

11 进入“字幕 05”素材的“效果控件”面板，在 00:01:02:18 位置，单击“位置”参数前的“切换动画”按钮，修改“位置”参数为 640、598，如图 12-177 所示。

12 在“效果控件”面板左下角修改时间点为 00:01:03:11，设置“位置”参数为 640、540，如图 12-178 所示。

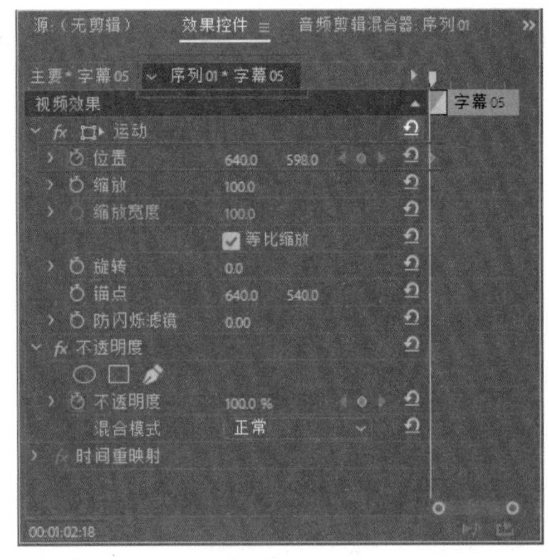

图 12-177

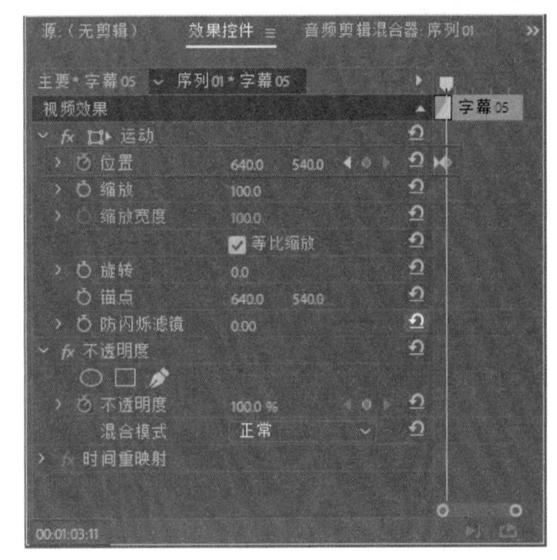

图 12-178

13 执行“文件”|“新建”|“旧版标题”命令，弹出“新建字幕”对话框，设置好属性及名称后，单击“确定”按钮完成字幕的创建，如图 12-179 所示。

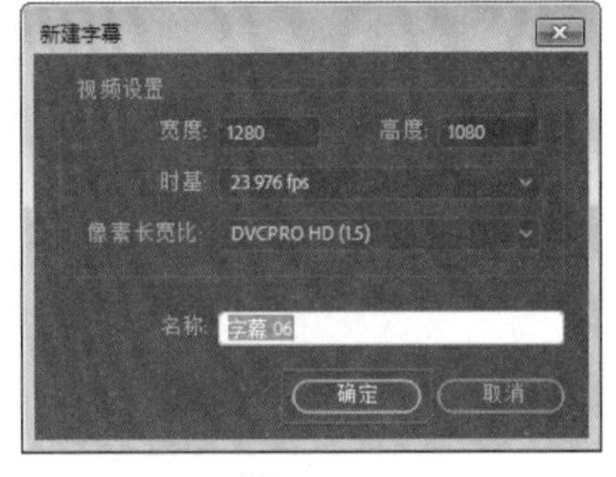

图 12-179

14 弹出“字幕编辑器”面板，在其中输入文本，设置字体、大小、颜色、位置等参数，如图 12-180 所示（这里选择的字体是“华文新魏”，颜色 RGB 参数为 46、44、44）。

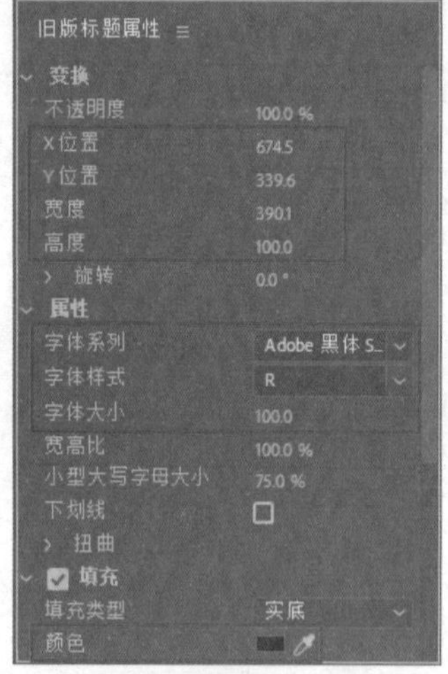

图 12-180

15 关闭“字幕编辑器”面板，在“项目”面板中选择“字幕 06”素材，将其拖入视频轨道 4 的 00:01:02:18 位置，然后修改其持续时间为 00:00:05:00，如图 12-181 所示。

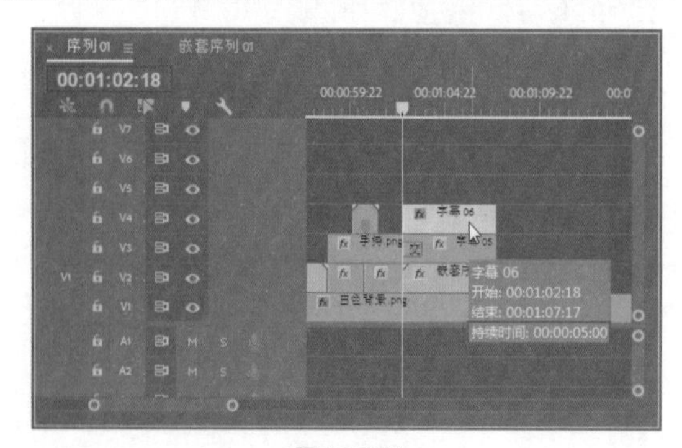

图 12-181

16 在“效果”面板中选择“溶解”文件夹中的“交叉溶解”特效，将该特效单独添加到“字幕 06”素材的最左端位置，如图 12-182 所示。

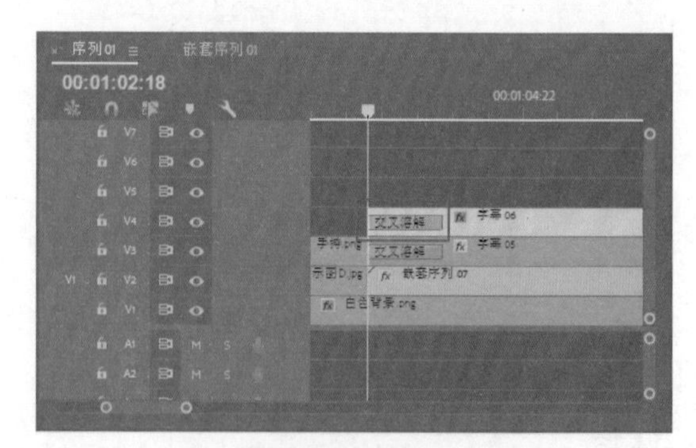

图 12-182

17 进入“字幕 06”素材的“效果控件”面板，在 00:01:02:18 位置，单击“位置”参数前的“切换动画”按钮，修改“位置”参数为 640、633，如图 12-183 所示。

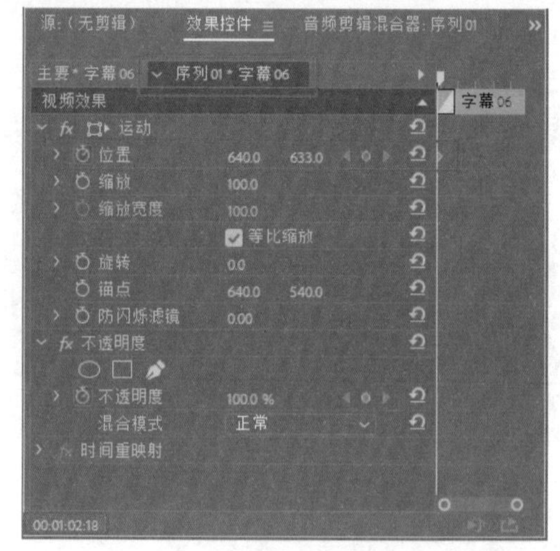

图 12-183

18 在“效果控件”面板左下角修改时间点为 00:01:03:11，设置“位置”参数为 640、540，如图 12-184 所示。

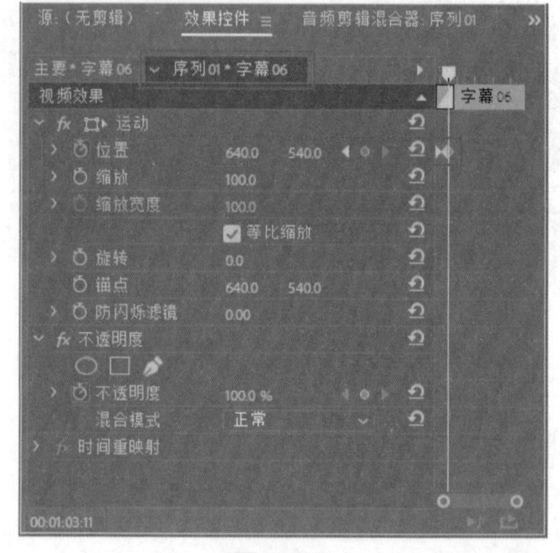

图 12-184

19 执行“文件”|“新建”|“旧版标题”命令，弹出“新建字幕”对话框，设置好属性及名称后，单击“确定”按钮完成字幕的创建，如图 12-185 所示。

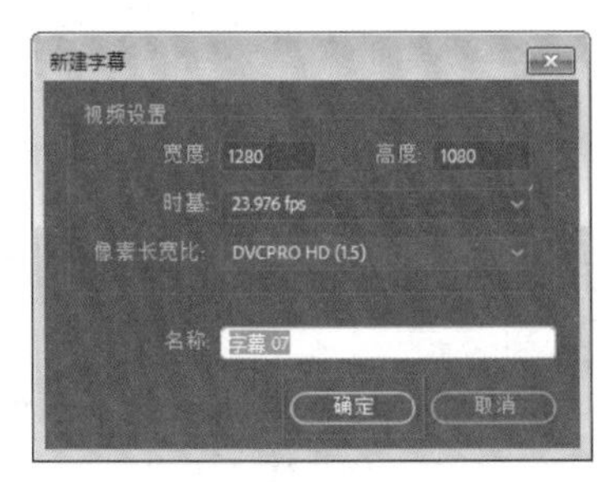

图 12-185

20 弹出“字幕编辑器”面板，在工具栏中单击“矩形工具”按钮，以上述创建的两个字幕为参照，在其中绘制一个矩形框，如图 12-186 所示（矩形框颜色 RGB 参数为 105、168、238）。

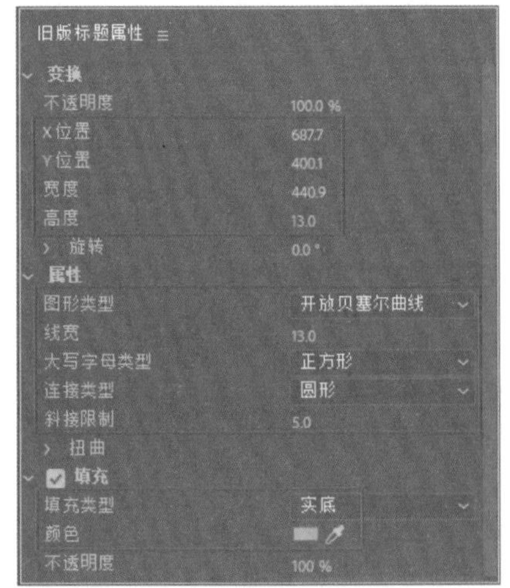

图 12-186

21 关闭“字幕编辑器”面板，在“项目”面板中选择“字幕 07”素材，将其拖入视频轨道 5 的 00:01:03:19 位置，然后修改其持续时间为 00:00:03:23，如图 12-187 所示。

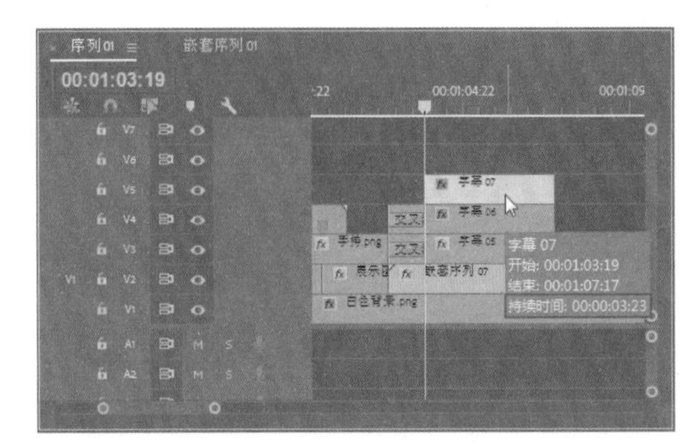

图 12-187

22 在“效果”面板中选择“擦除”文件夹中的“划出”特效，将该特效单独添加到上述“字幕 07”素材的最左端，并双击该特效在弹出的对话框中修改其持续时间为 00:00:02:00，如图 12-188 所示。

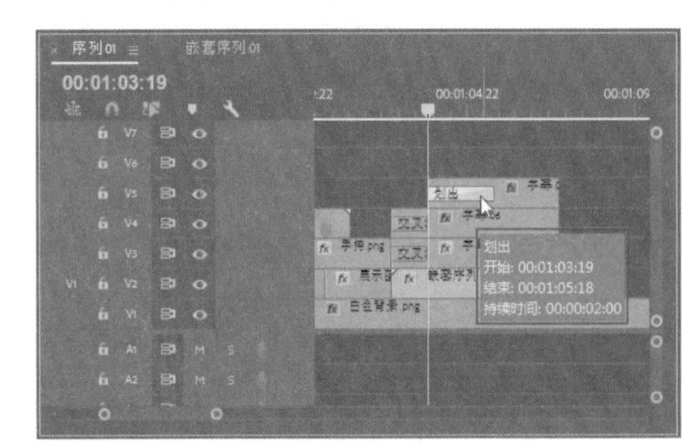

图 12-188

12.4.2 结尾及音乐

上述操作完成后，还需要再为视频广告添加一个结尾部分，并进行细化，添加背景音乐，下面将介绍构建结尾和添加音乐的具体操作方法。

视频文件：　下载资源 \ 视频 \ 第 12 章 \12.4.2 结尾及音乐 .mp4

01 在“项目”面板中选择“书架 .jpg”素材，将其拖入视频轨道 4 的 00:01:07:18 位置，并设置该素材的持续时间为 00:00:07:17，如图 12-189 所示。

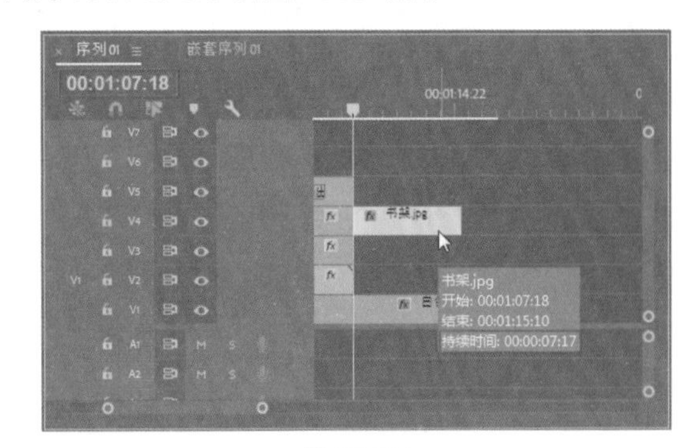

图 12-189

02 进入“书架.jpg”素材的“效果控件”面板，修改素材的“位置”参数为430、527，“缩放”参数为26.5，如图12-190所示。

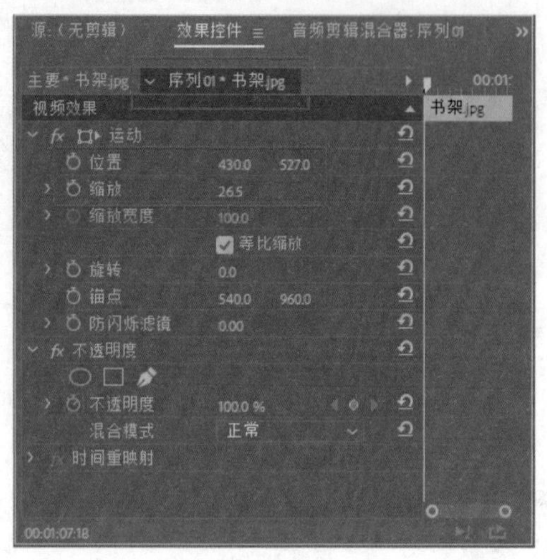

图12-190

03 在“效果”面板中选择“滑动”特效，将该特效单独添加到上述“书架.jpg”素材的最左端，如图12-191所示。

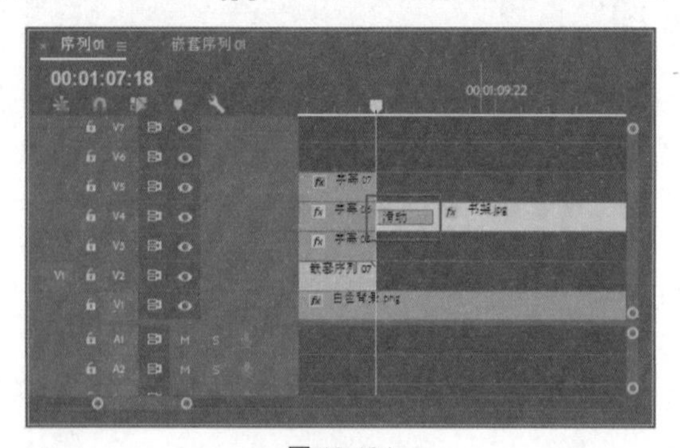

图12-191

04 在“效果”面板中选择“交叉溶解”特效，将该特效单独添加到上述“书架.jpg”素材的末端，如图12-192所示。

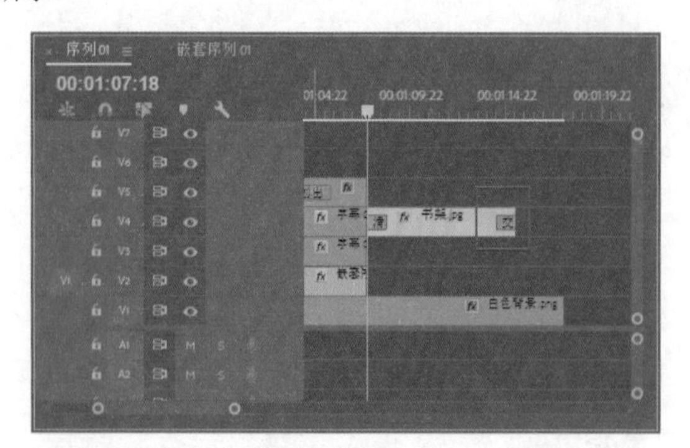

图12-192

05 在“项目”面板中选择“手持.png”素材，将其拖入视频轨道5的00:01:07:18位置，并设置该素材的持续时间为00:00:07:17，如图12-193所示。

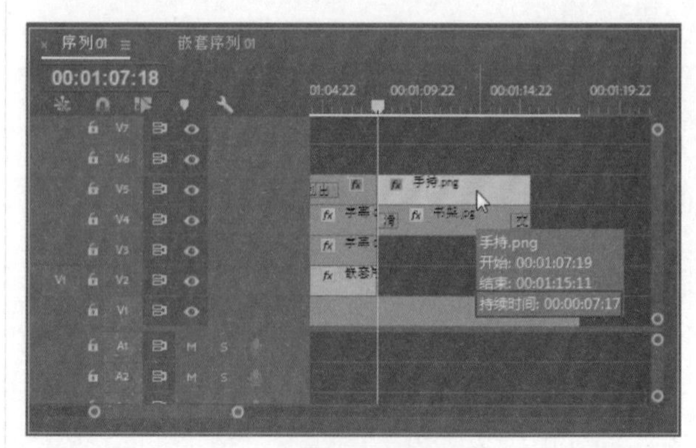

图12-193

06 进入“手持.png”素材的“效果控件”面板，修改素材的“位置”参数为331、632，“缩放”参数为36，如图12-194所示。

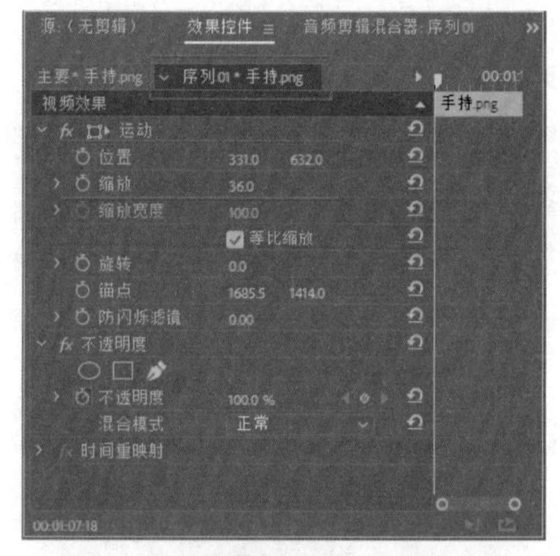

图12-194

07 在“效果”面板中选择“滑动”特效，将该特效单独添加到“手持.png”素材的最左端，如图12-195所示。

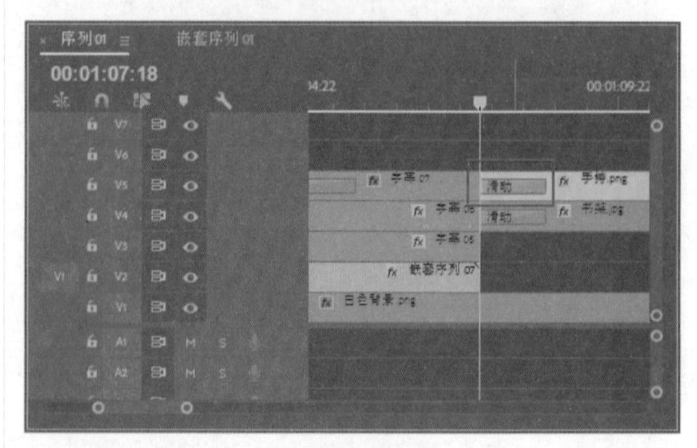

图12-195

08 在“效果”面板中选择“交叉溶解”特效，将该特效单独添加到"手持 .png"素材的末端，如图 12-196 所示。

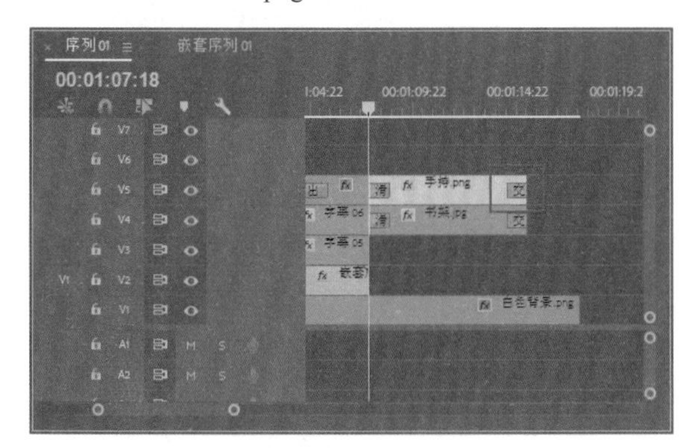

图 12-196

09 执行"文件"|"新建"|"旧版标题"命令，弹出"新建字幕"对话框，设置好属性及名称后，单击"确定"按钮完成字幕的创建，如图 12-197 所示。

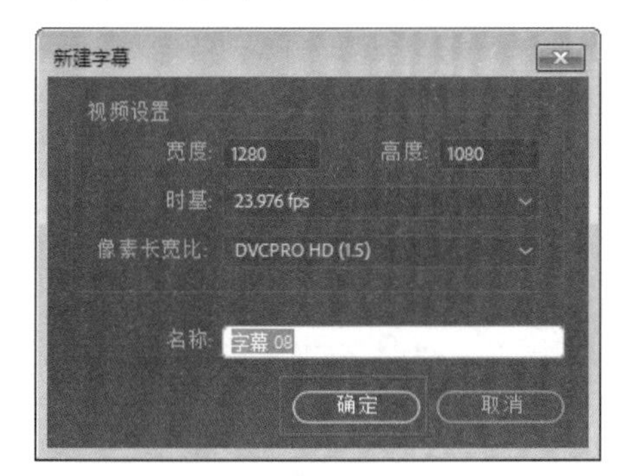

图 12-197

10 弹出"字幕编辑器"面板，在其中输入文本，设置字体、大小、颜色、位置等参数，如图 12-198 所示（这里选择的字体是"Adobe 黑体 Std"，颜色 RGB 参数为 89、84、84）。

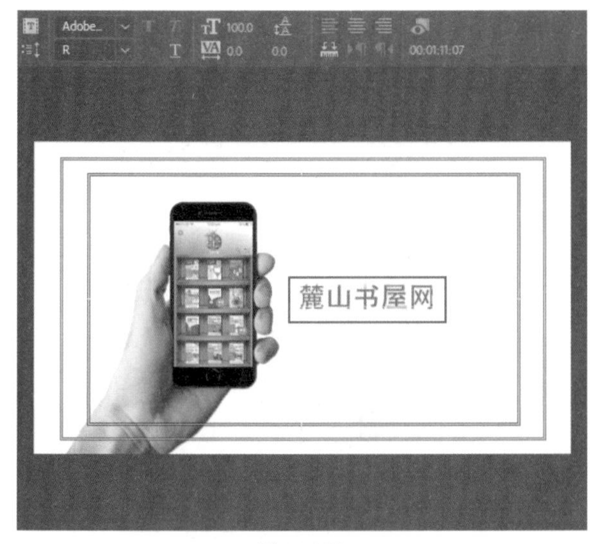

图 12-198

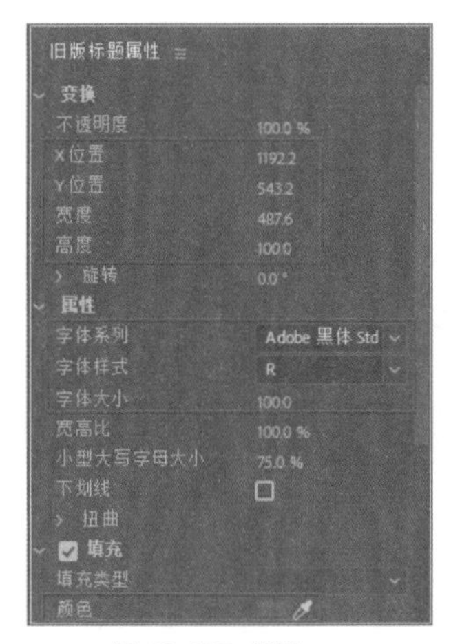

图 12-198（续）

11 关闭"字幕编辑器"面板，在"项目"面板中选择"字幕 08"素材，将其拖入视频轨道 6 的 00:01:07:18 位置，然后修改其持续时间为 00:00:07:06，如图 12-199 所示。

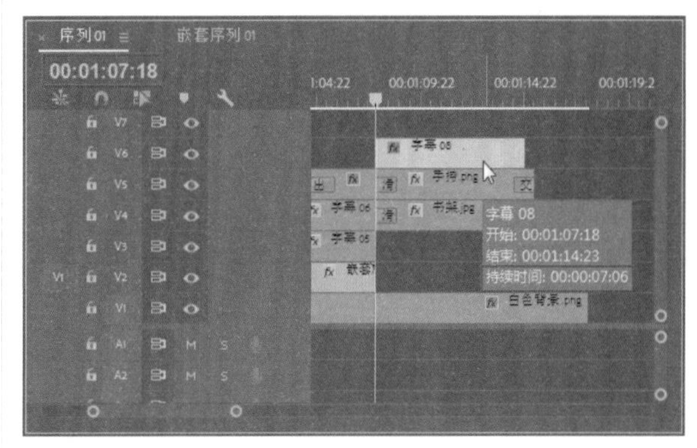

图 12-199

12 在"效果"面板中选择"交叉溶解"特效，将该特效单独添加到"字幕 08"素材的最左端，如图 12-200 所示。

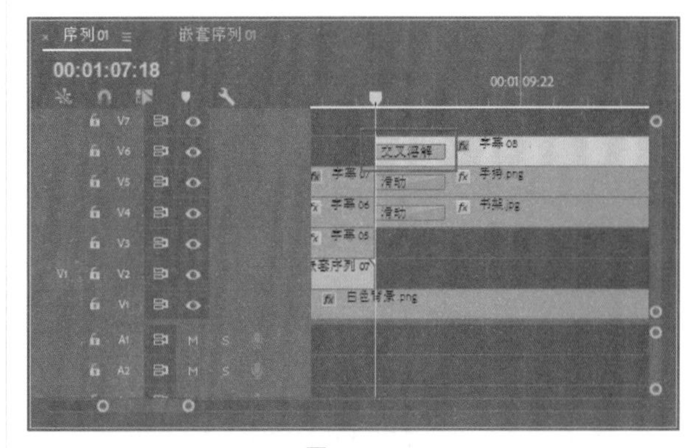

图 12-200

13 在"时间线"面板中修改时间点为 00:01:09:23，在工具栏面板单击"剃刀工具"按钮，移动光标到时间线指针位置并单击，对"字幕 08"素材进行切割，如图 12-201 所示。

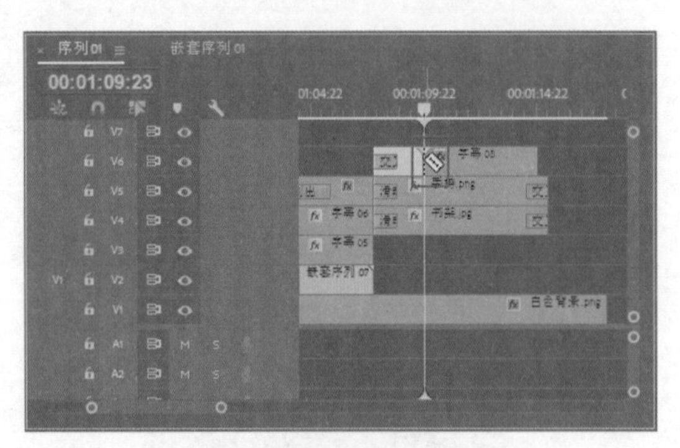

图 12-201

14 切换“选择工具”，在“效果”面板中选择“交叉溶解”特效，将该特效单独添加到“字幕 08”素材的末端，如图 12-202 所示。

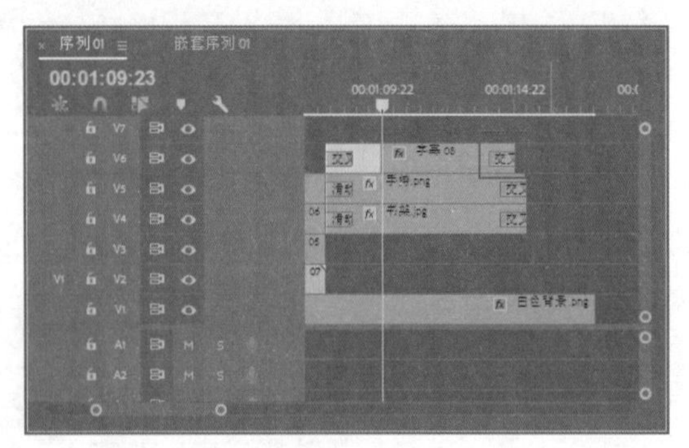

图 12-202

15 单击位于时间线指针后的“字幕 08”素材，进入其“效果控件”面板，在 00:01:09:23 位置单击“位置”参数前的“切换动画”按钮，并设置“位置”参数为 640、540，如图 12-203 所示。

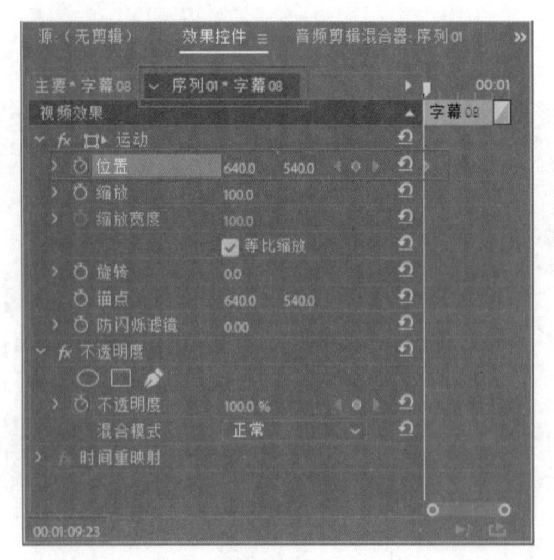

图 12-203

16 在“效果控件”面板左下角修改时间点为 00:01:10:07，设置“位置”参数为 640、461，此时会在当前位置自动设置一个关键帧，如图 12-204 所示。

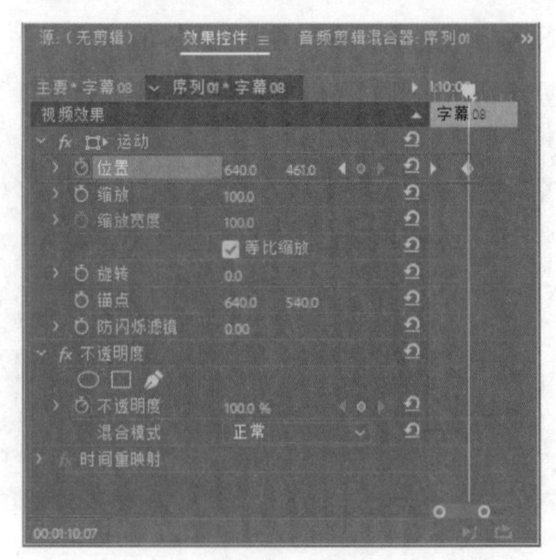

图 12-204

17 在“效果控件”面板左下角修改时间点为 00:01:14:00，设置“位置”参数为 640、461，如图 12-205 所示。

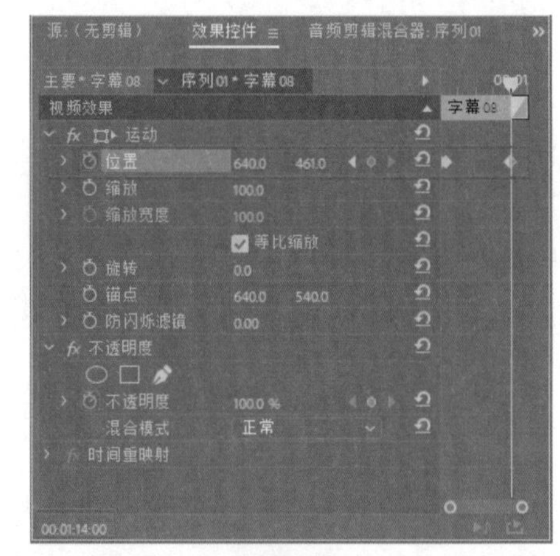

图 12-205

18 在“效果控件”面板左下角修改时间点为 00:01:14:14，设置“位置”参数为 640、392，如图 12-206 所示。

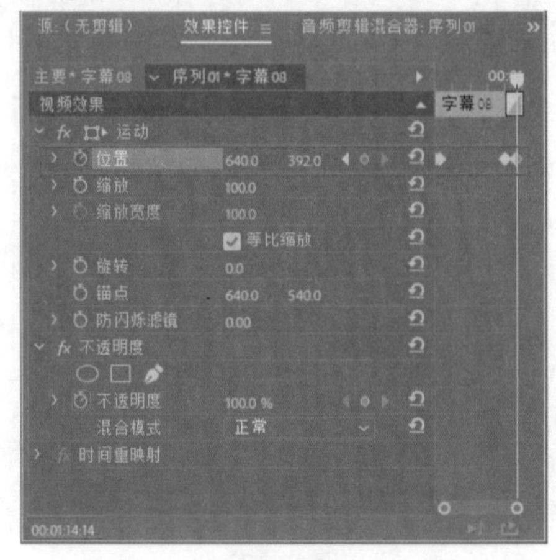

图 12-206

19 在“项目”面板中选择“单击.mov”素材，将其拖入视频轨道 7 的 00:01:09:05 位置，如图 12-207 所示。

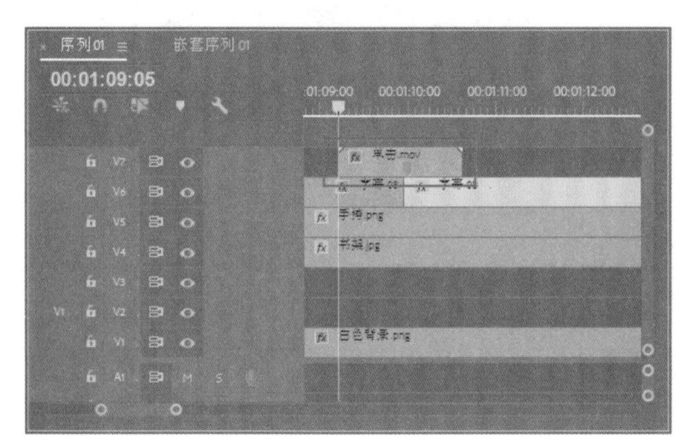

图 12-207

20 进入“单击.mov”素材的“效果控件”面板，修改素材的“位置”参数为 820、618，“缩放”参数为 96，如图 12-208 所示。

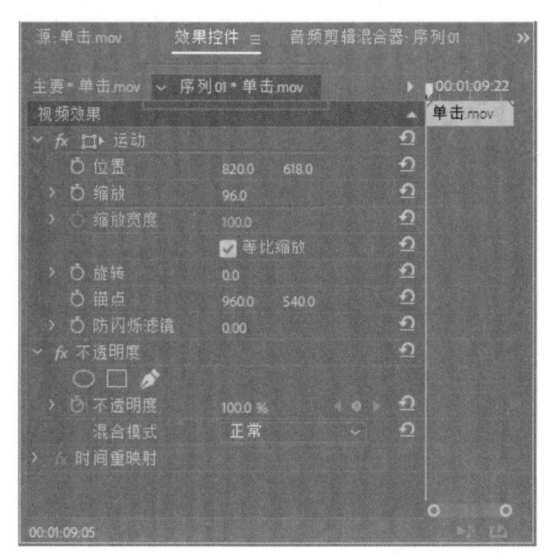

图 12-208

21 执行“文件”|“新建”|“旧版标题”命令，弹出“新建字幕”对话框，设置好属性及名称后，单击“确定”按钮完成字幕的创建，如图 12-209 所示。

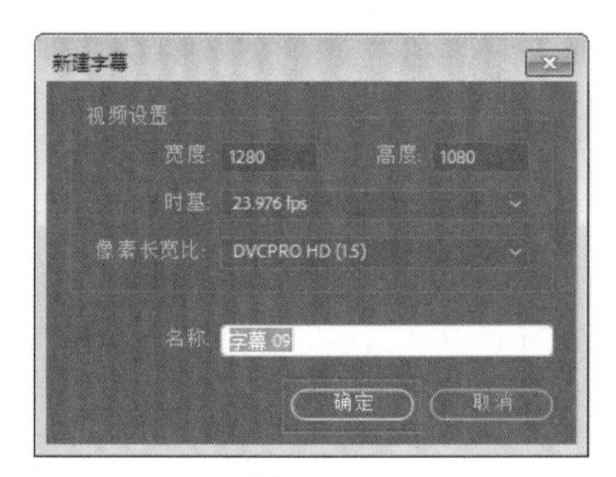

图 12-209

22 弹出“字幕编辑器”面板，在工具栏中单击“矩形工具”按钮，在编辑区域绘制一个蓝色的长条矩形框，具体参照如图 12-210 所示（矩形框颜色 RGB 参数为 105、168、238）。

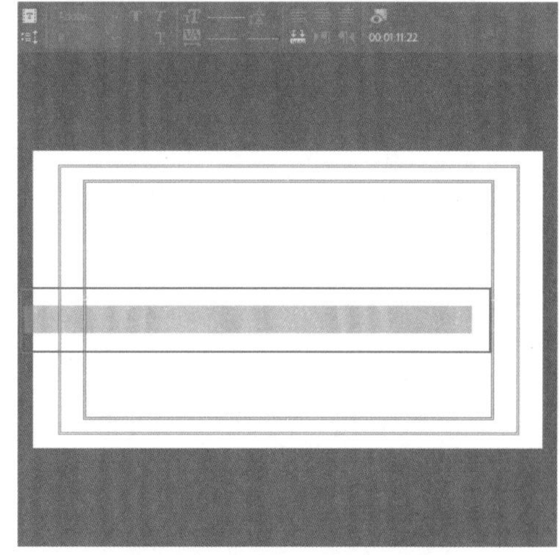

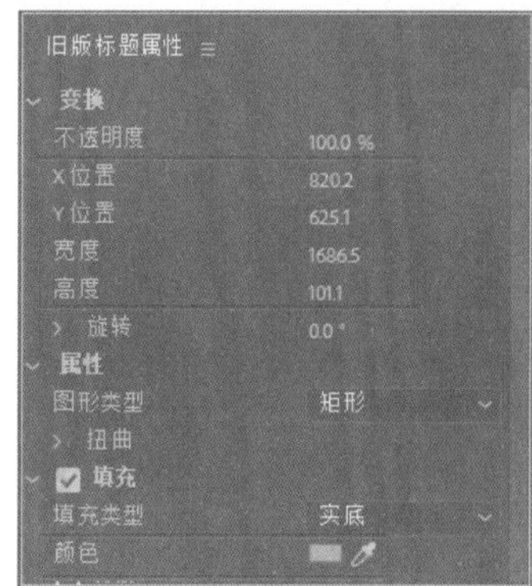

图 12-210

23 单击“文字工具”按钮，在编辑区域矩形框中输入网址，并设置字体、大小、颜色、位置等参数，如图 12-211 所示（这里选择的字体是“Adobe 黑体 Std”，颜色 RGB 参数为 255、255、255）。

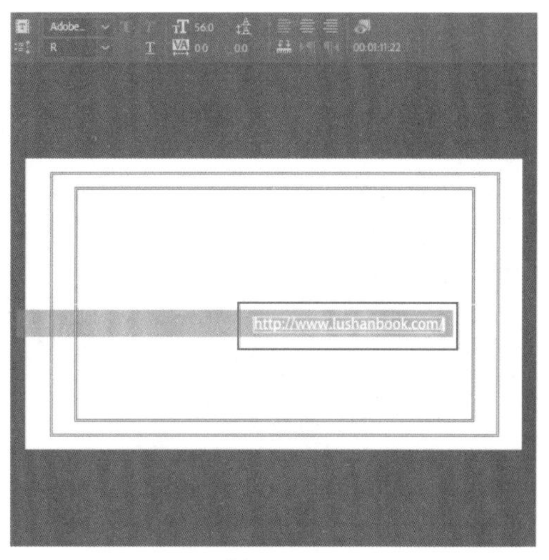

图 12-211

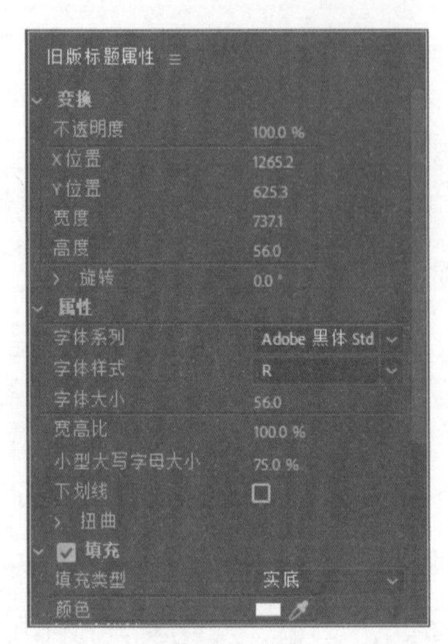

图 12-211（续）

24 关闭“字幕编辑器”面板，在“项目”面板中选择“字幕 09”素材，将其拖入视频轨道 2 的 00:01:10:06 位置，然后修改其持续时间为 00:00:04:18，如图 12-212 所示。

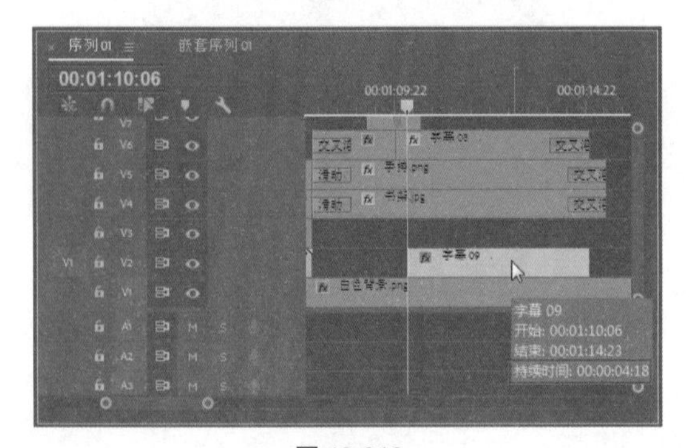

图 12-212

25 在“效果”面板中选择“擦除”文件夹中的“划出”特效，将该特效单独添加到“字幕 09”素材的最左端，如图 12-213 所示。

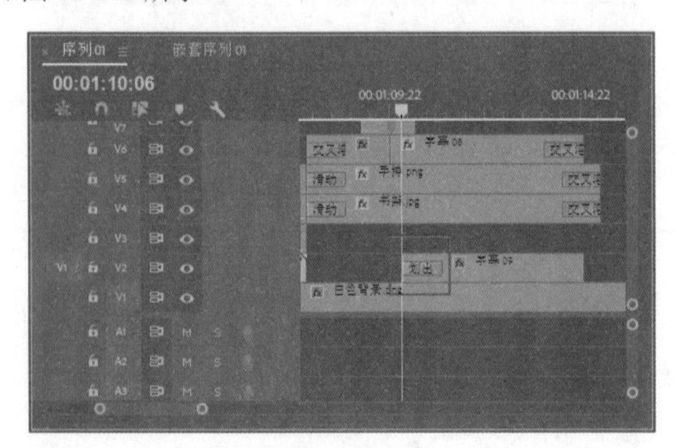

图 12-213

26 执行“文件”|“新建”|“旧版标题”命令，弹出“新建字幕”对话框，设置好属性及名称后，单击“确定”按钮完成字幕的创建，如图 12-214 所示。

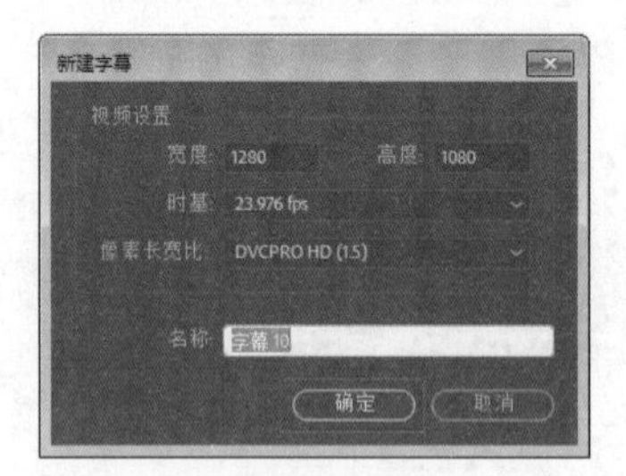

图 12-214

27 弹出“字幕编辑器”面板，在工具栏中单击“矩形工具”按钮，以“字幕 09”为参照，在编辑区域绘制一个白色的长条矩形框，使矩形能够刚好遮盖住“字幕 09”素材，具体参照如图 12-215 所示（矩形框颜色 RGB 参数为 255、255、255）。

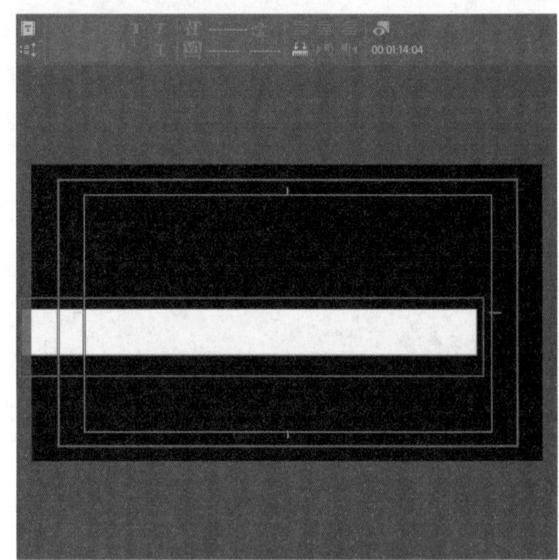

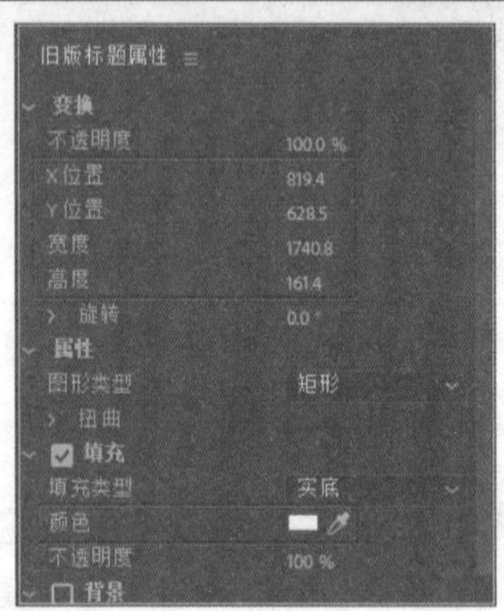

图 12-215

> **技巧与提示：**
>
> 为了方便展示，上述图示暂时将底层“白色背景.jpg”素材隐藏。

28 关闭“字幕编辑器”面板，在“项目”面板中选择“字幕 10”素材，将其拖入视频轨道 3 的 00:01:13:13 位置，然后修改其持续时间为 00:00:01:11，如图 12-216 所示。

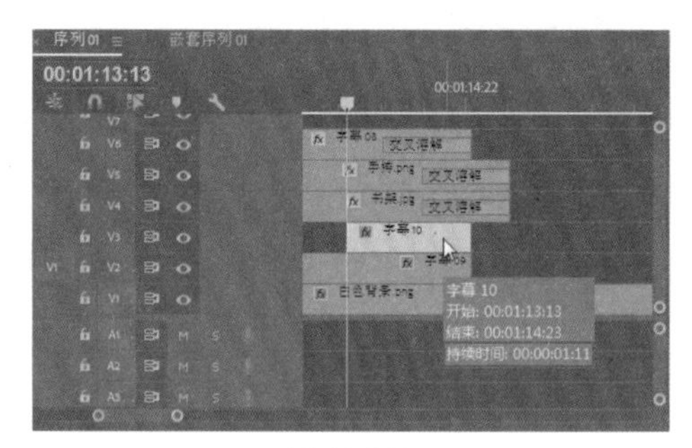

图 12-216

29 在“效果”面板中选择“划出”特效，将该特效单独添加到“字幕 10”素材的最左端，如图 12-217 所示。

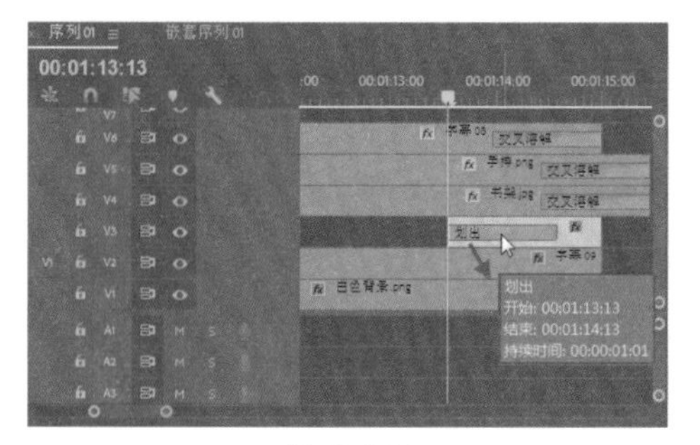

图 12-217

30 在“项目”面板中选择“音频 .mp3”素材，将其拖入音频轨道 1 的 00:00:00:00 位置，如图 12-218 所示。

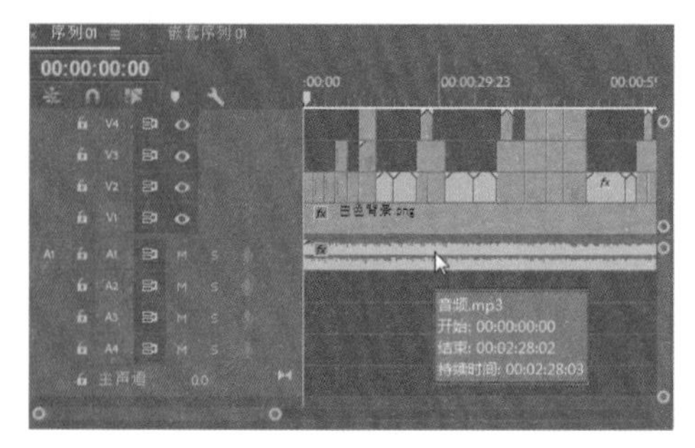

图 12-218

31 在“时间线”面板中修改时间点为 00:01:18:00，在工具栏中单击“剃刀工具”按钮，移动光标到时间线指针位置并单击，对“音频 .mp3”素材进行切割，如图 12-219 所示。

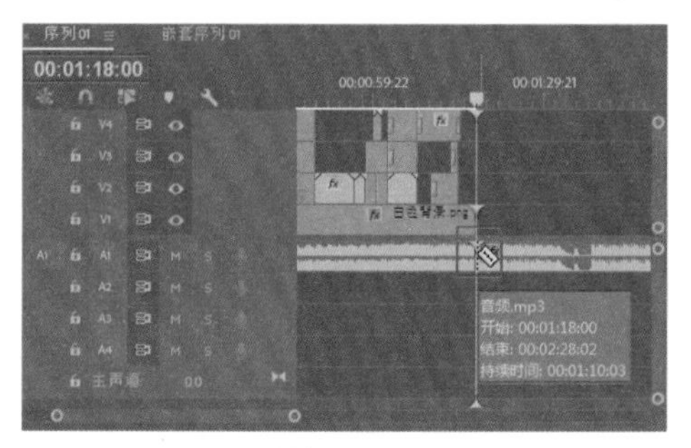

图 12-219

32 切换“选择工具”，将时间线指针后的“音频 .mp3”素材删除，然后在“效果”面板中选择“音频过渡”文件夹中的“指数淡化”特效，添加到保留的“音频 .mp3”素材末端，如图 12-220 所示。

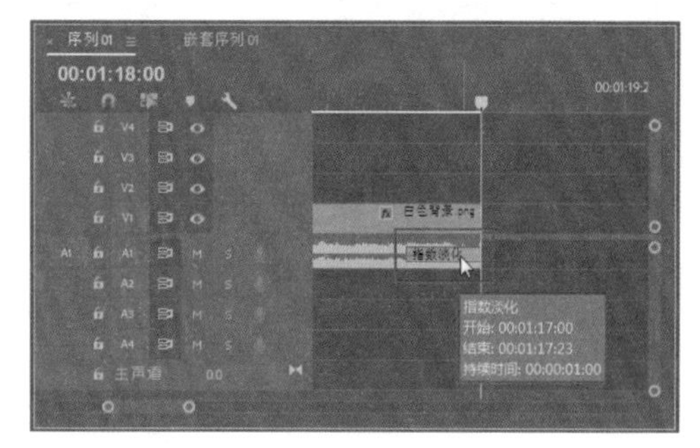

图 12-220

33 再次选择“指数淡化”特效，将该特效添加到“音频 .mp3”素材的首端，如图 12-221 所示。

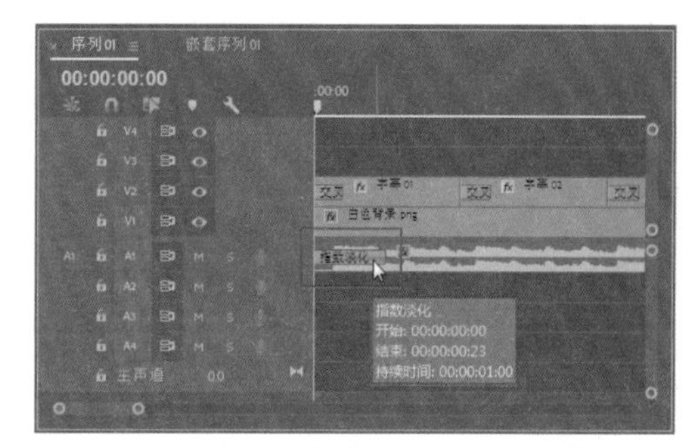

图 12-221

12.5　输出视频

所有的素材处理完毕后，按 Enter 键渲染项目，视频效果如果满意，可以按快捷键 Ctrl+S 进行保存，或者直接导出视频文件。输出视频的具体操作如下。

视频文件：　下载资源 \ 视频 \ 第 12 章 \12.5 输出视频 .mp4

01 执行“文件”|“导出”|“媒体”命令，如图 12-222 所示。

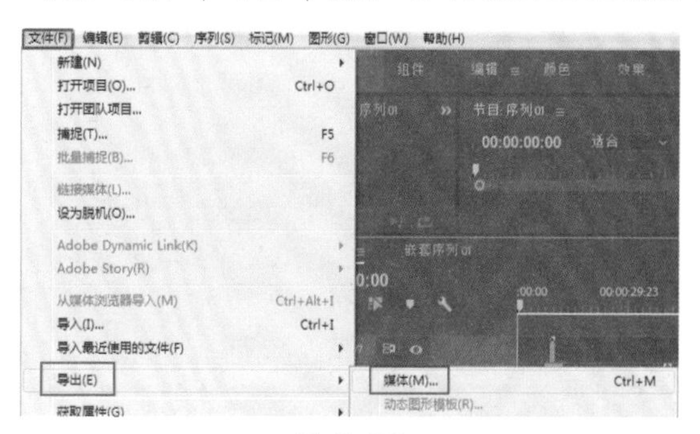

图 12-222

02 弹出“导出设置”对话框，在该对话框的“格式”下拉列表中选择 H.264 选项，如图 12-223 所示。

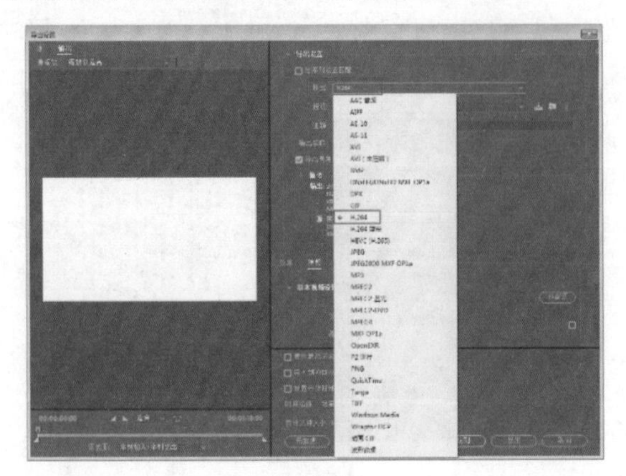

图 12-223

03 在“预设”下拉列表中，按照图 12-224 所示选择 High Quality 1080p HD 预设。

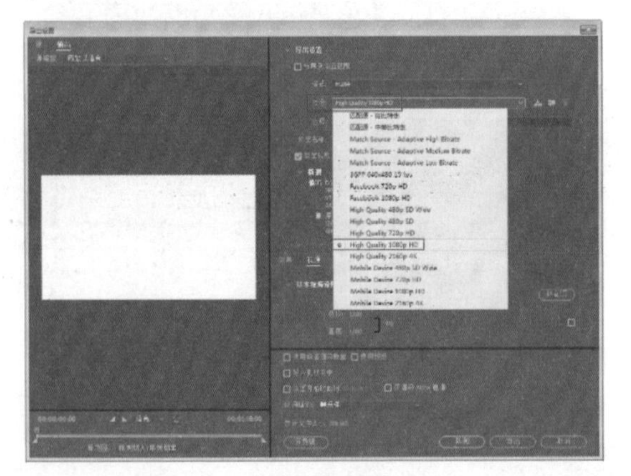

图 12-224

04 单击“输出名称”右侧的文字，弹出“另存为”对话框，在该对话框中设置输出影片的名称，并设置保存路径，如图 12-225 所示。

图 12-225

05 设置参数后单击“保存”按钮，可以在其他选项中进行更详细的设置，设置完成后单击“导出”按钮，影片开始导出，如图 12-226 所示。

图 12-226

06 导出完毕后，计算机自动关闭对话框。用户可以在先前设置的导出文件夹中查看已经导出的文件，并用媒体播放器进行播放，如图 12-227 所示。

图 12-227